大学公共数学系列

高等数学学习指南

（第二版）

（上册）

湛少锋 桂晓风
王孝礼 黄正华 编著

WUHAN UNIVERSITY PRESS
武汉大学出版社

图书在版编目(CIP)数据

高等数学学习指南.上册/湛少锋等编著.—2版.—武汉：武汉大学出版社,2022.8(2024.7重印)
大学公共数学系列
ISBN 978-7-307-22907-5

Ⅰ.高… Ⅱ.湛… Ⅲ.高等数学—高等学校—教学参考资料 Ⅳ.O13

中国版本图书馆CIP数据核字(2022)第129570号

责任编辑:谢文涛　　责任校对:汪欣怡　　版式设计:马　佳

出版发行：**武汉大学出版社**　(430072　武昌　珞珈山)
(电子邮箱:cbs22@whu.edu.cn　网址：www.wdp.com.cn)
印刷:武汉中科兴业印务有限公司
开本:720×1000　1/16　印张:26　字数:467千字　插页:1
版次:2012年10月第1版　2022年8月第2版
2024年7月第2版第3次印刷
ISBN 978-7-307-22907-5　定价:47.00元

第二版前言

《高等数学学习指南》自2012年10月出版以来，在近十年的使用过程中，我们认真广泛地收集了许多相关专家和广大任课教师以及上课学生对该教辅编写的意见与建议，同时随着武汉大学数学与统计学院齐民友主编的教材《高等数学》第二版的出版，以及全国研究生入学考试的逐年推进，有许多知识内容需要更新，这些给了我们这次修订该教辅的推力。

在保持原有特色不变的前提下，本次修订结合新形势下现代化课程建设精神以及编者在教学实践中的新的体会，充分尊重认真考虑相关专家和广大任课教师以及上课学生的意见与建议，努力使本书成为提高学生课后进一步深化知识学习效力的好帮手。为此，我们对部分章节的习题及解答进行了调整、删减和改写。对于“考研真题解析”部分的例题进行了修改更新，对“教材习题全解”的部分错误进行了修正，删除了部分难度超出教学基本要求的习题及解析。

本次修订工作得到武汉大学数学与统计学院、武汉大学出版社高度重视，给予修订工作全方位支持。同时，修订工作也得到了武汉大学数学与统计学院广大同仁和专家以及学生们的大力协助，大家在认真使用本书后，对修订工作提供了宝贵的建议，对于他们的无私奉献。对此，我们一并表示衷心感谢！

本次修订由武汉大学数学与统计学院湛少锋（第4、5、6、13章），桂晓风（第3、11、12章），王孝礼（第2、9、10章），黄正华（第1、7、8章）完成。对于辅导书中难免存在不妥甚至错误之处，敬请专家、同仁、广大读者批评指正。你们的诚恳指教是本辅导教材进一步完善的源泉。

编　者

2022年4月10日

于珞珈山

第一版前言

“高等数学”课程是理工科各专业学生必修的一门重要基础理论课，也是硕士研究生入学考试的重点科目，而《高等数学学习指南》则是一本为理工科学生学习“高等数学”课程精心编写的同步学习指导书。

为了帮助理工科学生更好地学习该课程，解决学习该课程时可能遇到的困难，加深对基本概念的理解，掌握基本理论、基本方法、基本技巧与规律，把握数学思想，提高数学思维和运用数学知识的能力，我们依据齐民友教授主持，胡新启、湛少锋、黄明、杨丽华、桂晓风编写的《高等数学》（第二版）（上册、下册）教材，结合数十年来的教学体会与经验以及教材编写的指导思想，编写了《高等数学学习指南》（上册、下册）。本教材既可作为“高等数学”课程的习题课教材，也可作为高等院校师生“高等数学”课程的教学参考书以及准备报考非数学类硕士研究生学生的复习用书。

本教材以章为序，其划分和标题与配套教材一致，每章由“主要内容”（基本概念、基本思想、重要结论、主要方法），“典型例题分析”（主要题型、解题分析、基本技巧），“教材习题全解”，“考研真题解析”四大板块构成。通过这四大板块意在使学生学到探讨理论问题、应用问题的基本数学思想和方法以及运用途径与规律；提高学生计算、推理论证和应变的能力。如果我们所做的这些工作能为广大学生带来有益的帮助，达到预期的效果，那就是我们全体编者最大的心愿。

本教材分上、下两册出版，共 13 章。第 4，5，6，13 章由湛少锋编写；第 3，11，12 章由桂晓风编写；第 2，9，10 章由王孝礼编写；第 1，7，8 章由黄正华编写。全书由湛少锋统稿。

本教材的编写自始至终得到武汉大学数学与统计学院和武汉大学出版社的大力支持，武汉大学数学与统计学院樊启斌教授对本书的编写给予了很大的帮助。另外，本书在编写中参阅了大量高等数学教材、辅导教材和研究生考试复习应试教材，这里恕不一一指明出处和作者，在此，我们一并深表感谢。还要特别指出的是，在编写过程中，由湛少锋、胡新启、黄明、桂晓风、杨丽华老师编写，武汉大学出版社出版的《高等数学学习与提高》（上册、下册），为我们的编写提供了很好的借鉴。

由于编者水平有限，加之时间紧迫，书中难免有不妥甚至错误之处，敬请广大读者和各位同仁批评指正，使本书在教学实践中不断完善起来。

编　者

2012 年 8 月于武汉大学

目　录

第 1 章 极限与连续

一、主 要 内 容

1. 函数的概念

函数即“对应关系”本身. 对应关系是抽象的，我们看到的解析表达式 $y=f(x)$ 正是为了表述、体现对应关系而给出的具象.

函数的表达方式有多种：图像法，表格法，公式法. 有的函数可以用公式法表示，但不能用图像法表示(例如狄利克雷函数)；有的函数只能用图像法或表格法表示，但是得不到其公式法表示，事实上现实世界中变量之间的关系一般很难精确地满足某个解析式.

教材中的函数，都是用公式法表示的. 要特别重视公式法表示函数时的不同表现形式，比如幂指函数、分段函数、用参数方程确定的函数、隐函数、积分上限的函数等，这些函数形式在整个高等数学中极为重要和常见，微积分学的很多基本问题，例如极限、连续性、求导、积分等，都会特别关注对这几类函数的相关问题的讨论.

通常把幂函数、指数函数、对数函数、三角函数、反三角函数等函数称为**基本初等函数**.

由基本初等函数和常数经过有限次四则运算与有限次函数复合，且能用一个解析式表示的函数，称为**初等函数**.

2. 极限的概念

■ 数列极限的定义

设 $\{x_n\}$ 为一数列，A 是一常数. 若 $\forall \varepsilon>0$，$\exists N\in \mathbf{Z}^+$，当 $n>N$ 时，

恒有$|x_n-A|<\varepsilon$，则称**数列**$\{x_n\}$**当**$n\to\infty$**时收敛**，且A称为**数列**$\{x_n\}$**当**$n\to\infty$**时的极限**，记为

$$\lim_{n\to\infty}x_n=A.$$

若数列$\{x_n\}$当$n\to\infty$时不收敛，则称**数列**$\{x_n\}$**当**$n\to\infty$**时发散**.

■ 函数极限的定义

若$\forall\varepsilon>0$，$\exists X>0$，当$|x|>X$时，恒有$|f(x)-A|<\varepsilon$，则称**函数**$f(x)$**当**$x\to\infty$**时收敛**，且A称为**函数**$f(x)$**当**$x\to\infty$**时的极限**，记为

$$\lim_{x\to\infty}f(x)=A.$$

特别，若$\forall\varepsilon>0$，$\exists X>0$，当$x>X$ ($x<-X$)时，恒有$|f(x)-A|<\varepsilon$，则称**函数**$f(x)$**当**$x\to+\infty$ ($x\to-\infty$)**时收敛**，且A称为**函数**$f(x)$**当**$x\to+\infty$ ($x\to-\infty$)**时的极限**，记为

$$\lim_{x\to+\infty}f(x)=A\quad(\lim_{x\to-\infty}f(x)=A).$$

若函数$f(x)$当$n\to\infty$时不收敛，则称**函数**$f(x)$**当**$n\to\infty$**时发散**.

设$y=f(x)$在$\mathring{U}(x_0,\delta)$内有定义，A是一常数. 若$\forall\varepsilon>0$，$\exists\delta>0$，使得当$0<|x-x_0|<\delta$时，恒有$|f(x)-A|<\varepsilon$，则称**函数**$f(x)$**当**$x\to x_0$**时收敛**，且A称为**函数**$f(x)$**当**$x\to x_0$**时的极限**，记为

$$\lim_{x\to x_0}f(x)=A.$$

特别，若$\forall\varepsilon>0$，$\exists\delta>0$，当$x_0-\delta<x<x_0$ ($x_0<x<x_0+\delta$)时，恒有$|f(x)-A|<\varepsilon$，则称**函数**$f(x)$**当**$x\to x_0^-$ ($x\to x_0^+$)**时收敛**，且A称为**函数**$f(x)$**当**$x\to x_0^-$ ($x\to x_0^+$)**时的极限**，记为

$$\lim_{x\to x_0^-}f(x)=A\quad(\lim_{x\to x_0^+}f(x)=A).$$

而$\lim\limits_{x\to x_0^-}f(x)=A$ ($\lim\limits_{x\to x_0^+}f(x)=A$)称为**函数**$f(x)$**当**$x\to x_0$**时的左(右)极限**.

若函数$f(x)$当$x\to x_0$时不收敛，则称**函数**$f(x)$**当**$x\to x_0$**时发散**.

■ 无穷大、无穷小

在自变量的某个变化过程中，以0为极限的变量称为该极限过程中的**无穷小量**，简称**无穷小**. 即：若$\lim\limits_{x\to x_0}f(x)=0$ (或$\lim\limits_{x\to\infty}f(x)=0$)，则称$f(x)$**是当**$x\to x_0$ (**或**$x\to\infty$)**时的无穷小**. 应该注意的是：一般说来，无穷小表达的是变量的变化状态，而不是变量的大小；无穷小不是指很小的数，"零"是可以作为无穷小的唯一常数.

在自变量的某个变化过程中，其绝对值可以无限增大的变量称为这个变

化过程中的**无穷大量**，简称**无穷大**. 即：若 $\lim\limits_{x \to x_0} f(x) = \infty$（或 $\lim\limits_{x \to \infty} f(x) = \infty$），则称 $f(x)$ 是当 $x \to x_0$（或 $x \to \infty$）**时的无穷大量.**

■ 无穷小量的比较

设 $\alpha(x)$,$\beta(x)$ 是在自变量的同一变化过程中的无穷小，记为

$$\lim \alpha(x) = 0, \quad \lim \beta(x) = 0.$$

（1） 若 $\lim \dfrac{\beta(x)}{\alpha(x)} = 0$，则称 $\beta(x)$ **是比** $\alpha(x)$ **高阶的无穷小**，记为

$$\beta(x) = o(\alpha(x)).$$

（2） 若 $\lim \dfrac{\beta(x)}{\alpha(x)} = \infty$，则称 $\beta(x)$ **是比** $\alpha(x)$ **低阶的无穷小.**

（3） 若 $\lim \dfrac{\beta(x)}{\alpha(x)} = C$（$C \neq 0$，$C \neq \pm\infty$），则称 $\beta(x)$ **与** $\alpha(x)$ **是同阶无穷小.**

（4） 若 $\lim \dfrac{\beta(x)}{\alpha(x)} = 1$，则称 $\beta(x)$ **与** $\alpha(x)$ **是等价无穷小**，记为

$$\beta(x) \sim \alpha(x).$$

3. 极限的主要结论

■ 数列极限的性质

唯一性　收敛数列的极限必唯一.

有界性　收敛数列的极限必有界.

保号性　若 $\lim\limits_{n \to \infty} x_n = A$，$A \neq 0$，则必存在正整数 N，当 $n > N$ 时，x_n 与 A 同号.

保序性　若 $\lim\limits_{n \to \infty} x_n = A$，$\lim\limits_{n \to \infty} y_n = B$，且存在正整数 N，当 $n > N$ 时，恒有 $x_n \leqslant y_n$，则 $A \leqslant B$.

极限的四则运算　若 $\lim\limits_{n \to \infty} x_n = A$，$\lim\limits_{n \to \infty} y_n = B$，则

$$\lim_{n \to \infty} (x_n \pm y_n) = \lim_{n \to \infty} x_n \pm \lim_{n \to \infty} y_n = A \pm B,$$

$$\lim_{n \to \infty} x_n y_n = \lim_{n \to \infty} x_n \lim_{n \to \infty} y_n = AB;$$

若 $B \neq 0$，则

$$\lim_{n \to \infty} \frac{x_n}{y_n} = \frac{\lim\limits_{n \to \infty} x_n}{\lim\limits_{n \to \infty} y_n} = \frac{A}{B}.$$

■ 数列收敛的几个判别法

两边夹法则 若数列$\{x_n\}$对一切的n满足条件$y_n \leqslant x_n \leqslant z_n$，且

$$\lim_{n\to\infty} y_n = \lim_{n\to\infty} z_n = A,$$

则$\lim\limits_{n\to\infty} x_n = A$.

单调有界准则 单调有界数列必有极限.

柯西收敛准则 数列$\{x_n\}$收敛的充要条件是：$\forall \varepsilon > 0$，总存在自然数N，对一切$n,m > N$，恒有不等式$|x_n - x_m| < \varepsilon$.

■ 几个常用的数列的极限

(1) $\lim\limits_{n\to\infty}\left(1+\dfrac{1}{n}\right)^n = \mathrm{e}$.

(2) $\lim\limits_{n\to\infty}\sqrt[n]{a} = 1\ (a > 0)$.

(3) $\lim\limits_{n\to\infty}\sqrt[n]{n} = 1$.

■ 函数极限的性质

与数列极限的性质类似，函数极限也有唯一性、有界性、保号性、保序性.

■ 函数极限存在的判别法

极限存在的充要条件 函数极限存在的充要条件是其左、右极限存在且相等.

归结原理 $\lim\limits_{x\to x_0} f(x) = A \Leftrightarrow \forall x_n \neq x_0$，$\lim\limits_{n\to\infty} x_n = x_0$，有$\lim\limits_{n\to\infty} f(x_n) = A$.

夹逼准则 若$g(x) \leqslant f(x) \leqslant h(x)$，且

$$\lim g(x) = A,\quad \lim h(x) = A,$$

则$\lim f(x) = A$.

极限与无穷小量的关系定理

$\lim\limits_{x\to x_0} f(x) = A \Leftrightarrow \exists \alpha(x)$，使$\lim\limits_{x\to x_0}\alpha(x) = 0$，且$f(x) = A + \alpha(x)$.

无穷大与无穷小量的关系定理 $\lim f(x) = 0 \Leftrightarrow \lim \dfrac{1}{f(x)} = \infty$.

有关无穷小的定理

(1) 有限个无穷小量之和是无穷小量.

(2) 有界量与无穷小量之积是无穷小量.

(3) 常数与无穷小量之积是无穷小量.

(4) 有限个无穷小量之积是无穷小量.

(5) 无穷小的替换定理：若当 $x \to x_0$ 时，$\alpha_1(x) \sim \alpha_2(x)$，$\beta_1(x) \sim \beta_2(x)$，且 $\lim\limits_{x \to x_0} \dfrac{\beta_2(x)}{\alpha_2(x)}$ 存在，则 $\lim\limits_{x \to x_0} \dfrac{\beta_1(x)}{\alpha_1(x)}$ 存在，且 $\lim\limits_{x \to x_0} \dfrac{\beta_1(x)}{\alpha_1(x)} = \lim\limits_{x \to x_0} \dfrac{\beta_2(x)}{\alpha_2(x)}$.

极限的四则运算法则　设 $\lim f(x) = A$ 及 $\lim g(x) = B$ 都存在，则

(1) $\lim(f(x) \pm g(x)) = \lim f(x) \pm \lim g(x) = A \pm B$；

(2) $\lim(f(x)g(x)) = \lim f(x) \lim g(x) = AB$；

(3) $\lim(Cf(x)) = C\lim f(x) = CA$ (C 为任意常数)；

(4) $\lim \dfrac{f(x)}{g(x)} = \dfrac{\lim f(x)}{\lim g(x)} = \dfrac{A}{B}$ ($\lim g(x) = B \neq 0$).

重要极限

(1) $\lim\limits_{x \to 0} \dfrac{\sin x}{x} = 1$.

(2) $\lim\limits_{x \to \infty} \left(1 + \dfrac{1}{x}\right)^x = \mathrm{e}$.

(3) $\lim\limits_{x \to 0} (1 + x)^{\frac{1}{x}} = \mathrm{e}$.

常用的等价无穷小　当 $x \to 0$ 时，

$$\sin x \sim x,\quad \tan x \sim x,\quad \ln(1+x) \sim x,\quad \arctan x \sim x,$$

$$\mathrm{e}^x - 1 \sim x,\quad \arcsin x \sim x,\quad 1 - \cos x \sim \frac{1}{2}x^2,$$

$$\sqrt{1+x} - 1 \sim \frac{1}{2}x,\quad (1+x)^\alpha - 1 \sim \alpha x,\quad a^x - 1 \sim x\ln a.$$

因此，当 $x \to 0$ 时，有

$$x \sim \sin x \sim \tan x \sim \arcsin x \sim \arctan x \sim \ln(1+x) \sim \mathrm{e}^x - 1,$$

在实际计算中，上述任意两个无穷小可直接进行等价代换.

4. 函数的连续性与主要结论

关于连续与间断，只需要考虑一个表达式：

$$\lim_{x \to x_0} f(x) = f(x_0).$$

若该表达式成立，则函数 $f(x)$ **在点** x_0 **处连续**；若该表达式不成立，则**函数** $f(x)$ **在点** x_0 **处间断**. 而该表达式不成立有 3 种情形：

(1) $f(x_0)$ 不存在，即函数 $f(x)$ 在 x_0 处无定义；

(2) $\lim\limits_{x \to x_0} f(x)$ 不存在，即函数 $f(x)$ 在 x_0 处无极限；

(3) 等号“=”不成立.

这 3 种情形都会导致函数 $f(x)$ 在点 x_0 处间断.

■ 函数在一点连续的两个等价的定义

(1) 设函数 $f(x)$ 在点 x_0 的某个邻域内有定义. 若当自变量的增量 $\Delta x=x-x_0$ 趋于零时,对应的函数增量 $\Delta y=f(x_0+\Delta x)-f(x_0)$ 也趋于零,即

$$\lim_{\Delta x\to 0}\Delta y=0,$$

则称**函数 $f(x)$ 在点 x_0 处连续**.

(2) 若函数 $y=f(x)$ 在点 x_0 的某一点邻域内有定义,且

$$\lim_{x\to x_0}f(x)=f(x_0),$$

则称**函数 $f(x)$ 在点 x_0 处连续**,并称 x_0 为 $f(x)$ 的**连续点**.

■ 左、右连续的概念

若 $\lim\limits_{x\to x_0^-}f(x)=f(x_0)$,则称**函数 $f(x)$ 在点 x_0 处左连续**;若 $\lim\limits_{x\to x_0^+}f(x)=f(x_0)$,则称**函数 $f(x)$ 在点 x_0 处右连续**.

性质 函数 $f(x)$ 在点 x_0 处连续的充分必要条件是:$f(x)$ 在点 x_0 处既左连续又右连续,且

$$\lim_{x\to x_0^-}f(x)=\lim_{x\to x_0^+}f(x)=f(x_0).$$

■ 间断点的几种情形

(1) 若 $\lim\limits_{x\to x_0}f(x)$ 存在,但此极限值不等于 $f(x_0)$ 或 $f(x)$ 在 x_0 处没定义,则称 x_0 是 $f(x)$ 的**可去间断点**.

(2) 若 $\lim\limits_{x\to x_0^-}f(x)$,$\lim\limits_{x\to x_0^+}f(x)$ 都存在,但不相等,则称 x_0 为 $f(x)$ 的**跳跃间断点**.

(3) 若 $\lim\limits_{x\to x_0}f(x)=\infty$,或 $\lim\limits_{x\to x_0^+}f(x)=\infty$,或 $\lim\limits_{x\to x_0^-}f(x)=\infty$,则称 x_0 为 $f(x)$ 的**无穷间断点**.

(4) 若 $\lim\limits_{x\to x_0}f(x)$ 不存在,且在 x_0 的邻域内,$f(x)$ 能无数次取 A,B 两个数之间的一切值,则称 x_0 为 $f(x)$ 的**振荡间断点**.

可去间断点、跳跃间断点统称为**第一类间断点**;无穷间断点、振荡间断点统称为**第二类间断点**. 通俗地讲,第一类间断和连续是“近亲”,通过补充或更改 $f(x)$ 在 x_0 处的定义,或将曲线平移,可以使函数在该点连续;而第二类间断则不然,其间断的“程度”更为激烈.

■ 函数在区间上连续的概念

在区间上每一点都连续的函数，称为**在该区间上的连续函数**，或者说函**数在该区间上连续**，该区间也称为函数的**连续区间**. 如果连续区间包括端点，那么函数在右端点连续是指**左连续**，在左端点连续是指**右连续**.

■ 闭区间上连续函数的性质

最大值、最小值定理　闭区间上的连续函数在该区间上必取得最大值和最小值.

零点定理　设 $f(x)$ 在 $[a,b]$ 上连续，且 $f(a)f(b)<0$，则至少存在一个 $\xi\in(a,b)$，使得 $f(\xi)=0$.

介值定理　设 $f(x)$ 在 $[a,b]$ 上连续，且 $f(a)\neq f(b)$. 若 c 是介于 $f(a)$ 与 $f(b)$ 之间的任意实数，则至少存在一个 $\xi\in(a,b)$，使得 $f(\xi)=c$.

二、典型例题分析

【例 1】　设 $f(x)=\begin{cases}x, & |x|\geqslant 1,\\ x^2, & |x|<1,\end{cases}$ $g(x)=\lg x$，求 $f(g(x))$ 及 $g(f(x))$.

解　(1) $f(g(x))=\begin{cases}\lg x, & |\lg x|\geqslant 1,\\ (\lg x)^2, & |\lg x|<1,\end{cases}$ 即

$$f(g(x))=\begin{cases}\lg x, & 0<x\leqslant\dfrac{1}{10}\text{ 或 }x\geqslant 10,\\ (\lg x)^2, & \dfrac{1}{10}<x<10.\end{cases}$$

(2) $g(f(x))=\begin{cases}\lg x, & x\geqslant 1,\\ \lg x^2, & -1<x<0\text{ 或 }0<x<1.\end{cases}$

【例 2】　设 $f(x)=\dfrac{x}{x-1}$，求 $f\left(\dfrac{1}{f(x)}\right)$，$f(f(f(x)))$，且用 $f(x)$ 表示 $f(3x)$.

解　因为 $f(x)=\dfrac{x}{x-1}\ (x\neq 1)$，$\dfrac{1}{f(x)}=\dfrac{x-1}{x}\ (x\neq 0,1)$，所以

$$f\left(\frac{1}{f(x)}\right)=\frac{\frac{x-1}{x}}{\frac{x-1}{x}-1}=1-x \quad (x\neq 0,1).$$

因为 $f(f(x))=f\left(\frac{x}{x-1}\right)=\frac{\frac{x}{x-1}}{\frac{x}{x-1}-1}=x\ (x\neq 1)$，所以

$$f(f(f(x)))=f(x)=\frac{x}{x-1} \quad (x\neq 1).$$

而 $f(3x)=\frac{3x}{3x-1}=\frac{3x}{2x+x-1}=\frac{3\frac{x}{x-1}}{2\frac{x}{x-1}+1}=\frac{3f(x)}{2f(x)+1}$.

【例 3】 设函数 $f(x)$ 满足关系式 $2f(x)+f\left(\frac{1}{x}\right)=\frac{k}{x}$，$k$ 为常数，证明：$f(x)$ 为奇函数.

证 由 $2f(x)+f\left(\frac{1}{x}\right)=\frac{k}{x}$，得 $2f\left(\frac{1}{x}\right)+f(x)=kx$. 联立两式，得

$$f(x)=\frac{k}{3}\left(\frac{2}{x}-x\right).$$

于是 $f(-x)=\frac{k}{3}\left(-\frac{2}{x}+x\right)=-\frac{k}{3}\left(\frac{2}{x}-x\right)=-f(x)$，得证 $f(x)$ 是奇函数.

【例 4】 已知 $f(x)=e^{x^2}$，$f(\varphi(x))=1-x$，$\varphi(x)\geqslant 0$，求 $\varphi(x)$，并写出它的定义域.

解 因为 $f(x)=e^{x^2}$，所以 $f(\varphi(x))=e^{\varphi^2(x)}$，于是

$$e^{\varphi^2(x)}=1-x.$$

两边取对数，得 $\varphi^2(x)=\ln(1-x)$. 又 $\varphi(x)\geqslant 0$，因此 $\varphi(x)=\sqrt{\ln(1-x)}$，其定义域为 $(-\infty,0]$.

【例 5】 当 $x\in[0,\pi]$ 时，$f(x)=0$，且 $\forall x\in(-\infty,+\infty)$，$f(x+\pi)=f(x)+\sin x$，证明：在 $(-\infty,+\infty)$ 内 $f(x)$ 是以 2π 为周期的周期函数，并求 $f(x)$ 的表达式. 这里假定 $f(x)\not\equiv 0$，$x\in(-\infty,+\infty)$.

证 (1) 由于

$$\begin{aligned}f(x+2\pi)&=f((x+\pi)+\pi)=f(x+\pi)+\sin(x+\pi)\\&=f(x)+\sin x-\sin x=f(x),\end{aligned}$$

故 $f(x)$ 是周期函数.

(2) 假设 a 是 $f(x)$ 的周期，且 $0<a<2\pi$，则 $\forall x\in(-\infty,+\infty)$，都有 $f(x+a)=f(x)$. 特别地，取 $x=0$，得 $f(a)=f(0)=0$；取 $x=\pi$，得 $f(\pi+a)=f(\pi)=0$. 又

$$f(\pi+a)=f(a)+\sin a,$$

故 $\sin a=0$，从而 $a=\pi$. 于是，$\forall x\in(-\infty,+\infty)$ 都有

$$f(x+\pi)=f(x),$$

而 $f(x+\pi)=f(x)+\sin x$，得 $\sin x=0$，矛盾. 故 $f(x)$ 是以 2π 为周期的周期函数.

(3) 任取 $x\in[\pi,2\pi]$，则 $x-\pi\in[0,\pi]$，从而 $f(x-\pi)=0$，且

$$f(x)=f((x-\pi)+\pi)=f(x-\pi)+\sin(x-\pi)=-\sin x,$$

因此，函数 $f(x)$ 在一个周期$[0,2\pi]$上的表达式为

$$f(x)=\begin{cases}0, & 0\leqslant x\leqslant\pi,\\ -\sin x, & \pi<x\leqslant 2\pi.\end{cases}$$

【例 6】 求下列极限：

(1) $\lim\limits_{n\to\infty}\left(\dfrac{1}{n^3+1}+\dfrac{4}{n^3+2}+\cdots+\dfrac{n^2}{n^3+n}\right)$；

(2) $\lim\limits_{n\to\infty}\left(\dfrac{1}{n^k}+\dfrac{2}{n^k}+\cdots+\dfrac{n}{n^k}\right)$ (k 为常数)；

(3) $\lim\limits_{n\to\infty}\left(\dfrac{1}{4}+\dfrac{1}{28}+\cdots+\dfrac{1}{9n^2-3n-2}\right)$.

解 (1) 记 $x_n=\dfrac{1}{n^3+1}+\dfrac{4}{n^3+2}+\cdots+\dfrac{n^2}{n^3+n}$. 由于

$$\frac{1+4+\cdots+n^2}{n^3+n}\leqslant x_n\leqslant\frac{1+4+\cdots+n^2}{n^3+1},$$

又 $1+4+\cdots+n^2=\dfrac{1}{6}n(n+1)(2n+1)$，所以

$$\frac{\frac{1}{6}n(n+1)(2n+1)}{n^3+n}\leqslant x_n\leqslant\frac{\frac{1}{6}n(n+1)(2n+1)}{n^3+1}.$$

又

$$\lim_{n\to\infty}\frac{\frac{1}{6}n(n+1)(2n+1)}{n^3+1}=\lim_{n\to\infty}\frac{\frac{1}{6}n(n+1)(2n+1)}{n^3+n}=\frac{1}{3},$$

故 $\lim\limits_{n\to\infty}x_n=\dfrac{1}{3}$.

(2) $\lim\limits_{n\to\infty}\left(\frac{1}{n^k}+\frac{2}{n^k}+\cdots+\frac{n}{n^k}\right)=\lim\limits_{n\to\infty}\frac{1+2+\cdots+n}{n^k}=\lim\limits_{n\to\infty}\frac{n+1}{2n^{k-1}}$

$$=\frac{1}{2}\lim_{n\to\infty}\left(\frac{1}{n^{k-2}}+\frac{1}{n^{k-1}}\right)=\begin{cases}0, & k>2,\\ \frac{1}{2}, & k=2,\\ \infty, & k<2.\end{cases}$$

(3) $\lim\limits_{n\to\infty}\left(\frac{1}{4}+\frac{1}{28}+\cdots+\frac{1}{9n^2-3n-2}\right)$

$$=\lim_{n\to\infty}\left[\frac{1}{1\times4}+\frac{1}{4\times7}+\frac{1}{7\times10}+\cdots+\frac{1}{(3n-2)(3n+1)}\right]$$

$$=\frac{1}{3}\lim_{n\to\infty}\left[\left(1-\frac{1}{4}\right)+\left(\frac{1}{4}-\frac{1}{7}\right)+\left(\frac{1}{7}-\frac{1}{10}\right)+\cdots+\left(\frac{1}{3n-2}-\frac{1}{3n+1}\right)\right]$$

$$=\frac{1}{3}\lim_{n\to\infty}\left(1-\frac{1}{3n+1}\right)=\frac{1}{3}.$$

【例 7】 求极限 $\lim\limits_{n\to\infty}\frac{1-e^{-nx}}{1+e^{-nx}}$.

解 当 $x>0$ 时, $\lim\limits_{n\to\infty}\frac{1-e^{-nx}}{1+e^{-nx}}=\frac{\lim\limits_{n\to\infty}(1-e^{-nx})}{\lim\limits_{n\to\infty}(1+e^{-nx})}=1$.

当 $x=0$ 时, $\lim\limits_{n\to\infty}\frac{1-e^{-nx}}{1+e^{-nx}}=0$.

当 $x<0$ 时, $\lim\limits_{n\to\infty}\frac{1-e^{-nx}}{1+e^{-nx}}=\lim\limits_{n\to\infty}\frac{e^{nx}-1}{e^{nx}+1}=-1$.

【例 8】 设 $f(x)$ 在 x_0 的某去心邻域内大于零, 且 $\lim\limits_{x\to x_0}f(x)=A$, 证明:

$$\lim_{x\to x_0}\sqrt{f(x)}=\sqrt{A}.$$

证 $\forall\varepsilon>0$, 要使 $|\sqrt{f(x)}-\sqrt{A}|<\varepsilon$ 成立.

① 当 $A=0$ 时, 上式变为 $\left|\sqrt{f(x)}-0\right|<\varepsilon$, 即 $\left|\sqrt{f(x)}\right|<\varepsilon$.

因为 $\lim\limits_{x\to x_0}f(x)=0$, 所以总 $\exists\delta>0$, 当 $0<|x-x_0|<\delta$ 时, 有 $|f(x)-0|<\varepsilon^2$, 故有 $\sqrt{|f(x)|}<\varepsilon$, 所以 $\left|\sqrt{f(x)}\right|<\varepsilon$.

② 当 $A>0$ 时, 要使 $\left|\sqrt{f(x)}-\sqrt{A}\right|=\frac{|f(x)-A|}{\sqrt{f(x)}+\sqrt{A}}<\varepsilon$, 只要

$$\frac{|f(x)-A|}{\sqrt{f(x)}+\sqrt{A}}<\frac{|f(x)-A|}{\sqrt{A}}<\varepsilon$$

即可.

因为 $\lim\limits_{x\to x_0} f(x)=A$，所以总 $\exists\delta>0$，当 $0<|x-x_0|<\delta$ 时，有 $|f(x)-A|<\sqrt{A}\,\varepsilon$，故有

$$\left|\sqrt{f(x)}-\sqrt{A}\right|<\frac{1}{\sqrt{A}}|f(x)-A|<\frac{1}{\sqrt{A}}\sqrt{A}\,\varepsilon=\varepsilon.$$

因此 $\lim\limits_{x\to x_0}\sqrt{f(x)}=\sqrt{A}$.

【例 9】　求下列极限：

(1) $\lim\limits_{x\to+\infty}(\sin\sqrt{x+1}-\sin\sqrt{x})$；

(2) $\lim\limits_{x\to\infty}x\left(\sin\ln\left(1+\frac{3}{x}\right)-\sin\ln\left(1+\frac{1}{x}\right)\right)$.

解　(1) 注意 $\lim\limits_{x\to+\infty}\sin\sqrt{x+1}$ 与 $\lim\limits_{x\to+\infty}\sin\sqrt{x}$ 都不存在，不能使用极限运算的四则运算法则.

$$\begin{aligned}\text{原式}&=\lim_{x\to+\infty}2\sin\frac{\sqrt{x+1}-\sqrt{x}}{2}\cos\frac{\sqrt{x+1}+\sqrt{x}}{2}\\&=\lim_{x\to+\infty}2\sin\frac{1}{2(\sqrt{x+1}+\sqrt{x})}\cos\frac{\sqrt{x+1}+\sqrt{x}}{2}\\&=0,\end{aligned}$$

其中，$\cos\frac{\sqrt{x+1}+\sqrt{x}}{2}$ 为有界函数，而 $x\to+\infty$ 时 $\sin\frac{1}{2(\sqrt{x+1}+\sqrt{x})}$ 为无穷小.

(2)

$$\begin{aligned}&\lim_{x\to\infty}x\left(\sin\ln\left(1+\frac{3}{x}\right)-\sin\ln\left(1+\frac{1}{x}\right)\right)\\&=\lim_{x\to\infty}2x\sin\frac{\ln\left[\left(1+\frac{3}{x}\right)\Big/\left(1+\frac{1}{x}\right)\right]}{2}\cos\frac{\ln\left[\left(1+\frac{1}{x}\right)\left(1+\frac{3}{x}\right)\right]}{2}\\&=\lim_{x\to\infty}2x\sin\frac{\ln\left(1+\frac{2}{1+x}\right)}{2}=\lim_{x\to\infty}2x\cdot\frac{\ln\left(1+\frac{2}{1+x}\right)}{2}\\&=\lim_{x\to\infty}x\cdot\frac{2}{1+x}=2,\end{aligned}$$

其中，$x\to\infty$ 时，

$$\sin\frac{\ln\left(1+\frac{2}{1+x}\right)}{2}\sim\frac{\ln\left(1+\frac{2}{1+x}\right)}{2},\quad\ln\left(1+\frac{2}{1+x}\right)\sim\frac{2}{1+x}.$$

【例 10】 计算极限(其中 $m \in \mathbf{Z}^+$, $n \in \mathbf{Z}^+$):

$$\lim_{x \to 0} \frac{\sqrt[m]{1+\alpha x} \cdot \sqrt[n]{1+\beta x} - 1}{e^x - 1}.$$

解 原式 $= \lim\limits_{x \to 0} \dfrac{\sqrt[m]{1+\alpha x}(\sqrt[n]{1+\beta x} - 1) + \sqrt[m]{1+\alpha x} - 1}{x}$

$$= \lim_{x \to 0} \sqrt[m]{1+\alpha x} \cdot \frac{\sqrt[n]{1+\beta x} - 1}{x} + \lim_{x \to 0} \frac{\sqrt[m]{1+\alpha x} - 1}{x}$$

$$= \frac{\beta}{n} + \frac{\alpha}{m}.$$

【例 11】 设 $x \to 0$ 时, $e^{x\cos x^2} - e^x$ 与 x^a 是同阶无穷小, 试求常数 a.

解 因为 $e^{x\cos x^2} - e^x = e^x(e^{x(\cos x^2 - 1)} - 1)$, 当 $x \to 0$ 时,

$$e^{x(\cos x^2 - 1)} - 1 \sim x(\cos x^2 - 1) \sim x\left(-\frac{x^4}{2}\right),$$

又 $e^x \to 1$, 故 $e^x(e^{x(\cos x^2-1)} - 1) \sim -\dfrac{x^5}{2}$. 所以, $a = 5$.

【例 12】 函数 $y = x\cos x$ 在 $(-\infty, +\infty)$ 内是否有界? 又当 $x \to +\infty$ 时, 这个函数是否为无穷大? 为什么?

解 $y = x\cos x$ 在 $(-\infty, +\infty)$ 内无界. 因为 $\forall M > 0$ (无论它多么大), 总能找到 $x = 2k\pi$ $(k \in \mathbf{Z})$, 使得当 $|k| > \dfrac{M}{2\pi}$ 时, 对应的 $|y| = |2k\pi| > M$.

但当 $x \to +\infty$ 时 $y = x\cos x$ 不是无穷大. 比如取 $x = 2k\pi + \dfrac{\pi}{2}$ $(k \in \mathbf{Z}^+)$, 当 $k \to +\infty$ 时, $x \to +\infty$, 但此时 $y = 0$.

【例 13】 证明: 函数 $y = \dfrac{1}{x}\sin\dfrac{1}{x}$ 在区间 $(0,1)$ 内无界, 但当 $x \to 0^+$ 时, 这个函数不是无穷大.

证 $\forall M > 0$, 必存在 $x_0 = \dfrac{1}{2([M]+1)\pi + \dfrac{\pi}{2}} \in (0,1)$, 使对应的

$$|y| = 2([M]+1)\pi + \frac{\pi}{2} > M,$$

所以 $y = \dfrac{1}{x}\sin\dfrac{1}{x}$ 在 $(0,1)$ 内无界.

但当 $x \to 0^+$ 时, $y = \dfrac{1}{x}\sin\dfrac{1}{x}$ 不是无穷大, 比如取 $x = \dfrac{1}{k\pi}$ $(k \in \mathbf{Z}^+)$, 当

$k \to +\infty$ 时，$x \to 0^+$，但此时 $y = k\pi \sin k\pi = 0$.

注　例12和例13是让读者进一步理解无界、无穷大的概念. 无穷大是指在自变量的某一变化过程中 $|f(x)|$ 不断增大，即对满足 $|x| > X$（或 $0 < |x - x_0| < \delta$）的一切 x 都有 $|f(x)| > M$；而对无界来说，$\forall M > 0$，只要找到一个 x_0 使得 $|f(x_0)| > M$，就能断定 $|f(x)|$ 无界.

【例 14】　求下列极限：

(1) $\lim\limits_{x \to \pi} \dfrac{\sin x}{\pi - x}$；　　(2) $\lim\limits_{x \to \frac{1}{2}} \dfrac{\arcsin(1-2x)}{\tan(4x^2-1)}$.

解　(1) $\lim\limits_{x \to \pi} \dfrac{\sin x}{\pi - x} = \lim\limits_{x \to \pi} \dfrac{\sin(\pi - x)}{\pi - x} = 1$.

(2)
$$\lim_{x \to \frac{1}{2}} \frac{\arcsin(1-2x)}{\tan(4x^2-1)} = \lim_{x \to \frac{1}{2}} \frac{1-2x}{4x^2-1} = \lim_{x \to \frac{1}{2}} \frac{1-2x}{(2x+1)(2x-1)}$$
$$= -\lim_{x \to \frac{1}{2}} \frac{1}{2x+1} = -\frac{1}{2}.$$

注　幂指函数 $u(x)^{v(x)}$ 这一函数形式在高等数学的学习中非常普遍，关于它的求极限和求导等相关问题，要特别重视.

由于 $u(x)^{v(x)} = e^{v(x)\ln u(x)}$，可见它本质上是一个指数函数.

若 $\lim u(x) = a\ (a > 0)$，$\lim v(x) = b$，则
$$\lim u(x)^{v(x)} = a^b.$$

更多的时候，$u(x)^{v(x)}$ 的极限是 1^∞ 未定式. 比如重要极限
$$\lim_{x \to \infty}\left(1 + \frac{1}{x}\right)^x = e, \quad \lim_{x \to 0}(1+x)^{\frac{1}{x}} = e.$$

(1) 若 $\lim u(x) = 1$，$\lim v(x) = \infty$，则 $\lim u(x)^{v(x)} = \lim e^{v(x)\ln u(x)}$. 又 $\lim \ln u(x) = 0$，以及 $\ln u(x) = \ln(1 + (u(x) - 1)) \sim u(x) - 1$，可得
$$\lim u(x)^{v(x)} = \exp\{\lim (u(x) - 1)v(x)\}.$$

(2) 对 $\lim (1 + \alpha(x))^{\beta(x)}$，若 $\lim \alpha(x) = 0$，$\lim \beta(x) = \infty$，则
$$\lim (1 + \alpha(x))^{\beta(x)} = \exp\{\lim \alpha(x)\beta(x)\}.$$

这个结果可以帮助我们非常方便地计算 1^∞ 这类重要极限.

【例 15】　计算下列极限：

(1) $\lim\limits_{x \to 1} (2-x)^{\sec\frac{\pi x}{2}}$；　　(2) $\lim\limits_{n \to \infty} \tan^n\left(\dfrac{\pi}{4} + \dfrac{2}{n}\right)$.

解　(1)
$$\lim_{x \to 1} (2-x)^{\sec\frac{\pi x}{2}} = \exp\left\{\lim_{x \to 1} (1-x)\sec\frac{\pi x}{2}\right\} = \exp\left\{\lim_{x \to 1} \frac{1-x}{\cos\frac{\pi x}{2}}\right\}$$

$$=\exp\left\{\lim_{x\to1}\frac{1-x}{\sin\left(\frac{\pi}{2}-\frac{\pi x}{2}\right)}\right\}=\exp\left\{\lim_{x\to1}\frac{1-x}{\frac{\pi}{2}-\frac{\pi x}{2}}\right\}=e^{\frac{2}{\pi}}.$$

(2) $\lim\limits_{n\to\infty}\tan^n\left(\frac{\pi}{4}+\frac{2}{n}\right)=\lim\limits_{n\to\infty}\left(\frac{1+\tan\frac{2}{n}}{1-\tan\frac{2}{n}}\right)^n=\lim\limits_{n\to\infty}\left(1+\frac{2\tan\frac{2}{n}}{1-\tan\frac{2}{n}}\right)^n$

$$=\exp\left\{\lim_{n\to\infty}\frac{2\tan\frac{2}{n}}{1-\tan\frac{2}{n}}\cdot n\right\}=\exp\left\{\lim_{n\to\infty}\frac{2\cdot\frac{2}{n}}{1-\tan\frac{2}{n}}\cdot n\right\}=e^4.$$

【例16】 若 $\lim\limits_{x\to\infty}\left(\frac{x+2a}{x-a}\right)^{x+b}=8$，求 a.

解 由于

$$\lim_{x\to\infty}\left(\frac{x+2a}{x-a}\right)^{x+b}=\lim_{x\to\infty}\left(1+\frac{3a}{x-a}\right)^{x+b}=\exp\left\{\lim_{x\to\infty}\frac{3a}{x-a}(x+b)\right\}$$
$$=e^{3a},$$

所以 $e^{3a}=8$，$a=\ln 2$.

【例17】 计算 $\lim\limits_{n\to\infty}\left(\frac{\sqrt[n]{a}+\sqrt[n]{b}}{2}\right)^n$，$a>0$，$b>0$.

解 注意到 $\sqrt[n]{a}\to1$，$\sqrt[n]{b}\to1$，知所求极限为 1^∞ 未定式. 于是

$$\lim_{n\to\infty}\left(\frac{\sqrt[n]{a}+\sqrt[n]{b}}{2}\right)^n=\lim_{n\to\infty}\left(1+\frac{\sqrt[n]{a}+\sqrt[n]{b}-2}{2}\right)^n=\exp\left\{\lim_{n\to\infty}\frac{\sqrt[n]{a}+\sqrt[n]{b}-2}{2}\cdot n\right\}.$$

又 $n\to\infty$ 时，$a^{\frac{1}{n}}-1\sim\frac{1}{n}\ln a$，$b^{\frac{1}{n}}-1\sim\frac{1}{n}\ln b$，所以

$$\frac{\sqrt[n]{a}+\sqrt[n]{b}-2}{2}\cdot n=\frac{a^{\frac{1}{n}}-1}{\frac{2}{n}}+\frac{b^{\frac{1}{n}}-1}{\frac{2}{n}}\to\frac{\ln a}{2}+\frac{\ln b}{2}=\frac{\ln ab}{2}=\ln\sqrt{ab}.$$

因此 $\lim\limits_{n\to\infty}\left(\frac{\sqrt[n]{a}+\sqrt[n]{b}}{2}\right)^n=\exp\{\ln\sqrt{ab}\}=\sqrt{ab}$.

相仿地，可知 $\lim\limits_{n\to\infty}\left(\frac{\sqrt[n]{a}+\sqrt[n]{b}+\sqrt[n]{c}}{3}\right)^n=\sqrt[3]{abc}$，这里 $a,b,c>0$.

【例18】 若 $\lim\limits_{x\to1}\frac{x^2+ax+b}{\tan(x^2-1)}=3$，求常数 a,b 的值.

分析 因为 $\lim\limits_{x\to1}\tan(x^2-1)=0$，要使 $\lim\limits_{x\to1}\frac{x^2+ax+b}{\tan(x^2-1)}$ 存在，必须

$$\lim_{x\to1}(x^2+ax+b)=0.$$

但这一表述方式过于繁琐，建议使用以下的表达方式更为直接：

$$\lim_{x\to1}(x^2+ax+b)=\lim_{x\to1}\frac{x^2+ax+b}{\tan(x^2-1)}\cdot\tan(x^2-1)=3\cdot0=0.$$

解　因为

$$\lim_{x\to1}(x^2+ax+b)=\lim_{x\to1}\frac{x^2+ax+b}{\tan(x^2-1)}\cdot\tan(x^2-1)=3\cdot0=0,$$

又$\lim\limits_{x\to1}(x^2+ax+b)=1+a+b$，故$1+a+b=0$，即$b=-1-a$. 于是

$$\lim_{x\to1}\frac{x^2+ax+b}{\tan(x^2-1)}=\lim_{x\to1}\frac{x^2+ax-a-1}{\tan(x^2-1)}=\lim_{x\to1}\frac{x^2-1+a(x-1)}{x^2-1}$$

$$=\lim_{x\to1}\frac{x+1+a}{x+1}=\frac{a+2}{2}.$$

因此$\dfrac{a+2}{2}=3$，得$a=4$，所以$b=-5$.

【例19】　设$f(x)=\begin{cases}\dfrac{1}{1+e^{\frac{1}{x}}}, & x\neq0,\\ 0, & x=0,\end{cases}$　试讨论$f(x)$的连续性.

分析　讨论分段函数在分界点处的连续性，采用的方法是利用下面结论：

$$\lim_{x\to x_0}f(x)=f(x_0)\Leftrightarrow f(x_0+0)=f(x_0-0)=f(x_0).$$

本题中，当$x\neq0$时，$f(x)$显然是连续的，所以问题的关键是讨论在点$x=0$处的连续性.

解　因为

$$f(0-0)=\lim_{x\to0^-}f(x)=\lim_{x\to0^-}\frac{1}{1+e^{\frac{1}{x}}}=1\neq f(0),$$

$$f(0+0)=\lim_{x\to0^+}f(x)=\lim_{x\to0^+}\frac{1}{1+e^{\frac{1}{x}}}=0=f(0),$$

即$f(x)$在$x=0$处右连续但不左连续，故$f(x)$在$x=0$处不连续.

【例20】　求函数$f(x)=(1+x)^{\frac{x}{\tan\left(x-\frac{\pi}{4}\right)}}$在区间$(0,2\pi)$内的间断点，并判断其类型.

解　函数$f(x)$在区间$(0,2\pi)$内的间断点为$\dfrac{1}{\tan\left(x-\dfrac{\pi}{4}\right)}$在区间$(0,2\pi)$

内的不存在的点，即 $x=\frac{\pi}{4},\frac{3\pi}{4},\frac{5\pi}{4},\frac{7\pi}{4}$.

由于 $\lim\limits_{x\to\left(\frac{\pi}{4}\right)^+}f(x)=+\infty$，$\lim\limits_{x\to\left(\frac{5\pi}{4}\right)^+}f(x)=+\infty$，所以 $x=\frac{\pi}{4},\frac{5\pi}{4}$ 为函数 $f(x)$ 的无穷间断点.

由于 $\lim\limits_{x\to\frac{3\pi}{4}}f(x)=1$，$\lim\limits_{x\to\frac{7\pi}{4}}f(x)=1$，所以 $x=\frac{3\pi}{4},\frac{7\pi}{4}$ 为函数 $f(x)$ 的可去间断点.

【例 21】 设 $f(x)=\begin{cases}x\sin^2\dfrac{1}{x}, & x>0,\\ a+x^2, & x\leqslant 0,\end{cases}$ 怎样选择 a，才能使函数 $f(x)$ 在 $(-\infty,+\infty)$ 内连续？

解 因为

$$f(0-0)=\lim_{x\to 0^-}f(x)=\lim_{x\to 0^-}(a+x^2)=a=f(0),$$

$$f(0+0)=\lim_{x\to 0^+}f(x)=\lim_{x\to 0^+}x\sin^2\frac{1}{x}=0,$$

所以由 $f(x)$ 在 $x=0$ 处连续应有

$$f(0-0)=f(0+0)=f(0)=a=0.$$

由于 $f(x)$ 在 $(-\infty,0]$，$(0,+\infty)$ 内为初等函数，所以在此区间内是连续的. 故当 $a=0$ 时 $f(x)$ 在 $(-\infty,+\infty)$ 内连续.

【例 22】 讨论 $f(x)=\lim\limits_{n\to\infty}\dfrac{1-x^{2n}}{1+x^{2n}}x$ 的连续性，若有间断点，判断其类型.

解 $f(x)=\lim\limits_{n\to\infty}\dfrac{1-x^{2n}}{1+x^{2n}}x$

$$=\begin{cases}x, & |x|<1,\\ 0, & |x|=1,\\ -x, & |x|>1\end{cases}=\begin{cases}-x, & x<-1,\\ 0, & x=-1,\\ x, & -1<x<1,\\ 0, & x=1,\\ -x, & x>1.\end{cases}$$

当 $x=-1$ 时，

$$f(-1-0)=\lim_{x\to -1-0}(-x)=1,\quad f(-1+0)=\lim_{x\to -1+0}x=-1,$$

$f(-1-0)\neq f(-1+0)$，$x=-1$ 是 $f(x)$ 的跳跃间断点.

当 $x=1$ 时，

$$f(1-0)=\lim_{x\to 1-0} x=1,\quad f(1+0)=\lim_{x\to 1+0}(-x)=-1,$$

$f(1-0)\neq f(1+0)$，$x=1$ 是 $f(x)$ 的跳跃间断点.

所以当 $x\neq\pm 1$ 时，$f(x)$ 处处连续，$x=\pm 1$ 是 $f(x)$ 的跳跃间断点.

【例 23】　设 $f(x)=\dfrac{x(x+1)(x+2)}{|x|(x^2-4)}$，求 $f(x)$ 的间断点并指出其类型.

解　由 $f(x)$ 的定义域知 $x\neq -2,0,2$. 而 $f(x)$ 在 $(-\infty,-2)\cup(-2,0)\cup(0,2)\cup(2,+\infty)$ 内是初等函数，所以在此区间内连续. 故 $f(x)$ 的间断点是 $-2,0,2$.

$$\lim_{x\to -2}\frac{x(x+1)(x+2)}{|x|(x^2-4)}=\lim_{x\to -2}\frac{x(x+1)}{|x|(x-2)}=-\frac{1}{4},$$

故 $x=-2$ 是 $f(x)$ 的可去间断点，属第一类间断点.

$$\lim_{x\to 0^-}\frac{x(x+1)(x+2)}{|x|(x^2-4)}=\lim_{x\to 0^-}\frac{x(x+1)}{-x(x-2)}=\frac{1}{2},$$

$$\lim_{x\to 0^+}\frac{x(x+1)(x+2)}{|x|(x^2-4)}=\lim_{x\to 0^+}\frac{x(x+1)}{x(x-2)}=-\frac{1}{2},$$

故 $x=0$ 是 $f(x)$ 的跳跃间断点，属第一类间断点.

$$\lim_{x\to 2}\frac{x(x+1)(x+2)}{|x|(x^2-4)}=\lim_{x\to 2}\frac{x(x+1)}{|x|(x-2)}=\infty,$$

故 $x=2$ 是 $f(x)$ 的无穷间断点，属第二类间断点.

【例 24】　设 $f(x)=\begin{cases} e^{\frac{1}{x-1}}, & x>0, \\ \ln(1+x), & -1<x\leqslant 0, \end{cases}$ 求 $f(x)$ 的间断点并指出其类型.

分析　$x=0$ 是函数的分段点，$x=1$ 是函数无意义的点，故只需讨论 $f(x)$ 在 $x=0$，$x=1$ 是否连续即可.

解　因为

$$f(0-0)=\lim_{x\to 0^-}f(x)=\lim_{x\to 0^-}\ln(1+x)=0,$$

$$f(0+0)=\lim_{x\to 0^+}f(x)=\lim_{x\to 0^+}e^{\frac{1}{x-1}}=\frac{1}{e},$$

可知 $f(0-0)\neq f(0+0)$，故 $x=0$ 是 $f(x)$ 的跳跃间断点，属第一类间断点.

因为

$$f(1-0)=\lim_{x\to 1^-}f(x)=\lim_{x\to 1^-}e^{\frac{1}{x-1}}=0,$$

$$f(1+0)=\lim_{x\to 1^+}f(x)=\lim_{x\to 1^+}e^{\frac{1}{x-1}}=+\infty,$$

所以 $x=1$ 是 $f(x)$ 的无穷间断点，属第二类间断点.

【例 25】 设 $f(x)=\lim\limits_{n\to\infty}\dfrac{x^{2n-1}+ax^2+bx}{x^{2n}+1}$ 为连续函数，试确定 a 和 b 的值.

解 当 $|x|>1$ 时,

$$f(x)=\lim_{n\to\infty}\frac{\dfrac{1}{x}+\dfrac{a}{x^{2n-2}}+\dfrac{b}{x^{2n-1}}}{1+\dfrac{1}{x^{2n}}}=\frac{1}{x};$$

当 $x=1$ 时，$f(1)=\dfrac{1+a+b}{2}$；当 $x=-1$ 时，$f(-1)=\dfrac{-1+a-b}{2}$；当 $|x|<1$ 时，$f(x)=ax^2+bx$. 所以

$$f(x)=\begin{cases}\dfrac{1}{x}, & |x|>1,\\ \dfrac{a+b+1}{2}, & x=1,\\ \dfrac{a-b-1}{2}, & x=-1,\\ ax^2+bx, & |x|<1.\end{cases}$$

在分段点 $x=1$ 处,

$$\lim_{x\to 1^+}f(x)=\lim_{x\to 1^+}\frac{1}{x}=1,\quad \lim_{x\to 1^-}f(x)=a+b,\quad f(1)=\frac{a+b+1}{2};$$

在分段点 $x=-1$ 处，$\lim\limits_{x\to(-1)^+}f(x)=\lim\limits_{x\to(-1)^+}(ax^2+bx)=a-b$，$\lim\limits_{x\to(-1)^-}f(x)=\lim\limits_{x\to(-1)^-}\dfrac{1}{x}=-1$，$f(-1)=\dfrac{a-b-1}{2}$. 因为 $f(x)$ 为连续函数，所以有

$$1=a+b=\frac{a+b+1}{2} \text{ 和 } a-b=-1=\frac{a-b-1}{2}.$$

联立上式可解得 $a=0$，$b=1$.

【例 26】 设 $f(x)$ 在 $[0,a]$ 上连续 $(a>0)$，且 $f(0)=f(a)$，证明：方程 $f(x)=f\left(x+\dfrac{a}{2}\right)$ 在 $(0,a)$ 内至少有一个实根.

证 令 $g(x)=f(x)-f\left(x+\dfrac{a}{2}\right)$，则 $g(x)$ 在 $\left[0,\dfrac{a}{2}\right]$ 上连续，并且

$$g(0)=f(0)-f\left(\frac{a}{2}\right),\quad g\left(\frac{a}{2}\right)=f\left(\frac{a}{2}\right)-f(a).$$

因为 $f(0)=f(a)$，所以 $g\left(\dfrac{a}{2}\right)=f\left(\dfrac{a}{2}\right)-f(a)=f\left(\dfrac{a}{2}\right)-f(0)$，故而

$$g(0) \cdot g\left(\frac{a}{2}\right) \leqslant 0.$$

当 $g(0) \cdot g\left(\frac{a}{2}\right)=0$ 时，取 $x_0=\frac{a}{2}$ 即满足要求.

当 $f(0) \neq f\left(\frac{a}{2}\right)$ 时，有 $g(0) \cdot g\left(\frac{a}{2}\right)<0$，由零点定理，存在 $x_0 \in \left(0,\frac{a}{2}\right)$，使 $f(x_0)=f\left(x_0+\frac{a}{2}\right)$，即 x_0 是方程 $f(x)=f\left(x+\frac{a}{2}\right)$ 在 $(0,a)$ 内的一个实根.

【例 27】　设 $f(x)$ 在 $[a,b]$ 上连续，$a<c<d<b$，试证明：对任意正数 p 和 q，至少有一点 $\xi \in [c,d]$，使

$$pf(c)+qf(d)=(p+q)f(\xi).$$

证　因为 $f(x)$ 在 $[a,b]$ 上连续，而 $[c,d] \subset [a,b]$，故 $f(x)$ 在 $[c,d]$ 上连续，因而 $f(x)$ 在 $[c,d]$ 上必有最小值 m 及最大值 M，使

$$m \leqslant f(c) \leqslant M, \quad m \leqslant f(d) \leqslant M.$$

已知 $p>0$，$q>0$，则有 $pm \leqslant pf(c) \leqslant pM$，$qm \leqslant qf(d) \leqslant qM$，相加可得

$$(p+q)m \leqslant pf(c)+qf(d) \leqslant (p+q)M,$$

即 $m \leqslant \frac{pf(c)+qf(d)}{p+q} \leqslant M$. 根据介值定理的推论，在 $[c,d]$ 上至少有一点 ξ，使得 $f(\xi)=\frac{pf(c)+qf(d)}{p+q}$，即 $pf(c)+qf(d)=(p+q)f(\xi)$.

三、教材习题全解

习题 1-1

A　类

1. 下列各题中，$f(x)$ 与 $g(x)$ 是否表示同一函数？ 为什么？

(1)　$f(x)=|x|$，$g(x)=\sqrt{x^2}$；

(2)　$f(x)=x$，$g(x)=\sin(\arcsin x)$；

(3)　$f(x)=\sqrt{1-\cos^2 x}$，$g(x)=\sin x$；

(4) $f(x)=3x^2+2x-1$, $g(t)=3t^2+2t-1$.

解 定义域和对应法则是构成函数的两大要素，当且仅当两个函数的定义域和对应法则完全相同时，两个函数相等.

(1) $f(x)$ 和 $g(x)$ 是同一函数. 因为 $g(x)=\sqrt{x^2}=|x|$.

(2) $f(x)$ 和 $g(x)$ 不是同一函数. 因为 $f(x)$ 的定义域是 $(-\infty,+\infty)$，而 $g(x)$ 的定义域是 $[-1,1]$.

(3) $f(x)$ 与 $g(x)$ 的定义域都是 $(-\infty,+\infty)$，但 $f(x)=|\sin x|$，$g(x)=\sin x$，两者的对应法则不同，故 $f(x)$ 与 $g(x)$ 不同.

(4) $f(x)$ 与 $g(t)$ 的区别只是自变量所用的符号不同，但其定义域和对应法则都相同，因此 $f(x)$ 与 $g(t)$ 表示同一个函数.

2. 设 $y=f(x)$，$x\in[0,4]$，求 $f(x^2)$ 和 $f(x+5)+f(x-5)$ 的定义域.

解 由于 $y=f(x)$ 的定义域为 $[0,4]$，对于 $f(x^2)$，则有 $0\leqslant x^2\leqslant 4$，即 $-2\leqslant x\leqslant 2$，所以 $f(x^2)$ 的定义域为 $[-2,2]$.

对于 $f(x+5)+f(x-5)$，则有 $\begin{cases}0\leqslant x+5\leqslant 4,\\0\leqslant x-5\leqslant 4,\end{cases}$ 即 $\begin{cases}-5\leqslant x\leqslant -1,\\5\leqslant x\leqslant 9.\end{cases}$ 此不等式组无解，所以 $f(x+5)+f(x-5)$ 的定义域为空集.

3. 若 $f(x)=\begin{cases}1, & |x|<1,\\0, & |x|=1,\\-1, & |x|>1,\end{cases}$ $g(x)=e^x$，求 $f(g(x))$，$g(f(x))$.

解 欲求 $f(g(x))$ 只需将 $f(x)$ 表达式中的 x 全部换为 $g(x)$，即

$$f(g(x))=\begin{cases}1, & |g(x)|<1,\\0, & |g(x)|=1,\\-1, & |g(x)|>1\end{cases}=\begin{cases}1, & |e^x|<1,\\0, & |e^x|=1,\\-1, & |e^x|>1.\end{cases}$$

又 $|e^x|<1\Leftrightarrow x<0$，而 $|e^x|>1\Leftrightarrow x>0$，以及 $|e^x|=1\Leftrightarrow x=0$，从而有

$$f(g(x))=\begin{cases}1, & x<0,\\0, & x=0,\\-1, & x>0.\end{cases}$$

类似地，要求 $g(f(x))$ 只需将 $g(x)$ 中的 x 替换为 $f(x)$，即

$$g(f(x))=e^{f(x)}=\begin{cases}e, & |x|<1,\\1, & |x|=1,\\e^{-1}, & |x|>1.\end{cases}$$

4. 已知 $f(x)=e^{x^2}$，$f(\varphi(x))=1-x$，且 $\varphi(x)\geqslant 0$，求 $\varphi(x)$ 并写出其定义域.

解 由 $f(\varphi(x))=e^{\varphi^2(x)}=1-x$ 及 $\varphi(x)\geqslant 0$，有 $\varphi(x)=\sqrt{\ln(1-x)}$. 由 $\ln(1-x)\geqslant 0$ 得 $x\leqslant 0$，故 $\varphi(x)$ 的定义域为 $\{x\,|\,x\leqslant 0\}$.

5. 求下列函数的反函数及其定义域：

$$y=\frac{1}{2}(e^x+e^{-x}),\quad 0\leqslant x<+\infty.$$

解　令 $e^x=t$. 由 $x\geqslant 0$，知 $t\geqslant 1$，$y\geqslant 1$. 上式可变为 $t^2-2yt+1=0$，从而 $t=y+\sqrt{y^2-1}$（$t=y-\sqrt{y^2-1}<1$ 舍去）. 故 $e^x=y+\sqrt{y^2-1}$. 原函数的反函数为

$$y=\ln(x+\sqrt{x^2-1}).$$

6. $f(x)=\sin x^2$ 与函数 $g(x)=\sin^2 x$ 是否为周期函数？ 若是则求出其最小正周期，若不是则说明理由.

解　$g(x)=\sin^2 x=\dfrac{1-\cos 2x}{2}$，是周期函数，其最小正周期为 π.

$f(x)=\sin x^2$ 不是周期函数. 事实上，若 $f(x)$ 是周期函数，设 T 为其周期，则有

$$\sin(x+T)^2=\sin x^2.$$

令 $x=0$，得 $\sin T^2=0$，故 $T=\sqrt{2k\pi}$，$k\in\mathbf{Z}$. 若令 $x=\sqrt{p\pi}$，p 为某素数，可得

$$\sin(p\pi+2k\pi+2\sqrt{2kp}\,\pi)=0,$$

则 $p+2k+2\sqrt{2kp}$ 为整数，又 p 为素数，从而 $k=2p$，这导致周期 T 与 p 相关，从而周期 T 不存在.

7. 判别下列函数是否周期函数，若是，则求其周期：

(1)　$f(x)=\cos\dfrac{x}{2}+2\sin\dfrac{x}{3}$；　　(2)　$f(x)=\sqrt{\tan x}$；

(3)　$f(x)=|\sin x|+\sqrt{\tan\dfrac{x}{2}}$；　　(4)　$g(x)=\sin x\cos\dfrac{\pi x}{2}$.

解　两个周期函数的和或积是不是周期函数，取决于这两个周期函数的周期是否有公倍数（即两周期之比是否为有理数）.

(1)　$\cos\dfrac{x}{2}$ 的周期为 4π，$\sin\dfrac{x}{3}$ 的周期为 6π，故 $f(x)=\cos\dfrac{x}{2}+2\sin\dfrac{x}{3}$ 的周期为 12π.

(2)　$\tan x$ 是周期函数，其最小正周期为 π，故 $f(x)=\sqrt{\tan x}$ 的周期为 π.（注意：$f(x)=\sqrt{\tan x}$ 仅在 $\left[k\pi,k\pi+\dfrac{\pi}{2}\right)$，$k\in\mathbf{Z}$ 上有定义.）

(3)　由于 $|\sin x|$ 的周期 $T_1=\pi$，$\sqrt{\tan\dfrac{x}{2}}$ 的周期 $T_2=2\pi$，它们的最小公倍数为 2π，故 $f(x)$ 是以 2π 为周期的周期函数.

(4)　$g(x)$ 中两因子的周期分别为 $T_1=2\pi$，$T_2=4$. $\dfrac{T_1}{T_2}=\dfrac{\pi}{2}$ 为无理数，故 $g(x)$ 不是周期函数.

8. 判断下列函数的奇偶性：

(1)　$f(x)=x\sin x$；　　(2)　$f(x)=\sin x-\cos x$；

(3)　$f(x)=\ln(x+\sqrt{x^2+1})$；　　(4)　$f(x)=(2+\sqrt{3})^x+(2-\sqrt{3})^x$.

解 (1) $f(-x)=-x\sin(-x)=x\sin x=f(x)$,所以 $f(x)=x\sin x$ 是偶函数.

(2) $f(-x)=\sin(-x)-\cos(-x)=-\sin x-\cos x$,所以 $f(x)=\sin x-\cos x$ 既不是奇函数,也不是偶函数.

(3) $f(-x)=\ln(-x+\sqrt{(-x)^2+1})=\ln(-x+\sqrt{x^2+1})=\ln\dfrac{1}{x+\sqrt{x^2+1}}=-f(x)$,所以 $f(x)=\ln(x+\sqrt{x^2+1})$ 是奇函数.

(4) $f(-x)=(2+\sqrt{3})^{-x}+(2-\sqrt{3})^{-x}=(2-\sqrt{3})^x+(2+\sqrt{3})^x=f(x)$,故 $f(x)$ 为偶函数.

9. 试证:

(1) 两个偶函数的和是偶函数,两个奇函数的和是奇函数.

(2) 两个偶函数的乘积是偶函数,两个奇函数的乘积是偶函数,一个奇函数和一个偶函数的乘积是奇函数.

证 设 $f(x),g(x)$ 是任意两个函数,令 $F(x)=f(x)+g(x)$,$G(x)=f(x)g(x)$.

(1) 若 $f(x),g(x)$ 是两个偶函数,则 $f(-x)=f(x)$,$g(-x)=g(x)$,从而

$$F(-x)=f(-x)+g(-x)=f(x)+g(x)=F(x),$$

故两个偶函数的和是偶函数.

若 $f(x),g(x)$ 是两个奇函数,则 $f(-x)=-f(x)$,$g(-x)=-g(x)$,从而

$$F(-x)=f(-x)+g(-x)=-f(x)-g(x)=-F(x),$$

故两个奇函数的和是奇函数.

(2) 若 $f(x),g(x)$ 是两个偶函数,则 $f(-x)=f(x)$,$g(-x)=g(x)$,从而

$$G(-x)=f(-x)g(-x)=f(x)g(x)=G(x),$$

故两个偶函数的乘积是偶函数. 同样可证两个奇函数的乘积是偶函数.

若 $f(x)$ 是偶函数,$g(x)$ 是奇函数,则 $f(-x)=f(x)$,$g(-x)=-g(x)$,从而

$$G(-x)=f(-x)g(-x)=-f(x)g(x)=-G(x),$$

故奇函数与偶函数的乘积是奇函数.

10. 设 $f(x)$ 为定义在 $(-\infty,+\infty)$ 内的任何函数,证明:$f(x)$ 可分解成一个奇函数与一个偶函数之和.

证 设 $\varphi(x)=\dfrac{1}{2}(f(x)+f(-x))$,$\psi(x)=\dfrac{1}{2}(f(x)-f(-x))$,则 $f(x)=\varphi(x)+\psi(x)$,且易证 $\varphi(x),\psi(x)$ 分别为奇函数和偶函数.

11. 设 $f(x),g(x)$ 为 $(-\infty,+\infty)$ 内的单调函数,求证:$f(g(x))$ 也是 $(-\infty,+\infty)$ 内的单调函数.

证 不妨设 $f(x)$ 单调增加,$g(x)$ 单调减少,则 $\forall x_1<x_2$,有 $g(x_1)\geqslant g(x_2)$,从而 $f(g(x_1))\geqslant f(g(x_2))$,得 $f(g(x))$ 为单调减函数.

其他情形类似可证,例如可证:

(1) 若 $f(x),g(x)$ 为 $(-\infty,+\infty)$ 内的单调增函数,则 $f(g(x))$ 也是 $(-\infty,+\infty)$

内的单调增函数.

(2) 若 $f(x),g(x)$ 为 $(-\infty,+\infty)$ 内的单调减函数，则 $f(g(x))$ 是 $(-\infty,+\infty)$ 内的单调增函数.

(3) 若 $f(x),g(x)$ 分别为 $(-\infty,+\infty)$ 内的单调减、单调增函数，则 $f(g(x))$ 是 $(-\infty,+\infty)$ 内的单调减函数.

12. 证明：函数 $f(x)=\dfrac{x}{1+x}$ 在 $(-\infty,-1)$ 与 $(-1,+\infty)$ 内分别单调增加，并由此证明：$\dfrac{|a+b|}{1+|a+b|}\leqslant\dfrac{|a|}{1+|a|}+\dfrac{|b|}{1+|b|}$.

证　设 $x_1<x_2$，$x_1,x_2\in(-\infty,-1)$（或 $(-1,+\infty)$），则有

$$f(x_1)-f(x_2)=\frac{x_1-x_2}{(1+x_1)(1+x_2)}<0,$$

故函数 $f(x)=\dfrac{x}{1+x}$ 在 $(-\infty,-1)$ 与 $(-1,+\infty)$ 内分别单调增加.

又由于 $0\leqslant|a+b|\leqslant|a|+|b|$，故有 $f(|a+b|)\leqslant f(|a|+|b|)$，即

$$\begin{aligned}\frac{|a+b|}{1+|a+b|}&\leqslant\frac{|a|+|b|}{1+|a|+|b|}=\frac{|a|}{1+|a|+|b|}+\frac{|b|}{1+|a|+|b|}\\&\leqslant\frac{|a|}{1+|a|}+\frac{|b|}{1+|b|}.\end{aligned}$$

13. 对下列函数分别讨论其定义域和值域、奇偶性、周期性、有界性，并作出函数的图形：

(1) $y=x-[x]$；　　(2) $y=\tan|x|$；

(3) $y=\sqrt{x(2-x)}$；　　(4) $y=|\sin x|+|\cos x|$.

解　(1) 函数的定义域为 $\mathbf{R}$，值域为 $[0,1)$，非奇非偶，周期为1，是有界函数，其图形如图1-1所示.

(2) 函数的定义域为 $x\neq k\pi+\dfrac{\pi}{2}$，$k\in\mathbf{Z}$，值域为 $[0,+\infty)$，是偶函数，周期为 π，函数无界，其图形如图1-2所示.

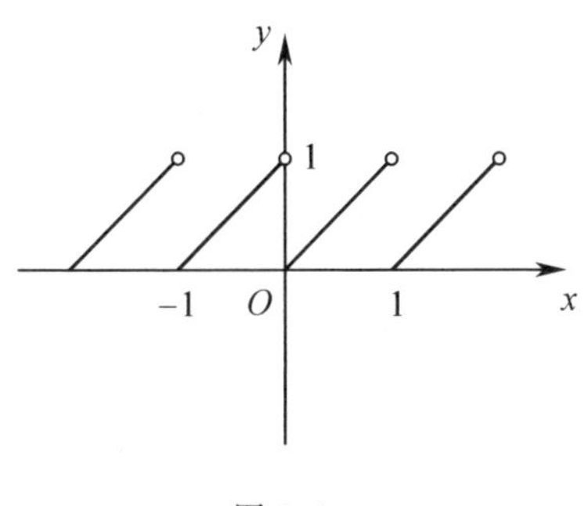

图1-1

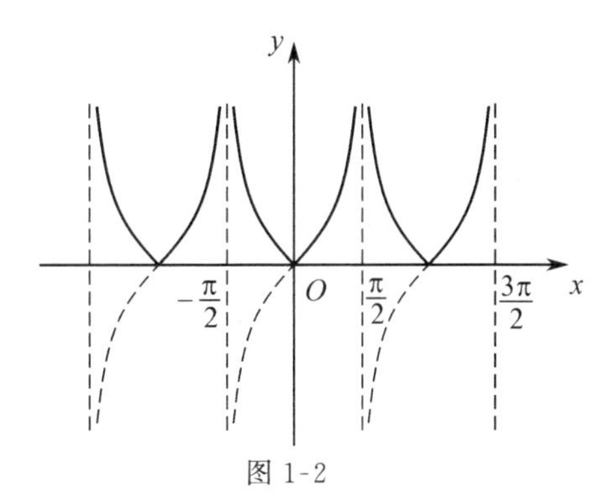

图1-2

(3) 函数的定义域为$[0,2]$，值域为$[0,1]$，非奇非偶，不是周期函数，是有界函数，其图形如图 1-3 所示.

(4) 函数的定义域为$\mathbf{R}$，值域为$[1,\sqrt{2}]$，是偶函数，周期为$\dfrac{\pi}{2}$，是有界函数，其图形如图 1-4 所示.

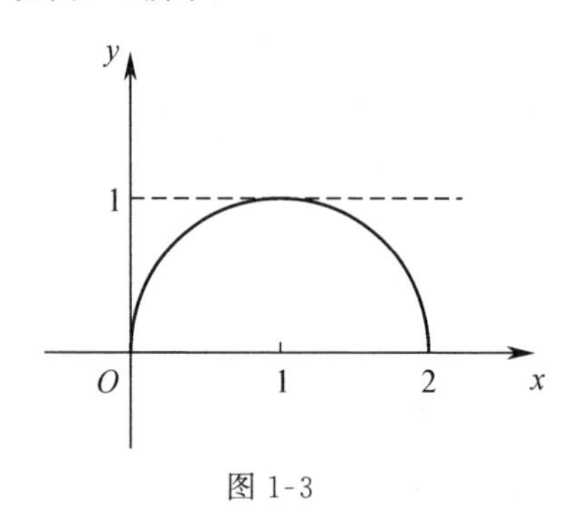

图 1-3

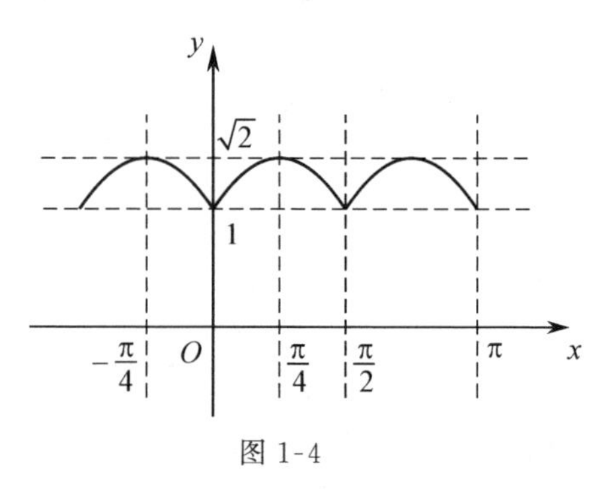

图 1-4

14. 作出下列函数的图形：

(1) $y=x\sin x$； (2) $y=\sin\dfrac{1}{x}$； (3) $y=\operatorname{sgn}\cos x$； (4) $y=[x]-2\left[\dfrac{x}{2}\right]$.

解 (1)～(4) 对应的函数图形分别如图 1-5～图 1-8 所示.

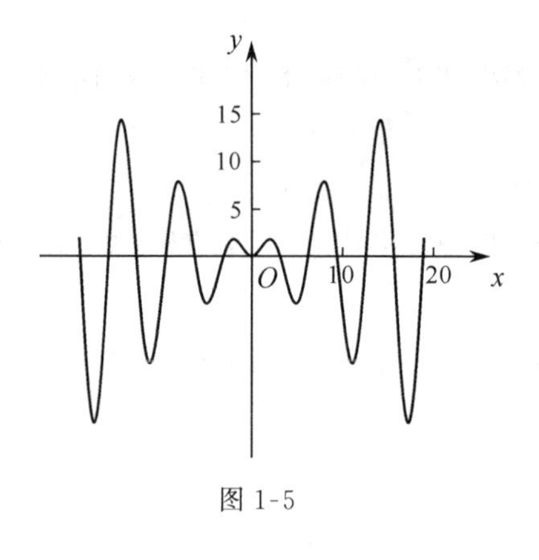

图 1-5

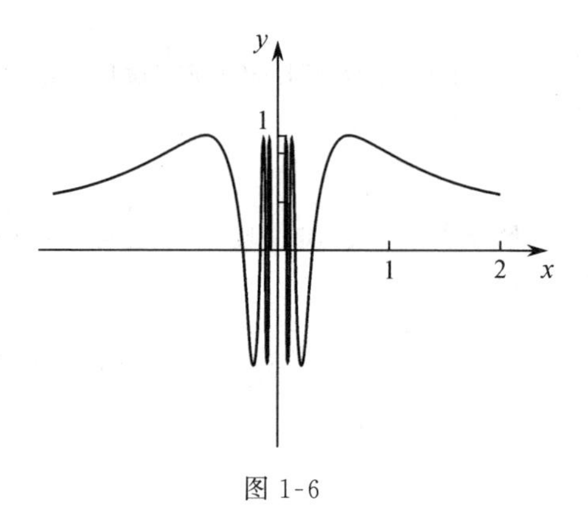

图 1-6

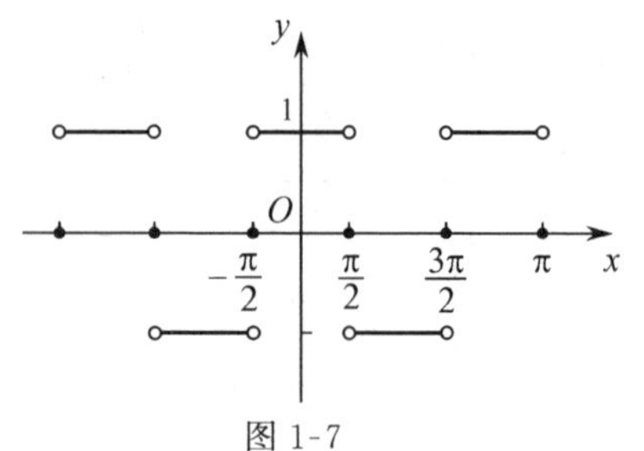

图 1-7

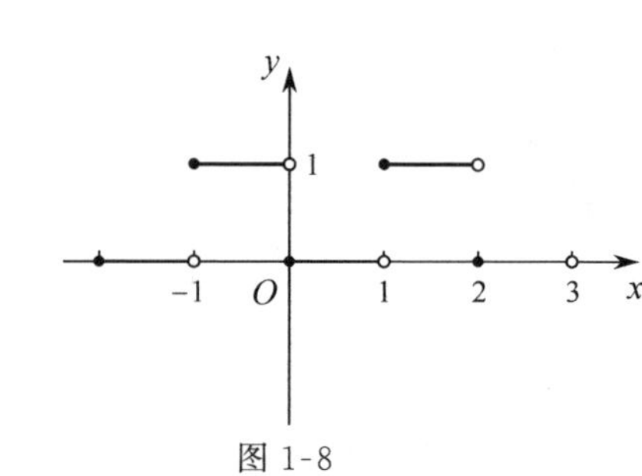

图 1-8

——B　类——

1. 设 $F(x)=\left(\dfrac{1}{a^x-1}+\dfrac{1}{2}\right)f(x)$，其中 $a>0$，$a\neq 1$. $f(x)$ 在 $(-\infty,+\infty)$ 内有定义，且对任何 x,y 有 $f(x+y)=f(x)+f(y)$，求证：$F(x)$ 为偶函数.

证　由 $f(x+y)=f(x)+f(y)$，令 $x=y=0$ 易得 $f(0)=0$. 再令 $y=-x$ 可得 $f(-x)=-f(x)$，故 $f(x)$ 为奇函数. 因

$$F(-x)=\left(\frac{1}{a^{-x}-1}+\frac{1}{2}\right)f(-x)=-\left(\frac{a^x}{1-a^x}+\frac{1}{2}\right)f(x)$$
$$=\left(\frac{1}{a^x-1}+\frac{1}{2}\right)f(x)=F(x),$$

故 $F(x)$ 为偶函数.

2. 设 $f(x)=\sqrt{x^2-1}$，$g(x)=\sqrt{1-x^2}$，求 $f(g(x))$ 及 $g(f(x))$.

解　$f(g(x))$ 是 $f(u)$ 与 $u=g(x)$ 的复合，先求其定义域.

因 $f(x)$ 的定义域 $D_1=(-\infty,-1]\cup[1,+\infty)$，$g(x)$ 的定义域 $D_2=[-1,1]$，$g(x)$ 的值域 $W_2=[0,1]$，故有 $D_1\cap W_2=\{1\}$，于是 $f(g(x))$ 的定义域为 $I=\{x\mid g(x)=1\}=\{0\}$. 因此 $f(g(x))=0$，$x\in\{0\}$.

$g(f(x))$ 是 $g(u)$ 与 $u=f(x)$ 的复合. 因 $f(x)$ 的值域 $W_1=[0,+\infty)$，故有 $D_2\cap W_1=[0,1]$，于是 $g(f(x))$ 的定义域为

$$J=\{x\mid f(x)\in[0,1]\}=\{x\mid 0\leqslant\sqrt{x^2-1}\leqslant 1\}=\{x\mid 1\leqslant|x|\leqslant\sqrt{2}\}.$$

因此 $g(f(x))=\sqrt{1-(x^2-1)}=\sqrt{2-x^2}$，$1\leqslant|x|\leqslant\sqrt{2}$.

3. 设 $f(x)=\dfrac{x}{\sqrt{1+x^2}}$，求 $(\underbrace{f\circ f\circ\cdots\circ f}_{n\text{次}})(x)$.

解　用 $f^n(x)$ 表示 $f(x)$ 的 n 次复合，则有

$$f^2(x)=\frac{\dfrac{x}{\sqrt{1+x^2}}}{\sqrt{1+\dfrac{x^2}{1+x^2}}}=\frac{x}{\sqrt{1+2x^2}},\quad f^3(x)=\frac{\dfrac{x}{\sqrt{1+2x^2}}}{\sqrt{1+\dfrac{x^2}{1+2x^2}}}=\frac{x}{\sqrt{1+3x^2}}.$$

用数学归纳法可以证明：$f^n(x)=\dfrac{x}{\sqrt{1+nx^2}}$，$n\in\mathbf{N}$.

4. 设 $f(x)=|1+x|-|1-x|$，试求 $(\underbrace{f\circ f\circ\cdots\circ f}_{n\text{次}})(x)$.

解　易知 $f(x)=\begin{cases}-2, & x<-1,\\ 2x, & -1\leqslant x<1,\\ 2, & x\geqslant 1,\end{cases}$ 从而 $f^2(x)=\begin{cases}-2, & x<-\dfrac{1}{2},\\ 2^2x, & -\dfrac{1}{2}\leqslant x<\dfrac{1}{2},\\ 2, & x\geqslant\dfrac{1}{2}.\end{cases}$

用数学归纳法可证明：

$$f^n(x)=\begin{cases}-2, & x<-\dfrac{1}{2^{n-1}},\\ 2^n x, & -\dfrac{1}{2^{n-1}}\leqslant x<\dfrac{1}{2^{n-1}},\\ 2, & x\geqslant \dfrac{1}{2^{n-1}}.\end{cases}$$

5. 设函数 $f(x)$ 和 $g(x)$ 在区间 (a,b) 内是单调增加的，证明：函数 $\varphi(x)=\max\{f(x),g(x)\}$ 及 $\psi(x)=\min\{f(x),g(x)\}$ 在区间 (a,b) 内也是单调增加的.

证 设 $x_1,x_2\in(a,b)$ 且 $x_1<x_2$，则 $f(x_1)\leqslant f(x_2)$，$g(x_1)\leqslant g(x_2)$，从而 $\max\{f(x_2),g(x_2)\}\geqslant f(x_1)$，$\max\{f(x_2),g(x_2)\}\geqslant g(x_1)$. 于是

$$\varphi(x_2)=\max\{f(x_2),g(x_2)\}\geqslant \max\{f(x_1),g(x_1)\}=\varphi(x_1).$$

因此 $\varphi(x)=\max\{f(x),g(x)\}$ 在 (a,b) 内是单调增加的.

类似可以证明 $\psi(x)=\min\{f(x),g(x)\}$ 在区间 (a,b) 内也是单调增加的.

6. 函数 $f(x)$ 在 $[0,1]$ 上有定义，且 $f(0)=f(1)$，对任何 $x,y\in[0,1]$，有 $|f(x)-f(y)|\leqslant|x-y|$，求证：$|f(x)-f(y)|\leqslant\dfrac{1}{2}$.

证 当 $x=y$ 时，结论显然成立. 不妨设 $0\leqslant x<y\leqslant 1$. 若 $0\leqslant x<y\leqslant\dfrac{1}{2}$ 或 $\dfrac{1}{2}\leqslant x<y\leqslant 1$，则因 $y-x\leqslant\dfrac{1}{2}$，由条件 $|f(x)-f(y)|\leqslant|x-y|$，易得

$$|f(x)-f(y)|\leqslant\frac{1}{2}.$$

下证当 $x\leqslant\dfrac{1}{2}<y$ 时结论仍成立. 此时，由条件 $f(0)=f(1)$，有

$$|f(x)-f(y)|\leqslant|f(x)-f(0)|+|f(y)-f(1)|\leqslant x+1-y=1-(y-x).$$

故 $|f(x)-f(y)|\leqslant\min\{y-x,1-(y-x)\}$. 不论 $y-x\leqslant\dfrac{1}{2}$ 还是 $y-x>\dfrac{1}{2}$ $\left(\text{从而} 1-(y-x)\leqslant\dfrac{1}{2}\right)$，均有 $|f(x)-f(y)|\leqslant\min\{y-x,1-(y-x)\}\leqslant\dfrac{1}{2}$，得证.

习题 1-2

A 类

1. 试用数列极限的“ε-N”定义证明：

(1) $\lim\limits_{n\to\infty}\dfrac{1}{n^2}=0$；　　(2) $\lim\limits_{n\to\infty}0.\underbrace{99\cdots9}_{n\text{个}}=1$；

(3) $\lim\limits_{n\to\infty}\dfrac{\sin n}{n}=0$；　　(4) $\lim\limits_{n\to\infty}(\sqrt{n+1}-\sqrt{n})=0$.

证 (1) $\forall\varepsilon>0$，取 $N=\left[\dfrac{1}{\varepsilon}\right]+1$，则当 $n>N$ 时，有 $n^2>N^2>\dfrac{1}{\varepsilon}$，从而

$\left|\frac{1}{n^2}-0\right|<\varepsilon$. 故 $\lim\limits_{n\to\infty}\frac{1}{n^2}=0$.

(2)　$\forall\varepsilon>0$（不妨设 $\varepsilon<1$），因 $|x_n-1|=10^{-n}$，取 $N=[-\log_{10}\varepsilon]$，则当 $n>N$ 时，有 $|x_n-1|<\varepsilon$. 故 $\lim\limits_{n\to\infty}0.\underbrace{99\cdots9}_{n个}=1$.

(3)　因 $\left|\frac{\sin n}{n}-0\right|\leqslant\frac{1}{n}$，故 $\forall\varepsilon>0$，取 $N=\left[\frac{1}{\varepsilon}\right]+1$，则当 $n>N$ 时，有 $|x_n-0|<\varepsilon$. 故 $\lim\limits_{n\to\infty}\frac{\sin n}{n}=0$.

(4)　因 $|\sqrt{n+1}-\sqrt{n}|=\frac{1}{\sqrt{n+1}+\sqrt{n}}\leqslant\frac{1}{\sqrt{n}}$，故 $\forall\varepsilon>0$，取 $N=\left[\frac{1}{\varepsilon^2}\right]+1$，则当 $n>N$ 时，有 $|x_n-0|<\varepsilon$. 故 $\lim\limits_{n\to\infty}(\sqrt{n+1}-\sqrt{n})=0$.

2. 求下列极限：

(1)　$\lim\limits_{n\to\infty}\left[\frac{1}{1\cdot2}+\frac{1}{2\cdot3}+\cdots+\frac{1}{n(n+1)}\right]$；

(2)　$\lim\limits_{n\to\infty}(\sqrt{n+3}-\sqrt{n})\sqrt{n-1}$；

(3)　$\lim\limits_{n\to\infty}\frac{1}{n}\left[\left(x+\frac{2}{n}\right)+\left(x+\frac{4}{n}\right)+\cdots+\left(x+\frac{2n}{n}\right)\right]$；

(4)　$\lim\limits_{n\to\infty}\frac{\sqrt{n+1}-\sqrt{n}}{\sqrt{n+2}-\sqrt{n}}$；

(5)　$\lim\limits_{n\to\infty}\frac{1+a+\cdots+a^n}{1+b+\cdots+b^n}$ $(|a|<1,\ |b|<1)$；

(6)　$\lim\limits_{n\to\infty}\frac{(-2)^n+3^n}{(-2)^{n+1}+3^{n+1}}$；

(7)　$\lim\limits_{n\to\infty}\left(\frac{1}{2}+\frac{3}{2^2}+\frac{5}{2^3}+\cdots+\frac{2n-1}{2^n}\right)$；

(8)　$\lim\limits_{n\to\infty}\frac{n+(-1)^n}{3n}$.

解　(1)　原式 $=\lim\limits_{n\to\infty}\left(1-\frac{1}{2}+\frac{1}{2}-\frac{1}{3}+\cdots+\frac{1}{n}-\frac{1}{n+1}\right)=\lim\limits_{n\to\infty}\left(1-\frac{1}{n+1}\right)=1$.

(2)　原式 $=\lim\limits_{n\to\infty}\frac{3\sqrt{n-1}}{\sqrt{n+3}+\sqrt{n}}=\frac{3}{2}$.

(3)　原式 $=\lim\limits_{n\to\infty}\frac{1}{n}\left[nx+\left(\frac{2}{n}+\frac{4}{n}+\cdots+\frac{2n}{n}\right)\right]$

$=\lim\limits_{n\to\infty}\frac{1}{n}\left[nx+\frac{2n(n+1)}{2n}\right]=x+1$.

(4)　原式 $=\lim\limits_{n\to\infty}\frac{\sqrt{n+2}+\sqrt{n}}{2(\sqrt{n+1}+\sqrt{n})}=\frac{1}{2}$.

(5)　原式 $=\lim\limits_{n\to\infty}\frac{\dfrac{1-a^{n+1}}{1-a}}{\dfrac{1-b^{n+1}}{1-b}}=\frac{1-b}{1-a}$.

(6) 原式 $= \lim\limits_{n\to\infty}\dfrac{\left(-\dfrac{2}{3}\right)^n+1}{\left(-\dfrac{2}{3}\right)^n\cdot 2+3}=\dfrac{1}{3}$.

(7) 设 $S_n=\dfrac{1}{2}+\dfrac{3}{2^2}+\dfrac{5}{2^3}+\cdots+\dfrac{2n-1}{2^n}$,则 $2S_n=1+\dfrac{3}{2}+\dfrac{5}{2^2}+\cdots+\dfrac{2n-1}{2^{n-1}}$. 将后式减前式得

$$S_n=1+1+\frac{1}{2}+\cdots+\frac{1}{2^{n-2}}-\frac{2n-1}{2^n}=3-\frac{1}{2^{n-2}}-\frac{2n-1}{2^n}.$$

故原式 $=\lim\limits_{n\to\infty}\left(3-\dfrac{1}{2^{n-2}}-\dfrac{2n-1}{2^n}\right)=3$.

(8) 原式 $=\lim\limits_{n\to\infty}\left[\dfrac{1}{3}+\dfrac{(-1)^n}{3n}\right]=\dfrac{1}{3}$.

3. 用定义证明:

(1) 若 $\lim\limits_{n\to\infty}a_n=a$,则对任一正整数 k,有 $\lim\limits_{n\to\infty}a_{n+k}=a$;

(2) 若 $\lim\limits_{n\to\infty}a_n=a$,且 $a_n>0$,则 $\lim\limits_{n\to\infty}\sqrt{a_n}=\sqrt{a}$.

证 (1) $\forall\varepsilon>0$,因 $\lim\limits_{n\to\infty}a_n=a$,故 $\exists N_0\in\mathbf{Z}^+$,$n>N_0$ 时,有 $|a_n-a|<\varepsilon$,此时 $n+k>N_0+k>N_0$,从而有 $|a_{n+k}-a|<\varepsilon$.

(2) 由 $a_n>0$ 知 $a\geqslant 0$.

若 $a=0$,$\forall\varepsilon>0$,因 $\lim\limits_{n\to\infty}a_n=a$,故 $\exists N_0\in\mathbf{Z}^+$,$n>N_0$ 时,有 $|a_n-a|=a_n<\varepsilon$,从而 $|\sqrt{a_n}-\sqrt{a}|=\sqrt{a_n}<\sqrt{\varepsilon}$. 故 $\lim\limits_{n\to\infty}\sqrt{a_n}=\sqrt{a}$.

若 $a\neq 0$,$\forall\varepsilon>0$,因 $\lim\limits_{n\to\infty}a_n=a$,故 $\exists N_1\in\mathbf{Z}^+$,$n>N_1$ 时,有 $|a_n-a|<\varepsilon$,从而

$$|\sqrt{a_n}-\sqrt{a}|=\frac{|a_n-a|}{\sqrt{a_n}+\sqrt{a}}<\frac{|a_n-a|}{\sqrt{a}}<\frac{\varepsilon}{\sqrt{a}}.$$

故 $\lim\limits_{n\to\infty}\sqrt{a_n}=\sqrt{a}$.

4. 设数列 x_n 有界,又 $\lim\limits_{n\to\infty}y_n=0$,证明:$\lim\limits_{n\to\infty}x_ny_n=0$.

证 因数列 x_n 有界,故 $\exists M>0$,使 $|x_n|\leqslant M$. 又 $\lim\limits_{n\to\infty}y_n=0$,则 $\forall\varepsilon>0$,$\exists N_0\in\mathbf{Z}^+$,$n>N_0$ 时,$|y_n|<\dfrac{\varepsilon}{M}$,于是

$$|x_ny_n-0|=|x_n|\cdot|y_n|<M\cdot\frac{\varepsilon}{M}=\varepsilon.$$

故 $\lim\limits_{n\to\infty}x_ny_n=0$.

5. 设 $x_n\leqslant a\leqslant y_n\ (n=1,2,\cdots)$,且 $\lim\limits_{n\to\infty}(y_n-x_n)=0$,求证:

$$\lim_{n\to\infty}x_n=a,\quad \lim_{n\to\infty}y_n=a.$$

证法1 由 $x_n\leqslant a\leqslant y_n$,有 $0\leqslant a-x_n\leqslant y_n-x_n$. 因 $\lim\limits_{n\to\infty}(y_n-x_n)=0$,$\lim\limits_{n\to\infty}0=0$,

故由夹逼准则，有 $\lim\limits_{n\to\infty}(a-x_n)=0$，从而 $\lim\limits_{n\to\infty}x_n=a$. 进一步，有

$$\lim_{n\to\infty}y_n=\lim_{n\to\infty}[(y_n-x_n)+x_n]=0+a=a.$$

证法 2　由 $x_n\leqslant a\leqslant y_n$，有 $|x_n-a|\leqslant|y_n-x_n|$，$|y_n-a|\leqslant|y_n-x_n|$. 因 $\lim\limits_{n\to\infty}(y_n-x_n)=0$，则 $\forall\varepsilon>0$，$\exists N_0\in\mathbf{Z}^+$，$n>N_0$ 时，有 $|y_n-x_n|<\varepsilon$，于是

$$|x_n-a|\leqslant|y_n-x_n|<\varepsilon,\quad |y_n-a|\leqslant|y_n-x_n|<\varepsilon,$$

得证 $\lim\limits_{n\to\infty}x_n=a$，$\lim\limits_{n\to\infty}y_n=a$.

6. 利用单调有界原理，证明 $\lim\limits_{n\to\infty}x_n$ 存在，并求出它：

(1) $x_1=1$，$x_n=\sqrt{2x_{n-1}}$，$n=2,3,\cdots$；

(2) $x_n=\dfrac{c^n}{n!}\ (c>0)$.

证　(1) 显然有 $x_n>0$，$n=1,2,\cdots$. 由 $x_2=\sqrt{2}>x_1$，假设 $x_{k+1}>x_k$，则有

$$\sqrt{2x_{k+1}}>\sqrt{2x_k},$$

即 $x_{k+2}>x_{k+1}$. 由数学归纳法，知 $\{x_n\}$ 单调增加. 同样由数学归纳法可证 $x_n<2$. 再由单调有界原理，$\lim\limits_{n\to\infty}x_n$ 存在，设为 x，则有 $x=\sqrt{2x}$，得 $x=2$.

或者，由 $x_1=1$，$x_2=\sqrt{2}=2^{\frac{1}{2}}$，$x_3=\sqrt{2\sqrt{2}}=2^{\frac{3}{4}}$，$x_4=2^{\frac{7}{8}}=2^{1-\frac{1}{2^4}}$，$\cdots$，知 $x_n=2^{1-\frac{1}{2^n}}$，从而 $\lim\limits_{n\to\infty}x_n=2$.

(2) 设 $c<N_0\in\mathbf{Z}^+$，显然有 $x_n>0$. 又

$$\frac{x_{n+1}}{x_n}=\frac{c^{n+1}}{(n+1)!}\cdot\frac{n!}{c^n}=\frac{c}{n+1},$$

故 $\forall n>N_0$，$\dfrac{x_{n+1}}{x_n}<1$，即 $x_{n+1}<x_n$. 因而从 N_0 项起，$\{x_n\}$ 是单调减数列，且有下界，从而极限存在，设为 x. 因 $x_{n+1}=\dfrac{c}{n+1}\cdot x_n$，两边取极限，有极限 $x=0$.

7. 利用极限存在准则证明：

(1) $\lim\limits_{n\to\infty}n\left(\dfrac{1}{n^2+\pi}+\dfrac{1}{n^2+2\pi}+\cdots+\dfrac{1}{n^2+n\pi}\right)=1$；

(2) $\lim\limits_{n\to\infty}\sqrt[n]{n}=1$.

证　(1) $n\cdot\dfrac{n}{n^2+n\pi}\leqslant n\left(\dfrac{1}{n^2+\pi}+\dfrac{1}{n^2+2\pi}+\cdots+\dfrac{1}{n^2+n\pi}\right)\leqslant n\cdot\dfrac{n}{n^2+\pi}$，且

$$\lim_{n\to\infty}n\cdot\frac{n}{n^2+n\pi}=\lim_{n\to\infty}n\cdot\frac{n}{n^2+\pi}=1,$$

故 $\lim\limits_{n\to\infty}n\left(\dfrac{1}{n^2+\pi}+\dfrac{1}{n^2+2\pi}+\cdots+\dfrac{1}{n^2+n\pi}\right)=1$.

(2) 设 $n>1$，令 $\sqrt[n]{n}=1+t_n$，从而 $n=(1+t_n)^n$，$t_n>0$. 由二项展开式，有

$$n=(1+t_n)^n=1+nt_n+\frac{n(n-1)}{2!}t_n^2+\cdots+t_n^n.$$

故 $n \geqslant \frac{n(n-1)}{2}t_n^2$, $0 < t_n < \sqrt{\frac{2}{n-1}}$. 从而由夹逼准则，有 $\lim\limits_{n\to\infty} t_n = 0$. 因此，得到

$$\lim_{n\to\infty}\sqrt[n]{n} = \lim_{n\to\infty}(1+t_n) = 1 + \lim_{n\to\infty} t_n = 1.$$

8. 利用 $\lim\limits_{n\to\infty}\left(1+\frac{1}{n}\right)^n = \mathrm{e}$，求下列极限：

(1) $\lim\limits_{n\to\infty}\left(1-\frac{1}{n}\right)^n$；　　(2) $\lim\limits_{n\to\infty}\left(1+\frac{1}{n+1}\right)^{n-1}$；

(3) $\lim\limits_{n\to\infty}\left(1+\frac{1}{2n}\right)^n$.

解 (1) $\lim\limits_{n\to\infty}\left(1-\frac{1}{n}\right)^n = \lim\limits_{n\to\infty}\left(1-\frac{1}{n}\right)^{-n\cdot(-1)} = \mathrm{e}^{-1}$.

(2) $\lim\limits_{n\to\infty}\left(1+\frac{1}{n+1}\right)^{n-1} = \lim\limits_{n\to\infty}\left(1+\frac{1}{n+1}\right)^{n+1-2} = \mathrm{e}\cdot 1 = \mathrm{e}$.

(3) $\lim\limits_{n\to\infty}\left(1+\frac{1}{2n}\right)^n = \lim\limits_{n\to\infty}\left(1+\frac{1}{2n}\right)^{2n\cdot\frac{1}{2}} = \mathrm{e}^{\frac{1}{2}} = \sqrt{\mathrm{e}}$.

9. 利用柯西收敛准则证明：

(1) 设 $a_n = 1 + \frac{1}{2^2} + \frac{1}{3^2} + \cdots + \frac{1}{n^2}$，则 $\{a_n\}$ 收敛；

(2) 设 $b_n = 1 + \frac{2}{3} + \frac{3}{5} + \cdots + \frac{n}{2n-1}$，则 $\{b_n\}$ 发散.

证 (1) 只需证明 $\{a_n\}$ 为柯西数列. 由于 $\forall n, p \in \mathbf{Z}^+$，有

$$\begin{aligned}|a_{n+p} - a_n| &= \frac{1}{(n+1)^2} + \frac{1}{(n+2)^2} + \cdots + \frac{1}{(n+p)^2} \\ &< \frac{1}{n(n+1)} + \frac{1}{(n+1)(n+2)} + \cdots + \frac{1}{(n+p-1)(n+p)} \\ &= \left(\frac{1}{n} - \frac{1}{n+1}\right) + \left(\frac{1}{n+1} - \frac{1}{n+2}\right) + \cdots + \left(\frac{1}{n+p-1} - \frac{1}{n+p}\right) \\ &= \frac{1}{n} - \frac{1}{n+p} < \frac{1}{n},\end{aligned}$$

故 $\forall \varepsilon > 0$，只要取 $N_0 = \left[\frac{1}{\varepsilon}\right]$，则 $\forall n > N_0$ 及 $p \in \mathbf{Z}^+$，恒有 $|a_{n+p} - a_n| < \varepsilon$ 成立. 故 $\{a_n\}$ 为柯西数列.

(2) 对任何 $n \in \mathbf{Z}^+$，取 $p = 1$，则有 $b_{n+p} - b_n = \frac{n+1}{2n+1} > \frac{1}{2}$. 由柯西收敛准则，$\{b_n\}$ 发散.

B 类

1. 试用数列极限的“ε-N”定义证明：

(1) $\lim\limits_{n\to\infty}\frac{n!}{n^n} = 0$；

(2) $\lim\limits_{n\to\infty} x_n = 1$，其中 $x_n = \begin{cases} \dfrac{n-1}{n}, & n \text{ 为偶数}, \\ \dfrac{n+1}{n}, & n \text{ 为奇数}. \end{cases}$

证　(1) $\forall \varepsilon > 0$，$\exists N_0 = \left[\dfrac{1}{\varepsilon}\right] + 1$，则 $n > N_0$ 时，

$$\left|\frac{n!}{n^n} - 0\right| = \frac{1}{n} \cdot \frac{2}{n} \cdot \frac{3}{n} \cdot \cdots \cdot \frac{n}{n} \leqslant \frac{1}{n} \cdot 1 \cdot 1 \cdot \cdots \cdot 1 = \frac{1}{n} < \frac{1}{N_0} < \varepsilon$$

成立，故 $\lim\limits_{n\to\infty} \dfrac{n!}{n^n} = 0$.

(2) 因 $|x_n - 1| = \dfrac{1}{n}$，故 $\forall \varepsilon > 0$，$\exists N_0 = \left[\dfrac{1}{\varepsilon}\right] + 1$，则 $n > N_0$ 时，$|x_n - 1| < \dfrac{1}{N_0} < \varepsilon$ 成立，故 $\lim\limits_{n\to\infty} x_n = 1$.

2. 求下列极限：

(1) $\lim\limits_{n\to\infty} \left(\dfrac{1}{3} + \dfrac{1}{15} + \dfrac{1}{35} + \cdots + \dfrac{1}{4n^2 - 1}\right)$；

(2) $\lim\limits_{n\to\infty} \left(1 - \dfrac{1}{2^2}\right)\left(1 - \dfrac{1}{3^2}\right) \cdots \left(1 - \dfrac{1}{n^2}\right)$；

(3) $\lim\limits_{n\to\infty} \left(1 + \dfrac{1}{n} + \dfrac{1}{n^2}\right)^n$；

(4) $\lim\limits_{n\to\infty} \dfrac{1}{2} \cdot \dfrac{3}{4} \cdot \cdots \cdot \dfrac{2n-1}{2n}$.

解　(1) 原式 $= \lim\limits_{n\to\infty} \left[\dfrac{1}{1\cdot 3} + \dfrac{1}{3\cdot 5} + \dfrac{1}{5\cdot 7} + \cdots + \dfrac{1}{(2n-1)(2n+1)}\right]$

$$= \lim_{n\to\infty} \frac{1}{2}\left[\left(1 - \frac{1}{3}\right) + \left(\frac{1}{3} - \frac{1}{5}\right) + \left(\frac{1}{5} - \frac{1}{7}\right) + \cdots + \left(\frac{1}{2n-1} - \frac{1}{2n+1}\right)\right]$$

$$= \lim_{n\to\infty} \frac{1}{2}\left(1 - \frac{1}{2n+1}\right) = \frac{1}{2}.$$

(2) 因为 $1 - \dfrac{1}{k^2} = \dfrac{(k-1)(k+1)}{k^2} = \dfrac{k-1}{k} \cdot \dfrac{k+1}{k}$，故

$$\text{原式} = \lim_{n\to\infty} \left(\frac{1}{2} \cdot \frac{3}{2}\right)\left(\frac{2}{3} \cdot \frac{4}{3}\right) \cdots \left(\frac{n-1}{n} \cdot \frac{n+1}{n}\right) = \lim_{n\to\infty} \frac{1}{2} \cdot \frac{n+1}{n} = \frac{1}{2}.$$

(3) $\lim\limits_{n\to\infty} \left(1 + \dfrac{1}{n} + \dfrac{1}{n^2}\right)^n = \lim\limits_{n\to\infty} \left(1 + \dfrac{n+1}{n^2}\right)^{\frac{n^2}{n+1} \cdot \frac{n+1}{n}} = e^1 = e$.

(4) 因为 $1 \cdot 3 < 2^2$，$3 \cdot 5 < 4^2$，…，$(2n-1)(2n+1) < (2n)^2$，所以

$$1 \cdot 3^2 \cdot 5^2 \cdot \cdots \cdot (2n-1)^2 (2n+1) < 2^2 \cdot 4^2 \cdot \cdots \cdot (2n)^2.$$

于是 $1 \cdot 3 \cdot 5 \cdot \cdots \cdot (2n-1)\sqrt{2n+1} < 2 \cdot 4 \cdot 6 \cdot \cdots \cdot 2n$. 从而

$$0 < \frac{1 \cdot 3 \cdot 5 \cdot \cdots \cdot (2n-1)}{2 \cdot 4 \cdot 6 \cdot \cdots \cdot 2n} < \frac{1}{\sqrt{2n+1}}.$$

故由夹逼准则，原式 $=0$.

3. 证明：数列 $2,2+\frac{1}{2},2+\frac{1}{2+\frac{1}{2}},\cdots$ 存在极限，并求这个极限.

证 递推关系为 $a_{n+1}=2+\frac{1}{a_n}$. 若数列的极限存在，设为 A，则它满足 $A=2+\frac{1}{A}$. 由此得 $A=1+\sqrt{2}$.

下面证明该数列极限存在. 设 $a_n=1+\sqrt{2}+b_n$，由递推关系得

$$a_{n+1}=1+\sqrt{2}+b_{n+1}=2+\frac{1}{1+\sqrt{2}+b_n},\quad 即\ b_{n+1}=\frac{b_n(1-\sqrt{2})}{1+\sqrt{2}+b_n}.$$

注意到 $a_n\geqslant 2$，则

$$|b_{n+1}|=\left|\frac{b_n(1-\sqrt{2})}{1+\sqrt{2}+b_n}\right|=\left|\frac{b_n(1-\sqrt{2})}{a_n}\right|\leqslant\frac{|b_n(1-\sqrt{2})|}{2}<\frac{1}{2}|b_n|.$$

又 $2=1+\sqrt{2}+b_1$，所以 $b_1=1-\sqrt{2}$，因而 $|b_1|<\frac{1}{2}$. 于是

$$|b_n|\leqslant\frac{1}{2}|b_{n-1}|\leqslant\frac{1}{2}\cdot\frac{1}{2}|b_{n-2}|\leqslant\frac{1}{2}\cdot\frac{1}{2}\cdot\cdots\cdot|b_1|<\frac{1}{2^n}.$$

所以当 $n\to\infty$ 时，$|b_n|\to 0$，即 $b_n\to 0$. 由此推知数列 $\{a_n\}$ 的极限存在，并且极限值等于 $1+\sqrt{2}$.

4. 若 $a_1,a_2,\cdots,a_m$ 为 m 个正数，证明：

$$\lim_{n\to\infty}\sqrt[n]{a_1^n+a_2^n+\cdots+a_m^n}=\max\{a_1,a_2,\cdots,a_m\}.$$

证 记 $A=\max\{a_1,a_2,\cdots,a_m\}$，则有

$$A\leqslant\sqrt[n]{a_1^n+a_2^n+\cdots+a_m^n}\leqslant\sqrt[n]{mA^n}=A\sqrt[n]{m}\to A\quad(n\to\infty).$$

故有 $\lim\limits_{n\to\infty}\sqrt[n]{a_1^n+a_2^n+\cdots+a_m^n}=A=\max\{a_1,a_2,\cdots,a_m\}$.

5. 设 $\lim\limits_{n\to\infty}a_n=a$，证明：

(1) $\lim\limits_{n\to\infty}\frac{[na_n]}{n}=a$；

(2) 若 $a>0$，$a_n>0$，则 $\lim\limits_{n\to\infty}\sqrt[n]{a_n}=1$.

证 (1) 因 $|[na_n]-na_n|<1$，故 $\lim\limits_{n\to\infty}\frac{[na_n]-na_n}{n}=0$. 又

$$\left|\frac{[na_n]}{n}-a\right|=\left|\frac{[na_n]-na_n}{n}+\frac{na_n-na}{n}\right|\leqslant\left|\frac{[na_n]-na_n}{n}\right|+|a_n-a|,$$

$\lim\limits_{n\to\infty}a_n=a$，有 $\lim\limits_{n\to\infty}|a_n-a|=0$，从而有 $\lim\limits_{n\to\infty}\left|\frac{[na_n]}{n}-a\right|=0$，即 $\lim\limits_{n\to\infty}\frac{[na_n]}{n}=a$.

(2) 因 $\lim\limits_{n\to\infty}a_n=a$，故 $\exists N_0\in\mathbf{Z}^+$，$\forall n>N_0$，有 $|a_n-a|<\frac{a}{2}$，即 $\frac{1}{2}<\frac{a_n}{a}<$

$\frac{3}{2}$. 所以$\frac{a}{2} < a_n < \frac{3a}{2}$，从而$\sqrt[n]{\frac{a}{2}} < \sqrt[n]{a_n} < \sqrt[n]{\frac{3a}{2}}$. 因对任意正常数 c 有 $\lim\limits_{n\to\infty}\sqrt[n]{c}=1$，从而

$$\lim_{n\to\infty}\sqrt[n]{\frac{a}{2}}=1,\quad \lim_{n\to\infty}\sqrt[n]{\frac{3a}{2}}=1,$$

由夹逼准则，有 $\lim\limits_{n\to\infty}\sqrt[n]{a_n}=1$.

6. 证明：若 $a_n>0$，且 $\lim\limits_{n\to\infty}\frac{a_n}{a_{n+1}}=l>1$，则 $\lim\limits_{n\to\infty}a_n=0$.

证 将条件改写成 $\lim\limits_{n\to\infty}\frac{a_{n+1}}{a_n}=\frac{1}{l}<1$. 设 $p=\frac{1}{l}$，$q=\frac{1}{2}(p+1)$，则 $0<p<q<1$. 由数列极限的不等式性质，$\exists N_0\in\mathbf{Z}^+$，当 $n>N_0$ 时，总有$\frac{a_{n+1}}{a_n}<q$，得

$$a_{N+1}<qa_N,\quad a_{N+2}<q^2a_N,\quad a_{N+3}<q^3a_N,\quad \cdots,\quad a_n<q^{n-N}a_N.$$

而$a_n>0$且 $\lim\limits_{n\to\infty}(q^{n-N}a_N)=a_N\lim\limits_{n\to\infty}q^{n-N}=0\ (0<q<1)$，由夹逼准则知 $\lim\limits_{n\to\infty}a_n=0$.

7. 利用单调有界原理求下列数列的极限：

(1) 设 $x_0>0$，$x_{n+1}=\frac{1}{2}\left(x_n+\frac{1}{x_n}\right)\ (n\geqslant 0)$，求 $\lim\limits_{n\to\infty}x_n$；

(2) 设 $0<x_0<\sqrt{3}$，$x_{n+1}=\frac{3(1+x_n)}{3+x_n}\ (n=0,1,\cdots)$，求 $\lim\limits_{n\to\infty}x_n$.

解 (1) 显然 $x_n>0\ (n\geqslant 0)$. 因

$$x_{n+1}=\frac{1}{2}\left(x_n+\frac{1}{x_n}\right)\geqslant\frac{1}{2}\cdot 2\sqrt{x_n\cdot\frac{1}{x_n}}=1,$$

故 $x_n\geqslant 1\ (n\geqslant 1)$. 由于

$$x_{n+2}-x_{n+1}=\frac{1}{2}(x_{n+1}-x_n)\left(1-\frac{1}{x_nx_{n+1}}\right),$$

故$\{x_{n+2}-x_{n+1}\}$符号相同. 再由 $x_2-x_1=\frac{1-x_1^2}{2x_1}\leqslant 0$，知 $x_{n+2}-x_{n+1}\leqslant 0$，故$\{x_n\}$单调减少且有下界. 由单调有界原理，$\{x_n\}$极限存在，设为 x，则有

$$x=\frac{1}{2}\left(x+\frac{1}{x}\right).$$

解得 $x=1$，故数列$\{x_n\}$的极限为 1.

(2) 因 $x_{n+1}=3-\frac{6}{3+x_n}$，用归纳法易证 $0<x_n<\sqrt{3}$. 又因

$$x_{n+2}-x_{n+1}=\frac{6(x_{n+1}-x_n)}{(3+x_{n+1})(3+x_n)},$$

以及 $x_1-x_0=\frac{3-x_0^2}{3+x_0}>0$，故$\{x_n\}$单调增加且有上界，从而$\{x_n\}$存在极限，设为 x，则有 $x=\frac{3(1+x)}{3+x}$. 解得 $x=\sqrt{3}$.

8. 设 $a_1=1$, $a_2=2$, $a_{n+2}=\dfrac{2a_na_{n+1}}{a_n+a_{n+1}}$ $(n=1,2,\cdots)$.

(1) 求 $b_n=\dfrac{1}{a_{n+1}}-\dfrac{1}{a_n}$ 的表达式.

(2) 求 $\sum\limits_{k=1}^{n}b_k$ 和 $\lim\limits_{n\to\infty}a_n$.

解 (1) 由于 $a_{n+2}=\dfrac{2a_na_{n+1}}{a_n+a_{n+1}}$，两边取倒数，可得

$$\frac{1}{a_{n+2}}-\frac{1}{a_{n+1}}=-\frac{1}{2}\left(\frac{1}{a_{n+1}}-\frac{1}{a_n}\right).$$

故 $b_n=\dfrac{1}{a_{n+1}}-\dfrac{1}{a_n}$ 是以 $b_1=\dfrac{1}{a_2}-\dfrac{1}{a_1}=-\dfrac{1}{2}$ 为首项、以 $-\dfrac{1}{2}$ 为公比的等比数列，因此

$$b_n=\left(-\frac{1}{2}\right)^n.$$

(2) 设 $p=-\dfrac{1}{2}$. 由(1)得

$$\sum_{k=1}^{n}b_k=\sum_{k=1}^{n}\left(-\frac{1}{2}\right)^k=p\cdot\frac{1-p^n}{1-p}=\frac{1}{3}\left[\left(-\frac{1}{2}\right)^n-1\right].$$

另一方面，$\sum\limits_{k=1}^{n}b_k=\sum\limits_{k=1}^{n}\left(\dfrac{1}{a_{k+1}}-\dfrac{1}{a_k}\right)=\dfrac{1}{a_{n+1}}-\dfrac{1}{a_1}$，故有 $a_{n+1}=\dfrac{3}{p^n+2}$. 因此 $\lim\limits_{n\to\infty}a_n=\dfrac{3}{2}$.

习题 1-3

1. 用极限定义证明下列极限：

(1) $\lim\limits_{x\to 0}x\sin\dfrac{1}{x}=0$；　　(2) $\lim\limits_{x\to 2^+}\sqrt{x-2}=0$；

(3) $\lim\limits_{x\to -1}\dfrac{x-3}{x^2-9}=\dfrac{1}{2}$；　　(4) $\lim\limits_{x\to\infty}\dfrac{x-1}{x+2}=1$.

证 (1) $\forall\varepsilon>0$，取 $\delta=\varepsilon$，则当 $0<|x-0|<\delta$ 时，有 $\left|x\sin\dfrac{1}{x}-0\right|\leqslant|x|<\delta=\varepsilon$，故

$$\lim_{x\to 0}x\sin\frac{1}{x}=0.$$

(2) $\forall\varepsilon>0$，取 $\delta=\varepsilon^2$，则当 $0<x-2<\delta$ 时，有 $\left|\sqrt{x-2}-0\right|<\sqrt{\delta}=\varepsilon$，故

$$\lim_{x\to 2^+}\sqrt{x-2}=0.$$

(3) 取 x，使得 $|x+1|<1$，则有 $|x+3|>1$，从而

$$\left|\frac{x-3}{x^2-9}-\frac{1}{2}\right|=\left|\frac{x+1}{2(x+3)}\right|<|x+1|.$$

故 $\forall\varepsilon>0$，取 $\delta=\min\{\varepsilon,1\}$，则当 $0<|x+1|<\delta$ 时，有 $\left|\dfrac{x-3}{x^2-9}-\dfrac{1}{2}\right|<\varepsilon$. 因此

$$\lim_{x \to -1} \frac{x-3}{x^2-9} = \frac{1}{2}.$$

(4) $\forall \varepsilon > 0$，取 $X = \frac{3}{\varepsilon} + 2$，则当 $|x| > X$ 时，有 $\left|\frac{x-1}{x+2} - 1\right| = \frac{3}{|x+2|} < \varepsilon$，故

$$\lim_{x \to \infty} \frac{x-1}{x+2} = 1.$$

2. 求下列函数在所示点的左、右极限：

(1) $f(x) = \begin{cases} 0, & x > 1, \\ 1, & x = 1, \\ x^2 + 2, & x < 1, \end{cases}$ 在 $x = 1$；

(2) $f(x) = \frac{|x|}{x} \cdot \frac{1}{1+x^2}$，在 $x = 0$；

(3) $f(x) = \frac{1}{x} - \left[\frac{1}{x}\right]$，在 $x = \frac{1}{n}$，$n \in \mathbf{Z}^+$；

(4) $f(x) = \begin{cases} 2^x, & x > 0, \\ 0, & x = 0, \\ 1 + x^2, & x < 0, \end{cases}$ 在 $x = 0$.

解 (1) $f(1-0) = 3$，$f(1+0) = 0$.

(2) $f(0+0) = 1$，$f(0-0) = -1$.

(3) 由 $\lim\limits_{x \to \left(\frac{1}{n}\right)^+} \left[\frac{1}{x}\right] = \lim\limits_{\frac{1}{x} \to n^-} \left[\frac{1}{x}\right] = n - 1$，$\lim\limits_{x \to \left(\frac{1}{n}\right)^-} \left[\frac{1}{x}\right] = \lim\limits_{\frac{1}{x} \to n^+} \left[\frac{1}{x}\right] = n$，得

$$f\left(\frac{1}{n} + 0\right) = 1, \quad f\left(\frac{1}{n} - 0\right) = 0.$$

(4) $f(0+0) = 1$，$f(0-0) = 1$.

3. 证明：若 $\lim\limits_{x \to x_0} f(x) = A$，则 $\lim\limits_{x \to x_0} |f(x)| = |A|$，但反之不真.

证 $\forall \varepsilon > 0$，因 $\lim\limits_{x \to x_0} f(x) = A$，故 $\exists \delta > 0$，$\forall x \in \mathring{U}(x_0, \delta)$，有 $|f(x) - A| < \varepsilon$，从而

$$\big||f(x)| - |A|\big| \leqslant |f(x) - A| < \varepsilon,$$

即 $\lim\limits_{x \to x_0} |f(x)| = |A|$.

反之不正确，例如考虑函数 $f(x) = \begin{cases} 1, & x > 0, \\ -1, & x \leqslant 0, \end{cases}$ 有 $|f(x)| = 1$，从而 $\lim\limits_{x \to 0} |f(x)| = 1$，但因 $\lim\limits_{x \to 0^+} f(x) = 1$，$\lim\limits_{x \to 0^-} f(x) = -1$，故 $\lim\limits_{x \to 0} f(x)$ 不存在.

4. 设 $f(x) > 0$，证明：若 $\lim\limits_{x \to x_0} f(x) = A$，则 $\lim\limits_{x \to x_0} \sqrt[n]{f(x)} = \sqrt[n]{A}$，其中正整数 $n \geqslant 2$.

证 因 $f(x) > 0$，$\lim\limits_{x \to x_0} f(x) = A$，故 $A \geqslant 0$.

若 $A = 0$，则 $\forall \varepsilon > 0$，$\exists \delta > 0$，$\forall x \in \mathring{U}(x_0, \delta)$，有 $|f(x) - 0| < \varepsilon^n$，从而

$\left|\sqrt[n]{f(x)}-0\right|<\varepsilon$ 成立，故 $\lim\limits_{x\to x_0}\sqrt[n]{f(x)}=0=\sqrt[n]{A}$.

若 $A>0$，因 $\lim\limits_{x\to x_0}f(x)=A$，对 $\dfrac{A}{2}>0$，$\exists\delta_1>0$，$\forall x\in\mathring{U}(x_0,\delta_1)$，有 $|f(x)-A|<\dfrac{A}{2}$，故 $f(x)>\dfrac{A}{2}$. 于是

$$\left|\sqrt[n]{f(x)}-\sqrt[n]{A}\right|=\frac{|f(x)-A|}{f^{\frac{n-1}{n}}(x)A^{\frac{1}{n}}+f^{\frac{n-2}{n}}(x)A^{\frac{2}{n}}+\cdots+f^{\frac{1}{n}}(x)A^{\frac{n-1}{n}}}$$
$$<\frac{|f(x)-A|}{f^{\frac{1}{n}}(x)A^{\frac{n-1}{n}}}<\frac{|f(x)-A|}{A}\cdot 2^{\frac{1}{n}}.$$

$\forall\varepsilon>0$，由 $\lim\limits_{x\to x_0}f(x)=A$，知 $\exists\delta_2>0$，$\forall x\in\mathring{U}(x_0,\delta_2)$，有

$$|f(x)-A|<\frac{A\varepsilon}{2^{\frac{1}{n}}},$$

故 $\forall\varepsilon>0$，$\exists\delta=\min\{\delta_1,\delta_2\}>0$，$\forall x\in\mathring{U}(x_0,\delta)$，有 $\left|\sqrt[n]{f(x)}-\sqrt[n]{A}\right|<\varepsilon$ 成立，因此

$$\lim_{x\to x_0}\sqrt[n]{f(x)}=\sqrt[n]{A}.$$

5. 设 $\lim\limits_{x\to x_0}f(x)=a\ (a\neq 0)$，证明：$\exists\delta>0$，当 $x\in\mathring{U}(x_0,\delta)$ 时 $\dfrac{1}{f(x)}$ 有界.

证 不妨设 $a>0$ ($a<0$ 时证明类似). 因 $\lim\limits_{x\to x_0}f(x)=a$，故对 $\varepsilon=\dfrac{a}{2}$，$\exists\delta>0$，使得 $x\in\mathring{U}(x_0,\delta)$ 时，$|f(x)-a|<\dfrac{a}{2}$，即 $\dfrac{a}{2}<f(x)<\dfrac{3}{2}a$. 于是 $\dfrac{2}{3a}<\dfrac{1}{f(x)}<\dfrac{2}{a}$，从而 $\left|\dfrac{1}{f(x)}\right|<\dfrac{2}{a}\triangleq M$，故 $\dfrac{1}{f(x)}$ 有界.

习题 1-4

A 类

1. 用极限的运算法则求下列极限：

(1) $\lim\limits_{x\to 1}\dfrac{x^n-1}{x^m-1}$ (n,m 为正整数)；

(2) $\lim\limits_{h\to 0}\dfrac{(x+h)^3-x^3}{h}$；

(3) $\lim\limits_{x\to 1}\dfrac{x+x^2+\cdots+x^n-n}{x-1}$；

(4) $\lim\limits_{x\to -1}\left(\dfrac{1}{x+1}-\dfrac{x^2-2x}{x^3+1}\right)$；

(5) $\lim\limits_{x\to 1}\left(\dfrac{2}{x^2-1}-\dfrac{1}{x-1}\right)$；

(6) $\lim\limits_{x\to 4}\dfrac{\sqrt{1+2x}-3}{\sqrt{x}-2}$；

(7) $\lim\limits_{x\to\infty}\dfrac{(2x-3)^{20}(3x+2)^{30}}{(5x+1)^{50}}$；

(8) $\lim\limits_{x\to\infty}\left(\dfrac{x^2}{1-x}+\dfrac{x^2-1}{x}\right)$；

(9) $\lim\limits_{x\to+\infty}\dfrac{\sqrt{x+\sqrt{x+\sqrt{x}}}}{\sqrt{x+1}}$；

(10) $\lim\limits_{x\to+\infty}(\sqrt{x^2+x}-\sqrt{x^2-x})$；

(11) $\lim\limits_{x\to+\infty} x(\sqrt{x^2+1}-x)$；　　(12) $\lim\limits_{x\to+\infty}[\sqrt{(x+a)(x+b)}-x]$.

解　(1) 原式 $=\lim\limits_{x\to1}\dfrac{x^{n-1}+x^{n-2}+\cdots+1}{x^{m-1}+x^{m-2}+\cdots+1}=\dfrac{n}{m}$.

(2) 原式 $=\lim\limits_{h\to0}\dfrac{x^3+3x^2h+3xh^2+h^3-x^3}{h}$

$=\lim\limits_{h\to0}(3x^2+3xh+h^2)=3x^2$.

(3) 原式 $=\lim\limits_{x\to1}\dfrac{(x-1)+(x^2-1)+\cdots+(x^n-1)}{x-1}$

$=\lim\limits_{x\to1}[1+(x+1)+(1+x+x^2)+\cdots+(1+x+\cdots+x^{n-1})]$

$=1+2+\cdots+n=\dfrac{n(n+1)}{2}$.

(4) 原式 $=\lim\limits_{x\to-1}\dfrac{x^2-x+1-x^2+2x}{(x+1)(x^2-x+1)}=\lim\limits_{x\to-1}\dfrac{1}{x^2-x+1}=\dfrac{1}{3}$.

(5) 原式 $=\lim\limits_{x\to1}\dfrac{2-(x+1)}{(x-1)(x+1)}=\lim\limits_{x\to1}\dfrac{-1}{x+1}=-\dfrac{1}{2}$.

(6) 原式 $=\lim\limits_{x\to4}\dfrac{(2x-8)(\sqrt{x}+2)}{(x-4)(\sqrt{1+2x}+3)}=\dfrac{2\times4}{3+3}=\dfrac{4}{3}$.

(7) 原式 $=\lim\limits_{x\to\infty}\dfrac{\left(2-\dfrac{3}{x}\right)^{20}\left(3+\dfrac{2}{x}\right)^{30}}{\left(5+\dfrac{1}{x}\right)^{50}}=\dfrac{2^{20}\times3^{30}}{5^{50}}$.

(8) 原式 $=\lim\limits_{x\to\infty}\dfrac{x^3+x^2-x^3+x-1}{x(1-x)}=\lim\limits_{x\to\infty}\dfrac{1+\dfrac{1}{x}-\dfrac{1}{x^2}}{1-\dfrac{1}{x}}=1$.

(9) 原式 $=\lim\limits_{x\to+\infty}\dfrac{\sqrt{1+\sqrt{\dfrac{1}{x}+\sqrt{\dfrac{1}{x^3}}}}}{\sqrt{1+\dfrac{1}{x}}}=1$.

(10) 原式 $=\lim\limits_{x\to+\infty}\dfrac{(x^2+x)-(x^2-x)}{\sqrt{x^2+x}+\sqrt{x^2-x}}=\lim\limits_{x\to+\infty}\dfrac{2}{\sqrt{1+\dfrac{1}{x}}+\sqrt{1-\dfrac{1}{x}}}=1$.

(11) 原式 $=\lim\limits_{x\to+\infty}\dfrac{x}{\sqrt{x^2+1}+x}=\dfrac{1}{2}$.

(12) 原式 $=\lim\limits_{x\to+\infty}\dfrac{(a+b)x+ab}{\sqrt{(x+a)(x+b)}+x}=\dfrac{a+b}{2}$.

2. 已知 $f(x)=\begin{cases}\sqrt{x-3}, & x\geqslant3,\\ x+a, & x<3,\end{cases}$ 且 $\lim\limits_{x\to3}f(x)$ 存在，求 a.

解　因 $f(3+0)=0$，$f(3-0)=3+a$，而 $\lim\limits_{x\to3}f(x)$ 存在，故 $a=-3$.

3. 已知 $\lim\limits_{x\to\infty}\left(\dfrac{x^2+1}{x+1}-ax-b\right)=0$，求 a 与 b.

解 由题设得 $\lim\limits_{x\to\infty}\dfrac{1}{x}\left(\dfrac{x^2+1}{x+1}-ax-b\right)=0$，即 $\lim\limits_{x\to\infty}\left[\dfrac{x^2+1}{x(x+1)}-a-\dfrac{b}{x}\right]=0$，于是 $1-a=0$，得 $a=1$. 从而

$$b=\lim_{x\to\infty}\left(\frac{x^2+1}{x+1}-ax\right)=\lim_{x\to\infty}\left(\frac{x^2+1}{x+1}-x\right)=\lim_{x\to\infty}\frac{1-x}{x+1}=-1.$$

B 类

1. 用极限的运算法则求下列极限：

(1) $\lim\limits_{x\to 0}\dfrac{(1+mx)^n-(1+nx)^m}{x^2}$； (2) $\lim\limits_{x\to 1}\dfrac{1-\sqrt{x}}{1-\sqrt[3]{x}}$；

(3) $\lim\limits_{x\to+\infty}\left(\sqrt{x+\sqrt{x+\sqrt{x}}}-\sqrt{x}\right)$； (4) $\lim\limits_{x\to+\infty}\sin\left(\sqrt{x+2}-\sqrt{x}\right)$.

解 (1) 原式 $=\lim\limits_{x\to 0}\dfrac{[1+C_n^1mx+\cdots+C_n^n(mx)^n]-[1+C_m^1nx+\cdots+C_m^m(nx)^m]}{x^2}$

$=\lim\limits_{x\to 0}\left[\dfrac{n(n-1)}{2}m^2-\dfrac{m(m-1)}{2}n^2+P(x)\right]$ (其中 $P(x)$ 为不含常数项的关于 x 的多项式)

$=\dfrac{1}{2}mn(n-m)$.

(2) 原式 $=\lim\limits_{x\to 1}\dfrac{(1-x)(1+\sqrt[3]{x}+\sqrt[3]{x^2})}{(1-x)(1+\sqrt{x})}=\dfrac{3}{2}$.

(3) 原式 $=\lim\limits_{x\to+\infty}\dfrac{x+\sqrt{x+\sqrt{x}}-x}{\sqrt{x+\sqrt{x+\sqrt{x}}}+\sqrt{x}}=\dfrac{1}{2}$.

(4) 原式 $=\lim\limits_{x\to+\infty}\sin\dfrac{2}{\sqrt{x+2}+\sqrt{x}}=\sin 0=0$.

2. 设 $\lim\limits_{x\to+\infty}f(x)=A\ (A\neq 0)$，证明：当 x 充分大时，有 $|f(x)|>\dfrac{1}{2}|A|$.

证 因 $\lim\limits_{x\to+\infty}f(x)=A\ (A\neq 0)$，由定义，对 $\varepsilon=\dfrac{|A|}{2}$，$\exists X>0$，使得 $\forall x>X$，有

$$\big||f(x)|-|A|\big|\leqslant|f(x)-A|<\frac{|A|}{2},$$

故 $|A|-\dfrac{|A|}{2}<|f(x)|<|A|+\dfrac{|A|}{2}$，得 $|f(x)|>\dfrac{1}{2}|A|$.

3. 讨论极限 $\lim\limits_{x\to 0}\dfrac{1}{1+e^{\frac{1}{x}}}$.

解 当 $x\to 0^+$ 时，$\dfrac{1}{x}\to+\infty$，从而 $e^{\frac{1}{x}}\to+\infty$，得 $\dfrac{1}{1+e^{\frac{1}{x}}}\to 0$. 当 $x\to 0^-$ 时，$\dfrac{1}{x}\to-\infty$，从而 $e^{\frac{1}{x}}\to 0$，得 $\dfrac{1}{1+e^{\frac{1}{x}}}\to 1$. 由于左、右极限不相等，原极限不存在.

习题 1-5

A　类

1. 计算下列极限：

(1) $\lim\limits_{x\to 0}\dfrac{1-\cos 2x}{x\sin x}$；　(2) $\lim\limits_{x\to 0}\dfrac{2\sin x-\sin 2x}{x^3}$；

(3) $\lim\limits_{x\to 0}\dfrac{\sin 4x}{\sqrt{x+1}-1}$；　(4) $\lim\limits_{x\to a}\dfrac{\sin^2 x-\sin^2 a}{x-a}$；

(5) $\lim\limits_{x\to 0}\dfrac{\tan x-\sin x}{x^3}$；　(6) $\lim\limits_{n\to\infty}2^n\sin\dfrac{x}{2^n}$；

(7) $\lim\limits_{x\to\frac{\pi}{2}}\dfrac{\cos x}{x-\dfrac{\pi}{2}}$；　(8) $\lim\limits_{x\to\frac{\pi}{4}}\dfrac{\tan x-1}{x-\dfrac{\pi}{4}}$.

解　(1) 原式 $=\lim\limits_{x\to 0}\dfrac{2\sin^2 x}{x\sin x}=\lim\limits_{x\to 0}\dfrac{2\sin x}{x}=2$.

(2) 原式 $=\lim\limits_{x\to 0}\dfrac{2\sin x\,(1-\cos x)}{x^3}=\lim\limits_{x\to 0}\dfrac{\sin x}{x}\cdot\dfrac{4\sin^2\dfrac{x}{2}}{x^2}=1$.

(3) 原式 $=\lim\limits_{x\to 0}\dfrac{(\sqrt{x+1}+1)\sin 4x}{x}=8$.

(4) 原式 $=\lim\limits_{x\to a}\dfrac{\sin x-\sin a}{x-a}\cdot(\sin x+\sin a)=\lim\limits_{x\to a}\dfrac{2\cos\dfrac{x+a}{2}\sin\dfrac{x-a}{2}}{x-a}(\sin x+\sin a)$

$=2\sin a\cos a=\sin 2a$.

(5) 原式 $=\lim\limits_{x\to 0}\dfrac{\tan x\cdot(1-\cos x)}{x^3}=\lim\limits_{x\to 0}\dfrac{\tan x}{x}\cdot\dfrac{1-\cos x}{x^2}=\dfrac{1}{2}$.

(6) 显然 $x=0$ 时，原式 $=0$. 当 $x\neq 0$ 时，原式 $=\lim\limits_{n\to\infty}\dfrac{\sin\dfrac{x}{2^n}}{\dfrac{x}{2^n}}\cdot x=x$. 综合得原式 $=x$.

(7) 令 $t=x-\dfrac{\pi}{2}$，则原式 $=\lim\limits_{t\to 0}\dfrac{-\sin t}{t}=-1$.

(8) 令 $t=x-\dfrac{\pi}{4}$，则

$$原式=\lim_{t\to 0}\frac{\tan\left(x+\dfrac{\pi}{4}\right)-1}{t}=\lim_{t\to 0}\frac{\dfrac{1+\tan t}{1-\tan t}-1}{t}=\lim_{t\to 0}\frac{2\tan t}{t}\cdot\frac{1}{1-\tan t}=2.$$

2. 计算下列极限：

(1) $\lim\limits_{x\to\infty}\left(1+\dfrac{3}{x}\right)^x$；　(2) $\lim\limits_{x\to 0}(1-x)^{\frac{1}{x}}$；

(3) $\lim\limits_{x\to 1} x^{\frac{1}{1-x}}$；

(4) $\lim\limits_{x\to\infty}\left(1-\dfrac{1}{x}\right)^{kx}$ (k 为正整数)；

(5) $\lim\limits_{x\to 0}(1+3\tan^2 x)^{\cot^2 x}$；

(6) $\lim\limits_{x\to e}\dfrac{\ln x-1}{x-e}$.

解 (1) 原式 $=\lim\limits_{x\to\infty}\left(1+\dfrac{3}{x}\right)^{\frac{x}{3}\cdot 3}=e^3$.

(2) 原式 $=\lim\limits_{x\to 0}(1-x)^{\frac{1}{-x}\cdot(-1)}=e^{-1}$.

(3) 原式 $=\lim\limits_{x\to 1}[1+(x-1)]^{\frac{1}{x-1}\cdot(-1)}=e^{-1}$.

(4) 原式 $=\lim\limits_{x\to\infty}\left(1-\dfrac{1}{x}\right)^{(-x)\cdot(-k)}=e^{-k}$.

(5) 原式 $=\lim\limits_{x\to 0}(1+3\tan^2 x)^{\cot^2 x}=\lim\limits_{x\to 0}(1+3\tan^2 x)^{\frac{1}{3\tan^2 x}\cdot 3}=e^3$.

(6) 令 $x=et$，则

$$原式=\lim_{t\to 1}\frac{\ln t}{(t-1)e}=\lim_{t\to 1}\frac{\ln\,(1+(t-1))^{\frac{1}{t-1}}}{e}=\frac{\ln e}{e}=\frac{1}{e}.$$

或者令 $t=x-e$，则

$$原式=\lim_{t\to 0}\frac{\ln(t+e)-1}{t}=\lim_{t\to 0}\frac{\ln\left(\dfrac{t}{e}+1\right)}{t}=\frac{1}{e}.$$

3. 若 $\lim\limits_{x\to\infty}\left(\dfrac{x+a}{x-a}\right)^{x-a}=e^2$，试求 a 的值(a 为正数).

解 $\lim\limits_{x\to\infty}\left(\dfrac{x+a}{x-a}\right)^{x-a}=\lim\limits_{x\to\infty}\left(1+\dfrac{2a}{x-a}\right)^{\frac{x-a}{2a}\cdot 2a}=e^{2a}=e^2$，故 $a=1$.

4. 设函数 $f(x)$ 在 (a,b) 内单调增加且有界，证明 $\lim\limits_{x\to b^-}f(x)$ 存在.

证 对任意 $x_n\to b$ 且 $\{x_n\}$ 递增，则 $\{f(x_n)\}$ 递增且有界. 由单调有界定理，$\{f(x_n)\}$ 存在极限. 可以证明任意递增数列 $\{x_n\}$ 所对应的数列 $\{f(x_n)\}$ 的极限均相等. 事实上，设两递增数列 $\{x_n^{(1)}\}$，$\{x_n^{(2)}\}$ 所对应的 $\{f(x_n^{(1)})\}$，$\{f(x_n^{(2)})\}$ 的极限分别为 A_1，A_2，则从两个数列 $\{x_n^{(1)}\}$，$\{x_n^{(2)}\}$ 的第一项起，由小到大选取两者中的所有项构成的新的数列 $\{x_n\}$ 递增，$\{f(x_n)\}$ 的极限也存在，设为 A，因 $\{f(x_n^{(1)})\}$，$\{f(x_n^{(2)})\}$ 均为 $\{f(x_n)\}$ 的子数列，故 $A_1=A_2=A$. 由海涅归结原理，$\lim\limits_{x\to b^-}f(x)$ 存在且为 A.

5. 证明：$\lim\limits_{x\to 0}\cos\dfrac{1}{x}$ 不存在.

证明：取 $x'_n=\dfrac{1}{2n\pi}$，则 $x'_n\to 0(n\to\infty)$，且 $f(x'_n)=\cos\dfrac{1}{x'_n}=\cos 2n\pi=1$

另取 $x''_n=\dfrac{1}{2n\pi+\dfrac{\pi}{2}}$，则 $x''_n\to 0(n\to\infty)$，且 $f(x''_n)=\cos\dfrac{1}{x''_n}=\cos\left(2n\pi+\dfrac{\pi}{2}\right)=0$

于是 $\lim\limits_{x\to\infty}f(x'_n)=1\neq 0=\lim\limits_{x\to\infty}f(x''_n)$，故 $\lim\limits_{x\to 0}\cos\dfrac{1}{x}$ 不存在.

B 类

1. 计算下列极限：

(1) $\lim\limits_{x\to+\infty}\left(\dfrac{2x+3}{2x+1}\right)^{x+1}$；　　(2) $\lim\limits_{n\to\infty}\left(1+\dfrac{1}{n}-\dfrac{1}{n^2}\right)^n$；

(3) $\lim\limits_{x\to0}(\cos x)^{\frac{1}{\sin^2 x}}$；　　(4) $\lim\limits_{x\to0}(1-\sin x)^{\frac{1}{x}}$.

解 (1) 原式 $=\lim\limits_{x\to+\infty}\left(1+\dfrac{2}{2x+1}\right)^{\frac{2x+1}{2}}\cdot\left(1+\dfrac{2}{2x+1}\right)^{\frac{1}{2}}=\mathrm{e}\cdot1=\mathrm{e}.$

(2) 原式 $=\lim\limits_{n\to\infty}\left(1+\dfrac{n-1}{n^2}\right)^{\frac{n^2}{n-1}\cdot\frac{n-1}{n}}=\mathrm{e}^1=\mathrm{e}.$

(3) 原式 $=\lim\limits_{x\to0}[1+(\cos x-1)]^{\frac{1}{\cos x-1}\cdot\frac{\cos x-1}{\sin^2 x}}=\mathrm{e}^{-\frac{1}{2}}.$

(4) 原式 $=\lim\limits_{x\to0}(1-\sin x)^{\frac{1}{-\sin x}\cdot\frac{-\sin x}{x}}=\mathrm{e}^{-1}.$

2. 设 $\lim\limits_{x\to\infty}\left(\dfrac{x+b}{x-2}\right)^{2x+1}=\mathrm{e}^a$，确定常数 a,b 的关系.

解 若 $b=-2$，则 $a=0$. 若 $b\neq-2$，则

$$\lim_{x\to\infty}\left(\frac{x+b}{x-2}\right)^{2x+1}=\lim_{x\to\infty}\left(1+\frac{b+2}{x-2}\right)^{\frac{x-2}{b+2}\cdot2(b+2)+5}=\mathrm{e}^{2b+4}=\mathrm{e}^a.$$

故 $a=2b+4$.

3. 证明：$\lim\limits_{x\to+\infty}f(x)=A$ 的充要条件是：对任何数列 $x_n\to+\infty\ (n\to\infty)$，有 $f(x_n)\to A\ (n\to\infty)$.

证 必要性. 设 $\lim\limits_{x\to+\infty}f(x)=A$，则 $\forall\varepsilon>0$，$\exists X>0$，当 $x>X$ 时，有 $|f(x)-A|<\varepsilon$. 对数列 $\{x_n\}$，因 $x_n\to+\infty\ (n\to\infty)$，故对上述的 $X>0$，$\exists N\in\mathbf{Z}^+$，当 $n>N$ 时，有 $x_n>X$，故 $|f(x_n)-A|<\varepsilon$，即 $\lim\limits_{n\to\infty}f(x_n)=A$.

充分性(用反证法). 若 $\lim\limits_{x\to+\infty}f(x)=A$ 不成立，则 $\exists\varepsilon_0>0$，$\forall X>0$，$\exists x_X$，满足 $x_X>X$，但 $|f(x_X)-A|\geqslant\varepsilon_0$. 取 $X=1,2,\cdots,n,\cdots$，则存在相应的 $x_1,x_2,\cdots,x_n,\cdots$，满足 $x_i>i$，但 $|f(x_i)-A|\geqslant\varepsilon_0$，$i=1,2,\cdots$.显然数列 $x_n\to+\infty\ (n\to\infty)$，但 $|f(x_n)-A|\geqslant\varepsilon_0$，这与 $\lim\limits_{n\to\infty}f(x_n)=A$ 矛盾，故结论成立.

4. 设函数 $f(x)$ 在 $(0,+\infty)$ 内满足方程 $f(2x)=f(x)$，且 $\lim\limits_{x\to+\infty}f(x)=A$. 证明：$f(x)\equiv A$，$x\in(0,+\infty)$.

证 用反证法. 假设 $f(x)$ 在 $(0,+\infty)$ 内不恒为 A，则必存在一点 $x_0\in(0,+\infty)$，使得 $f(x_0)=B\neq A$. 因 $f(x)$ 满足方程 $f(2x)=f(x)$，所以

$$f(x_0)=f(2x_0)=f(2^2x_0)=\cdots=f(2^nx_0)=\cdots.$$

从而得到数列$\{x_0, 2x_0, 2^2x_0, \cdots, 2^nx_0, \cdots\}$，满足$\lim\limits_{n\to\infty} f(2^nx_0)=f(x_0)=B$. 又因$\lim\limits_{x\to+\infty} f(x)=A$及$2^nx_0\to+\infty\ (n\to\infty)$，由归结原则有$\lim\limits_{n\to\infty} f(2^nx_0)=A$，这与$B\neq A$相矛盾，故$f(x)\equiv A$，$x\in(0,+\infty)$.

5. 设函数$f(x)$在$[0,+\infty)$上单调增加，证明以下三个命题等价：

(1) $\lim\limits_{x\to+\infty} f(x)$存在；　　(2) 数列$\{f(n)\}$收敛；

(3) $f(x)$在$[0,+\infty)$上有界.

证 (1)⇒(2). 由本节习题B类第3题，因$x_n=n\to+\infty$，故$\lim\limits_{n\to\infty} f(n)=\lim\limits_{x\to+\infty} f(x)$存在.

(2)⇒(3). 因$\lim\limits_{n\to\infty} f(n)$存在，设为$A$，则$\forall\varepsilon>0$，$\exists N\in\mathbf{Z}^+$，当$n>N$时，有$|f(n)-A|<\varepsilon$，即$A-\varepsilon<f(n)<A+\varepsilon$. 又$\forall x\in[0,+\infty)$，$\exists n\in\mathbf{N}$，使得$n\leqslant x<n+1$，由函数$f(x)$单调增加，有$f(n)\leqslant f(x)\leqslant f(n+1)$，故当$x>N$时，有

$$A-\varepsilon<f(x)<A+\varepsilon.$$

另一方面，由$f(x)$在$[0,+\infty)$上单调增加，知$f(x)$在$[0,N]$上成立$f(x)\leqslant f(N)$，故$\forall x\in[0,+\infty)$，有$f(x)\leqslant\max\{f(N), A+\varepsilon\}$，即$f(x)$在$[0,+\infty)$上有界.

(3)⇒(1). 设$f(x)$在$[0,+\infty)$上有上界M，即$\forall x\in[0,+\infty)$，$f(x)\leqslant M$，则对任意的$x_n\geqslant0$，$x_n\to+\infty$，不妨设x_n单调增加(否则取其子列)，有$f(x_n)\leqslant M$. 由于$f(x)$单调增加，故数列$\{f(x_n)\}$单调增加. 由单调有界原理可知，数列$\{f(x_n)\}$存在极限. 再由海涅归结原理，有$\lim\limits_{x\to+\infty} f(x)$存在.

6. 证明：若$f(x)$在$U_+(x_0)$内单调有界，则右极限$\lim\limits_{x\to x_0^+} f(x)$存在.

证明与本节习题A类第4题类似，这里略去.

习题 1-6

A 类

1. 当$x\to0$时，以x为标准求下列无穷小量的阶：

(1) $\sin 2x-2\sin x$；　　(2) $\dfrac{1}{1+x}-(1-x)$；

(3) $\sqrt{5x^2-4x^3}$；　　(4) $\sqrt{1+\tan x}-\sqrt{1-\sin x}$.

解 (1) $\sin 2x-2\sin x=2\sin x(\cos x-1)\sim2\cdot x\cdot\left(-\dfrac{x^2}{2}\right)=2x^3$，故其阶为3.

(2) $\dfrac{1}{1+x}-(1-x)=\dfrac{x^2}{1+x}\sim x^2$，故其阶为2.

(3) $\sqrt{5x^2-4x^3}=|x|\sqrt{5-4x}\sim\sqrt{5}|x|$，故其阶为1.

(4) 因$\sqrt{1+\tan x}-\sqrt{1-\sin x}=\dfrac{\tan x+\sin x}{\sqrt{1+\tan x}+\sqrt{1-\sin x}}\sim x$，故其阶为1.

2. 求下列极限：

(1) $\lim\limits_{x\to 0}\dfrac{\sqrt{1+x^2}-1}{1-\cos x}$；　(2) $\lim\limits_{x\to 0}\dfrac{x\ln(1+3x)}{\sin 2x^2}$；

(3) $\lim\limits_{x\to 0}\dfrac{e^{x^2}-1}{x\sin 3x}$；　(4) $\lim\limits_{x\to 1}\dfrac{\sin(x^2-1)}{x-1}$；

(5) $\lim\limits_{x\to 0}\left(\dfrac{\sin x}{x}+x\sin\dfrac{1}{x}\right)$；　(6) $\lim\limits_{x\to 0^+}\dfrac{|\sin x|}{\sqrt{1-\cos x}}$；

(7) $\lim\limits_{x\to\infty}\dfrac{\arctan x}{x}$；　(8) $\lim\limits_{x\to+\infty}(\sin\sqrt{x+1}-\sin\sqrt{x})$.

解　(1) 原式 $=\lim\limits_{x\to 0}\dfrac{\frac{1}{2}x^2}{\frac{1}{2}x^2}=1$.

(2) 原式 $=\lim\limits_{x\to 0}\dfrac{x\cdot 3x}{2x^2}=\dfrac{3}{2}$.

(3) 原式 $=\lim\limits_{x\to 0}\dfrac{x^2}{x\cdot 3x}=\dfrac{1}{3}$.

(4) 原式 $=\lim\limits_{x\to 1}\dfrac{x^2-1}{x-1}=2$.

(5) 原式 $=\lim\limits_{x\to 0}\dfrac{\sin x}{x}+\lim\limits_{x\to 0}x\sin\dfrac{1}{x}=1+0=1$.

(6) 原式 $=\lim\limits_{x\to 0^+}\dfrac{|\sin x|}{\left|\sqrt{2}\sin\dfrac{x}{2}\right|}=\lim\limits_{x\to 0^+}\dfrac{\sin x}{\sqrt{2}\sin\dfrac{x}{2}}=\lim\limits_{x\to 0^+}\dfrac{x}{\sqrt{2}\cdot\dfrac{x}{2}}=\sqrt{2}$.

(7) 原式 $=0$ (无穷小与有界函数的乘积).

(8) 原式 $=\lim\limits_{x\to+\infty}(\sin\sqrt{x+1}-\sin\sqrt{x})$

$$=\lim_{x\to+\infty}2\cos\frac{\sqrt{x+1}+\sqrt{x}}{2}\sin\frac{\sqrt{x+1}-\sqrt{x}}{2}$$

$$=\lim_{x\to+\infty}2\cos\frac{\sqrt{x+1}+\sqrt{x}}{2}\sin\frac{1}{2(\sqrt{x+1}+\sqrt{x})}$$

$=0$ (无穷小与有界函数的乘积).

3. 设 $f(x)\sim g(x)$ $(x\to x_0)$，证明：$f(x)-g(x)=o(f(x))$ 或 $f(x)-g(x)=o(g(x))$.

证　若 $g(x)\neq 0$，因 $f(x)\sim g(x)$ $(x\to x_0)$，则有 $\lim\dfrac{f(x)}{g(x)}=1$，故 $\lim\dfrac{f(x)-g(x)}{g(x)}=0$，从而有 $f(x)-g(x)=o(g(x))$.

若 $f(x)\neq 0$，同样可证 $f(x)-g(x)=o(f(x))$.

4. 若 $\lim\limits_{x\to 1}\dfrac{x^2+ax+b}{\sin(x^2-1)}=3$，求 a,b 的值.

解 由于

$$\lim_{x\to 1}(x^2+ax+b)=\lim_{x\to 1}\frac{x^2+ax+b}{\sin(x^2-1)}\cdot\sin(x^2-1)=3\cdot 0=0,$$

又 $\lim\limits_{x\to 1}(x^2+ax+b)=1+a+b$，得 $1+a+b=0$，即 $b=-a-1$. 从而

$$\lim_{x\to 1}\frac{x^2+ax+b}{\sin(x^2-1)}=\lim_{x\to 1}\frac{x^2+ax-1-a}{x^2-1}=\lim_{x\to 1}\frac{x+a+1}{x+1}=\frac{a+2}{2}=3,$$

得 $a=4$，以及 $b=-5$.

B 类

1. 运用等价无穷小求下列极限：

(1) $\lim\limits_{x\to 0}\dfrac{\tan x-\sin x}{\sin x\,(1-\cos 3x)}$；　　(2) $\lim\limits_{x\to 1}(1-x)\tan\dfrac{\pi x}{2}$；

(3) $\lim\limits_{x\to 0}\dfrac{\cos mx-\cos nx}{x^2}$；　　(4) $\lim\limits_{x\to 0^+}\dfrac{e^{x^3}-1}{1-\cos\sqrt{\tan x-\sin x}}$；

(5) $\lim\limits_{x\to 0}\dfrac{\sqrt{2}-\sqrt{1+\cos x}}{\sqrt{1+x^2}-1}$；　　(6) $\lim\limits_{x\to 0}\dfrac{\sqrt{1+x\sin(\tan x)}-1}{1-\sqrt{\cos x}}$；

(7) $\lim\limits_{x\to 0}\left(\dfrac{a^x+b^x+c^x}{3}\right)^{\frac{1}{x}}$.

解 (1) 原式 $=\lim\limits_{x\to 0}\dfrac{\tan x\,(1-\cos x)}{x\cdot\dfrac{1}{2}(3x)^2}=\lim\limits_{x\to 0}\dfrac{x\cdot\dfrac{1}{2}x^2}{\dfrac{9}{2}x^3}=\dfrac{1}{9}$.

(2) 原式 $\xlongequal{t=x-1}\lim\limits_{t\to 0}\dfrac{-t}{\tan\dfrac{\pi t}{2}}=\lim\limits_{t\to 0}\dfrac{-t}{\dfrac{\pi t}{2}}=-\dfrac{2}{\pi}$.

(3) 原式 $=\lim\limits_{x\to 0}\dfrac{(1-\cos nx)-(1-\cos mx)}{x^2}=\lim\limits_{x\to 0}\dfrac{1-\cos nx}{x^2}-\lim\limits_{x\to 0}\dfrac{1-\cos mx}{x^2}$

$=\lim\limits_{x\to 0}\dfrac{(nx)^2}{2x^2}-\lim\limits_{x\to 0}\dfrac{(mx)^2}{2x^2}=\dfrac{1}{2}(n^2-m^2)$.

(4) 原式 $=\lim\limits_{x\to 0^+}\dfrac{x^3}{\dfrac{1}{2}(\tan x-\sin x)}=\lim\limits_{x\to 0^+}\dfrac{2x^3}{\tan x\,(1-\cos x)}=\lim\limits_{x\to 0^+}\dfrac{2x^3}{x\cdot\dfrac{x^2}{2}}=4$.

(5) 原式 $=\lim\limits_{x\to 0}\dfrac{(1-\cos x)(\sqrt{1+x^2}+1)}{x^2(\sqrt{2}+\sqrt{1+\cos x})}=\dfrac{1}{2}\cdot\dfrac{2}{2\sqrt{2}}=\dfrac{1}{2\sqrt{2}}$.

(6) 原式 $=\lim\limits_{x\to 0}\dfrac{-\dfrac{1}{2}x\sin(\tan x)}{1-\cos x}\cdot(1+\sqrt{\cos x})$

$=\lim\limits_{x\to 0}\dfrac{-\dfrac{1}{2}x\tan x}{\dfrac{1}{2}x^2}\cdot(1+\sqrt{\cos x})=-2$.

(7) 原式 $=\lim\limits_{x\to 0}\left(1+\frac{a^x+b^x+c^x-3}{3}\right)^{\frac{3}{a^x+b^x+c^x-3}\cdot\frac{a^x+b^x+c^x-3}{3x}}$. 因

$$\lim_{x\to 0}\frac{a^x+b^x+c^x-3}{x}=\lim_{x\to 0}\left(\frac{a^x-1}{x}+\frac{b^x-1}{x}+\frac{c^x-1}{x}\right)$$
$$=\ln a+\ln b+\ln c=\ln(abc),$$

故原式 $=e^{\frac{1}{3}\ln(abc)}=\sqrt[3]{abc}$.

2. 当 $x\to 1^+$ 时，$\sqrt{3x^2-2x-1}\ \ln x$ 与 $(x-1)^n$ 为同阶无穷小，求 n.

解　令 $t=x-1$，则 $x\to 1^+$ 时，$t\to 0^+$，且

$$\sqrt{3x^2-2x-1}\ \ln x=\sqrt{(3x+1)(x-1)}\ \ln x=\sqrt{(3t+4)t}\ \ln(1+t)$$
$$\sim\sqrt{3t+4}\cdot t^{\frac{3}{2}},$$

故 $n=\frac{3}{2}$.

3. 已知 $\lim\limits_{x\to 0}\frac{\sqrt{1+f(x)\sin x}-1}{e^{3x}-1}=2$，求极限 $\lim\limits_{x\to 0}f(x)$.

解　由于

$$\lim_{x\to 0}\frac{\sqrt{1+f(x)\sin x}-1}{e^{3x}-1}=\lim_{x\to 0}\frac{\frac{1}{2}f(x)\sin x}{3x}=\lim_{x\to 0}\frac{\sin x}{6x}\cdot f(x)=2,$$

故 $\lim\limits_{x\to 0}f(x)$ 存在且 $\lim\limits_{x\to 0}f(x)=12$.

4. 证明：函数 $y=\frac{1}{x}\cos\frac{1}{x}$ 在区间 $(0,1]$ 上无界，但当 $x\to 0^+$ 时，此函数不是无穷大.

证　要证函数 $f(x)$ 在 (a,b) 内无界，只需寻找数列 $\{x_n\}\subset(a,b)$，使 $f(x_n)\to\infty$. 取 $x_n=\frac{1}{n\pi}$，则 $f(x_n)=(-1)^n n\pi$，$\lim\limits_{n\to\infty}f(x_n)=\infty$，因此 $f(x)$ 在集合 $\{x_n\}$ 上无界. 而 $\{x_n\}\subset(0,1)$，所以 $f(x)$ 在 $(0,1)$ 内无界.

取数列 $x_n^*=\frac{1}{\left(n+\frac{1}{2}\right)\pi}$，有 $x_n^*\to 0\ (n\to\infty)$，而 $f(x_n^*)=0$，因此 $\lim\limits_{n\to\infty}f(x_n^*)=0$，所以当 $x\to 0$ 时，$f(x)$ 不是无穷大. 这是因为，如果 $\lim\limits_{n\to\infty}f(x)=\infty$，那么必有 $\lim\limits_{n\to\infty}f(x_n^*)=\infty$.

习题 1-7

A　类

1. 指出下列函数的间断点并说明其类型：

(1) $f(x)=\frac{x}{(1+x)^2}$；　　(2) $f(x)=\cos^2\frac{1}{x}$；

(3) $f(x)=\dfrac{x}{\tan x}$;　　(4) $f(x)=\dfrac{\sin x}{|x|}$;

(5) $f(x)=\operatorname{sgn}|x|$;　　(6) $f(x)=\begin{cases}x, & |x|\leqslant 1,\\ 1, & |x|>1.\end{cases}$

解 (1) 由 $\lim\limits_{x\to -1} f(x)=-\infty$，知 $x=-1$ 为第二类间断点(无穷间断点).

(2) $x=0$ 为第二类间断点(振荡间断点).

(3) 因 $\tan x$ 本身在 $x=k\pi+\dfrac{\pi}{2}$ $(k\in\mathbf{Z})$ 无定义，又分母 $\tan x$ 不能为零，知函数 $f(x)$ 在 $x=k\pi$，$x=k\pi+\dfrac{\pi}{2}$ $(k\in\mathbf{Z})$ 处间断.

① 由 $\lim\limits_{x\to 0}\dfrac{x}{\tan x}=1$，知 $x=0$ 为第一类间断点(可去间断点).

② 当 $x=k\pi$ 且 $k\neq 0$ 时，$\tan x=0$，$f(x)\to\infty$，故 $x=k\pi$ $(k\neq 0)$ 为第二类间断点(无穷间断点).

③ 由 $\lim\limits_{x\to k\pi+\frac{\pi}{2}}\dfrac{x}{\tan x}=0$，知 $x=k\pi+\dfrac{\pi}{2}$ 为第一类间断点(可去间断点).

(4) $x=0$ 为第一类间断点(跳跃间断点).

(5) 由 $f(x)=\operatorname{sgn}|x|=\begin{cases}1, & x\neq 0,\\ 0, & x=0,\end{cases}$ 知 $x=0$ 为第一类间断点(可去间断点).

(6) $x=-1$ 为第一类间断点(跳跃间断点).

2. 求下列函数的间断点，并指出类型；若为可去间断点，则补充或改变函数的定义使它连续.

(1) $f(x)=\dfrac{e^{\frac{1}{x}}-1}{e^{\frac{1}{x}}+1}$;　　(2) $f(x)=\begin{cases}x^2\sin\dfrac{1}{x}, & x\neq 0,\\ 0, & x=0.\end{cases}$

解 (1) 注意到 $\lim\limits_{x\to 0^+} e^{\frac{1}{x}}=+\infty$，$\lim\limits_{x\to 0^-} e^{\frac{1}{x}}=0$，故

$$\lim_{x\to 0^+} f(x)=1,\quad \lim_{x\to 0^-} f(x)=-1,$$

知 $x=0$ 为函数 $f(x)$ 的第一类间断点(跳跃间断点).

(2) 显然当 $x\neq 0$ 时函数连续. 在 $x=0$ 处，因

$$\lim_{x\to 0} f(x)=\lim_{x\to 0} x^2\sin\frac{1}{x}=0=f(0),$$

故函数在 $x=0$ 连续. 故函数 $f(x)$ 在定义域 $(-\infty,+\infty)$ 内为连续函数，无间断点.

3. 试确定常数 a，使函数 $f(x)=\begin{cases}e^x, & x\leqslant 0,\\ a+x, & x>0\end{cases}$ 连续.

解 因 $\lim\limits_{x\to 0^-} f(x)=\lim\limits_{x\to 0^-} e^x=1$，$\lim\limits_{x\to 0^+} f(x)=\lim\limits_{x\to 0^+}(a+x)=a$，又 $f(0)=1$，要使 $f(x)$ 在 $(-\infty,+\infty)$ 内连续，需有 $a=1$.

4. 求下列极限：

(1) $\lim\limits_{x \to \frac{\pi}{6}} \ln(2\cos 2x)$；　(2) $\lim\limits_{x \to 1} \dfrac{\arctan x}{\sqrt{x + \ln x}}$；

(3) $\lim\limits_{x \to \infty} e^{\frac{1}{x}}$；　(4) $\lim\limits_{x \to +\infty} x(\ln(x+1) - \ln x)$；

(5) $\lim\limits_{x \to 0^+} \sqrt[x]{\cos\sqrt{x}}$.

解 (1) 原式 $= \ln\left(2\cos\dfrac{\pi}{3}\right) = 0$.

(2) 原式 $= \dfrac{\pi/4}{\sqrt{1+0}} = \dfrac{\pi}{4}$.

(3) 原式 $= \lim\limits_{x \to \infty} e^{\frac{1}{x}} = e^0 = 1$.

(4) 原式 $= \lim\limits_{x \to +\infty} \ln\left(\dfrac{x+1}{x}\right)^x = \ln e = 1$.

(5) 原式 $= \lim\limits_{x \to 0^+} (1 + \cos\sqrt{x} - 1)^{\frac{1}{\cos\sqrt{x}-1} \cdot \frac{\cos\sqrt{x}-1}{x}}$. 因

$$\lim_{x \to 0^+} \frac{\cos\sqrt{x} - 1}{x} = \lim_{x \to 0^+} \frac{-\dfrac{(\sqrt{x})^2}{2}}{x} = -\frac{1}{2},$$

故原式 $= e^{-\frac{1}{2}}$.

B　类

1. 找出下列函数的所有间断点，并判断其类型：

(1) $f(x) = \dfrac{x - x^2}{|x|(x^2 - 1)}$；　(2) $f(x) = \begin{cases} \sin\pi x, & x \in \mathbf{Q}, \\ 0, & x \notin \mathbf{Q}; \end{cases}$

(3) $f(x) = [x] + [-x]$；　(4) $f(x) = \operatorname{sgn}(\cos x)$.

解 (1) 由于

$$f(x) = \frac{x - x^2}{|x|(x^2-1)} = \frac{x(1-x)}{|x|(x-1)(x+1)} = \frac{-x}{|x|(x+1)} \quad (x \neq 1)$$

$$= \begin{cases} -\dfrac{1}{x+1}, & x > 0, x \neq 1, \\ \dfrac{1}{x+1}, & x < 0, x \neq -1, \end{cases}$$

故 $x = 0$ 为第一类间断点(跳跃间断点)，$x = 1$ 为第一类间断点(可去间断点)，$x = -1$ 为第二类间断点(无穷间断点).

(2) 除 $x = k, k \in \mathbf{Z}$ 为函数的连续点外，其他点均为第二类间断点.

(3) 由于

$$f(x) = [x] + [-x] = \begin{cases} 0, & x = k, k \in \mathbf{Z}, \\ -1, & x \neq k, k \in \mathbf{Z}, \end{cases}$$

故 $x = k \in \mathbf{Z}$ 为函数的第一类间断点(可去间断点).

(4) 由于

$$f(x)=\operatorname{sgn}(\cos x)=\begin{cases}1, & \cos x>0,\\ 0, & \cos x=0,\\ -1, & \cos x<0\end{cases}=\begin{cases}1, & 2k\pi-\dfrac{\pi}{2}<x<2k\pi+\dfrac{\pi}{2},\\ 0, & x=k\pi+\dfrac{\pi}{2},\\ -1, & 2k\pi+\dfrac{\pi}{2}<x<2k\pi+\dfrac{3\pi}{2},\end{cases}$$

故 $x=k\pi+\dfrac{\pi}{2}$, $k\in\mathbf{Z}$ 为函数的第一类间断点(跳跃间断点).

2. 设 $f(x)=\begin{cases}1, & x>0,\\ 0, & x=0,\\ -1, & x<0,\end{cases}$ $g(x)=x(1-x^2)$, 讨论函数 $f(g(x))$, $g(f(x))$ 的连续性.

解 可求得

$$f(g(x))=\begin{cases}1, & g(x)>0,\\ 0, & g(x)=0,\\ -1, & g(x)<0\end{cases}=\begin{cases}1, & x<-1 \text{ 或 } 0<x<1,\\ 0, & x=0,1,-1,\\ -1, & -1<x<0 \text{ 或 } x>1,\end{cases}$$

故 $x=0,1,-1$ 为函数 $f(g(x))$ 的第一类间断点.

因 $g(f(x))=f(x)[1-(f(x))^2]\equiv 0$, 故函数 $g(f(x))$ 是连续函数.

3. 设函数 $f(x)=\lim\limits_{n\to\infty}\dfrac{x^{2n+1}+(a-1)x^n-1}{x^{2n}-ax^n-1}$ $(a\neq 0)$.

(1) 求 $f(x)$. (2) 讨论 $f(x)$ 的连续性.

解 (1) 当 $x=-1$ 时极限不存在, 故得

$$f(x)=\begin{cases}1, & |x|<1,\\ x, & |x|>1,\\ \dfrac{1-a}{a}, & x=1.\end{cases}$$

(2) ① 函数 $f(x)$ 在 $x=-1$ 无定义, 又

$$\lim_{x\to(-1)^-}f(x)=\lim_{x\to(-1)^-}x=-1,\quad \lim_{x\to(-1)^+}f(x)=\lim_{x\to(-1)^+}1=1,$$

故 $x=-1$ 是函数的第一类间断点(可去间断点).

② 因 $\lim\limits_{x\to 1^+}f(x)=\lim\limits_{x\to 1^+}x=1$, $\lim\limits_{x\to 1^-}f(x)=\lim\limits_{x\to 1^-}1=1$, 若 $f(1)=1$, 即 $\dfrac{1-a}{a}=1$, 即 $a=\dfrac{1}{2}$, 则函数 $f(x)$ 在 $x=1$ 处连续; 若 $f(1)\neq 1$, 即 $\dfrac{1-a}{a}\neq 1$, 即 $a\neq\dfrac{1}{2}$, 则 $x=1$ 是函数 $f(x)$ 的第一类间断点(可去间断点).

4. 设 $f(x)$ 是连续函数. 证明: 对任何 $c>0$, 函数

$$g(x)=\begin{cases}-c, & f(x)<-c,\\ f(x), & |f(x)|\leqslant c,\\ c, & f(x)>c\end{cases}$$

是连续的.

证　$\forall x_0 \in (-\infty, +\infty)$，$\forall \varepsilon > 0$，因 $f(x)$ 在点 x_0 连续，故 $\exists \delta_1 > 0$，使得 $\forall x \in U(x_0, \delta_1)$，有 $|f(x) - f(x_0)| < \varepsilon$.

(1) 若 $|f(x_0)| < c$，则由 $f(x)$ 的连续性，$\exists \delta_2 > 0$，使得 $\forall x \in U(x_0, \delta_2)$，有 $|f(x)| < c$. 取 $\delta = \min\{\delta_1, \delta_2\}$，则 $\forall x \in U(x_0, \delta)$，有 $g(x) = f(x)$，从而

$$|g(x) - g(x_0)| = |f(x) - f(x_0)| < \varepsilon,$$

故 $g(x)$ 在点 x_0 处连续.

(2) 若 $f(x_0) < -c$，则由 $f(x)$ 的连续性，$\exists \delta_2 > 0$，使得 $\forall x \in U(x_0, \delta_2)$，有 $f(x) < -c$. 取 $\delta = \min\{\delta_1, \delta_2\}$，则 $\forall x \in U(x_0, \delta)$，有 $g(x) = -c$，从而

$$|g(x) - g(x_0)| = |(-c) - (-c)| = 0 < \varepsilon,$$

故 $g(x)$ 在点 x_0 处连续.

(3) 若 $f(x_0) > c$，则由 $f(x)$ 的连续性，$\exists \delta_2 > 0$，使得 $\forall x \in U(x_0, \delta_2)$，有 $f(x) > c$. 取 $\delta = \min\{\delta_1, \delta_2\}$，则 $\forall x \in U(x_0, \delta)$，有 $g(x) = c$，从而

$$|g(x) - g(x_0)| = |c - c| = 0 < \varepsilon,$$

故 $g(x)$ 在点 x_0 处连续.

(4) 若 $|f(x_0)| = c$，不妨设 $f(x_0) = c$，取 $\delta = \delta_1$，则 $\forall x \in U(x_0, \delta)$，若 $f(x) > c$，则 $g(x) = c$；若 $f(x) \leqslant c$，则 $g(x) = f(x)$. 不管是哪种情况，均有

$$|g(x) - g(x_0)| \leqslant |f(x) - c| = |f(x) - f(x_0)| < \varepsilon,$$

故 $g(x)$ 在点 x_0 处连续.

综上所述，函数 $g(x)$ 在 $(-\infty, +\infty)$ 内连续.

5. 若 $f(x)$ 和 $g(x)$ 都在 $[a,b]$ 上连续，试证明：$\max\{f(x), g(x)\}$ 和 $\min\{f(x), g(x)\}$ 都在 $[a,b]$ 上连续.

证　记 $\varphi(x) = \min\limits_{x \in [a,b]}\{f(x), g(x)\}$，$\psi(x) = \max\limits_{x \in [a,b]}\{f(x), g(x)\}$，则

$$\varphi(x) = \min_{x \in [a,b]}\{f(x), g(x)\} = \frac{f(x) + g(x) - |f(x) - g(x)|}{2},$$

$$\psi(x) = \max_{x \in [a,b]}\{f(x), g(x)\} = \frac{f(x) + g(x) + |f(x) - g(x)|}{2}.$$

由于 $f(x), g(x)$ 在区间 $[a,b]$ 上连续，则 $f(x) + g(x), f(x) - g(x)$ 在区间 $[a,b]$ 上连续，故 $f(x) + g(x), |f(x) - g(x)|$ 在区间 $[a,b]$ 上也连续，所以 $\varphi(x), \psi(x)$ 在区间 $[a,b]$ 上连续.

6. 证明：设 $f(x)$ 为区间 (a,b) 内单调函数. 若 $x_0 \in (a,b)$ 为 $f(x)$ 的间断点，则必是 $f(x)$ 的第一类间断点.

证　不妨设 $f(x)$ 在 (a,b) 内有定义，是单调递增的，$x_0 \in (a,b)$ 是 $f(x)$ 的间断点. 再设 $x \in (a, x_0)$，则 $x < x_0$. 由单调递增性知：$f(x) < f(x_0)$（为常数），即 $f(x)$ 在 (a, x_0) 内单调递增有上界，它必定存在左极限：

$$f(x_0 - 0) = \lim_{x \to x_0^-} f(x) \leqslant f(x_0),$$

式中“$\leqslant$”处若取“$=$”号，则 $f(x)$ 在 x_0 左连续，否则 $f(x)$ 在点 x_0 间断，x_0 为跳跃间断点. 同理可证，当 $x > x_0$ 时，单调增函数 $f(x)$ 存在右极限 $f(x_0+0) \geqslant f(x_0)$，或 $f(x)$ 在 x_0 右连续，或点 x_0 为跳跃间断点. 综合之，单调增函数 $f(x)$ 在间断点 x_0 处的左、右极限都存在，故若 x_0 是 $f(x)$ 的间断点，则 x_0 一定是 $f(x)$ 的第一类间断点. 同理可证 $f(x)$ 在 (a,b) 内单调递减的情形(类似地，还可把开区间 (a,b) 推广到闭区间、半闭区间及无穷区间的情形，结论也成立).

7. 设 f 在 $x=0$ 连续，且对任何 $x,y \in \mathbf{R}$ 有 $f(x+y)=f(x)+f(y)$，证明：

(1) f 在 $\mathbf{R}$ 上连续；　　　　(2) $f(x)=f(1)\cdot x$.

证 (1) 因 $f(0)=f(0+0)=f(0)+f(0)=2f(0)$，所以 $f(0)=0$. 又对任意的 $x \in (-\infty,+\infty)$，有

$$\Delta y = f(x+\Delta x)-f(x)=f(x)+f(\Delta x)-f(x)=f(\Delta x),$$

所以 $\lim\limits_{\Delta x\to 0}\Delta y=\lim\limits_{\Delta x\to 0}f(\Delta x)=f(0)=0$，即 f 在 $(-\infty,+\infty)$ 内连续.

(2) 先证对任何正有理数 r，有 $f(rx)=rf(x)$. 事实上，令 $y=x$，得 $f(2x)=2f(x)$，由数学归纳法知，对任何自然数 n，有 $f(nx)=nf(x)$，即有

$$f(x)=\frac{1}{n}f(nx).$$

用 $\frac{x}{n}$ 代替 x，有 $f\left(\frac{x}{n}\right)=\frac{1}{n}f\left(n\cdot\frac{x}{n}\right)=\frac{1}{n}f(x)$. 设 $r=\frac{p}{q}$ (p,q 为自然数)，则有

$$f(rx)=f\left(\frac{p}{q}x\right)=pf\left(\frac{x}{q}\right)=\frac{p}{q}f(x)=rf(x).$$

又因 $f(0)=f(x-x)=f(x)+f(-x)$，且 $f(0)=0$，所以 $f(-x)=-f(x)$，因此对任何负有理数 $-r$ $(r>0)$ 有 $f(-rx)=-f(rx)=-rf(x)$.

综上可知，对任何有理数 r 都有 $f(rx)=rf(x)$.

再证对任何无理数 α 也有 $f(\alpha x)=\alpha f(x)$. 事实上，存在有理数列 $\{r_n\}$，使 $\lim\limits_{n\to\infty}r_n=\alpha$，由于 f 在 $(-\infty,+\infty)$ 内连续，以及 $f(r_nx)=r_nf(x)$，知

$$f(\alpha x)=f(\lim_{n\to+\infty}r_nx)=\lim_{n\to+\infty}f(r_nx)=\lim_{n\to\infty}r_nf(x)=\alpha f(x).$$

于是对任何 $x\in(-\infty,+\infty)$ 及任何实数 c 都有 $f(cx)=cf(x)$，因此，对任意的 $x\in(-\infty,+\infty)$ 有 $f(x)=f(x\cdot 1)=x\cdot f(1)$.

习题1-8

A 类

1. 证明：方程 $x\cdot 2^x=1$ 在 $(0,1)$ 内至少有一个根.

证 设 $f(x)=x\cdot 2^x-1$，则 $f(x)$ 在 $[0,1]$ 上连续. 又 $f(0)=-1<0$，$f(1)=1>0$，故由介值定理，$f(x)$ 在 $(0,1)$ 内至少有一个根.

2. 证明：方程 $x = a\sin x + b\ (a > 0,\ b > 0)$ 至少有一个正根不超过 $a + b$.

证　设 $f(x) = x - a\sin x - b$，则

$$f(0) = -b < 0,\quad f(a+b) = a(1-\sin(a+b)).$$

若 $f(a+b) = 0$，则 $a+b$ 即为方程的一个正根，结论成立. 若 $f(a+b) > 0$，由 $f(x)$ 在 $[0,a+b]$ 上连续及零点定理，$f(x)$ 在 $(0,a+b)$ 内至少有一个零点，即方程至少有一个正根，且不超过 $a+b$.

事实上，因 $\forall c > 0$，有

$$f(a+b+c) = a(1-\sin(a+b+c)) + c \geqslant c > 0,$$

故 $a+b+c$ 不是方程的根，这说明方程所有的根都不会超过 $a+b$.

3. 若函数 $f(x)$ 在 $[a,b]$ 上连续，$a < x_1 < x_2 < \cdots < x_n < b$，证明：则在区间 $[x_1, x_n]$ 上至少有一点 ξ，使得

$$f(\xi) = \frac{f(x_1) + f(x_2) + \cdots + f(x_n)}{n}.$$

证　因 $f(x)$ 在 $[a,b]$ 上连续，所以 $f(x)$ 在 $[a,b]$ 上必会取得最大值 M 和最小值 m，从而有 $m \leqslant f(x_i) \leqslant M\ (i = 1,2,\cdots,n)$，说明每个 $f(x_i)$ 都是有限数. 记

$$K_1 = \min\{f(x_1), f(x_2), \cdots, f(x_n)\},\quad K_2 = \max\{f(x_1), f(x_2), \cdots, f(x_n)\},$$

则 $K_1 \leqslant f(x_i) \leqslant K_2$，于是 $nK_1 \leqslant f(x_1) + f(x_2) + \cdots + f(x_n) \leqslant nK_2$，即

$$K_1 \leqslant \frac{f(x_1) + f(x_2) + \cdots + f(x_n)}{n} \leqslant K_2.$$

若 $K_1 < K_2$，由闭区间上连续函数的介值定理知，在 $[x_1, x_2]$ 上必存在 ξ 使

$$f(\xi) = \frac{f(x_1) + f(x_2) + \cdots + f(x_n)}{n}.$$

若 $K_1 = K_2$，则

$$f(x_1) = f(x_2) = \cdots = f(x_n) = \frac{f(x_1) + f(x_2) + \cdots + f(x_n)}{n},$$

这时在 x_i 中任取一个均可作为 ξ.

4. 证明：若函数 $f(x)$ 及 $g(x)$ 都在闭区间 $[a,b]$ 上连续，且 $f(a) < g(a)$，$f(b) > g(b)$，则存在点 $c \in (a,b)$，使得 $f(c) = g(c)$.

证　设 $F(x) = f(x) - g(x)$，由题设知 $F(x)$ 在闭区间 $[a,b]$ 上连续，且

$$F(a) = f(a) - g(a) < 0,\quad F(b) = f(b) - g(b) > 0.$$

由介值定理，存在点 $c \in (a,b)$，使得 $F(c) = 0$，即 $f(c) = g(c)$.

5. 证明：若 $f(x)$ 在 $[a,b]$ 上连续，且不存在 $x \in [a,b]$，使 $f(x) = 0$，则 $f(x)$ 在 $[a,b]$ 上恒正或恒负.

证　若结论不成立，则 $\exists x_1, x_2 \in [a,b]$，使得 $f(x_1) \cdot f(x_2) < 0$. 不妨设 $x_1 < x_2$ ($x_1 > x_2$ 时证明类似). 因 $[x_1, x_2] \subset [a,b]$，故 $f(x)$ 在 $[x_1, x_2]$ 上连续，且端点的值异号，由介值定理，$\exists \xi \in (x_1, x_2) \subset [a,b]$，使得 $f(\xi) = 0$. 这与题设矛盾，故假设不成立，结论得证.

6. 函数 $f(x)$ 在 $(-\infty,+\infty)$ 内连续，且 $\lim\limits_{x\to\infty}f(x)=A$，证明：$f(x)$ 是 $(-\infty,+\infty)$ 内的有界函数.

证 因 $\lim\limits_{x\to\infty}f(x)=A$，所以 $\forall\varepsilon>0$（可取 $\varepsilon=1$），$\exists X>0$，当 $|x|>X$ 时，有 $|f(x)-A|<\varepsilon$. 又 $|f(x)-A|\geqslant|f(x)|-|A|$，所以

$$|f(x)|\leqslant|f(x)-A|+|A|<\varepsilon+A,$$

即当 $|x|>X$ 时，$|f(x)|<\varepsilon+A$.

又因 $f(x)$ 在 $(-\infty,+\infty)$ 内连续，所以 $f(x)$ 在 $[-X,X]$ 上连续，由闭区间上连续函数的性质可知 $f(x)$ 在 $[-X,X]$ 上有界，即存在 $M_1>0$，当 $x\in[-X,X]$ 时，有 $|f(x)|\leqslant M_1$.

令 $M=\max\{M_1,|A|+\varepsilon\}$，则对任何 $x\in(-\infty,+\infty)$，恒有 $|f(x)|\leqslant M$，故 $f(x)$ 在区间 $(-\infty,+\infty)$ 内有界.

——B 类——

1. 设 $f(x)$ 在闭区间 $[0,2a]$ 上连续，且 $f(0)=f(2a)$，则在 $[0,a]$ 上至少存在一个 x，使 $f(x)=f(x+a)$.

证 作辅助函数 $g(x)=f(x)-f(x+a)$. 由于 $f(x)$ 在 $[0,2a]$ 上连续，所以 $f(x+a)$ 在 $[-a,a]$ 上连续，从而 $g(x)$ 在 $[0,a]$ 上连续. 又

$$g(0)=f(0)-f(a),\quad g(a)=f(a)-f(2a)=-(f(0)-f(a))=-g(0),$$

若 $f(0)=f(a)$，则可取 $x=0\in[0,a]$（也可取 $x=a$），使 $f(x)=f(x+a)$；若 $f(0)\neq f(a)$，则由上已证知：$g(0)$ 与 $g(a)$ 异号，由闭区间 $[0,a]$ 上连续函数的零点定理，必定 $\exists x\in(0,a)$，使得 $g(x)=0$，即有 $f(x)=f(x+a)$.

2. 设 $f(x)$ 在 (a,b) 内连续，且 $\lim\limits_{x\to a+0}f(x)=\lim\limits_{x\to b-0}f(x)=B$，又存在 $x_1\in(a,b)$ 使 $f(x_1)>B$. 证明：$f(x)$ 在 (a,b) 内有最大值.

证 设

$$\tilde{f}(x)=\begin{cases}f(x), & x\in(a,b),\\ B, & x=a,b,\end{cases}$$

则由题设条件知 $\tilde{f}(x)$ 在闭区间 $[a,b]$ 上连续，故 $\tilde{f}(x)$ 在 $[a,b]$ 上存在最大值，设 $\tilde{f}(x)$ 在 $x^*\in[a,b]$ 处取得最大值 M. 显然 $M>B$（否则，与题设矛盾），故 $x^*\in(a,b)$. 由 $\tilde{f}(x)$ 的定义，x^* 也是 $f(x)$ 在 (a,b) 内取最大值的点.

3. 设 $f(x)$ 在 $[0,+\infty)$ 上连续，且对于 $x>0$ 满足 $f(x)=f(x^2)$，试证：$f(x)\equiv C$（C 为常数）.

证 当 $0\leqslant x\leqslant 1$ 时，由 $f(x)$ 连续，有 $\lim\limits_{x\to 0}f(x)=f(0)$. 当 $0<x<1$ 时，由于

$$f(x)=f(x^2)=f(x^4)=\cdots=f(x^{2^n}),$$

故有 $f(x)=\lim\limits_{n\to\infty}f(x^{2^n})=f(0)$. 又 $f(x)$ 在 $x=1$ 处连续，故有 $f(1)=\lim\limits_{x\to 1^-}f(x)=f(0)$. 所以当 $0\leqslant x\leqslant 1$ 时，恒有 $f(x)=f(0)$.

当 $x>1$ 时，由于 $f(x)=f(x^{\frac{1}{2}})=f(x^{\frac{1}{4}})=\cdots=f(x^{\frac{1}{2^n}})$，故有

$$f(x)=\lim_{n\to\infty}f(x^{\frac{1}{2^n}})=f(1)=f(0),$$

所以当 $x>1$ 时，恒有 $f(x)=f(0)$.

故当 $0\leqslant x<+\infty$ 时，恒有 $f(x)=f(0)$，即 $f(x)$ 为常数.

4. 设函数 $f(x)$ 在 $(-\infty,+\infty)$ 内连续，且 $\lim\limits_{x\to+\infty}\dfrac{f(x)}{x}=\lim\limits_{x\to-\infty}\dfrac{f(x)}{x}=0$，证明：存在 $\xi\in(-\infty,+\infty)$ 使 $f(\xi)+\xi=0$.

证　对 $0<\varepsilon<1$，因 $\lim\limits_{x\to+\infty}\dfrac{f(x)}{x}=0$，故 $\exists X_1>0$，当 $x>X_1$ 时，$\left|\dfrac{f(x)}{x}-0\right|<\varepsilon$，即

$$(1-\varepsilon)x<f(x)+x<(1+\varepsilon)x.$$

于是当 $x>X_1$ 时，$f(x)+x>(1-\varepsilon)X_1>0$.

因 $\lim\limits_{x\to-\infty}\dfrac{f(x)}{x}=0$，故 $\exists X_2>0$，当 $x<-X_2$ 时，$\left|\dfrac{f(x)}{x}-0\right|<\varepsilon$，即

$$(1-\varepsilon)x>f(x)+x>(1+\varepsilon)x.$$

于是当 $x<-X_2$ 时，$f(x)+x<(1-\varepsilon)X_2<0$.

因此，函数 $F(x)=f(x)+x$ 在闭区间 $[-X_2,X_1]$ 上连续，且端点取值异号，由介值定理，$\exists\xi\in(-X_2,X_1)\subset(-\infty,+\infty)$，使得 $F(\xi)=0$，即 $f(\xi)+\xi=0$.

习题 1-9

1. 证明：对任一正数 σ，$f(x)=\dfrac{1}{x}$ 在 $[\sigma,+\infty)$ 上一致连续.

证　由连续性质易知 $f(x)=\dfrac{1}{x}$ 在 $[\sigma,+\infty)$ 上连续，又 $\lim\limits_{x\to+\infty}f(x)=0$，$\forall x_1,x_2\in[\sigma,+\infty)$，

$$\left|\frac{1}{x_1}-\frac{1}{x_2}\right|=\frac{|x_2-x_1|}{|x_1x_2|}\leqslant\frac{|x_2-x_1|}{\sigma^2},$$

于是 $\forall\varepsilon>0$，取 $\delta=\sigma^2\varepsilon$，则当 $|x_2-x_1|<\delta$ 时，恒有 $\left|\dfrac{1}{x_1}-\dfrac{1}{x_2}\right|<\varepsilon$. 故 $f(x)=\dfrac{1}{x}$ 在 $[\sigma,+\infty)$ 上一致连续.

2. 证明：$f(x)=\sin\dfrac{1}{x}$ 在 $(0,1]$ 上不一致连续.

证　对 $f(x)=\sin\dfrac{1}{x}$，在 $(0,1]$ 内取 $x_n=\dfrac{2}{n\pi}$，$x'_n=\dfrac{2}{(n+1)\pi}$，取 $\varepsilon_0=\dfrac{1}{2}$，则对任意的 $\delta>0$，只要 n 充分大总会有 $|x_n-x'_n|=\dfrac{2}{n(n+1)\pi}<\delta$，但

$$|f(x_n)-f(x'_n)|=\left|\sin\frac{n\pi}{2}-\sin\frac{(n+1)\pi}{2}\right|=1>\varepsilon_0=\frac{1}{2},$$

所以 $f(x)=\sin\frac{1}{x}$ 在$(0,1]$上不一致连续.

3. 设区间 I_1 的右端点为 $c\in I_1$，区间 I_2 的左端点也为 $c\in I_2$（I_1,I_2 可分别为有限或无限区间）. 试按一致连续性定义证明：若 f 分别在 I_1 和 I_2 上一致连续，则 f 在 $I=I_1\cup I_2$ 上也一致连续.

证 $\forall\varepsilon>0$，因 f 在 I_1 上一致连续，故 $\exists\delta_1>0$，$\forall x_1,x_2\in I_1$，当 $|x_1-x_2|<\delta_1$ 时，有

$$|f(x_1)-f(x_2)|<\frac{\varepsilon}{2}.$$

因 f 在I_2 上一致连续，故 $\exists\delta_2>0$，$\forall x_1,x_2\in I_2$，当 $|x_1-x_2|<\delta_2$ 时，有

$$|f(x_1)-f(x_2)|<\frac{\varepsilon}{2}.$$

取 $\delta=\min\{\delta_1,\delta_2\}$. $\forall x_1,x_2\in I$，当 $|x_1-x_2|<\delta$ 时，若 x_1,x_2 同属于 I_1 或 I_2，则 $|f(x_1)-f(x_2)|<\varepsilon$ 自然成立；若 x_1,x_2 分别属于 I_1 和 I_2，不妨设 $x_1\in I_1$，$x_2\in I_2$，此时由 $c\in I_1$，且 $|x_1-c|<|x_1-x_2|<\delta$，有 $|f(x_1)-f(c)|<\frac{\varepsilon}{2}$，由 $c\in I_2$，且 $|x_2-c|<\delta$，有 $|f(x_2)-f(c)|<\frac{\varepsilon}{2}$，于是

$$|f(x_1)-f(x_2)|\leqslant|f(x_1)-f(c)|+|f(x_2)-f(c)|<\frac{\varepsilon}{2}+\frac{\varepsilon}{2}=\varepsilon.$$

故 f 在$I=I_1\cup I_2$ 上一致连续.

总习题一

1. 设函数 $f(x)=\begin{cases}1, & |x|\leqslant 1,\\ 0, & |x|>1,\end{cases}$ 求 $f(f(x))$.

解 因 $|f(x)|\leqslant 1$，故 $f(f(x))\equiv 1$.

2. 设

$$f(x)=\begin{cases}0, & x\leqslant 0,\\ x, & x>0,\end{cases}\quad g(x)=\begin{cases}0, & x\leqslant 0,\\ -x^2, & x>0,\end{cases}$$

求 $f(f(x)),g(g(x)),f(g(x)),g(f(x))$.

解 当 $x\leqslant 0$ 时，$f(x)=0$，$f(f(x))=f(0)=0$；当 $x>0$ 时，$f(x)=x$，$f(f(x))=f(x)=x$. 故

$$f(f(x))=\begin{cases}0, & x\leqslant 0,\\ x, & x>0\end{cases}=f(x).$$

当 $x\leqslant 0$ 时，$g(x)=0$，$g(g(x))=g(0)=0$；当 $x>0$ 时，$g(x)=-x^2<0$，$g(g(x))=g(-x^2)=0$. 故 $g(g(x))=0$.

因 $g(x) \leqslant 0$，故 $f(g(x)) = 0$.

当 $x \leqslant 0$ 时，$f(x) = 0$，$g(f(x)) = g(0) = 0$；当 $x > 0$ 时，$f(x) = x$，$g(f(x)) = g(x) = -x^2$. 故

$$g(f(x)) = \begin{cases} 0, & x \leqslant 0, \\ -x^2, & x > 0 \end{cases} = g(x).$$

3. 函数 $y = f(x)$，$x \in (-\infty, +\infty)$ 单调增加，对任何 x 有 $f(x) \leqslant g(x)$，求证：

$$f(f(x)) \leqslant g(g(x)).$$

证　由 $f(x) \leqslant g(x)$，且 $f(x)$ 单调增加，有 $f(f(x)) \leqslant f(g(x))$. 又因 $\forall t$，$f(t) \leqslant g(t)$，所以对 $t = g(x)$，有 $f(g(x)) \leqslant g(g(x))$. 故 $f(f(x)) \leqslant g(g(x))$ 成立.

4. 函数 $y = f(x)$，$x \in (-\infty, +\infty)$ 的图形关于 $x = a$ 及 $x = b$ $(a < b)$ 对称，证明：$f(x)$ 为周期函数.

证　因 $f(x)$ 的图形关于 $x = a$ 及 $x = b$ 对称，故 $\forall x \in (-\infty, +\infty)$，有

$$f(x) = f(2a - x), \quad f(x) = f(2b - x),$$

从而 $f(2a - x) = f((2b - 2a) + 2a - x)$. 由 x 的任意性，有

$$f(x) = f((2b - 2a) + x),$$

故 $f(x)$ 为周期函数，$2b - 2a$ 是其周期.

5. 若已知函数 $y = f(x)$ 的图形，作函数 $y_1 = |f(x)|$，$y_2 = f(-x)$，$y_3 = -f(-x)$ 的图形，并说明 y_1, y_2, y_3 的图形与 y 的图形的关系.

解　y_1 是原图形中在 x 轴上方的部分保持不变，下方的部分取其关于 x 轴的对称图形而得到的；y_2 是原图形关于 y 轴的对称图形；y_3 是原图形关于原点的对称图形.

6. 求下列极限：

(1) $\lim\limits_{n \to \infty} \left(\dfrac{1}{\sqrt{n^2 + 1}} + \dfrac{1}{\sqrt{n^2 + 2}} + \cdots + \dfrac{1}{\sqrt{n^2 + n}} \right)$；

(2) $\lim\limits_{n \to \infty} \left(1 - \dfrac{1}{\sqrt[n]{2}} \right) \cos n$；

(3) $\lim\limits_{n \to \infty} (1 + x)(1 + x^2)(1 + x^4) \cdots (1 + x^{2^n})$，$|x| < 1$；

(4) $\lim\limits_{x \to 0} \dfrac{e^x - e^{\sin x}}{x - \sin x}$；

(5) $\lim\limits_{n \to +\infty} (-1)^n \sin(\pi \sqrt{n^2 + n})$ $(n \in \mathbf{Z})$；

(6) $\lim\limits_{x \to 0} x \left[\dfrac{1}{x} \right]$.

解　(1) 显然 $\dfrac{1}{\sqrt{n^2 + n}} \leqslant \dfrac{1}{\sqrt{n^2 + k}} \leqslant \dfrac{1}{\sqrt{n^2 + 1}}$，$k = 1, 2, \cdots, n$，所以

$$\frac{n}{\sqrt{n^2 + n}} \leqslant \frac{1}{\sqrt{n^2 + 1}} + \frac{1}{\sqrt{n^2 + 2}} + \cdots + \frac{1}{\sqrt{n^2 + n}} \leqslant \frac{n}{\sqrt{n^2 + 1}}.$$

又 $\lim\limits_{n\to\infty}\dfrac{n}{\sqrt{n^2+n}}=1$，$\lim\limits_{n\to\infty}\dfrac{n}{\sqrt{n^2+1}}=1$，故

$$\lim_{n\to\infty}\left(\frac{1}{\sqrt{n^2+1}}+\frac{1}{\sqrt{n^2+2}}+\cdots+\frac{1}{\sqrt{n^2+n}}\right)=1.$$

(2) 因 $\left|\left(1-\dfrac{1}{\sqrt[n]{2}}\right)\cos n\right|\leqslant\left|1-\dfrac{1}{\sqrt[n]{2}}\right|$，而 $\lim\limits_{n\to\infty}\left(1-\dfrac{1}{\sqrt[n]{2}}\right)=0$，故原极限为 0.

(3) 将原极限分子、分母同乘以因子 $(1-x)$，得

$$\begin{aligned}\text{原式}&=\lim_{n\to\infty}\frac{(1-x)(1+x)(1+x^2)(1+x^4)\cdots(1+x^{2^n})}{1-x}\\&=\lim_{n\to\infty}\frac{(1-x^2)(1+x^2)(1+x^4)\cdots(1+x^{2^n})}{1-x}\\&=\lim_{n\to\infty}\frac{(1-x^4)(1+x^4)\cdots(1+x^{2^n})}{1-x}\\&=\lim_{n\to\infty}\frac{(1-x^{2^n})(1+x^{2^n})}{1-x}=\lim_{n\to\infty}\frac{1-x^{2^{n+1}}}{1-x}.\end{aligned}$$

又 $|x|<1$，$\lim\limits_{n\to\infty}x^{2^{n+1}}=0$，故原式 $=\dfrac{1}{1-x}$.

(4) 原式 $=\lim\limits_{x\to 0}\dfrac{e^{\sin x}(e^{x-\sin x}-1)}{x-\sin x}=\lim\limits_{x\to 0}\dfrac{e^{\sin x}(x-\sin x)}{x-\sin x}=e^0=1$.

(5) 原式 $=\lim\limits_{n\to+\infty}\sin(\pi\sqrt{n^2+n}-n\pi)=\lim\limits_{n\to+\infty}\sin\dfrac{n\pi}{\sqrt{n^2+1}+n}=\sin\dfrac{\pi}{2}=1$.

(6) $\forall x\neq 0$，有 $\dfrac{1}{x}-1\leqslant\left[\dfrac{1}{x}\right]\leqslant\dfrac{1}{x}$. 当 $x>0$ 时，有 $1-x\leqslant x\left[\dfrac{1}{x}\right]\leqslant 1$；当 $x<0$ 时，有 $1\leqslant x\left[\dfrac{1}{x}\right]\leqslant 1-x$. 而 $\lim\limits_{x\to 0}(1-x)=1$，所以由夹逼准则知 $\lim\limits_{x\to 0}x\left[\dfrac{1}{x}\right]=1$.

7. 设 $y_0>x_0>0$，$x_{n+1}=\sqrt{x_ny_n}$，$y_{n+1}=\dfrac{x_n+y_n}{2}$ $(n\geqslant 0)$. 证明：

$$\lim_{n\to\infty}x_n=\lim_{n\to\infty}y_n.$$

证 用数学归纳法易证 $x_1<\cdots<x_n<y_n<\cdots<y_1$. 由此推出 $\lim\limits_{n\to\infty}x_n=a$ 与 $\lim\limits_{n\to\infty}y_n=b$ 存在，且 $0<a\leqslant b$. 再由 $x_{n+1}=\sqrt{x_ny_n}$，得 $a=\sqrt{ab}$，于是推出 $a=b$. 故 $\lim\limits_{n\to\infty}x_n=\lim\limits_{n\to\infty}y_n$.

8. 已知 $(2+\sqrt{2})^n=A_n+B_n\sqrt{2}$，$A_n,B_n$ 为整数，求 $\lim\limits_{n\to\infty}\dfrac{A_n}{B_n}$.

解 由

$$\begin{aligned}A_{n+1}+B_{n+1}\sqrt{2}&=(2+\sqrt{2})^{n+1}=(A_n+B_n\sqrt{2})(2+\sqrt{2})\\&=(2A_n+2B_n)+(A_n+2B_n)\sqrt{2},\end{aligned}$$

得 $A_{n+1}=2A_n+2B_n$，$B_{n+1}=A_n+2B_n$，故$\frac{A_{n+1}}{B_{n+1}}=\frac{2\frac{A_n}{B_n}+2}{\frac{A_n}{B_n}+2}$. 令 $x_n=\frac{A_n}{B_n}$，有

$$x_{n+1}=\frac{2x_n+2}{x_n+2}=2-\frac{2}{x_n+2},$$

显然 $0<x_n<2$. 因 $x_{n+1}-x_n=\frac{2(x_n-x_{n-1})}{(x_n+2)(x_{n-1}+2)}$，易证数列$\{x_n\}$的极限存在，设为 x，则有 $x=2-\frac{2}{x+2}$. 解得 $x=\sqrt{2}$，故 $\lim\limits_{n\to\infty}\frac{A_n}{B_n}=\sqrt{2}$.

9. 证明 $\lim\limits_{x\to x_0}D(x)$ 不存在，其中 $D(x)=\begin{cases}1, & x\in\mathbf{Q},\\ 0, & x\notin\mathbf{Q}.\end{cases}$

证　由实数的稠密性，对任一实数 x_0，都存在以它为极限的一无理点列$\{x_n\}$，使得当 $n\to\infty$ 时，$x_n\to x_0$，而 $D(x_n)=0$. 同样可以构造出一有理序列$\{y_n\}$，当 $n\to\infty$ 时，$y_n\to x_0$，而 $D(y_n)=1$. 由海涅定理，x_0 处的极限不存在.

10. 试确定常数 a 和 b，使

(1) $\lim\limits_{x\to 1}\frac{x^2+bx+a}{1-x}=5$；

(2) $\lim\limits_{x\to+\infty}(\sqrt{x^2-x+1}-ax-b)=0$.

解　(1) 因

$$\lim_{x\to 1}(x^2+bx+a)=\lim_{x\to 1}\frac{x^2+bx+a}{1-x}\cdot(1-x)=5\times 0=0,$$

故 $\lim\limits_{x\to 1}(x^2+bx+a)=1+b+a=0$，得 $a=-b-1$. 代入极限式得

$$\lim_{x\to 1}\frac{x^2+bx+a}{1-x}=\lim_{x\to 1}[-(x+1+b)]=-2-b=5,$$

故 $b=-7$，从而 $a=6$.

(2) $\lim\limits_{x\to+\infty}\frac{1}{x}(\sqrt{x^2-x+1}-ax-b)=0\times 0=0$，又

$$\lim_{x\to+\infty}\frac{1}{x}\left(\sqrt{x^2-x+1}-ax-b\right)=1-a,$$

故 $a=1$. 由 $\lim\limits_{x\to+\infty}\left(\sqrt{x^2-x+1}-ax-b\right)=0$，得 $\lim\limits_{x\to+\infty}(\sqrt{x^2-x+1}-ax)-b=0$，从而

$$\begin{aligned}b&=\lim_{x\to+\infty}(\sqrt{x^2-x+1}-ax)=\lim_{x\to+\infty}(\sqrt{x^2-x+1}-x)\\&=\lim_{x\to+\infty}\frac{-x+1}{\sqrt{x^2-x+1}+x}=-\frac{1}{2}.\end{aligned}$$

11. 找出下列函数的所有间断点，并判断其类型：

(1) $f(x)=\dfrac{1}{1-e^{\frac{x}{1-x}}}$; (2) $f(x)=\begin{cases}\cos\dfrac{\pi x}{2}, & |x|\leqslant 1,\\ |x-1|, & |x|>1;\end{cases}$

(3) $f(x)=\begin{cases}x, & x\in\mathbf{Q},\\ -x, & x\notin\mathbf{Q}.\end{cases}$

解 (1) 其间断点为使$\dfrac{x}{1-x}$无意义的点或使$1-e^{\frac{x}{1-x}}=0$的点，即$x=0$和$x=1$为函数的间断点. 因$\lim\limits_{x\to 0}f(x)=\infty$，故$x=0$为函数的第二类间断点. 因$\lim\limits_{x\to 1^+}f(x)=1$，$\lim\limits_{x\to 1^-}f(x)=0$，故$x=1$为函数的第一类间断点.

(2) 显然只有$x=1$或$x=-1$可能为函数的间断点. 对$x=1$，因

$$\lim_{x\to 1^+}f(x)=\lim_{x\to 1^+}|x-1|=0,\quad \lim_{x\to 1^-}f(x)=\lim_{x\to 1^-}\cos\frac{\pi x}{2}=0,$$

故$x=1$不是间断点. 对$x=-1$，因

$$\lim_{x\to(-1)^-}f(x)=\lim_{x\to(-1)^-}|x-1|=2,\quad \lim_{x\to(-1)^+}f(x)=\lim_{x\to(-1)^+}\cos\frac{\pi x}{2}=0,$$

故$x=-1$是函数的第一类间断点(为跳跃间断点).

(3) 当$x_0=0$时，$\lim\limits_{x\to 0}f(x)=0=f(0)$，故$f(x)$在$x_0=0$处连续. $\forall x_0\neq 0$，$\lim\limits_{x\to x_0}f(x)$不存在，故$x_0\neq 0$为函数的第二类间断点.

12. 设函数$f(x)$在$[a,b]$上连续，$a<x_1<x_2<\cdots<x_n<b$. 证明：对$t_i>0$，$t_1+t_2+\cdots+t_n=1$，存在$\xi\in(a,b)$，使得

$$f(\xi)=t_1f(x_1)+t_2f(x_2)+\cdots+t_nf(x_n).$$

证 因$f(x)$在$[a,b]$从而在$[x_1,x_n]$上连续，故$f(x)$在$[x_1,x_n]$上取得最大值M和最小值m，有$m\leqslant f(x_i)\leqslant M$ $(i=1,2,\cdots,n)$，于是$\sum\limits_{i=1}^{n}t_im\leqslant\sum\limits_{i=1}^{n}t_if(x_i)\leqslant\sum\limits_{i=1}^{n}t_iM$，即

$$m\leqslant t_1f(x_1)+t_2f(x_2)+\cdots+t_nf(x_n)\leqslant M.$$

由闭区间上连续函数的介值定理知，必存在$\xi\in[x_1,x_n]\subset(a,b)$，使

$$f(\xi)=t_1f(x_1)+t_2f(x_2)+\cdots+t_nf(x_n).$$

13. 设$f(x)$在$[0,+\infty)$上连续，且$0\leqslant f(x)\leqslant x$ $(x\geqslant 0)$. 若$a_1\geqslant 0$，$a_{n+1}=f(a_n)$ $(n=1,2,\cdots)$，求证：

(1) $\lim\limits_{n\to\infty}a_n$存在；

(2) 设$\lim\limits_{n\to\infty}a_n=l$，则$f(l)=l$；

(3) 如果将条件改为$0\leqslant f(x)<x$ $(x>0)$，则$l=0$.

证 (1) 由于$0\leqslant f(x)\leqslant x$，$x\in[0,+\infty)$，所以有

$$a_{n+1}-a_n=f(a_n)-a_n\leqslant 0,\quad n=1,2,\cdots,$$

即$\{a_n\}$为单调递减数列. 又因$a_1 \geqslant 0$, $f(x) \geqslant 0$, $a_{n+1}=f(a_n)$, 所以$a_n \geqslant 0$ $(n=1,2,\cdots)$. 综合知, $\{a_n\}$是单调递减有下界的数列, 故必为收敛数列.

(2) 因$\lim\limits_{n\to+\infty} a_n = l$, $f(x)$在$[0,+\infty)$上连续, 且$l\in[0,+\infty)$, 故有

$$l=\lim_{n\to+\infty} a_{n+1}=\lim_{n\to+\infty} f(a_n)=f(\lim_{n\to+\infty} a_n)=f(l).$$

(3) 由$a_n \geqslant 0$及$\lim\limits_{n\to+\infty} a_n = l$知$l \geqslant 0$. 若$l\neq 0$, 则$l\in(0,+\infty)$, 且$f(l)<l$, 但由(2)知$f(l)=l$, 矛盾. 所以$l=0$.

四、考研真题解析

【例1】 (2014年) 设$\lim\limits_{n\to\infty} a_n = a$, 且$a\neq 0$, 则当$n$充分大时有(　　).

A. $|a_n| > \dfrac{|a|}{2}$　　　B. $|a_n| < \dfrac{|a|}{2}$

C. $a_n > a-\dfrac{1}{n}$　　　D. $a_n < a+\dfrac{1}{n}$

解　由$\lim\limits_{n\to\infty} a_n = a$, 且$a\neq 0$知, $\lim\limits_{n\to\infty}|a_n|=|a|>0$, 则当$n$充分大时有

$$|a_n| > \frac{|a|}{2}.$$

故选A.

【例2】 (2012年) 设$a_n>0(n=1,2,\cdots)$, $S_n=a_1+a_2+\cdots+a_n$, 则数列$\{S_n\}$有界是数列$\{a_n\}$收敛的(　　).

A. 充分必要条件　　　B. 充分非必要条件

C. 必要非充分条件　　　D. 既非充分也非必要条件

解　因为$a_n>0(n=1,2,\cdots)$, 所以数列$\{S_n\}$是单调增加的. 如果$\{S_n\}$有界, 则由单调有界准则知$\{S_n\}$的极限存在, 记为$\lim S_n = S$. 故

$$\lim_{n\to\infty} a_n=\lim_{n\to\infty} S_n-\lim_{n\to\infty} S_{n-1}=S-S=0,$$

即数列$\{a_n\}$收敛.

反之, 当$\{a_n\}$收敛时, $\{S_n\}$却未必有界. 例如, 取$a_n=1(n=1,2,\cdots)$, 有$\{a_n\}$收敛, 但$S_n=n$无界.

故$\{S_n\}$有界是数列$\{a_n\}$收敛的充分非必要条件. 选B.

【例 3】 (2010 年) 极限 $\lim\limits_{x\to\infty}\left[\dfrac{x^2}{(x-a)(x+b)}\right]^x=$________.

A. 1　　　　B. e

C. e^{a-b}　　　　D. e^{b-a}

解 对于1^∞ 型极限可利用结论：若 $\lim\alpha(x)=0,\lim\beta(x)=\infty$，且 $\lim\alpha(x)\beta(x)=A$，则 $\lim(1+\alpha(x))^{\beta(x)}=e^A$. 由于

$$\lim_{x\to\infty}\alpha(x)\beta(x)=\lim_{x\to\infty}\frac{x^2-(x-a)(x+b)}{(x-a)(x+b)}\cdot x$$
$$=\lim_{x\to\infty}\frac{(a-b)x^2+abx}{(x-a)(x+b)}=a-b,$$

则 $\lim\limits_{x\to\infty}\left[\dfrac{x^2}{(x-a)(x+b)}\right]^x=e^{a-b}$. 故选 C.

【例 4】 (2011 年) 求极限 $\lim\limits_{x\to0}\left[\dfrac{\ln(1+x)}{x}\right]^{\frac{1}{e^x-1}}$.

解 由于

$$\lim_{x\to0}\left[\frac{\ln(1+x)}{x}\right]^{\frac{1}{e^x-1}}=\lim_{x\to0}\left[1+\frac{\ln(1+x)-x}{x}\right]^{\frac{1}{e^x-1}},$$

而

$$\lim_{x\to0}\frac{\ln(1+x)-x}{x}\cdot\frac{1}{e^x-1}=\lim_{x\to0}\frac{\ln(1+x)-x}{x^2}$$
$$=\lim_{x\to0}\frac{\frac{1}{1+x}-1}{2x}=-\frac{1}{2},$$

则 $\lim\limits_{x\to0}\left(\dfrac{\ln(1+x)}{x}\right)^{\frac{1}{e^x-1}}=e^{-\frac{1}{2}}$

【例 5】 (2020 年) $\lim\limits_{x\to0}\left[\dfrac{1}{e^x-1}-\dfrac{1}{\ln(1+x)}\right]=$________.

解 使用等价无穷小和洛必达法则，得

$$\lim_{x\to0}\left[\frac{1}{e^x-1}-\frac{1}{\ln(1+x)}\right]=\lim_{x\to0}\frac{\ln(1+x)-e^x+1}{(e^x-1)\ln(1+x)}$$
$$=\lim_{x\to0}\frac{\ln(1+x)-e^x+1}{x^2}=\lim_{x\to0}\frac{\frac{1}{1+x}-e^x}{2x}$$
$$=\lim_{x\to0}\frac{-\frac{1}{(1+x)^2}-e^x}{2}=-1.$$

或使用泰勒公式. 因为 $\ln(1+x)=x-\frac{x^2}{2}+o(x^2)$，$e^x=1+x+\frac{x^2}{2}+o(x^2)$，所以

$$\lim_{x\to 0}\frac{\ln(1+x)-e^x+1}{x^2}=\lim_{x\to 0}\frac{x-\frac{x^2}{2}+o(x^2)-x-\frac{x^2}{2}+o(x^2)}{x^2}=-1.$$

【例 6】 (2018 年) 若 $\lim\limits_{x\to 0}\left(\frac{1-\tan x}{1+\tan x}\right)^{\frac{1}{\sin kx}}=e$，则 $k=$________.

解 因 $\lim\limits_{x\to 0}\left(\frac{1-\tan x}{1+\tan x}\right)^{\frac{1}{\sin kx}}=\lim\limits_{x\to 0}\left(1+\frac{-2\tan x}{1+\tan x}\right)^{\frac{1}{\sin kx}}$，由

$$\lim_{x\to 0}\frac{-2\tan x}{(1+\tan x)\sin kx}=\lim_{x\to 0}\frac{-2x}{kx}=-\frac{2}{k},$$

即

$$\lim_{x\to 0}\left(\frac{1-\tan x}{1+\tan x}\right)^{\frac{1}{\sin kx}}=e^{-\frac{2}{k}},$$

故 $-\frac{2}{k}=1$，$k=-2$.

【例 7】 (2014 年) 当 $x\to 0^+$ 时，若 $\ln^\alpha(1+2x)$，$(1-\cos x)^{\frac{1}{\alpha}}$ 均是比 x 高阶的无穷小，则 α 的取值范围是(　　).

A. $(2,+\infty)$　　　　B. $(1,2)$

C. $\left(\frac{1}{2},1\right)$　　　　D. $\left(0,\frac{1}{2}\right)$

解 因为 $\ln^\alpha(1+2x)$，$(1-\cos x)^{\frac{1}{\alpha}}$ 均是比 x 高阶的无穷小，且当 $x\to 0^+$ 时

$$\ln^\alpha(1+2x)\sim(2x)^\alpha=2^\alpha x^\alpha,$$

$$(1-\cos x)^{\frac{1}{\alpha}}\sim\left(\frac{1}{2}x^2\right)^{\frac{1}{\alpha}}=\left(\frac{1}{2}\right)^{\frac{1}{\alpha}}x^{\frac{2}{\alpha}}$$

则 $\alpha>1$，且 $\frac{2}{\alpha}>1$. 由此可得 $1<\alpha<2$，故选 B.

【例 8】 (2017 年) 若函数 $f(x)=\begin{cases}\frac{1-\cos\sqrt{x}}{ax}, & x>0,\\ b, & x\leqslant 0\end{cases}$ 在 $x=0$ 处连续，则(　　).

A. $ab=\frac{1}{2}$　　B. $ab=-\frac{1}{2}$

C. $ab=0$　　D. $ab=2$

解 由于 $f(x)$ 在 $x=0$ 处连续，故 $\lim\limits_{x\to0^+}f(x)=\lim\limits_{x\to0^-}f(x)=f(0)$. 由

$$\lim_{x\to0^+}f(x)=\lim_{x\to0^+}\frac{1-\cos\sqrt{x}}{ax}=\lim_{x\to0^+}\frac{\frac{1}{2}(\sqrt{x})^2}{ax}=\frac{1}{2a},$$

$$\lim_{x\to0^-}f(x)=\lim_{x\to0^-}b=b,$$

即 $\frac{1}{2a}=b$，得 $ab=\frac{1}{2}$，故选 A.

【例 9】 (2008 年) 设函数 $f(x)=\frac{\ln|x|}{|x-1|}\sin x$，则 $f(x)$ 有(　　).

A. 1 个可去间断点，1 个跳跃间断点

B. 1 个可去间断点，1 个无穷间断点

C. 2 个跳跃间断点

D. 2 个无穷间断点

解 $f(x)$ 有两个间断点 $x=0$ 和 $x=1$，因为

$$\begin{aligned}\lim_{x\to0}f(x)&=\lim_{x\to0}\frac{\ln|x|}{|x-1|}\sin x=\lim_{x\to0}\ln|x|\cdot\sin x\left(\lim_{x\to0}\frac{1}{|x-1|}=1\right)\\&=\lim_{x\to0}\ln|x|\cdot x(\text{等价无穷小代换})\\&=\lim_{x\to0}\frac{\ln|x|}{\frac{1}{x}}=\lim_{x\to0}\frac{\frac{1}{x}}{-\frac{1}{x^2}}(\text{洛必达法则})\\&=-\lim_{x\to0}x=0,\end{aligned}$$

则 $x=0$ 为 $f(x)$ 的可去间断点. 又

$$\begin{aligned}\lim_{x\to1^+}f(x)&=\lim_{x\to1^+}\frac{\ln|x|}{|x-1|}\sin x=\sin1\cdot\lim_{x\to1^+}\frac{\ln[1+(x-1)]}{x-1}\\&=\sin1\cdot\lim_{x\to1^+}\frac{x-1}{x-1}(\text{等价无穷小代换})\\&=\sin1,\end{aligned}$$

$$\begin{aligned}\lim_{x\to1^-}f(x)&=\lim_{x\to1^-}\frac{\ln|x|}{|x-1|}\sin x=\sin1\cdot\lim_{x\to1}\frac{\ln[1+(x-1)]}{-(x-1)}\\&=\sin1\cdot\lim_{x\to1^-}\frac{x-1}{-(x-1)}\\&=-\sin1,\end{aligned}$$

则 $x=1$ 是 $f(x)$ 的跳跃间断点，故选 A.

【例 10】 (2013 年) 函数 $f(x)=\dfrac{|x|^x-1}{x(x+1)\ln|x|}$ 的可去间断点的个数为(　　).

A. 0　　　　B. 1

C. 2　　　　D. 3

解　$f(x)=\dfrac{|x|^x-1}{x(x+1)\ln|x|}$ 在 $x=-1,0,1$ 没有定义，

$$\lim_{x\to-1}f(x)=\lim_{x\to-1}\frac{|x|^x-1}{x(x+1)\ln|x|}=\lim_{x\to-1}\frac{e^{x\ln|x|}-1}{x(x+1)\ln|x|}$$

$$=\lim_{x\to-1}\frac{x\ln|x|}{x(x+1)\ln|x|}=\lim_{x\to-1}\frac{1}{x+1}=\infty,$$

$$\lim_{x\to0}f(x)=\lim_{x\to0}\frac{|x|^x-1}{x(x+1)\ln|x|}=\lim_{x\to0}\frac{e^{x\ln|x|}-1}{x(x+1)\ln|x|}$$

$$=\lim_{x\to0}\frac{x\ln|x|}{x(x+1)\ln|x|}=\lim_{x\to0}\frac{1}{x+1}=1,$$

$$\lim_{x\to1}f(x)=\lim_{x\to1}\frac{|x|^x-1}{x(x+1)\ln|x|}=\lim_{x\to1}\frac{e^{x\ln|x|}-1}{x(x+1)\ln|x|}$$

$$=\lim_{x\to1}\frac{x\ln|x|}{x(x+1)\ln|x|}=\lim_{x\to1}\frac{1}{x+1}=\frac{1}{2},$$

故 $x=0$ 和 $x=1$ 为可去间断点，故选 C.

第2章　导数与微分

一、主要内容

1. 导数的概念

■ 导数的定义

设函数 $y=f(x)$ 在点 x_0 的某一邻域内有定义，当自变量 x 在 x_0 处有增量 Δx（点 $x_0+\Delta x$ 仍在该邻域内）时，相应地函数有增量 $\Delta y=f(x_0+\Delta x)-f(x_0)$. 如果极限

$$\lim_{\Delta x\to 0}\frac{\Delta y}{\Delta x}=\lim_{\Delta x\to 0}\frac{f(x_0+\Delta x)-f(x_0)}{\Delta x}$$

存在，则称**函数 $y=f(x)$ 在点 x_0 处可导**，并称此极限值为**函数 $y=f(x)$ 在点 x_0 的导数**，记为 $f'(x_0)$，即

$$f'(x_0)=\lim_{\Delta x\to 0}\frac{f(x_0+\Delta x)-f(x_0)}{\Delta x},$$

也可记为 $\left.\frac{\mathrm{d}y}{\mathrm{d}x}\right|_{x=x_0}$，$\left.\frac{\mathrm{d}f}{\mathrm{d}x}\right|_{x=x_0}$，$\left.y'\right|_{x=x_0}$ 或 $y'(x_0)$.

如果上述极限不存在，就称**函数 $y=f(x)$ 在点 x_0 不可导.**

若函数 $y=f(x)$ 在区间(a,b)内每一点处均可导，就称**函数 $y=f(x)$ 在区间(a,b)内可导**，这时，$\forall x\in(a,b)$，$y=f(x)$都有一个导数值与之对应，这就构成了一个新的函数，称此函数为 $y=f(x)$ 在(a,b)内的**导函数**，记为 y'，$f'(x)$，$\frac{\mathrm{d}y}{\mathrm{d}x}$ 或 $\frac{\mathrm{d}f(x)}{\mathrm{d}x}$.

函数 $y=f(x)$ 在点 x_0 的导数 $f'(x_0)$ 就是导函数 $f'(x)$ 在点 x_0 处的

函数值，即 $f'(x_0)=f'(x)\Big|_{x=x_0}$.

■ 左导数与右导数

如果极限

$$\lim_{\Delta x\to 0^+}\frac{\Delta y}{\Delta x}=\lim_{\Delta x\to 0^+}\frac{f(x_0+\Delta x)-f(x_0)}{\Delta x}$$

存在，则称此极限值为**函数** $y=f(x)$ **在点** x_0 **的右导数**，记为 $f'_+(x_0)$. 如果极限

$$\lim_{\Delta x\to 0^-}\frac{\Delta y}{\Delta x}=\lim_{\Delta x\to 0^-}\frac{f(x_0+\Delta x)-f(x_0)}{\Delta x}$$

存在，则称此极限值为**函数** $y=f(x)$ **在点** x_0 **的左导数**，记为 $f'_-(x_0)$.

函数 $y=f(x)$ 在点 x_0 处可导的充分必要条件是，函数 $y=f(x)$ 在点 x_0 处的左导数与右导数均存在并且相等，即 $f'_-(x_0)=f'_+(x_0)$.

■ 导数的几何意义

函数 $y=f(x)$ 在点 x_0 处的导数 $f'(x_0)$，表示曲线 $y=f(x)$ 在点 $M(x_0,y_0)$ 处的切线的斜率 k，即

$$k=f'(x_0)=\lim_{\Delta x\to 0}\frac{\Delta y}{\Delta x}.$$

因此，曲线 $y=f(x)$ 在点 $M(x_0,y_0)$ 处的切线方程为

$$y-y_0=f'(x_0)(x-x_0),$$

法线方程为

$$y-y_0=-\frac{1}{f'(x_0)}(x-x_0),\quad f'(x_0)\neq 0.$$

如果函数 $y=f(x)$ 在点 x_0 处的导数为无穷大(不可导)，即 $\lim\limits_{\Delta x\to 0}\dfrac{\Delta y}{\Delta x}=\infty$，则曲线 $y=f(x)$ 在点 $M(x_0,y_0)$ 处有竖直切线 $x=x_0$.

■ 可导与连续的关系

可导必连续，但连续不一定可导. 可导是连续的充分条件，而连续是可导的必要条件. 如果函数在某一点不连续，则函数在该点一定不可导.

■ 基本导数公式

常值函数：$(c)'=0$.

幂函数：$(x^\mu)'=\mu x^{\mu-1}$.

指数函数：$(a^x)'=a^x\ln a$；　$(e^x)'=e^x$.

对数函数：$(\log_a x)'=\dfrac{1}{x\ln a}$；　$(\ln x)'=\dfrac{1}{x}$.

三角函数：$(\sin x)'=\cos x$； $(\cos x)'=-\sin x$；

$$(\tan x)'=\frac{1}{\cos^2 x}=\sec^2 x; \quad (\cot x)'=-\frac{1}{\sin^2 x}=-\csc^2 x;$$

$$(\sec x)'=\sec x\tan x; \quad (\csc x)'=-\csc x\cot x.$$

反三角函数：$(\arcsin x)'=\dfrac{1}{\sqrt{1-x^2}}$； $(\arccos x)'=-\dfrac{1}{\sqrt{1-x^2}}$；

$$(\arctan x)'=\frac{1}{1+x^2}; \quad (\operatorname{arccot} x)'=-\frac{1}{1+x^2}.$$

双曲函数：$(\operatorname{sh} x)'=\operatorname{ch} x$； $(\operatorname{ch} x)'=\operatorname{sh} x$.

■ 相关变化率

设 $x=x(t)$ 及 $y=y(t)$ 都是可导函数，而变量 x 与 y 间存在某种关系，从而变化率$\dfrac{\mathrm{d}x}{\mathrm{d}t}$与$\dfrac{\mathrm{d}y}{\mathrm{d}t}$间也存在一定关系. 这两个相互依赖的变化率称为**相关变化率**. 相关变化率问题就是研究这两个变化率之间的关系，以便从其中一个变化率求出另一个变化率.

2. 求导法则

■ 函数的和、差、积、商的求导法则

设 $u=u(x)$，$v=v(x)$ 均可导，则

$$(u(x)\pm v(x))'=u'(x)\pm v'(x);$$

$$(u(x)v(x))'=u'(x)v(x)+u(x)v'(x);$$

$$\left(\frac{u(x)}{v(x)}\right)'=\frac{u'(x)v(x)-u(x)v'(x)}{v^2(x)}, \quad v(x)\neq 0.$$

■ 复合函数的求导法则

如果函数 $u=\varphi(x)$ 在点 x 处可导，$y=f(u)$ 在对应点 $u=\varphi(x)$ 处可导，则复合函数 $y=f(\varphi(x))$ 在点 x 处也可导，且

$$\frac{\mathrm{d}y}{\mathrm{d}x}=\frac{\mathrm{d}y}{\mathrm{d}u}\cdot\frac{\mathrm{d}u}{\mathrm{d}x}, \quad 即 \quad \frac{\mathrm{d}y}{\mathrm{d}x}=f'(u)\varphi'(x).$$

也就是，两个可导函数复合而成的复合函数的导数，等于函数对中间变量的导数乘以中间变量对自变量的导数.

■ 反函数的求导法则

设直接函数 $x=\varphi(y)$ 在某区间内单调、连续，在该区间内的点 y 处可导，且 $\varphi'(y)\neq 0$，则其反函数 $y=f(x)$ 在对应点 x 处也可导，且有

$$\frac{dy}{dx}=\frac{1}{\frac{dx}{dy}},\quad 或\ f'(x)=\frac{1}{\varphi'(y)},\quad 或\ y'=\frac{1}{x'}.$$

也就是，反函数的导数等于直接函数的导数(不等于零)的倒数.

■ 隐函数的导数

由方程 $F(x,y)=0$ 所确定的函数 $y=y(x)$，称为 y 是变量 x 的**隐函数**，其导数 $\frac{dy}{dx}$ 的求法如下：方程两边对 x 求导，然后解出 $\frac{dy}{dx}$. 要记住 y 是 x 的函数，两边对 x 求导应按复合函数的求导法则来做.

■ 对数求导法

对数求导法即一种先取对数然后再求导数的方法，主要用于对幂指函数、由乘除和开方构成的函数求导. 例如，求幂指函数 $y=(f(x))^{\varphi(x)}$ 的导数，两边取对数，得

$$\ln y=\varphi(x)\ln f(x),$$

这是一个隐函数方程. 两边对 x 求导，有

$$\frac{1}{y}\cdot y'=\varphi'(x)\ln f(x)+\varphi(x)\cdot\frac{f'(x)}{f(x)}.$$

所以

$$y'=(f(x))^{\varphi(x)}\left(\varphi'(x)\ln f(x)+\varphi(x)\cdot\frac{f'(x)}{f(x)}\right).$$

■ 由参数方程所确定的函数的导数

若参数方程 $\begin{cases}x=\varphi(t),\\ y=\psi(t)\end{cases}$ 可以确定 y 是 x 的函数，就称为**由参数方程所确定的函数**.

设有参数方程 $\begin{cases}x=\varphi(t),\\ y=\psi(t),\end{cases}$ 其中 $\varphi(t),\psi(t)$ 均可导，$\varphi'(t)\neq 0$，且 $x=\varphi(t)$ 严格单调，则有

$$\frac{dy}{dx}=\frac{\psi'(t)}{\varphi'(t)},\quad 或\ \frac{dy}{dx}=\frac{\frac{dy}{dt}}{\frac{dx}{dt}}.$$

在上述条件下，如果 $x=\varphi(t)$，$y=\psi(t)$ 还具有二阶导数，则有

$$\frac{d^2y}{dx^2}=\frac{d}{dx}\left(\frac{dy}{dx}\right)=\frac{d}{dx}\left(\frac{\psi'(t)}{\varphi'(t)}\right)=\frac{d}{dt}\left(\frac{\psi'(t)}{\varphi'(t)}\right)\cdot\frac{dt}{dx}$$

$$=\frac{\mathrm{d}}{\mathrm{d}t}\left(\frac{\psi'(t)}{\varphi'(t)}\right)\cdot\frac{1}{\frac{\mathrm{d}x}{\mathrm{d}t}}=\frac{\psi''(t)\varphi'(t)-\psi'(t)\varphi''(t)}{\varphi'^{2}(t)}\cdot\frac{1}{\varphi'(t)},$$

即有由参数方程所确定的函数的二阶导数公式

$$\frac{\mathrm{d}^2y}{\mathrm{d}x^2}=\frac{\psi''(t)\varphi'(t)-\psi'(t)\varphi''(t)}{\varphi'^{3}(t)}.$$

3. 高阶导数

■ 基本概念

若函数 $y=f(x)$ 的导函数 $f'(x)$ 在点 x 处可导，则称 $f'(x)$ 在点 x 处的导数 $\frac{\mathrm{d}}{\mathrm{d}x}(f'(x))$ 即 $\frac{\mathrm{d}}{\mathrm{d}x}\left(\frac{\mathrm{d}y}{\mathrm{d}x}\right)$ 为 $y=f(x)$ 在点 x 处的**二阶导数**，记为 $\frac{\mathrm{d}^2y}{\mathrm{d}x^2}$ 或 $f''(x)$，即

$$\frac{\mathrm{d}^2y}{\mathrm{d}x^2}=\frac{\mathrm{d}}{\mathrm{d}x}\left(\frac{\mathrm{d}y}{\mathrm{d}x}\right)=\lim_{\Delta x\to 0}\frac{f'(x+\Delta x)-f'(x)}{\Delta x}.$$

函数 $y=f(x)$ 在点 x 处的二阶导数的导数，称为 $y=f(x)$ 在点 x 处的**三阶导数**，记为 $\frac{\mathrm{d}^3y}{\mathrm{d}x^3}$ 或 $f'''(x)$，即

$$\frac{\mathrm{d}^3y}{\mathrm{d}x^3}=\frac{\mathrm{d}}{\mathrm{d}x}\left(\frac{\mathrm{d}^2y}{\mathrm{d}x^2}\right)=\lim_{\Delta x\to 0}\frac{f''(x+\Delta x)-f''(x)}{\Delta x}.$$

同样可定义 $y=f(x)$ 在点 x 处的 n **阶导数**，记为 $\frac{\mathrm{d}^ny}{\mathrm{d}x^n}$ 或 $f^{(n)}(x)$，即

$$f^{(n)}(x)=\frac{\mathrm{d}}{\mathrm{d}x}\left(\frac{\mathrm{d}^{n-1}y}{\mathrm{d}x^{n-1}}\right)=\lim_{\Delta x\to 0}\frac{f^{(n-1)}(x+\Delta x)-f^{(n-1)}(x)}{\Delta x}.$$

■ 常用高阶导数公式

(1) $(cu)^{(n)}=cu^{(n)}$.

(2) $(u\pm v)^{(n)}=u^{(n)}\pm v^{(n)}$.

(3) 莱布尼兹公式：

$$(uv)^{(n)}=u^{(n)}v+C_n^1u^{(n-1)}v'+C_n^2u^{(n-2)}v''+\cdots+C_n^{n-1}u'v^{(n-1)}+uv^{(n)}.$$

(4) $(a^x)^{(n)}=a^x\ln^n a\ (a>0)$， $(\mathrm{e}^x)^{(n)}=\mathrm{e}^x$.

(5) $(\sin kx)^{(n)}=k^n\sin\left(kx+n\cdot\frac{\pi}{2}\right)$， $(\cos kx)^{(n)}=k^n\cos\left(kx+n\cdot\frac{\pi}{2}\right)$.

(6) $(x^\mu)^{(n)}=\mu(\mu-1)(\mu-2)\cdots(\mu-n+1)x^{\mu-n}$.

(7) $\left(\frac{1}{a+x}\right)^{(n)}=(-1)^n\frac{n!}{(a+x)^{n+1}}$, $\left(\frac{1}{a-x}\right)^{(n)}=\frac{n!}{(a-x)^{n+1}}$.

(8) $(\ln x)^{(n)}=(-1)^{n-1}\frac{(n-1)!}{x^n}$.

4. 函数的微分

■ 微分的定义

设函数 $y=f(x)$ 在点 x_0 的某一邻域内有定义，$x_0+\Delta x$ 仍在该邻域内. 如果函数的增量 $\Delta y=f(x_0+\Delta x)-f(x_0)$ 可表示为

$$\Delta y=A\Delta x+o(\Delta x),$$

其中，A 是与 Δx 无关，只与 x_0 有关的常数，$o(\Delta x)$ 是比 Δx 高阶的无穷小，则称**函数 $y=f(x)$ 在点 x_0 可微**，而 $A\Delta x$ 称为**函数 $y=f(x)$ 在点 x_0 的微分**，记为 $\mathrm{d}y$，即 $\mathrm{d}y=A\Delta x$.

■ 可微与可导的关系

函数 $y=f(x)$ 在点 x_0 可微的充分必要条件是函数 $y=f(x)$ 在点 x_0 可导，且 $f'(x_0)=A$，即有

$$\mathrm{d}y=f'(x_0)\Delta x.$$

函数 $y=f(x)$ 在任意点 x 微分，称为**函数的微分**，记为 $\mathrm{d}y$ 或 $\mathrm{d}f(x)$，即

$$\mathrm{d}y=f'(x)\Delta x.$$

通常把自变量 x 的增量 Δx 称为**自变量的微分**，记为 $\mathrm{d}x$，于是有

$$\mathrm{d}y=f'(x)\mathrm{d}x,\quad \text{或}\quad \frac{\mathrm{d}y}{\mathrm{d}x}=f'(x),$$

即函数的微分 $\mathrm{d}y$ 与自变量的微分 $\mathrm{d}x$ 之商等于该函数的导数，因此导数也称为**微商**.

■ 微分的几何意义　利用微分近似计算

根据微分的定义，一方面，$\Delta y-\mathrm{d}y=o(\Delta x)$；另一方面，当 $f'(x)\neq 0$ 时，

$$\lim_{\Delta x\to 0}\frac{\Delta y-\mathrm{d}y}{\Delta y}=\lim_{\Delta x\to 0}\frac{\Delta y-f'(x_0)\Delta x}{\Delta y}=\lim_{\Delta x\to 0}\left(1-\frac{f'(x_0)}{\frac{\Delta y}{\Delta x}}\right)=0.$$

这表明：在 $f'(x_0)\neq 0$ 的条件下，当 $\Delta x\to 0$ 时，$\Delta y-\mathrm{d}y$ 不仅是比 Δx 高阶的无穷小，而且也是比 Δy 高阶的无穷小. 从而当 $|\Delta x|$ 很小时，有近似关系式

$$\Delta y\approx \mathrm{d}y,$$

即 $\Delta y \approx f'(x_0)\Delta x$，或 $f(x_0+\Delta x) \approx f(x_0)+f'(x_0)\Delta x$，或

$$f(x) \approx f(x_0)+f'(x_0)(x-x_0).$$

从几何上看，用 $\mathrm{d}y$ 近似代替 Δy，就是在点 x_0 的附近，用曲线上点 $(x_0,f(x_0))$ 处的切线 $y=f(x_0)+f'(x_0)(x-x_0)$ 近似代替曲线 $y=f(x)$.

■ 函数的微分公式与微分法则

因为函数在某点处可微与可导是等价的，且 $\mathrm{d}y=f'(x)\mathrm{d}x$，所以可以从函数的导数公式和求导法则，得出相应的微分公式和微分法则，例如，

$$\mathrm{d}(\arctan x)=\frac{1}{1+x^2}\mathrm{d}x,\quad \mathrm{d}(\log_a x)=\frac{1}{x\ln a}\mathrm{d}x,$$

$$\mathrm{d}(x^\mu)=\mu x^{\mu-1}\mathrm{d}x,\quad \mathrm{d}(u\pm v)=\mathrm{d}u\pm\mathrm{d}v,$$

$$\mathrm{d}(uv)=u\,\mathrm{d}v+v\,\mathrm{d}u,\quad \mathrm{d}\left(\frac{u}{v}\right)=\frac{v\,\mathrm{d}u-u\,\mathrm{d}v}{v^2}.$$

■ 微分的形式不变性

设函数 $y=f(\varphi(x))$ 是由可导函数 $y=f(u)$，$u=\varphi(x)$ 复合而成的复合函数，一方面，视 u 为自变量，有

$$\mathrm{d}y=f'(u)\mathrm{d}u;$$

另一方面，视 u 为中间变量，仍有

$$\mathrm{d}y=\mathrm{d}(f(\varphi(x)))=(f(\varphi(x)))'\mathrm{d}x=f'(u)\varphi'(x)\mathrm{d}x=f'(u)\mathrm{d}u.$$

表明无论 u 是自变量还是中间变量，$y=f(u)$ 的微分 $\mathrm{d}y$ 总可以用 $f'(u)$ 与 $\mathrm{d}u$ 的乘积来表示. 这一性质称为**一阶微分的形式不变性**.

二、典型例题分析

【例 1】 设 $f(0)=0$，则 $f(x)$ 在点 $x=0$ 可导的充要条件为(　　).

A. $\lim\limits_{h\to 0}\frac{1}{h^2}f(1-\cos h)$ 存在　　B. $\lim\limits_{h\to 0}\frac{1}{h}f(1-\mathrm{e}^h)$ 存在

C. $\lim\limits_{h\to 0}\frac{1}{h^2}f(h-\sin h)$ 存在　　D. $\lim\limits_{h\to 0}\frac{1}{h}(f(2h)-f(h))$ 存在

解 令 $1-\mathrm{e}^h=t$，则 $h=\ln(1-t)$，当 $h\to 0$ 时，$t\to 0$. 于是

$$\lim_{h\to 0}\frac{1}{h}f(1-\mathrm{e}^h)=\lim_{t\to 0}\frac{f(t)}{\ln(1-t)}=\lim_{t\to 0}\frac{f(t)-f(0)}{t}\cdot\frac{t}{\ln(1-t)}$$
$$=\lim_{t\to 0}\frac{f(t)-f(0)}{t-0}\cdot\lim_{t\to 0}\frac{t}{\ln(1-t)}$$
$$=-\lim_{t\to 0}\frac{f(t)-f(0)}{t-0}.$$

由导数的定义知，应选 B.

用反例可排除其他选项. 取 $f(x)=|x|$，则 $f(x)$ 在 $x=0$ 处不可导，但是

$$\lim_{h\to 0}\frac{1}{h^2}f(1-\cos h)=\lim_{h\to 0}\frac{|1-\cos h|}{h^2}=\frac{1}{2},$$
$$\lim_{h\to 0}\frac{1}{h^2}f(h-\sin h)=\lim_{h\to 0}\frac{|h-\sin h|}{h^2}=0,$$

因此排除 A 和 C.

再取 $f(x)=\begin{cases}1, & x\geqslant 0,\\ 0, & x<0,\end{cases}$ 则 $f(x)$ 在 $x=0$ 处不连续，因而在 $x=0$ 处也不可导，但是

$$\lim_{h\to 0^+}\frac{1}{h}(f(2h)-f(h))=\lim_{h\to 0^+}\frac{1}{h}(1-1)=0,$$
$$\lim_{h\to 0^-}\frac{1}{h}(f(2h)-f(h))=\lim_{h\to 0^-}\frac{1}{h}(0-0)=0,$$

即 $\lim\limits_{h\to 0}\frac{1}{h}(f(2h)-f(h))$ 存在，因此排除 D.

【例 2】　若 $f(1)=0$，且 $f'(1)$ 存在，求极限 $\lim\limits_{x\to 0}\frac{f(\sin^2 x+\cos x)}{(\mathrm{e}^x-1)\tan x}$.

解　$$\lim_{x\to 0}\frac{f(\sin^2 x+\cos x)}{(\mathrm{e}^x-1)\tan x}=\lim_{x\to 0}\frac{f(\sin^2 x+\cos x)}{x^2}$$
$$=\lim_{x\to 0}\frac{f(1+\sin^2 x+\cos x-1)-f(1)}{\sin^2 x+\cos x-1}\cdot\lim_{x\to 0}\frac{\sin^2 x+\cos x-1}{x^2}$$
$$=f'(1)\cdot\left(1-\frac{1}{2}\right)=\frac{1}{2}f'(1).$$

【例 3】　求满足方程 $f(x+y)=\frac{f(x)+f(y)}{1-f(x)f(y)}$ 的函数 $f(x)$，其中已知 $f'(0)$ 存在.

解　由条件有 $f(0)=\frac{2f(0)}{1-(f(0))^2}$，故知 $f(0)=0$. 又 $f(x)$ 在 $x=0$ 处连续，于是

$$f'(x)=\lim_{\Delta x\to 0}\frac{f(x+\Delta x)-f(x)}{\Delta x}=\lim_{\Delta x\to 0}\frac{\dfrac{f(x)+f(\Delta x)}{1-f(x)f(\Delta x)}-f(x)}{\Delta x}$$

$$=\lim_{\Delta x\to 0}\frac{(1+f^2(x))f(\Delta x)}{\Delta x\cdot(1-f(x)f(\Delta x))}$$

$$=(1+f^2(x))\lim_{\Delta x\to 0}\frac{f(\Delta x)-f(0)}{\Delta x}=(1+f^2(x))f'(0).$$

从而知$\dfrac{f'(x)}{1+f^2(x)}=f'(0)$，即有

$$\arctan f(x)=f'(0)x+C.$$

令 $x=0$，得 $C=0$，所以 $\arctan f(x)=f'(0)x$. 故 $f(x)=\tan(f'(0)x)$.

【例 4】 设 $f(x)=\varphi(x)\psi(x)$，其中 $\varphi(x)$ 在 x_0 处可导，$\psi(x)$ 在 x_0 处连续但不可导. 证明：$f(x)$ 在 x_0 处可导的充分必要条件是 $\varphi(x_0)=0$.

证 必要性. 设 $f(x)$ 在 x_0 处可导，即以下极限存在：

$$\lim_{x\to x_0}\frac{f(x)-f(x_0)}{x-x_0}=\lim_{x\to x_0}\frac{\varphi(x)\psi(x)-\varphi(x_0)\psi(x_0)}{x-x_0}$$

$$=\lim_{x\to x_0}\left(\frac{\varphi(x)-\varphi(x_0)}{x-x_0}\cdot\psi(x)+\frac{\psi(x)-\psi(x_0)}{x-x_0}\cdot\varphi(x_0)\right).$$

因 $\varphi(x)$ 在 x_0 处可导，$\psi(x)$ 在 x_0 处连续，所以

$$\lim_{x\to x_0}\frac{\varphi(x)-\varphi(x_0)}{x-x_0}\cdot\psi(x)=\varphi'(x_0)\psi(x_0),$$

因而 $\lim\limits_{x\to x_0}\dfrac{\psi(x)-\psi(x_0)}{x-x_0}\cdot\varphi(x_0)$ 也存在. 若 $\varphi(x_0)\neq 0$，则极限

$$\lim_{x\to x_0}\frac{\psi(x)-\psi(x_0)}{x-x_0}=\frac{1}{\varphi(x_0)}\lim_{x\to x_0}\frac{\psi(x)-\psi(x_0)}{x-x_0}\cdot\varphi(x_0)$$

存在，这与 $\psi(x)$ 在 x_0 处不可导矛盾. 故 $\varphi(x_0)=0$.

充分性. 若 $\varphi(x_0)=0$，由条件 $\varphi(x)$ 在 x_0 处可导，$\psi(x)$ 在 x_0 处连续，有

$$f'(x_0)=\lim_{x\to x_0}\frac{f(x)-f(x_0)}{x-x_0}=\lim_{x\to x_0}\frac{\varphi(x)\psi(x)-\varphi(x_0)\psi(x_0)}{x-x_0}$$

$$=\lim_{x\to x_0}\frac{\varphi(x)-\varphi(x_0)}{x-x_0}\cdot\psi(x)=\varphi'(x_0)\psi(x_0).$$

故 $f(x)$ 在 x_0 处可导.

【例 5】 设函数

$$f(x)=\begin{cases}\ln\left(1+\dfrac{x}{\mathrm{e}}\right)+b, & x>0,\\ a^x, & x\leqslant 0.\end{cases}$$

问 a,b 为何值时，$f(x)$ 在 $x=0$ 处可导？并求 $f'(0)$.

解　由 $f(x)$ 在 $x=0$ 处可导，知 $f(x)$ 在 $x=0$ 处连续，于是 $f'_-(0)=f'_+(0)$，从而得 $b=1$. 又

$$f'_-(0)=\lim_{x\to 0^-}\frac{f(x)-f(0)}{x-0}=\lim_{x\to 0^-}\frac{a^x-1}{x}=\ln a,$$

$$f'_+(0)=\lim_{x\to 0^+}\frac{f(x)-f(0)}{x-0}=\lim_{x\to 0^+}\frac{\ln\left(1+\frac{x}{\mathrm{e}}\right)+1-1}{x}=\frac{1}{\mathrm{e}},$$

由 $f'_-(0)=f'_+(0)$ 得 $a=\mathrm{e}^{\frac{1}{\mathrm{e}}}$，且 $f'(0)=\dfrac{1}{\mathrm{e}}$.

【例 6】　设函数 $f(x)=\lim\limits_{n\to+\infty}\sqrt[n]{1+|x|^{3n}}$，则 $f(x)$ 在 $(-\infty,+\infty)$ 内(　　).

A. 处处可导　　　　B. 恰有一个不可导点

C. 恰有两个不可导点　　　　D. 至少有三个不可导点

解　先求 $f(x)$ 的表达式. 当 $|x|<1$ 时，

$$\lim_{n\to+\infty}\sqrt[n]{1+|x|^{3n}}=\lim_{n\to+\infty}(1+|x|^{3n})^{\frac{1}{n}}=1^0=1;$$

当 $|x|=1$ 时，$\lim\limits_{n\to+\infty}\sqrt[n]{1+|x|^{3n}}=\lim\limits_{n\to+\infty}(1+1)^{\frac{1}{n}}=2^0=1$；当 $|x|>1$ 时，

$$\lim_{n\to+\infty}\sqrt[n]{1+|x|^{3n}}=|x|^3\lim_{n\to+\infty}\left(1+\frac{1}{|x|^{3n}}\right)^{\frac{1}{n}}=|x|^3.$$

因此，$f(x)=\begin{cases}-x^3, & x<-1,\\ 1, & -1\leqslant x\leqslant 1,\\ x^3, & x>1.\end{cases}$

由 $y=f(x)$ 的表达式及导数的定义可知，$f(x)$ 在 $x=\pm1$ 处不可导，其余点 $f(x)$ 均可导，因此选 C.

【例 7】　设 $f(x)$ 在 $(-\infty,+\infty)$ 内有定义，对任意 x，恒有

$$f(x+1)=2f(x),$$

当 $0\leqslant x\leqslant 1$ 时，$f(x)=x(1-x^2)$. 试判断 $f(x)$ 在 $x=0$ 处是否可导.

解　当 $-1\leqslant x<0$ 时，$0\leqslant x+1<1$，于是

$$f(x)=\frac{1}{2}f(x+1)=\frac{1}{2}(x+1)[1-(x+1)^2]=-\frac{1}{2}x(x+1)(x+2).$$

从而

$$f'_{+}(0)=\lim_{x\to 0^{+}}\frac{f(x)-f(0)}{x-0}=\lim_{x\to 0^{+}}\frac{x(1-x^{2})}{x}=1,$$

$$f'_{-}(0)=\lim_{x\to 0^{-}}\frac{f(x)-f(0)}{x-0}=\lim_{x\to 0^{-}}\frac{-\frac{1}{2}x(x+1)(x+2)}{x}=-1.$$

由于 $f'_{+}(0)\neq f'_{-}(0)$，所以 $f(x)$ 在 $x=0$ 处不可导.

【例 8】 设函数 $y=\ln\left(\tan\frac{x}{2}\right)-\cos x\ \ln(\tan x)$，求 y'.

解
$$y'=\frac{\sec^{2}\frac{x}{2}}{\tan\frac{x}{2}}\cdot\frac{1}{2}-\left(-\sin x\ \ln(\tan x)+\cos x\cdot\frac{\sec^{2}x}{\tan x}\right)$$

$$=\frac{1}{\sin x}+\sin x\ \ln(\tan x)-\frac{1}{\sin x}=\sin x\ \ln(\tan x).$$

【例 9】 设 $y=f\left(\frac{3x-2}{3x+2}\right)$，$f'(x)=\arcsin x^{2}$，求 $\left.\frac{\mathrm{d}y}{\mathrm{d}x}\right|_{x=0}$.

解 由于

$$\frac{\mathrm{d}y}{\mathrm{d}x}=f'\left(\frac{3x-2}{3x+2}\right)\cdot\left(\frac{3x-2}{3x+2}\right)'=\arcsin\left(\frac{3x-2}{3x+2}\right)^{2}\cdot\frac{12}{(3x+2)^{2}},$$

故 $\left.\frac{\mathrm{d}y}{\mathrm{d}x}\right|_{x=0}=(\arcsin 1)\cdot 3=\frac{3\pi}{2}$.

【例 10】 设 $f\left(\frac{1}{2}x\right)=\sin x$，求 $f'(f(x)),(f(f(x)))',(f(f(x)))''$.

解 令 $\frac{1}{2}x=t$，则 $f(t)=\sin 2t$，$f'(t)=2\cos 2t$，$f''(t)=-4\sin 2t$，于是

$$f'(f(x))=2\cos 2f(x)=2\cos(2\sin 2x),$$

$$\begin{aligned}(f(f(x)))'&=f'(f(x))\cdot f'(x)=2\cos(2\sin 2x)\cdot 2\cos 2x\\&=4\cos(2\sin 2x)\cdot\cos 2x,\end{aligned}$$

$$\begin{aligned}(f(f(x)))''&=(f'(f(x))\cdot f'(x))'\\&=f''(f(x))\cdot(f'(x))^{2}+f'(f(x))\cdot f''(x)\\&=-4\sin(2\sin 2x)(2\cos 2x)^{2}+2\cos(2\sin 2x)(-4\sin 2x)\\&=-16\sin(2\sin 2x)\cos^{2}2x-8\cos(2\sin 2x)\sin 2x.\end{aligned}$$

【例 11】 设 $y=\sin^{4}x-\cos^{4}x$，求 $y^{(n)}$.

解 $y'=4\sin^{3}x\ \cos x+4\cos^{3}x\ \sin x=4\sin x\ \cos x=2\sin 2x$，

$$y''=2^2\cos 2x=2^2\sin\left(2x+\frac{\pi}{2}\right),$$

$$y'''=2^3\cos\left(2x+\frac{\pi}{2}\right)=2^3\sin\left(2x+2\cdot\frac{\pi}{2}\right),$$

$$\cdots,$$

$$y^{(n)}=2^n\sin\left(2x+(n-1)\cdot\frac{\pi}{2}\right).$$

【例 12】　求函数 $f(x)=x^2\ln(1+x)$ 在 $x=0$ 处的 n 阶导数 $f^{(n)}(0)$ $(n\geqslant 3)$.

解　由莱布尼兹公式

$$(uv)^{(n)}=u^{(n)}v+C_n^1u^{(n-1)}v'+C_n^2u^{(n-2)}v''+\cdots+C_n^{n-1}u'v^{(n-1)}+uv^{(n)}$$

及 $(\ln(1+x))^{(k)}=\dfrac{(-1)^{k-1}(k-1)!}{(1+x)^k}$ $(k\in\mathbf{N}^+)$，得

$$f^{(n)}(x)=x^2\frac{(-1)^{n-1}(n-1)!}{(1+x)^n}+2nx\frac{(-1)^{n-2}(n-2)!}{(1+x)^{n-1}}$$
$$+n(n-1)\frac{(-1)^{n-3}(n-3)!}{(1+x)^{n-2}}.$$

因此 $f^{(n)}(0)=(-1)^{n-3}n(n-1)(n-3)!=\dfrac{(-1)^{n-1}n!}{n-2}$.

【例 13】　设 $F(x)$ 是可导的单调函数，满足 $F'(x)\neq 0$，$F(0)=0$，方程

$$F(xy)=F(x)+F(y)$$

确定了隐函数 $y=y(x)$，求 $\left.\dfrac{\mathrm{d}y}{\mathrm{d}x}\right|_{x=0}$.

解　在方程 $F(xy)=F(x)+F(y)$ 中代入 $x=0$，得 $F(y)=0$. 由于 $F(x)$ 是单调函数且 $F(0)=0$，故 $x=0$ 的对应值必为 $y=0$.

在方程 $F(xy)=F(x)+F(y)$ 两端关于 x 求导，得

$$F'(xy)(y+xy')=F'(x)+F'(y)y'.$$

代入 $x=0$，$y=0$，有 $F'(0)+F'(0)y'|_{x=0}=0$，故 $y'|_{x=0}=-1$.

【例 14】　设函数 $y=y(x)$ 由方程 $y-x\mathrm{e}^y=1$ 所确定，求 $\left.\dfrac{\mathrm{d}^2y}{\mathrm{d}x^2}\right|_{x=0}$.

解　方程两端对 x 求导，得

$$y'-x\mathrm{e}^yy'-\mathrm{e}^y=0. \qquad ①$$

再求导，得

$$y''-x(\mathrm{e}^yy')'-2\mathrm{e}^yy'=0. \qquad ②$$

将 $x=0$ 代入原方程，得$y\big|_{x=0}=1$；$x=0$，$y=1$ 代入①，得$y'\big|_{x=0}=\mathrm{e}$；于是将 $x=0$，$y=1$，$y'=\mathrm{e}$ 代入②，得$y''\big|_{x=0}=2\mathrm{e}^2$.

【例 15】 用对数求导法求下列函数的导数：

(1) $y=\left(\dfrac{x}{1+x}\right)^x$；　　　(2) $y=\sqrt[5]{\dfrac{x-5}{\sqrt[5]{x^2+2}}}$.

解 (1) 在 $y=\left(\dfrac{x}{1+x}\right)^x$ 两端取对数，得

$$\ln y=x(\ln x-\ln(1+x)).$$

在上式两端分别对 x 求导，并注意到 y 是 x 的函数，得

$$\frac{y'}{y}=\ln x-\ln(1+x)+x\left(\frac{1}{x}-\frac{1}{1+x}\right)=\ln\frac{x}{1+x}+\frac{1}{1+x}.$$

于是 $y'=y\left(\ln\dfrac{x}{1+x}+\dfrac{1}{1+x}\right)=\left(\dfrac{x}{1+x}\right)^x\left(\ln\dfrac{x}{1+x}+\dfrac{1}{1+x}\right)$.

(2) 在 $y=\sqrt[5]{\dfrac{x-5}{\sqrt[5]{x^2+2}}}$ 两端取对数，得

$$\ln y=\frac{1}{5}\ln(x-5)-\frac{1}{25}\ln(x^2+2).$$

在上式两端分别对 x 求导，并注意到 y 是 x 的函数，得

$$\frac{y'}{y}=\frac{1}{5}\cdot\frac{1}{x-5}-\frac{1}{25}\cdot\frac{2x}{x^2+2}.$$

于是

$$y'=y\left[\frac{1}{5(x-5)}-\frac{2x}{25(x^2+2)}\right]=\sqrt[5]{\frac{x-5}{\sqrt[5]{x^2+2}}}\left[\frac{1}{5(x-5)}-\frac{2x}{25(x^2+2)}\right].$$

【例 16】 已知曲线的极坐标方程是 $r=1-\cos\theta$，求该曲线上对应于 $\theta=\dfrac{\pi}{6}$ 处的切线与法线的直角坐标方程.

解 极坐标曲线 $r=1-\cos\theta$ 在直角坐标系的参数方程为

$$\begin{cases}x=(1-\cos\theta)\cos\theta=\cos\theta-\cos^2\theta,\\ y=(1-\cos\theta)\sin\theta=\sin\theta-\dfrac{1}{2}\sin 2\theta.\end{cases}$$

于是有$\dfrac{\mathrm{d}y}{\mathrm{d}x}=\dfrac{y'_\theta}{x'_\theta}=\dfrac{\cos\theta-\cos 2\theta}{\sin 2\theta-\sin\theta}$，求得$\left.\dfrac{\mathrm{d}y}{\mathrm{d}x}\right|_{\theta=\frac{\pi}{6}}=1$. 又

$$x\Big|_{\theta=\frac{\pi}{6}}=\frac{\sqrt{3}}{2}\left(1-\frac{\sqrt{3}}{2}\right),\quad y\Big|_{\theta=\frac{\pi}{6}}=\frac{1}{2}\left(1-\frac{\sqrt{3}}{2}\right),$$

故所求切线方程与法线方程分别为

$$y-\frac{2-\sqrt{3}}{4}=x-\frac{2\sqrt{3}-3}{4},\quad y-\frac{2-\sqrt{3}}{4}=-x+\frac{2\sqrt{3}-3}{4}.$$

【例 17】　设$\begin{cases}x=3t^2+2t,\\ e^y\sin t-y+1=0,\end{cases}$求$\left.\frac{dy}{dx}\right|_{t=0}$.

解　方程组两边同时对 t 求导，得

$$\begin{cases}\frac{dx}{dt}=6t+2,\\ e^y\cdot\frac{dy}{dt}\cdot\sin t+e^y\cos t-\frac{dy}{dt}=0.\end{cases}$$

于是$\frac{dy}{dt}=\frac{e^y\cos t}{1-e^y\sin t}$. 又当 $t=0$ 时，$x=0$，$y=1$，所以

$$\left.\frac{dy}{dx}\right|_{t=0}=\left.\frac{\frac{dy}{dt}}{\frac{dx}{dt}}\right|_{t=0}=\left.\frac{e^y\cos t}{(1-e^y\sin t)(6t+2)}\right|_{t=0}=\frac{e}{2}.$$

【例 18】　设函数 $y=y(x)$ 由参数方程$\begin{cases}x=t+\arctan t,\\ y=t^3+6t,\end{cases}$所确定，求$\frac{d^2y}{dx^2}$.

解　因为

$$x'_t=1+\frac{1}{1+t^2}=\frac{2+t^2}{1+t^2},\quad y'_t=3t^2+6,$$

所以

$$\frac{dy}{dx}=\frac{y'_t}{x'_t}=\frac{3t^2+6}{\frac{2+t^2}{1+t^2}}=3(1+t^2),$$

$$\frac{d^2y}{dx^2}=\frac{\left(\frac{dy}{dx}\right)'_t}{x'_t}=\frac{6t}{\frac{2+t^2}{1+t^2}}=\frac{6t(1+t^2)}{2+t^2}.$$

【例 19】　落在平静水面上的石头，产生同心波纹. 若最外一圈波半径的增大率总是 6 m/s，问在 2 s 末扰动水面面积的增大率为多少？

解　设最外一圈的半径为 $r=r(t)$，圆的面积 $S=S(t)$. 在 $S=\pi r^2$ 两端分别对 t 求导，得

$$\frac{dS}{dt}=2\pi r\frac{dr}{dt}.$$

当 $t=2$ 时，$r=6\times 2=12$，$\frac{\mathrm{d}r}{\mathrm{d}t}=6$，代入上式得

$$\left.\frac{\mathrm{d}S}{\mathrm{d}t}\right|_{t=2}=2\pi\cdot 12\cdot 6=144\pi\ (\mathrm{m}^2/\mathrm{s}).$$

【例 20】 已知 $y=\arcsin\left(\sin^2\frac{1}{x}\right)$，求 $\mathrm{d}y$.

解 因为

$$y'=\frac{1}{\sqrt{1-\left(\sin^2\frac{1}{x}\right)^2}}\cdot 2\sin\frac{1}{x}\cdot\cos\frac{1}{x}\cdot\left(-\frac{1}{x^2}\right),$$

所以 $\mathrm{d}y=y'\mathrm{d}x=-\frac{1}{x^2\sqrt{1-\left(\sin^2\frac{1}{x}\right)^2}}\sin\frac{2}{x}\,\mathrm{d}x$.

【例 21】 设 $y\sin x-\cos(x-y)=0$，求 $\mathrm{d}y$.

解 利用一阶微分形式不变性，有 $\mathrm{d}(y\sin x)-\mathrm{d}(\cos(x-y))=0$，所以

$$\sin x\ \mathrm{d}y+y\cos x\ \mathrm{d}x+\sin(x-y)(\mathrm{d}x-\mathrm{d}y)=0,$$

于是 $\mathrm{d}y=\frac{y\cos x+\sin(x-y)}{\sin(x-y)-\sin x}\mathrm{d}x$.

三、教材习题全解

习题 2-1

A 类

1. 用导数的定义求下列函数的导数：

(1) $f(x)=\cos x$； (2) $f(x)=\ln x$；

(3) $f(x)=x|x|$，求 $f'(0)$.

解 (1) $f'(x)=\lim\limits_{\Delta x\to 0}\frac{f(x+\Delta x)-f(x)}{\Delta x}=\lim\limits_{\Delta x\to 0}\frac{\cos(x+\Delta x)-\cos x}{\Delta x}$

$$= \lim_{\Delta x \to 0} \frac{-2\sin\left(x + \frac{\Delta x}{2}\right) \sin\frac{\Delta x}{2}}{\Delta x} = -\sin x.$$

(2) $f'(x) = \lim\limits_{\Delta x \to 0} \dfrac{f(x+\Delta x) - f(x)}{\Delta x} = \lim\limits_{\Delta x \to 0} \dfrac{\ln(x+\Delta x) - \ln x}{\Delta x}$

$$= \lim_{\Delta x \to 0} \ln\left(1 + \frac{\Delta x}{x}\right)^{\frac{x}{\Delta x}\cdot\frac{1}{x}} = \ln e^{\frac{1}{x}} = \frac{1}{x}.$$

(3) $f'(0) = \lim\limits_{\Delta x \to 0} \dfrac{f(0+\Delta x) - f(0)}{\Delta x} = \lim\limits_{\Delta x \to 0} \dfrac{(0+\Delta x)|0+\Delta x| - 0}{\Delta x} = \lim\limits_{\Delta x \to 0} |\Delta x| = 0.$

2. 已知 $f(x)$ 在点 $x = a$ 处可导，求

(1) $\lim\limits_{x \to 0} \dfrac{f(a-2x) - f(a-x)}{x}$；　　(2) $\lim\limits_{x \to a} \dfrac{af(x) - xf(a)}{x-a}$.

解　(1) $\lim\limits_{x \to 0} \dfrac{f(a-2x)-f(a-x)}{x} = \lim\limits_{x \to 0}\left[\dfrac{f(a-2x)-f(a)}{-2x}\cdot(-2) + \dfrac{f(a-x)-f(a)}{-x}\right]$

$$= -2f'(a) + f'(a) = -f'(a).$$

(2) $\lim\limits_{x \to a} \dfrac{af(x) - xf(a)}{x-a} = \lim\limits_{x \to a}\left(a \cdot \dfrac{f(x)-f(a)}{x-a} - f(a)\right) = af'(a) - f(a).$

3. 设 $f(0) = f'(0) = 0$. 求极限 $\lim\limits_{x \to 0} \dfrac{f(x)}{x}$.

解　$\lim\limits_{x \to 0} \dfrac{f(x)}{x} = \lim\limits_{x \to 0} \dfrac{f(x) - f(0)}{x - 0} = f'(0) = 0.$

4. 设函数 $f(x) = x(x-1)(x-2)\cdots(x-n)$. 证明：$f'(0) = (-1)^n n!$.

证　$f'(0) = \lim\limits_{x \to 0} \dfrac{f(x) - f(0)}{x} = \lim\limits_{x \to 0}(x-1)(x-2)\cdots(x-n)$

$$= (-1)^n n!.$$

5. 设 $f(x) = x + (x-a)\sqrt[n]{x-a}$. 求导数 $f'(a)$.

解　$f'(a) = \lim\limits_{x \to a} \dfrac{f(x) - f(a)}{x-a} = \lim\limits_{x \to a} \dfrac{x + (x-a)\sqrt[n]{x-a} - a}{x-a} = 1.$

6. 判断下列函数在 $x = 0$ 处的连续性与可导性：

(1) $f(x) = \begin{cases} e^{-\frac{1}{x^2}}, & x \neq 0, \\ 0, & x = 0; \end{cases}$　　(2) $f(x) = \begin{cases} e^x, & x \geqslant 0, \\ \cos x, & x < 0. \end{cases}$

解　(1) 因 $\lim\limits_{x \to 0} f(x) = \lim\limits_{x \to 0} e^{-\frac{1}{x^2}} = 0 = f(0)$，故函数在 $x = 0$ 处连续. 又因

$\lim\limits_{x \to 0} \dfrac{f(x) - f(0)}{x} = \lim\limits_{x \to 0} \dfrac{e^{-\frac{1}{x^2}}}{x} = \lim\limits_{t \to \infty} \dfrac{t}{e^{t^2}} = 0$ （注：此极限利用了第3章洛必达法则），故函数在 $x = 0$ 处可导.

(2) 因 $\lim\limits_{x \to 0^-} f(x) = \lim\limits_{x \to 0^-} \cos x = 1$，$\lim\limits_{x \to 0^+} f(x) = \lim\limits_{x \to 0^+} e^x = 1$，故函数在 $x = 0$ 处连

续. 又因

$$\lim_{x\to 0^-}\frac{f(x)-f(0)}{x}=\lim_{x\to 0^-}\frac{\cos x-1}{x}=0,\quad \lim_{x\to 0^+}\frac{f(x)-f(0)}{x}=\lim_{x\to 0^+}\frac{e^x-1}{x}=1,$$

故函数在 $x=0$ 处不可导.

7. 证明：若函数 $g(x)$ 在点 a 连续，则函数 $f(x)=(x-a)g(x)$ 在点 a 可导.

证 因

$$\lim_{x\to a}\frac{f(x)-f(a)}{x-a}=\lim_{x\to a}\frac{(x-a)g(x)-0}{x-a}=\lim_{x\to a}g(x)=g(a),$$

故函数 $f(x)$ 在点 a 可导.

8. 设 $f(x)=\begin{cases}\sin(x-1)+2, & x<1,\\ ax+b, & x\geqslant 1.\end{cases}$ 问 a,b 取何值时 $f(x)$ 在 $x=1$ 处可导?

解 若 $f(x)$ 在 $x=1$ 处可导，则 $f(x)$ 在 $x=1$ 处连续. 因

$$\lim_{x\to 1^-}f(x)=\lim_{x\to 1^-}\sin(x-1)+2=2,\quad \lim_{x\to 1^+}f(x)=\lim_{x\to 1^+}(ax+b)=a+b,$$

故 $a+b=2$. 此时

$$f'_-(1)=\lim_{x\to 1^-}\frac{\sin(x-1)+2-2}{x-1}=1,$$

$$f'_+(1)=\lim_{x\to 1^+}\frac{ax+b-2}{x-1}=\lim_{x\to 1^+}\frac{ax-a}{x-1}=a,$$

得 $a=1$，从而 $b=1$.

9. 设抛物线 $y=ax^2$ 与 $y=\ln x$ 相切，求 a.

解 设抛物线 $y=ax^2$ 与 $y=\ln x$ 在点 $x=x_0$ 相切，则 $ax_0^2=\ln x_0$，且两曲线在该点处的导数相等，即 $2ax_0=\dfrac{1}{x_0}$. 解得 $x_0=\sqrt{e}$，$a=\dfrac{1}{2e}$.

B 类

1. 用导数的定义证明：

(1) 可导的偶函数的导函数是奇函数，可导的奇函数的导函数是偶函数；

(2) 可导的周期函数的导函数仍是周期函数，且周期与原来函数的周期相同.

证 设 $F(x)$ 可导.

(1) 若 $F(x)$ 是偶函数，即 $F(-x)=F(x)$，则 $\forall x$，有

$$F'(-x)=\lim_{\Delta x\to 0}\frac{F(-x+\Delta x)-F(-x)}{\Delta x}=\lim_{\Delta x\to 0}\frac{F(x-\Delta x)-F(x)}{-\Delta x}\cdot(-1)=-F'(x),$$

此时 $F'(x)$ 是奇函数.

若 $F(x)$ 是奇函数，即 $F(-x)=-F(x)$，则 $\forall x$，有

$$F'(-x)=\lim_{\Delta x\to 0}\frac{F(-x+\Delta x)-F(-x)}{\Delta x}=\lim_{\Delta x\to 0}\frac{-F(x-\Delta x)+F(x)}{\Delta x}$$

$$=\lim_{\Delta x\to 0}\frac{F(x-\Delta x)-F(x)}{-\Delta x}=F'(x),$$

此时 $F'(x)$ 是偶函数.

(2) 若 $F(x)$ 是周期函数，设其周期为 T，即 $F(x+T)=F(x)$，则有

$$F'(x+T)=\lim_{\Delta x\to 0}\frac{F(x+T+\Delta x)-F(x+T)}{\Delta x}=\lim_{\Delta x\to 0}\frac{F(x+\Delta x)-F(x)}{\Delta x}=F'(x),$$

故 $F'(x)$ 是周期函数，且 T 仍为其周期.

2. 设 $g(0)=g'(0)=0$，$f(x)=\begin{cases}g(x)\sin\dfrac{1}{x}, & x\neq 0,\\ 0, & x=0,\end{cases}$ 求 $f'(0)$.

解　由导数的定义，有

$$f'(0)=\lim_{x\to 0}\frac{f(x)-f(0)}{x}=\lim_{x\to 0}\frac{g(x)\sin\frac{1}{x}-0}{x}=\lim_{x\to 0}\frac{g(x)-g(0)}{x}\cdot\sin\frac{1}{x}.$$

因 $\lim\limits_{x\to 0}\dfrac{g(x)-g(0)}{x}=g'(0)=0$，$\sin\dfrac{1}{x}$ 为有界函数，故 $f'(0)=0$.

3. 设 $y=f(x)=|x-a|\varphi(x)$，其中 $\varphi(x)$ 在 $x=a$ 处连续. 问：在什么条件下，$f(x)$ 在 $x=a$ 处可导？

解　因为 $\Delta y=f(a+\Delta x)-f(a)=|\Delta x|\varphi(a+\Delta x)$，所以 $\dfrac{\Delta y}{\Delta x}=\dfrac{|\Delta x|}{\Delta x}\cdot\varphi(a+\Delta x)$，

于是

$$f'_-(a)=\lim_{\Delta x\to 0^-}\frac{\Delta y}{\Delta x}=\lim_{\Delta x\to 0^-}\frac{|\Delta x|}{\Delta x}\cdot\lim_{\Delta x\to 0^-}\varphi(a+\Delta x)=-\varphi(a),$$

$$f'_+(a)=\lim_{\Delta x\to 0^+}\frac{\Delta y}{\Delta x}=\lim_{\Delta x\to 0^+}\frac{|\Delta x|}{\Delta x}\cdot\lim_{\Delta x\to 0^+}\varphi(a+\Delta x)=\varphi(a).$$

为使 $f(x)$ 在 $x=a$ 处可导，只需 $f'_-(a)=f'_+(a)$ 即可. 由 $\varphi(a)=-\varphi(a)$ 得 $\varphi(a)=0$. 故 $\varphi(a)=0$ 时，$f(x)$ 在 $x=a$ 处可导且 $f'(a)=0$.

4. 设 $f(x)$ 具有连续的导数，$f(0)=0$ 且 $f'(0)=b$. 若函数

$$F(x)=\begin{cases}\dfrac{f(x)+a\sin x}{x}, & x\neq 0,\\ A, & x=0\end{cases}$$

在点 $x=0$ 处连续，试确定常数 A.

解　因函数 $F(x)$ 在点 $x=0$ 处连续，故 $\lim\limits_{x\to 0}F(x)=F(0)$，即 $\lim\limits_{x\to 0}\dfrac{f(x)+a\sin x}{x}=F(0)=A$，于是

$$\lim_{x\to 0}\left(\frac{f(x)-f(0)}{x}+\frac{a\sin x}{x}\right)=f'(0)+a=A,$$

故 $A=a+b$.

5. 设 $f(x)$ 在 $(-\infty,+\infty)$ 内有定义，且对任意的 $x,x_1,x_2\in(-\infty,+\infty)$，有

$$f(x_1+x_2)=f(x_1)\cdot f(x_2),\quad f(x)=1+xg(x),$$

其中，$\lim\limits_{x\to 0}g(x)=1$. 证明：$f(x)$ 在$(-\infty,+\infty)$内处处可导.

证 对任意的 $x\in(-\infty,+\infty)$，有

$$\lim_{\Delta x\to 0}\frac{f(x+\Delta x)-f(x)}{\Delta x}=\lim_{\Delta x\to 0}\frac{f(x)\cdot f(\Delta x)-f(x)}{\Delta x}=\lim_{\Delta x\to 0}\frac{f(\Delta x)-1}{\Delta x}\cdot f(x)$$

$$=\lim_{\Delta x\to 0}\frac{1+\Delta x\cdot g(\Delta x)-1}{\Delta x}\cdot f(x)$$

$$=\lim_{\Delta x\to 0}g(\Delta x)\cdot f(x)=f(x),$$

故 $f(x)$ 在$(-\infty,+\infty)$内处处可导，且 $f'(x)=f(x)$.

6. 设 $f(x)$ 在$(-\infty,+\infty)$内有定义，在 $x=a$ 处可导且 $f(a)\neq 0$，求极限

$$\lim_{x\to\infty}\left(\frac{f\left(a+\frac{1}{x}\right)}{f(a)}\right)^x.$$

解 $$\lim_{x\to\infty}\left(\frac{f\left(a+\frac{1}{x}\right)}{f(a)}\right)^x=\lim_{x\to\infty}\left(1+\frac{f\left(a+\frac{1}{x}\right)-f(a)}{f(a)}\right)^{\frac{f(a)}{f(a+\frac{1}{x})-f(a)}\cdot\frac{f(a+\frac{1}{x})-f(a)}{f(a)}\cdot x}.$$

因 $\lim\limits_{x\to\infty}\left(1+\dfrac{f\left(a+\frac{1}{x}\right)-f(a)}{f(a)}\right)^{\frac{f(a)}{f(a+\frac{1}{x})-f(a)}}=\mathrm{e}$，且

$$\lim_{x\to\infty}\frac{f\left(a+\frac{1}{x}\right)-f(a)}{f(a)}\cdot x\xlongequal{t=\frac{1}{x}}\lim_{t\to 0}\frac{f(a+t)-f(a)}{tf(a)}=\frac{f'(a)}{f(a)},$$

故 $\lim\limits_{x\to\infty}\left(\dfrac{f\left(a+\frac{1}{x}\right)}{f(a)}\right)^x=\mathrm{e}^{\frac{f'(a)}{f(a)}}$.

7. 已知 $f(x)$ 是周期为 5 的连续函数，它在 $x=1$ 的某个邻域内满足关系式

$$f(1+\sin x)-3f(1-\sin x)=8x+\alpha(x),$$

其中，$\alpha(x)$ 是当 $x\to 0$ 时比 x 高阶的无穷小量，且 $f(x)$ 在 $x=1$ 处可导. 求曲线 $y=f(x)$ 在点$(6,f(6))$处的切线方程.

解 因 $f(x)$ 的周期为 5，故函数 $y=f(x)$ 在 $x=1$ 与 $x=6$ 处的切线有相同的斜率，且由上述等式两边对 $x\to 0$ 取极限易得 $f(1)=0$. 一方面，

$$\lim_{x\to 0}\frac{f(1+\sin x)-3f(1-\sin x)}{x}=\lim_{x\to 0}\left(8+\frac{\alpha(x)}{x}\right)=8,$$

另一方面，有

$$\lim_{x\to 0}\frac{f(1+\sin x)-3f(1-\sin x)}{x}$$

$$=\lim_{x\to 0}\left(\frac{f(1+\sin x)-f(1)}{\sin x}\cdot\frac{\sin x}{x}+\frac{f(1-\sin x)-f(1)}{-\sin x}\cdot\frac{3\sin x}{x}\right)=4f'(1),$$

故 $f'(1)=2$. 因此在点$(6,f(6))$处的切线方程为 $y=2(x-6)$.

8. 设 $f(x)=a_1\sin x+a_2\sin 2x+\cdots+a_n\sin nx$（$a_i\in\mathbf{R}$，$i=1,2,\cdots,n$），且 $|f(x)|\leqslant|\sin x|$，试证：$|a_1+2a_2+\cdots+na_n|\leqslant 1$.

证　由 $f(x)$ 的表达式易得 $f(0)=0$，故

$$f'(0)=\lim_{x\to 0}\frac{f(x)}{x}=\lim_{x\to 0}\left(\frac{a_1\sin x}{x}+\frac{a_2\sin 2x}{x}+\cdots+\frac{a_n\sin nx}{x}\right)$$
$$=a_1+2a_2+\cdots+na_n.$$

又因 $|f(x)|\leqslant|\sin x|$，故 $\left|\dfrac{f(x)}{x}\right|\leqslant\left|\dfrac{\sin x}{x}\right|$，两边对 $x\to 0$ 取极限，有 $|f'(0)|\leqslant 1$. 因此 $|a_1+2a_2+\cdots+na_n|\leqslant 1$.

习题 2-2

A　类

1. 求下列函数的导数：

(1) $y=x\arctan x$；

(2) $y=3^x\sqrt[3]{x^2}\arcsin x$；

(3) $y=\dfrac{\arcsin x}{\arccos x}$；

(4) $y=\dfrac{e^x\sin x}{1+\tan x}+x^5\ln x$；

(5) $y=\dfrac{1+\sqrt{x}}{1-\sqrt{x}}$；

(6) $y=\dfrac{1-\ln x}{1+\ln x}$；

(7) $y=x^{\frac{5}{4}}(\arcsin x-\arccos x)$；

(8) $f(x)=x^2\sin x\cdot\ln x+\dfrac{\tan x}{x}$.

解　(1) $y'=\arctan x+x\cdot\dfrac{1}{1+x^2}=\arctan x+\dfrac{x}{1+x^2}$.

(2) $y'=3^x\cdot\ln 3\cdot x^{\frac{2}{3}}\arcsin x+3^x\cdot\dfrac{2}{3}x^{-\frac{1}{3}}\cdot\arcsin x+3^x\cdot x^{\frac{2}{3}}\cdot\dfrac{1}{\sqrt{1-x^2}}$.

(3) $$y'=\frac{\dfrac{\arccos x}{\sqrt{1-x^2}}+\dfrac{\arcsin x}{\sqrt{1-x^2}}}{(\arccos x)^2}=\frac{\arcsin x+\arccos x}{\sqrt{1-x^2}\,(\arccos x)^2}$$
$$=\frac{\pi}{2\sqrt{1-x^2}\,(\arccos x)^2}.$$

(4) $$y'=\frac{(e^x\sin x+e^x\cos x)(1+\tan x)-e^x\sin x\cdot\sec^2 x}{(1+\tan x)^2}+5x^4\ln x+x^5\cdot\frac{1}{x}$$
$$=e^x\cdot\frac{(\sin x+\cos x)(1+\tan x)-\sin x\cdot\sec^2 x}{(1+\tan x)^2}+5x^4\ln x+x^4.$$

(5) $$y'=\frac{\dfrac{1}{2\sqrt{x}}\cdot(1-\sqrt{x})+(1+\sqrt{x})\cdot\dfrac{1}{2\sqrt{x}}}{(1-\sqrt{x})^2}=\frac{1}{\sqrt{x}\,(1-\sqrt{x})^2}.$$

(6) $$y'=\frac{-\dfrac{1}{x}\cdot(1+\ln x)-(1-\ln x)\cdot\dfrac{1}{x}}{(1+\ln x)^2}=-\frac{2}{x(1+\ln x)^2}.$$

(7) $y'=\frac{5}{4}x^{\frac{1}{4}}(\arcsin x-\arccos x)+x^{\frac{5}{4}}\left(\frac{1}{\sqrt{1-x^2}}+\frac{1}{\sqrt{1-x^2}}\right)$

$=\frac{5}{4}x^{\frac{1}{4}}(\arcsin x-\arccos x)+\frac{2x^{\frac{5}{4}}}{\sqrt{1-x^2}}.$

(8) $f'(x)=2x\sin x\cdot\ln x+x^2\cos x\cdot\ln x+x^2\sin x\cdot\frac{1}{x}+\frac{\sec^2x\cdot x-\tan x}{x^2}$

$=2x\sin x\cdot\ln x+x^2\cos x\cdot\ln x+x\sin x+\frac{\sec^2x\cdot x-\tan x}{x^2}.$

2. 求下列复合函数的导函数:

(1) $y=\sqrt{1+\ln^2x}$; (2) $y=\ln\tan\frac{x}{2}$;

(3) $y=\arccos\sqrt{1-x^2}$; (4) $y=2^{-2x^2-x+1}$;

(5) $y=(\arctan\sqrt{x})^2$; (6) $y=\cos(\cos\sqrt{x})$;

(7) $y=\sin\frac{2x}{1+x^2}$; (8) $y=\ln\sqrt{\frac{2}{\pi}\arctan\frac{1}{x}}$;

(9) $y=\sin^nx\cos nx$; (10) $y=\arcsin\sqrt{\frac{1-x}{1+x}}$;

(11) $y=\frac{e^x-e^{-x}}{e^x+e^{-x}}$; (12) $y=\ln\frac{\sqrt{1+x}-\sqrt{1-x}}{\sqrt{1+x}+\sqrt{1-x}}$.

解 (1) $y'=\frac{2\ln x\cdot\frac{1}{x}}{2\sqrt{1+\ln^2x}}=\frac{\ln x}{x\sqrt{1+\ln^2x}}.$

(2) $y'=\frac{\frac{1}{2}\sec^2\frac{x}{2}}{\tan\frac{x}{2}}=\frac{1}{2}\frac{1}{\cos\frac{x}{2}\sin\frac{x}{2}}=\frac{1}{\sin x}=\csc x.$

(3) $y'=-\frac{1}{\sqrt{1-(1-x^2)}}\cdot\frac{1}{2}\frac{-2x}{\sqrt{1-x^2}}=\frac{x}{|x|\sqrt{1-x^2}}.$

(4) $y'=2^{-2x^2-x+1}\cdot\ln2\cdot(-4x-1).$

(5) $y'=2\arctan\sqrt{x}\cdot\frac{1}{1+x}\cdot\frac{1}{2\sqrt{x}}=\frac{\arctan\sqrt{x}}{\sqrt{x}(1+x)}.$

(6) $y'=-\sin(\cos\sqrt{x})\cdot(-\sin\sqrt{x})\cdot\frac{1}{2\sqrt{x}}=\frac{1}{2\sqrt{x}}\cdot\sin(\cos\sqrt{x})\cdot\sin\sqrt{x}.$

(7) $y'=\cos\frac{2x}{1+x^2}\cdot\frac{2(1+x^2)-2x\cdot2x}{(1+x^2)^2}=\frac{2-2x^2}{(1+x^2)^2}\cdot\cos\frac{2x}{1+x^2}.$

(8) $y=\ln\sqrt{\frac{2}{\pi}\arctan\frac{1}{x}}=\frac{1}{2}\ln\arctan\frac{1}{x}+\frac{1}{2}\ln\frac{2}{\pi}$, 故

$$y'=\frac{1}{2\arctan\frac{1}{x}}\cdot\frac{1}{1+\frac{1}{x^2}}\cdot\left(-\frac{1}{x^2}\right)=-\frac{1}{2(1+x^2)\arctan\frac{1}{x}}.$$

(9) $y'=n\sin^{n-1}x\cos x\cos nx+\sin^nx(-n\sin nx)=n\sin^{n-1}x\cos(n+1)x.$

(10) $y' = \dfrac{1}{\sqrt{1-\dfrac{1-x}{1+x}}} \cdot \dfrac{1}{2\sqrt{\dfrac{1-x}{1+x}}} \cdot \dfrac{-(1+x)-(1-x)}{(1+x)^2}$

$$= -\frac{1}{(1+x)\sqrt{2x(1-x)}}.$$

(11) $y' = \dfrac{(e^x+e^{-x})^2-(e^x-e^{-x})^2}{(e^x+e^{-x})^2} = \dfrac{4}{(e^x+e^{-x})^2}$.

(12) $y = \ln\dfrac{(\sqrt{1+x}-\sqrt{1-x})^2}{2x} = \ln\dfrac{1-\sqrt{1-x^2}}{x} = \ln(1-\sqrt{1-x^2})-\ln x$，所以

$$y' = \frac{1}{1-\sqrt{1-x^2}}\left(-\frac{-2x}{2\sqrt{1-x^2}}\right)-\frac{1}{x} = \frac{1}{x\sqrt{1-x^2}}.$$

3. 设 $f(x)$ 是对 x 可导的函数，求 $\dfrac{dy}{dx}$：

(1) $y = f(x^2)$； (2) $y = f(e^x)e^{f(x)}$；

(3) $y = f(f(f(x)))$.

解 (1) $y' = f'(x^2)\cdot 2x = 2xf'(x^2)$.

(2) $y' = f'(e^x)e^x e^{f(x)} + f(e^x)e^{f(x)}f'(x) = e^{f(x)}(f'(e^x)e^x + f(e^x)f'(x))$.

(3) $y' = f'(f(f(x)))\cdot f'(f(x))\cdot f'(x)$.

4. 已知 $y = f\left(\dfrac{3x-2}{3x+2}\right)$，$f'(x) = \arctan x^2$，求 $\left.\dfrac{dy}{dx}\right|_{x=0}$.

解 由于

$$\frac{dy}{dx} = f'(u)\cdot\frac{3(3x+2)-3(3x-2)}{(3x+2)^2} = \arctan\left(\frac{3x-2}{3x+2}\right)^2\cdot\frac{12}{(3x+2)^2},$$

故有 $\left.\dfrac{dy}{dx}\right|_{x=0} = \dfrac{3\pi}{4}$.

5. 证明：双曲线 $xy = a$ 上任意一点处的切线介于两坐标轴间的一段被切点所平分.

证 设有双曲线上一点 $M(x_0, y_0)$. 由 $y = \dfrac{a}{x}$，可得 $y' = -\dfrac{a}{x^2}$，从而 M 点处的切线方程为

$$y - y_0 = -\frac{a}{x_0^2}(x - x_0).$$

其与坐标轴的交点分别为 $A\left(\dfrac{x_0^2 y_0}{a} + x_0, 0\right)$，$B\left(0, \dfrac{a}{x_0} + y_0\right)$. 由 $x_0 y_0 = a$，可得

$$2x_0 = \frac{x_0^2 y_0}{a} + x_0,\quad 2y_0 = \frac{a}{x_0} + y_0,$$

即 AB 的中点为点 $M(x_0, y_0)$，由点 M 的任意性知结论成立.

6. 设 $f(x)$ 可导，且 $f(x) \neq 0$. 证明：曲线 $y = f(x)$ 与 $y = f(x)\sin x$ 在交点处相切.

证 两曲线在交点处相切，即两条曲线在交点处具有公切线. 由 $f(x) = f(x)\sin x$，

有 $\sin x = 1$，得两曲线的交点的横坐标为 $x = 2k\pi + \frac{\pi}{2}\ (k \in \mathbf{Z})$. 曲线 $y = f(x)\sin x$ 在 $x = 2k\pi + \frac{\pi}{2}$ 处的切线斜率为

$$k_1 = (f'(x)\sin x + f(x)\cos x)\Big|_{x=2k\pi+\frac{\pi}{2}} = f'\left(2k\pi + \frac{\pi}{2}\right),$$

而曲线 $y = f(x)$ 在 $x = 2k\pi + \frac{\pi}{2}$ 处的切线斜率为 $k_2 = f'\left(2k\pi + \frac{\pi}{2}\right)$. 因 $k_1 = k_2$，可知两曲线在交点处有公切线，故两曲线在交点处相切.

B 类

1. 求下列函数的导函数：

(1) $y = \ln\left(\arccos \frac{1}{\sqrt{x}}\right)$；

(2) $y = \arctan(\tan^2 x)$；

(3) $y = \arctan \frac{\sqrt{1-x^2}-1}{x} + \arctan \frac{2x}{1-x^2}$；

(4) $y = \left(\frac{a}{b}\right)^x \left(\frac{b}{x}\right)^a \left(\frac{x}{a}\right)^b \quad (a,b > 0)$；

(5) $y = \frac{x}{2}\sqrt{a^2+x^2} + \frac{a^2}{2}\ln(x + \sqrt{a^2+x^2})\ (a > 0)$；

(6) $y = x^{a^a} + a^{x^a} + a^{a^x}\quad (a > 0)$.

解 (1) $y' = \dfrac{1}{\arccos \frac{1}{\sqrt{x}}} \cdot \dfrac{1}{-\sqrt{1-\frac{1}{x}}} \cdot \left(-\frac{1}{2}x^{-\frac{3}{2}}\right) = \dfrac{1}{2x\sqrt{x-1}\arccos \frac{1}{\sqrt{x}}}$.

(2) $y' = \dfrac{1}{1+\tan^4 x} \cdot 2\tan x \cdot \sec^2 x = \dfrac{2\tan x \cdot \sec^2 x}{1+\tan^4 x}$.

(3)
$$\begin{aligned}
y' &= \frac{1}{1+\frac{2-x^2-2\sqrt{1-x^2}}{x^2}} \cdot \frac{\frac{-x}{\sqrt{1-x^2}} \cdot x - (\sqrt{1-x^2}-1)}{x^2} \\
&\quad + \frac{1}{1+\left(\frac{2x}{1-x^2}\right)^2} \cdot \frac{2(1-x^2)-2x\cdot(-2x)}{(1-x^2)^2} \\
&= \frac{1}{2-2\sqrt{1-x^2}} \cdot \frac{\sqrt{1-x^2}-1}{\sqrt{1-x^2}} + \frac{2}{1+x^2} \\
&= -\frac{1}{2\sqrt{1-x^2}} + \frac{2}{1+x^2}.
\end{aligned}$$

(4)
$$\begin{aligned}
y' &= \left(\frac{a}{b}\right)^x \cdot \ln\frac{a}{b} \cdot \frac{b^a}{a^b} \cdot x^{b-a} + \left(\frac{a}{b}\right)^x \cdot \frac{b^a}{a^b} \cdot (b-a)x^{b-a-1} \\
&= \left(\frac{a}{b}\right)^x \cdot \frac{b^a}{a^b} x^{b-a-1}\left(x\ln\frac{a}{b} + b - a\right).
\end{aligned}$$

(5) $y'=\frac{1}{2}\sqrt{a^2+x^2}+\frac{x}{2}\cdot\frac{x}{\sqrt{a^2+x^2}}+\frac{a^2}{2}\cdot\frac{1+\frac{x}{\sqrt{a^2+x^2}}}{x+\sqrt{a^2+x^2}}$

$=\frac{1}{2}\sqrt{a^2+x^2}+\frac{x^2}{2\sqrt{a^2+x^2}}+\frac{a^2}{2}\cdot\frac{1}{\sqrt{a^2+x^2}}=\sqrt{a^2+x^2}.$

(6) $y'=a^a\cdot x^{a^a-1}+a^{x^a}\cdot\ln a\cdot ax^{a-1}+a^{a^x}\cdot\ln^2 a\cdot a^x.$

2. 设函数 $f(u)$ 可导，求$\frac{\mathrm{d}y}{\mathrm{d}x}$，其中：

(1) $y=f(\sin^2 x)+f(\cos^2 x)$；　　(2) $y=f(\sin\sqrt{x})$；

(3) $y=\mathrm{e}^{\sin f(2x)}$；　　(4) $y=\frac{1}{f(x^2)}\ (f'(x)\neq 0)$.

解　(1) $y'=f'(\sin^2 x)\cdot 2\sin x\cos x+f'(\cos^2 x)\cdot 2\cos x(-\sin x)$

$=\sin 2x\,(f'(\sin^2 x)-f'(\cos^2 x)).$

(2) $y'=f'(\sin\sqrt{x})\cdot\cos\sqrt{x}\cdot\frac{1}{2\sqrt{x}}.$

(3) $y'=\mathrm{e}^{\sin f(2x)}\cdot\cos f(2x)\cdot f'(2x)\cdot 2=2\cos f(2x)\cdot f'(2x)\cdot\mathrm{e}^{\sin f(2x)}.$

(4) $y'=\frac{-f'(x^2)\cdot 2x}{f^2(x^2)}.$

3. 设 $\varphi(x)$ 和 $\psi(x)$ 是对 x 可导的函数，求$\frac{\mathrm{d}y}{\mathrm{d}x}$：

(1) $y=\sqrt{\varphi^2(x)+\psi^2(x)}$；

(2) $y=\arctan\frac{\varphi(x)}{\psi(x)}\ (\psi(x)\neq 0)$.

解　(1) $y'=\frac{2\varphi(x)\cdot\varphi'(x)+2\psi(x)\cdot\psi'(x)}{2\sqrt{\varphi^2(x)+\psi^2(x)}}=\frac{\varphi(x)\cdot\varphi'(x)+\psi(x)\cdot\psi'(x)}{\sqrt{\varphi^2(x)+\psi^2(x)}}.$

(2) $y'=\frac{1}{1+\frac{\varphi^2(x)}{\psi^2(x)}}\cdot\frac{\varphi'(x)\psi(x)-\varphi(x)\psi'(x)}{\psi^2(x)}=\frac{\varphi'(x)\psi(x)-\varphi(x)\psi'(x)}{\varphi^2(x)+\psi^2(x)}.$

4. 设函数 $f(x)=\begin{cases}x^m\sin\frac{1}{x}, & x\neq 0,\\ 0, & x=0\end{cases}$ (m 为正整数). 试问：

(1) m 等于何值时，$f(x)$ 在 $x=0$ 连续？

(2) m 等于何值时，$f(x)$ 在 $x=0$ 可导？

(3) m 等于何值时，$f'(x)$ 在 $x=0$ 连续？

解　(1) 当 $m\geqslant 1$ 时，$\lim\limits_{x\to 0}f(x)=\lim\limits_{x\to 0}x^m\sin\frac{1}{x}=0=f(0)$，故函数 $f(x)$ 连续.

(2) 若 $f(x)$ 在 $x=0$ 可导，即 $f'(0)=\lim\limits_{x\to 0}\frac{f(x)-f(0)}{x}=\lim\limits_{x\to 0}x^{m-1}\sin\frac{1}{x}$ 存在，则 $m-1\geqslant 1$，即 $m\geqslant 2$ 时，函数 $f(x)$ 在 $x=0$ 可导，且导数为 0.

(3) 当 $m \geqslant 2$ 时，有

$$f'(x)=\begin{cases} m x^{m-1}\sin\dfrac{1}{x}-x^{m-2}\cos\dfrac{1}{x}, & x\neq 0,\\ 0, & x=0, \end{cases}$$

其中，$f'(0)=0$ 是由定义求得的. 欲使函数 $f'(x)$ 在 $x=0$ 连续，则应满足 $\lim\limits_{x\to 0}f'(x)=f'(0)=0$，易知 $m-2\geqslant 1$ 时该式成立. 故 $m\geqslant 3$ 时 $f'(x)$ 在 $x=0$ 连续.

5. 利用恒等式

$$\cos\frac{x}{2}\cos\frac{x}{4}\cdots\cos\frac{x}{2^n}=\frac{\sin x}{2^n\sin\dfrac{x}{2^n}},$$

求出和式 $S_n=\dfrac{1}{2}\tan\dfrac{x}{2}+\dfrac{1}{4}\tan\dfrac{x}{4}+\cdots+\dfrac{1}{2^n}\tan\dfrac{x}{2^n}$ 的表达式.

解 对恒等式两边取对数，有

$$\ln\cos\frac{x}{2}+\ln\cos\frac{x}{4}+\cdots+\ln\cos\frac{x}{2^n}=\ln\sin x-\ln\left(2^n\sin\frac{x}{2^n}\right).$$

再对上式两边求导，得

$$\frac{1}{2}\tan\frac{x}{2}+\frac{1}{4}\tan\frac{x}{4}+\cdots+\frac{1}{2^n}\tan\frac{x}{2^n}=-\frac{\cos x}{\sin x}+\frac{\dfrac{1}{2^n}\cos\dfrac{x}{2^n}}{\sin\dfrac{x}{2^n}}=\frac{1}{2^n}\cot\frac{x}{2^n}-\cot x.$$

故 $S_n=\dfrac{1}{2}\tan\dfrac{x}{2}+\dfrac{1}{4}\tan\dfrac{x}{4}+\cdots+\dfrac{1}{2^n}\tan\dfrac{x}{2^n}=\dfrac{1}{2^n}\cot\dfrac{x}{2^n}-\cot x$.

习题 2-3

A 类

1. 求由下列方程所确定的隐函数 y 的导数 $\dfrac{dy}{dx}$：

(1) $y=1-xe^y$； (2) $\arctan\dfrac{x}{y}=\ln\sqrt{x^2+y^2}$；

(3) $\ln(x^2+y)=x^3y+\sin x$； (4) $e^y=xy$.

解 直接对等式两边求导.

(1) $y'=-e^y-xe^y\cdot y'$，从而有 $y'=\dfrac{-e^y}{1+xe^y}$.

(2) $\dfrac{1}{1+\dfrac{x^2}{y^2}}\cdot\dfrac{y-xy'}{y^2}=\dfrac{1}{2}\cdot\dfrac{2x+2y\cdot y'}{x^2+y^2}$，从而有 $y'=\dfrac{y-x}{y+x}$.

(3) $\dfrac{2x+y'}{x^2+y}=3x^2y+x^3\cdot y'+\cos x$，从而有 $y'=\dfrac{(3x^2y+\cos x)(x^2+y)-2x}{1-x^5-x^3y}$.

(4) $e^y \cdot y' = y + x \cdot y'$，从而有 $y' = \dfrac{y}{e^y - x}$.

2. 设 $y^3 + 3x^2y + x = 1$，求 $y',y'(0)$.

解　将 $x = 0$ 代入原等式可得 $y = 1$. 对等式两边求导，得

$$3y^2 \cdot y' + 6xy + 3x^2 \cdot y' + 1 = 0.$$

故 $y' = -\dfrac{1 + 6xy}{3x^2 + 3y^2}$，从而 $y'(0) = -\dfrac{1}{3}$.

3. 求由方程 $e^y + xy - e^x = 0$ 所确定的隐函数的导数 y' 及 $y'|_{x=0}$.

解　将 $x = 0$ 代入原等式可得 $y = 0$. 对等式两边求导，得

$$e^y \cdot y' + y + x \cdot y' - e^x = 0.$$

故 $y' = \dfrac{e^x - y}{e^y + x}$，$y'|_{x=0} = 1$.

4. 求由方程 $\sin(x + y) = y^2\cos x$ 确定的曲线在点 $(0,0)$ 处的切线方程.

解　方程两边对 x 求导，得

$$\cos(x + y) \cdot (1 + y') = 2y\cos x \cdot y' - y^2\sin x.$$

将 $(x,y) = (0,0)$ 代入上式易得 $y'(0) = -1$，故所求切线方程为 $y = -x$.

5. 用对数求导法求下列函数的导函数：

(1) $y = x\sqrt{\dfrac{1-x}{1+x}}$；　　(2) $y = \dfrac{x^2}{1-x}\sqrt{\dfrac{1+x}{1+x+x^2}}$；

(3) $y = x^{\ln x}\ (x > 0)$；　　(4) $y = (1+x)^{\frac{1}{x}}\ (x > 0)$；

(5) $y = \sqrt[\varphi(x)]{\psi(x)}\ (\psi(x) > 0,\ \varphi(x) \neq 0)$，其中 $\varphi(x),\psi(x)$ 均可导；

(6) $y = \log_{\varphi(x)}\psi(x)\ (\psi(x) > 0,\ \varphi(x) > 0,\ \varphi(x) \neq 1)$，其中 $\varphi(x),\psi(x)$ 均可导.

解　(1) $\ln y = \ln x + \dfrac{1}{2}\ln(1 - x) - \dfrac{1}{2}\ln(1 + x)$. 两边对 x 求导，得

$$\frac{y'}{y} = \frac{1}{x} - \frac{1}{2(1-x)} - \frac{1}{2(1+x)}.$$

故 $y' = \left[\dfrac{1}{x} - \dfrac{1}{2(1-x)} - \dfrac{1}{2(1+x)}\right] \cdot x\sqrt{\dfrac{1-x}{1+x}}$.

(2) $\ln y = 2\ln x - \ln(1 - x) + \dfrac{1}{2}\ln(1 + x) - \dfrac{1}{2}\ln(1 + x + x^2)$. 两边对 x 求导，得

$$\frac{y'}{y} = \frac{2}{x} + \frac{1}{1-x} + \frac{1}{2(1+x)} - \frac{1+2x}{2(1+x+x^2)}.$$

故 $y' = \left[\dfrac{2}{x} + \dfrac{1}{1-x} + \dfrac{1}{2(1+x)} - \dfrac{1+2x}{2(1+x+x^2)}\right] \cdot \dfrac{x^2}{1-x}\sqrt{\dfrac{1+x}{1+x+x^2}}$.

(3) $\ln y = \ln x \cdot \ln x$. 两边对 x 求导，得 $\dfrac{y'}{y} = 2\ln x \cdot \dfrac{1}{x}$. 故 $y' = 2\ln x \cdot x^{\ln x - 1}$.

(4) $\ln y=\dfrac{\ln(1+x)}{x}$. 两边对 x 求导，得 $\dfrac{y'}{y}=\dfrac{\dfrac{x}{1+x}-\ln(1+x)}{x^2}$. 故

$$y'=\frac{x-(1+x)\ln(1+x)}{x^2(1+x)}\cdot(1+x)^{\frac{1}{x}}.$$

(5) $\ln y=\dfrac{\ln\psi(x)}{\varphi(x)}$. 两边对 x 求导，得 $\dfrac{y'}{y}=\dfrac{\dfrac{\psi'(x)\cdot\varphi(x)}{\psi(x)}-\ln\psi(x)\cdot\varphi'(x)}{\varphi^2(x)}$. 故

$$y'=\sqrt[\varphi(x)]{\psi(x)}\cdot\frac{\psi'(x)\varphi(x)-\psi(x)\ln\psi(x)\cdot\varphi'(x)}{\varphi^2(x)\psi(x)}.$$

(6) $y=\dfrac{\ln\psi(x)}{\ln\varphi(x)}$. 于是

$$y'=\frac{\dfrac{\psi'(x)}{\psi(x)}\cdot\ln\varphi(x)-\ln\psi(x)\cdot\dfrac{\varphi'(x)}{\varphi(x)}}{\ln^2\varphi(x)}=\frac{\psi'(x)\varphi(x)\ln\varphi(x)-\varphi'(x)\psi(x)\ln\psi(x)}{\varphi(x)\psi(x)\ln^2\varphi(x)}.$$

6. 求下列参数方程所确定的函数的导数：

(1) $\begin{cases}x=t^2+2t,\\ y=\ln(1+t);\end{cases}$ (2) $\begin{cases}x=\dfrac{3t}{1+t^2},\\ y=\dfrac{3t^2}{1+t^2}.\end{cases}$

解 (1) $\dfrac{\mathrm{d}y}{\mathrm{d}t}=\dfrac{1}{1+t}$, $\dfrac{\mathrm{d}x}{\mathrm{d}t}=2t+2$，于是 $\dfrac{\mathrm{d}y}{\mathrm{d}x}=\dfrac{\dfrac{\mathrm{d}y}{\mathrm{d}t}}{\dfrac{\mathrm{d}x}{\mathrm{d}t}}=\dfrac{1}{2(t+1)^2}$.

(2) $\dfrac{\mathrm{d}y}{\mathrm{d}t}=\dfrac{6t(1+t^2)-6t^3}{(1+t^2)^2}=\dfrac{6t}{(1+t^2)^2}$, $\dfrac{\mathrm{d}x}{\mathrm{d}t}=\dfrac{3(1+t^2)-6t^2}{(1+t^2)^2}=\dfrac{3(1-t^2)}{(1+t^2)^2}$,

$$\text{于是}\quad \frac{\mathrm{d}y}{\mathrm{d}x}=\frac{\dfrac{\mathrm{d}y}{\mathrm{d}t}}{\dfrac{\mathrm{d}x}{\mathrm{d}t}}=\frac{6t}{3(1-t^2)}=\frac{2t}{1-t^2}.$$

7. 设 $\begin{cases}x=2(1-\cos\theta),\\ y=4\sin\theta,\end{cases}$ 求 $\dfrac{\mathrm{d}y}{\mathrm{d}x}$ 及 $\left.\dfrac{\mathrm{d}y}{\mathrm{d}x}\right|_{\theta=\frac{\pi}{4}}$，并写出曲线在 $\theta=\dfrac{\pi}{4}$ 处的切线方程.

解 $\dfrac{\mathrm{d}y}{\mathrm{d}x}=\dfrac{\dfrac{\mathrm{d}y}{\mathrm{d}\theta}}{\dfrac{\mathrm{d}x}{\mathrm{d}\theta}}=\dfrac{4\cos\theta}{2\sin\theta}=2\cot\theta$. 当 $\theta=\dfrac{\pi}{4}$ 时，$x=2-\sqrt{2}$，$y=2\sqrt{2}$，此时 $\left.\dfrac{\mathrm{d}y}{\mathrm{d}x}\right|_{\theta=\frac{\pi}{4}}=2$.

故所求切线方程为 $y-2\sqrt{2}=2(x-2+\sqrt{2})$，即

$$y=2x+4\sqrt{2}-4.$$

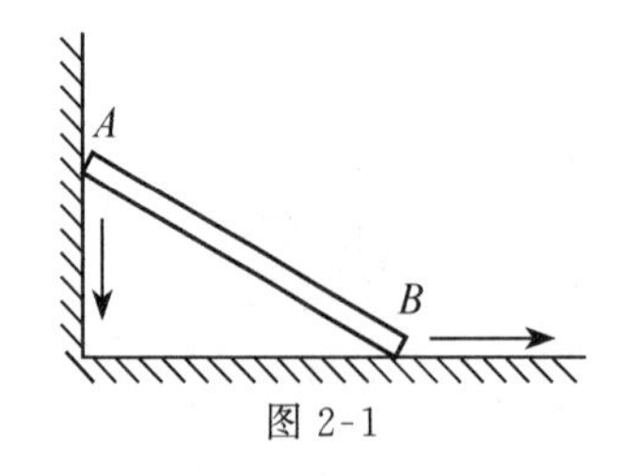

图 2-1

8. 如图 2-1 所示，梯长 10 米，上端靠墙，下端置地. 当梯的下端位于离墙 6 米处以 2 米 / 分钟的速度离开墙时，问：上端沿墙下降的速度是多少？

解　设上、下端离墙角的距离分别为 $y(t)$, $x(t)$ 米，则有 $x^2(t)+y^2(t)=100$. 两边对 t 求导，得

$$2x\cdot\frac{\mathrm{d}x}{\mathrm{d}t}+2y\cdot\frac{\mathrm{d}y}{\mathrm{d}t}=0,$$

且 $x=6$ 时 $y=8$. 于是当 $\frac{\mathrm{d}x}{\mathrm{d}t}=2$ 米 / 分时，有 $\frac{\mathrm{d}y}{\mathrm{d}t}=-\frac{x}{y}\cdot\frac{\mathrm{d}x}{\mathrm{d}t}=-\frac{3}{2}$，即上端沿墙下降的速度是 $\frac{3}{2}$ 米 / 分.

B　类

1. 已知函数 $y(x)$ 由方程 $\sin xy+\ln(y-x)=x$ 所确定，求 $y'(0)$.

解　方程两边对 x 求导，得

$$\cos xy\cdot(y+xy')+\frac{y'-1}{y-x}=1,$$

且 $x=0$ 时，易得 $y=1$，将此代入上式得 $y'(0)=1$.

2. 求三叶玫瑰线 $\rho=a\sin 3\theta$ 在对应 $\theta=\frac{\pi}{4}$ 的点处的切线方程.

解　利用直角坐标与极坐标间的关系，将所给的极坐标方程化为参数方程：

$$\begin{cases}x=\rho(\theta)\cos\theta=a\sin 3\theta\ \cos\theta,\\ y=\rho(\theta)\sin\theta=a\sin 3\theta\ \sin\theta.\end{cases}$$

由于

$$\frac{\mathrm{d}y}{\mathrm{d}x}=\frac{\frac{\mathrm{d}y}{\mathrm{d}\theta}}{\frac{\mathrm{d}x}{\mathrm{d}\theta}}=\frac{3a\cos 3\theta\ \sin\theta+a\sin 3\theta\ \cos\theta}{3a\cos 3\theta\ \cos\theta-a\sin 3\theta\ \sin\theta},\quad \left.\frac{\mathrm{d}y}{\mathrm{d}x}\right|_{\theta=\frac{\pi}{4}}=\frac{1}{2},$$

对应 $\theta=\frac{\pi}{4}$ 的点的直角坐标为 $\left(\frac{a}{2},\frac{a}{2}\right)$，故所求切线方程为 $y-\frac{a}{2}=\frac{1}{2}\left(x-\frac{a}{2}\right)$，即

$$x-2y+\frac{a}{2}=0.$$

3. 证明：曲线 $\begin{cases}x=a(\cos t+t\sin t),\\ y=a(\sin t-t\cos t)\end{cases}$ $(a>0)$ 上任一点处的法线到原点的距离恒等于 a.

证　设曲线上任意一点为 (x_0,y_0)，对应的参数为 t_0，则

$$\left.\frac{\mathrm{d}y}{\mathrm{d}x}\right|_{t=t_0}=\frac{a(\cos t_0-\cos t_0+t_0\sin t_0)}{a(-\sin t_0+\sin t_0+t_0\cos t_0)}=\tan t_0.$$

故点 (x_0,y_0) 处的法线方程为 $y-y_0=-\cot t_0\cdot(x-x_0)$，即

$$x+y\tan t_0-x_0-y_0\tan t_0=0.$$

因此，原点到法线的距离为

$$d=\frac{|x_0+y_0\tan t_0|}{\sqrt{1+\tan^2 t_0}}=|x_0\cos t_0+y_0\sin t_0|$$

$$=a\,|\cos t_0\cdot(\cos t_0+t_0\sin t_0)+\sin t_0\cdot(\sin t_0-t_0\cos t_0)|=a.$$

故结论成立.

4. 一架巡逻直升机在距地面 3 km 的高度以 120 km/h 的常速沿着一条水平笔直的高速公路向前飞行. 飞行员观察到迎面驶来一辆汽车，通过雷达测出直升机与汽车间的距离为 5 km，并且此距离以 160 km/h 的速率减少. 试求出汽车行进的速度.

解 设 $x(t)$ 为 t 时刻飞机与汽车的水平距离，$y(t)$ 为 t 时刻飞机与汽车间的距离，h 为飞机距地面的高度，则

$$x^2(t)+h^2=y^2(t).$$

两端对 t 求导，得 $2x\cdot\frac{\mathrm{d}x}{\mathrm{d}t}=2y\cdot\frac{\mathrm{d}y}{\mathrm{d}t}$. 于是有

$$\frac{\mathrm{d}x}{\mathrm{d}t}=\frac{y}{x}\cdot\frac{\mathrm{d}y}{\mathrm{d}t}.$$

由题设知，$h=3$ km，在 t_0 时刻有 $y(t_0)=5$ km，$x(t_0)=4$ km，$\left.\frac{\mathrm{d}y}{\mathrm{d}t}\right|_{t=t_0}=-160$ km/h，从而

$$\left.\frac{\mathrm{d}x}{\mathrm{d}t}\right|_{t=t_0}=\frac{y(t_0)}{x(t_0)}\cdot\left.\frac{\mathrm{d}y}{\mathrm{d}t}\right|_{t=t_0}=\frac{5}{4}\cdot(-160)=-200\ \text{km/h},$$

这里 $\frac{\mathrm{d}x}{\mathrm{d}t}$ 为飞机与汽车之间的相对速度. 故汽车的速度为 $200-120=80$ km/h.

5. 一个半径为 a 的球渐渐沉入盛有部分水的半径为 b 的圆柱形容器中($a<b$). 如果球以匀速 c 下沉，证明：当球浸没一半时，容器中水面上升的速度是 $\frac{a^2c}{b^2-a^2}$. $\left(\text{球缺的体积公式：}V=\pi H^2\left(R-\frac{H}{3}\right)\right)$

解 以球沉入水前的水面为起始点，分别用 $x(t)$, $y(t)$ 表示 t 时刻球下降的深度和水面上升的高度，则 $x(t)+y(t)$ 表示球浸没水中的深度. 由球缺的体积公式，有

$$\pi b^2\cdot y(t)=\frac{1}{3}\pi(x(t)+y(t))^2\cdot[3a-(x(t)+y(t))],$$

即 $3b^2y(t)=3a(x(t)+y(t))^2-(x(t)+y(t))^3$. 两边对 t 求导，得

$$3b^2\frac{\mathrm{d}y}{\mathrm{d}t}=6a(x(t)+y(t))\left(\frac{\mathrm{d}x}{\mathrm{d}t}+\frac{\mathrm{d}y}{\mathrm{d}t}\right)-3(x(t)+y(t))^2\left(\frac{\mathrm{d}x}{\mathrm{d}t}+\frac{\mathrm{d}y}{\mathrm{d}t}\right).$$

将 $x(t_0)+y(t_0)=a$，$\left.\frac{\mathrm{d}x}{\mathrm{d}t}\right|_{t=t_0}=c$ 代入，得

$$3b^2\frac{\mathrm{d}y}{\mathrm{d}t}=6a^2\left(c+\frac{\mathrm{d}y}{\mathrm{d}t}\right)-3a^2\left(c+\frac{\mathrm{d}y}{\mathrm{d}t}\right),$$

即有 $\left.\frac{\mathrm{d}y}{\mathrm{d}t}\right|_{t=t_0}=\frac{a^2c}{b^2-a^2}$. 得证.

习题 2-4

A 类

1. 求下列函数的二阶导数：

(1) $y=(1+x^2)\arctan x$；　(2) $y=x\ln(x+\sqrt{x^2+a^2})-\sqrt{x^2+a^2}$；

(3) $y=\ln(x+\sqrt{x^2+1})$；　(4) $y=\dfrac{e^x}{x}$；

(5) $y=\dfrac{1}{x^3+1}$.

解 (1) $y'=2x\arctan x+1$，$y''=2\arctan x+\dfrac{2x}{1+x^2}$.

(2) $y'=\ln(x+\sqrt{x^2+a^2})+\dfrac{x\left(1+\dfrac{x}{\sqrt{x^2+a^2}}\right)}{x+\sqrt{x^2+a^2}}-\dfrac{x}{\sqrt{x^2+a^2}}=\ln(x+\sqrt{x^2+a^2})$，

$$y''=\frac{1}{\sqrt{x^2+a^2}}.$$

(3) $y'=\dfrac{1}{x+\sqrt{x^2+1}}\left(1+\dfrac{x}{\sqrt{x^2+1}}\right)=\dfrac{1}{\sqrt{x^2+1}}$，

$$y''=-\frac{1}{2(x^2+1)^{\frac{3}{2}}}\cdot 2x=-\frac{x}{(x^2+1)^{\frac{3}{2}}}.$$

(4) $y'=\dfrac{e^x(x-1)}{x^2}$，

$$y''=\frac{[e^x(x-1)+e^x]\cdot x^2-e^x(x-1)\cdot 2x}{x^4}=\frac{e^x(x^2-2x+2)}{x^3}.$$

(5) $y'=\dfrac{-3x^2}{(x^3+1)^2}$，$y''=\dfrac{-6x\cdot(x^3+1)^2+3x^2\cdot 2(x^3+1)\cdot 3x^2}{(x^3+1)^4}=\dfrac{12x^4-6x}{(x^3+1)^3}$.

2. 求下列函数指定阶的导数：

(1) $y=x^2e^{2x}$，求 $y^{(50)}(x)$；

(2) $y=x\,\mathrm{sh}x$，求 $y^{(100)}(x)$.

解 (1) 由莱布尼兹公式，有

$$\begin{aligned}y^{(50)}(x)&=(x^2\cdot e^{2x})^{(50)}\\&=2^{50}e^{2x}\cdot x^2+C_{50}^1\cdot 2^{49}e^{2x}\cdot 2x+C_{50}^2\cdot 2^{48}e^{2x}\cdot 2\\&=2^{48}e^{2x}(4x^2+200x+2\,450).\end{aligned}$$

(2) $y^{(100)}=x(\mathrm{sh}x)^{(100)}+100(\mathrm{sh}x)^{(99)}=x\,\mathrm{sh}x+100\,\mathrm{ch}x$.

3. 设 $e^y+xy=e$ 确定函数 $y=y(x)$，求 $y''(0)$.

解 当 $x=0$ 时 $y=1$. 等式两边对 x 求导，得

$$e^y \cdot y' + x \cdot y' + y = 0.$$

故 $y' = -\frac{y}{e^y + x}$，$y'(0) = -\frac{1}{e}$，且有

$$y'' = -\frac{y'(e^y + x) - y(e^y \cdot y' + 1)}{(e^y + x)^2}.$$

代入 $x = 0$，$y = 1$ 及 $y'(0) = -\frac{1}{e}$，得 $y''(0) = \frac{1}{e^2}$.

4. 设函数 $y = y(x)$ 由参数方程 $\begin{cases} x = \arccos\sqrt{t}, \\ y = \sqrt{t - t^2} \end{cases}$ 所确定，求 $\frac{d^2 y}{dx^2}$.

解 $\frac{dx}{dt} = -\frac{1}{\sqrt{1-t}} \cdot \frac{1}{2\sqrt{t}} = -\frac{1}{2\sqrt{t-t^2}}$，$\frac{dy}{dt} = \frac{1-2t}{2\sqrt{t-t^2}}$，故 $\frac{dy}{dx} = 2t - 1$. 从而有

$$\frac{d^2 y}{dx^2} = \frac{d}{dx}\left(\frac{dy}{dx}\right) = \frac{\frac{d}{dt}\left(\frac{dy}{dx}\right)}{\frac{dx}{dt}} = -4\sqrt{t - t^2}.$$

5. 设参数方程为 $\begin{cases} x = \ln(1 + t^2), \\ y = t - \arctan t, \end{cases}$ 求 $\frac{d^2 y}{dx^2}$ 及 $\frac{d^3 y}{dx^3}$.

解 $\frac{dy}{dx} = \frac{1 - \frac{1}{1+t^2}}{\frac{2t}{1+t^2}} = \frac{t}{2}$，$\frac{d^2 y}{dx^2} = \frac{\frac{1}{2}}{\frac{2t}{1+t^2}} = \frac{1+t^2}{4t}$，

$$\frac{d^3 y}{dx^3} = \frac{2t^2 - 1 - t^2}{4t^2} \cdot \frac{1}{\frac{2t}{1+t^2}} = \frac{t^4 - 1}{8t^3}.$$

6. 计算下列函数的 n 阶导数：

(1) $y = \frac{1}{x(1-x)}$，求 $y^{(n)}$；

(2) $y = \ln\frac{1+x}{1-x}$，求 $y^{(n)}$；

(3) $y = \ln(2x^2 + 5x - 3)$，求 $y^{(n)}$；

(4) $y = \arctan x$，求 $y^{(n)}(0)$.

解 (1) $y = \frac{1}{x} + \frac{1}{1-x} = x^{-1} - (x-1)^{-1}$，故

$$y^{(n)} = (-1)^n n!\, x^{-n-1} - (-1)^n n!\, (x-1)^{-n-1}.$$

(2) $y = \ln(1+x) - \ln(1-x)$，$y' = \frac{1}{1+x} - \frac{1}{x-1}$，故

$$y^{(n)} = (-1)^{n-1}(n-1)!\,(x+1)^{-n} - (-1)^{n-1}(n-1)!\,(x-1)^{-n}.$$

(3) $y = \ln(2x-1) + \ln(x+3)$，$y' = \frac{1}{x - \frac{1}{2}} + \frac{1}{x+3}$，故

$$y^{(n)}=(-1)^{n-1}(n-1)!\left(x-\frac{1}{2}\right)^{-n}+(-1)^{n-1}(n-1)!\,(x+3)^{-n}.$$

(4) $y'=\dfrac{1}{1+x^2}$，即 $y'(1+x^2)=1$，当 $n\geqslant 2$ 时，由莱布尼兹公式得

$$y^{(n+1)}(1+x^2)+ny^{(n)}\cdot 2x+\frac{1}{2}n(n-1)y^{(n-1)}\cdot 2=0.$$

代入 $x=0$，得

$$y^{(n+1)}(0)=-n(n-1)y^{(n-1)}(0),\quad 或\ y^{(n)}(0)=-(n-1)(n-2)y^{(n-2)}(0).$$

因 $y'(0)=1$，由 $y''=-\dfrac{2x}{(1+x^2)^2}$ 得 $y''(0)=0$. 故当 n 为偶数时，$y^{(n)}=0$；当 $n=2m+1$ 为奇数时，$y^{(n)}=(-1)^m(2m)!$.

7. 设 $f(x)=x\sin|x|$，证明：$f(x)$ 在 $x=0$ 处的二阶导数不存在.

证　易求得

$$f'(x)=\begin{cases}\sin x+x\cos x, & x>0,\\ 0, & x=0,\\ -\sin x-x\cos x, & x<0.\end{cases}$$

于是

$$\lim_{x\to 0^+}\frac{f'(x)-f'(0)}{x}=\lim_{x\to 0^+}\frac{\sin x+x\cos x}{x}=2,$$

$$\lim_{x\to 0^-}\frac{f'(x)-f'(0)}{x}=\lim_{x\to 0^-}\frac{-\sin x-x\cos x}{x}=-2.$$

由于 $\lim\limits_{x\to 0^+}\dfrac{f'(x)-f'(0)}{x}\neq\lim\limits_{x\to 0^-}\dfrac{f'(x)-f'(0)}{x}$，故 $f(x)$ 在 $x=0$ 处的二阶导数不存在.

B　类

1. 设 $f(x)$ 二阶可导，求下列函数的二阶导数：

(1) $y=f(\sin x)+\sin f(x)$；　(2) $y=\ln f(x)$；

(3) $y=e^{f(\tan x)}$；　(4) $y=f(e^x)+e^{f(x)}$；

(5) $y=f(\sin^2 x)+\sin^2 f(x)$.

解　(1) $y'=f'(\sin x)\cos x+\cos f(x)\cdot f'(x)$，

$$y''=f''(\sin x)\cos^2 x-f'(\sin x)\sin x-\sin f(x)\cdot f'^2(x)+\cos f(x)\cdot f''(x).$$

(2) $y'=\dfrac{f'(x)}{f(x)}$，$y''=\dfrac{f''(x)f(x)-f'^2(x)}{f^2(x)}$.

(3) $y'=e^{f(\tan x)}\cdot f'(\tan x)\cdot\sec^2 x$，

$$\begin{aligned}y''&=e^{f(\tan x)}\cdot f'^2(\tan x)\cdot\sec^4 x+e^{f(\tan x)}\cdot f''(\tan x)\cdot\sec^4 x\\&\quad+e^{f(\tan x)}\cdot f'(\tan x)\cdot 2\sec^2 x\,\tan x\\&=e^{f(\tan x)}\sec^2 x\,(f'^2(\tan x)\sec^2 x+f''(\tan x)\sec^2 x+2f'(\tan x)\tan x).\end{aligned}$$

(4) $y'=f'(e^x)e^x+e^{f(x)}f'(x)$，

$$y''=f''(e^x)e^{2x}+f'(e^x)e^x+e^{f(x)}f'^2(x)+e^{f(x)}f''(x).$$

(5) $y'=f'(\sin^2x)\cdot 2\sin x\ \cos x+2\sin f(x)\ \cos f(x)\cdot f'(x)$

$=f'(\sin^2x)\sin 2x+f'(x)\sin 2f(x)$,

$y''=f''(\sin^2x)\sin^2 2x+f'(\sin^2x)\cdot 2\cos 2x+f''(x)\sin 2f(x)$

$+2\cos 2f(x)\cdot f'^2(x)$.

2. 设 $f(x)=(x-a)^2\varphi(x)$，其中 $\varphi'(x)$ 在点 a 的邻域内连续，求 $f''(a)$.

解 $f'(x)=2(x-a)\varphi(x)+(x-a)^2\varphi'(x)$. 由导数的定义，有

$$f''(a)=\lim_{x\to a}\frac{f'(x)-f'(a)}{x-a}=\lim_{x\to a}(2\varphi(x)+(x-a)\varphi'(x))=2\varphi(a).$$

3. 设函数 $f(x)$ 在区间 $(-\infty,x_0]$ 上有二阶导数. 问：如何选择系数 a,b,c，使函数

$$F(x)=\begin{cases}f(x), & x\leqslant x_0,\\ a(x-x_0)^2+b(x-x_0)+c, & x>x_0\end{cases}$$

在点 x_0 有二阶导数?

解 欲使 $F(x)$ 在点 x_0 有二阶导数，则应满足：

(1) $F(x)$ 在点 x_0 连续，即 $f(x_0)=\lim\limits_{x\to x_0-0}F(x)=\lim\limits_{x\to x_0+0}F(x)=c$；

(2) $F(x)$ 在点 x_0 可导，可得 $f'(x_0)=b$，此时有

$$F'(x)=\begin{cases}f'(x), & x<x_0,\\ b, & x=x_0,\\ 2a(x-x_0)+b, & x>x_0;\end{cases}$$

(3) 函数 $F'(x)$ 在点 x_0 有左、右导数且相等，从而可得 $2a=f''(x_0)$.

故 $a=\dfrac{1}{2}f''(x_0)$，$b=f'(x_0)$，$c=f(x_0)$.

4. 试从 $\dfrac{dx}{dy}=\dfrac{1}{y'}$ 导出：

(1) $\dfrac{d^2x}{dy^2}=-\dfrac{y''}{(y')^3}$； (2) $\dfrac{d^3x}{dy^3}=\dfrac{3(y'')^2-y'y'''}{(y')^5}$.

解 (1) $\dfrac{d^2x}{dy^2}=\dfrac{d}{dy}\left(\dfrac{dx}{dy}\right)=\dfrac{d}{dx}\left(\dfrac{1}{y'}\right)\dfrac{dx}{dy}=-\dfrac{y''}{(y')^2}\cdot\dfrac{1}{y'}=-\dfrac{y''}{(y')^3}$.

(2) $$\frac{d^3x}{dy^3}=\frac{d}{dy}\left(\frac{d^2x}{dy^2}\right)=\frac{d}{dx}\left[-\frac{y''}{(y')^3}\right]\frac{dx}{dy}$$

$$=-\frac{y'''(y')^3-(y'')^2 3(y')^2}{(y')^6}\cdot\frac{1}{y'}=\frac{3(y'')^2-y'y'''}{(y')^5}.$$

5. 求函数 $y=x+x^5$，$x\in(-\infty,+\infty)$ 的反函数的二阶导数.

解 视 x 为 y 的函数，两边对 y 求导，得 $1=\dfrac{dx}{dy}+5x^4\cdot\dfrac{dx}{dy}$，故 $\dfrac{dx}{dy}=\dfrac{1}{1+5x^4}$. 再次对 y 求导，得

$$\frac{d^2x}{dy^2}=\frac{-20x^3}{(1+5x^4)^2}\cdot\frac{dx}{dy}=\frac{-20x^3}{(1+5x^4)^3}.$$

6. 设函数 $y=y(x)$ 由方程组 $\begin{cases}x=3t^2+2t+3,\\ y=\mathrm{e}^y\sin t+1\end{cases}$ 所确定，求 $\left.\dfrac{\mathrm{d}^2y}{\mathrm{d}x^2}\right|_{t=0}$.

解法 1　y 作为 t 的隐函数，由第二个方程确定. 因为

$$\mathrm{e}^y\cdot y'_t\sin t+\mathrm{e}^y\cos t-y'_t=0,$$

而 $y|_{t=0}=1$，所以 $y'_t|_{t=0}=\mathrm{e}$. 因为

$$(\mathrm{e}^y\cdot y'_t)'\sin t+\mathrm{e}^y\cdot y'_t\cos t+\mathrm{e}^y\cdot y'_t\cos t-\mathrm{e}^y\sin t-y''_t=0,$$

所以 $y''_t|_{t=0}=2\mathrm{e}^2$. 而 $x'_t|_{t=0}=(6t+2)|_{t=0}=2$，$x''_t|_{t=0}=6$，故

$$\frac{\mathrm{d}^2y}{\mathrm{d}x^2}=\left.\frac{x'_ty''_t-y'_tx''_t}{(x'_t)^3}\right|_{t=0}=\frac{2\cdot 2\mathrm{e}^2-\mathrm{e}\cdot 6}{2^3}=\frac{\mathrm{e}^2}{2}-\frac{3}{4}\mathrm{e}.$$

解法 2　因为 $\mathrm{e}^y\cdot y'_t\sin t+\mathrm{e}^y\cos t-y'_t=0$，所以

$$y'_t=\frac{\mathrm{e}^y\cos t}{1-\mathrm{e}^y\sin t}.$$

又因为 $x'_t=6t+2$，所以 $\dfrac{\mathrm{d}y}{\mathrm{d}x}=\dfrac{y'_t}{x'_t}=\dfrac{\mathrm{e}^y\cos t}{(6t+2)(1-\mathrm{e}^y\sin t)}$. 从而

$$\frac{\mathrm{d}\left(\dfrac{\mathrm{d}y}{\mathrm{d}x}\right)}{\mathrm{d}t}=\frac{\mathrm{e}^yy'_t\cos t-\mathrm{e}^y\sin t}{(6t+2)(1-\mathrm{e}^y\sin t)}-\frac{\mathrm{e}^y\cos t\,[6(1-\mathrm{e}^y\sin t)+(6t+2)(-\mathrm{e}^yy'_t\sin t-\mathrm{e}^y\cos t)]}{(6t+2)^2(1-\mathrm{e}^y\sin t)^2}.$$

又因为 $y|_{t=0}=1$，得 $y'_t|_{t=0}=\mathrm{e}$，所以

$$\left.\frac{\mathrm{d}\left(\dfrac{\mathrm{d}y}{\mathrm{d}x}\right)}{\mathrm{d}t}\right|_{t=0}=\frac{\mathrm{e}^2}{2}-\frac{\mathrm{e}[6+2\times(-\mathrm{e})]}{4}=\mathrm{e}^2-\frac{3}{2}\mathrm{e}.$$

因 $x'_t|_{t=0}=2$，故 $\left.\dfrac{\mathrm{d}^2y}{\mathrm{d}x^2}\right|_{t=0}=\left.\dfrac{\mathrm{d}\left(\dfrac{\mathrm{d}y}{\mathrm{d}x}\right)}{\mathrm{d}x}\right|_{t=0}=\dfrac{\left.\dfrac{\mathrm{d}\left(\dfrac{\mathrm{d}y}{\mathrm{d}x}\right)}{\mathrm{d}t}\right|_{t=0}}{x'_t|_{t=0}}=\dfrac{\mathrm{e}^2}{2}-\dfrac{3\mathrm{e}}{4}.$

习题 2-5

A　类

1. 求函数 $y=3x-x^2$ 当 $x=2$，$\Delta x=-0.001$ 时的增量 Δy 和微分 $\mathrm{d}y$.

解　$\Delta y=f(x+\Delta x)-f(x)=0.000\,999$，$\mathrm{d}y=f'(x)\Delta x=0.001$.

2. 求下列函数的微分：

(1)　$y=\arcsin\sqrt{1-x^2}$；　　(2)　$y=\mathrm{e}^x(\cos x+\sin x)$；

(3)　$y=\dfrac{x}{\sqrt{1+x^2}}$；　　(4)　$y=\ln(1-x)+\cos(1-x)$.

解 (1) $dy=\dfrac{1}{\sqrt{1-1+x^2}}\cdot\dfrac{-x}{\sqrt{1-x^2}}dx=-\dfrac{x}{|x|}\cdot\dfrac{1}{\sqrt{1-x^2}}dx$.

(2) $dy=e^x[(\cos x+\sin x)+(\cos x-\sin x)]dx=2e^x\cos x\ dx$.

(3) $y'=\dfrac{\sqrt{1+x^2}-\dfrac{x^2}{\sqrt{1+x^2}}}{1+x^2}=\dfrac{1}{(1+x^2)^{\frac{3}{2}}}$, $dy=\dfrac{1}{(1+x^2)^{\frac{3}{2}}}dx$.

(4) $dy=\left(\dfrac{-1}{1-x}+\sin(1-x)\right)dx$.

3. 将适当的函数填入括号内，使下列各式成等式：

(1) $\dfrac{1}{\sqrt{x}}dx=d(\quad)$； (2) $\dfrac{1}{\sqrt{1-x^2}}dx=d(\quad)$；

(3) $e^{-2x}dx=d(\quad)$； (4) $\sec^2 x\ dx=d(\quad)$；

(5) $d(\arctan e^{2x})=(\quad)d\,e^{2x}$； (6) $x^2e^{-x^2}dx=(\quad)d(-x^3)$.

解 (1) 填 $2\sqrt{x}+C$. (2) 填 $\arcsin x+C$. (3) 填 $-\dfrac{1}{2}e^{-2x}+C$. (4) 填 $\tan x+C$. (5) 填 $\dfrac{1}{1+e^{4x}}$. (6) 填 $-\dfrac{1}{3}e^{-x^2}$.

4. 求下列函数的微分 dy：

(1) $y=\sin^2 t$, $t=\ln(3x+1)$；

(2) $y=\ln(3t+1)$, $t=\sin^2 x$；

(3) $y=e^{3u}$, $u=\dfrac{1}{2}\ln t$, $t=x^3-2x+5$；

(4) $y=\arctan u$, $u=(\ln t)^2$, $t=1+x^2-\cot x$.

解 (1) $dy=2\sin t\cos t\ dt=\sin 2t\cdot\dfrac{3}{3x+1}dx=\dfrac{3\sin(2\ln(3x+1))}{3x+1}dx$.

(2) $dy=\dfrac{3}{3t+1}dt=\dfrac{3}{3t+1}\cdot 2\sin x\ \cos x\ dx=\dfrac{3\sin 2x\ dx}{3\sin^2 x+1}$.

(3) $dy=3e^{3u}du=3e^{3u}\cdot\dfrac{1}{2t}dt=3e^{3u}\cdot\dfrac{1}{2t}\cdot(3x^2-2)dx$.

(4) $dy=\dfrac{1}{1+u^2}du=\dfrac{1}{1+u^2}\cdot\dfrac{2\ln t}{t}dt=\dfrac{1}{1+u^2}\cdot\dfrac{2\ln t}{t}\cdot(2x+\csc^2 x)dx$.

5. 若 $y=f(x)$ 由方程 $xy+e^x-e^y=0$ 确定，求 dy.

解 方程两边取微分，得 $x\,dy+y\,dx+e^x dx-e^y dy=0$，故 $dy=\dfrac{y+e^x}{e^y-x}dx$.

6. 已知 $y=\ln\left(\arctan\dfrac{2x}{1+x^2}\right)$，利用微分形式不变性求 dy.

解 由微分形式不变性，有

$$dy=\frac{1}{\arctan\dfrac{2x}{1+x^2}}\,d\arctan\frac{2x}{1+x^2}=\frac{1}{\arctan\dfrac{2x}{1+x^2}}\cdot\frac{1}{1+\left(\dfrac{2x}{1+x^2}\right)^2}d\frac{2x}{1+x^2}$$

$$= \frac{1}{\arctan\frac{2x}{1+x^2}} \cdot \frac{1}{1+\left(\frac{2x}{1+x^2}\right)^2} \cdot \frac{2(1+x^2)-2x\cdot 2x}{(1+x^2)^2}\mathrm{d}x$$

$$= \frac{2-2x^2}{(1+6x^2+x^4)\arctan\frac{2x}{1+x^2}}\mathrm{d}x.$$

7. 设 $x = f(t)\cos t - f'(t)\sin t$，$y = f(t)\sin t + f'(t)\cos t$，试证：

$$(\mathrm{d}x)^2 + (\mathrm{d}y)^2 = (f(t)+f''(t))^2(\mathrm{d}t)^2 \quad (f''(t)\text{ 存在}).$$

证 由于

$$\begin{aligned}\mathrm{d}x &= (f'(t)\cos t - f(t)\sin t - f''(t)\sin t - f'(t)\cos t)\mathrm{d}t\\ &= -\sin t\ (f(t)+f''(t))\mathrm{d}t,\\ \mathrm{d}y &= (f'(t)\sin t + f(t)\cos t + f''(t)\cos t - f'(t)\sin t)\mathrm{d}t\\ &= \cos t\ (f(t)+f''(t))\mathrm{d}t,\end{aligned}$$

故$(\mathrm{d}x)^2 + (\mathrm{d}y)^2 = (f(t)+f''(t))^2(\mathrm{d}t)^2$.

8. 借助近似计算公式 $\sqrt[n]{1+x} \approx 1+\frac{x}{n}$（其中 $|x| \ll 1$），计算 $\sqrt[3]{994}$ 和 $\sqrt[5]{0.95}$ 的近似值.

解 $\sqrt[3]{994} = \sqrt[3]{1000-6} = 10\times\sqrt[3]{1-0.006} \approx 10\times\left(1+\frac{-0.006}{3}\right) = 9.98$，

$$\sqrt[5]{0.95} = \sqrt[5]{1-0.05} \approx 1+\frac{-0.05}{5} = 0.99.$$

B 类

1. 求下列函数的微分：

(1) $y = a^x + \sqrt{1-a^{2x}}\ \arccos a^x$； (2) $y = \ln(\ln^2(\ln^3 x))$；

(3) $y = \sqrt{a^2+x^2} + \ln(x+\sqrt{a^2+x^2})$.

解 (1) $y' = a^x\ln a + \frac{-a^{2x}\ln a\cdot 2}{2\sqrt{1-a^{2x}}}\arccos a^x + \sqrt{1-a^{2x}}\cdot\frac{a^x\ln a}{-\sqrt{1-a^{2x}}}$

$$= -\frac{a^{2x}\ln a\cdot\arccos a^x}{\sqrt{1-a^{2x}}},$$

$$\mathrm{d}y = -\frac{a^{2x}\ln a\cdot\arccos a^x}{\sqrt{1-a^{2x}}}\mathrm{d}x.$$

(2) $\mathrm{d}y = \frac{1}{\ln^2(\ln^3 x)}\cdot 2\ln(\ln^3 x)\cdot\frac{1}{\ln^3 x}\cdot 3\ln^2 x\cdot\frac{1}{x}\mathrm{d}x = \frac{6}{x\ln x\ \ln(\ln^3 x)}\mathrm{d}x.$

(3) $y' = \frac{x}{\sqrt{a^2+x^2}} + \frac{1+\frac{x}{\sqrt{a^2+x^2}}}{x+\sqrt{a^2+x^2}} = \frac{x+1}{\sqrt{a^2+x^2}}$，$\mathrm{d}y = \frac{x+1}{\sqrt{a^2+x^2}}\mathrm{d}x.$

2. 求由方程 $\sin(st) + \ln(s-t) = t$ 所确定的隐函数 $s(t)$ 在 $t=0$ 处的微分 $\mathrm{d}s$.

解 显然 $t=0$ 时，$s=1$. 方程两边对 t 微分，得

$$\cos(st)\cdot(s\,\mathrm{d}t+t\,\mathrm{d}s)+\frac{\mathrm{d}s-\mathrm{d}t}{s-t}=\mathrm{d}t.$$

将 $t=0$，$s=1$ 代入上式，得 $\mathrm{d}t+\mathrm{d}s-\mathrm{d}t=\mathrm{d}t$，即 $\mathrm{d}s=\mathrm{d}t$.

3. 设函数 $\varphi(u)$ 可微，求函数 $y=\ln(\varphi^2(\sin x))$ 的微分 $\mathrm{d}y$.

解 对函数微分，得

$$\mathrm{d}y=\frac{2\varphi(\sin x)\varphi'(\sin x)\cos x}{\varphi^2(\sin x)}\mathrm{d}x=\frac{2\varphi'(\sin x)\cos x}{\varphi(\sin x)}\mathrm{d}x.$$

4. 设 $y=\dfrac{\sin x}{2\cos^2 x}+\dfrac{1}{2}\ln\left|\tan\left(\dfrac{x}{2}+\dfrac{\pi}{4}\right)\right|$，求 $\mathrm{d}y$.

解
$$\begin{aligned}y'&=\frac{1}{2}\cdot\frac{\cos^3 x-\sin x\cdot(-2\cos x\ \sin x)}{\cos^4 x}+\frac{1}{2}\cdot\frac{\sec^2\left(\dfrac{x}{2}+\dfrac{\pi}{4}\right)}{\tan\left(\dfrac{x}{2}+\dfrac{\pi}{4}\right)}\cdot\frac{1}{2}\\
&=\frac{1}{2}\sec x+\tan^2 x\ \sec x+\frac{1}{4}\cdot\frac{1}{\sin\left(\dfrac{x}{2}+\dfrac{\pi}{4}\right)\ \cos\left(\dfrac{x}{2}+\dfrac{\pi}{4}\right)}\\
&=\frac{1}{2}\sec x+\tan^2 x\ \sec x+\frac{1}{2\sin\left(x+\dfrac{\pi}{2}\right)}\\
&=\frac{1}{2}\sec x+\tan^2 x\ \sec x+\frac{1}{2}\sec x\\
&=(1+\tan^2 x)\sec x=\sec^3 x,\end{aligned}$$

故 $\mathrm{d}y=\sec^3 x\ \mathrm{d}x$.

5. 钟摆摆动的周期 T 与摆长 l 的关系为 $T=2\pi\sqrt{\dfrac{l}{g}}$，其中 g 是重力加速度. 现有一只挂钟，当摆长为 10 cm 时走得很准确. 由于摆长没有校正好，长了 0.01 cm，问：这只钟每天慢多少秒?

解 摆长延长 Δl，钟摆摆动的周期延长 ΔT，即时钟一个周期慢 ΔT，一天共有 $\dfrac{24\cdot 60\cdot 60}{T}$ 个周期. 由于 $T=2\pi\sqrt{\dfrac{l}{g}}$，$\Delta T\approx \mathrm{d}T=2\pi\cdot\dfrac{1}{\sqrt{g}}\cdot\dfrac{1}{2\sqrt{l}}\Delta l$，$\Delta l=0.01$，$l=10$ cm，

$$\begin{aligned}\frac{24\cdot 60\cdot 60}{T}\cdot\Delta T&\approx\frac{24\cdot 60\cdot 60}{2\pi\sqrt{\dfrac{l}{g}}}\cdot 2\pi\frac{1}{\sqrt{g}}\cdot\frac{1}{2\sqrt{l}}\Delta l=24\cdot 60\cdot 60\cdot\frac{\Delta l}{2l}\\
&=24\times 60\times 60\times\frac{0.01}{20}=43.2,\end{aligned}$$

故这只钟每天约慢 43.2 秒.

6. 求下列函数 y 关于自变量 x 的二阶微分：

(1) $y=x\cos 2x$； (2) $xy+y^2=1$.

解 (1) $\mathrm{d}y=(\cos 2x-2x\sin 2x)\mathrm{d}x$，

$$d^2y=(-2\sin 2x-2\sin 2x-4x\cos 2x)dx^2=(-4\sin 2x-4x\cos 2x)dx^2.$$

(2) 方程两边微分，得 $x\,dy+y\,dx+2y\,dy=0$，即 $dy=-\dfrac{y}{x+2y}dx$. 两边再次微分，得

$$dx\cdot dy+x\,d^2y+dy\cdot dx+2dy\cdot dy+2y\,d^2y=0.$$

故 $d^2y=-\dfrac{2dy\cdot dx+2dy\cdot dy}{x+2y}=\dfrac{2y(x+y)}{(x+2y)^3}dx^2$.

总习题二

1. 函数 $f(x)=(x^2-x-2)|x^3-x|$ 不可导点的个数是(　　).

A. 3　　B. 2　　C. 1　　D. 0

解　$f(x)=|x|\cdot(x-2)\cdot(x+1)|x+1|\cdot|x-1|$，由导数的定义可知 $x=0$，$x=1$ 是其两个不可导的点，故 B 正确.

2. 设函数 $f(x)=|x^3-1|\varphi(x)$，其中 $\varphi(x)$ 在 $x=1$ 处连续，则 $\varphi(1)=0$ 是 $f(x)$ 在 $x=1$ 可导的(　　).

A. 充分必要条件　　B. 必要非充分条件

C. 充分但非必要条件　　D. 既非充分也非必要条件

解　设 $\varphi(1)=0$，则 $\lim\limits_{x\to1}\dfrac{f(x)-f(1)}{x-1}=\lim\limits_{x\to1}\dfrac{|x^3-1|\varphi(x)}{x-1}=0$，由导数定义可知 $f(x)$ 在 $x=1$ 可导.

设 $f(x)$ 在 $x=1$ 可导，由定义知

$$\lim_{x\to1}\frac{f(x)-f(1)}{x-1}=\lim_{x\to1}\frac{|x^3-1|\varphi(x)}{x-1}=\lim_{x\to1}\frac{|x-1|\cdot(x^2+x+1)\varphi(x)}{x-1}$$

存在. 又 $\varphi(x)$ 在 $x=1$ 处连续，若 $\varphi(1)\neq0$，则可推出

$$\lim_{x\to1}\frac{|x^3-1|}{x-1}=\frac{1}{\varphi(1)}\lim_{x\to1}\frac{|x-1|\cdot(x^2+x+1)\varphi(x)}{x-1}$$

存在，这与极限 $\lim\limits_{x\to1}\dfrac{|x^3-1|}{x-1}$ 并不存在相矛盾. 故 $f(x)$ 在 $x=1$ 可导时，必有 $\varphi(1)=0$.

由上述讨论可知 A 正确.

3. 设 $f(x)$ 为可导函数且满足 $\lim\limits_{x\to0}\dfrac{f(1)-f(1-x)}{2x}=-1$，则过曲线 $y=f(x)$ 上点 $(1,f(1))$ 处的切线斜率为(　　).

A. 2　　B. -1　　C. 1　　D. -2

解　因 $f(x)$ 可导，由

$$\lim_{x\to0}\frac{f(1)-f(1-x)}{2x}=\frac{1}{2}\lim_{x\to0}\frac{f(1-x)-f(1)}{-x}=\frac{1}{2}f'(1)=-1,$$

可得 $f'(1)=-2$. 故 D 正确.

4. 设 $f(x)$ 在 $x=a$ 的某个邻域内有定义，则 $f(x)$ 在 $x=a$ 处可导的一个充分条件是(　　).

A. $\lim\limits_{h\to+\infty} h\left(f\left(a+\frac{1}{h}\right)-f(a)\right)$ 存在　　B. $\lim\limits_{h\to 0}\frac{f(a+2h)-f(a+h)}{h}$ 存在

C. $\lim\limits_{h\to 0}\frac{f(a+h)-f(a-h)}{2h}$ 存在　　D. $\lim\limits_{h\to 0}\frac{f(a)-f(a-h)}{h}$ 存在

解　D 正确，只有 D 满足可导的条件. A 只能说明单侧导数存在，B,C 可用举例方法排除. 例如，取 $f(x)=\begin{cases}1, & x\neq 0,\\ 0, & x=0,\end{cases}$ 此时

$$\lim_{h\to 0}\frac{f(0+2h)-f(0+h)}{h}=0,\quad \lim_{h\to 0}\frac{f(0+h)-f(0-h)}{2h}=0,$$

但 $f(x)$ 在 $x=0$ 处不连续，因而不可导，故排除 B,C 选项. (A,B,C 均只是 $f(x)$ 在 $x=a$ 处可导的必要条件)

5. 设 $f(x)$ 可导且 $f'(x_0)=\frac{1}{2}$，则 $\Delta x\to 0$ 时，$f(x)$ 在 x_0 处的微分 $\mathrm{d}y$ 与 Δx 比较是(　　)的无穷小.

A. 等价　　B. 同阶　　C. 低阶　　D. 高阶

解　由条件可得 $\mathrm{d}y=\frac{1}{2}\mathrm{d}x=\frac{1}{2}\Delta x$，故 B 正确.

6. 设函数 $f(x)$ 有任意阶导数且 $f'(x)=f^2(x)$，则 $f^{(n)}(x)=$(　　) $(n>2)$.

A. $n!\,f^{n+1}(x)$　　B. $nf^{n+1}(x)$　　C. $f^{2n}(x)$　　D. $n!\,f^{2n}(x)$

解　A 正确. 由 $f'(x)=f^2(x)$，可得 $f''(x)=2f(x)f'(x)=2f^3(x)$. 由归纳法易证 $f^{(n)}(x)=n!\,f^{n+1}(x)$.

7. 设 $F(x)=\begin{cases}\frac{f(x)}{x}, & x\neq 0,\\ f(0), & x=0,\end{cases}$ 其中 $f(x)$ 在 $x=0$ 处可导，$f'(0)\neq 0$，$f(0)=0$，则 $x=0$ 是 $F(x)$ 的(　　).

A. 连续点　　B. 第一类间断点

C. 第二类间断点　　D. 连续点或间断点不能由此确定

解　B 正确. 因

$$\lim_{x\to 0}F(x)=\lim_{x\to 0}\frac{f(x)}{x}=f'(0)\neq 0=f(0)=F(0),$$

故 $x=0$ 是 $F(x)$ 的第一类间断点.

8. 设函数 $f(u)$ 可导，$y=f(x^2)$，当自变量 x 在 $x=-1$ 处取得增量 $\Delta x=-0.1$ 时，相应的函数增量 Δy 的线性主部为 0.1，则 $f'(1)=$(　　).

A. -1　　B. 0.1　　C. 1　　D. 0.5

解　D 正确. 由 $y=f(x^2)$，可得 $\mathrm{d}y=f'(x^2)\cdot 2x\,\mathrm{d}x$，故

$$0.1=f'(1)\cdot 2\cdot(-1)\cdot(-0.1),$$

得 $f'(1)=0.5$.

9. 设曲线 $f(x)=x^n$ 在点(1,1)处的切线与 x 轴的交点为$(\xi_n,0)$，则 $\lim\limits_{n\to\infty}f(\xi_n)=$ ________.

解　填 e^{-1}. 易算得 $f(x)=x^n$ 在点(1,1)处的切线方程为 $y-1=n(x-1)$，切线与 x 轴的交点为$(\xi_n,0)$，其中 $\xi_n=1-\dfrac{1}{n}$，故 $\lim\limits_{n\to\infty}f(\xi_n)=\lim\limits_{n\to\infty}\left(1-\dfrac{1}{n}\right)^n=e^{-1}$.

10. 设函数 $y=f(x)$ 是由方程 $x=y^y$ 确定的，则 $dy=$ ________.

解　填$\dfrac{dx}{x(1+\ln y)}$. 方程 $x=y^y$ 两边取对数，得 $y\ln y=\ln x$. 两边对 x 求导，得 $(1+\ln y)y'=\dfrac{1}{x}$. 故 $dy=\dfrac{dx}{x(1+\ln y)}$.

11. 设 $u=f(\varphi(x)+y^2)$，其中 $y=y(x)$ 由方程 $y+e^y=x$ 确定，且 $f(x),\varphi(x)$ 均有二阶导数，求$\dfrac{du}{dx}$ 和$\dfrac{d^2u}{dx^2}$.

解　方程 $y+e^y=x$ 两边对 x 求导，得$\dfrac{dy}{dx}+e^y\dfrac{dy}{dx}=1$，故$\dfrac{dy}{dx}=\dfrac{1}{1+e^y}$. 对此式再对 x 求导，得$\dfrac{d^2y}{dx^2}=-\dfrac{e^y\cdot y'}{(1+e^y)^2}=-\dfrac{e^y}{(1+e^y)^3}$. 由 $u=f(\varphi(x)+y^2)$，有

$$\frac{du}{dx}=f'\cdot(\varphi'(x)+2y\cdot y')=f'\cdot\left(\varphi'(x)+\frac{2y}{1+e^y}\right).$$

再次对 x 求导，得

$$\begin{aligned}\frac{d^2u}{dx^2}&=f''\cdot(\varphi'(x)+2y\cdot y')^2+f'\cdot(\varphi''(x)+2y'^2+2y\cdot y'')\\&=f''\cdot\left(\varphi'(x)+\frac{2y}{1+e^y}\right)^2+f'\cdot\left[\varphi''(x)+\frac{2}{(1+e^y)^2}-\frac{2y\,e^y}{(1+e^y)^3}\right].\end{aligned}$$

12. 求曲线$(x-1)^2+\left(y+\dfrac{3}{2}\right)^2=\dfrac{5}{4}$ 的切线，使该切线平行于直线 $2x+y=8$.

解　直线 $2x+y=8$ 的斜率为-2. 方程$(x-1)^2+\left(y+\dfrac{3}{2}\right)^2=\dfrac{5}{4}$ 两边对 x 求导，得 $2(x-1)+2\left(y+\dfrac{3}{2}\right)y'=0$，故 $y'=-\dfrac{x-1}{y+\dfrac{3}{2}}$. 解方程组

$$\begin{cases}-\dfrac{x-1}{y+\dfrac{3}{2}}=-2,\\(x-1)^2+\left(y+\dfrac{3}{2}\right)^2=\dfrac{5}{4},\end{cases}$$

求得满足条件的切点为$(x,y)=(2,-1)$或$(x,y)=(0,-2)$. 故所求切线方程为

$$2x+y-3=0\quad 或\quad 2x+y+2=0.$$

13. 设 $f(x)=\varphi(a+bx)-\varphi(a-bx)$，其中 $\varphi(x)$ 在 $(-\infty,+\infty)$ 内有定义，且在点 a 处可导，求 $f'(0)$.

解 $$f'(0)=\lim_{x\to 0}\frac{f(x)-f(0)}{x}=\lim_{x\to 0}\frac{\varphi(a+bx)-\varphi(a-bx)}{x}$$
$$=\lim_{x\to 0}\left(\frac{\varphi(a+bx)-\varphi(a)}{bx}\cdot b+\frac{\varphi(a-bx)-\varphi(a)}{-bx}\cdot b\right)$$
$$=2b\varphi'(a).$$

14. 设函数 $y=y(x)$ 在 $(-\infty,+\infty)$ 内具有二阶导数，且 $y'\neq 0$，$x=x(y)$ 是 $y=y(x)$ 的反函数. 试将 $x=x(y)$ 所满足的微分方程 $\frac{\mathrm{d}^2x}{\mathrm{d}y^2}+(y+\sin x)\left(\frac{\mathrm{d}x}{\mathrm{d}y}\right)^3=0$ 变换为 $y=y(x)$ 满足的微分方程.

解 因 $\frac{\mathrm{d}x}{\mathrm{d}y}=\frac{1}{\frac{\mathrm{d}y}{\mathrm{d}x}}=\frac{1}{y'}$，$\frac{\mathrm{d}^2x}{\mathrm{d}y^2}=\frac{\mathrm{d}}{\mathrm{d}y}\left(\frac{1}{y'}\right)=\frac{\mathrm{d}}{\mathrm{d}x}\left(\frac{1}{y'}\right)\cdot\frac{\mathrm{d}x}{\mathrm{d}y}=-\frac{y''}{y'^3}$，代入所给微分方程，得
$$-\frac{y''}{y'^3}+(y+\sin x)\cdot\frac{1}{y'^3}=0,\quad 即\ y''-y=\sin x,$$
故所给微分方程可变换为 $y''-y=\sin x$，这是一个常系数非齐次线性微分方程.

15. 设 $f(x)$ 定义在 $\mathbf{R}$ 上，对于任意的 x_1,x_2，有 $|f(x_1)-f(x_2)|\leqslant(x_1-x_2)^2$，求证：$f(x)$ 是常值函数.

证 分别用 $x+\Delta x, x$ 代替 x_1,x_2，则由题设条件，有
$$\left|\frac{f(x+\Delta x)-f(x)}{\Delta x}\right|\leqslant|\Delta x|.$$
两边对 $\Delta x\to 0$ 取极限可推得，$f'(x)=0$，$\forall x\in(-\infty,+\infty)$. 由拉格朗日中值定理的推论知，$f(x)$ 是常值函数.

四、考研真题解析

【例1】 (2012年) 设函数 $f(x)=(\mathrm{e}^x-1)(\mathrm{e}^{2x}-2)\cdots(\mathrm{e}^{nx}-n)$，其中 n 为正整数，则 $f'(0)=($ $)$.

A. $(-1)^{n-1}(n-1)!$　　B. $(-1)^n(n-1)!$

C. $(-1)^{n-1}n!$　　D. $(-1)^n n!$

解 由于

$$f'(0)=\lim_{x\to 0}\frac{(e^x-1)(e^{2x}-2)\cdots(e^{nx}-n)-0}{x-0}$$
$$=(-1)(-2)\cdots(-(n-1))$$
$$=(-1)^{n-1}(n-1)!,$$

故应选 A.

【例2】 (2015年) 设函数 $f(x)=\begin{cases}x^{\alpha}\cos\dfrac{1}{x^{\beta}}, & x>0\\ 0, & x\leqslant 0\end{cases}$ $(\alpha>0,\beta>0)$，若 $f'(x)$ 在 $x=0$ 处连续，则（　　）.

A. $\alpha-\beta>1$　　B. $0<\alpha-\beta\leqslant 1$

C. $\alpha-\beta>2$　　D. $0<\alpha<\beta\leqslant 2$

解 $\lim\limits_{x\to 0}\dfrac{f(x)-f(0)}{x}=\lim\limits_{x\to 0}x^{\alpha-1}\cos\dfrac{1}{x^{\beta}}$

当 $\alpha>1$ 时　$f'(0)$ 存在，且 $f'(0)=0$；

$x\neq 0$ 时，$f'(x)=\alpha x^{\alpha-1}\cos\dfrac{1}{x^{\beta}}+\beta x^{\alpha-\beta-1}\sin\dfrac{1}{x^{\beta}}$，

若 $f'(x)$ 在 $x=0$ 处连续，则 $\alpha>1$，$\alpha-\beta-1>0$，即 $\alpha-\beta>1$.

故选 A.

【例3】 (2016年) 已知函数 $f(x)=\begin{cases}x & x\leqslant 0\\ \dfrac{1}{n} & \dfrac{1}{n+1}<x\leqslant\dfrac{1}{n}\end{cases}$，$n=1,2,\cdots$

则（　　）.

A. $x=0$ 是 $f(x)$ 的第一类间断点

B. $x=0$ 是 $f(x)$ 的第二类间断点

C. $f(x)$ 在 $x=0$ 处连续但不可导

D. $f(x)$ 在 $x=0$ 处可导

解 $f(0)=0$，$\lim\limits_{x\to 0^-}f(x)=0$，$\lim\limits_{x\to 0^+}f(x)=\lim\limits_{n\to\infty}\dfrac{1}{n}=0$

由 $f(0)=f(0-0)=f(0+0)=0$ 得 $f(x)$ 在 $x=0$ 处连续.

由 $\lim\limits_{x\to 0^-}\dfrac{f(x)-f(0)}{x}=\lim\limits_{x\to 0^-}\dfrac{x}{x}=1$，得 $f'_-(0)=1$，

$$\lim_{x\to 0^+}\frac{f(x)-f(0)}{x}=\lim_{x\to 0^+}\frac{\frac{1}{n}}{x}=1,$$

由$\frac{1}{n+1}<x\leqslant\frac{1}{n}$得$\frac{n}{n+1}<\frac{x}{\frac{1}{n}}\leqslant 1$，从而$\lim\limits_{x\to 0^+}\frac{x}{\frac{1}{n}}=1$，于是

$f'_+(0)=1$，

因为$f'_-(0)=f'_+(0)=1$，所以$f(x)$在$x=0$处可导，故选D.

【例4】 (2007年)设函数$f(x)$在$x=0$处连续，下列命题中错误的是(　　).

A. 若$\lim\limits_{x\to 0}\frac{f(x)}{x}$存在，则$f(0)=0$

B. 若$\lim\limits_{x\to 0}\frac{f(x)+f(-x)}{x}$存在，则$f(0)=0$

C. 若$\lim\limits_{x\to 0}\frac{f(x)}{x}$存在，则$f'(0)$存在

D. 若$\lim\limits_{x\to 0}\frac{f(x)-f(-x)}{x}$存在，则$f'(0)$存在

解 设$f(x)=|x|$，则$f(x)$在$x=0$处连续，且$f(x)-f(-x)\equiv 0$，于是$\lim\limits_{x\to 0}\frac{f(x)-f(-x)}{x}=0$，但$f'(0)$不存在，故应选D.

又$f(0)=\lim\limits_{x\to 0}f(x)=\lim\limits_{x\to 0}\frac{f(x)}{x}\cdot\lim\limits_{x\to 0}x=0$，故A正确.

$2f(0)=\lim\limits_{x\to 0}(f(x)+f(-x))=\lim\limits_{x\to 0}\frac{f(x)+f(-x)}{x}\cdot\lim\limits_{x\to 0}x=0$，故B正确.

$f'(0)=\lim\limits_{x\to 0}\frac{f(x)-f(0)}{x-0}=\lim\limits_{x\to 0}\frac{f(x)}{x}$，故C正确.

【例5】 (2004年)设$f'(x)$在$[a,b]$上连续，且$f'(a)>0$，$f'(b)<0$，则下列结论中错误的是(　　).

A. 至少存在一点$x_0\in(a,b)$，使得$f(x_0)>f(a)$

B. 至少存在一点$x_0\in(a,b)$，使得$f(x_0)>f(b)$

C. 至少存在一点$x_0\in(a,b)$，使得$f'(x_0)=0$

D. 至少存在一点$x_0\in(a,b)$，使得$f(x_0)=0$

解 由极限的保号性及导数的定义可证明结论A,B,C都是正确的. 因

$$f'(a)=\lim_{x\to a^+}\frac{f(x)-f(a)}{x-a}>0,$$

由定义可得，存在 $x_0 \in (a,b)$，使得$\dfrac{f(x)-f(a)}{x-a}>0$，即 $f(x_0)>f(a)$，这表明结论 A 正确. 类似可证结论 B 正确. 由闭区间上连续函数的介值定理可知结论 C 正确. 故选 D.

也可举例说明结论 D 是错误的.

设 $f(x)=2-x^2$，$-1\leqslant x\leqslant 1$，这里 $a=-1$，$b=1$，则 $f'(x)=-2x$ 在$[a,b]$上连续，且

$$f'(a)=f'(-1)=2>0,\quad f'(b)=f'(1)=-2<0,$$

但在$[a,b]$上 $f(x)\geqslant 1$，故结论 D 是错误的.

【例 6】　(2004 年) 设函数 $f(x)$ 在$(-\infty,+\infty)$内有定义，在区间$[0,2]$上，$f(x)=x(x^2-4)$. 若对任意的 x 都满足 $f(x)=kf(x+2)$，其中 k 为常数，

(1)　写出 $f(x)$ 在$[-2,0)$上的表达式；

(2)　问 k 为何值时，$f(x)$ 在 $x=0$ 处可导?

解　(1)　当 $-2\leqslant x<0$ 时，$0\leqslant x+2<2$，于是有

$$\begin{aligned} f(x)&=kf(x+2)=k(x+2)[(x+2)^2-4] \\ &=kx(x+2)(x-4), \end{aligned}$$

从而

$$f(x)=\begin{cases} kx(x+2)(x+4), & -2\leqslant x<0, \\ x(x^2-4), & 0\leqslant x\leqslant 2, \end{cases}$$

$f(x)$ 在 $x=0$ 处连续.

(2)　由于

$$f'_-(0)=\lim_{x\to 0^-}\frac{kx(x+2)(x+4)}{x}=8k,$$

$$f'_+(0)=\lim_{x\to 0^+}\frac{x(x^2-4)}{x}=-4,$$

令 $f'_-(0)=f'_+(0)$，得 $k=-\dfrac{1}{2}$. 故当 $k=-\dfrac{1}{2}$ 时，$f(x)$ 在 $x=0$ 处可导.

【例 7】　(2003 年) 设函数 $f(x)=|x^3-1|\varphi(x)$，其中 $\varphi(x)$ 在 $x=1$ 处连续，则 $\varphi(1)=0$ 是 $f(x)$ 在 $x=1$ 处可导的(　　).

A. 充分必要条件　　　　B. 必要但非充分条件

C. 充分但非必要条件　　D. 既非充分也非必要条件

解　若 $\varphi(1)=0$，则因为

$$\lim_{x\to 1^-}\frac{f(x)-f(0)}{x-1}=\lim_{x\to 1^-}\frac{|x^3-1|\varphi(x)}{x-1}=-\lim_{x\to 1^-}(x^2+x+1)\varphi(x)=$$
0,

$$\lim_{x\to 1^+}\frac{f(x)-f(0)}{x-1}=\lim_{x\to 1^+}\frac{|x^3-1|\varphi(x)}{x-1}=\lim_{x\to 1^+}(x^2+x+1)\varphi(x)=0,$$

所以 $f'_-(1)=f'_+(1)=0$，故 $f'(1)=0$.

反之，若 $f(x)$ 在 $x=1$ 处可导，因为 $f(1)=0$，所以

$$\lim_{x\to 1^-}\frac{f(x)-f(0)}{x-1}=\lim_{x\to 1^-}\frac{|x^3-1|\varphi(x)}{x-1}=-\lim_{x\to 1^-}(x^2+x+1)\varphi(x)$$
$$=-3\varphi(1),$$

$$\lim_{x\to 1^+}\frac{f(x)-f(0)}{x-1}=\lim_{x\to 1^+}\frac{|x^3-1|\varphi(x)}{x-1}=\lim_{x\to 1^+}(x^2+x+1)\varphi(x)$$
$$=3\varphi(1),$$

由 $f'_-(1)=f'_+(1)$ 得 $\varphi(1)=-\varphi(1)$，所以 $\varphi(1)=0$. 故选 A.

【例 8】 (2004 年) 设函数 $f(x)$ 连续，且 $f'(0)>0$，则存在 $\delta>0$，使得(　　).

A. $f(x)$ 在$(0,\delta)$ 内单调增加

B. $f(x)$ 在$(-\delta,0)$ 内单调减少

C. 对任意的 $x\in(0,\delta)$，有 $f(x)>f(0)$

D. 对任意的 $x\in(-\delta,0)$，有 $f(x)>f(0)$

解 由导数定义，$f'(0)=\lim\limits_{x\to 0}\dfrac{f(x)-f(0)}{x}>0$. 再由极限的性质知，存在 $\delta>0$，当 $x\in(-\delta,\delta)$ 时，$\dfrac{f(x)-f(0)}{x}>0$. 故当 $x\in(0,\delta)$，有 $f(x)>f(0)$；当 $x\in(-\delta,0)$，有 $f(x)<f(0)$. 故选 C. 同时知，B,D 是错误的.

又设 $f(x)=\begin{cases}x+2x^2\sin\dfrac{1}{x}, & x\neq 0,\\ 0, & x=0,\end{cases}$ $f(x)$ 显然连续，且

$$f'(0)=\lim_{x\to 0}\frac{f(x)-f(0)}{x-0}=\lim_{x\to 0}\left(1+2x\sin\frac{1}{x}\right)=1>0,$$

但是当 $x\neq 0$ 时，

$$f'(x)=1+4x\sin\frac{1}{x}-2\cos\frac{1}{x},$$

于是 $x=\dfrac{1}{2k\pi+\dfrac{\pi}{2}}$ 时，$f'(x)=1+\dfrac{4}{2k\pi+\dfrac{\pi}{2}}>0$；$x=\dfrac{1}{2k\pi}$ 时，$f'(x)=-1<0$. 注意 k 可以任意大，表明在 $x=0$ 的任何邻域内，$f(x)$ 既有导数大于零的点，也有导数小于零的点，故在 $x=0$ 的任何邻域内，$f(x)$ 都不具有单调性. A 是错误的.

【例 9】 (2005 年) 以下 4 个命题中，正确的是(　　).

A. 若 $f'(x)$ 在 $(0,1)$ 内连续，则 $f(x)$ 在 $(0,1)$ 内有界

B. 若 $f(x)$ 在 $(0,1)$ 内连续，则 $f(x)$ 在 $(0,1)$ 内有界

C. 若 $f'(x)$ 在 $(0,1)$ 内有界，则 $f(x)$ 在 $(0,1)$ 内有界

D. 若 $f(x)$ 在 $(0,1)$ 内有界，则 $f'(x)$ 在 $(0,1)$ 内有界

解法 1 (举例否定错误的命题)　设函数 $f(x)=\ln x$，它的导函数 $f'(x)=\dfrac{1}{x}$ 在 $(0,1)$ 内连续，但 $f(x)$ 在 $(0,1)$ 内无界，表明 A 不正确.

同样，设函数 $f(x)=\ln x$，它在 $(0,1)$ 内连续，但 $f(x)$ 在 $(0,1)$ 内无界，表明 B 不正确.

设函数 $f(x)=\sqrt{x}$，它在 $(0,1)$ 内有界，但它的导函数 $f'(x)=\dfrac{1}{2\sqrt{x}}$ 在 $(0,1)$ 内无界，表明 D 不正确.

故选 C.

解法 2 (用中值定理直接证明命题 C 正确)　因 $f'(x)$ 在 $(0,1)$ 内有界，可知存在正数 M，使得当 $x\in(0,1)$ 时，$|f'(x)|\leqslant M$ 成立. 由题设，对任何 $x\in(0,1)$，有位于 x 与 $\dfrac{1}{2}$ 之间的 ξ，使

$$f(x)-f\left(\frac{1}{2}\right)=f'(\xi)\left(x-\frac{1}{2}\right),$$

即 $f(x)=f'(\xi)\left(x-\dfrac{1}{2}\right)+f\left(\dfrac{1}{2}\right)$. 故

$$|f(x)|\leqslant\left|f\left(\frac{1}{2}\right)\right|+|f'(\xi)|\left|x-\frac{1}{2}\right|\leqslant\left|f\left(\frac{1}{2}\right)\right|+\frac{1}{2}M,\quad x\in(0,1).$$

这表明 $f(x)$ 在 $(0,1)$ 内有界.

【例 10】 (2012 年) 设函数 $f(x)=\begin{cases}\ln\sqrt{x}\ ,x\geqslant 1,\\ 2x-1,x<1,\end{cases}$ $y=f[f(x)]$，

则 $\left.\dfrac{dy}{dx}\right|_{x=e}=$ ________.

解 **方法 1**

$$\left.\frac{dy}{dx}\right|_{x=e}=\lim_{x\to e}\frac{f[f(x)]-f[f(e)]}{x-e}=\lim_{x\to e}\frac{f\left(\frac{1}{2}\ln x\right)-f\left(\frac{1}{2}\right)}{x-e}$$

$$=\lim_{x\to e}\frac{\ln x-1-0}{x-e}=\frac{1}{e}.$$

方法 2 $\dfrac{dy}{dx}=f'[f(x)]\cdot f'(x)$，由 $f(e)=\dfrac{1}{2}$ 得.

$$\left.\frac{dy}{dx}\right|_{x=e}=f'[f(e)]\cdot f'(e)=f'\left(\frac{1}{2}\right)\cdot f'(e)$$

又 $f'\left(\dfrac{1}{2}\right)=2$，$f'(e)=\dfrac{1}{2e}$，故 $\left.\dfrac{dy}{dx}\right|_{x=e}=\dfrac{1}{e}$.

方法 3 $y=f[f(x)]=\begin{cases}\ln\sqrt{f(x)}, & f(x)\geqslant 1,\\ 2f(x)-1, & f(x)<1,\end{cases}$

$f(x)\geqslant 1$ 等价于$\begin{cases}\ln\sqrt{x}\geqslant 1\\ x\geqslant 1\end{cases}$ 或 $\begin{cases}2x-1\geqslant 1\\ x<1\end{cases}$ 得 $x\geqslant e^2$

$f(x)<1$ 等价于$\begin{cases}\ln\sqrt{x}<1\\ x\geqslant 1\end{cases}$ 或 $\begin{cases}2x-1<1\\ x<1\end{cases}$

解得 $1\leqslant x<e^2$ 或 $x<1$.

于是 $y=\begin{cases}\ln\sqrt{\ln\sqrt{x}} & x\geqslant e^2\\ \ln x-1 & 1\leqslant x<e^2\\ 4x-3 & x<1\end{cases}$

故 $\left.\dfrac{dy}{dx}\right|_{x=e}=\dfrac{1}{e}$.

【例 11】 (2013 年) 设函数 $f(x)\int_{-1}^{x}\sqrt{1-e^t}\,dt$，则 $y=f(x)$ 的反函数 $x=f^{-1}(y)$ 在 $y=0$ 处的导数 $\left.\dfrac{dx}{dy}\right|_{y=0}=$ ________.

解 将 $y=0$ 代入 $y=f(x)$ 中，得 $x=-1$.

由函数与反函数导数的关系得 $\left.\dfrac{dy}{dx}\right|_{y=0}=\dfrac{1}{f'(-1)}$.

而 $f'(x)=\sqrt{1-e^x}$，故 $\left.\dfrac{dx}{dy}\right|_{y=0}=\dfrac{1}{f'(-1)}=\dfrac{1}{\sqrt{1-e^{-1}}}$.

【例 12】　(2016 年) 设函数 $f(x)=\arctan x-\dfrac{x}{1+ax^2}$，且 $f'''(0)=1$，则 $a=$________.

解　方法 1　$\arctan x=x-\dfrac{x^3}{3}+o(x^3)$，$\dfrac{1}{1+ax^2}=1-ax^2+o(x^2)$

则
$$\arctan x-\frac{x}{1+ax^2}=\left(a-\frac{1}{3}\right)x^3+o(x^3).$$

再由
$$f(x)=f(0)+f'(0)x+\frac{f''(0)}{2!}x^2+\frac{f'''(0)}{3!}x^3+o(x^3)\text{ 得}$$

$$\frac{f'''(0)}{3!}=a-\frac{1}{3}.\quad\text{解得}\quad a=\frac{1}{2}.$$

方法 2

$$f'(x)=\frac{1}{1+x^2}-\frac{1-ax^2}{(1+ax^2)^2},$$

$$f''(x)=\frac{2x}{(1+x^2)^2}+\frac{6ax-2a^2x^3}{(1+ax^2)^3}$$

$$f'''(x)=-\frac{2-6x^2}{(1+x^2)^2}+\frac{(6a-6a^2x^2)(1+ax^2)-6ax\cdot(6ax-2a^2x^3)}{(1+ax^2)^4}.$$

所以 $f'''(0)=-2+6a$，由 $-2+6a=1$ 得 $a=\dfrac{1}{2}$.

【例 13】　(2013 年) 设曲线 $y=f(x)$ 与 $y=x^2-x$ 在点(1,0) 处有公共切线，则 $\lim\limits_{n\to\infty}nf\left(\dfrac{n}{n+2}\right)=$________.

解　因为点(1,0) 在曲线 $y=f(x)$ 上，所以 $f(1)=0$；

又因为曲线 $y=f(x)$ 与曲线 $y=x^2-x$ 在(1,0) 处切线相同，

所以 $f'(1)=(x^2-x)'\big|_{x=1}=1$.

于是
$$\lim_{n\to\infty}nf\left(\frac{n}{n+2}\right)=\lim_{n\to\infty}\frac{f\left(1-\dfrac{2}{n+2}\right)-f(1)}{-\dfrac{2}{n+2}}\cdot\left(-\frac{2n}{n+2}\right)=-2f'(1)=-2.$$

【例 14】　(2013 年) 设函数 $y=f(x)$ 由方程 $\cos(xy)+\ln y-x=1$ 确定，则 $\lim\limits_{n\to\infty}n\left[f\left(\dfrac{2}{n}\right)-1\right]=(\quad)$.

A. 2　　B. 1　　C. -1　　D. -2

解　将 $x=0$ 代入 $\cos(xy)+\ln y-x=1$ 中，得 $y=1$. 即 $f(0)=1$.

$\cos(xy)+\ln y-x=1$ 两边对 x 求导，得

$$-\sin(xy)\cdot\left(y+x\frac{\mathrm{d}y}{\mathrm{d}x}\right)+\frac{1}{y}\cdot\frac{\mathrm{d}y}{\mathrm{d}x}-1=0,$$

将 $x=0,y=1$ 代入得 $f'(0)=\left.\frac{\mathrm{d}y}{\mathrm{d}x}\right|_{x=0}=1$,

于是 $\lim\limits_{n\to\infty}n\left[f\left(\frac{2}{n}\right)-1\right]=2\lim\limits_{n\to\infty}\dfrac{f\left(\frac{2}{n}\right)-f(0)}{\frac{2}{n}}=2f'(0)=2.$

故选 A.

方法点评：本题是隐函数的导数与导数定义结合问题，先求出隐函数的导数，再根据导数的定义求出极限值.

【例 15】 (2021 年) 设函数 $y=y(x)$ 由参数方程 $\begin{cases}x=2\mathrm{e}^t+t+1\\ y=4(t-1)\mathrm{e}^t+t^2\end{cases}$,

所确定，$\left.\frac{\mathrm{d}^2y}{\mathrm{d}x^2}\right|_{t=0}=$__________.

解

$$\frac{\mathrm{d}y}{\mathrm{d}x}=\frac{\frac{\mathrm{d}y}{\mathrm{d}t}}{\frac{\mathrm{d}x}{\mathrm{d}t}}=\frac{4t\mathrm{e}^t+2t}{2\mathrm{e}^t+1}=2t$$

$$\frac{\mathrm{d}^2y}{\mathrm{d}x^2}=\frac{\frac{\mathrm{d}}{\mathrm{d}t}(2t)}{\frac{\mathrm{d}x}{\mathrm{d}t}}=\frac{2}{2\mathrm{e}^t+1},$$

则 $\left.\frac{\mathrm{d}^2y}{\mathrm{d}x^2}\right|_{t=0}=\frac{2}{3}.$

【例 16】 (2012 年) 设 $y=y(x)$ 是由方程 $x^2-y+1=\mathrm{e}^y$ 所确定的隐函数，

则 $\left.\frac{\mathrm{d}^2y}{\mathrm{d}x^2}\right|_{x=0}=$__________.

解 将 $x=0$ 代入 $x^2-y+1=\mathrm{e}^y$ 中，得 $y=0$.

$x^2-y+1=\mathrm{e}^y$ 两边对 x 求导数，得 $2x-\frac{\mathrm{d}y}{\mathrm{d}x}=\mathrm{e}^y\cdot\frac{\mathrm{d}y}{\mathrm{d}x}$

于是 $\left.\frac{\mathrm{d}y}{\mathrm{d}x}\right|_{x=0}=0$;

$$2x-\frac{\mathrm{d}y}{\mathrm{d}x}=\mathrm{e}^{y}\cdot\frac{\mathrm{d}y}{\mathrm{d}x}\text{ 两边对 }x\text{ 求导数，得}$$

$$2-\frac{\mathrm{d}^{2}y}{\mathrm{d}x^{2}}=\mathrm{e}^{y}\left(\frac{\mathrm{d}y}{\mathrm{d}x}\right)^{2}+\mathrm{e}^{y}\cdot\frac{\mathrm{d}^{2}y}{\mathrm{d}x^{2}}$$

将 $x=0, y=0$ 及 $\left.\frac{\mathrm{d}y}{\mathrm{d}x}\right|_{x=0}=0$ 代入得 $\left.\frac{\mathrm{d}^{2}y}{\mathrm{d}x^{2}}\right|_{x=0}=1$.

【例 17】 (2007 年) 已知函数 $f(u)$ 具有二阶导数，且 $f'(0)=1$，函数 $y=y(x)$ 由方程 $y-x\mathrm{e}^{y-1}=1$ 所确定. 设 $z=f(\ln y-\sin x)$，求 $\left.\frac{\mathrm{d}z}{\mathrm{d}x}\right|_{x=0}, \left.\frac{\mathrm{d}^{2}z}{\mathrm{d}x^{2}}\right|_{x=0}$.

解　方程 $y-x\mathrm{e}^{y-1}=1$ 两端对 x 求导两次分别得

$$y'-\mathrm{e}^{y-1}-x\mathrm{e}^{y-1}y'=0, \qquad ①$$

$$y''-2\mathrm{e}^{y-1}y'-x(\mathrm{e}^{y-1}y')'=0. \qquad ②$$

由 $y-x\mathrm{e}^{y-1}=1$ 知 $y(0)=1$. 将 $x=0$，$y=1$ 代入 ① 得 $y'(0)=1$；再将 $x=0$，$y=1$，$y'=1$ 代入 ② 得 $y''(0)=2$. 从而

$$\frac{\mathrm{d}z}{\mathrm{d}x}=f'(\ln y-\sin x)\left(\frac{1}{y}y'-\cos x\right),$$

$$\left.\frac{\mathrm{d}z}{\mathrm{d}x}\right|_{x=0}=f'(0)\times 0=0,$$

$$\frac{\mathrm{d}^{2}z}{\mathrm{d}x^{2}}=f''(\ln y-\sin x)\left(\frac{1}{y}y'-\cos x\right)^{2}+f'(\ln y-\sin x)\left(-\frac{1}{y^{2}}y'^{2}+\frac{1}{y}y''+\sin x\right),$$

$$\left.\frac{\mathrm{d}^{2}z}{\mathrm{d}x^{2}}\right|_{x=0}=f''(0)\times 0+f'(0)(-1+2)=1.$$

【例 18】 (2014 年) 曲线 L 的极坐标方程是 $r=\theta$，则 L 在点 $(r,\theta)=\left(\frac{\pi}{2},\frac{\pi}{2}\right)$ 处的切线的直角坐标方程为__________.

解　L 的参数方程为 $\begin{cases}x=\theta\cos\theta\\ y=\theta\sin\theta\end{cases}$，当 $\theta=\frac{\pi}{2}$ 时，L 上对应的点为 $M_0\left(0,\frac{\pi}{2}\right)$.

由 $\frac{\mathrm{d}y}{\mathrm{d}x}=\frac{\frac{\mathrm{d}y}{\mathrm{d}\theta}}{\frac{\mathrm{d}x}{\mathrm{d}\theta}}=\frac{\sin\theta+\theta\cos\theta}{\cos\theta-\theta\sin\theta}$，得 $\left.\frac{\mathrm{d}y}{\mathrm{d}x}\right|_{\theta=\frac{\pi}{2}}=-\frac{2}{\pi}$，

切线方程为 $y-\frac{\pi}{2}=-\frac{2}{\pi}(x-0)$，即 $y=-\frac{2}{\pi}x+\frac{\pi}{2}$.

【例 19】 (2019 年) 曲线 $\begin{cases}x=t-\sin t\\y=1-\cos t\end{cases}$，在 $t=\frac{3\pi}{2}$ 对应点处的切线在 y 轴上的截距为__________.

解 $t=\frac{3\pi}{2}$ 对应曲线上的点为 $\left(\frac{3\pi}{2}+1,1\right)$，

$$\frac{\mathrm{d}y}{\mathrm{d}x}=\frac{\sin t}{1-\cos t}，斜率为 \left.\frac{\mathrm{d}y}{\mathrm{d}x}\right|_{t=\frac{3\pi}{2}}=-1.$$

切线方程为
$$y-1=-\left(x-\frac{3\pi}{2}-1\right)$$

令 $x=0$ 得切线在 y 轴上的截距为 $y=\frac{3\pi}{2}+2$.

【例 20】 (2015 年) 函数 $f(x)=x^2\cdot 2^x$ 在 $x=0$ 处的 n 阶导数 $f^{(n)}(0)$ =__________.

解 方法 1

$$f^{(n)}(x)=C_n^0\cdot 2^x\cdot(\ln 2)^n\cdot x^2+C_n^1\cdot 2^x\cdot(\ln 2)^{n-1}\cdot 2x+C_n^2\cdot 2^x\cdot(\ln 2)^{n-2}\cdot 2.$$

则 $f^{(n)}(0)=\frac{n(n-1)}{2}(\ln 2)^{n-2}\cdot 2=n(n-1)(\ln 2)^{n-2}$

方法 2

由
$$\begin{aligned}f(x)&=x^2 2^x=x^2\mathrm{e}^{x\ln 2}\\&=x^2\left[1+x\ln 2+\frac{(x\ln 2)^2}{2!}+\cdots+\frac{(\ln 2)^{n-2}}{(n-2)!}x^{n-2}+0(x^{n-2})\right]\\&=x^2+x^3\ln 2+\cdots+\frac{(\ln 2)^{n-2}}{(n-2)!}x^n+0(x^n)\end{aligned}$$

得
$$\frac{f^{(n)}(0)}{n!}=\frac{(\ln 2)^{n-2}}{(n-2)!}$$

故 $f^{(n)}(0)=n(n-2)\ln^{n-2}2$.

方法点评：本题考查高阶导数的计算. 高阶导数的计算方法通常有：

方法 1 (归纳法)

如：$y=\mathrm{e}^x\sin x$

由 $y'=\mathrm{e}^x(\sin x+\cos x)=\sqrt{2}\mathrm{e}^x\sin\left(x+\frac{\pi}{4}\right)$

$$y''=\sqrt{2}\,e^x\left[\sin\left(x+\frac{\pi}{4}\right)+\cos\left(x+\frac{\pi}{4}\right)\right]=(\sqrt{2})^2e^x\sin\left(x+\frac{\pi}{4}\right)$$

由归纳法得　$y^{(n)}=(\sqrt{2})^n\sin\left(x+\frac{n\pi}{4}\right)$

需要记住的结论：$\left(\frac{1}{ax+b}\right)^{n}=\frac{(-1)^n n!\ a^n}{(ax+b)^{n+1}}$

方法 2（公式法）

即利用公式：$(UV)^{(n)}=C_n^0U^{(n)}V+C_n^1U^{(n-1)}V'+\cdots+C_n^nUV^{(n)}$.

第3章　中值定理与导数应用

一、主要内容

1. 微分中值定理

罗尔定理　若函数 $f(x)$ 在 $[a,b]$ 上连续，在 (a,b) 内可导，且 $f(a)=f(b)$，则至少存在一点 $\xi\in(a,b)$，使得 $f'(\xi)=0$.

拉格朗日中值定理　若函数 $f(x)$ 在 $[a,b]$ 上连续，在 (a,b) 内可导，则至少存在一点 $\xi\in(a,b)$，使得 $f'(\xi)=\dfrac{f(b)-f(a)}{b-a}$. 也可表述为

$$f(b)-f(a)=f'(a+\theta(b-a))(b-a)\quad(0<\theta<1),$$

或

$$f(x+\Delta x)-f(x)=f'(x+\theta\Delta x)\Delta x\quad(0<\theta<1).$$

推论1　若 $y=f(x)$ 在某区间内 $f'(x)=0$ 恒成立，则在该区间内 $f(x)$ 必为常数.

推论2　若 $y=f(x)$，$y=g(x)$ 在某区间内使 $f'(x)=g'(x)$ 恒成立，则在该区间内必有 $f(x)=g(x)+C$，其中 C 为一常数.

柯西中值定理　若函数 $f(x)$，$F(x)$ 在 $[a,b]$ 上连续，在 (a,b) 内可导，且 $F'(x)\neq0$，则至少存在一点 $\xi\in(a,b)$，使得

$$\frac{f'(\xi)}{F'(\xi)}=\frac{f(b)-f(a)}{F(b)-F(a)}.$$

2. 泰勒公式

若函数 $y=f(x)$ 在含有 x_0 的某个开区间 (a,b) 内具有直到 $n+1$ 阶导数，

则 $\forall x \in (a,b)$，有

$$f(x)=f(x_0)+f'(x_0)(x-x_0)+\frac{1}{2!}f''(x_0)(x-x_0)^2+\cdots$$
$$+\frac{f^{(n)}(x_0)}{n!}(x-x_0)^n+\frac{f^{(n+1)}(\xi)}{(n+1)!}(x-x_0)^{n+1}, \qquad ①$$

其中，ξ 介于 x_0 与 x 之间. $R_n(x)=\dfrac{f^{(n+1)}(\xi)}{(n+1)!}(x-x_0)^{n+1}$ 称为**拉格朗日余项**，①式称为**带有拉格朗日余项的泰勒公式**. 在①式中当 $x_0=0$ 时所得等式称为**麦克劳林公式**，即

$$f(x)=f(0)+f'(0)x+\frac{1}{2!}f''(0)x^2+\cdots+\frac{f^{(n)}(0)}{n!}x^n+o(x^n),$$

或

$$f(x)=f(0)+f'(0)x+\frac{1}{2!}f''(0)x^2+\cdots+\frac{f^{(n)}(0)}{n!}x^n$$
$$+\frac{f^{(n+1)}(\theta x)}{(n+1)!}x^{n+1}\quad (0<\theta<1).$$

常见函数的麦克劳林展开式如下：

(1) $\mathrm{e}^x=1+x+\dfrac{x^2}{2!}+\cdots+\dfrac{x^n}{n!}+o(x^n)$；

(2) $\sin x=x-\dfrac{x^3}{3!}+\dfrac{x^5}{5!}-\cdots+(-1)^m\dfrac{x^{2m+1}}{(2m+1)!}+o(x^{2m+2})$；

(3) $\cos x=1-\dfrac{1}{2!}x^2+\dfrac{1}{4!}x^4-\cdots+(-1)^m\dfrac{1}{(2m)!}x^{2m}+o(x^{2m+1})$；

(4) $\ln(1+x)=x-\dfrac{1}{2}x^2+\dfrac{1}{3}x^3-\cdots+(-1)^n\dfrac{1}{n+1}x^{n+1}+o(x^{n+1})$；

(5) $(1+x)^\alpha=1+\alpha x+\dfrac{\alpha(\alpha-1)}{2!}x^2+\cdots+\dfrac{\alpha(\alpha-1)\cdots(\alpha-n+1)}{n!}x^n+o(x^n)$.

3. 洛必达法则

洛必达法则1　若 $f(x),g(x)$ 在点 x_0 的某一去心邻域内处处可导，且 $g'(x)\neq 0$，$\lim\limits_{x\to x_0}f(x)=0$，$\lim\limits_{x\to x_0}g(x)=0$，$\lim\limits_{x\to x_0}\dfrac{f'(x)}{g'(x)}$ 存在(或为无穷大)，则 $\lim\limits_{x\to x_0}\dfrac{f(x)}{g(x)}=\lim\limits_{x\to x_0}\dfrac{f'(x)}{g'(x)}$.

这一法则在相应条件下对 $x\to\infty$ 也成立.

洛必达法则2　若 $f(x),g(x)$ 在点 x_0 的某一去心邻域内处处可导，且

$g'(x) \neq 0$，$\lim\limits_{x \to x_0} f(x) = \infty$，$\lim\limits_{x \to x_0} g(x) = \infty$，$\lim\limits_{x \to x_0} \dfrac{f'(x)}{g'(x)}$存在(或为无穷大)，则 $\lim\limits_{x \to x_0} \dfrac{f(x)}{g(x)} = \lim\limits_{x \to x_0} \dfrac{f'(x)}{g'(x)}$.

这一法则在相应条件下对 $x \to \infty$ 也成立.

若 $f'(x),g'(x)$ 仍满足洛必达法则的条件，则可继续运用洛必达法则. 对于 $0 \cdot \infty, \infty - \infty, 1^{\infty}, 0^0, \infty^0$ 型的极限问题，可以化为$\dfrac{0}{0}, \dfrac{\infty}{\infty}$ 型来解决.

4. 函数的单调性与极值

■ 函数的单调性的判定定理

若函数 $y = f(x)$ 在$[a,b]$上连续，在(a,b)内可导，且 $\forall x \in (a,b)$，有 $f'(x) > 0$ (< 0)，则 $y = f(x)$ 在$[a,b]$上单调增加(减少).

■ 函数的极值的判别定理

(1) 可导函数 $f(x)$ 在点 x_0 取得极值的必要条件是 $f'(x_0) = 0$.

(2) 函数 $f(x)$ 只能在它的驻点和不可导点处取得极值.

(3) 若函数 $f(x)$ 在点 x_0 处连续，在 x_0 的某个去心邻域内可导，那么

① 当 x 从 x_0 的左侧变到 x_0 的右侧时，$f'(x)$ 由负变正，则 $f(x_0)$ 为 $f(x)$ 的极小值；

② 当 x 从 x_0 的左侧变到 x_0 的右侧时，$f'(x)$ 由正变负，则 $f(x_0)$ 为 $f(x)$ 的极大值；

③ 当 x 从 x_0 的左侧变到 x_0 的右侧时，$f'(x)$ 不变号，则 $f(x_0)$ 不是 $f(x)$ 的极值.

(4) 若 $f'(x_0) = 0, f''(x_0) \neq 0$，那么

① 当 $f''(x_0) < 0$ 时，$f(x_0)$ 是 $f(x)$ 的极大值；

② 当 $f''(x_0) > 0$ 时，$f(x_0)$ 是 $f(x)$ 的极小值.

(5) 若 $f'(x_0) = f''(x_0) = \cdots = f^{(n-1)}(x_0) = 0$，$f^{(n)}(x_0) \neq 0$，$n = 1,2,\cdots$，那么

① 当 n 为偶数时，若 $f^{(n)}(x_0) < 0$，则 $f(x_0)$ 是 $f(x)$ 的极大值；若 $f^{(n)}(x_0) > 0$，则 $f(x_0)$ 是 $f(x)$ 的极小值；

② 当 n 为奇数时，$f(x_0)$ 不是 $f(x)$ 的极值.

■ 求极值的步骤

(1) 求出导数 $f'(x)$.

(2) 求出 $f(x)$ 的全部驻点与不可导点.

(3) 考查 $f'(x)$ 在每个驻点与不可导点的左、右邻近的符号，确定该点是否为极值点.

(4) 求出各极值点的函数值，得函数 $f(x)$ 的全部极值.

■ 求闭区间[a,b]上连续函数的最值的步骤

(1) 求出 $f(x)$ 的全部驻点 $x_1,x_2,\cdots,x_m$ 与不可导点 $x'_1,x'_2,\cdots,x'_n$.

(2) 计算 $f(x_i)\ (i=1,2,\cdots,m)$, $f(x'_j)\ (j=1,2,\cdots,n)$ 及 $f(a)$, $f(b)$.

(3) 比较(2)中诸值的大小，其中最大的是 $f(x)$ 在 $[a,b]$ 上的最大值，最小的是 $f(x)$ 在 $[a,b]$ 上的最小值.

实际问题中，往往根据问题的性质就可以断定可导函数 $f(x)$ 确有最值，而且一定在区间内部取得. 这时如果 $f(x)$ 在定义区间内部只有一个驻点 x_0，那么不必讨论 $f(x_0)$ 是不是极值，就可以断定 $f(x_0)$ 是最大值或最小值.

5. 函数的凸性、曲线的拐点及其性质

设函数 $f(x)$ 在区间 I 上有定义，若 $\forall x_1,x_2(x_1\neq x_2)$，$\forall\lambda,\mu$ 满足 $\lambda+\mu=1\ (\lambda>0,\ \mu>0)$，使得

$$f(\lambda x_1+\mu x_2)>\lambda f(x_1)+\mu f(x_2),$$

则称 $f(x)$ 为区间 I 上的**上凸函数**；若满足

$$f(\lambda x_1+\mu x_2)<\lambda f(x_1)+\mu f(x_2),$$

则称 $f(x)$ 为区间 I 上的**下凸函数**.

若曲线 $y=f(x)$ 在 (x_0,y_0) 点处由上凸变为下凸，或由下凸变为上凸，则称 (x_0,y_0) 点为曲线 $y=f(x)$ 的**拐点**.

■ 函数拐点的判断

设函数 $f(x)$, $f'(x)$ 在闭区间 $[a,b]$ 上连续，在开区间 (a,b) 内 $f''(x)>0\ (f''(x)<0)$，则曲线 $y=f(x)$ 在 $[a,b]$ 上为下凸(上凸)曲线.

设连续函数 $f(x)$ 在 $x=x_0$ 的某个去心邻域内二阶可导，那么

(1) 当 x 从 x_0 的左侧邻近变到 x_0 的右侧邻近时，$f''(x)$ 异号，则点 $(x_0,f(x_0))$ 为 $f(x)$ 的拐点；

(2) 当 x 从 x_0 的左侧变到 x_0 的右侧邻近时，$f''(x)$ 不变号，则 $(x_0,f(x_0))$ 不是 $f(x)$ 的拐点.

设 $f(x)$ 在点 x_0 处 n 阶可导，且 $f''(x_0)=f'''(x_0)=\cdots=f^{(n-1)}(x_0)=0$，$f^{(n)}(x_0)\neq 0$，$n=3,4,\cdots$. 则当 n 为奇数时，$(x_0f(x_0))$ 是 $y=f(x)$

的拐点；当 n 为偶数时，$(x_0 f(x_0))$ 不是 $y=f(x)$ 的拐点.

■ 曲线的渐近线的求法

若 $\lim\limits_{x\to x_0} f(x)=\infty$ ($x=x_0$ 为 $f(x)$ 的无穷间断点)，则直线 $x=x_0$ 为曲线 $y=f(x)$ 的垂直渐近线.

若 $\lim\limits_{x\to\infty} f(x)=k$，则 $y=k$ 为曲线 $y=f(x)$ 的水平渐近线.

若 $\lim\limits_{x\to\infty}\dfrac{f(x)}{x}=a$ 及 $\lim\limits_{x\to\infty}(f(x)-ax)=b$，则 $y=ax+b$ 是曲线 $y=f(x)$ 的斜渐近线.

■ 函数的作图步骤

(1) 确定 $y=f(x)$ 的连续区间、截距、有界性、奇偶性及周期性；

(2) 求出 $y'(x)$，确定 $y=f(x)$ 的单增区间、单减区间及极值；

(3) 求出 $y''(x)$，确定 $y=f(x)$ 的凹向区间及拐点坐标；

(4) 求出 $y=f(x)$ 的渐近线；

(5) 综合以上结果，在 xOy 坐标系中画出曲线的渐近线、极值点、拐点与坐标轴的交点，然后逐段地作出曲线，就得到 $y=f(x)$ 的曲线图象.

6. 平面曲线的曲率

■ 弧微分

设平面光滑曲线 L 在直角坐标下的方程为 $y=f(x)$，则弧微分

$$\mathrm{d}s=\sqrt{1+[y'(x)]^2}\,\mathrm{d}x.$$

设平面光滑曲线 L 在直角坐标下的参数方程为 $y=y(t)$，$x=x(t)$ $(t_1\leqslant t\leqslant t_2)$，则弧微分

$$\mathrm{d}s=\sqrt{[x'(t)]^2+[y'(t)]^2}\,\mathrm{d}t.$$

设平面光滑曲线 L 在极坐标下的方程为 $r=r(t)$，此时参数方程为 $y=r(t)\cos t$，$x=r(t)\sin t$ $(t_1\leqslant t\leqslant t_2)$，则弧微分

$$\mathrm{d}s=\sqrt{[r(t)]^2+[r'(t)]^2}\,\mathrm{d}t.$$

■ 曲率

设 M 与 N 为曲线上不同的两点，弧 MN 的长度为 Δs，当 M 点沿曲线移动到 N 点时，M 点处的切线所转过的角度为 $\Delta\alpha$. 若极限 $\lim\limits_{\Delta s\to 0}\dfrac{\Delta\alpha}{\Delta s}$ 存在，则称极限

值为曲线在 M 处的**曲率**，记为 $\lim\limits_{\Delta s \to 0} \dfrac{\Delta \alpha}{\Delta s} = k$.

■ 曲率公式

设平面光滑曲线 L 在直角坐标下的方程为 $y = f(x)$，且 $f(x)$ 二阶可导，则曲率公式为

$$k = \frac{|y''|}{(1 + y'^2)^{\frac{3}{2}}}.$$

设平面光滑曲线 L 在直角坐标下的参数方程为 $y = y(t)$，$x = x(t)$，且 $x = x(t)$，$y = y(t)$ 二阶可导，以及 $x'^2(t) + y'^2(t) \neq 0$，则曲率公式为

$$k = \frac{|x'y'' - y'x''|}{[x'^2(t) + y'^2(t)]^{\frac{3}{2}}}.$$

设平面光滑曲线 L 在极坐标下的方程为 $r = r(t)$，则曲率为

$$k = \frac{|r^2 + 2r'^2 - r r''|}{(r^2 + r'^2)^{\frac{3}{2}}}.$$

曲率半径为 $R = \dfrac{1}{k}$.

二、典型例题分析

【例 1】　设 $f(x) > 0$ 且在 $[a, b]$ 上可导，求证：存在 $\xi \in (a, b)$，使

$$f(\xi) \ln \frac{f(b)}{f(a)} - f'(\xi)(b - a) = 0.$$

证　分离出含 ξ 的项，上式等价于

$$\frac{\ln f(b) - \ln f(a)}{b - a} = \frac{f'(\xi)}{f(\xi)}.$$

令 $\varphi(x) = \ln f(x)$，则 $\varphi(x)$ 在 $[a, b]$ 上满足拉格朗日中值定理的条件，由拉格朗日中值定理，存在 $\xi \in (a, b)$，使

$$\frac{\ln f(b) - \ln f(a)}{b - a} = \frac{f'(\xi)}{f(\xi)}.$$

【例 2】 设 $f(x)$ 在 $[a,b]$ 上可导，且 $f'(a)\neq f'(b)$，c 是介于 $f'(a)$ 与 $f'(b)$ 间的任一实数，证明：存在 $\xi\in(a,b)$，使 $f'(\xi)=c$.

证 (1) 设 $f'(a)f'(b)<0$，不妨设 $f'(a)>0$，$f'(b)<0$，则

$$\lim_{x\to a^+}\frac{f(x)-f(a)}{x-a}>0,\quad \lim_{x\to b^-}\frac{f(x)-f(b)}{x-b}<0.$$

由 $\lim\limits_{x\to a^+}\dfrac{f(x)-f(a)}{x-a}>0$ 知，存在 $\delta_1>0$，$\forall x_1\in(a,\delta_1)$，有 $f(x_1)>f(a)$；

由 $\lim\limits_{x\to b^-}\dfrac{f(x)-f(b)}{x-b}<0$ 知，存在 $\delta_2>0$，$\forall x_2\in(\delta_2,b)$，有 $f(x_2)>f(b)$，

其中，(a,δ_1) 及 $(\delta_2,b)\subset(a,b)$. 这说明 $f(x)$ 在 $[a,b]$ 上的最大值只能在 (a,b) 内的点处取得，设该点为 ξ，显然 ξ 也是极大值点，所以 $f'(\xi)=0$.

(2) 一般，令 $F(x)=f(x)-cx$，则 $F'(a)F'(b)<0$，于是存在 $\xi\in(a,b)$，使 $F'(\xi)=0$，即 $f'(\xi)=c$.

【例 3】 设 $f(x)$ 在 $[0,1]$ 上连续，在 $(0,1)$ 内可导，且 $f(0)=f(1)=0$，$f\left(\dfrac{1}{2}\right)=1$. 试证：至少存在一个 $\xi\in(0,1)$，使 $f'(\xi)=1$.

证 令 $F(x)=f(x)-x$. 因为

$$F(1)=f(1)-1<0,\quad F\left(\frac{1}{2}\right)=f\left(\frac{1}{2}\right)-\frac{1}{2}>0,$$

所以存在 $\eta\in\left(\dfrac{1}{2},1\right)$，使 $F(\eta)=0$. 又因 $F(0)=0$，所以存在 $\xi\in(0,\eta)\subset(0,1)$，使得 $F'(\xi)=0$，即 $f'(\xi)=1$.

【例 4】 设 $f(x)$ 在 $[0,1]$ 上连续，在 $(0,1)$ 内可导，并且 $f(0)=1$，$f(1)=0$. 求证：存在 $\xi\in(0,1)$ 使

$$f'(\xi)=-\frac{f(\xi)}{\xi}.$$

证 要证的等式为 $\xi f'(\xi)+f(\xi)=0$，即 $(xf(x))'\Big|_{x=\xi}=0$，所以令

$$\varphi(x)=xf(x).$$

可以验证 $\varphi(x)$ 在 $[0,1]$ 上满足罗尔定理的条件，由罗尔定理知，存在 $\xi\in(0,1)$，使 $\varphi'(\xi)=0$，即 $\xi f'(\xi)+f(\xi)=0$，也即 $f'(\xi)=-\dfrac{f(\xi)}{\xi}$.

【例 5】 设 $0<a<b$，求证：存在 $\xi\in(a,b)$，使

$$b\mathrm{e}^a-a\mathrm{e}^b=(b-a)(1-\xi)\mathrm{e}^{\xi}.$$

证 分离出含 ξ 的项，等式变为 $\frac{b\,e^a - a\,e^b}{b-a} = (1-\xi)e^{\xi}$，即

$$\frac{\frac{e^a}{a} - \frac{e^b}{b}}{\frac{1}{a} - \frac{1}{b}} = (1-\xi)e^{\xi}.$$

令 $f(x) = \frac{e^x}{x}$，$g(x) = \frac{1}{x}$，则 $f(x)$，$g(x)$ 在 $[a,b]$ 上满足柯西定理的条件，且 $\frac{f'(x)}{g'(x)} = (1-x)e^x$. 由柯西定理知，存在 $\xi \in (a,b)$，使

$$\frac{\frac{e^a}{a} - \frac{e^b}{b}}{\frac{1}{a} - \frac{1}{b}} = (1-\xi)e^{\xi},$$

即 $b\,e^a - a\,e^b = (b-a)(1-\xi)e^{\xi}$.

【例6】 设 $f(x)$，$g(x)$ 在 (a,b) 内可导，且 $f'(x)g(x) \neq f(x)g'(x)$，求证：$f(x)$ 在 (a,b) 内任意两个零点之间至少有一个 $g(x)$ 的零点.

证 反证法. 设 $x_1, x_2 \in (a,b)$，$x_1 < x_2$，$f(x_1) = f(x_2) = 0$，$g(x)$ 在 $[x_1, x_2]$ 内无零点. 考虑 $\varphi(x) = \frac{f(x)}{g(x)}$，则函数 $\varphi(x)$ 在 $[x_1, x_2]$ 上连续，在 (x_1, x_2) 内可导，且 $\varphi(x_1) = \varphi(x_2) = 0$，由罗尔定理知，存在 $\xi \in (x_1, x_2)$，使得

$$\varphi'(\xi) = \frac{f'(\xi)g(\xi) - f(\xi)g'(\xi)}{g^2(\xi)} = 0,$$

即 $f'(\xi)g(\xi) = f(\xi)g'(\xi)$，与题设矛盾. 故 $f(x)$ 在 (a,b) 内任意两个零点之间至少有一个 $g(x)$ 的零点.

【例7】 设 $f(x)$ 在点 x_0 右连续，且导数 $f'(x)$ 在 x_0 的右极限 $f'(x_0^+)$ 存在(或为无穷)，证明：$f(x)$ 在 x_0 的右导数存在，且 $f'_+(x_0) = f'(x_0^+)$.

证 由题设可知，存在 $h > 0$，使得 $f(x)$ 在 x_0 的右邻域 $[x_0, x_0 + h)$ 上连续，在 $(x_0, x_0 + h)$ 内可导，故当 $0 < \Delta x < h$ 时，$f(x)$ 在 $[x_0, x_0 + \Delta x]$ 上满足拉格朗日中值定理的条件，于是有

$$\frac{f(x_0 + \Delta x) - f(x_0)}{\Delta x} = f'(\xi), \quad x_0 < \xi < x_0 + \Delta x.$$

当 $\Delta x \to 0$ 时，$\xi \to x_0$，所以

$$\lim_{\Delta x \to 0^+} \frac{f(x_0 + \Delta x) - f(x_0)}{\Delta x} = \lim_{\xi \to x_0^+} f'(\xi) = f'(x_0^+),$$

即 $f'_+(x_0)=f'(x_0^+)$.

同理，在类似条件下，可证明左导数 $f'_-(x_0)=f'(x_0^-)$.

由上述证明可知，分段函数

$$f(x)=\begin{cases}\varphi(x), & x\leqslant x_0,\\ \psi(x), & x>x_0\end{cases}$$

在分段点 x_0 处的导数存在与否，可用下面的方法来判断：

若 $f(x)$ 在 x_0 处连续，在 x_0 的一个去心邻域内可导，$f'(x_0^+)$ 及 $f'(x_0^-)$ 都存在(或为 ∞)，那么

(1) 若 $f'(x_0^+)=f'(x_0^-)=k$ (或为 ∞)，则 $f'(x_0)=k$ (或为 ∞)；

(2) 若 $f'(x_0^+)\neq f'(x_0^-)$，则 $f(x)$ 在 x_0 处不可导.

这里要注意两点：

① 若 $f'(x_0^+)$ 或 $f'(x_0^-)$ 不存在，也不为 ∞，不能断定 $f(x)$ 在 x_0 处不可导，例如

$$f(x)=\begin{cases}x^2\sin\dfrac{1}{x}, & x\neq 0,\\ 0, & x=0,\end{cases}$$

$\lim\limits_{x\to 0}f'(x)$ 不存在，但 $f(x)$ 在 $x=0$ 处却是可导的(可按导数定义求得 $f'(0)=0$).

② 在上面(1)的判断中，条件 $f(x)$ 在 x_0 处连续不可忽视，例如 $f(x)=\arctan\dfrac{1}{x}$，它在 $x=0$ 处间断，而 $x\neq 0$ 时，$f'(x)=-\dfrac{1}{1+x^2}$，有 $\lim\limits_{x\to 0}f'(x)=-1$，如果忽视了不具备连续条件，就会得到 $f'(0)=-1$ 的错误结论.

【例8】 设 $f(x)$ 在 $[0,1]$ 上具有二阶导数，且 $|f(x)|\leqslant a$，$|f''(x)|\leqslant b$，c 是 $(0,1)$ 内任意一点. 证明：$|f'(c)|\leqslant 2a+\dfrac{b}{2}$.

证 由泰勒公式，得

$$f(0)=f(c)-f'(c)c+\frac{f''(\xi_1)}{2}c^2,\quad 0<\xi_1<c<1,$$

$$f(1)=f(c)+f'(c)(1-c)+\frac{f''(\xi_2)}{2}(1-c)^2,\quad c<\xi_2<1,$$

于是

$$f(0)-f(1)=-f'(c)+\frac{1}{2}[f''(\xi_1)c^2-f''(\xi_2)(1-c)^2].$$

故 $|f'(c)| \leqslant |f(0)| + |f(1)| + \frac{1}{2}b[c^2 + (1-c)^2] \leqslant 2a + \frac{b}{2}$.

【例 9】　证明：若

$$f(a+h) = f(a) + f'(a)h + \cdots + \frac{f^{(n)}(a+\theta h)}{n!}h^n \quad (0<\theta<1),$$

且 $f^{(n+1)}(a) \neq 0$，则 $\lim\limits_{h\to 0}\theta = \frac{1}{n+1}$.

证　由于

$$f(a+h) = f(a) + f'(a)h + \cdots + \frac{h^n}{n!}f^{(n)}(a) + \frac{h^{n+1}}{(n+1)!}f^{(n+1)}(a) + o(h^{n+1}),$$

减去题设等式，可得

$$\frac{1}{h}[f^{(n)}(a+\theta h) - f^{(n)}(a)] = \frac{1}{n+1}f^{(n+1)}(a) + \frac{n!}{h^{n+1}}o(h^{n+1}),$$

即 $\theta \cdot \frac{f^{(n)}(a+\theta h) - f^{(n)}(a)}{\theta h} = \frac{1}{n+1}f^{(n+1)}(a) + n!\ \frac{o(h^{n+1})}{h^{n+1}}$. 于是

$$\lim_{h\to 0}\theta\frac{f^{(n)}(a+\theta h) - f^{(n)}(a)}{\theta h} = \lim_{h\to 0}\left(\frac{1}{n+1}f^{(n+1)}(a) + n!\ \frac{o(h^{n+1})}{h^{n+1}}\right) = \frac{1}{n+1}f^{(n+1)}(a),$$

即 $\lim\limits_{h\to 0}\theta \lim\limits_{h\to 0}\frac{f^{(n)}(a+\theta h) - f^{(n)}(a)}{\theta h} = \frac{1}{n+1}f^{(n+1)}(a)$，所以

$$\left(\lim_{h\to 0}\theta\right)f^{(n+1)}(a) = \frac{1}{n+1}f^{(n+1)}(a).$$

由 $f^{(n+1)}(a) \neq 0$，知 $\lim\limits_{h\to 0}\theta = \frac{1}{n+1}$.

【例 10】　设 $f(x)$ 在 x_0 处有二阶导数，求极限

$$\lim_{h\to 0}\frac{f(x_0+h) - 2f(x_0) + f(x_0-h)}{h^2}.$$

解　由洛必达法则及导数定义，得

$$\begin{aligned}\text{原式} &= \lim_{h\to 0}\frac{f'(x_0+h) - f'(x_0-h)}{2h} \\ &= \lim_{h\to 0}\frac{1}{2}\left(\frac{f'(x_0+h) - f'(x_0)}{h} + \frac{f'(x_0-h) - f'(x_0)}{-h}\right) \\ &= f''(x_0).\end{aligned}$$

【例 11】 求$\lim\limits_{x\to 0}\left[\dfrac{(1+x)^{\frac{1}{x}}}{\mathrm{e}}\right]^{\frac{1}{x}}$.

解 令$y=\left[\dfrac{(1+x)^{\frac{1}{x}}}{\mathrm{e}}\right]^{\frac{1}{x}}$，则$\ln y=\dfrac{\ln(1+x)-x}{x^2}$，于是

$$\lim_{x\to 0}\ln y=\lim_{x\to 0}\frac{\ln(1+x)-x}{x^2}=\lim_{x\to 0}\frac{\frac{1}{1+x}-1}{2x}=\lim_{x\to 0}\frac{-1}{2(1+x)}=-\frac{1}{2}.$$

所以$\lim\limits_{x\to 0}\left[\dfrac{(1+x)^{\frac{1}{x}}}{\mathrm{e}}\right]^{\frac{1}{x}}=\dfrac{1}{\sqrt{\mathrm{e}}}$.

【例 12】 利用泰勒公式求下列极限：

(1) $\lim\limits_{x\to 0}\dfrac{\cos x-\mathrm{e}^{-\frac{x^2}{2}}}{\sin^4 x}$； (2) $\lim\limits_{x\to\infty}\left(x-x^2\ln\left(1+\dfrac{1}{x}\right)\right)$；

(3) $\lim\limits_{x\to 0}\dfrac{x^2}{\sqrt[5]{1+5x}-(1+x)}$； (4) $\lim\limits_{x\to 0}\left(1+\dfrac{1}{x^2}-\dfrac{1}{x^3}\ln\dfrac{2+x}{2-x}\right)$.

解 (1) 原式$=\lim\limits_{x\to 0}\dfrac{\cos x-\mathrm{e}^{-\frac{x^2}{2}}}{x^4}$. 而

$$\cos x=1-\frac{x^2}{2!}+\frac{x^4}{4!}+o(x^4),\quad \mathrm{e}^{-\frac{x^2}{2}}=1-\frac{x^2}{2}+\frac{1}{2!}\left(-\frac{x^2}{2}\right)^2+o(x^4),$$

故原式$=\lim\limits_{x\to 0}\dfrac{\left(\frac{1}{4!}-\frac{1}{8}\right)x^4+o(x^4)}{x^4}=-\dfrac{1}{12}$.

(2) 由于$\ln\left(1+\dfrac{1}{x}\right)=\dfrac{1}{x}-\dfrac{1}{2}\left(\dfrac{1}{x}\right)^2+o\left(\left(\dfrac{1}{x}\right)^2\right)$，故

原式$=\lim\limits_{x\to\infty}\left\{x-x^2\left[\dfrac{1}{x}-\dfrac{1}{2x^2}+o\left(\dfrac{1}{x^2}\right)\right]\right\}=\lim\limits_{x\to\infty}\left(\dfrac{1}{2}+o(1)\right)=\dfrac{1}{2}$.

(3) 因为

$$\begin{aligned}\sqrt[5]{1+5x}&=(1+5x)^{\frac{1}{5}}=1+\frac{1}{5}(5x)+\frac{1}{2!}\cdot\frac{1}{5}\left(\frac{1}{5}-1\right)(5x)^2+o(x^2)\\&=1+x-2x^2+o(x^2),\end{aligned}$$

所以，原式$=\lim\limits_{x\to 0}\dfrac{x^2}{(1+x-2x^2+o(x^2))-(1+x)}=-\dfrac{1}{2}$.

(4) 因为

$$\ln\frac{2+x}{2-x}=\ln\frac{1+\frac{x}{2}}{1-\frac{x}{2}}=\ln\left(1+\frac{x}{2}\right)-\ln\left(1-\frac{x}{2}\right)$$

$$=\left[\frac{x}{2}-\frac{1}{2}\left(\frac{x}{2}\right)^2+\frac{1}{3}\left(\frac{x}{2}\right)^3+o(x^3)\right]$$
$$-\left[-\frac{x}{2}-\frac{1}{2}\left(\frac{x}{2}\right)^2-\frac{1}{3}\left(\frac{x}{2}\right)^3+o(x^3)\right]$$
$$=x+\frac{1}{12}x^3+o(x^3),$$

所以

$$\text{原式}=\lim_{x\to 0}\left\{1+\frac{1}{x^2}-\frac{1}{x^3}\left[x+\frac{1}{12}x^3+o(x^3)\right]\right\}$$
$$=\lim_{x\to 0}\left[1-\frac{1}{12}-\frac{o(x^3)}{x^3}\right]=\frac{11}{12}.$$

【例 13】 求证：$2^n>1+n\sqrt{2^{n-1}}$ ($n>1$ 为自然数).

证 把证明数列不等式转化为证明函数不等式，可以用微分学的方法.令 $f(x)=2^x-1-x\sqrt{2^{x-1}}$ $(x>1)$，则

$$f'(x)=2^x\ln 2-2^{\frac{x-1}{2}}-\frac{1}{2}x\cdot 2^{\frac{x-1}{2}}\ln 2$$
$$=2^{\frac{x-1}{2}}\left(2^{\frac{x+1}{2}}\ln 2-1-\frac{1}{2}x\ln 2\right).$$

为了确定 $f'(x)$ 的符号，考查 $g(x)=2^{\frac{x+1}{2}}\ln 2-1-\frac{1}{2}x\ln 2$.因

$$g'(x)=2^{\frac{x+1}{2}}\cdot\frac{1}{2}\ln^2 2-\frac{1}{2}\ln 2=\frac{1}{2}\ln 2\left(2^{\frac{x+1}{2}}\ln 2-1\right)$$
$$\geqslant\frac{1}{2}\ln 2\,(\ln 2^2-1)>0\quad(x>1),$$

故有

$$g(x)\geqslant g(1)=2\ln 2-1-\frac{1}{2}\ln 2=\frac{3}{2}\ln 2-1$$
$$=\ln\sqrt{8}-1>0\quad(\sqrt{8}>2.8>\mathrm{e}).$$

于是 $f'(x)>0$ ($\forall x>1$)，可得

$$f(x)>f(1)=0,\quad\forall x>1.$$

因此，$f(n)>0$ ($n>1$)，即 $2^n>1+n\sqrt{2^{n-1}}$.

【例 14】 证明：$\frac{1-x}{1+x}<\mathrm{e}^{-2x}$，$x\in(0,1)$.

证 令 $f(x)=(1+x)\mathrm{e}^{-2x}-1+x$，$x\in[0,1]$，则有

$$f'(x)=1-(1+2x)e^{-2x},$$
$$f''(x)=4xe^{-2x}>0,\quad x\in(0,1),$$

所以 $f'(x)$ 在$(0,1)$上单调增加，在$[0,1]$上连续，且 $f'(0)=0$. 故

$$f'(x)>0,\quad x\in(0,1).$$

进一步可得到，$f(x)$ 在$(0,1)$上单调增加，在$[0,1]$上连续，且 $f(0)=0$，所以 $f(x)>0$. 证毕.

【例 15】 设 $f(0)=0$，在$(0,+\infty)$内 $f''(x)>0$. 试证：$F(x)=\dfrac{f(x)}{x}$ 在$(0,+\infty)$内严格单调增加.

证 $F'(x)=\dfrac{xf'(x)-f(x)}{x^2}$. 令 $h(x)=xf'(x)-f(x)$，则 $h(0)=0$，

$$h'(x)=f'(x)+xf''(x)-f'(x)=xf''(x)>0,$$

所以 $h(x)$ 严格单调增加，即当 $x>0$ 时，$h(x)>h(0)=0$. 因此

$$F'(x)=\frac{xf'(x)-f(x)}{x^2}=\frac{h(x)}{x^2}>0,\quad x>0.$$

故 $F(x)=\dfrac{f(x)}{x}$ 在$(0,+\infty)$内严格单调增加.

【例 16】 求函数 $f(x)=\begin{cases}x^2, & x\leqslant 0,\\ xe^{-x}, & x>0\end{cases}$ 的单调区间和极值.

解 函数的定义域为$(-\infty,+\infty)$，且 $x=0$ 为函数的分段点. 当 $x<0$ 时，$f'(x)=2x$；当 $x>0$ 时，$f'(x)=(1-x)e^{-x}$；当 $x=0$ 时，

$$f'_-(0)=\lim_{x\to 0^-}2x=0,\quad f'_+(0)=\lim_{x\to 0^+}(1-x)e^{-x}=1,$$

故 $f'(0)$ 不存在. 令 $f'(x)=0$，得 $x=1$. 点 $x=0$，$x=1$ 将$(-\infty,+\infty)$分成三部分：$(-\infty,0)$，$(0,1)$，$(1,+\infty)$. 在各区间内的符号如下表所示：

x	$(-\infty,0)$	0	$(0,1)$	1	$(1,+\infty)$
$f'(x)$	<0		>0		<0
$f(x)$	↘	0 极小值	↗	e^{-1} 极大值	↘

由上表可见，$(-\infty,0)$ 和 $(1,+\infty)$ 是单调减少区间，$(0,1)$ 是单调增加区间，在 $x=0$ 处函数取得极小值 $f(0)=0$，在 $x=1$ 处函数取得极大值 $f(1)=e^{-1}$.

【例 17】　已知曲线在直角坐标系中由参数方程给出：

$$x = t\ln t,\ y = \frac{\ln t}{t}\quad (t \geqslant 1).$$

求：(1) 曲线的单调性区间及极值点；(2) 曲线的凹凸区间及拐点；(3) 函数图形的渐近线.

解　$x'(t) = 1 + \ln t > 0\ (t \geqslant 1)$. 曲线可表示为 $y = y(x)$. 由参数求导法，有

$$\frac{\mathrm{d}y}{\mathrm{d}x} = \frac{1 - \ln t}{t^2(1 + \ln t)},\quad \frac{\mathrm{d}^2 y}{\mathrm{d}x^2} = \frac{2(\ln^2 t - 2)}{t^2(1 + \ln t)^2}.$$

可得下表：

t	1	$(1,\mathrm{e})$	e	$(\mathrm{e},\mathrm{e}^{\sqrt{2}})$	$\mathrm{e}^{\sqrt{2}}$	$(\mathrm{e}^{\sqrt{2}},+\infty)$
x	0	$(0,\mathrm{e})$	e	$(\mathrm{e},\sqrt{2}\,\mathrm{e}^{\sqrt{2}})$	$\sqrt{2}\,\mathrm{e}^{\sqrt{2}}$	$(\sqrt{2}\,\mathrm{e}^{\sqrt{2}},+\infty)$
$\frac{\mathrm{d}y}{\mathrm{d}x}$	1	+	0	−	−	−
$\frac{\mathrm{d}^2 y}{\mathrm{d}x^2}$	−4	−	−	−	0	+

(1)　单增区间为 $[0,\mathrm{e}]$，单减区间为 $[\mathrm{e},+\infty)$，极大值点为 $x = \mathrm{e}$.

(2)　下凸区间为 $(\sqrt{2}\,\mathrm{e}^{\sqrt{2}},+\infty)$，上凸区间为 $[0,\sqrt{2}\,\mathrm{e}^{\sqrt{2}}]$，拐点为 $\left(\sqrt{2}\,\mathrm{e}^{\sqrt{2}},\dfrac{\sqrt{2}}{\mathrm{e}^{\sqrt{2}}}\right)$.

(3)　渐近线为 $y = 0$.

【例 18】　求一个二次三项式 $p(x)$，使得 $2^x = p(x) + o(x^2)$.

解　2^x 的二阶麦克劳林公式为

$$2^x = \mathrm{e}^{x\ln 2} = 1 + x\ln 2 + \frac{1}{2}(x\ln 2)^2 + o(x^2),$$

所以 $p(x) = \dfrac{1}{2}(\ln 2)^2 x^2 + (\ln 2)x + 1$.

【例 19】　求由 y 轴上的一个给定点 $(0,b)$ 到抛物线 $x^2 = 4y$ 上的点的最短距离.

解　设 $M\left(x,\dfrac{1}{4}x^2\right)$ 是抛物线上任意一点，则 $(0,b)$ 到 M 的距离为 $d = \sqrt{x^2 + \left(\dfrac{1}{4}x^2 - b\right)^2}$. 于是

$$d'=\frac{1}{\sqrt{x^2+\left(\frac{1}{4}x^2-b\right)^2}}\left(x+\frac{1}{8}x^3-\frac{b}{2}x\right).$$

令 $d'=0$，得 $x=0$ 或 $x^2=4b-8$.

当 $b<2$ 时，只有一个驻点 $x=0$. 当 $x<0$ 时，$d'<0$，d 单减；当 $x>0$ 时，$d'>0$，d 单增. 故 $x=0$ 是 d 的极小值点，极小值为 $|b|$.

当 $b\geqslant 2$ 时，有三个驻点 $x=0,-2\sqrt{b-2},2\sqrt{b-2}$. 当 $x<-2\sqrt{b-2}$ 时，$d'<0$，d 单减；当 $-2\sqrt{b-2}<x<0$ 时，$d'>0$，d 单增；当 $0<x<2\sqrt{b-2}$ 时，$d'<0$，d 单减；当 $x>2\sqrt{b-2}$ 时，$d'>0$，d 单增. 故 $x=\pm 2\sqrt{b-2}$ 是极小值点，极小值为 $2\sqrt{b-1}$.

【例 20】 设 $f(x)=3x^2+Ax^{-3}$，且当 $x>0$ 时，均有 $f(x)\geqslant 20$. 求正数 A 的最小值.

解 $f(x)$ 关于 A 单调增加，所以本题就是要选最小的 A，使得 $f(x)$ 的最小值为 20 即可.

令 $f'(x)=6x-3Ax^{-4}=0$，解得 $x_0=\sqrt[5]{\frac{A}{2}}$. 由于

$$f''(x)=6+12Ax^{-5}>0,$$

所以 $f(x_0)$ 为最小值. 令 $f\left(\sqrt[5]{\frac{A}{2}}\right)=5\sqrt[5]{\left(\frac{A}{2}\right)^2}=20$，得 $A=64$.

三、教材习题全解

习题 3-1

A 类

1. 对于下列函数，在所示区间上应用拉格朗日中值公式，求出中值 ξ：

(1) $f(x)=x^2\ (1\leqslant x\leqslant 5)$；　　(2) $f(x)=\frac{1}{x}\ (2\leqslant x\leqslant 4)$；

(3) $f(x)=\sqrt{x}\quad(4\leqslant x\leqslant 9)$；　　(4) $f(x)=\ln x\quad(1\leqslant x\leqslant \mathrm{e})$.

解　(1) $\dfrac{5^2-1^2}{5-1}=2\xi$，$\xi=3$.

(2) $\dfrac{\frac{1}{4}-\frac{1}{2}}{4-2}=-\dfrac{1}{\xi^2}$，$\xi=2\sqrt{2}$.

(3) $\dfrac{\sqrt{9}-\sqrt{4}}{9-4}=\dfrac{1}{2\sqrt{\xi}}$，$\xi=\dfrac{25}{4}$.

(4) $\dfrac{\ln \mathrm{e}-\ln 1}{\mathrm{e}-1}=\dfrac{1}{\xi}$，$\xi=\mathrm{e}-1$.

2. 对函数 $f(x)=\sin x$，$F(x)=x-\cos x$，在区间 $\left[0,\dfrac{\pi}{2}\right]$ 上验证柯西中值定理的正确性，并求出相应的 ξ.

解　显然 $f(x)$，$F(x)$ 在区间 $\left[0,\dfrac{\pi}{2}\right]$ 上连续，在 $\left(0,\dfrac{\pi}{2}\right)$ 内可导，且对任意的 $x\in\left(0,\dfrac{\pi}{2}\right)$，$F'(x)\neq 0$，故柯西中值定理的条件满足. 于是，存在 $\xi\in\left(0,\dfrac{\pi}{2}\right)$，有

$$\frac{f\left(\frac{\pi}{2}\right)-f(0)}{F\left(\frac{\pi}{2}\right)-F(0)}=\frac{f'(\xi)}{F'(\xi)},\quad 即\frac{1}{\frac{\pi}{2}+1}=\frac{\cos\xi}{1+\sin\xi}. \tag{①}$$

等式右边分子、分母同乘以 $1-\sin\xi$，可得

$$\frac{1}{\frac{\pi}{2}+1}=\frac{1-\sin\xi}{\cos\xi}=\frac{2-(1+\sin\xi)}{\cos\xi}.$$

结合 ① 式，得 $\dfrac{2}{\cos\xi}=\dfrac{\pi}{2}+1+\dfrac{1}{\frac{\pi}{2}+1}$，故 $\cos\xi=\dfrac{4\pi+8}{\pi^2+4\pi+8}$.

3. 试证明：对函数 $y=px^2+qx+r$ 应用拉格朗日中值定理时所求得的点 ξ 总是位于区间的正中间.

证　显然函数 $y=px^2+qx+r$ 在任一闭区间 $[a,b]\subset(-\infty,+\infty)$ 上连续，在 (a,b) 内可导，满足拉格朗日中值定理的条件，于是至少存在一点 $\xi\in(a,b)$，使

$$\frac{y(b)-y(a)}{b-a}=\frac{pb^2+qb+r-pa^2-qa-r}{b-a}=y'(\xi)=2p\xi+q,$$

即 $2p\xi+q=p(b+a)+q$. 从而 $\xi=\dfrac{a+b}{2}$，即 ξ 位于区间的正中间.

4. 证明：对于 $x\geqslant 0$，有 $\theta=\theta(x)$，使

$$\sqrt{x+1}-\sqrt{x}=\frac{1}{2\sqrt{x+\theta}},$$

而且 $\theta=\theta(x)$ 满足 $\dfrac{1}{4}\leqslant\theta<\dfrac{1}{2}$，$\lim\limits_{x\to 0^+}\theta=\dfrac{1}{4}$，$\lim\limits_{x\to+\infty}\theta=\dfrac{1}{2}$.

证 当 $x \geqslant 0$ 时，对函数 $\sqrt{x}$ 应用拉格朗日中值定理，易得

$$\sqrt{x+1}-\sqrt{x}=\frac{1}{2\sqrt{x+\theta(x)}},$$

其中 $0<\theta(x)<1$. 解之得 $\theta(x)=\frac{1}{4}+\frac{1}{2}\left[\sqrt{x(x+1)}-x\right]$.

当 $x=0$ 时，$\theta(x)=\frac{1}{4}$；当 $x>0$ 时，有

$$0<\sqrt{x(x+1)}-x=\frac{x}{\sqrt{x(x+1)}+x}<\frac{x}{2x}=\frac{1}{2}.$$

于是 $\theta(x)$ 满足不等式：$\frac{1}{4}\leqslant\theta(x)<\frac{1}{4}+\frac{1}{2}\times\frac{1}{2}=\frac{1}{2}$，且有 $\lim\limits_{x\to 0^+}\theta(x)=\frac{1}{4}$，

$$\lim_{x\to+\infty}\theta(x)=\lim_{x\to+\infty}\left[\frac{1}{4}+\frac{x}{2(\sqrt{x(x+1)}+x)}\right]=\frac{1}{4}+\frac{1}{4}=\frac{1}{2}.$$

5. 应用拉格朗日中值定理证明下列不等式：

(1) $|\sin x-\sin y|\leqslant|x-y|$，$\forall x,y\in(-\infty,+\infty)$；

(2) $1+x\leqslant \mathrm{e}^x$；

(3) 当 $a>b>0$，$n>1$ 时，$nb^{n-1}(a-b)<a^n-b^n<na^{n-1}(a-b)$；

(4) $\frac{x}{1+x^2}<\arctan x<x$，$x>0$.

证 (1) 显然函数 $f(t)=\sin t$ 在以 x,y 为端点的区间上满足拉格朗日中值定理的条件，故有

$$\sin x-\sin y=\cos\xi\cdot(x-y),\quad \text{其中 }\xi\text{ 介于 }x,y\text{ 之间}.$$

从而有 $|\sin x-\sin y|=|\cos\xi|\cdot|x-y|\leqslant|x-y|$.

(2) 若 $x=0$，则原式成立. 若 $x\neq 0$，显然函数 $y=\mathrm{e}^x$ 在以 $0,x$ 为端点的区间上满足拉格朗日中值定理的条件，故有

$$\mathrm{e}^x-\mathrm{e}^0=\mathrm{e}^\xi\cdot x,\quad \text{其中 }\xi\text{ 介于 }0,x\text{ 之间}.$$

从而有 $\mathrm{e}^x-1>x$. 综合得证 $1+x\leqslant\mathrm{e}^x$.

(3) 设 $f(x)=x^n$. 显然 $f(x)$ 在 $[a,b]$ 上连续，在 (a,b) 内可导，由拉格朗日中值定理，至少 $\exists\xi\in(b,a)$，使 $f(a)-f(b)=f'(\xi)(a-b)$，即

$$a^n-b^n=n\xi^{n-1}(a-b).$$

又 $b<\xi<a$，$b^{n-1}<\xi^{n-1}<a^{n-1}$，所以

$$nb^{n-1}(a-b)<n\xi^{n-1}(a-b)<na^{n-1}(a-b).$$

故 $nb^{n-1}(a-b)<a^n-b^n<na^{n-1}(a-b)$.

(4) 对函数 $f(x)=\arctan x$ 在区间 $[0,x]$ 上应用拉格朗日中值定理，有

$$\frac{\arctan x-\arctan 0}{x-0}=\frac{\arctan x}{x}=\frac{1}{1+\xi^2},\quad \text{其中 }0<\xi<x.$$

故 $\frac{1}{1+x^2}<\frac{1}{1+\xi^2}<1$，从而有 $\frac{1}{1+x^2}<\frac{\arctan x}{x}<1$，即 $\frac{x}{1+x^2}<\arctan x<x$.

6. 利用微分中值定理证明恒等式：

(1) $\arcsin x + \arccos x = \dfrac{\pi}{2}$　$(-1 \leqslant x \leqslant 1)$；

(2) $2\arctan x + \arcsin\dfrac{2x}{1+x^2} \equiv \pi\ \mathrm{sgn}\, x$　$(|x| \geqslant 1)$；

(3) $3\arccos x - \arccos(3x - 4x^3) = \pi$　$\left(|x| \leqslant \dfrac{1}{2}\right)$；

(4) $\arcsin\sqrt{1-x^2} + \arctan\dfrac{x}{\sqrt{1-x^2}} = \dfrac{\pi}{2}$　$(x \in (0,1))$.

证　(1) 令 $f(x) = \arcsin x + \arccos x$，$x \in [-1,1]$，则 $f'(x) = 0$，从而

$$f(x) = c\ (c\ \text{为常数}),\quad x \in (-1,1).$$

令 $x = 0 \in (-1,1)$，则 $f(0) = \dfrac{\pi}{2} = c$. 所以

$$\arcsin x + \arccos x = \frac{\pi}{2},\quad x \in (-1,1).$$

又 $f(x)$ 在$[-1,1]$上连续，故当 $x \in [-1,1]$ 时，等式 $\arcsin x + \arccos x = \dfrac{\pi}{2}$ 恒成立.

(2) 设 $f(x) = 2\arctan x + \arcsin\dfrac{2x}{1+x^2}$，$f(x)$ 在 $|x| \geqslant 1$ 上连续，易验证

$$f'(x) \equiv 0\quad |x| > 1,$$

故函数 $f(x)$ 在$(-\infty,-1]$上为常数，得 $f(x) = f(-1) = -\pi$. 同样，函数 $f(x)$ 在$[1,+\infty)$ 上为常数，得 $f(x) = f(1) = \pi$. 故结论成立.

(3) 设 $f(x) = 3\arccos x - \arccos(3x - 4x^3)$，易验证 $f(x)$ 连续，

$$f'(x) \equiv 0,\quad |x| \leqslant \frac{1}{2},$$

故函数 $f(x)$ 在 $|x| \leqslant \dfrac{1}{2}$ 上为常数，得 $f(x) = f(0) = \pi$.

(4) 设 $f(x) = \arcsin\sqrt{1-x^2} + \arctan\dfrac{x}{\sqrt{1-x^2}}$，易验证 $f'(x) \equiv 0$，且 $f(x)$ 在$[0,1)$ 上连续，故 $f(x) = f(0) = \dfrac{\pi}{2}$.

7. 证明：方程 $x^3 - 3x + 1 = 0$ 在区间$(0,1)$内有唯一的实根.

证　设 $f(x) = x^3 - 3x + 1$，则 $f(x)$ 在闭区间$[0,1]$上连续，且

$$f(0) = 1 > 0,\quad f(1) = -1 < 0,$$

故由零点定理，$f(x) = 0$ 在$(0,1)$内存在根.

假设 $f(x)$ 在$[0,1]$上有两个零点 ξ_1,ξ_2，不妨设 $\xi_1 < \xi_2$，显然 $f(x)$ 在$[\xi_1,\xi_2]$上满足罗尔定理的条件，故 $\exists\,\xi \in (\xi_1,\xi_2) \subset [0,1]$，使得 $f'(\xi) = 0$，即 $3\xi^2 - 3 = 0$，$\xi = \pm 1$，矛盾. 故 $f(x)$ 在$[0,1]$上不可能有两个零点.

8. 设 $f(x)$ 在$[a,b]$上连续，在(a,b)内可导，证明：在(a,b)内至少存在一点 $c \in (a,b)$，使$\dfrac{bf(b) - af(a)}{b-a} = f(c) + cf'(c)$.

证 设 $\varphi(x)=xf(x)$，对函数 $\varphi(x)$ 在区间 $[a,b]$ 上应用拉格朗日中值定理知，在 (a,b) 内存在一点 $c\in(a,b)$，使

$$\frac{\varphi(b)-\varphi(a)}{b-a}=\frac{bf(b)-af(a)}{b-a}=\varphi'(c)=f(c)+cf'(c).$$

9. 设 $f(x)$ 于 $[a,b]$ 上连续，(a,b) 内可导，$b>a>0$，则存在 $\xi\in(a,b)$，使

$$f(b)-f(a)=\xi\cdot f'(\xi)\ln\frac{b}{a}.$$

证 设 $g(x)=\ln x$，对函数 $f(x),g(x)$ 在区间 $[a,b]$ 上应用柯西中值定理知，存在 $\xi\in(a,b)$，使

$$\frac{f(b)-f(a)}{g(b)-g(a)}=\frac{f(b)-f(a)}{\ln b-\ln a}=\frac{f'(\xi)}{\frac{1}{\xi}},$$

即 $f(b)-f(a)=\xi\cdot f'(\xi)\ln\frac{b}{a}$，$\xi\in(a,b)$.

10. 设 $f(x)$ 于 $[a,b]$ 上连续，(a,b) 内可导，$b>a>0$，证明：存在 $\xi\in(a,b)$，使

$$\frac{af(b)-bf(a)}{ab(b-a)}=\frac{\xi f'(\xi)-f(\xi)}{\xi^2}.$$

证 设 $\varphi(x)=\frac{f(x)}{x}$，对函数 $\varphi(x)$ 在区间 $[a,b]$ 上应用拉格朗日中值定理知，存在 $\xi\in(a,b)$，使

$$\varphi(b)-\varphi(a)=\frac{f(b)}{b}-\frac{f(a)}{a}=\varphi'(\xi)(b-a)=\frac{f'(\xi)\xi-f(\xi)}{\xi^2}(b-a).$$

11. 证明：若函数 $f(x)$ 在 $(-\infty,+\infty)$ 内满足关系式 $f'(x)=f(x)$，且 $f(0)=1$，则 $f(x)=e^x$.

证 设 $\varphi(x)=e^{-x}f(x)$，显然，函数 $\varphi(x)$ 在 $(-\infty,+\infty)$ 内可导，且 $\varphi'(x)=e^{-x}(f'(x)-f(x))=0$，故 $\varphi(x)$ 在 $(-\infty,+\infty)$ 内为常数，即 $\varphi(x)\equiv\varphi(0)=e^0f(0)=1$. 因此 $f(x)=e^x$.

12. 设 $a_0,a_1,\cdots,a_n$ 是满足 $a_0+\frac{a_1}{2}+\frac{a_2}{3}+\cdots+\frac{a_n}{n+1}=0$ 的实数，证明：方程 $a_0+a_1x+a_2x^2+\cdots+a_nx^n=0$ 在 $(0,1)$ 内至少有一个实根.

证 设 $\varphi(x)=a_0x+\frac{a_1}{2}x^2+\cdots+\frac{a_n}{n+1}x^{n+1}$，则 $\varphi(0)=\varphi(1)=0$，显然，$\varphi(x)$ 满足罗尔定理的条件，故存在 $\xi\in(0,1)$，使 $\varphi'(\xi)=0$. 而

$$\varphi'(x)=a_0+a_1x+\cdots+a_nx^n=f(x),$$

故 $f(\xi)=0$，说明 $f(x)$ 在 $(0,1)$ 内至少有一个零点.

13. 若方程 $a_0x^n+a_1x^{n-1}+\cdots+a_{n-1}x=0$ 有一个正根 $x=x_0$，证明：方程 $a_0nx^{n-1}+a_1(n-1)x^{n-2}+\cdots+a_{n-1}=0$ 必有一个小于 x_0 的正根.

证 令 $f(x)=a_0x^n+a_1x^{n-1}+\cdots+a_{n-1}x$，显然，$f(x)$ 在 $[0,x_0]$ 上连续，在 $(0,x_0)$ 内可导，且 $f(0)=0$. 依题意知 $f(x_0)=0$. 由罗尔定理，至少存在一点 $\xi\in(0,x_0)$，

使得 $f'(\xi)=0$ 成立，即

$$a_0 n\xi^{n-1}+a_1(n-1)\xi^{n-2}+\cdots+a_{n-1}=0.$$

这就说明 ξ 是方程 $a_0nx^{n-1}+a_1(n-1)x^{n-2}+\cdots+a_{n-1}=0$ 的一个小于 x_0 的正根.

B　类

1. 设函数 $y=f(x)$ 在 $x=0$ 的某邻域内有 n 阶导数，且 $f(0)=f'(0)=\cdots=f^{(n-1)}(0)$，试用柯西中值定理证明：$f(x)=\dfrac{f^{(n)}(\theta x)}{n!}x^n\ (0<\theta<1)$.

证　由柯西中值定理，

$$\begin{aligned}\frac{f(x)}{x^n}&=\frac{f(x)-f(0)}{x^n-0^n}=\frac{f'(\xi_1)}{n\xi_1^{n-1}}=\frac{f'(\xi_1)-f'(0)}{n\xi_1^{n-1}-n\cdot 0^{n-1}}\\&=\frac{f''(\xi_2)}{n(n-1)\xi_2^{n-2}}=\frac{f''(\xi_2)-f''(0)}{n(n-1)\xi_2^{n-2}-n(n-1)\cdot 0^{n-2}}\\&=\frac{f'''(\xi_3)}{n(n-1)(n-2)\xi_3^{n-3}}=\cdots=\frac{f^{(n-1)}(\xi_{n-1})}{n(n-1)(n-2)\cdot\cdots\cdot 2\xi_{n-1}}\\&=\frac{f^{(n-1)}(\xi_{n-1})-f^{(n-1)}(0)}{n(n-1)\cdot\cdots\cdot 2\xi_{n-1}-n(n-1)\cdot\cdots\cdot 2\cdot 0}\\&=\frac{f^{(n)}(\xi)}{n!}=\frac{f^{(n)}(\theta x)}{n!},\quad 0<\theta<1,\end{aligned}$$

这里 $\xi_1,\xi_2,\cdots,\xi_{n-1},\xi$ 均介于 0 与 x 之间，也可表示成 $\xi=\theta x$，$0<\theta<1$.

2. 设 $f(x)$ 可导，求证：$f(x)$ 在两零点之间一定有 $f(x)+f'(x)$ 的零点.

证　设 $f(x)$ 有两零点 x_1,x_2，且 $x_1<x_2$，则 $f(x_1)=f(x_2)=0$. 令 $\varphi(x)=e^x f(x)$，则 $\varphi(x)$ 在 $[a,b]$ 上满足罗尔中值定理的条件，从而存在 $\xi\in(a,b)$，使得

$$\varphi'(\xi)=e^{\xi}(f(\xi)+f'(\xi))=0,$$

即 ξ 为 $f(x)+f'(x)$ 的零点.

3. 设 $f(x),g(x)$ 在 $[a,b]$ 上连续，(a,b) 内可导，$g'(x)\neq 0$，证明：存在 $\xi\in(a,b)$，使

$$\frac{f(\xi)-f(a)}{g(b)-g(\xi)}=\frac{f'(\xi)}{g'(\xi)}.$$

证　只要证明

$$(f(\xi)-f(a))g'(\xi)-f'(\xi)(g(b)-g(\xi))=0, \qquad (*)$$

即 $f(\xi)g'(\xi)+f'(\xi)g(\xi)-f(a)g'(\xi)-g(b)f'(\xi)=0$.

设 $\varphi(x)=f(x)g(x)-f(a)g(x)-g(b)f(x)$，显然，$\varphi(x)$ 在 $[a,b]$ 上连续，(a,b) 内可导，且满足 $\varphi(a)=\varphi(b)$，由罗尔中值定理，存在 $\xi\in(a,b)$，使得 $\varphi'(\xi)=0$，即(*)式成立.

4. 设 $f(x)$ 在 $[1,2]$ 上具有二阶导数 $f''(x)$，且 $f(2)=f(1)=0$. 如果 $F(x)=(x-1)f(x)$，证明：至少存在一点 $\xi\in(1,2)$，使 $F''(\xi)=0$.

证　由题设条件，$F(x)$ 在 $[1,2]$ 上满足罗尔定理的条件，故存在 $\xi_1\in(1,2)$，使得

$F'(\xi_1)=0$. 因 $F'(x)=f(x)+(x-1)f'(x)$，故 $F'(1)=0$. 于是，对函数 $F'(x)$ 在区间$[1,\xi_1]$上应用罗尔中值定理，存在 $\xi\in(1,\xi_1)\subset(1,2)$，使得 $F''(\xi)=0$.

5. 设函数 $f(x)$ 在$[0,1]$上连续，在$(0,1)$内可导，且 $f(1)=0$. 证明：存在 $\xi\in(0,1)$，使得 $nf(\xi)+\xi f'(\xi)=0$.

证 令 $\varphi(x)=x^n f(x)$，则 $\varphi(x)$ 在区间$[0,1]$上满足罗尔中值定理的条件，故存在 $\xi\in(0,1)$，使得

$$\varphi'(\xi)=n\xi^{n-1}f(\xi)+\xi^n f'(\xi)=0,\quad 即\ nf(\xi)+\xi f'(\xi)=0.$$

6. 证明：方程 $x^n+px+q=0$ (n 为正整数，p,q 为实数) 当 n 为偶数时至多有两个实根；当 n 为奇数时至多有三个实根.

证 设 $f(x)=x^n+px+q$. 用反证法证明.

当 $n=2k\ (k=1,2,\cdots)$ 时，假设 $f(x)=x^{2k}+px+q=0$ 至少有三个实根 x_1,x_2,x_3，不妨设 $x_1<x_2<x_3$，则由罗尔中值定理知，存在 $\xi_1\in(x_1,x_2)$，$\xi_2\in(x_2,x_3)$，使得

$$f'(\xi_1)=2k\xi_1^{2k-1}+p=0,\quad f'(\xi_2)=2k\xi_2^{2k-1}+p=0.$$

但由于幂函数 x^{2k-1} 在$(-\infty,+\infty)$内严格递增，则 $f'(x)=2kx^{2k-1}+p$ 也在$(-\infty,+\infty)$内严格递增，而 $\xi_1<x_2<\xi_2$，所以 $f'(\xi_1)<f'(\xi_2)$，于是推出矛盾.

当 $n=2k+1\ (k=0,1,2,\cdots)$ 时，若 $k=0$，结论显然成立；若 $k=1,2,\cdots$，假设 $f(x)=x^{2k+1}+px+q=0$ 至少有 4 个实根，则由罗尔中值定理知，

$$f'(x)=(2k+1)x^{2k}+p=0,\quad 即 x^{2k}+0\cdot x+\frac{p}{2k+1}=0$$

至少有三个实根，这与 n 为偶数时的结论矛盾.

7. 设 $\lim\limits_{x\to+\infty}f'(x)=a$，求证：对任意的 $T>0$，有 $\lim\limits_{x\to+\infty}(f(x+T)-f(x))=Ta$.

证 对任意的 $T>0$，对函数 $f(x)$ 在区间$[x,x+T]$上应用拉格朗日中值定理，有

$$f(x+T)-f(x)=f'(\xi)\cdot T,\quad \xi\in(x,x+T).$$

令 $x\to+\infty$，有 $\lim\limits_{x\to+\infty}(f(x+T)-f(x))=\lim\limits_{\xi\to\infty}f'(\xi)\cdot T=Ta$.

8. 设 $f(x)$ 在$[a,+\infty)$上有界，$f'(x)$ 存在，且 $\lim\limits_{x\to+\infty}f'(x)=b$. 求证：$b=0$.

证 设 $X>a$，在$[X,2X]$上应用拉格朗日中值定理，有

$$f(2X)-f(X)=f'(\xi)\cdot X,\quad 其中\ X<\xi<2X.$$

因 $f(x)$ 在$[a,+\infty)$上有界，即存在 $M>0$，使 $|f(x)|\leqslant\frac{M}{2}$，则

$$|f(2X)-f(X)|\leqslant|f(2X)|+|f(X)|\leqslant\frac{M}{2}+\frac{M}{2}=M,$$

从而 $|f'(\xi)|\cdot X\leqslant M$. 两边对 $X\to+\infty$ 取极限，此时 $\xi\to+\infty$，得 $\lim\limits_{\xi\to+\infty}f'(\xi)=0$，即 $b=0$.

9. 设函数 $f(x)$ 在区间$(a,+\infty)$内可微分.

(1) 举出例子说明，有极限 $\lim\limits_{x\to+\infty}f(x)$，但没有极限 $\lim\limits_{x\to+\infty}f'(x)$.

(2) 若有极限 $\lim\limits_{x \to +\infty} f(x)$ 和 $\lim\limits_{x \to +\infty} f'(x)$，证明：$\lim\limits_{x \to +\infty} f'(x) = 0$.

证 (1) 例如，$f(x) = \dfrac{\sin x^2}{x}$.

(2) 由极限 $\lim\limits_{x \to +\infty} f(x)$ 存在，可推出在 $(a, +\infty)$ 内函数 $f(x)$ 有界，故可由上题得证.

10. 证明：勒让德(Legendre)多项式 $P_n(x) = \dfrac{1}{2^n n!} \dfrac{\mathrm{d}^n}{\mathrm{d}x^n}(x^2-1)^n$ 在区间 $(-1,1)$ 内恰有 n 个不同的根.

证 令 $\varphi(x) = (x^2-1)^n = (x-1)^n(x+1)^n$，因 $\varphi(-1) = \varphi(1) = 0$，由罗尔中值定理，至少存在一点 $\xi_1 \in (-1,1)$，使得 $\dfrac{\mathrm{d}}{\mathrm{d}x}(x^2-1)^n \Big|_{x=\xi_1} = 0$.

在区间 $(-1,\xi_1)$，$(\xi_1,1)$ 内，因

$$\frac{\mathrm{d}}{\mathrm{d}x}(x^2-1)^n \Big|_{x=\pm 1} = 2xn(x^2-1)^{n-1} \Big|_{x=\pm 1} = 0, \quad \frac{\mathrm{d}}{\mathrm{d}x}(x^2-1)^n \Big|_{x=\xi_1} = 0,$$

故存在 $\xi_{21} \in (-1,\xi_1)$，$\xi_{22} \in (\xi_1,1)$，使得 $\dfrac{\mathrm{d}^2}{\mathrm{d}x^2}(x^2-1)^n \Big|_{x=\xi_{21},\xi_{22}} = 0$.

同理，在区间 $(-1,\xi_{21})$，(ξ_{21},ξ_{22})，$(\xi_{22},1)$ 内分别至少存在一点，使得 $\dfrac{\mathrm{d}^3}{\mathrm{d}x^3}(x^2-1)^n = 0$. 依此类推，在 $(-1,1)$ 内至少有 n 个互异的 c_i，$i = 1,2,\cdots,n$，使得 $\dfrac{\mathrm{d}^n}{\mathrm{d}x^n}(x^2-1)^n = 0$. 又因 $P_n(x)$ 是 n 次多项式，至多有 n 个实根，故 $P_n(x)$ 在 $(-1,1)$ 内恰好有 n 个实根.

11. 若 $f(x)$ 在 $[a,b]$ 上可导，且 $f'(a) \neq f'(b)$，k 为介于 $f'(a)$ 和 $f'(b)$ 之间的任一实数，证明：至少存在一点 $\xi \in (a,b)$，使 $f'(\xi) = k$.

证 不妨设 $f'(a) < k < f'(b)$. 令 $\varphi(x) = f(x) - kx$，则 $\varphi(x)$ 在 $[a,b]$ 上可导. 因 $\varphi'(a) = f'(a) - k < 0$，即 $\lim\limits_{x \to a^+} \dfrac{\varphi(x)-\varphi(a)}{x-a} < 0$，故存在 a 的右邻域 U_1，使得

$$\varphi(x) < \varphi(a), \quad x \in U_1.$$

同样，因 $\varphi'(b) = f'(b) - k > 0$，即 $\lim\limits_{x \to b^-} \dfrac{\varphi(x)-\varphi(b)}{x-b} > 0$，故存在 b 的左邻域 U_2，使得 $\varphi(x) < \varphi(b)$，$x \in U_2$.

因 $\varphi(x)$ 在 $[a,b]$ 上连续，故 $\varphi(x)$ 在 $[a,b]$ 上取得最小值，且最小值点在 $[a,b]$ 的内部. 设 $\xi \in (a,b)$，使得 $\varphi(\xi) = \min\limits_{x \in [a,b]} \varphi(x)$，因 $\varphi(x)$ 在 $[a,b]$ 上可导，故 $\varphi'(\xi) = 0$，即 $f'(\xi) = k$.

习题 3-2

A 类

1. 写出下列函数在 $x = 0$ 的带皮亚诺余项的泰勒展开式：

(1) e^{2x}; (2) $\cos x^2$; (3) $\ln(1-x)$;

(4) $\sin^3 x$; (5) $\dfrac{x^3+2x+1}{x-1}$; (6) $\dfrac{1}{(1+x)^2}$;

(7) $\dfrac{x}{2x^2+x-1}$; (8) $\ln\dfrac{1+x}{1-2x}$.

解 (1) $e^{2x}=1+\dfrac{2x}{1}+\dfrac{2^2x^2}{2!}+\cdots+\dfrac{2^nx^n}{n!}+o(x^n)$.

(2) $\cos x^2=1-\dfrac{x^4}{2!}+\dfrac{x^8}{4!}-\dfrac{x^{12}}{6!}+\cdots+\dfrac{(-1)^nx^{4n}}{(2n)!}+o(x^{4n})$.

(3)
$$\ln(1-x)=(-x)-\frac{(-x)^2}{2}+\frac{(-x)^3}{3}-\frac{(-x)^4}{4}+\cdots+(-1)^{n-1}\frac{(-x)^n}{n}+o(x^n)$$
$$=-x-\frac{x^2}{2}-\frac{x^3}{3}-\frac{x^4}{4}-\cdots-\frac{x^n}{n}+o(x^n).$$

(4)
$$\sin^3x=\sin x\left(\frac{1-\cos 2x}{2}\right)=\frac{\sin x}{2}-\frac{1}{4}(\sin 3x-\sin x)=\frac{3}{4}\sin x-\frac{1}{4}\sin 3x$$
$$=\frac{3}{4}\left[x-\frac{x^3}{3!}+\frac{x^5}{5!}-\frac{x^7}{7!}+\cdots+(-1)^{n-1}\frac{x^{2n-1}}{(2n-1)!}+o(x^{2n})\right]$$
$$-\frac{1}{4}\left[3x-\frac{(3x)^3}{3!}+\frac{(3x)^5}{5!}-\frac{(3x)^7}{7!}+\cdots+(-1)^{n-1}\frac{(3x)^{2n-1}}{(2n-1)!}+o(x^{2n})\right]$$
$$=\frac{3^3-3}{4\cdot 3!}x^3+\frac{3-3^5}{4\cdot 5!}x^5+\frac{3^7-3}{4\cdot 7!}x^7+\cdots$$
$$+(-1)^n\frac{3^{2n-1}-3}{4\cdot(2n-1)!}x^{2n-1}+o(x^{2n}).$$

(5)
$$\frac{x^3+2x+1}{x-1}=x^2+x+3+\frac{4}{x-1}$$
$$=x^2+x+3-4(1+x+x^2+\cdots+x^n+o(x^n))$$
$$=-1-3x-3x^2-4x^3-4x^4-\cdots-4x^n+o(x^n).$$

(6)
$$\frac{1}{(1+x)^2}=(1+x)^{-2}$$
$$=1-2x+\frac{(-2)(-2-1)}{2!}x^2+\cdots+\frac{(-2)(-2-1)\cdots(-2-n+1)}{n!}x^n$$
$$+o(x^n)$$
$$=1-2x+3x^2-4x^3+\cdots+(-1)^n(n+1)x^n+o(x^n).$$

(7)
$$\frac{x}{2x^2+x-1}=\frac{1}{3}\cdot\frac{1}{2x-1}+\frac{1}{3}\cdot\frac{1}{x+1}=\frac{1}{3}\left[\frac{1}{1-(-x)}-\frac{1}{1-2x}\right]$$
$$=\frac{1}{3}(1-x+x^2-x^3+x^4+\cdots+(-1)^nx^n+o(x^n))$$
$$-\frac{1}{3}(1+2x+2^2x^2+2^3x^3+\cdots+2^nx^n+o(x^n))$$
$$=\frac{-1-2}{3}x+\frac{1-2^2}{3}x^2+\frac{-1-2^3}{3}x^3+\cdots+\frac{(-1)^n-2^n}{3}x^n+o(x^n).$$

(8) $\ln\dfrac{1+x}{1-2x}=\ln(1+x)-\ln(1-2x)$

$$= x - \frac{x^2}{2} + \frac{x^3}{3} - \cdots + (-1)^{n-1}\frac{x^n}{n} + o(x^n)$$

$$+ \left[2x + \frac{(2x)^2}{2} + \frac{(2x)^3}{3} + \cdots + \frac{(2x)^n}{n} + o(x^n)\right]$$

$$= 3x - \frac{1-2^2}{2}x^2 + \frac{1+2^3}{3}x^3 - \cdots$$

$$+ (-1)^{n-1}\frac{1+(-1)^{n-1}2^n}{n}x^n + o(x^n).$$

2. 写出下列函数在 $x = 0$ 的泰勒公式至所指的阶数：

(1) $e^{\sin x}$，(x^3)；　　(2) $\ln\cos x$，(x^6).

解 (1) $e^{\sin x} = 1 + \sin x + \frac{\sin^2 x}{2!} + \frac{\sin^3 x}{3!} + o(\sin^3 x)$

$$= 1 + x - \frac{x^3}{3!} + o(x^3) + \frac{1}{2}(x + o(x^2))^2 + \frac{1}{6}(x + o(x^2))^3 + o(x^3)$$

$$= 1 + x + \frac{1}{2}x^2 + o(x^3).$$

(2) $\ln\cos x = \ln\left(1 - 2\sin^2\frac{x}{2}\right)$

$$= -2\sin^2\frac{x}{2} - \frac{1}{2}\left(2\sin^2\frac{x}{2}\right)^2 - \frac{1}{3}\left(2\sin^2\frac{x}{2}\right)^3$$

$$-\frac{1}{4}\left(2\sin^2\frac{x}{2}\right)^4 + o(x^8)$$

$$= -2\left[\frac{x}{2} - \frac{1}{3!}\left(\frac{x}{2}\right)^3 + \frac{1}{5!}\left(\frac{x}{2}\right)^5 + o(x^6)\right]^2$$

$$-\frac{4}{2}\left[\frac{x}{2} - \frac{1}{3!}\left(\frac{x}{2}\right)^3 + o(x^4)\right]^4 - \frac{8}{3}\left(\frac{x}{2} + o(x^2)\right)^6 + o(x^6)$$

$$= -\frac{x^2}{2} - \frac{x^4}{12} - \frac{x^6}{45} + o(x^6).$$

3. 求函数 $f(x) = \frac{1}{x}$ 当 $x_0 = -1$ 时的 n 阶泰勒公式.

解 $f(x) = \frac{1}{x} = \frac{-1}{1-(x+1)}$

$$= -1 - (x+1) - (x+1)^2 - \cdots - (x+1)^n + o((x+1)^n).$$

4. 利用 e^x 的 n 阶麦克劳林公式写出 e^{-x}，e^{x^2} 的 n 阶麦克劳林公式.

解 由 $e^x = 1 + x + \frac{x^2}{2!} + \cdots + \frac{x^n}{n!} + o(x^{n+1})$，有

$$e^{-x} = 1 - x + \frac{x^2}{2!} - \frac{x^3}{3!} + \cdots + (-1)^n\frac{x^n}{n!} + o(x^n),$$

$$e^{x^2} = 1 + x^2 + \frac{x^4}{2!} + \cdots + \frac{x^{2n}}{n!} + o(x^{2n}).$$

5. 确定常数 a,b，使 $x\to 0$ 时，$f(x)=\mathrm{e}^x-\dfrac{1+ax}{1+bx}$ 为 x 的 3 阶无穷小.

解 $\mathrm{e}^x=1+x+\dfrac{x^2}{2!}+\dfrac{x^3}{3!}+o(x^3)$，$(1+bx)^{-1}=1-bx+b^2x^2-b^3x^3+o(x^3)$，故

$$f(x)=1+x+\frac{x^2}{2}+\frac{x^3}{6}+o(x^3)-(1+ax)(1-bx+b^2x^2-b^3x^3+o(x^3))$$

$$=(1-a+b)x+\left(\frac{1}{2}-b^2+ab\right)x^2+\alpha(x),$$

其中，$\alpha(x)$是 x 的 3 阶无穷小. 从而有

$$1-a+b=0,\quad \frac{1}{2}-b^2+ab=0,$$

得 $a=\dfrac{1}{2}$，$b=-\dfrac{1}{2}$.

6. 利用泰勒公式求极限：

(1) $\lim\limits_{x\to 0}\dfrac{\sin x-x\cos x}{x-\sin x}$；　　(2) $\lim\limits_{x\to 0}\dfrac{\mathrm{e}^{x^3}-1-x^3}{\sin^6 2x}$；

(3) $\lim\limits_{x\to 0}\dfrac{\cos x-\mathrm{e}^{-\frac{x^2}{2}}}{\sin^4 x}$；　　(4) $\lim\limits_{x\to 0}\dfrac{1-\cos(\sin x)}{2\ln(1+x^2)}$.

解 (1) $$\lim_{x\to 0}\frac{\sin x-x\cos x}{x-\sin x}=\lim_{x\to 0}\frac{x-\dfrac{x^3}{3!}+o(x^3)-x\left(1-\dfrac{x^2}{2!}+o(x^2)\right)}{x-\left(x-\dfrac{x^3}{3!}+o(x^3)\right)}$$

$$=\lim_{x\to 0}\frac{\dfrac{1}{3}x^3+o(x^3)}{\dfrac{1}{6}x^3+o(x^3)}=2.$$

(2) $$\lim_{x\to 0}\frac{\mathrm{e}^{x^3}-1-x^3}{\sin^6 2x}=\lim_{x\to 0}\frac{\dfrac{x^6}{2!}+o(x^6)}{(2x)^6}=\frac{1}{128}.$$

(3) $$\lim_{x\to 0}\frac{\cos x-\mathrm{e}^{-\frac{x^2}{2}}}{\sin^4 x}=\lim_{x\to 0}\frac{1-\dfrac{x^2}{2!}+\dfrac{x^4}{4!}+o(x^5)-1+\dfrac{x^2}{2}-\dfrac{x^4}{2!\cdot 4}+o(x^4)}{x^4}$$

$$=\lim_{x\to 0}\left(-\frac{1}{12}+\frac{o(x^4)}{x^4}\right)=-\frac{1}{12}.$$

(4) $$\lim_{x\to 0}\frac{1-\cos(\sin x)}{2\ln(1+x^2)}=\lim_{x\to 0}\frac{1-\left(1-\dfrac{1}{2}\sin^2 x+o(x^2)\right)}{2x^2}$$

$$=\lim_{x\to 0}\left(\frac{\dfrac{1}{2}\sin^2 x}{2x^2}-\frac{o(x^2)}{2x^2}\right)=\frac{1}{4}.$$

7. 设 $f(x)$ 在 $x=0$ 的某邻域内 3 阶可导，且 $f(0)=0$，$f'(0)=1$，$f''(0)=2$，求 $\lim\limits_{x\to 0}\dfrac{f(x)-x}{x^2}$.

解　$f(x)=f(0)+f'(0)x+\frac{f''(0)}{2!}x^2+o(x^2)=x+x^2+o(x^2)$，故

$$\lim_{x\to 0}\frac{f(x)-x}{x^2}=\lim_{x\to 0}\frac{x^2+o(x^2)}{x^2}=1.$$

8. 应用 3 阶泰勒公式求下列各数的近似值，并估计误差：

(1) $\sin 18^\circ$；　　(2) $\ln 1.2$.

解　(1) $18^\circ=\frac{\pi}{10}$. 取 $f(x)=\sin x$，则 $f(x)=x-\frac{x^3}{3!}+R_4(x)$，于是

$$f\left(\frac{\pi}{10}\right)=\sin 18^\circ\approx\frac{\pi}{10}-\frac{1}{3!}\left(\frac{\pi}{10}\right)^3\approx 0.308\,99,$$

$$|R_4(x)|=\left|\frac{\sin\xi}{5!}x^5\right|<\frac{1}{5!}\left(\frac{\pi}{10}\right)^5\approx 2.55\times 10^{-5}.$$

(2) 由 $\ln(1+x)=x-\frac{x^2}{2}+\frac{x^3}{3}+R_4(x)$，得

$$\ln 1.2=\ln(1+0.2)\approx 0.2-\frac{0.2^2}{2}+\frac{0.2^3}{3}\approx 0.182\,667,$$

误差 $|R_3(x)|=\left|\frac{x^4}{4(1+\theta x)^4}\right|<\frac{1}{4}\times 0.2^4\approx 4\times 10^{-4}$.

B　类

1. 按 x 的乘幂展开 $\sin(\sin x)$ 到含 x^3 的项.

解

$$\begin{aligned}\sin(\sin x)&=\sin x-\frac{\sin^3 x}{3!}+o(x^4)\\&=\left(x-\frac{x^3}{3!}+o(x^4)\right)-\frac{1}{6}\left(x-\frac{x^3}{3!}+o(x^4)\right)^3+o(x^4)\\&=x-\frac{1}{3}x^3+o(x^4).\end{aligned}$$

2. 利用泰勒公式求极限：

(1) $\lim\limits_{x\to\infty}(\sqrt[6]{x^6+x^5}-\sqrt[6]{x^6-x^5})$；　　(2) $\lim\limits_{x\to 0}\frac{1+\frac{1}{2}x^2-\sqrt{1+x^2}}{(\cos x-e^{\frac{x^2}{2}})\sin\frac{x^2}{2}}$.

解　(1) $\lim\limits_{x\to\infty}(\sqrt[6]{x^6+x^5}-\sqrt[6]{x^6-x^5})\xlongequal{t=\frac{1}{x}}\lim\limits_{t\to 0}\frac{\sqrt[6]{1+t}-\sqrt[6]{1-t}}{t}$

$$=\lim_{t\to 0}\frac{\left(1+\frac{1}{6}t+o(t)\right)-\left(1-\frac{1}{6}t+o(t)\right)}{t}=\frac{1}{3}.$$

(2) $$\lim_{x\to 0}\frac{1+\frac{1}{2}x^2-\sqrt{1+x^2}}{(\cos x-e^{\frac{x^2}{2}})\sin\frac{x^2}{2}}=\lim_{x\to 0}\frac{1+\frac{1}{2}x^2-\left(1+\frac{1}{2}x^2-\frac{1}{8}x^4+o(x^4)\right)}{\left[\left(1-\frac{1}{2}x^2+o(x^2)\right)-\left(1+\frac{1}{2}x^2+o(x^2)\right)\right]\frac{x^2}{2}}$$

$$= \lim_{x \to 0} \frac{\frac{1}{8}x^4 + o(x^4)}{-\frac{1}{2}x^4 + o(x^4)} = -\frac{1}{4}.$$

3. 设 $f(x)$ 在 a 点附近二阶可导，且 $f''(a) \neq 0$. 由微分中值定理：

$$f(a+h) - f(a) = f'(a+\theta h)h, \quad 0 < \theta < 1,$$

求证：$\lim\limits_{h \to 0} \theta = \frac{1}{2}$.

证 因为 $f(a+h) = f(a) + f'(a)h + \frac{h^2}{2!}f''(a) + o(h^2)$，减去题设等式，可得

$$\frac{1}{h}(f'(a+\theta h) - f'(a)) = \frac{1}{2}f''(a) + \frac{1}{h^2}o(h^2),$$

故 $\theta \cdot \frac{f'(a+\theta h) - f'(a)}{\theta h} = \frac{1}{2}f''(a) + \frac{1}{h^2}o(h^2)$. 两边对 $h \to 0$ 取极限，得

$$\lim_{h \to 0}\theta \cdot \frac{f'(a+\theta h) - f'(a)}{\theta h} = \lim_{h \to 0}\left(\frac{1}{2}f''(a) + \frac{1}{h^2}o(h^2)\right),$$

即 $(\lim\limits_{h \to 0}\theta)f''(a) = \frac{1}{2}f''(a)$. 由 $f''(a) \neq 0$，知 $\lim\limits_{h \to 0}\theta = \frac{1}{2}$.

4. 设 $f(x)$ 在 $(-\infty, +\infty)$ 内任意次可导，令 $F(x) = f(x^2)$，求证：

$$F^{(2n+1)}(0) = 0, \quad \frac{F^{(2n)}(0)}{(2n)!} = \frac{f^{(n)}(0)}{n!}.$$

证 由泰勒公式，有

$$f(x) = f(0) + f'(0)x + \frac{f''(0)}{2!}x^2 + \cdots + \frac{f^{(n)}(0)}{n!}x^n + o(x^n),$$

故

$$F(x) = f(x^2) = f(0) + f'(0)x^2 + \frac{f''(0)}{2!}x^4 + \cdots + \frac{f^{(n)}(0)}{n!}x^{2n} + o(x^{2n})$$

$$= f(0) + 0 \cdot x + f'(0)x^2 + 0 \cdot x^3 + \frac{f''(0)}{2!}x^4 + \cdots + \frac{f^{(n)}(0)}{n!}x^{2n} + o(x^{2n}),$$

又因为

$$F(x) = F(0) + F'(0)x + \frac{F''(0)}{2!}x^2 + \frac{F'''(0)}{3!}x^3 + \frac{F^{(4)}(0)}{4!}x^4 + \cdots + \frac{F^{(2n)}(0)}{(2n)!}x^{2n} + o(x^{2n}),$$

由展开式的唯一性，可得 $F^{(2n+1)}(0) = 0$，$\frac{F^{(2n)}(0)}{(2n)!} = \frac{f^{(n)}(0)}{n!}$.

5. 设 $P(x)$ 为一 n 次多项式.

(1) 若 $P(a), P'(a), \cdots, P^{(n)}(a)$ 皆为正数，证明：$P(x)$ 在 $(a, +\infty)$ 内无根.

(2) 若 $P(a), P'(a), \cdots, P^{(n)}(a)$ 正负号相间，证明：$P(x)$ 在 $(-\infty, a)$ 内无根.

证 将 n 次多项式 $P(x)$ 在 $x = a$ 处展开，得

$$P(x) = P(a) + P'(a)(x-a) + \frac{P''(a)}{2!}(x-a)^2 + \cdots + \frac{P^{(n)}(a)}{n!}(x-a)^n.$$

(1) 若 $P(a), P'(a), \cdots, P^{(n)}(a)$ 皆为正数，则当 $x \in (a, +\infty)$ 时，$P(x) > 0$，故

$P(x)$ 在$(a,+\infty)$ 内无根.

(2) 若$P(a),P'(a),\cdots,P^{(n)}(a)$正负号相间，则当$x\in(-\infty,a)$时，$P(x)$符号恒定，故 $P(x)$ 在$(-\infty,a)$ 内无根.

习题 3-3

A 类

1. 求下列极限：

(1) $\lim\limits_{x\to 0}\dfrac{\tan bx}{\sin ax}$;

(2) $\lim\limits_{x\to 1}\dfrac{x^2+x-2}{x^3-1}$;

(3) $\lim\limits_{x\to 0}x\cot 2x$;

(4) $\lim\limits_{x\to 0}\dfrac{\tan x-x}{x-\sin x}$;

(5) $\lim\limits_{x\to 0}\left(\dfrac{1}{x}-\dfrac{1}{e^x-1}\right)$;

(6) $\lim\limits_{x\to 0}\dfrac{\ln(1+x)-x}{\cos x-1}$;

(7) $\lim\limits_{x\to 0}\left(\dfrac{1}{x^2}-\cot^2 x\right)$;

(8) $\lim\limits_{x\to 0}\dfrac{1-\cos x^2}{x^3\sin x}$;

(9) $\lim\limits_{x\to \frac{\pi}{2}}\dfrac{\ln\sin x}{(\pi-2x)^2}$;

(10) $\lim\limits_{x\to 0^+}\dfrac{\ln\sin 2x}{\ln\sin x}$.

解 (1) $\lim\limits_{x\to 0}\dfrac{\tan bx}{\sin ax}=\lim\limits_{x\to 0}\dfrac{b\sec^2 bx}{a\cos ax}=\dfrac{b}{a}$.

(2) $\lim\limits_{x\to 1}\dfrac{x^2+x-2}{x^3-1}=\lim\limits_{x\to 1}\dfrac{2x+1}{3x^2}=\dfrac{3}{3}=1$.

(3) $\lim\limits_{x\to 0}x\cot 2x=\lim\limits_{x\to 0}\dfrac{x}{\tan 2x}=\lim\limits_{x\to 0}\dfrac{1}{2\sec^2 2x}=\dfrac{1}{2}$.

(4) $\lim\limits_{x\to 0}\dfrac{\tan x-x}{x-\sin x}=\lim\limits_{x\to 0}\dfrac{\sec^2 x-1}{1-\cos x}=\lim\limits_{x\to 0}\dfrac{\tan^2 x}{1-\cos x}=\lim\limits_{x\to 0}\dfrac{x^2}{\frac{1}{2}x^2}=2$.

(5) $\lim\limits_{x\to 0}\left(\dfrac{1}{x}-\dfrac{1}{e^x-1}\right)=\lim\limits_{x\to 0}\dfrac{e^x-1-x}{x(e^x-1)}=\lim\limits_{x\to 0}\dfrac{e^x-1-x}{x^2}=\lim\limits_{x\to 0}\dfrac{e^x-1}{2x}=\dfrac{1}{2}$.

(6) $\lim\limits_{x\to 0}\dfrac{\ln(1+x)-x}{\cos x-1}=\lim\limits_{x\to 0}\dfrac{\frac{1}{1+x}-1}{-\sin x}=\lim\limits_{x\to 0}\dfrac{1}{1+x}\cdot\dfrac{x}{\sin x}=1$.

(7)
$$\begin{aligned}\lim_{x\to 0}\left(\frac{1}{x^2}-\cot^2 x\right)&=\lim_{x\to 0}\frac{\tan^2 x-x^2}{x^2\tan^2 x}=\lim_{x\to 0}\frac{(\tan x-x)(\tan x+x)}{x^4}\\&=\lim_{x\to 0}\frac{\tan x-x}{x^3}\cdot\frac{\tan x+x}{x}=2\lim_{x\to 0}\frac{\sec^2 x-1}{3x^2}\\&=2\lim_{x\to 0}\frac{\tan^2 x}{3x^2}=\frac{2}{3}.\end{aligned}$$

(8) $\lim\limits_{x\to 0}\dfrac{1-\cos x^2}{x^3\sin x}=\lim\limits_{x\to 0}\dfrac{1-\cos x^2}{x^4}=\lim\limits_{x\to 0}\dfrac{2x\sin x^2}{4x^3}=\dfrac{1}{2}$.

(9) $\lim\limits_{x\to\frac{\pi}{2}}\dfrac{\ln\sin x}{(\pi-2x)^2}=\lim\limits_{x\to\frac{\pi}{2}}\dfrac{\cos x}{2(\pi-2x)\cdot(-2)\sin x}=-\dfrac{1}{4}\lim\limits_{x\to\frac{\pi}{2}}\dfrac{\cos x}{\pi-2x}$

$$=-\frac{1}{4}\lim_{x\to\frac{\pi}{2}}\frac{-\sin x}{-2}=-\frac{1}{8}.$$

(10) $\lim\limits_{x\to 0^+}\dfrac{\ln\sin 2x}{\ln\sin x}=\lim\limits_{x\to 0^+}\dfrac{\sin x\cdot 2\cos 2x}{\cos x\cdot\sin 2x}=1.$

2. 讨论函数 $f(x)=\begin{cases}\left[\dfrac{(1+x)^{\frac{1}{x}}}{\mathrm{e}}\right]^{\frac{1}{x}}, & x>0,\\ \mathrm{e}^{-\frac{1}{2}}, & x\leqslant 0\end{cases}$ 在点 $x=0$ 处的连续性.

解 $\lim\limits_{x\to 0^-}f(x)=\lim\limits_{x\to 0^-}\mathrm{e}^{-\frac{1}{2}}=\mathrm{e}^{-\frac{1}{2}}$,

$$\lim_{x\to 0^+}f(x)=\lim_{x\to 0^+}\left[\frac{(1+x)^{\frac{1}{x}}}{\mathrm{e}}\right]^{\frac{1}{x}}=\exp\left\{\lim_{x\to 0^+}\frac{\frac{1}{x}\ln(1+x)-1}{x}\right\}$$

$$=\exp\left\{\lim_{x\to 0^+}\frac{\ln(1+x)-x}{x^2}\right\}=\exp\left\{\lim_{x\to 0}\frac{\frac{1}{1+x}-1}{2x}\right\}$$

$$=\exp\left\{\lim_{x\to 0^+}\frac{-1}{2(1+x)}\right\}=\mathrm{e}^{-\frac{1}{2}},$$

显然 $\lim\limits_{x\to 0^-}f(x)=\lim\limits_{x\to 0^+}f(x)=f(0)=\mathrm{e}^{-\frac{1}{2}}$,故 $f(x)$ 在 $x=0$ 处连续.

B 类

1. 求下列极限:

(1) $\lim\limits_{x\to 0}\dfrac{1-\cos^2 x}{x(1-\mathrm{e}^x)}$;

(2) $\lim\limits_{x\to+\infty}\left(x-x^2\ln\left(1+\dfrac{1}{x}\right)\right)$;

(3) $\lim\limits_{x\to 0}\dfrac{x-\arcsin x}{\sin^3 x}$;

(4) $\lim\limits_{x\to+\infty}\left(\dfrac{2}{\pi}\arctan x\right)^x$;

(5) $\lim\limits_{x\to 0}\left(\dfrac{\tan x}{x}\right)^{\frac{1}{x^2}}$;

(6) $\lim\limits_{x\to 0}\dfrac{(1+x)^{\frac{1}{x}}-\mathrm{e}}{x}$;

(7) $\lim\limits_{x\to+0}\left(\dfrac{1}{x}\right)^{\tan x}$;

(8) $\lim\limits_{x\to 0}\dfrac{\ln(x^2+\mathrm{e}^{2x})-2x}{\ln(\sin^2 x+\mathrm{e}^x)-x}$;

(9) $\lim\limits_{n\to\infty}\sqrt{n}\,(\sqrt[n]{n}-1)$;

(10) $\lim\limits_{n\to\infty}\left(n\sin\dfrac{1}{n}\right)^{n^2}$.

解 (1) $\lim\limits_{x\to 0}\dfrac{1-\cos^2 x}{x(1-\mathrm{e}^x)}=\lim\limits_{x\to 0}\dfrac{(1-\cos x)(1+\cos x)}{-x^2}=\lim\limits_{x\to 0}\dfrac{\frac{1}{2}x^2(1+\cos x)}{-x^2}$

$$=-\frac{1}{2}\times 2=-1.$$

(2) 令 $x=\dfrac{1}{t}$,则有

$$\lim_{x\to+\infty}\left(x-x^2\ln\left(1+\frac{1}{x}\right)\right)=\lim_{t\to 0}\left(\frac{1}{t}-\frac{\ln(1+t)}{t^2}\right)=\lim_{t\to 0}\frac{t-\ln(1+t)}{t^2}$$

$$=\lim_{t\to 0}\frac{1-\dfrac{1}{1+t}}{2t}=\lim_{t\to 0}\frac{t}{2t(1+t)}=\frac{1}{2}.$$

(3) $$\lim_{x\to 0}\frac{x-\arcsin x}{\sin^3 x}\xlongequal{t=\arcsin x}\lim_{t\to 0}\frac{\sin t-t}{\sin^3 \sin t}=\lim_{t\to 0}\frac{\sin t-t}{t^3}=\lim_{t\to 0}\frac{\cos t-1}{3t^2}$$

$$=\lim_{t\to 0}\frac{-\dfrac{1}{2}t^2}{3t^2}=-\frac{1}{6}.$$

(4) $$\lim_{x\to+\infty}\left(\frac{2}{\pi}\arctan x\right)^x=\lim_{x\to+\infty}\exp\left\{x\ln\left(\frac{2}{\pi}\arctan x\right)\right\}=\exp\left\{\lim_{x\to+\infty}\frac{\ln\left(\dfrac{2}{\pi}\arctan x\right)}{\dfrac{1}{x}}\right\}$$

$$=\exp\left\{\lim_{x\to+\infty}\frac{\dfrac{1}{\arctan x\cdot(1+x^2)}}{-\dfrac{1}{x^2}}\right\}$$

$$=\exp\left\{\lim_{x\to+\infty}\frac{-x^2}{\arctan x\cdot(1+x^2)}\right\}=\exp\left\{-\frac{2}{\pi}\right\}.$$

(5) $$\lim_{x\to 0}\left(\frac{\tan x}{x}\right)^{\frac{1}{x^2}}=\lim_{x\to 0}\exp\left\{\frac{\ln\tan x-\ln x}{x^2}\right\}=\exp\left\{\lim_{x\to 0}\frac{\dfrac{\sec^2 x}{\tan x}-\dfrac{1}{x}}{2x}\right\}$$

$$=\exp\left\{\lim_{x\to 0}\frac{x-\sin x\ \cos x}{2x^2\sin x\ \cos x}\right\}=\exp\left\{\lim_{x\to 0}\frac{x-\sin x\ \cos x}{2x^3}\right\}$$

$$=\exp\left\{\lim_{x\to 0}\frac{1-\cos^2 x+\sin^2 x}{6x^2}\right\}=e^{\frac{1}{3}}.$$

(6) $$\lim_{x\to 0}\frac{(1+x)^{\frac{1}{x}}-e}{x}=\lim_{x\to 0}(1+x)^{\frac{1}{x}}\cdot\frac{x-(1+x)\ln(1+x)}{x^2(1+x)}$$

$$=e\cdot\lim_{x\to 0}\frac{x-(1+x)\ln(1+x)}{x^2}$$

$$=e\cdot\lim_{x\to 0}\frac{-\ln(1+x)}{2x}=-\frac{e}{2}.$$

(7) $$\lim_{x\to 0^+}\left(\frac{1}{x}\right)^{\tan x}=\exp\left\{\lim_{x\to 0^+}\tan x\ \ln\frac{1}{x}\right\}=\exp\left\{\lim_{x\to 0^+}\left(-\frac{\ln x}{\cot x}\right)\right\}$$

$$=\exp\left\{\lim_{x\to 0^+}\frac{\dfrac{1}{x}}{\csc^2 x}\right\}=\exp\left\{\lim_{x\to 0^+}\frac{\sin x}{x}\cdot\sin x\right\}$$

$$=e^0=1.$$

(8) $$\lim_{x\to 0}\frac{\ln(x^2+e^{2x})-2x}{\ln(\sin^2 x+e^x)-x}=\lim_{x\to 0}\frac{\dfrac{2x+2e^{2x}}{x^2+e^{2x}}-2}{\dfrac{\sin 2x+e^x}{\sin^2 x+e^x}-1}=\lim_{x\to 0}\frac{2x-2x^2}{\sin 2x-\sin^2 x}=1.$$

(9) $$\lim_{n\to\infty}\sqrt{n}\,(\sqrt[n]{n}-1)=\lim_{x\to+\infty}x^{\frac{1}{2}}(x^{\frac{1}{x}}-1)=\lim_{x\to+\infty}\frac{x^{\frac{1}{x}}-1}{x^{-\frac{1}{2}}}$$

$$= \lim_{x\to+\infty} \frac{x^{\frac{1}{x}}\left(-\frac{1}{x^2}\ln x + \frac{1}{x^2}\right)}{-\frac{1}{2}x^{-\frac{3}{2}}} = \lim_{x\to+\infty} \frac{2x^{\frac{1}{x}}(\ln x - 1)}{x^{\frac{1}{2}}}$$

$$= 2\lim_{x\to+\infty} e^{\frac{1}{x}\ln x} \lim_{x\to+\infty} \frac{\ln x - 1}{x^{\frac{1}{2}}} = 2\lim_{x\to+\infty} e^{\frac{1}{x}} \lim_{x\to+\infty} \frac{\frac{1}{x}}{\frac{1}{2}x^{-\frac{1}{2}}}$$

$$= 2e^0 \lim_{x\to+\infty} \frac{2}{\sqrt{x}} = 0.$$

(10) $\lim\limits_{n\to\infty}\left(n\sin\frac{1}{n}\right)^{n^2} = \exp\left\{\lim\limits_{n\to\infty} n^2\ln\left(n\sin\frac{1}{n}\right)\right\} = \exp\left\{\lim\limits_{n\to\infty}\frac{\ln\left(n\sin\frac{1}{n}\right)}{\frac{1}{n^2}}\right\}$，由于

$$\lim_{n\to\infty}\frac{\ln\left(n\sin\frac{1}{n}\right)}{\frac{1}{n^2}} = \lim_{x\to+\infty}\frac{\ln\left(x\sin\frac{1}{x}\right)}{\frac{1}{x^2}}$$

$$= \lim_{x\to+\infty}\left(-\frac{x^3}{2}\right)\cdot\frac{1}{x\sin\frac{1}{x}}\left(\sin\frac{1}{x} - \frac{1}{x}\cos\frac{1}{x}\right)$$

$$= \lim_{x\to+\infty}\left(-\frac{x^3}{2}\right)\left(\sin\frac{1}{x} - \frac{1}{x}\cos\frac{1}{x}\right)$$

$$= \lim_{x\to+\infty}\frac{\sin\frac{1}{x} - \frac{1}{x}\cos\frac{1}{x}}{-\frac{2}{x^3}}$$

$$= \lim_{x\to+\infty}\left(-\frac{1}{6}x\sin\frac{1}{x}\right) = -\frac{1}{6},$$

故 $\lim\limits_{n\to\infty}\left(n\sin\frac{1}{n}\right)^{n^2} = e^{-\frac{1}{6}}$.

2. 试确定常数 a,b，使极限 $\lim\limits_{x\to0}\frac{1+a\cos2x+b\cos4x}{x^4}$ 存在，并求此极限.

解 因极限 $\lim\limits_{x\to0}\frac{1+a\cos2x+b\cos4x}{x^4}$ 存在，故分子的极限必须为零，即

$$\lim_{x\to0}(1+a\cos2x+b\cos4x) = 1+a+b = 0.$$

由洛必达法则，

$$\lim_{x\to0}\frac{1+a\cos2x+b\cos4x}{x^4} = \lim_{x\to0}\frac{-2a\sin2x-4b\sin4x}{4x^3}$$

$$= \lim_{x\to0}\frac{-2\sin2x}{2x}\cdot\frac{a+4b\cos2x}{2x^2},$$

故 $\lim\limits_{x\to0}(a+4b\cos2x) = a+4b = 0$. 解得 $a = -\frac{4}{3}$，$b = \frac{1}{3}$. 此时，

$$\lim_{x\to0}\frac{1+a\cos2x+b\cos4x}{x^4} = \lim_{x\to0}\frac{4-4\cos2x}{3x^2} = \frac{8}{3}.$$

3. 设 $f(x)$ 二阶可导，求证：$\lim\limits_{h\to 0}\dfrac{f(x+2h)-2f(x+h)+f(x)}{h^2}=f''(x)$.

证 $\lim\limits_{h\to 0}\dfrac{f(x+2h)-2f(x+h)+f(x)}{h^2}=\lim\limits_{h\to 0}\dfrac{2f'(x+2h)-2f'(x+h)}{2h}$

$$=\lim_{h\to 0}\left(2\frac{f'(x+2h)-f'(x)}{2h}-\frac{f'(x+h)-f'(x)}{h}\right)$$

$$=2f''(x)-f''(x)=f''(x).$$

习题 3-4

A 类

1. 确定下列函数的单调区间：

(1) $f(x)=2x^3-6x^2-18x+1$； (2) $f(x)=2x^2-\ln x$；

(3) $y=\dfrac{x^2-1}{x}$； (4) $y=x^n e^{-x}\ (n>0,\ x\geqslant 0)$.

解 (1) $f'(x)=6(x+1)(x-3)$. 令 $f'(x)=0$，得 $x_1=-1$，$x_2=3$. 易知，当 $x<-1$ 或 $x>3$ 时，$f'(x)>0$；当 $-1<x<3$ 时，$f'(x)<0$. 故函数 $f(x)$ 的单调增区间为 $(-\infty,-1)$，$(3,+\infty)$；函数 $f(x)$ 的单调减区间为 $[-1,3]$.

(2) 函数 $f(x)$ 的定义域为 $x>0$，$f'(x)=4x-\dfrac{1}{x}=\dfrac{4x^2-1}{x}$. 令 $f'(x)=0$，得 $x=\dfrac{1}{2}$. 当 $x>\dfrac{1}{2}$ 时，$f'(x)>0$；当 $0<x<\dfrac{1}{2}$ 时，$f'(x)<0$. 故函数 $f(x)$ 的单调增区间为 $\left(\dfrac{1}{2},+\infty\right)$；函数 $f(x)$ 的单调减区间为 $\left(0,\dfrac{1}{2}\right)$.

(3) 函数 $y=\dfrac{x^2-1}{x}$ 的定义域为 $x\neq 0$，$y'=\dfrac{x^2+1}{x^2}>0$. 故函数的单调增区间为 $(-\infty,0)$，$(0,+\infty)$.

(4) $y'=x^{n-1}e^{-x}(n-x)$. 当 $0\leqslant x<n$ 时，$y'>0$，函数单调增加；当 $x>n$ 时，$y'<0$，函数单调减少. 故函数的单调增区间为 $[0,n]$，函数的单调减区间为 $(n,+\infty)$.

2. 利用函数的单调性证明不等式：

(1) 当 $x\geqslant 0$ 时，$x\geqslant \arctan x$；

(2) 当 $x>1$ 时，$2\sqrt{x}\geqslant 3-\dfrac{1}{x}$；

(3) 当 $x\geqslant 0$ 时，$2x\arctan x\geqslant \ln(1+x^2)$；

(4) 当 $0<x<\dfrac{\pi}{2}$ 时，$\sin x+\tan x>2x$.

证 (1) 设 $f(x)=x-\arctan x$. 因

$$f'(x)=1-\frac{1}{1+x^2}=\frac{x^2}{1+x^2}>0,$$

故函数 $f(x)$ 在其定义域上是单调增加的. 于是，当 $x\geqslant 0$ 时 $f(x)\geqslant f(0)=0$，即

$$x\geqslant \arctan x.$$

(2) 设 $f(x)=2\sqrt{x}-3+\dfrac{1}{x}$. 因 $x>1$ 时，

$$f'(x)=\frac{1}{\sqrt{x}}-\frac{1}{x^2}=\frac{x^{\frac{3}{2}}-1}{x^2}>0,$$

故函数 $f(x)$ 在 $x>1$ 时单调增加，得 $f(x)\geqslant f(1)=0$，即 $2\sqrt{x}\geqslant 3-\dfrac{1}{x}$.

(3) 设 $f(x)=2x\arctan x-\ln(1+x^2)$. 因

$$f'(x)=2\arctan x+\frac{2x}{1+x^2}-\frac{2x}{1+x^2}>0,$$

故 $x\geqslant 0$ 时，函数 $f(x)$ 单调增加，从而 $f(x)\geqslant f(0)=0$，即 $2x\arctan x\geqslant \ln(1+x^2)$.

(4) 设 $f(x)=\sin x+\tan x-2x$. 当 $0<x<\dfrac{\pi}{2}$ 时，因 $f'(x)=\cos x+\sec^2 x-2$，

$$f''(x)=-\sin x+2\sec^2 x\ \tan x=\sin x\ (2\sec^3 x-1)>0,$$

故 $f'(x)$ 单调上升，从而当 $0<x<\dfrac{\pi}{2}$ 时，$f'(x)>f'(0)=0$，得 $f(x)$ 单调上升，故 $f(x)>f(0)=0$，即 $\sin x+\tan x>2x$.

3. 求下列函数的极值:

(1) $f(x)=(x+1)e^{-x}$；

(2) $y=(x-1)^3(2x-3)^2$；

(3) $y=x-\ln(1+x)$；

(4) $f(x)=\dfrac{x}{1+x^2}$；

(5) $y=\dfrac{1+3x}{\sqrt{4+5x^2}}$；

(6) $y=\arctan x-\dfrac{1}{2}\ln(1+x^2)$；

(7) $y=\begin{cases}e^{-\frac{1}{x^2}}, & x\neq 0,\\ 0, & x=0.\end{cases}$

解 (1) 令 $f'(x)=-x\,e^{-x}=0$，得驻点 $x=0$，且 $x<0$ 时 $f'(x)>0$，$x>0$ 时 $f'(x)<0$，故 $x=0$ 为极大值点，极大值为 $f(0)=1$.

(2) $y'=(x-1)^2(2x-3)(10x-13)$. 解得驻点 $x_1=1$，$x_2=\dfrac{13}{10}$，$x_3=\dfrac{3}{2}$.

当 $x\in(-\infty,1)\cup\left(1,\dfrac{13}{10}\right)$ 时，$f'(x)>0$，所以 $x_1=1$ 不是极值点.

当 $x\in\left(1,\dfrac{13}{10}\right)$ 时 $f'(x)>0$，$x\in\left(\dfrac{13}{10},\dfrac{3}{2}\right)$ 时 $f'(x)<0$，所以 $x=\dfrac{13}{10}$ 时取极大值

$$f\left(\frac{13}{10}\right)=0.001\,08.$$

同理，当 $x\in\left(\dfrac{13}{10},\dfrac{3}{2}\right)$ 时 $f'(x)<0$，$x\in\left(\dfrac{3}{2},+\infty\right)$ 时 $f'(x)>0$，得 $x=\dfrac{3}{2}$ 时取极小值 $f\left(\dfrac{3}{2}\right)=0$.

(3) 函数的定义域为 $x>-1$，$y'=\dfrac{x}{1+x}$，且 $-1<x<0$ 时 $f'(x)<0$，$x>0$ 时 $f'(x)>0$，故 $x=0$ 为极小值点，极小值为 $y=0$.

(4) 令 $f'(x)=\dfrac{1-x^2}{(1+x^2)^2}=0$，得驻点：$x_1=-1$，$x_2=1$.

当 $x<-1$ 时 $f'(x)<0$，$-1<x<1$ 时 $f'(x)>0$，所以 $x=-1$ 时函数取极小值 $f(-1)=-\dfrac{1}{2}$.

又当 $x>1$ 时 $f'(x)<0$，故 $x=1$ 时函数取极大值 $f(1)=\dfrac{1}{2}$.

(5) 令 $y'=\dfrac{12-5x}{(4+5x^2)^{\frac{3}{2}}}=0$，得驻点：$x=\dfrac{12}{5}$，且 $x<\dfrac{12}{5}$ 时 $y'>0$，$x>\dfrac{12}{5}$ 时 $y'<0$，所以 $x=\dfrac{12}{5}$ 为极大值点，极大值为 $f\left(\dfrac{12}{5}\right)=\dfrac{\sqrt{205}}{10}$.

(6) 令 $y'=\dfrac{1-x}{1+x^2}=0$，得驻点：$x=1$，且 $x<1$ 时 $y'>0$，$x>1$ 时 $y'<0$，所以 $x=1$ 为极大值点，极大值为 $f(1)=\dfrac{\pi}{4}-\dfrac{1}{2}\ln 2$.

(7) 因 $x\neq 0$ 时 $y'=\dfrac{2\mathrm{e}^{-\frac{1}{x^2}}}{x^3}$，$y'(0)=0$，且 $x<0$ 时 $y'<0$，$x>0$ 时 $y'>0$，故 $x=0$ 为函数的极小值点，极小值为 $y(0)=0$.

4. 设 $f(x)=x^3-3px+q$，p,q 为实数，且 $p>0$.

(1) 求函数 $f(x)$ 的极值.

(2) 求方程 $x^3-3px+q=0$ 有 3 个实根的条件.

解 (1) 令 $f'(x)=3x^2-3p=0$，得 $x=\pm\sqrt{p}$. 易判断，$x=\sqrt{p}$ 为极小值点，极小值为 $q-2p\sqrt{p}$；$x=-\sqrt{p}$ 为极大值点，极大值为 $q+2p\sqrt{p}$.

(2) 因 $\lim\limits_{x\to+\infty}f(x)=+\infty$，$\lim\limits_{x\to-\infty}f(x)=-\infty$，故方程有3个根当且仅当 $f(\sqrt{p})<0$，$f(-\sqrt{p})>0$，即 $-2p\sqrt{p}<q<2p\sqrt{p}$.

5. 求函数的最大值与最小值：

(1) $y=x^5-5x^4+5x^3+1$，$[-1,2]$；　　(2) $y=x^2-\dfrac{54}{x}$，$x<0$；

(3) $y=2\tan x-\tan^2 x$，$\left[0,\dfrac{\pi}{2}\right)$；　　(4) $y=\sqrt{x}\ln x$，$(0,+\infty)$；

(5) $y=|x^2-3x+2|$，$[-10,10]$；　　(6) $y=\mathrm{e}^{|x-3|}$，$[-5,5]$.

解 (1) 令 $y'=5x^2(x^2-4x+3)=0$，得驻点 $x_1=0$，$x_2=1$. 因

$$f(x_1)=1,\quad f(x_2)=2,\quad f(-1)=-10,\quad f(2)=-7,$$

故函数的最大值为 $f(1)=2$，最小值为 $f(-1)=-10$.

(2) 令 $y'=\dfrac{2x^3+54}{x^2}=0$，得驻点 $x=-3$. 因在 $(-\infty,-3)$ 内 $y'<0$，函数单调减

少，在$(-3,0)$内$y'>0$，函数单调增加，故$x=-3$是函数的最小值点，且最小值为$f(-3)=27$.

(3) 令$y'=2\sec^2 x\,(1-\tan x)=0$，得驻点$x=\frac{\pi}{4}$，当$x\in\left[0,\frac{\pi}{4}\right)$时$y'>0$，当$x\in\left(\frac{\pi}{4},\frac{\pi}{2}\right)$时$y'<0$，所以$x=\frac{\pi}{4}$为极大值点，最大值为$f\left(\frac{\pi}{4}\right)=1$，无最小值.

(4) 令$y'=\frac{\ln x+2}{2\sqrt{x}}=0$，得驻点$x=e^{-2}$. 在$(0,e^{-2})$内$y'<0$，函数单调减少；在$(e^{-2},+\infty)$内$y'>0$，函数单调增加. 故函数在$x=e^{-2}$取得最小值$f(e^{-2})=-2e^{-1}$，无最大值.

(5) $y=\begin{cases}x^2-3x+2, & -10\leqslant x<1,\\ -(x^2-3x+2), & 1\leqslant x\leqslant 2,\\ x^2-3x+2, & 2<x\leqslant 10,\end{cases}\quad y'=\begin{cases}2x-3, & -10\leqslant x<1,\\ -2x+3, & 1<x<2,\\ 2x-3, & 2<x\leqslant 10.\end{cases}$

令$y'=0$得驻点$x=\frac{3}{2}$. $x=1,2$时导数不存在. 由于

$$f(-10)=132,\quad f(1)=0,\quad f\left(\frac{3}{2}\right)=\frac{1}{4},\quad f(2)=0,\quad f(10)=72,$$

故最大值为$f(-10)=132$，最小值为$f(1)=f(2)=0$.

(6) $y=\begin{cases}e^{x-3}, & 3\leqslant x\leqslant 5,\\ e^{3-x}, & -5\leqslant x<3,\end{cases}\quad y'=\begin{cases}e^{x-3}, & 3<x\leqslant 5,\\ -e^{3-x}, & -5\leqslant x<3,\end{cases}$ 无驻点，$x=3$时导数不存在. 由于

$$f(-5)=e^8,\quad f(3)=1,\quad f(5)=e^2,$$

故最大值为$f(-5)=e^8$，最小值为$f(3)=1$.

6. 讨论方程$\ln x=ax$（其中$a>0$）有几个实根.

解 令$f(x)=\ln x-ax$，则$f'(x)=\frac{1}{x}-a$. 令$f'(x)=0$，得$x=\frac{1}{a}$.

当$0<x<\frac{1}{a}$时，$f'(x)>0$，$f(x)$单调增加；当$x>\frac{1}{a}$时，$f'(x)<0$，$f(x)$单调减少. 又$\lim\limits_{x\to 0^+}f(x)=-\infty$，

$$\lim_{x\to+\infty}f(x)=\lim_{x\to+\infty}(\ln x-ax)=\lim_{x\to+\infty}x\left(\frac{\ln x}{x}-a\right)=-\infty\quad\left(\text{因}\lim_{x\to+\infty}\left(\frac{\ln x}{x}-a\right)=-a\right),$$

以上说明$f(x)$在$\left(0,\frac{1}{a}\right]$上单调上升，在$\left[\frac{1}{a},+\infty\right)$上单调下降，在$x=\frac{1}{a}$达到最大值，且$f\left(\frac{1}{a}\right)=-\ln a-1=-(1+\ln a)$. 因此

(1) 当$f\left(\frac{1}{a}\right)=0$，即$a=\frac{1}{e}$时，方程有一个实根$x=e$；

(2) 当$f\left(\frac{1}{a}\right)>0$，即$0<a<\frac{1}{e}$时，$f(x)$有两个零点，即方程有两个实根；

(3) 当 $f\left(\frac{1}{a}\right)<0$，即 $a>\frac{1}{\mathrm{e}}$ 时，$f(x)$ 无零点，此时方程无实根.

7. 一边长为 a 的正方形薄片，从4个角各截去一个小方块，然后折成一个无盖的方盒子. 问截去的小方块的边长等于多少时，方盒子的容量最大？

解　设截去的小方块的边长为 x，则折成的方盒的体积为

$$V=(a-2x)^2x=4x^3-4ax^2+a^2x,\quad 0\leqslant x\leqslant\frac{a}{2}.$$

令 $V'(x)=12x^2-8ax+a^2=0$，得 $x_1=\frac{a}{2}$（舍去），$x_2=\frac{a}{6}$，所以 $x_2=\frac{a}{6}$ 时 $V(x)$ 取最大值.

故截去的小方块的边长 $x=\frac{a}{6}$ 时，方盒子的容量最大.

8. 做一个圆柱形锅炉，已知其容积为 V，两端面材料的每单位面积价格为 a 元，侧面材料的每单位面积价格为 b 元. 问锅炉的直径与高的比等于多少时，造价最省？

解　设直径为 $2x$，高为 h，则 $V=\pi x^2\cdot h$，故 $h=\frac{V}{\pi x^2}$. 此时造价为

$$y(x)=2\pi x^2\cdot a+2\pi xh\cdot b=2\pi ax^2+\frac{2Vb}{x}.$$

求导得，$y'(x)=4\pi ax-\frac{2Vb}{x^2}$. 令 $y'(x)=0$，得唯一驻点 $x=\sqrt[3]{\frac{Vb}{2\pi a}}$，故 $x=\sqrt[3]{\frac{Vb}{2\pi a}}$ 时造价最省. 此时直径与高的比为

$$2x:h=2x:\frac{V}{\pi x^2}=2\pi x^3:V=b:a,$$

故直径与高的比等于 $b:a$ 时造价最省.

B　类

1. 应用函数的单调性证明下列不等式：

(1) $x-\frac{x^2}{2}<\ln(1+x)<x,\ x>0$；

(2) $\tan x>x+\frac{x^3}{3},\ x\in\left(0,\frac{\pi}{2}\right)$；

(3) $x<\sin x<x-\frac{x^3}{6},\ x<0$.

证　(1) 设 $f(x)=x-\ln(1+x)$. 因 $f'(x)=\frac{x}{1+x}>0$，故 $f(x)$ 当 $x>0$ 时单调增加，从而 $f(x)>f(0)$，即 $\ln(1+x)<x$.

设 $g(x)=\ln(1+x)-x+\frac{x^2}{2}$. 因 $g'(x)=\frac{1}{1+x}-1+x=\frac{x^2}{1+x}>0$，故 $g(x)>g(0)=0$，即 $x-\frac{x^2}{2}<\ln(1+x)$. 结论成立.

(2) 设 $f(x)=\tan x-x-\dfrac{x^3}{3}$. 因

$$f'(x)=\sec^2 x-1-x^2=\tan^2 x-x^2=(\tan x-x)(\tan x+x),$$

可证 $g_1(x)=\tan x-x$ 在 $\left(0,\dfrac{\pi}{2}\right)$ 内单调增加，得 $g_1(x)>g(0)=0$，从而 $f'(x)>0$. 故 $f(x)$ 在 $\left(0,\dfrac{\pi}{2}\right)$ 内单调增加，得 $f(x)>f(0)=0$，结论成立.

(3) 设 $f(x)=x-\sin x$，则有 $f'(x)=1-\cos x\geqslant 0$，故 $f(x)$ 当 $x<0$ 时单调增加，$f(x)<f(0)=0$，即 $x<\sin x$.

设 $g(x)=\sin x-x+\dfrac{x^3}{6}$. 因

$$g'(x)=\cos x-1+\frac{x^2}{2},\quad g''(x)=x-\sin x,$$

由已证结论知当 $x<0$ 时，$g''(x)<0$，故 $g'(x)$ 当 $x<0$ 时单调减少，$g'(x)>g'(0)=0$. 从而 $g(x)$ 当 $x<0$ 时单调增加，得 $g(x)<g(0)=0$，即 $\sin x<x-\dfrac{x^3}{6}$. 结论成立.

2. 证明：函数 $y=\dfrac{\sin x}{x}$ 在区间 $\left(0,\dfrac{\pi}{2}\right)$ 内是减函数，并由此推出不等式

$$\sin x>\frac{2}{\pi}x\quad \left(0<x<\frac{\pi}{2}\right).$$

证 $y'=\dfrac{x\cos x-\sin x}{x^2}$. 对 $y_1(x)=x\cos x-\sin x$，因 $y_1'(x)=-x\sin x<0$，故函数 $y_1(x)$ 在 $\left(0,\dfrac{\pi}{2}\right)$ 内单调减少，有 $y_1(x)<y_1(0)=0$. 于是 $y'=\dfrac{x\cos x-\sin x}{x^2}<0$，函数 $y=\dfrac{\sin x}{x}$ 在区间 $\left(0,\dfrac{\pi}{2}\right)$ 内是减函数，从而

$$\frac{\sin x}{x}>y\left(\frac{\pi}{2}\right)=\frac{2}{\pi},\quad \forall x\in\left(0,\frac{\pi}{2}\right),$$

故不等式 $\sin x>\dfrac{2}{\pi}x$ $\left(0<x<\dfrac{\pi}{2}\right)$ 成立.

3. 设函数 $f(x)$ 在区间 $[a,+\infty)$ 上连续，而在开区间 $(a,+\infty)$ 内有二阶导数 $f''(x)>0$. 证明：函数 $g(x)=\dfrac{f(x)-f(a)}{x-a}$ 在区间 $(a,+\infty)$ 内是单调增加的.

证 只需证明 $g'(x)>0$. 因

$$g'(x)=\frac{1}{x-a}\left(f'(x)-\frac{f(x)-f(a)}{x-a}\right),$$

又由中值定理知，$\exists\xi\in(a,x)$，使得 $\dfrac{f(x)-f(a)}{x-a}=f'(\xi)$，所以

$$g'(x)=\frac{1}{x-a}(f'(x)-f'(\xi)).$$

由于 $f''(x)>0$，故 $f'(x)$ 在 $(a,+\infty)$ 内单调增加，从而 $f'(x)>f'(\xi)$，故 $g'(x)>0$，得证 $g(x)$ 在 $(a,+\infty)$ 内单调增加.

4. 证明：

(1) 如果 $y = ax^3 + bx^2 + cx + d$ 满足条件 $b^2 - 3ac < 0$，则函数无极值；

(2) 设 $f(x)$ 是有连续的二阶导数的偶函数，且 $f''(x) \neq 0$，则 $x = 0$ 为 $f(x)$ 的极值点.

证 (1) $y' = 3ax^2 + 2bx + c$. 因 $\Delta = 4b^2 - 4 \cdot 3ac = 4(b^2 - 3ac) < 0$，所以函数 y' 没有零点，即函数 y 无驻点. 而 y 在 $(-\infty, +\infty)$ 内可导，故函数 y 没有极值.

(2) 因 $f'(0) = \lim\limits_{x \to 0} \dfrac{f(x) - f(0)}{x}$，$f(x)$ 是偶函数，故 $f(0) = 0$，$f'(0) = 0$，$x = 0$ 是驻点. 又因 $f''(0) \neq 0$，所以当 $f''(0) > 0$ 时，$x = 0$ 为 $f(x)$ 的极小值点；当 $f''(0) < 0$ 时，$x = 0$ 为 $f(x)$ 的极大值点.

5. 求数列 $\left\{\dfrac{n^{10}}{2^n}\right\}$ 的最大项.

解 设 $f(x) = \dfrac{x^{10}}{2^x}$，有 $f'(x) = 2^{-x} \cdot x^9(10 - x\ln 2)$，故 $x < \dfrac{10}{\ln 2}$ 时函数 $f(x)$ 单调增加，$x > \dfrac{10}{\ln 2}$ 时函数 $f(x)$ 单调减少. 因 $\left[\dfrac{10}{\ln 2}\right] = 14$，故数列 $\left\{\dfrac{n^{10}}{2^n}\right\}$ 的最大项为 $n = 14$，$f(14) = 17654703$.

6. 当 a 为何值时，$y = a\sin x + \dfrac{1}{3}\sin 3x$ 在 $x = \dfrac{\pi}{3}$ 处有极值？ 求此极值，并说明是极大值还是极小值.

解 $y'(x) = a\cos x + \cos 3x$. 若 $x = \dfrac{\pi}{3}$ 为极值点，则 $a\cos\dfrac{\pi}{3} + \cos\pi = 0$，得 $a = 2$.

由于 $y''(x) = -2\sin x - 3\sin 3x$，$y''\left(\dfrac{\pi}{3}\right) = -\sqrt{3} < 0$，故函数 $y(x)$ 在 $x = \dfrac{\pi}{3}$ 处取得极大值，极大值为 $y\left(\dfrac{\pi}{3}\right) = \sqrt{3}$.

7. 讨论函数 $f(x) = |x| e^{-|x-1|}$ 的极值.

解 当 $x < 0$ 时，$f(x) = -x e^{x-1}$，$f'(x) = -(x+1)e^{x-1}$，$x = -1$ 为极大值点，极大值为 $f(-1) = e^{-2}$.

当 $0 \leqslant x < 1$ 时，$f(x) = x e^{x-1}$，$f'(x) = (x+1)e^{x-1} > 0$，无驻点，极小值为 $f(0) = 0$.

当 $x \geqslant 1$ 时，$f(x) = x e^{1-x}$，$f'(x) = (1-x)e^{1-x}$，驻点 $x = 1$，极大值为 $f(1) = 1$.

8. 证明：若函数 $f(x)$ 在点 x_0 处有 $f'_+(x_0) < 0$，$f'_-(x_0) > 0$，则 x_0 为 $f(x)$ 的极大值点.

证 由导数定义，$f'_+(x_0) = \lim\limits_{x \to x_0^+} \dfrac{f(x) - f(x_0)}{x - x_0} < 0$，故在 x_0 的某邻域内，当 $x > x_0$ 时，$f(x) < f(x_0)$. 同理，由 $f'_-(x_0) > 0$ 可得，在 x_0 的某邻域内，当 $x < x_0$ 时，$f(x) < f(x_0)$. 故 x_0 为 $f(x)$ 的极大值点.

9. 设 $f(x),g(x)$ 在 $(-\infty,+\infty)$ 内连续可微，且 $\begin{vmatrix} f(x) & g(x) \\ f'(x) & g'(x) \end{vmatrix} > 0$，求证：$f(x)=0$ 的两实根之间一定有 $g(x)=0$ 的根.

证 设 x_1,x_2 为 $f(x)=0$ 的两实根，$x_1<x_2$. 若结论不成立，即 $\forall x\in(x_1,x_2)$，$g(x)\neq 0$，则 $F(x)=\dfrac{f(x)}{g(x)}$ 在 (x_1,x_2) 内有定义，由题设知

$$F'(x)=\frac{f'(x)g(x)-f(x)g'(x)}{g^2(x)}<0,$$

得 $F(x)$ 在 (x_1,x_2) 内单调减少，与 $F(x_1)=F(x_2)=0$ 矛盾，故假设不成立.

10. 设用某仪器进行测量时，读得 n 次实验数据为 $a_1,a_2,\cdots,a_n$. 问以怎样的数值 x 表达所要测量的真值，才能使它与这 n 个数之差的平方和为最小?

解 构造函数 $y=d^2=(x-a_1)^2+(x-a_2)^2+\cdots+(x-a_n)^2$. 因

$$y'=2\sum_{i=1}^{n}(x-a_i)=2nx-2\sum_{i=1}^{n}a_i,$$

令 $y'=0$，得唯一驻点 $x=\dfrac{1}{n}\sum\limits_{i=1}^{n}a_i$. 故 $x=\dfrac{1}{n}\sum\limits_{i=1}^{n}a_i$ 时，才能使它与这 n 个数之差的平方和为最小.

11. 求内接于椭圆 $\dfrac{x^2}{a^2}+\dfrac{y^2}{b^2}=1$ 而边平行于坐标轴的面积最大的矩形.

解 设内接矩形在第一象限的顶点坐标为 (x,y)，则 $y=b\sqrt{1-\dfrac{x^2}{a^2}}$，矩形的面积为

$$S(x)=4x\cdot b\sqrt{1-\frac{x^2}{a^2}}=\frac{4b}{a}\cdot x\sqrt{a^2-x^2}.$$

由于 $S'(x)=\dfrac{4b}{a}\cdot\dfrac{a^2-2x^2}{\sqrt{a^2-x^2}}$，故 $x=\dfrac{a}{\sqrt{2}}$ 时，面积取最大值，且最大值为 $S_{\max}=2ab$.

12. 试求单位球的内接圆锥体体积最大者的高，并求此体积的最大值.

解 设内接圆锥体的底面半径为 x，此时高为 $h=\sqrt{1-x^2}+1$，体积为

$$V=\frac{1}{3}\pi x^2h=\frac{1}{3}\pi x^2(\sqrt{1-x^2}+1).$$

由于

$$V'(x)=\frac{2}{3}\pi x+\frac{2}{3}\pi x\sqrt{1-x^2}-\frac{1}{3}\frac{x^3}{\sqrt{1-x^2}}=\frac{1}{3}\pi\cdot\frac{2-3x^2+2\sqrt{1-x^2}}{\sqrt{1-x^2}},$$

令 $V'(x)=0$ 得 $\sqrt{1-x^2}=\dfrac{1}{3}$，即 $x=\dfrac{2}{3}\sqrt{2}$，此时 $h=\dfrac{4}{3}$. 故体积最大时高为 $\dfrac{4}{3}$，此时体积的最大值为 $V=\dfrac{32}{81}\pi$.

13. 设炮口的仰角为 α，炮弹的初速为 v_0 m/s，炮口取作原点，发炮时间取作 $t=0$，不

计空气阻力时，炮弹的运动方程为

$$\begin{cases} x = tv_0\cos\alpha, \\ y = tv_0\sin\alpha - \dfrac{1}{2}gt^2. \end{cases}$$

若初速 v_0 不变，问如何调整炮口的仰角 α，使炮弹射程最远？

解　由参数方程，当 $y=0$ 时可得 $t=\dfrac{2v_0\sin\alpha}{g}$，从而射程 $x(\alpha)=\dfrac{v_0^2}{g}\sin 2\alpha$. 由于

$$x'(\alpha)=\frac{v_0^2}{g}\cdot 2\cos 2\alpha,$$

令 $x'(\alpha)=0$，得 $\alpha=\dfrac{\pi}{4}$ 时射程最远.

14. 设函数 $f(x)$ 对一切实数 x 满足方程 $xf''(x)+3x(f'(x))^2=1-e^{-x}$.

(1)　若 $f(x)$ 在点 $x=a\ (a\neq 0)$ 取极值，试证明它是极小值.

(2)　若 $f(x)$ 在点 $x=0$ 取极值，讨论它是极大值还是极小值.

证　(1)　因 $f(x)$ 在点 $x=a$ 取得极值，有 $f'(a)=0$，代入方程得

$$f''(a)=\frac{1-e^{-a}}{a}>0,$$

故 $x=a$ 为函数的极小值点.

(2)　因 $f(x)$ 在点 $x=0$ 取得极值，有 $f'(0)=0$，又当 $x\neq 0$ 时，

$$f''(x)=\frac{1-e^{-x}}{x}-3f'^2(x),$$

由 $f'(x)$ 的连续性，有 $\lim\limits_{x\to 0}f''(x)=1$，故 $x=0$ 是函数的极小值点.

习题 3-5

A　类

1. 求下列曲线的凹凸区间及拐点：

(1)　$y=x^3-5x^2+3x+5$；　　(2)　$y=(x-1)^{\frac{5}{3}}$；

(3)　$y=x^2+\dfrac{1}{x}$；　　(4)　$y=\ln(x+\sqrt{1+x^2})$；

(5)　$y=\sqrt{1+x^2}$；　　(6)　$y=e^{\arctan x}$.

解　(1)　$y'=3x^2-10x+3$，$y''=6x-10$. 当 $x>\dfrac{5}{3}$ 时，$y''>0$；当 $x<\dfrac{5}{3}$ 时，$y''<0$. 故下凸区间为 $\left(\dfrac{5}{3},+\infty\right)$，上凸区间为 $\left(-\infty,\dfrac{5}{3}\right)$，$x=\dfrac{5}{3}$ 为拐点.

(2)　$y'=\dfrac{5}{3}(x-1)^{\frac{2}{3}}$，$y''=\dfrac{10}{9}(x-1)^{-\frac{1}{3}}$. 当 $x>1$ 时，$y''>0$，函数下凸；当 $x<1$ 时，$y''<0$，函数上凸. 拐点为 $x=1$，下凸区间为 $[1,+\infty)$，上凸区间为 $(-\infty,1)$.

(3) $y'=2x-\frac{1}{x^2}$，$y''=2+2x^{-3}$. 当$-1<x<0$时，$y''<0$；当$x<-1$时$y''>0$；当$x>0$时$y''>0$. 故函数的下凸区间为$(-\infty,-1)$，$(0,+\infty)$，上凸区间为$(-1,0)$，$x=-1$为拐点.

(4) $y'=\frac{1}{\sqrt{1+x^2}}$，$y''=\frac{-x}{(1+x^2)^{\frac{3}{2}}}$. 当$x>0$时，$y''<0$；当$x<0$时，$y''>0$. 故函数的下凸区间为$(-\infty,0)$，上凸区间为$(0,+\infty)$，$x=0$为拐点.

(5) $y'=\frac{x}{\sqrt{1+x^2}}$，$y''=\frac{1}{(1+x^2)^{\frac{3}{2}}}$. 对任意的$x\in(-\infty,+\infty)$，$y''>0$，故函数的下凸区间为$(-\infty,+\infty)$，无拐点.

(6) $y'=\mathrm{e}^{\arctan x}\cdot\frac{1}{1+x^2}$，$y''=\mathrm{e}^{\arctan x}\cdot\frac{1-2x}{(1+x^2)^2}$. 当$x<\frac{1}{2}$时，$y''>0$；当$x>\frac{1}{2}$时，$y''<0$. 故函数的下凸区间为$\left(-\infty,\frac{1}{2}\right)$，上凸区间为$\left(\frac{1}{2},+\infty\right)$，$x=\frac{1}{2}$为拐点.

2. 求曲线$\begin{cases}x=2a\cot\theta,\\ y=2a\sin^2\theta\end{cases}$的拐点.

解 $\frac{\mathrm{d}y}{\mathrm{d}x}=\frac{4a\sin\theta\cos\theta}{-2a\csc^2\theta}=-2\sin^3\theta\cos\theta$，$\frac{\mathrm{d}^2y}{\mathrm{d}x^2}=\frac{1}{a}\sin^4\theta(4\cos^2\theta-1)$. 令$\frac{\mathrm{d}^2y}{\mathrm{d}x^2}=0$，得$\cos\theta=\pm\frac{1}{2}$，$\sin\theta=0$. 易判断，$\cos\theta=\pm\frac{1}{2}$对应的点为拐点，拐点坐标为$\left(\pm\frac{2a}{\sqrt{3}},\frac{3a}{2}\right)$.

3. 问a及b为何值时，点(1,3)为曲线$y=ax^3+bx^2$的拐点？

解 $y'=3ax^2+2bx$，$y''=6ax+2b$. 若点(1,3)为曲线$y=ax^3+bx^2$的拐点，则必有$y\big|_{x=1}=3$，$y''\big|_{x=1}=0$，即$\begin{cases}6a+2b=0,\\ a+b=3.\end{cases}$解得$a=-\frac{3}{2}$，$b=\frac{9}{2}$.

4. 试决定$y=k(x^2-3)^2$中k的值，使曲线的拐点处的法线通过原点.

解 $y'=4kx(x^2-3)$，$y''=12k(x^2-1)=12k(x+1)(x-1)$. 显然当$k\neq0$时，在$x=\pm1$的两侧，$y''$异号，故$(\pm1,4k)$均为曲线的拐点.

在$(-1,4k)$处$y'=8k$，法线方程为$y-4k=-\frac{1}{8k}(x+1)$. 欲使法线通过原点，则$-4k=-\frac{1}{8k}$，得$k=\pm\frac{\sqrt{2}}{8}$.

在$(1,4k)$处$y'=-8k$，法线方程为$y-4k=\frac{1}{8k}(x-1)$. 欲使法线通过原点，则$-4k=-\frac{1}{8k}$，得$k=\pm\frac{\sqrt{2}}{8}$.

故当$k=\pm\frac{\sqrt{2}}{8}$时，拐点处的法线通过原点.

5. 证明下列不等式：

(1) $\dfrac{e^x+e^y}{2}>e^{\frac{x+y}{2}}\quad(x\neq y)$;

(2) 对任何非负实数 a,b，有 $2\arctan\dfrac{a+b}{2}\geqslant\arctan a+\arctan b$;

(3) 当 $0\leqslant\lambda\leqslant1$, $a>0$, $b>0$ 时, $a^{1-\lambda}b^{\lambda}\leqslant(1-\lambda)a+\lambda b$.

证 (1) 设 $f(x)=e^x$. 由于 $f''(x)=e^x>0$，故函数 $f(x)$ 是下凸函数，从而 $\dfrac{1}{2}f(x)+\dfrac{1}{2}f(y)>f\left(\dfrac{x+y}{2}\right)$，即 $\dfrac{e^x+e^y}{2}>e^{\frac{x+y}{2}}$.

(2) 设 $f(x)=\arctan x$. 当 $x\geqslant0$ 时, $f''(x)=\dfrac{-2x}{(1+x^2)^2}\leqslant0$，故函数 $f(x)$ 上凸，从而有 $\dfrac{1}{2}f(x)+\dfrac{1}{2}f(y)\leqslant f\left(\dfrac{x+y}{2}\right)$，即对任何非负实数 a,b，有

$$2\arctan\frac{a+b}{2}\geqslant\arctan a+\arctan b.$$

(3) 设 $f(x)=\ln x$. 由于 $f''(x)=-\dfrac{1}{x^2}<0$，故函数 $f(x)$ 上凸，即有

$$f(\lambda a+(1-\lambda)b)\geqslant\lambda f(a)+(1-\lambda)f(b),$$

从而 $a^{1-\lambda}b^{\lambda}\leqslant(1-\lambda)a+\lambda b$.

6. 求下列曲线的渐近线:

(1) $y=\dfrac{1}{x}$;　　(2) $y=\dfrac{\ln x}{x}$;

(3) $y=x\ln\left(e+\dfrac{1}{x}\right)$;　　(4) $y=\dfrac{2}{\pi}\arctan x+\dfrac{2e^x+3}{e^x-1}$.

解 (1) 渐近线为 $x=0$ 和 $y=0$. 因为 $\lim\limits_{x\to\infty}\dfrac{1}{x}=0$，所以有水平渐近线 $y=0$; $\lim\limits_{x\to0}\dfrac{1}{x}=\infty$，所以有垂直渐近线 $x=0$.

(2) 当 $x\to+\infty$ 时, $y\to0$; 当 $x\to0^+$ 时, $y\to\infty$. 故有水平渐近线 $y=0$，垂直渐近线 $x=0$.

(3) $\lim\limits_{x\to-\frac{1}{e}}y=\infty$，所以垂直渐近线为 $x=-\dfrac{1}{e}$; $\lim\limits_{x\to\infty}\dfrac{y}{x}=\lim\limits_{x\to\infty}\ln\left(e+\dfrac{1}{x}\right)=1$,

$$\lim_{x\to\infty}(y-x)=\lim_{x\to\infty}\left(x\ln\left(e+\frac{1}{x}\right)-x\right)=\frac{1}{e},$$

所以斜渐近线为 $y=x+\dfrac{1}{e}$.

(4) 因为 $\lim\limits_{x\to+\infty}y=3$, $\lim\limits_{x\to-\infty}y=-4$，所以有水平渐近线 $y=3$, $y=-4$; 又因 $\lim\limits_{x\to0}y=\infty$，所以有垂直渐近线 $x=0$.

7. 作出下列函数的图形:

(1) $y=x^3-6x$;　　(2) $y=e^{-(x-1)^2}$;

(3) $y=xe^{-x}$;　　(4) $y=\ln\dfrac{1+x}{1-x}$.

解 (1) 令 $y' = 3x^2 - 6 = 0$，得驻点 $x = \pm\sqrt{2}$. 令 $y'' = 6x = 0$，得 $x = 0$.

列表如下：

x	$(-\infty,-\sqrt{2})$	$-\sqrt{2}$	$(-\sqrt{2},0)$	0	$(0,\sqrt{2})$	$\sqrt{2}$	$(\sqrt{2},+\infty)$
y'	$+$	0	$-$	$-$	$-$	0	$+$
y''	$-$	$-$	$-$	0	$+$	$+$	$+$
y	↗	$4\sqrt{2}$	↘	0	↘	$-4\sqrt{2}$	↗

易判断 $x = \pm\sqrt{2}$ 为函数的极值点，$x = 0$ 为函数的拐点，补充点 $(-\sqrt{6},0)$，$(\sqrt{6},0)$，函数图形如图 3-1 所示.

(2) 令 $y' = -2(x-1)\mathrm{e}^{-(x-1)^2} = 0$，得驻点 $x = 1$. 令 $y'' = [4(x-1)^2 - 2]\mathrm{e}^{-(x-1)^2} = 0$，得 $x = 1 \pm \dfrac{1}{\sqrt{2}}$.

列表如下：

x	$\left(-\infty,1-\dfrac{1}{\sqrt{2}}\right)$	$1-\dfrac{1}{\sqrt{2}}$	$\left(1-\dfrac{1}{\sqrt{2}},1\right)$	1	$\left(1,1+\dfrac{1}{\sqrt{2}}\right)$	$1+\dfrac{1}{\sqrt{2}}$	$\left(1+\dfrac{1}{\sqrt{2}},+\infty\right)$
y'	$+$	$+$	$+$	0	$-$	$-$	$-$
y''	$+$	0	$-$	$-$	$-$	0	$+$
y	↗	$\mathrm{e}^{-\frac{1}{2}}$	↗	1	↘	$\mathrm{e}^{-\frac{1}{2}}$	↘

易判断 $x = 1$ 是函数的极大值点，$x = 1 \pm \dfrac{1}{\sqrt{2}}$ 为拐点，因 $\lim\limits_{x\to\infty} y = 0$，所以有渐近线 $y = 0$，函数图形如图 3-2 所示.

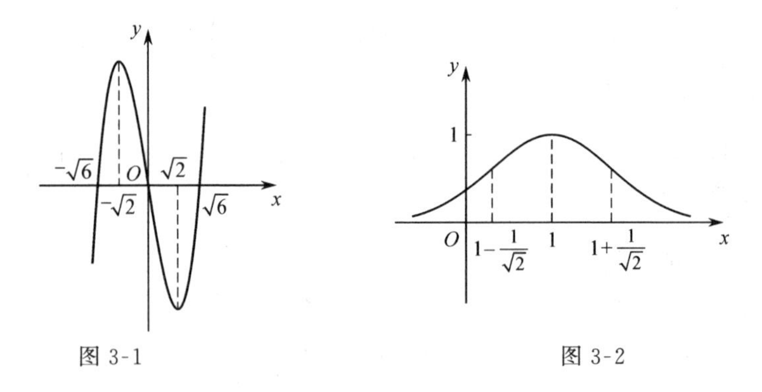

图 3-1　　　　图 3-2

(3) 令 $y'=(1-x)\mathrm{e}^{-x}=0$，得驻点 $x=1$. 令 $y''=(x-2)\mathrm{e}^{-x}=0$，得 $x=2$. 列表如下：

x	$(-\infty,1)$	1	$(1,2)$	2	$(2,+\infty)$
y'	$+$	0	$-$	$-$	$-$
y''	$-$	$-$	$-$	0	$+$
y	↗	e^{-1}	↘	$2\mathrm{e}^{-2}$	↘

易判断 $x=1$ 是函数的极值点，$x=2$ 是拐点，因 $\lim\limits_{x\to+\infty}y=0$ 所以有渐近线 $y=0$，补充点(0,0)，函数图形如图 3-3 所示.

(4) 函数的定义域为 $-1<x<1$，函数是奇函数. $y'=\dfrac{2}{1-x^2}>0$，函数是单调增函数. 令 $y''=\dfrac{4x}{(1-x^2)^2}=0$，得 $x=0$，易判断 $x=0$ 是拐点，$x=\pm1$ 为渐近线. 函数图形如图 3-4 所示.

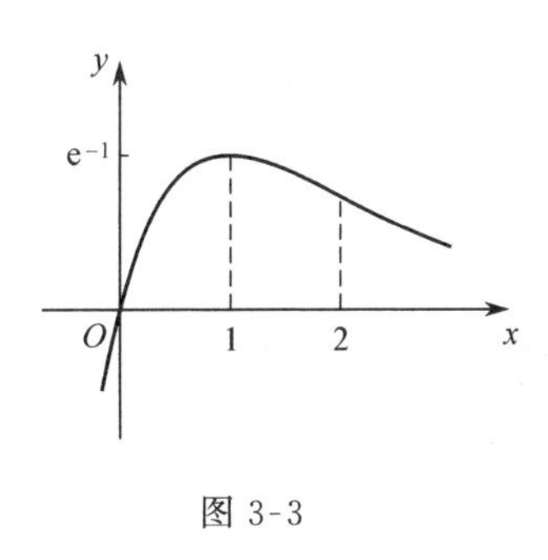

图 3-3

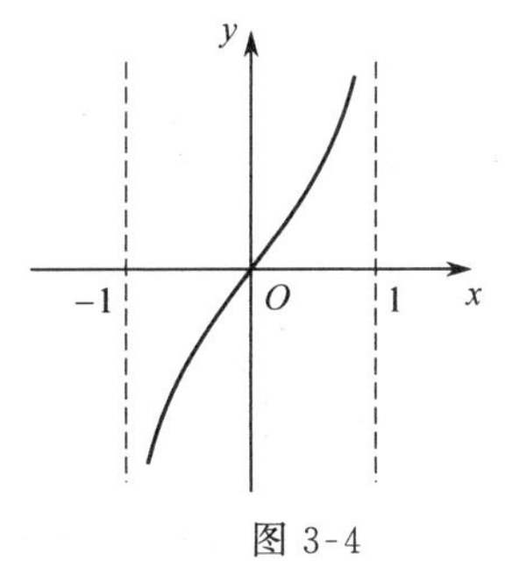

图 3-4

B　类

1. 试证明曲线 $y=\dfrac{x-1}{x^2+1}$ 有三个拐点位于同一直线上.

证　$y'=\dfrac{-x^2+2x+1}{(x^2+1)^2}$，$y''=\dfrac{2x^3-6x^2-6x+2}{(x^2+1)^3}=\dfrac{2(x+1)(x^2-4x+1)}{(x^2+1)^3}$.

令 $y''=0$，得 $x_1=-1$，$x_2=2+\sqrt{3}$，$x_3=2-\sqrt{3}$. 当 $x<-1$ 时，$y''<0$；当 $-1<x<2-\sqrt{3}$ 时，$y''>0$；当 $2-\sqrt{3}<x<2+\sqrt{3}$ 时，$y''<0$；当 $x>2+\sqrt{3}$ 时，$y''>0$. 故 $A(-1,-1)$，$B\left(2-\sqrt{3},\dfrac{1-\sqrt{3}}{4(2-\sqrt{3})}\right)$，$C\left(2+\sqrt{3},\dfrac{1+\sqrt{3}}{4(2+\sqrt{3})}\right)$ 均为曲线的拐点.

经过 B，C 两点的直线方程为

$$\frac{y-\dfrac{1-\sqrt{3}}{4(2-\sqrt{3})}}{x-(2-\sqrt{3})}=\frac{\dfrac{1+\sqrt{3}}{4(2+\sqrt{3})}-\dfrac{1-\sqrt{3}}{4(2-\sqrt{3})}}{(2+\sqrt{3})-(2-\sqrt{3})},$$

即 $x-4y-3=0$. 将 $A(-1,-1)$ 代入直线方程，显然有 $-1+4-3=0$，满足直线方程，说明点 A 在 B,C 确定的直线上，故三个拐点 A,B,C 共线.

2. 如何选择参数 $h>0$，方能使曲线 $y=\dfrac{h}{\sqrt{\pi}}e^{-h^2x^2}$ 在 $x=\pm\sigma$ ($\sigma>0$ 为给定的常数) 处有拐点?

解 $y'=\dfrac{-2h^3}{\sqrt{\pi}}x\,e^{-h^2x^2}$，$y''=\dfrac{-2h^3}{\sqrt{\pi}}(1-2h^2x^2)e^{-h^2x^2}$. 令 $y''=0$，得 $x=\pm\dfrac{1}{\sqrt{2h^2}}=\pm\dfrac{1}{\sqrt{2}h}$，易知 $x=\pm\dfrac{1}{\sqrt{2}h}$ 为拐点. 故取$\sqrt{2}h=\dfrac{1}{\sigma}$，即 $h=\dfrac{1}{\sqrt{2}\sigma}$ 时为拐点.

3. 证明:

(1) 若 $f(x)$ 为下凸函数，λ 为非负实数，则 $\lambda f(x)$ 为下凸函数;

(2) 若 $f(x)$,$g(x)$ 均为下凸函数，则 $f(x)+g(x)$ 为下凸函数;

(3) 若 $f(x)$ 为区间 I 上的下凸函数，$g(x)$ 为 J 上的下凸递增函数，$f(I)\subset J$，则 $g(f(x))$ 为 I 上的下凸函数.

证 (1),(2) 可直接由定义证明.

(3) $\forall x,y\in I$，$\forall\lambda\in(0,1)$，因 $f(x)$ 为区间 I 上的下凸函数，故

$$f(\lambda x+(1-\lambda)y)\leqslant\lambda f(x)+(1-\lambda)f(y).$$

因 $g(x)$ 为增函数，故

$$g(f(\lambda x+(1-\lambda)y))\leqslant g(\lambda f(x)+(1-\lambda)f(y)).$$

又因 $g(x)$ 为下凸函数，所以有

$$g(f(\lambda x+(1-\lambda)y))\leqslant g(\lambda f(x)+(1-\lambda)f(y))\leqslant\lambda g(f(x))+(1-\lambda)g(f(y)).$$

故 $g(f(x))$ 为 I 上的下凸函数.

4. 利用 $f(x)=-\ln x$ ($x>0$) 是凸函数，证明:

(1) $x_1^{\lambda_1}x_2^{\lambda_2}\cdots x_n^{\lambda_n}\leqslant\lambda_1x_1+\lambda_2x_2+\cdots+\lambda_nx_n$，其中 $x_i>0$，$\lambda_i\geqslant0$，$\sum\limits_{i=1}^{n}\lambda_i=1$;

(2) 当 $x_i>0$ ($i=1,2,\cdots,n$) 时，有

$$\frac{n}{\dfrac{1}{x_1}+\dfrac{1}{x_2}+\cdots+\dfrac{1}{x_n}}\leqslant\sqrt[n]{x_1x_2\cdots x_n}\leqslant\frac{x_1+x_2+\cdots+x_n}{n}.$$

证 (1) 用归纳法可证明: $f(x)$ 为凸函数当且仅当 $\forall x_1,x_2,\cdots,x_n\in I$，$\forall\lambda_1,\lambda_2,\cdots,\lambda_n\in[0,1]$，有

$$f(\lambda_1x_1+\lambda_2x_2+\cdots+\lambda_nx_n)\leqslant\lambda_1f(x_1)+\lambda_2f(x_2)+\cdots+\lambda_nf(x_n).$$

用数学归纳法易证明(1) 成立.

(2) 取 $\lambda_i=\dfrac{1}{n}$，$i=1,2,\cdots,n$，则由(1) 有

$$\sqrt[n]{x_1x_2\cdots x_n}\leqslant\frac{x_1+x_2+\cdots+x_n}{n}.$$

用$\frac{1}{x_i}$代替x_i，有$\frac{1}{\sqrt[n]{x_1x_2\cdots x_n}}\leqslant\frac{1}{n}\left(\frac{1}{x_1}+\frac{1}{x_2}+\cdots+\frac{1}{x_n}\right)$，即

$$\frac{n}{\frac{1}{x_1}+\frac{1}{x_2}+\cdots+\frac{1}{x_n}}\leqslant\sqrt[n]{x_1x_2\cdots x_n}.$$

原不等式得证.

习题3-6

A　类

1. 求下列各曲线在指定点的曲率和曲率半径：

(1) $y=\ln x$，在点(1,0)；　　(2) $xy=4$，在点(2,2).

解 (1) $y'=\frac{1}{x}$，$y''=-\frac{1}{x^2}$，$K=\frac{|y''|}{(1+y'^2)^{\frac{3}{2}}}=\frac{1}{2\sqrt{2}}$，$R=2\sqrt{2}$.

(2) $y'=-\frac{4}{x^2}$，$y''=8x^{-3}$，$y'(2)=-1$，$y''(2)=1$，$K=\frac{1}{2\sqrt{2}}$，$R=2\sqrt{2}$.

2. 求下列曲线的曲率与曲率半径：

(1) 抛物线$y^2=2px$ ($p>0$)；　　(2) 双曲线$\frac{x^2}{a^2}-\frac{y^2}{b^2}=1$；

(3) 星形线$x^{\frac{2}{3}}+y^{\frac{2}{3}}=a^{\frac{2}{3}}$.

解 (1) $y'=\frac{p}{y}$，$y''=-\frac{p^2}{y^3}$，$K=\frac{p^2}{(2px+p^2)^{\frac{3}{2}}}$，$R=p(2x+p)^{\frac{3}{2}}$.

(2) $y'=\frac{b^2}{a^2}\cdot\frac{x}{y}$，$y''=-\frac{b^4}{a^2y^3}$，$K=\frac{a^4b^4}{(a^4y^2+b^4x^2)^{\frac{3}{2}}}$，$R=\frac{(a^4y^2+b^4x^2)^{\frac{3}{2}}}{a^4b^4}$.

(3) $y'=-\left(\frac{y}{x}\right)^{\frac{1}{3}}$，$y''=\frac{a^{\frac{2}{3}}}{2x^{\frac{4}{3}}y^{\frac{1}{3}}}$，$K=\frac{1}{3(axy)^{\frac{1}{3}}}$，$R=3\sqrt[3]{|axy|}$.

3. 求下列参数方程给出的曲线的曲率和曲率半径：

(1) 椭圆$x=a\cos t$，$y=b\sin t$ ($a,b>0$)；

(2) 圆的渐开线$x=a(\cos t+t\sin t)$，$y=a(\sin t-t\cos t)$.

解 (1) $K=\frac{ab}{(a^2\sin^2t+b^2\cos^2t)^{\frac{3}{2}}}$，$R=\frac{(a^2\sin^2t+b^2\cos^2t)^{\frac{3}{2}}}{ab}$.

(2) $x'=at\cos t$，$x''=a(\cos t-t\sin t)$，$y'=at\sin t$，$y''=a(\sin t+t\cos t)$. $K=\frac{1}{at}$，$R=at$.

4. 求下列以极坐标表示的曲线的曲率半径:

(1) 心形线 $\rho = a(1+\cos\theta)$ $(a>0)$;

(2) 双纽线 $\rho^2 = 2a^2\cos 2\theta$ $(a>0)$;

(3) 对数螺线 $\rho = a\mathrm{e}^{\lambda\theta}$ $(\lambda>0)$.

解 根据本节习题B类第2题，有公式

$$K = \frac{|\rho^2(\theta)+2\rho'^2(\theta)-\rho(\theta)\rho''(\theta)|}{(\rho'^2(\theta)+\rho^2(\theta))^{\frac{3}{2}}}. \qquad ①$$

(1) $\rho' = -a\sin\theta,\ \rho'' = -a\cos\theta$，由①，$K = \dfrac{3}{4a\sin\dfrac{\theta}{2}}$，$R = \dfrac{4}{3}a\sin\dfrac{\theta}{2}$.

(2) $\rho = \sqrt{2}a\sqrt{\cos 2\theta},\ \rho' = -\sqrt{2}a\dfrac{\sin 2\theta}{\sqrt{\cos 2\theta}}$，得 $\rho\cdot\rho' = -2a^2\sin 2\theta$. 再次对 θ 求导，得 $\rho\cdot\rho''+\rho'^2 = -4a^2\cos 2\theta = -2\rho^2$，故

$$\rho^2+2\rho'^2-\rho\cdot\rho'' = \frac{12a^4}{\rho^2}.$$

代入公式①，得 $K = \dfrac{3\rho}{2a^2}$，曲率半径为 $R = \dfrac{2a^2}{3\rho}$.

(3) $\rho = a\mathrm{e}^{\lambda\theta},\ \rho' = a\lambda\mathrm{e}^{\lambda\theta},\ \rho'' = a\lambda^2\mathrm{e}^{\lambda\theta}$. 代入①，得

$$K = \frac{(\lambda^2+1)(a\mathrm{e}^{\lambda\theta})^2}{[(a\mathrm{e}^{\lambda\theta})^2(1+\lambda^2)]^{\frac{3}{2}}} = \frac{1}{a\mathrm{e}^{\lambda\theta}\sqrt{1+\lambda^2}},$$

故曲率半径为 $R = a\mathrm{e}^{\lambda\theta}\sqrt{1+\lambda^2}$.

5. 求抛物线 $y = x^2-4x+3$ 在顶点处的曲率圆方程.

解 抛物线的顶点为 $(2,-1)$，$y' = 2x-4$，$y'' = 2$. $K = 2$，$R = \dfrac{1}{2}$. 圆心为 $\left(2,-\dfrac{1}{2}\right)$，曲率圆方程为 $(x-2)^2+\left(y+\dfrac{1}{2}\right)^2 = \dfrac{1}{4}$.

B 类

1. 设 R 为抛物线 $y = x^2$ 上任一点 $M(x,y)$ 处的曲率半径，s 为该曲线上一定点 $M_0(x_0,y_0)$ 到 $M(x,y)$ 的有向弧长(取 s 增长方向与 x 轴正向一致). 证明：R,s 满足关系

$$3R\frac{\mathrm{d}^2R}{\mathrm{d}s^2}-\left(\frac{\mathrm{d}R}{\mathrm{d}s}\right)^2-9 = 0.$$

证 $y' = 2x$，$y'' = 2$. 由曲率公式，得

$$K = \frac{|y''|}{(1+y'^2)^{\frac{3}{2}}} = \frac{2}{(1+4x^2)^{\frac{3}{2}}},$$

所以曲率半径为 $R = \dfrac{1}{K} = \dfrac{(1+4x^2)^{\frac{3}{2}}}{2}$. 于是

$$\mathrm{d}R = \frac{\frac{3}{2}(1+4x^2)^{\frac{1}{2}}\cdot 8x}{2}\mathrm{d}x = 6x\sqrt{1+4x^2}\,\mathrm{d}x.$$

而弧微分 $\mathrm{d}s=\sqrt{1+y'^2(x)}\,\mathrm{d}x=\sqrt{1+4x^2}\,\mathrm{d}x$，所以

$$\frac{\mathrm{d}R}{\mathrm{d}s}=6x,\quad \frac{\mathrm{d}^2R}{\mathrm{d}s^2}=\frac{\mathrm{d}}{\mathrm{d}s}\left(\frac{\mathrm{d}R}{\mathrm{d}s}\right)=\frac{\mathrm{d}}{\mathrm{d}x}\left(\frac{\mathrm{d}R}{\mathrm{d}s}\right)\cdot\frac{\mathrm{d}x}{\mathrm{d}s}=\frac{6}{\sqrt{1+4x^2}}.$$

于是

$$\begin{aligned}3R\frac{\mathrm{d}^2R}{\mathrm{d}s^2}-\left(\frac{\mathrm{d}R}{\mathrm{d}s}\right)^2-9&=3\cdot\frac{(1+4x)^{\frac{3}{2}}}{2}\cdot\frac{6}{\sqrt{1+4x^2}}-(6x)^2-9\\&=9(1+4x^2)-(6x)^2-9=0.\end{aligned}$$

2. 设曲线是用极坐标方程 $\rho=\rho(\theta)$ 给出的，且二阶可导. 证明：它在点 θ 处的曲率为

$$K=\frac{|\rho^2(\theta)+2\rho'^2(\theta)-\rho(\theta)\rho''(\theta)|}{(\rho'^2(\theta)+\rho^2(\theta))^{\frac{3}{2}}}.$$

证　由 $\begin{cases}x=\rho(\theta)\cos\theta,\\y=\rho(\theta)\sin\theta,\end{cases}$ 可得

$$x'=\rho'\cos\theta-\rho\sin\theta,\quad x''=\rho''\cos\theta-2\rho'\sin\theta-\rho\cos\theta,$$
$$y'=\rho'\sin\theta+\rho\cos\theta,\quad y''=\rho''\sin\theta+2\rho'\cos\theta-\rho\sin\theta,$$

故 $K=\dfrac{|x'y''-x''y'|}{(x'^2+y'^2)^{\frac{3}{2}}}=\dfrac{|\rho^2(\theta)+2\rho'^2(\theta)-\rho(\theta)\rho''(\theta)|}{(\rho'^2(\theta)+\rho^2(\theta))^{\frac{3}{2}}}.$

总习题三

1. 设 $y=f(x)$ 满足关系式 $y''-2y'+4y=0$，且 $f(x)>0$，$f'(x_0)=0$，则 $f(x)$ 在点 x_0 处(　　).

A. 取得极大值　　B. 取得极小值

C. 在 x_0 某邻域内单调增加　　D. 在 x_0 某邻域内单调减少

解　应选 A. 由 $y''-2y'+4y=0$，且 $f(x)>0$，$f'(x_0)=0$，知 $f''(x_0)=-4f(x_0)<0$，故 $f(x)$ 在点 x_0 处取得极大值.

2. 设在[0,1]上 $f''(x)>0$，则 $f'(0),f'(1),f(1)-f(0)$ 或 $f(0)-f(1)$ 的大小顺序是(　　).

A. $f'(1)>f'(0)>f(1)-f(0)$　　B. $f'(1)>f(1)-f(0)>f'(0)$

C. $f(1)-f(0)>f'(1)>f'(0)$　　D. $f'(1)>f(0)-f(1)>f'(0)$

解　应选 B. 由中值定理知

$$f(1)-f(0)=f'(\xi),\quad \xi\in(0,1).$$

又 $f''(x)>0$，故 $f'(x)$ 单调增加，$f'(1)>f'(\xi)>f'(0)$，即

$$f'(1)>f(1)-f(0)>f'(0).$$

3. 设函数 $f(x)$ 在 $(-\infty,+\infty)$ 内连续，其导函数的图形如图 3-5 所示，则 $f(x)$ 有(　　).

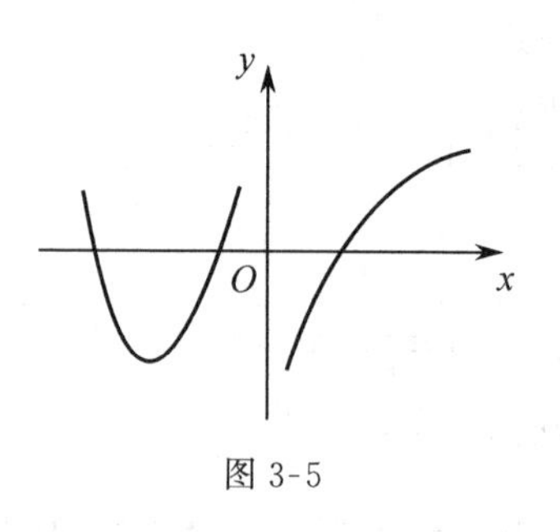

图 3-5

A. 一个极小值点和两个极大值点

B. 两个极小值点和一个极大值点

C. 两个极小值点和两个极大值点

D. 3 个极小值点和一个极大值点

解 应选 C. 根据导函数的图形可知，一阶导数为零的点有 3 个，而 $x=0$ 是导数不存在的点. 3 个一阶导数为零的点左、右两侧导数符号不一致，必为极值点，且有两个极小值点，一个极大值点. 在 $x=0$ 左侧一阶导数为正，右侧一阶导数为负，可见 $x=0$ 为极大值点. 故 $f(x)$ 共有两个极小值点和两个极大值点，应选 C.

4. 设常数 $k>0$，函数 $f(x)=\ln x-\dfrac{x}{\mathrm{e}}+k$ 在 $(0,+\infty)$ 内的零点个数为(　　).

A. 3　　B. 2　　C. 1　　D. 0

解 $f'(x)=\dfrac{1}{x}-\dfrac{1}{\mathrm{e}}$. 令 $f'(x)=0$，得 $x=\mathrm{e}$，易知 $x=\mathrm{e}$ 是最大值点. 由于 $f(\mathrm{e})=k>0$，且 $\lim\limits_{x\to0^+}f(x)=-\infty$，$\lim\limits_{x\to+\infty}f(x)=-\infty$，故 $f(x)$ 在 $(0,+\infty)$ 内有 2 个零点. 应选 B.

5. 设 $x\to0$ 时，$\mathrm{e}^{\tan x}-\mathrm{e}^{x}$ 与 x^n 是同阶无穷小，则 n 为(　　).

A. 1　　B. 2　　C. 3　　D. 4

解 应选 C. 因为

$$\lim_{x\to0}\frac{\mathrm{e}^{\tan x}-\mathrm{e}^{x}}{x^n}=\lim_{x\to0}\frac{\mathrm{e}^{x}(\mathrm{e}^{\tan x-x}-1)}{x^n}=\lim_{x\to0}\frac{\mathrm{e}^{\tan x-x}-1}{x^n}=\lim_{x\to0}\frac{\tan x-x}{x^n}$$

$$=\lim_{x\to0}\frac{\sec^2x-1}{nx^{n-1}}=\frac{1}{n}\lim_{x\to0}\frac{\tan^2x}{x^{n-1}}=\frac{1}{n}\lim_{x\to0}\frac{x^2}{x^{n-1}}$$

$$=\frac{1}{n}\lim_{x\to0}x^{3-n},$$

由题设知，只有 $n=3$ 时 $\mathrm{e}^{\tan x}-\mathrm{e}^{x}$ 与 x^n 是 $x\to0$ 时的同阶无穷小.

6. 设函数 $f(x)$ 和 $g(x)$ 在 $[a,b]$ 上存在二阶导数，且 $g''(x)\neq0$，$f(a)=f(b)=g(a)=g(b)=0$. 证明：

(1) 在 (a,b) 内 $g(x)\neq0$；

(2) 在 (a,b) 内至少存在一点 ξ，使 $\dfrac{f(\xi)}{g(\xi)}=\dfrac{f''(\xi)}{g''(\xi)}$.

证 (1) 用反证法. 若存在点 $c\in(a,b)$，使得 $g(c)=0$，则由罗尔定理，$\exists\xi_1\in(a,c)$，$\exists\xi_2\in(c,b)$，使得 $g'(\xi_1)=g'(\xi_2)=0$. 再次应用罗尔定理，$\exists\xi\in(\xi_1,\xi_2)$，使得 $g''(\xi)=0$，这与 $g''(x)\neq0$ 矛盾.

(2) $\dfrac{f(\xi)}{g(\xi)}=\dfrac{f''(\xi)}{g''(\xi)}$ 等价于 $f(\xi)g''(\xi)-g(\xi)f''(\xi)=0$，即

$$(f(\xi)g'(\xi)-g(\xi)f'(\xi))'=0.$$

令 $F(x)=f(x)g'(x)-g(x)f'(x)$，则 $F(x)$ 在 $[a,b]$ 上连续，在 (a,b) 内可导，且 $F(a)=F(b)=0$，故由罗尔定理，$\exists\,\xi\in(a,b)$，使得 $F'(\xi)=0$. 得证.

7. 设在 $[0,+\infty)$ 上函数 $f(x)$ 有连续导数，且 $f'(x)\geqslant k>0$，$f(0)<0$. 证明：$f(x)$ 在 $(0,+\infty)$ 内有且仅有一个零点.

证　根据拉格朗日中值定理，对于任意的 $x\in[0,+\infty)$，都有

$$f(x)=f(0)+f'(\xi)x\geqslant f(0)+kx\quad(0<\xi<x).$$

取 $x=x_1>-\dfrac{f(0)}{k}>0$，则

$$f(x_1)>f(0)+k\left(-\frac{f(0)}{k}\right)=0.$$

因 $f(0)<0$，根据零点定理，存在一点 $x_0\in(0,x_1)$，使 $f(x_0)=0$. 又因 $f'(x)\geqslant k>0$，所以 $f(x)$ 在 $[0,+\infty)$ 上严格单调增加，故 $f(x)$ 在 $(0,+\infty)$ 内有且仅有一个零点.

8. 设 $f(x)$ 在 $(a,+\infty)$ 内可导，且 $\lim\limits_{x\to a^+}f(x)=\lim\limits_{x\to\infty}f(x)=A$. 求证：存在 $\xi\in(a,+\infty)$，使 $f'(\xi)=0$.

证　由条件知，函数在 $[a,X]$ 上连续，从而存在最大值、最小值，且不会同时在端点取得，故存在 $\xi\in(a,+\infty)$，使得 $f(\xi)$ 达到极值. 由可导性得 $f'(\xi)=0$.

9. 求证：方程 $e^x-x^2-2x-1=0$ 恰好有3个不同实根.

证　设函数 $f(x)=e^x-x^2-2x-1=e^x-(x+1)^2$，有

$$f'(x)=e^x-2(x+1).$$

对函数 $g(x)=f'(x)$，有 $g'(x)=e^x-2$. 令 $g'(x)=0$，得 $x=\ln 2$. 当 $x>\ln 2$ 时，函数 $g(x)$ 单增；当 $x<\ln 2$ 时，函数 $g(x)$ 单减. 由于

$$g(\ln 2)=e^{\ln 2}-2(\ln 2+1)=-2\ln 2<0,$$

且 $x\to+\infty$ 时，$g(x)\to+\infty$；$x\to-\infty$ 时，$g(x)\to+\infty$，故仅存在两点 $\xi_1\in(-\infty,\ln 2)$ 和 $\xi_2\in(\ln 2,+\infty)$ 为函数 $g(x)$ 的零点，即

$$g(\xi_1)=0,\quad g(\xi_2)=0.$$

可得当 $x\in(-\infty,\xi_1)$ 时，$g(x)=f'(x)>0$；当 $x\in(\xi_1,\xi_2)$ 时，$g(x)=f'(x)<0$；当 $x\in(\xi_2,+\infty)$ 时，$g(x)=f'(x)>0$. 故函数 $f(x)$ 在 $(-\infty,\xi_1)$ 内单调增加，在 (ξ_1,ξ_2) 内单调减少，在 $(\xi_2,+\infty)$ 内单调增加，$f(x)$ 至多有3个实数根.

可以证明 $-1<\xi_1<\ln 2$，$\xi_2>1$.

因 $g(\xi_1)=e^{\xi_1}-2(\xi_1+1)=0$，$g(\xi_2)=e^{\xi_2}-2(\xi_2+1)=0$，故

$$f(\xi_1)=e^{\xi_1}-(\xi_1+1)^2=(\xi_1+1)(1-\xi_1)>0,$$

$$f(\xi_2)=e^{\xi_2}-(\xi_2+1)^2=(\xi_2+1)(1-\xi_2)<0.$$

显然当 $x\to-\infty$ 时，$f(x)\to-\infty$；当 $x\to+\infty$ 时，$f(x)\to+\infty$. 故函数 $f(x)$ 在 $(-\infty,\xi_1)$，(ξ_1,ξ_2)，$(\xi_2,+\infty)$ 内均有一根.

10. 求下列极限：

(1) $\lim\limits_{x\to 0}\dfrac{\sqrt{1+\tan x}-\sqrt{1-\tan x}}{\sin x}$;

(2) $\lim\limits_{x\to\infty}\left(\dfrac{a_1^{\frac{1}{x}}+a_2^{\frac{1}{x}}+\cdots+a_n^{\frac{1}{x}}}{n}\right)^{nx}$，其中 $a_1,a_2,\cdots,a_n>0$;

(3) $\lim\limits_{x\to 0^+}\left(1+\dfrac{1}{x}\right)^x$;　　(4) $\lim\limits_{x\to 0}\dfrac{\tan(\tan x)-\sin(\sin x)}{\tan x-\sin x}$;

(5) $\lim\limits_{x\to a}\dfrac{a^x-x^a}{x-a}$;　　(6) $\lim\limits_{x\to 0}\dfrac{e^x-e^{\sin x}}{x-\sin x}$.

解 (1) $\lim\limits_{x\to 0}\dfrac{\sqrt{1+\tan x}-\sqrt{1-\tan x}}{\sin x}=\lim\limits_{x\to 0}\dfrac{2\tan x}{\sin x\left(\sqrt{1+\tan x}+\sqrt{1-\tan x}\right)}=1.$

(2) 这是 1^∞ 型未定式. 令 $y=\left(\dfrac{a_1^{\frac{1}{x}}+a_2^{\frac{1}{x}}+\cdots+a_n^{\frac{1}{x}}}{n}\right)^{nx}$，则

$$\ln y=nx\ln\frac{a_1^{\frac{1}{x}}+a_2^{\frac{1}{x}}+\cdots+a_n^{\frac{1}{x}}}{n},$$

于是

$$\begin{aligned}\lim_{x\to\infty}\ln y&=n\lim_{x\to\infty}x\ln\frac{a_1^{\frac{1}{x}}+a_2^{\frac{1}{x}}+\cdots+a_n^{\frac{1}{x}}}{n}\\&=n\lim_{x\to\infty}\frac{\ln(a_1^{\frac{1}{x}}+a_2^{\frac{1}{x}}+\cdots+a_n^{\frac{1}{x}})-\ln n}{\frac{1}{x}}\\&\xlongequal{\frac{1}{x}=t}n\lim_{t\to 0}\frac{\ln(a_1^t+a_2^t+\cdots+a_n^t)-\ln n}{t}\\&\xlongequal{\frac{0}{0}\text{型}}n\lim_{t\to 0}\frac{1}{a_1^t+a_2^t+\cdots+a_n^t}(a_1^t\ln a_1+a_2^t\ln a_2+\cdots+a_n^t\ln a_n)\\&=\ln a_1+\ln a_2+\cdots+\ln a_n=\ln(a_1a_2\cdots a_n),\end{aligned}$$

故

$$\lim_{x\to\infty}\left(\frac{a_1^{\frac{1}{x}}+a_2^{\frac{1}{x}}+\cdots+a_n^{\frac{1}{x}}}{n}\right)^{nx}=\lim_{x\to\infty}e^{\ln y}=e^{\ln(a_1a_2\cdots a_n)}=a_1a_2\cdots a_n.$$

(3) 这是 ∞^0 型未定式. 令 $y=\left(1+\dfrac{1}{x}\right)^x$，则 $\ln y=x\ln\left(1+\dfrac{1}{x}\right)$，于是有

$$\begin{aligned}\lim_{x\to 0^+}\ln y&=\lim_{x\to 0^+}x\ln\left(1+\frac{1}{x}\right)=\lim_{x\to 0^+}\frac{\ln\left(1+\frac{1}{x}\right)}{\frac{1}{x}}=\lim_{x\to 0^+}\frac{\frac{1}{1+\frac{1}{x}}\cdot\left(-\frac{1}{x^2}\right)}{-\frac{1}{x^2}}\\&=\lim_{x\to 0^+}\frac{1}{1+\frac{1}{x}}=0,\end{aligned}$$

所以 $\lim\limits_{x\to 0^+}\left(1+\dfrac{1}{x}\right)^x=\lim\limits_{x\to 0^+}e^{\ln y}=1.$

(4) $\lim\limits_{x\to 0}\dfrac{\tan(\tan x)-\sin(\sin x)}{\tan x-\sin x}$

$$=\lim_{x\to 0}\frac{\tan(\tan x)-\sin(\tan x)}{\tan x-\sin x}+\lim_{x\to 0}\frac{\sin(\tan x)-\sin(\sin x)}{\tan x-\sin x}$$

$$=\lim_{t\to 0}\frac{\tan t-\sin t}{t^3}\cdot\lim_{x\to 0}\frac{\tan^3 x}{\tan x-\sin x}+\lim_{x\to 0}\frac{2\cos\dfrac{\tan x+\sin x}{2}\sin\dfrac{\tan x-\sin x}{2}}{\tan x-\sin x}$$

$$=\frac{1}{2}+\frac{1}{2}=1.$$

(5) $\lim\limits_{x\to a}\dfrac{a^x-x^a}{x-a}=\lim\limits_{x\to a}a^x\ln a-ax^{a-1}=a^a(\ln a-1).$

(6) 令 $f(x)=e^x$. 由中值定理,

$$e^x-e^{\sin x}=f(x)-f(\sin x)=(x-\sin x)f'(\sin x+\theta(x-\sin x))\quad(0<\theta<1),$$

所以

$$\frac{e^x-e^{\sin x}}{x-\sin x}=f'(\sin x+\theta(x-\sin x))=e^{\sin x+\theta(x-\sin x)}.$$

故原极限 $=\lim\limits_{x\to 0}e^{\sin x+\theta(x-\sin x)}=e^0=1.$

11. 证明不等式:

(1) 当 $x\geqslant 0$ 时, $1+x\ln(x+\sqrt{1+x^2})\geqslant\sqrt{1+x^2}$;

(2) 当 $x>4$ 时, $2^x>x^2$;

(3) $e^\pi>\pi^e$;

(4) $(x+y)\ln\dfrac{x+y}{2}<x\ln x+y\ln y$, 其中 $x>0$, $y>0$, $x\neq y$.

证 (1) 令 $f(x)=1+x\ln(x+\sqrt{1+x^2})-\sqrt{1+x^2}$, 则

$$f'(x)=\ln(x+\sqrt{1+x^2}),\quad f''(x)=\frac{1}{\sqrt{1+x^2}}>0.$$

所以 $f'(x)$ 单调上升, 当 $x>0$ 时, $f'(x)>f'(0)=0$, 从而 $f(x)$ 单调上升, $f(x)>f(0)=0$. 故原不等式成立.

该不等式实质上在 $(-\infty,+\infty)$ 内均成立. 此时的证明要用到有关极值的理论, 证明如下:

$f(x)$ 与 $f'(x)$ 如前所述. 令 $f'(x)=0$, 得 $x=0$. 又 $f''(0)=1>0$, 说明 $x=0$ 是函数 $f(x)$ 的极小值点, 也是唯一的驻点, 所以 $f(x)$ 在 $x=0$ 处达到最小值. 从而 $\forall x\in(-\infty,+\infty)$ 且 $x\neq 0$, 必有 $f(x)>f(0)=0$. 故原不等式成立.

(2) 令 $f(x)=2^x-x^2$, 则

$$f'(x)=2^x\ln 2-2x,\quad f''(x)=2^x\ln^2 2-2>0.$$

所以 $f'(x)$ 单调上升, 当 $x>4$ 时, $f'(x)>f'(4)>0$, 从而 $f(x)$ 单调上升, $f(x)>f(4)=0$. 故原不等式成立.

(3) 原不等式等价于 $\dfrac{\ln e}{e}>\dfrac{\ln\pi}{\pi}$, 从而只需证 $f(x)=\dfrac{\ln x}{x}$ 在 $[e,+\infty)$ 上单调减少. 事

实上，因 $f'(x)=\dfrac{1-\ln x}{x^2}$，当 $x\in(\mathrm{e},+\infty)$ 时，$f'(x)<0$，故 $f(x)=\dfrac{\ln x}{x}$ 在 $[\mathrm{e},+\infty)$ 上单调减少，得 $f(\mathrm{e})>f(\pi)$，结论成立.

(4) 设 $f(x)=x\ln x$. 对于 $x>0$，我们有 $f'(x)=\ln x+1$，$f''(x)=\dfrac{1}{x}>0$，即在 $(0,\infty)$ 内 $f(x)$ 是严格下凸函数. 故对于 $x>0$，$y>0$，$x\neq y$，有

$$f\left(\frac{x+y}{2}\right)<\frac{1}{2}(f(x)+f(y)),$$

即 $(x+y)\ln\dfrac{x+y}{2}<(x\ln x+y\ln y)$.

12. 在 $1,\sqrt{2},\sqrt[3]{3},\sqrt[4]{4},\cdots,\sqrt[n]{n},\cdots$ 中求出最大的一个数.

解 设 $f(x)=x^{\frac{1}{x}}$，求 $f(x)=x^{\frac{1}{x}}$ 的最大值. 由于

$$f'(x)=(\mathrm{e}^{\frac{1}{x}\ln x})'=\mathrm{e}^{\frac{1}{x}\ln x}\cdot\frac{1-\ln x}{x^2}=x^{\frac{1}{x}}\cdot\frac{1-\ln x}{x^2},$$

令 $f'(x)=0$，解得 $x=\mathrm{e}$. 当 $0<x<\mathrm{e}$ 时，$f'(x)>0$；当 $x>\mathrm{e}$ 时，$f'(x)<0$，所以 $f(x)$ 在 $x=\mathrm{e}$ 取得极大值. 又因为 $f(x)$ 可导，且只有一个驻点，所以此极大值就是最大值. 由于 $2<\mathrm{e}<3$，因此最大值在 $\sqrt{2}$ 与 $\sqrt[3]{3}$ 之间，而 $(\sqrt{2})^6=8$，$(\sqrt[3]{3})^6=9$，知 $\sqrt{2}<\sqrt[3]{3}$，所以最大值为数列中的 $\sqrt[3]{3}$.

13. 设 $y=x^3+ax^2+bx+2$ 在 $x=1$ 和 $x=2$ 处取得极值，试确定 a 与 b 的值，并证明：$y(2)$ 是极大值，$y(1)$ 是极小值.

解 由极值存在的必要条件知

$$\begin{cases}y'(1)=3+2a+b=0,\\ y'(2)=12+4a+b=0.\end{cases}$$

解之得 $a=-\dfrac{9}{2}$，$b=6$. 从而 $y=x^3-\dfrac{9}{2}x^2+6x+2$，$y''=6x-9$. 由于

$$y''(1)=-3<0,\quad y''(2)=3>0,$$

所以 $y(1)$ 是极大值，$y(2)$ 是极小值.

14. 设 $y=f(x)$ 在 $x=x_0$ 的某邻域内具有3阶连续导数. 如果 $f'(x_0)=0$，$f''(x_0)=0$，$f'''(x_0)\neq0$，试问 $x=x_0$ 是否为极值点，为什么？$(x_0,f(x_0))$ 是否为拐点，为什么？

解 由 $f'(x_0)=0$，$f''(x_0)=0$ 及泰勒公式，有

$$\begin{aligned}f(x)&=f(x_0)+f'(x_0)(x-x_0)+\frac{f''(x_0)}{2!}(x-x_0)^2+\frac{f'''(\xi)}{3!}(x-x_0)^3\\&=f(x_0)+\frac{f'''(\xi)}{3!}(x-x_0)^3,\end{aligned}$$

其中，ξ 介于 x 与 x_0 之间. 因 $f'''(x_0)\neq0$，不妨设 $f'''(x_0)>0$. 由 $f'''(x)$ 连续知，$\exists U(x_0)$，使得当 $x\in U(x_0)$ 时有 $f'''(x)>0$，从而 $f'''(\xi)>0$. 因此对 $U(x_0)$ 中的 x，当 $x<x_0$ 时，$f(x)-f(x_0)<0$；当 $x>x_0$ 时，$f(x)-f(x_0)>0$，所以 $x=x_0$ 不是极值点.

又 $f''(x)-f''(x_0)=f'''(\eta)(x-x_0)$，即 $f''(x)=f'''(\eta)(x-x_0)$，$\eta\in U(x_0)$，显然 $f''(x)$ 在 x_0 的两侧异号，故 $(x_0,f(x_0))$ 为拐点.

当 $f'''(x_0)<0$ 时，同理，可得同样的结论.

15. 讨论函数 $f(x)=\sqrt[3]{x^3-x^2-x+1}$ 的性态，并作出图形.

解　对函数 $y=f(x)=\sqrt[3]{x^3-x^2-x+1}=\sqrt[3]{(x-1)^2(x+1)}$，其定义域为全体实数，因

$$\lim_{x\to\infty}\frac{y}{x}=\lim_{x\to\infty}\sqrt[3]{\frac{(x-1)^2(x+1)}{x^3}}=1,$$

$$\lim_{x\to\infty}(y-x)=\lim_{x\to\infty}\left[\sqrt[3]{(x-1)^2(x+1)}-x\right]=-\frac{1}{3},$$

故曲线的渐近线为 $y=x-\frac{1}{3}$. 无铅直渐近线.

可求得 $y'=\dfrac{3x+1}{3\sqrt[3]{(x-1)(x+1)^2}}$，$y''=-\dfrac{8}{9\sqrt[3]{(x-1)^4(x+1)^5}}$.

列表如下：

	$(-\infty,-1)$	$\left(-1,-\frac{1}{3}\right)$	$\left(-\frac{1}{3},1\right)$	$(1,+\infty)$
y'	+	+	−	+
y''	+	−	−	−
y	下凸，增	上凸，增	上凸，减	上凸，增

其图形如图 3-6 所示.

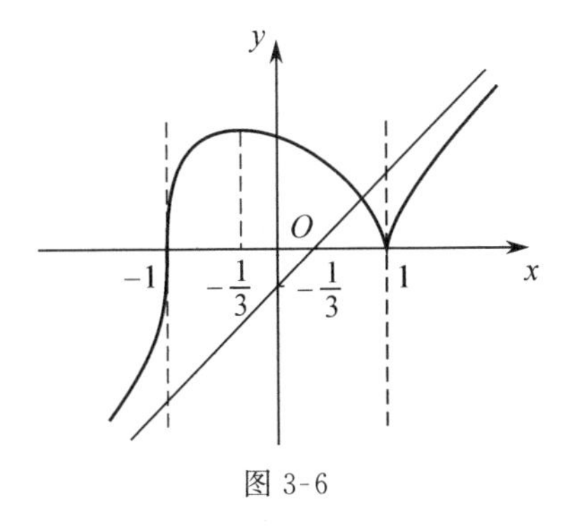

图 3-6

16. 设函数 $f(x)$ 在区间 $[a,b]$ 上是下凸的，则 $\forall x_1,x_2,\cdots,x_n\in[a,b]$，以及满足 $\lambda_1+\lambda_2+\cdots+\lambda_n=1$ 的 n 个非负数 $\lambda_1,\lambda_2,\cdots,\lambda_n$ ($\lambda_1x_1+\lambda_2x_2+\cdots+\lambda_nx_n$ 称为**凸组合**)，

总有凸组合的函数值不大于函数值的凸组合，即

$$f\left(\sum_{i=1}^{n}\lambda_i x_i\right)\leqslant\sum_{i=1}^{n}\lambda_i f(x_i).$$

证 当 $n=2$ 时，由下凸的定义，对 I 上任意两点 x_1,x_2 和任意实数 $\lambda\in(0,1)$，总有

$$f(\lambda x_1+(1-\lambda)x_2)\leqslant\lambda f(x_1)+(1-\lambda)f(x_2),$$

故 $n=2$ 时结论成立.

假设当 $n=k$ 时，结论成立，即 $\forall x_1,x_2,\cdots,x_k\in[a,b]$，以及满足 $\lambda_1+\lambda_2+\cdots+\lambda_k=1$ 的 k 个非负数 $\lambda_1,\lambda_2,\cdots,\lambda_k$，有 $f\left(\sum_{i=1}^{k}\lambda_i x_i\right)\leqslant\sum_{i=1}^{k}\lambda_i f(x_i)$，则当 $n=k+1$ 时，$\forall x_1,x_2,\cdots,x_k,x_{k+1}\in[a,b]$，以及满足 $\lambda_1+\lambda_2+\cdots+\lambda_k+\lambda_{k+1}=1$ 的 $k+1$ 个非负数 $\lambda_1,\lambda_2,\cdots,\lambda_k,\lambda_{k+1}$，不妨设 $\lambda_{k+1}<1$，否则结论自然成立，有

$$\begin{aligned}f\left(\sum_{i=1}^{k+1}\lambda_i x_i\right)&=f\left((1-\lambda_{k+1})\cdot\frac{\sum_{i=1}^{k}\lambda_i x_i}{1-\lambda_{k+1}}+\lambda_{k+1}x_{k+1}\right)\\&\leqslant(1-\lambda_{k+1})f\left(\sum_{i=1}^{k}\frac{\lambda_i}{1-\lambda_{k+1}}x_i\right)+\lambda_{k+1}f(x_{k+1}).\end{aligned}$$

因 $\sum_{i=1}^{k}\frac{\lambda_i}{1-\lambda_{k+1}}=1$，且每一项非负，由假设，有

$$\begin{aligned}f\left(\sum_{i=1}^{k+1}\lambda_i x_i\right)&\leqslant(1-\lambda_{k+1})\left(\sum_{i=1}^{k}\frac{\lambda_i}{1-\lambda_{k+1}}f(x_i)\right)+\lambda_{k+1}f(x_{k+1})\\&=\sum_{i=1}^{k}\lambda_i f(x_i)+\lambda_{k+1}f(x_{k+1})=\sum_{i=1}^{k+1}\lambda_i f(x_i).\end{aligned}$$

由数学归纳法，结论成立.

17. 设 $f(x)=(x-x_0)^n g(x)$，$n\in\mathbf{Z}^+$，$g(x)$ 在 x_0 处连续，且 $g(x_0)\neq 0$. 问 $f(x)$ 在 x_0 处有无极值?

解 由已知条件，知 $f(x_0)=0$，于是 $f(x)-f(x_0)=(x-x_0)^n g(x)$. 不妨设 $g(x_0)>0$，故 $x>x_0$ 时，$f(x)>f(x_0)$.

若 n 为正奇数，则 $x<x_0$ 时，$f(x)<f(x_0)$，$x=x_0$ 不是极值点.

若 n 为正偶数，则 $x<x_0$ 时，$f(x)>f(x_0)$，$x=x_0$ 是极小值点.

同理可得 $g(x_0)<0$ 时，若 n 为正奇数，则 $x=x_0$ 不是极值点；若 n 为正偶数，则 $x=x_0$ 是极大值点.

18. 设 $f(x)=\begin{cases}\dfrac{g(x)-\cos x}{x}, & x<0,\\ ax+b, & x\geqslant 0,\end{cases}$ 其中 $g''(0)$ 存在，且 $g(0)=1$，a,b 为常数. 试确定 a,b 的值，使 $f(x)$ 在 $x=0$ 处可导，并求出 $f'(0)$.

解 由 $f(x)$ 在 $x=0$ 处可导，知 $f(0-0)=f(0+0)=f(0)$，$f'_-(0)=f'_+(0)$. 因为 $g(0)=1$，$g'(x)$ 在 $x=0$ 处连续，所以

$$f(0-0)=\lim_{x\to 0^-}\frac{g(x)-\cos x}{x}\quad\left(\frac{0}{0}\text{ 型}\right)=\lim_{x\to 0^-}\frac{g'(x)+\sin x}{1}=g'(0),$$

$$f(0+0)=\lim_{x\to 0^+}(ax+b)=b,$$

从而 $b=g'(0)$. 因为

$$f'_-(0)=\lim_{x\to 0^-}\frac{\dfrac{g(x)-\cos x}{x}-b}{x}=\lim_{x\to 0^-}\frac{g(x)-\cos x-bx}{x^2}\quad\left(\frac{0}{0}\text{ 型}\right)$$

$$=\lim_{x\to 0^-}\frac{g'(x)+\sin x-b}{2x}=\frac{1}{2}\lim_{x\to 0^-}\left(\frac{g'(x)-b}{x}+\frac{\sin x}{x}\right)$$

$$=\frac{1}{2}\lim_{x\to 0^-}\left(\frac{g'(x)-g'(0)}{x}+\frac{\sin x}{x}\right)=\frac{1}{2}(g''(0)+1),$$

$$f'_+(0)=\lim_{x\to 0^+}\frac{ah+b-b}{h}=a,$$

故 $a=\dfrac{1}{2}(1+g''(0))$.

四、考研真题解析

【例 1】 (2012 年) 曲线 $y=\dfrac{x^2+x}{x^2-1}$ 的渐近线的条数为(　　).

A. 0　　B. 1　　C. 2　　D. 3

解 $\lim\limits_{x\to 1}\dfrac{x^2+x}{x^2-1}=\infty$，所以 $x=1$ 为垂直渐近线；$\lim\limits_{x\to\infty}\dfrac{x^2+x}{x^2-1}=1$，所以 $y=1$ 为水平渐近线；没有斜渐近线. 故有两条渐近线，选 C.

【例 2】 (2012 年) 证明：

$$x\ln\frac{1+x}{1-x}+\cos x\geqslant 1+\frac{x^2}{2},\quad -1<x<1.$$

证 令 $f(x)=x\ln\dfrac{1+x}{1-x}+\cos x-1-\dfrac{x^2}{2}$，则

$$f'(x)=\ln\frac{1+x}{1-x}+x\,\frac{1-x}{1+x}\,\frac{2}{(1-x)^2}-\sin x-x$$

$$=\ln\frac{1+x}{1-x}+\frac{2x}{1-x^2}-\sin x-x$$

$$= \ln\frac{1+x}{1-x}+\frac{1+x^2}{1-x^2}x-\sin x.$$

当$0<x<1$时，有$\ln\frac{1+x}{1-x}\geqslant 0$，$\frac{1+x^2}{1-x^2}>1$，所以$\frac{1+x^2}{1-x^2}x-\sin x\geqslant 0$，故$f'(x)\geqslant 0$. 而$f(0)=0$，所以$x\ln\frac{1+x}{1-x}+\cos x-1-\frac{x^2}{2}\geqslant 0$，即

$$x\ln\frac{1+x}{1-x}+\cos x\geqslant 1+\frac{x^2}{2}.$$

当$-1<x<0$时，有$\ln\frac{1+x}{1-x}\leqslant 0$，$\frac{1+x^2}{1-x^2}>1$，所以$\frac{1+x^2}{1-x^2}x-\sin x\leqslant 0$，故$f'(x)\leqslant 0$，从而$x\ln\frac{1+x}{1-x}+\cos x-1-\frac{x^2}{2}\geqslant 0$，即

$$x\ln\frac{1+x}{1-x}+\cos x\geqslant 1+\frac{x^2}{2}.$$

综合得$x\ln\frac{1+x}{1-x}+\cos x\geqslant 1+\frac{x^2}{2}$，$-1<x<1$.

【例 3】 (2011 年) 曲线$y=(x-1)(x-2)^2(x-3)^3(x-4)^4$的拐点是(　　).

A. (1,0)　　B. (2,0)　　C. (3,0)　　D. (4,0)

解 设$y_1=x-1$，则$y'_1=1$，$y''_1=0$；设$y_2=(x-2)^2$，则$y'_2=2(x-2)$，$y''_2=2$；设$y_3=(x-3)^3$，则$y'_3=3(x-3)^2$，$y''_3=6(x-3)$；设$y_4=(x-4)^4$，则$y'_4=4(x-4)^3$，$y''_4=12(x-4)^2$. 于是

$$y''=(x-3)P(x),$$

$y''(3)=0$，y''在$x=3$两侧变号，$P(3)\neq 0$，故选 C.

【例 4】 (2004 年) 设$f(x)=|x(1-x)|$，则(　　).

A. $x=0$是$f(x)$的极值点，但(0,0)不是曲线$y=f(x)$的拐点

B. $x=0$不是$f(x)$的极值点，但(0,0)是曲线$y=f(x)$的拐点

C. $x=0$是$f(x)$的极值点，且(0,0)是曲线$y=f(x)$的拐点

D. $x=0$不是$f(x)$的极值点，(0,0)也不是曲线$y=f(x)$的拐点

解 由$f(x)=\begin{cases}-x(1-x), & -1<x\leqslant 0,\\ x(1-x), & 0<x<1,\end{cases}$有

$$f'(x)=\begin{cases}-1+2x, & -1<x<0,\\ 1-2x, & 0<x<1,\end{cases}$$

$$f''(x)=\begin{cases}2, & -1<x<0,\\ -2, & 0<x<1.\end{cases}$$

从而 $-1 < x < 0$ 时，$f(x)$ 凹；$1 > x > 0$ 时，$f(x)$ 凸. 于是$(0,0)$ 为拐点. 又 $f(0) = 0$，$x \neq 0,1$ 时，$f(x) > 0$，故 $x = 0$ 为极小值点.

所以，$x = 0$ 是极值点，$(0,0)$ 是曲线 $y = f(x)$ 的拐点，故选 C.

【例 5】 (2019 年) 设函数 $f(x) = \begin{cases} x|x|, x \leqslant 0 \\ x\ln x, x > 0 \end{cases}$，则 $x = 0$ 是 $f(x)$ 的(　　).

A. 可导点，极值点　　　B. 不可导点，极值点

C. 可导点，非极值点　　D. 不可导点，非极值点

解　$\lim\limits_{x \to 0^+} \dfrac{f(x) - f(0)}{x} = \lim\limits_{x \to 0^+} \dfrac{x\ln x - 0}{x} = \lim\limits_{x \to 0^+} \ln x = \infty$

则 $f'_+(0)$ 不存在，从而 $x = 0$ 是 $f(x)$ 不可导点.

又在 $x = 0$ 的左半邻域 $f(x) = x|x| < 0 = f(0)$，在 $x = 0$ 的右半邻域 $f(x) = x\ln x < 0 = f(0)$，则 $f(x)$ 在 $x = 0$ 处取极大值，故选 B.

【例 6】 (2005 年) 当 a 取(　　)时，函数 $f(x) = 2x^3 - 9x^2 + 12x - a$ 恰好有两个不同的零点.

A. 2　　B. 4　　C. 6　　D. 8

解　$f'(x) = 6x^2 - 18x + 12 = 6(x-1)(x-2)$，知可能极值点为 $x = 1$，$x = 2$，且 $f(1) = 5 - a$，$f(2) = 4 - a$. 可见当 $a = 4$ 时，函数 $f(x)$ 恰好有两个零点，故选 B.

【例 7】 (2006 年) 设函数 $y = f(x)$ 具有二阶导数，且 $f'(x) > 0$，$f''(x) > 0$，Δx 为自变量 x 在点 x_0 处的增量，Δy 与 $\mathrm{d}y$ 分别为 $f(x)$ 在点 x_0 处对应的增量与微分. 若 $\Delta x > 0$，则(　　).

A. $0 < \mathrm{d}y < \Delta y$　　B. $0 < \Delta y < \mathrm{d}y$

C. $\Delta y < \mathrm{d}y < 0$　　D. $\mathrm{d}y < \Delta y < 0$

解　由 $f'(x) > 0$，$f''(x) > 0$ 知，函数 $f(x)$ 单调增加，曲线 $y = f(x)$ 向上凹. 作函数 $y = f(x)$ 的图形如图 3-7 所示，显然，当 $\Delta x > 0$ 时，$\Delta y > \mathrm{d}y = f'(x_0)\mathrm{d}x = f'(x_0)\Delta x > 0$，故选 A.

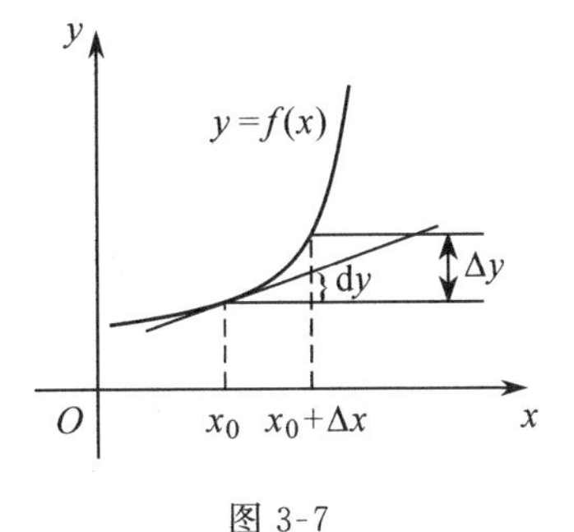

图 3-7

【例 8】 (2007 年) 设函数 $f(x),g(x)$ 在$[a,b]$上连续，在(a,b)内具有二阶导数且存在相等的最大值，$f(a) =$

$g(a)$, $f(b)=g(b)$. 证明：存在$\xi\in(a,b)$，使得 $f''(\xi)=g''(\xi)$.

证 令 $h(x)=f(x)-g(x)$，则 $h(a)=h(b)=0$. 设 $f(x)$, $g(x)$ 在 (a,b) 内的最大值 M 分别在 $\alpha\in(a,b)$, $\beta\in(a,b)$ 取得.

当 $\alpha=\beta$ 时，取 $\eta=\alpha$，则 $h(\eta)=0$. 当 $\alpha\neq\beta$ 时，

$$h(\alpha)=f(\alpha)-g(\alpha)=M-g(\alpha)\geqslant 0,$$

$$h(\beta)=f(\beta)-g(\beta)=f(\beta)-M\leqslant 0,$$

于是，存在 $\eta\in(a,b)$，使得 $h(\eta)=0$.

因此由罗尔定理可知，存在 $\xi_1\in(a,\eta)$, $\xi_2\in(\eta,b)$，使得 $h'(\xi_1)=h'(\xi_2)=0$. 再由罗尔定理可知，存在 $\xi\in(\xi_1,\xi_2)\subset(a,b)$，使得 $h''(\xi)=0$，即 $f''(\xi)=g''(\xi)$.

【例 9】 (2012 年) 曲线 $y=\dfrac{x^2+x}{x^2-1}$ 的渐近线的条数为

A. 0. B. 1. C. 2. D. 3.

解 $\lim\limits_{x\to\infty}y=\lim\limits_{x\to\infty}\dfrac{x^2+x}{x^2-1}=1.$

故 $y=1$ 是曲线的一条水平渐近线且没有斜渐近线，由 $\lim\limits_{x\to 1}y=\lim\limits_{x\to 1}\dfrac{x^2+x}{x^2-1}=\infty$，故 $x=1$ 是曲线的一条垂直渐近线.

由 $\lim\limits_{x\to -1}y=\lim\limits_{x\to -1}\dfrac{x^2+x}{x^2-1}=\dfrac{1}{2}$，因此 $x=-1$ 不是曲线的渐近线. 所以，曲线有两条渐近线，故选 C.

【例 10】 (2004 年) 设函数 $y(x)$ 由参数方程 $\begin{cases}x=t^3+3t+1,\\ y=t^3-3t+1\end{cases}$ 确定，则曲线 $y=y(x)$ 向上凸的 x 取值范围为________.

解 $\dfrac{\mathrm{d}y}{\mathrm{d}x}=\dfrac{\dfrac{\mathrm{d}y}{\mathrm{d}t}}{\dfrac{\mathrm{d}x}{\mathrm{d}t}}=\dfrac{3t^2-3}{3t^2+3}=\dfrac{t^2-1}{t^2+1}=1-\dfrac{2}{t^2+1},$

$$\frac{\mathrm{d}^2y}{\mathrm{d}x^2}=\frac{\mathrm{d}}{\mathrm{d}t}\left(\frac{\mathrm{d}y}{\mathrm{d}x}\right)\frac{\mathrm{d}t}{\mathrm{d}x}=\left(1-\frac{2}{t^2+1}\right)'\cdot\frac{1}{3(t^2+1)}=\frac{4t}{3(t^2+1)^3},$$

令 $\dfrac{\mathrm{d}^2y}{\mathrm{d}x^2}<0$ 可得 $t<0$. 又 $x=t^3+3t+1$ 单调增加，则 $t<0$ 时，$x\in(-\infty,1)$. 因 $t=0$ 时，$x=1$，可得 $x\in(-\infty,1]$ 时，曲线凸.

【例 11】（2003 年）$y=2^x$ 的麦克劳林公式中 x^n 项的系数是________.

解　因为

$$y'=2^x\ln 2,\ y''=2^x(\ln 2)^2,\ \cdots,\ y^{(n)}=2^x(\ln 2)^n,$$

故有 $y^{(n)}(0)=(\ln 2)^n$. 故麦克劳林公式中 x^n 项的系数是 $\dfrac{y^{(n)}(0)}{n!}=\dfrac{(\ln 2)^n}{n!}$.

【例 12】（2010 年）设函数 $f(x)$ 在 $[0,1]$ 上连续，在 $(0,1)$ 内可导，且 $f(0)=0$，$f(1)=\dfrac{1}{3}$. 试证：必存在 $\xi\in\left(0,\dfrac{1}{2}\right)$，$\eta\in\left(\dfrac{1}{2},1\right)$，使

$$f'(\xi)+f'(\eta)=\xi^2+\eta^2.$$

证　设函数 $F(x)=f(x)-\dfrac{1}{3}x^3$，由题意知 $F(0)=0$，$F(1)=0$. 在 $\left[0,\dfrac{1}{2}\right]$ 和 $\left[\dfrac{1}{2},1\right]$ 上分别应用拉格朗日中值定理，有

$$F\left(\frac{1}{2}\right)-F(0)=F'(\xi)\left(\frac{1}{2}-0\right)=\frac{1}{2}(f'(\xi)-\xi^2),\quad \xi\in\left(0,\frac{1}{2}\right),$$

$$F(1)-F\left(\frac{1}{2}\right)=F'(\eta)\left(1-\frac{1}{2}\right)=\frac{1}{2}(f'(\eta)-\eta^2),\quad \eta\in\left(\frac{1}{2},1\right).$$

两式相加，得

$$F(1)-F(0)=\frac{1}{2}(f'(\xi)-\xi^2)+\frac{1}{2}(f'(\eta)-\eta^2)=0,$$

即 $f'(\xi)+f'(\eta)=\xi^2+\eta^2$.

【例 13】（2013 年）设奇函数 $f(x)$ 在 $[-1,1]$ 上具有二阶导数，且 $f(1)=1$，证明：(1) 存在 $\xi\in(0,1)$，使得 $f'(\xi)=1$；(2) 存在 $\eta\in(-1,1)$，使得 $f''(\eta)+f'(\eta)=1$.

证　(1) 令 $\varphi(x)=f(x)-x$.

则　$\varphi(0)=f(0)=0$

$\varphi(1)=f(1)-1=0$

由罗尔定理知存在 $\xi\in(0,1)$. 使得

$$\varphi'(\xi)=f'(\xi)-1=0.\quad 即\quad f'(\xi)=1.$$

(2) 因为 $f(x)$ 是奇函数，所以 $f'(x)$ 是偶函数.

故　$f'(-\xi)=f'(\xi)=1$

令　$F(x)=[f'(x)-1]e^x$，则 $F(x)$ 可导，且 $F(-\xi)=F(\xi)=0$.

由罗尔定理，存在 $\eta\in(-\xi,\xi)\subset(-1,1)$.

使得 $F'(\eta)=0$.

由 $F'(\eta)=[f''(\eta)+f'(\eta)-1]e^{\eta}=0$.

故 $f''(\eta)+f'(\eta)=1$.

【例 14】 (2006 年) 试确定 A,B,C 的值，使得

$$e^x(1+Bx+Cx^2)=1+Ax+o(x^3),$$

其中，$o(x^3)$ 是当 $x\to 0$ 时比 x^3 高阶的无穷小.

解 将 e^x 的泰勒级数展开式 $e^x=1+x+\frac{x^2}{2}+\frac{x^3}{6}+o(x^3)$ 代入题设等式，得

$$\left(1+x+\frac{x^2}{2}+\frac{x^3}{6}+o(x^3)\right)(1+Bx+Cx^2)=1+Ax+o(x^3),$$

整理，得

$$1+(B+1)x+\left(B+C+\frac{1}{2}\right)x^2+\left(\frac{B}{2}+C+\frac{1}{6}\right)+o(x^3)=1+Ax+o(x^3).$$

比较两边同次幂系数，得

$$\begin{cases}B+1=A,\\ B+C+\dfrac{1}{2}=0,\\ \dfrac{B}{2}+C+\dfrac{1}{6}=0,\end{cases}$$

解得 $A=\frac{1}{3}$, $B=-\frac{2}{3}$, $C=\frac{1}{6}$.

【例 15】 (2005 年) 求 $\lim\limits_{x\to 0}\left(\frac{1+x}{1-e^{-x}}-\frac{1}{x}\right)$.

解
$$\lim_{x\to 0}\left(\frac{1+x}{1-e^{-x}}-\frac{1}{x}\right)=\lim_{x\to 0}\frac{x+x^2-1+e^{-x}}{x(1-e^{-x})}=\lim_{x\to 0}\frac{x+x^2-1+e^{-x}}{x^2}$$
$$=\lim_{x\to 0}\frac{1+2x-e^{-x}}{2x}=\lim_{x\to 0}\frac{2+e^{-x}}{2}=\frac{3}{2}.$$

【例 16】 (2009 年) 求 $\lim\limits_{x\to 0}\frac{(1-\cos x)(x-\ln(1+\tan x))}{\sin^4 x}$.

解
$$\lim_{x\to 0}\frac{(1-\cos x)(x-\ln(1+\tan x))}{\sin^4 x}$$
$$=\lim_{x\to 0}\frac{x-\ln(1+\tan x)}{2x^2}=\lim_{x\to 0}\frac{1-\dfrac{\sec^2 x}{1+\tan x}}{4x}$$

$$=\lim_{x\to0}\frac{1+\tan x-\sec^2 x}{4x}=\lim_{x\to0}\frac{\sec^2 x-2\sec^2 x\ \tan x}{4}=\frac{1}{4}.$$

【例 17】 (2020 年) 设函数 $f(x)$ 在区间 $[0,2]$ 上具有连续导数，$f(0)=f(2)=0$，$M=\max\limits_{x\in[0,2]}\{|f(x)|\}$，证明：

(1) 存在 $\xi\in(0,2)$，使得 $|f'(\xi)|\geqslant M$.

(2) 若对任意的 $x\in(0,2)$ $|f'(x)|\leqslant M$，则 $M=0$.

证 (1) 设 $|f(c)|=M$，若 $c=0$ 或 $c=2$，则 $M=|f(c)|=0$.

一般地，当 $M=0$ 时 $f(x)\equiv0$，$\forall\xi\in(0,2)$，均有 $|f'(\xi)|\geqslant M$，当 $M>0$ 且 $|f(c)|=M$ 时，必有 $c\in(0,2)$.

若 $c\in(0,1]$，由拉格朗日中值定理知,存在 $\xi\in(0,c)$，使

$$f'(\xi)=\frac{f(c)-f(0)}{c-0}=\frac{f(c)}{c}$$

从而有 $|f'(\xi)|=\dfrac{|f(c)|}{c}=\dfrac{M}{c}\geqslant M.$

若 $c\in(1,2]$，同理知存在 $\xi\in(c,2)\subset(1,2)$，使

$$f'(\xi)=\frac{f(2)-f(c)}{2-c}=\frac{-f(c)}{2-c}$$

从而有 $|f'(\xi)|=\dfrac{|f(c)|}{2-c}=\dfrac{M}{2-c}\geqslant M.$

综上所述，存在 $\xi\in(0,2)$，使得 $|f'(\xi)|\geqslant M.$

(2) 设 $|f(c)|=M.$

当 $c=0$ 或 2 时，$M=0$；

反证法，不妨设 $M>0$，则 $c\in(0,2)$，当 $c\neq1$ 时，由拉格朗日中值定理，存在 $\xi_1\in(0,c)$，$\xi_2\in(c,2)$. 使得

$$f(c)=f(c)-f(0)=f'(\xi_1)c,\ (0<\xi_1<c)$$

$$-f(c)=f(2)-f(c)=f'(\xi_2)(2-c),\ (c<\xi_2<2)$$

则　$M=|f(c)|=|f'(\xi_1)|C\leqslant MC$，

$M=|f(c)|=|f'(\xi_2)|(2-c)\leqslant M(2-c)$ 皆成立.

若 $0<c<1$，显然 $M=|f(c)|=|f'(\xi_1)|c\leqslant MC$ 不对；

若 $1<c<2$，显然 $M=|f(c)|=|f'(\xi_2)|(2-c)\leqslant M(2-c)$ 不对. 即上述式子至少有一个不成立，矛盾. 故 $M=0$.

当 $c=1$ 时，此时 $|f(1)|=M$，易知 $f'(1)=0$.

若 $f(1)=M$，设 $G(x)=f(x)-Mx$，$0\leqslant x\leqslant1$，$G'(x)=f'(x)-M\leqslant0$. 从 $G(x)$ 单调减，又 $G(0)=G(1)=0$，从而 $G(x)=0$，

即 $f(x)=Mx$，$0\leqslant x\leqslant 1$，

因此，$f'(1)=M$，从而 $M=0$，同理 $f(1)=-M$ 时，

$M=0$，综上，$M=0$.

【例 18】 (2012 年) 证明：$x\ln\dfrac{1+x}{1-x}+\cos x\geqslant 1+\dfrac{x^2}{2}\quad(-1<x<1)$

证 记 $f(x)=x\ln\dfrac{1+x}{1-x}+\cos x-\dfrac{x^2}{2}-1$，

则
$$f'(x)=\ln\frac{1+x}{1-x}+\frac{2x}{1-x^2}-\sin x-x$$

$$f''(x)=\frac{4}{1-x^2}+\frac{4x^2}{(1-x^2)^2}-1-\cos x=\frac{4}{(1-x^2)^2}-1-\cos x$$

当 $-1<x<1$ 时，由于 $\dfrac{4}{(1-x^2)^2}\geqslant 4$，$1+\cos x\leqslant 2$.

所以 $f''(x)\geqslant 2>0$. 从而 $f'(x)$ 单调增加.

又因为 $f'(0)=0$，所以，当 $-1<x<0$ 时.

$f'(x)<0$；当 $0<x<1$，$f'(x)>0$.

于是 $f(0)=0$ 是 $f(x)$ 在 $(-1,1)$ 内的最小值.

从而当 $-1<x<1$ 时. $f(x)\geqslant f(0)=0$.

即
$$x\ln\frac{1+x}{1-x}+\cos x\geqslant 1+\frac{x^2}{2}.$$

【例 19】 (2006 年) 证明：当 $0<a<b<\pi$ 时，
$$b\sin b+2\cos b+\pi b>a\sin a+2\cos a+\pi a.$$

证 令

$f(x)=x\sin x+2\cos x+\pi x-a\sin a-2\cos a-\pi a$，$\quad 0<a\leqslant x\leqslant b<\pi$，

则
$$f'(x)=\sin x+x\cos x-2\sin x+\pi=x\cos x-\sin x+\pi,$$

且 $f'(\pi)=0$. 又
$$f''(x)=\cos x-x\sin x-\cos x=-x\sin x<0,$$

故当 $0<a\leqslant x\leqslant b<\pi$ 时，$f'(x)$ 单调减少，有 $f'(x)>f'(\pi)=0$，于是 $f(x)$ 单调增加，有 $f(b)>f(a)=0$，即
$$b\sin b+2\cos b+\pi b>a\sin a+2\cos a+\pi a.$$

【例 20】 (2003 年) 设 $a>1$，$f(t)=a^t-at$ 在 $(-\infty,+\infty)$ 内的驻点为

$t(a)$. 问 a 为何值时，$t(a)$ 最小？ 并求出最小值.

解　令 $f'(t) = a^t \ln a - a = 0$，得唯一驻点

$$t(a) = 1 - \frac{\ln \ln a}{\ln a}.$$

考查函数 $t(a) = 1 - \dfrac{\ln \ln a}{\ln a}$ 当 $a > 1$ 时的最小值. 令

$$t'(a) = -\frac{\dfrac{1}{a} - \dfrac{1}{a}\ln \ln a}{(\ln a)^2} = -\frac{1 - \ln \ln a}{a(\ln a)^2} = 0,$$

得唯一驻点 $a = \mathrm{e}^{\mathrm{e}}$. 当 $a > \mathrm{e}^{\mathrm{e}}$ 时，$t'(a) > 0$；当 $a < \mathrm{e}^{\mathrm{e}}$ 时，$t'(a) < 0$. 因此 $t(\mathrm{e}^{\mathrm{e}}) = 1 - \dfrac{1}{\mathrm{e}}$ 为极小值，从而是最小值.

【例 21】　(2003 年) 讨论曲线 $y = 4\ln x + k$ 与 $y = 4x + \ln^4 x$ 的交点个数.

解　设 $f(x) = \ln^4 x - 4\ln x + 4x - k$，则有

$$f'(x) = \frac{4(\ln^3 x - 1 + x)}{x}.$$

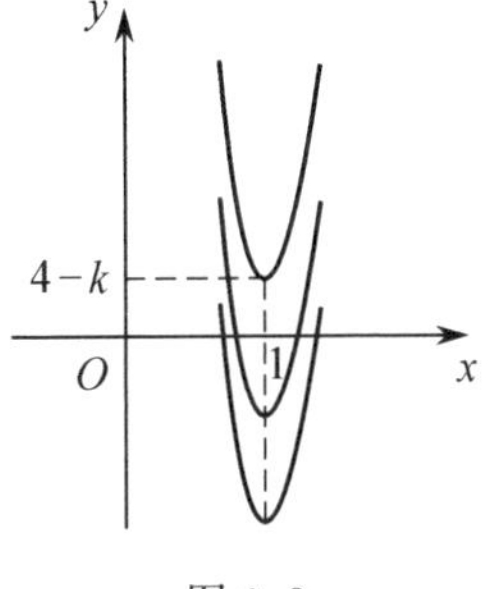

图 3-8

函数 $y = f(x)$ 的图形如图 3-8 所示. 不难看出，$x = 1$ 是 $f(x)$ 的驻点.

当 $0 < x < 1$ 时，$f'(x) < 0$，即 $f(x)$ 单调减少；当 $x > 1$ 时，$f'(x) > 0$，即 $f(x)$ 单调增加. 故 $f(1) = 4 - k$ 为函数 $f(x)$ 的最小值.

当 $k < 4$，即 $4 - k > 0$ 时，$f(x) = 0$ 无实根，即两条曲线无交点.

当 $k = 4$，即 $4 - k = 0$ 时，$f(x) = 0$ 有唯一实根，即两条曲线只有一个交点.

当 $k > 4$，即 $4 - k < 0$ 时，由于

$$\lim_{x \to 0^+} f(x) = \lim_{x \to 0^+} [\ln x\,(\ln^3 x - 4) + 4x - k] = +\infty,$$

$$\lim_{x \to +\infty} f(x) = \lim_{x \to +\infty} [\ln x\,(\ln^3 x - 4) + 4x - k] = +\infty,$$

故 $f(x) = 0$ 有两个实根，分别位于 $(0,1)$ 与 $(1, +\infty)$ 内，即两条曲线有两个交点.

【例 22】　(2015 年) 设函数 $f(x)$ 在 $(-\infty, +\infty)$ 内连续，其二阶导数 $f''(x)$ 的图形如图所示，则曲线 $y = f(x)$ 的拐点个数为

A. 0.　　B. 1.　　C. 2.　　D. 3.

解　如图知 $f''(x_1)=f''(x_2)=0$，$f''(0)$ 不存在其余点上二阶导数 $f''(x)$ 存在且非零，则曲线 $y=f(x)$ 最多有三个拐点，但在 $x=x_1$ 的两侧二阶导数不变号，因此不是拐点，而在 $x=0$ 和 $x=x_2$ 的两侧二阶导数变号，则曲线 $y=f(x)$ 有两个拐点，故选 C.

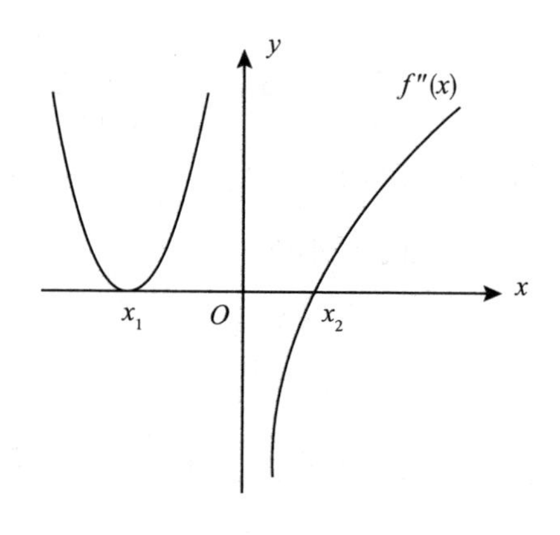

第4章 不定积分

一、主要内容

不定积分是一元函数积分学的主要内容之一，其蕴涵的求不定积分的方法和技巧是计算一元定积分及多元函数的重积分、线面积分的基础. 积分与微分都是以极限为基础的，积分是借助于极限思想来处理各种变量的求和问题. 它是微分的逆运算，所以读者必须牢记微分的基本公式.

1. 不定积分的基本概念与主要结论

设函数 $y=f(x)$ 在某区间上有定义. 若存在函数 $F(x)$，使得在该区间任一点处，均有

$$F'(x)=f(x) \quad \text{或} \quad \mathrm{d}F(x)=f(x)\mathrm{d}x,$$

则称 $F(x)$ 为 $f(x)$ 在该区间上的一个**原函数**.

关于原函数的问题，有两点需说明：

(1) 原函数的存在问题：如果 $f(x)$ 在某区间上连续，那么它的原函数一定存在(将在下章加以说明).

(2) 原函数的一般表达式：若 $F(x)$ 是 $f(x)$ 的一个原函数，则 $F(x)+C$ 是 $f(x)$ 的全部原函数，其中 C 为任意常数.

若 $F(x)$ 是 $f(x)$ 在某区间上的一个原函数，则 $f(x)$ 的全体原函数 $F(x)+C$ (C 为任意常数) 称为 $f(x)$ 在该区间上的**不定积分**，记为 $\int f(x)\mathrm{d}x$，即

$$\int f(x)\mathrm{d}x=F(x)+C.$$

积分运算与微分运算之间有如下的互逆关系：

(1) $\left(\int f(x)\mathrm{d}x\right)'=f(x)$ 或 $\mathrm{d}\left(\int f(x)\mathrm{d}x\right)=f(x)\mathrm{d}x$. 此式表明，先求

积分再求导数(或求微分),两种运算的作用相互抵消.

(2) $\int F'(x)\mathrm{d}x = F(x)+C$ 或 $\int \mathrm{d}F(x)=F(x)+C$. 此式表明,先求导数(或求微分)再求积分,两种运算的作用相互抵消后还留有积分常数 C.

对于这两个式子,要记准,要能熟练运用.

2. 不定积分的基本积分公式

(1) $\int k\,\mathrm{d}x = kx + C$ (k 为常数).

(2) $\int x^{\mu}\,\mathrm{d}x = \dfrac{x^{\mu+1}}{\mu+1} + C$ ($\mu \neq -1$).

(3) $\int \dfrac{1}{x}\mathrm{d}x = \ln|x| + C$.

(4) $\int \mathrm{e}^x\,\mathrm{d}x = \mathrm{e}^x + C$.

(5) $\int a^x\,\mathrm{d}x = \dfrac{a^x}{\ln a} + C$.

(6) $\int \cos x\,\mathrm{d}x = \sin x + C$.

(7) $\int \sin x\,\mathrm{d}x = -\cos x + C$.

(8) $\int \dfrac{1}{\cos^2 x}\mathrm{d}x = \int \sec^2 x\,\mathrm{d}x = \tan x + C$.

(9) $\int \dfrac{1}{\sin^2 x}\mathrm{d}x = \int \csc^2 x\,\mathrm{d}x = -\cot x + C$.

(10) $\int \sec x\tan x\,\mathrm{d}x = \sec x + C$.

(11) $\int \csc x\cot x\,\mathrm{d}x = -\csc x + C$.

(12) $\int \dfrac{\mathrm{d}x}{\sqrt{1-x^2}} = \arcsin x + C$.

(13) $\int \dfrac{\mathrm{d}x}{1+x^2} = \arctan x + C$.

3. 不定积分的性质

性质 1 $\dfrac{\mathrm{d}}{\mathrm{d}x}\left(\int f(x)\mathrm{d}x\right) = f(x)$ 或 $\mathrm{d}\left(\int f(x)\mathrm{d}x\right) = f(x)\mathrm{d}x$.

性质 2 $\int F'(x)\mathrm{d}x = F(x) + C$ 或 $\int \mathrm{d}F(x) = F(x) + C$.

性质 3（积分对于函数的可加性） $\int (f(x) + g(x))\mathrm{d}x = \int f(x)\mathrm{d}x + \int g(x)\mathrm{d}x$.

性质 3 可推广到有限个函数代数和的情形.

性质 4（积分对于函数的齐次性） $\int kf(x)\mathrm{d}x = k\int f(x)\mathrm{d}x$，$k \neq 0$.

4. 不定积分的求解方法

换元法与分部积分法是两种重要的积分法.

换元法是把原来的被积表达式作适当的换元，使之化为适合基本积分公式表中的某一形式，再求不定积分的方法.

凑微分法（第一换元法） 若 $F(u)$ 是 $f(u)$ 的一个原函数，$u = \varphi(x)$ 可导，则 $F(\varphi(x))$ 是 $f(\varphi(x))\varphi'(x)$ 的一个原函数，且有换元公式：

$$\int f(\varphi(x))\varphi'(x)\mathrm{d}x = F(\varphi(x)) + C = \left(\int f(u)\mathrm{d}u\right)\bigg|_{u=\varphi(x)}.$$

凑微分法（第一换元法）是计算积分用得最多的一种方法，凑微分的方式很多，比较灵活，初学者难以把握，因此学生应多做习题，多见识一些类型，以便积累经验.

应用第一换元法时应熟悉下列常见的微分变形（凑微分形式）：

(1) $\mathrm{d}x = \mathrm{d}(x + b) = \dfrac{1}{a}\mathrm{d}(ax + b)$ (a, b 为常数，$a \neq 0$).

例如，

$$\int (ax + b)^m \mathrm{d}x = \frac{1}{a}\int (ax + b)^m \mathrm{d}(ax + b)$$

$$= \begin{cases} \dfrac{1}{a} \cdot \dfrac{(ax + b)^{m+1}}{m + 1} + C, & m \neq -1, \\ \dfrac{1}{a}\ln|ax + b| + C, & m = -1. \end{cases}$$

(2) $x^\alpha \mathrm{d}x = \dfrac{1}{\alpha + 1}\mathrm{d}(x^{\alpha+1} + b) = \dfrac{1}{(\alpha + 1)a}\mathrm{d}(ax^{\alpha+1} + b)$ (a, b, α 均为常数，且 $a \neq 0$，$\alpha \neq -1$).

例如，$x\,\mathrm{d}x = \dfrac{1}{2}\mathrm{d}x^2$，$\sqrt{x}\,\mathrm{d}x = \dfrac{2}{3}\mathrm{d}(x\sqrt{x})$，$\dfrac{1}{\sqrt{x}}\mathrm{d}x = 2\mathrm{d}\sqrt{x}$.

(3) $\dfrac{1}{x}\mathrm{d}x = \mathrm{d}\ln x = \dfrac{1}{a}\mathrm{d}(a\ln x + b)$ (a, b 为常数，$a \neq 0$).

(4) $e^x\,dx = d\,e^x$，$a^x\,dx = \dfrac{d\,a^x}{\ln a}$ ($a>0$，且 $a\neq 1$).

(5) $\sin x\;dx = -d(\cos x)$，$\cos x\;dx = d(\sin x)$.

(6) $\sec^2 x\;dx = d(\tan x)$，$\csc^2 x\;dx = d(-\cot x)$.

(7) $\dfrac{1}{1+x^2}dx = d(\arctan x)$.

(8) $\dfrac{1}{\sqrt{1-x^2}}dx = d(\arcsin x)$.

代入积分法(第二换元法) 设函数 $x=\varphi(t)$ 是单调的可导函数，且 $\varphi'(t)\neq 0$，$f(\varphi(t))\varphi'(x)$ 具有原函数 $\Phi(t)$，则有

$$\int f(x)dx = \int f(\varphi(t))\varphi'(t)dt = \Phi(t)+C = \Phi(\varphi^{-1}(x))+C.$$

代入积分法(第二换元法)是抓住去掉被积函数中的根号(有理化)等目的，选择相应的代换去计算积分，学生应掌握一些特殊的代换，如：三角代换、倒代换、无理代换等.

常见的无理函数积分所采用的换元式如表 4-1 所示.

表 4-1

代换名称	被积函数含有	换元式
三角代换	$\sqrt{a^2-x^2}$	$x=a\sin t$，$t\in\left(-\frac{\pi}{2},\frac{\pi}{2}\right)$
	$\sqrt{a^2+x^2}$	$x=a\tan t$，$t\in\left(-\frac{\pi}{2},\frac{\pi}{2}\right)$
	$\sqrt{x^2-a^2}$	$x=a\sec t$，$t\in\left(0,\frac{\pi}{2}\right)$
无理代换	$\sqrt[n]{ax+b}$	$\sqrt[n]{ax+b}=t$，即 $x=\frac{1}{a}(t^n-b)$
	$\frac{1}{x^n}$	$\frac{1}{x}=t$，即 $x=\frac{1}{t}$
	$(ax+b)^{\frac{1}{n_1}},(ax+b)^{\frac{1}{n_2}}$	$t^n=(ax+b)$，n 为 n_1,n_2 的最小公倍数

分部积分 设 u,v 都是连续可微函数，则

$$\int u\,dv = uv - \int v\,du.$$

当被积函数是两个函数的乘积形式时，如果用以前的方法都不易计算，则可考虑用分部积分法求解. 用分部积分法求积分时首先要将被积函数凑

成$\int uv'\mathrm{d}x$或$\int u\,\mathrm{d}v$的形式，这一步类似于凑微分，然后应用分部积分公式$uv-\int v'\mathrm{d}u$或$uv-\int vu'\mathrm{d}x$，再计算$\int vu'\mathrm{d}x$，即得积分结果. 显然，用分部积分法计算不定积分时，关键是如何恰当地选择u和v'，其原则是：

(1) 根据v'容易求出v；

(2) $\int vu'\mathrm{d}x$要比原积分$\int uv'\mathrm{d}x$容易计算.

实际中总结出一些常见的适用分部积分法求解的积分类型及其u和v'的选择规律，归纳如表4-2所示.

表4-2

分类	不定积分类型	u和v'的选择
Ⅰ	$\int p_n(x)\sin x\,\mathrm{d}x$	$u=p_n(x)$, $v'=\sin x$
	$\int p_n(x)\cos x\,\mathrm{d}x$	$u=p_n(x)$, $v'=\cos x$
	$\int p_n(x)\mathrm{e}^x\,\mathrm{d}x$	$u=p_n(x)$, $v'=\mathrm{e}^x$
Ⅱ	$\int p_n(x)\ln x\,\mathrm{d}x$	$u=\ln x$, $v'=p_n(x)$
	$\int p_n(x)\arcsin x\,\mathrm{d}x$	$u=\arcsin x$, $v'=p_n(x)$
	$\int p_n(x)\arccos x\,\mathrm{d}x$	$u=\arccos x$, $v'=p_n(x)$
	$\int p_n(x)\arctan x\,\mathrm{d}x$	$u=\arctan x$, $v'=p_n(x)$
Ⅲ	$\int \mathrm{e}^x\sin x\,\mathrm{d}x$	$u=\sin x$, $v'=\mathrm{e}^x$ 或 $u=\mathrm{e}^x$, $v'=\sin x$
	$\int \mathrm{e}^x\cos x\,\mathrm{d}x$	$u=\cos x$, $v'=\mathrm{e}^x$ 或 $u=\mathrm{e}^x$, $v'=\cos x$

5. 特殊类型的函数积分

有理函数的积分是几类可积函数的关键，因此学生应掌握有理函数的分项分式以及被积函数有理化的思想.

■ 有理函数的积分

有理函数的积分最终转化为真分式的积分，而真分式的积分归结为以下

4 种情形：

(1) $\int \frac{A\mathrm{d}x}{x-a}=A\ln|x-a|+C$；

(2) $\int \frac{A\mathrm{d}x}{(x-a)^m}=-\frac{A}{m-1}\cdot\frac{1}{(x-a)^{m-1}}+C \quad (m\geqslant 2)$；

(3) $\int\frac{Ax+B}{x^2+bx+c}\mathrm{d}x=\frac{A}{2}\ln|x^2+bx+c|+\frac{2B-Ab}{\sqrt{4c-b^2}}\arctan\frac{2x+b}{\sqrt{4c-b^2}}+C$；

(4)
$$\int\frac{Ax+B}{(x^2+bx+c)^m}\mathrm{d}x=\int\frac{At+B-\frac{Ab}{2}}{(t^2+a^2)^m}\mathrm{d}t$$
$$=\frac{A}{2}\int\frac{2t\,\mathrm{d}t}{(t^2+a^2)^m}+\left(B-\frac{Ab}{2}\right)\int\frac{\mathrm{d}t}{(t^2+a^2)^m},$$

其中，$m\geqslant 2$，$t=x+\frac{b}{2}$，$a=\sqrt{c-\frac{b^2}{4}}$，上式的第二个积分可以通过递推公式获得.

■ 三角有理函数的积分

一般通过万能代换公式 $t=\tan\frac{x}{2}$ 可将三角有理函数的积分化为有理函数的积分. 当然，对特殊形式的三角有理函数积分也有特殊的代换. 现将其罗列如下：

(1) $\int R(\sin x)\cos x\,\mathrm{d}x \xlongequal{\sin x=t} \int R(t)\mathrm{d}t$；

(2) $\int R(\cos x)\sin x\,\mathrm{d}x \xlongequal{\cos x=t} \int R(t)\mathrm{d}t$；

(3) $\int R(\sin^2x,\cos^2x,\tan x)\mathrm{d}x \xlongequal{\tan x=t} \int R\left(\frac{t^2}{1+t^2},\frac{1}{1+t^2},t\right)\frac{\mathrm{d}t}{1+t^2}$；

(4) $\int R(\sin x,\cos x)\mathrm{d}x \xlongequal{\tan\frac{x}{2}=t} \int R\left(\frac{2t}{1+t^2},\frac{1-t^2}{1+t^2}\right)\frac{2\mathrm{d}t}{1+t^2}$.

■ 简单无理函数的积分

一般通过无理代换将简单无理函数的积分化为有理函数或三角有理函数的积分. 如：

$$\int R\left(x,\sqrt[n]{\frac{ax+b}{cx+d}}\right)\mathrm{d}x \xlongequal{\sqrt[n]{\frac{ax+b}{cx+d}}=t} \int R\left(\frac{dt^n-b}{a-ct^n},t\right)\frac{n(ad-bc)t^{n-1}}{(a-ct^n)^2}\mathrm{d}t$$

(当 $c=0$，$a=1$ 时，令 $t=\sqrt[n]{ax+b}$).

同一个不定积分，往往可用多种方法求解，这时所得结果在形式上可能不一致，但实质上仅相差一常数，这可通过对积分结果进行求导运算来验证.

积分的递推公式是会经常遇到的，学生应通过例子领会到“递推”的思想方法.

二、典型例题分析

【例1】 验证 $y=\dfrac{x^2}{2}\operatorname{sgn}x$ 是 $|x|$ 在 $(-\infty,+\infty)$ 内的一个原函数.

证 当 $x>0$ 时，$y=\dfrac{x^2}{2}$，$y'=\dfrac{2x}{2}=x$；当 $x<0$ 时，

$$y=-\frac{x^2}{2},\quad y'=-\frac{2x}{2}=-x;$$

当 $x=0$ 时，$y'\Big|_{x=0}$ 存在且等于0. 所以 $y'=|x|\ (-\infty<x<+\infty)$，故 $y=\dfrac{x^2}{2}\operatorname{sgn}x$ 是 $|x|$ 在 $(-\infty,+\infty)$ 内的一个原函数.

【例2】 设 $f(\sin^2 x)=\dfrac{x}{\sin x}$，求 $\displaystyle\int\frac{\sqrt{x}}{\sqrt{1-x}}f(x)\mathrm{d}x$.

解 令 $u=\sin^2 x$，则 $\sqrt{u}=\sin x$，$x=\arcsin\sqrt{u}$，$f(u)=\dfrac{\arcsin\sqrt{u}}{\sqrt{u}}$，故

$$\begin{aligned}\int\frac{\sqrt{x}}{\sqrt{1-x}}f(x)\mathrm{d}x&=\int\frac{\sqrt{x}}{\sqrt{1-x}}\frac{\arcsin\sqrt{x}}{\sqrt{x}}\mathrm{d}x=-\int\frac{\arcsin\sqrt{x}}{\sqrt{1-x}}\mathrm{d}(1-x)\\&=-2\int\arcsin\sqrt{x}\ \mathrm{d}\sqrt{1-x}\\&=-\sqrt{1-x}\arcsin\sqrt{x}+2\int\sqrt{1-x}\ \frac{\mathrm{d}\sqrt{x}}{\sqrt{1-x}}\\&=-\sqrt{1-x}\arcsin\sqrt{x}+2\sqrt{x}+C.\end{aligned}$$

【例3】 设 $f'(\ln x)=\begin{cases}1, & 0<x\leqslant 1,\\ x, & x>1.\end{cases}$

(1) 求 $f(x)$.

(2) 当 $f(0)=1$ 时，求 $f(x)$.

解 (1) 设 $\ln x=t$，则 $x=e^t$，于是原式变成

$$f'(t)=\begin{cases}1, & t\leqslant 0,\\ e^t, & t>0.\end{cases}$$

当 $t\leqslant 0$ 时，$f(t)=\int f'(t)dt=\int 1dt=t+C_1$；当 $t>0$ 时，

$$f(t)=\int f'(t)dt=\int e^t dt=e^t+C_2.$$

由于 $f'(t)$ 在 $(-\infty,+\infty)$ 内连续(包括 $t=0$)，所以其原函数 $f(x)$ 在 $(-\infty,+\infty)$ 内存在且连续. 由 $f(t)$ 在 $t=0$ 连续，有

$$\lim_{t\to 0^-}f(t)=\lim_{t\to 0^+}f(t)=f(0),$$

即得 $C_1=1+C_2$. 所以

$$f(t)=\begin{cases}t+1+C_2, & t\leqslant 0,\\ e^t+C_2, & t>0\end{cases}=\begin{cases}t+1+C, & t\leqslant 0,\\ e^t+C, & t>0.\end{cases}$$

(2) 由 $f(0)=1$，得 $1+C=1$，即 $C=0$，所以

$$f(t)=\begin{cases}t+1, & t\leqslant 0,\\ e^t, & t>0.\end{cases}$$

【例 4】 设 $F'(x)=f(x)$，当 $x\geqslant 0$ 时，$f(x)F(x)=\cos^2 2x$，且 $F(0)=1$，$F(x)>0$，试求 $f(x)$.

解 因为 $F'(x)=f(x)$，所以

$$d(F^2(x))=2F(x)f(x)dx=2\cos^2 2x\ dx.$$

于是

$$F^2(x)=2\int\cos^2 2x\ dx=\int(1+\cos 4x)dx=x+\frac{1}{4}\sin 4x+C.$$

由 $F(0)=1$，知 $C=1$. 又 $F(x)>0$，所以有 $F(x)=\sqrt{x+\frac{1}{4}\sin 4x+1}$. 故

$$f(x)=\frac{\cos^2 2x}{F(x)}=\frac{\cos^2 2x}{\sqrt{x+\frac{1}{4}\sin 4x+1}}.$$

【例 5】 设 $f(x^2-1)=\ln\frac{x^2+1}{x^2-3}$，且 $f(g(x)+1)=\ln x$，求 $\int g(x)dx$.

解 由于

$$f(x^2-1)=\ln\frac{x^2+1}{x^2-3}=\ln\frac{x^2-1+2}{x^2-1-2},$$

令 $x^2-1=t$，则 $f(t)=\ln\dfrac{t+2}{t-2}$，故

$$f(g(x)+1)=\ln\frac{g(x)+3}{g(x)-1}=\ln x.$$

所以有$\dfrac{g(x)+3}{g(x)-1}=x$，即 $g(x)=\dfrac{x+3}{x-1}$. 从而

$$\int g(x)\mathrm{d}x=\int\frac{x+3}{x-1}\mathrm{d}x=x+4\ln|x-1|+C.$$

【例 6】 设 $y=y(x)$ 是由方程 $y^2(x-y)=x^2$ 所确定的隐函数，试求 $\displaystyle\int\frac{\mathrm{d}x}{y^2}$.

解 从方程解出 y 或 x，都不方便，可试将 y 和 x 均表示为参数 t 的函数，先对参数 t 积分. 设 $y=tx$，代入方程得 $t^2x^2(x-tx)=x^2$，于是

$$x=\frac{1}{t^2(1-t)},\quad \mathrm{d}x=\frac{3t-2}{t^3(1-t)^2}\mathrm{d}t,\quad y=\frac{t}{t^2(1-t)}=\frac{1}{t(1-t)}.$$

因此

$$\int\frac{\mathrm{d}x}{y^2}=\int t^2(1-t)^2\,\frac{3t-2}{t^3(1-t)^2}\mathrm{d}t=\int\left(3-\frac{2}{t}\right)\mathrm{d}t$$

$$=3t-2\ln t+C=\frac{3y}{x}-2\ln\frac{y}{x}+C.$$

【例 7】 设单调的连续函数 $y=f(x)$ 和 $x=\varphi(y)$ 互为反函数，且 $\varphi'(y)>0$. 证明：$\displaystyle\int\sqrt{f'(x)}\,\mathrm{d}x=\int\sqrt{\varphi'(y)}\,\mathrm{d}y$.

证法 1 因为 $y=f(x)$ 和 $x=\varphi(y)$ 互为反函数，且 $\varphi'(y)\neq 0$，所以 $f'(x)=\dfrac{1}{\varphi'(y)}$，$\mathrm{d}x=\varphi'(y)\mathrm{d}y$. 于是$\displaystyle\int\sqrt{f'(x)}\,\mathrm{d}x=\int\sqrt{\varphi'(y)}\,\mathrm{d}y$.

证法 2 令 $\Phi(x)=\displaystyle\int\sqrt{f'(x)}\,\mathrm{d}x-\int\sqrt{\varphi'(y)}\,\mathrm{d}y$，则

$$\Phi'(x)=\sqrt{f'(x)}-\frac{\mathrm{d}}{\mathrm{d}y}\left(\int\sqrt{\varphi'(y)}\,\mathrm{d}y\right)\frac{\mathrm{d}y}{\mathrm{d}x}=\sqrt{f'(x)}-\sqrt{\varphi'(y)}\,f'(x)$$

$$=\sqrt{f'(x)}-\frac{1}{\sqrt{f'(x)}}f'(x)=0,$$

从而 $\Phi(x)=C$. 于是由原函数的性质可知，$\displaystyle\int\sqrt{f'(x)}\,\mathrm{d}x=\int\sqrt{\varphi'(y)}\,\mathrm{d}y$.

【例 8】 计算下列不定积分：

(1) $\int \frac{dx}{\sqrt{x-x^2}}$； (2) $\int \frac{\ln x}{x\sqrt{1+\ln x}}dx$；

(3) $\int \frac{dx}{\sqrt{1+e^x}}$； (4) $\int \frac{\arctan a^x}{a^x}dx$，$a>0$.

解 (1) **方法1(第二换元积分法)**

由于 $\sqrt{x-x^2}=\sqrt{\frac{1}{4}-\left(x^2-x+\frac{1}{4}\right)}=\sqrt{\left(\frac{1}{2}\right)^2-\left(x-\frac{1}{2}\right)^2}$，

设 $t=x-\frac{1}{2}$，则 $dx=dt$，于是

$$\int \frac{dx}{\sqrt{x-x^2}}=\int \frac{dt}{\sqrt{\left(\frac{1}{2}\right)^2-t^2}}=\arcsin 2t+C.$$

将 $t=x-\frac{1}{2}$ 代回，得 $\int \frac{dx}{\sqrt{x-x^2}}=\arcsin 2\left(x-\frac{1}{2}\right)+C.$

方法2(凑微分法)

$$\int \frac{dx}{\sqrt{x-x^2}}=\int \frac{dx}{\sqrt{x}\sqrt{1-x}}=\int \frac{d(2\sqrt{x})}{\sqrt{1-x}}=\int \frac{2d\sqrt{x}}{\sqrt{1-(\sqrt{x})^2}}$$
$$=2\arcsin\sqrt{x}+C.$$

那么，方法1和方法2的结果是否一致呢？检验如下：

$$(\arcsin(2x-1)+C)'=\frac{(2x-1)'}{\sqrt{1-(2x-1)^2}}=\frac{2}{\sqrt{4x-4x^2}}=\frac{1}{\sqrt{x-x^2}},$$

$$(2\arcsin\sqrt{x}+C)'=2\cdot\frac{(\sqrt{x})'}{\sqrt{1-x}}=\frac{2\cdot\frac{1}{2}\cdot\frac{1}{\sqrt{x}}}{\sqrt{1-x}}$$
$$=\frac{1}{\sqrt{x}\sqrt{1-x}}=\frac{1}{\sqrt{x-x^2}},$$

所以两种方法计算的结果是相同的.

(2) 设 $t=\ln x$，则 $\frac{1}{x}dx=d\ln x=dt$，于是

$$\int \frac{\ln x}{x\sqrt{1+\ln x}}dx=\int \frac{t}{\sqrt{1+t}}dt.$$

再设 $u=\sqrt{1+t}$，则 $t=u^2-1$，$dt=2u\,du$，于是

$$原积分=\int \frac{u^2-1}{u}\cdot 2u\,du=2\left(\frac{1}{3}u^3-u\right)+C.$$

将 $u=\sqrt{1+t}$，$t=\ln x$ 即 $u=\sqrt{1+\ln x}$ 代回，得

$$\int \frac{\ln x}{x\sqrt{1+\ln x}}\mathrm{d}x=\frac{2}{3}(1+\ln x)^{\frac{3}{2}}-2\sqrt{1+\ln x}+C.$$

(3) 设 $t=\sqrt{1+\mathrm{e}^x}$，则 $\mathrm{e}^x=t^2-1$，$x=\ln(t^2-1)$，$\mathrm{d}x=\dfrac{2t}{t^2-1}\mathrm{d}t$，于是

$$\int \frac{\mathrm{d}x}{\sqrt{1+\mathrm{e}^x}}=\int \frac{1}{t}\cdot\frac{2t}{t^2-1}\mathrm{d}t=\int \frac{2}{t^2-1}\mathrm{d}t=2\cdot\frac{1}{2}\ln\left|\frac{t-1}{t+1}\right|+C$$

$$=\ln\left|\frac{\sqrt{1+\mathrm{e}^x}-1}{\sqrt{1+\mathrm{e}^x+1}}\right|+C=x-2\ln|\sqrt{1+\mathrm{e}^x}+1|+C.$$

(4) $$\int \frac{\arctan a^x}{a^x}\mathrm{d}x \xlongequal{t=a^x} \frac{1}{\ln a}\int \frac{\arctan t}{t}\frac{\mathrm{d}t}{t}=\frac{1}{\ln a}\int \arctan t\ \mathrm{d}\left(-\frac{1}{t}\right)$$

$$=-\frac{1}{t\ln a}\arctan t+\frac{1}{\ln a}\int \frac{1}{t}\ \mathrm{d}\arctan t$$

$$=-\frac{1}{t\ln a}\arctan t+\frac{1}{\ln a}\int \frac{1}{t}\ \frac{1}{1+t^2}\mathrm{d}t$$

$$=-\frac{1}{t\ln a}\arctan t+\frac{1}{\ln a}\int\left(\frac{1}{t}-\frac{t}{1+t^2}\right)\mathrm{d}t$$

$$=-\frac{1}{t\ln a}\arctan t+\frac{1}{\ln a}\ln t-\frac{1}{2\ln a}\ln(1+t^2)+C$$

$$\xlongequal{t=a^x}-\frac{1}{\ln a}a^{-x}\arctan a^x+x-\frac{1}{2\ln a}\ln(1+\ln a^x)+C.$$

【例9】 求不定积分：

(1) $\displaystyle\int \frac{2x^2+2x+13}{(x-2)(x^2+1)^2}\mathrm{d}x$；　　(2) $\displaystyle\int \frac{x}{x^2+2x+2}\mathrm{d}x$.

解 (1) 设 $\dfrac{2x^2+2x+13}{(x-2)(x^2+1)^2}=\dfrac{A}{x-2}+\dfrac{Bx+C}{x^2+1}+\dfrac{Dx+E}{(x^2+1)^2}$，则

$$\begin{aligned}2x^2+2x+13&=A(x^2+1)^2+(Bx+C)(x^2+1)(x-2)+(Dx+E)(x-2)\\&=(A+B)x^4+(C-2B)x^3+(2A+B-2C+D)x^2\\&\quad+(-2B+C-2D+E)x+A-2C-2E.\end{aligned}$$

比较两端常数项和变量 x 同次幂的系数，得线性方程组并解得

$$A=1,\quad B=-1,\quad C=-2,\quad D=-3,\quad E=-4.$$

故有 $\dfrac{2x^2+2x+13}{(x-2)(x^2+1)^2}=\dfrac{1}{x-2}-\dfrac{x+2}{x^2+1}-\dfrac{3x+4}{(x^2+1)^2}$，于是

$$\int \frac{2x^2+2x+13}{(x-2)(x^2+1)^2}\mathrm{d}x=\int \frac{1}{x-2}\mathrm{d}x-\int \frac{x+2}{x^2+1}\mathrm{d}x-\int \frac{3x+4}{(x^2+1)^2}\mathrm{d}x.$$

分别求上式等号右端的每一个不定积分：

$$\int \frac{1}{x-2}\mathrm{d}x = \ln|x-2| + C_1,$$

$$\int \frac{x+2}{x^2+1}\mathrm{d}x = \frac{1}{2}\int \frac{2x}{x^2+1}\mathrm{d}x + 2\int \frac{\mathrm{d}x}{x^2+1}$$

$$= \frac{1}{2}\ln(x^2+1) + 2\arctan x + C_2,$$

$$\int \frac{3x+4}{(x^2+1)^2}\mathrm{d}x = 3\int \frac{x}{(x^2+1)^2}\mathrm{d}x + 4\int \frac{1}{(x^2+1)^2}\mathrm{d}x.$$

由递推公式，有$\int \frac{1}{(x^2+1)^2}\mathrm{d}x = \frac{x}{2(x^2+1)} + \frac{1}{2}\arctan x + C_3$，于是

$$\int \frac{3x+4}{(x^2+1)^2}\mathrm{d}x = -\frac{3}{2(x^2+1)} + \frac{2x}{x^2+1} + 2\arctan x + 4C_3$$

$$= \frac{4x-3}{2(x^2+1)} + 2\arctan x + 4C_3.$$

因此

$$\int \frac{2x^2+2x+13}{(x-2)(x^2+1)^2}\mathrm{d}x = \ln|x-2| - \frac{1}{2}\ln(x^2+1) - 2\arctan x$$

$$-\frac{4x-3}{2(x^2+1)} - 2\arctan x + C$$

$$= \frac{1}{2}\ln\frac{(x-2)^2}{x^2+1} - \frac{4x-3}{2(x^2+1)} - 4\arctan x + C.$$

(2) 由于分子含有 x 的一次式，分母是 x 的二次式，故可将分子凑成分母的导数，

$$\int \frac{x}{x^2+2x+2}\mathrm{d}x = \frac{1}{2}\int \frac{\mathrm{d}(x^2+2x+2)}{x^2+2x+2} - \int \frac{\mathrm{d}x}{x^2+2x+2}$$

$$= \frac{1}{2}\ln(x^2+2x+2) - \int \frac{\mathrm{d}x}{(x+1)^2+1}$$

$$= \frac{1}{2}\ln(x^2+2x+2) - \arctan(x+1) + C.$$

【例 10】 求下列不定积分：

(1) $\int \frac{1}{\sin^3 x\ \cos^4 x}\mathrm{d}x$；　　　(2) $\int \frac{1}{1+\sin x+\cos x}\mathrm{d}x$.

解 (1) $\int \frac{1}{\sin^3 x\ \cos^5 x}\mathrm{d}x = \int \frac{\sin^2 x + \cos^2 x}{\sin^3 x\ \cos^5 x}\mathrm{d}x$

$$= \int \frac{1}{\sin x\ \cos^5 x}\mathrm{d}x + \int \frac{1}{\sin^3 x\ \cos^3 x}\mathrm{d}x$$

$$= \int \frac{\sin^2 x + \cos^2 x}{\sin x \ \cos^5 x} dx + \int \frac{\sin^2 x + \cos^2 x}{\sin^3 x \ \cos^3 x} dx$$

$$= \int \frac{\sin x}{\cos^5 x} dx + \int \frac{2}{\sin x \ \cos^3 x} dx + \int \frac{1}{\sin^3 x \ \cos x} dx$$

$$= \int \frac{\sin x}{\cos^5 x} dx + \int \frac{2}{\sin x \ \cos^3 x} dx + \int \frac{1}{\sin x \ \cos x} dx + \int \frac{\cos x}{\sin^3 x} dx$$

$$= \int \frac{\sin x}{\cos^5 x} dx + 2\int \frac{\sin x}{\cos^3 x} dx + \int \frac{3}{\sin x \ \cos x} dx + \int \frac{\cos x}{\sin^3 x} dx$$

$$= \frac{1}{4\cos^4 x} + \frac{1}{\cos^2 x} + 3\ln(\csc 2x + \cot 2x) - \frac{2}{\sin^2 x} + C.$$

(2) 由于 $1 + \sin x + \cos x = 2\sin\frac{x}{2}\cos\frac{x}{2} + 2\cos^2\frac{x}{2}$，故

$$\int \frac{1}{1+\sin x + \cos x} dx = \int \frac{1}{2\sin\frac{x}{2}\cos\frac{x}{2} + 2\cos^2\frac{x}{2}} dx$$

$$= \int \frac{\sec^2\frac{x}{2}}{\tan\frac{x}{2}+1} d\frac{x}{2} = \int \frac{1}{\tan\frac{x}{2}+1} d\left(\tan\frac{x}{2}+1\right)$$

$$= \ln\left(\tan\frac{x}{2}+1\right) + C.$$

【例 11】 求下列不定积分：

(1) $\int e^{-|x|} dx$；　　　　(2) $\int \max\{1, x^2, x^3\} dx$.

解 (1) 由 $e^{-|x|} = \begin{cases} e^{-x}, & x \geqslant 0, \\ e^x, & x < 0, \end{cases}$ 得

$$\int e^{-|x|} dx = \begin{cases} -e^{-x} + C_1, & x \geqslant 0, \\ e^x + C_2, & x < 0. \end{cases}$$

因原函数在 $x = 0$ 处连续，且

$$\lim_{x \to 0^+} (-e^{-x} + C_1) = -1 + C_1, \quad \lim_{x \to 0^-} (e^x + C_2) = 1 + C_2,$$

所以有 $-1 + C_1 = 1 + C_2$，即 $C_1 = 2 + C_2$. 令 $C_2 = C$，故有

$$\int e^{-|x|} dx = \begin{cases} -e^{-x} + 2 + C, & x \geqslant 0, \\ e^x + C, & x < 0. \end{cases}$$

(2) 因 $\max\{1, x^2, x^3\} = \begin{cases} x^2, & x < -1, \\ 1, & -1 \leqslant x \leqslant 1, \\ x^3, & x > 1, \end{cases}$ 故有

$$\int \max\{1,x^2,x^3\}\,\mathrm{d}x=\begin{cases}\dfrac{x^3}{3}+C_1, & x<-1,\\ x+C_2, & -1\leqslant x\leqslant 1,\\ \dfrac{x^4}{4}+C_3, & x>1.\end{cases}$$

由于 $\max\{1,x^2,x^3\}$ 连续，故有

$$\lim_{x\to(-1)^-}\left(\frac{x^3}{3}+C_1\right)=\lim_{x\to(-1)^+}(x+C_2),$$

$$\lim_{x\to 1^-}(x+C_2)=\lim_{x\to 1^+}\left(\frac{x^4}{4}+C_3\right),$$

从而 $C_1=-\dfrac{2}{3}+C_2$，$C_3=\dfrac{3}{4}+C_2$. 令 $C_2=C$，所以有

$$\int \max\{1,x^2,x^3\}\,\mathrm{d}x=\begin{cases}\dfrac{x^3}{3}-\dfrac{2}{3}+C, & x<-1,\\ x+C, & -1\leqslant x\leqslant 1,\\ \dfrac{x^4}{4}+\dfrac{3}{4}+C, & x>1.\end{cases}$$

【例 12】 计算下列不定积分：

(1) $\displaystyle\int\left(1+x-\frac{1}{x}\right)\mathrm{e}^{x+\frac{1}{x}}\,\mathrm{d}x$； (2) $\displaystyle\int\sqrt[3]{\frac{1}{1+\sqrt{x}}}\,\mathrm{d}x$.

解 (1)
$$\begin{aligned}\int\left(1+x-\frac{1}{x}\right)\mathrm{e}^{x+\frac{1}{x}}\,\mathrm{d}x&=\int\mathrm{e}^{x+\frac{1}{x}}\,\mathrm{d}x+\int x\left(1-\frac{1}{x^2}\right)\mathrm{e}^{x+\frac{1}{x}}\,\mathrm{d}x\\&=\int\mathrm{e}^{x+\frac{1}{x}}\,\mathrm{d}x+\int x\,\mathrm{d}\mathrm{e}^{x+\frac{1}{x}}=\int\mathrm{e}^{x+\frac{1}{x}}\,\mathrm{d}x+x\,\mathrm{e}^{x+\frac{1}{x}}-\int\mathrm{e}^{x+\frac{1}{x}}\,\mathrm{d}x\\&=x\,\mathrm{e}^{x+\frac{1}{x}}+C.\end{aligned}$$

(2) 令 $\sqrt[3]{1+\sqrt{x}}=t$，则 $x=(t^3-1)^2$，$\mathrm{d}x=6t^2(t^3-1)\mathrm{d}t$，于是

$$\begin{aligned}\int\sqrt[3]{\frac{1}{1+\sqrt{x}}}\,\mathrm{d}x&=6\int t(t^3-1)\,\mathrm{d}t=\frac{6}{5}t^5-3t^2+C\\&=\frac{6}{5}(1+\sqrt{x})^{\frac{5}{3}}-3(1+\sqrt{x})^{\frac{2}{3}}+C.\end{aligned}$$

【例 13】 求不定积分 $\displaystyle\int\left(\frac{f(x)}{f'(x)}-\frac{f^2(x)f''(x)}{f'^3(x)}\right)\mathrm{d}x$.

解 $\displaystyle\int\left(\frac{f(x)}{f'(x)}-\frac{f^2(x)f''(x)}{f'^3(x)}\right)\mathrm{d}x=\int\frac{f(x)f'^2(x)-f^2(x)f''(x)}{f'^3(x)}\mathrm{d}x$

$$=\int \frac{f(x)}{f'(x)} \frac{f'^2(x)-f(x)f''(x)}{f'^3(x)}\mathrm{d}x$$

$$=\int \frac{f(x)}{f'(x)}\left(\frac{f(x)}{f'(x)}\right)'\mathrm{d}x=\frac{1}{2}\left(\frac{f(x)}{f'(x)}\right)^2+C.$$

【例 14】 求 $I_1=\int \mathrm{e}^{\alpha x}\cos\beta x\ \mathrm{d}x$ 和 $I_2=\int \mathrm{e}^{\alpha x}\sin\beta x\ \mathrm{d}x$（其中 $\alpha\neq 0$）.

解 由于

$$I_1=\frac{1}{\alpha}\int \cos\beta x\ \mathrm{d}\,\mathrm{e}^{\alpha x}=\frac{1}{\alpha}\left(\mathrm{e}^{\alpha x}\cos\beta x+\beta\int \mathrm{e}^{\alpha x}\sin\beta x\ \mathrm{d}x\right)$$

$$=\frac{1}{\alpha}(\mathrm{e}^{\alpha x}\cos\beta x+\beta I_2),$$

$$I_2=\frac{1}{\alpha}\int \sin\beta x\ \mathrm{d}\,\mathrm{e}^{\alpha x}=\frac{1}{\alpha}(\mathrm{e}^{\alpha x}\sin\beta x-\beta I_1),$$

所以有

$$\begin{cases}\alpha I_1-\beta I_2=\mathrm{e}^{\alpha x}\cos\beta x,\\ \beta I_1+\alpha I_2=\mathrm{e}^{\alpha x}\sin\beta x.\end{cases}$$

解此方程组，得

$$I_1=\int \mathrm{e}^{\alpha x}\cos\beta x\ \mathrm{d}x=\frac{\beta\sin\beta x+\alpha\cos\beta x}{\alpha^2+\beta^2}+C,$$

$$I_2=\int \mathrm{e}^{\alpha x}\sin\beta x\ \mathrm{d}x=\frac{\alpha\sin\beta x-\beta\cos\beta x}{\alpha^2+\beta^2}+C.$$

【例 15】 若 $I(m,n)=\int \cos^m x\ \sin^n x\ \mathrm{d}x$，则当 $m+n\neq 0$ 时，

$$I(m,n)=\frac{\cos^{m-1}x\ \sin^{n+1}x}{m+n}+\frac{m-1}{m+n}I(m-2,n)$$

$$=-\frac{\cos^{m+1}x\ \sin^{n-1}x}{m+n}+\frac{n-1}{m+n}I(m,n-2)\quad (n,m=2,3,\cdots),$$

并利用以上递推公式计算：$\int \cos^2 x\ \sin^4 x\ \mathrm{d}x$.

证 由于

$$I(m,n)=\int \cos^{m-1}x\ \sin^n x\ \mathrm{d}\sin x=\frac{1}{n+1}\int \cos^{m-1}x\ \mathrm{d}\sin^{n+1}x$$

$$=\frac{1}{n+1}\left[\cos^{m-1}x\ \sin^{n+1}x+(m-1)\int \cos^{m-2}x\ \sin^{n+2}x\ \mathrm{d}x\right]$$

$$=\frac{1}{n+1}\cos^{m-1}x\ \sin^{n+1}x+\frac{m-1}{n+1}\int \cos^{n-2}x\ \sin^n x\ \mathrm{d}x$$

$$-\frac{m-1}{n+1}\int \cos^m x\ \sin^n x\ \mathrm{d}x,$$

故

$$I(m,n)=\frac{\cos^{m-1}x\ \sin^{n+1}x}{m+n}+\frac{m-1}{m+n}I(m-2,n).$$

另一等式类似可证.

利用以上递推公式,可得

$$\begin{aligned}\int\cos^2x\ \sin^4x\ \mathrm{d}x&=I(2,4)=-\frac{1}{6}\cos^3x\ \sin^3x+\frac{1}{2}I(2,2)\\&=-\frac{1}{6}\cos^3x\ \sin^3x+\frac{1}{8}\cos x\ \sin^3x+\frac{1}{8}\int\sin^2x\ \mathrm{d}x\\&=-\frac{1}{6}\cos^3x\ \sin^3x+\frac{1}{8}\cos x\ \sin^3x+\frac{1}{16}\int(1+\cos 2x)\mathrm{d}x\\&=-\frac{1}{6}\cos^3x\ \sin^3x+\frac{1}{8}\cos x\ \sin^3x+\frac{x}{16}-\frac{1}{32}\sin 2x+C.\end{aligned}$$

三、教材习题全解

习题 4-1

A 类

1. 求下列不定积分:

(1) $\int\frac{1}{x^2\sqrt{x}}\mathrm{d}x$;　(2) $\int\frac{x^2}{1+x^2}\mathrm{d}x$;

(3) $\int\left(\frac{3}{1+x^2}-\frac{2}{\sqrt{1-x^2}}\right)\mathrm{d}x$;　(4) $\int\frac{2\cdot 3^x-5\cdot 2^x}{3^x}\mathrm{d}x$;

(5) $\int\cos^2\frac{x}{2}\ \mathrm{d}x$;　(6) $\int\left(1-x+x^3-\frac{1}{\sqrt[3]{x^2}}\right)\mathrm{d}x$;

(7) $\int\left(x-\frac{1}{\sqrt{x}}\right)^2\mathrm{d}x$;　(8) $\int\frac{\mathrm{d}x}{\sqrt{2gx}}$ (g 为正常数);

(9) $\int(2^x+3^x)^2\mathrm{d}x$.

解 (1) $\int\frac{1}{x^2\sqrt{x}}\mathrm{d}x=\int x^{-\frac{5}{2}}\mathrm{d}x=-\frac{2}{3}x^{-\frac{3}{2}}+C$.

(2) $\int\frac{x^2}{1+x^2}\mathrm{d}x=\int\frac{x^2+1-1}{1+x^2}\mathrm{d}x=\int\left(1-\frac{1}{1+x^2}\right)\mathrm{d}x=x-\arctan x+C$.

(3) $\int\left(\frac{3}{1+x^2}-\frac{2}{\sqrt{1-x^2}}\right)dx = 3\arctan x - 2\arcsin x + C.$

(4) $\int\frac{2\cdot 3^x - 5\cdot 2^x}{3^x}dx = \int\left[2-5\left(\frac{2}{3}\right)^x\right]dx = 2x - 5\frac{\left(\frac{2}{3}\right)^x}{\ln\frac{2}{3}} + C.$

(5) $\int\cos^2\frac{x}{2}\,dx = \int\frac{1+\cos x}{2}dx = \frac{1}{2}x + \frac{1}{2}\sin x + C.$

(6) $\int\left(1-x+x^3-\frac{1}{\sqrt[3]{x^2}}\right)dx = \int(1-x+x^3-x^{-\frac{2}{3}})dx$

$$= x - \frac{1}{2}x^2 + \frac{1}{4}x^4 - 3x^{\frac{1}{3}} + C.$$

(7) $\int\left(x-\frac{1}{\sqrt{x}}\right)^2dx = \int\left(x^2-2x^{\frac{1}{2}}+\frac{1}{x}\right)dx = \frac{1}{3}x^3 - \frac{4}{3}x^{\frac{3}{2}} + \ln|x| + C.$

(8) $\int\frac{dx}{\sqrt{2gx}} = \frac{1}{\sqrt{2g}}\int x^{-\frac{1}{2}}dx = \sqrt{\frac{2}{g}}x^{\frac{1}{2}} + C = \sqrt{\frac{2x}{g}} + C$ （g 为正常数）.

(9) $\int(2^x+3^x)^2dx = \int(4^x+2\cdot 6^x+9^x)dx = \frac{4^x}{\ln 4} + 2\cdot\frac{6^x}{\ln 6} + \frac{9^x}{\ln 9} + C$

$$= \frac{2^{2x}}{2\ln 2} + \frac{3^{2x}}{2\ln 3} + 2\cdot\frac{6^x}{\ln 6} + C.$$

2. 一曲线通过点$(e^2,3)$，且在任一点处的切线的斜率等于该点横坐标的倒数，求该曲线的方程.

解 由题设条件知，所求曲线上任一点的坐标满足方程$\frac{dy}{dx} = \frac{1}{x}$，且 $y(e^2) = 3$，于是

$$y = \int\frac{1}{x}dx = \ln x + C,$$

由 $y(e^2) = 3$，知 $C = 1$. 故所求曲线方程为 $y = \ln x + 1$.

3. 已知 $F(x)$ 在$[-1,1]$上连续，在$(-1,1)$内 $F'(x) = \frac{1}{\sqrt{1-x^2}}$，且 $F(0) = \frac{3\pi}{2}$，求 $F(x)$.

解 由 $F'(x) = \frac{1}{\sqrt{1-x^2}}$ 知 $F(x) = \int\frac{1}{\sqrt{1-x^2}}dx = \arcsin x + C$. 又 $F(0) = \frac{3\pi}{2}$，得 $C = \frac{3\pi}{2}$. 故 $F(x) = \arcsin x + \frac{3\pi}{2}$.

B 类

1. 求下列不定积分：

(1) $\int\frac{(1-x)^2}{\sqrt{x}}dx$；　　(2) $\int(10^x+\cot^2 x)dx$；

(3) $\int 3^{x+1}e^x\,dx$；　(4) $\int e^x\left(1-\frac{e^{-x}}{\sqrt{x}}\right)dx$；

(5) $\int \sec x\,(\sec x-\tan x)dx$；　(6) $\int \frac{1}{1+\cos 2x}dx$；

(7) $\int \frac{\cos 2x}{\cos^2 x\,\sin^2 x}dx$；　(8) $\int\left(\sqrt{\frac{1+x}{1-x}}+\sqrt{\frac{1-x}{1+x}}\right)dx$；

(9) $\int \cot^2 x\,dx$；　(10) $\int(\cos x+\sin x)^2 dx$；

(11) $\int \cos x\cdot\cos 2x\,dx$；　(12) $\int(e^x-e^{-x})^3 dx$；

(13) $\int \frac{3x^4+3x^2+1}{x^2+1}dx$；　(14) $\int \sqrt{1-\sin 2x}\,dx$；

(15) $\int(\operatorname{ch}x-5x^4+10^x\ln 10)dx$；　(16) $\int \frac{x^6}{1+x^2}dx$.

解 (1) $\int \frac{(1-x)^2}{\sqrt{x}}dx=\int(1-2x+x^2)x^{-\frac{1}{2}}dx=\int(x^{-\frac{1}{2}}+2x^{\frac{1}{2}}+x^{\frac{3}{2}})dx$

$$=2\sqrt{x}-\frac{4}{3}x^{\frac{3}{2}}+\frac{2}{5}x^{\frac{5}{2}}+C.$$

(2) $\int(10^x+\cot^2 x)dx=\int 10^x dx+\int\cot^2 x\,dx=\int 10^x dx+\int\frac{1-\sin^2 x}{\sin^2 x}dx$

$$=\int 10^x dx+\int\frac{dx}{\sin^2 x}-\int dx$$

$$=\frac{1}{\ln 10}\cdot 10^x-\cot x-x+C.$$

(3) $\int 3^{x+1}e^x dx=\int 3\cdot 3^x e^x dx=3\int(3e)^x dx=3\frac{(3e)^x}{\ln 3e}+C=\frac{3^{x+1}e^x}{1+\ln 3}+C.$

(4) $\int e^x\left(1-\frac{e^{-x}}{\sqrt{x}}\right)dx=\int e^x e^{-x}\left(e^x-\frac{1}{\sqrt{x}}\right)dx=\int\left(e^x-\frac{1}{\sqrt{x}}\right)dx=e^x-2\sqrt{x}+C.$

(5) 因为 $d(\tan x-\sec x)=(\sec^2 x-\sec x\,\tan x)dx$，所以有

$$\int\sec x\,(\sec x-\tan x)dx=\int(\sec^2 x-\sec x\,\tan x)dx=\int d(\tan x-\sec x)$$

$$=\tan x-\sec x+C.$$

(6) 因为 $\cos^2 x=\frac{1+\cos 2x}{2}$，所以 $\sec^2 x=\frac{2}{1+\cos 2x}$. 又 $d(\tan x)=\sec^2 x\,dx$，故有

$$\int\frac{1}{1+\cos 2x}dx=\frac{1}{2}\int\sec^2 x\,dx=\frac{1}{2}\tan x+C.$$

(7) 因为 $\cos 2x=\cos^2 x-\sin^2 x$，故有

$$\int\frac{\cos 2x}{\cos^2 x\,\sin^2 x}dx=\int\frac{\cos^2 x-\sin^2 x}{\cos^2 x\,\sin^2 x}dx=\int\left(\frac{1}{\sin^2 x}-\frac{1}{\cos^2 x}\right)dx$$

$$=-\cot x-\tan x+C.$$

(8) 因为 $\sqrt{\frac{1+x}{1-x}}+\sqrt{\frac{1-x}{1+x}}=\frac{\sqrt{1+x}}{\sqrt{1-x}}+\frac{\sqrt{1-x}}{\sqrt{1+x}}=\frac{1+x+1-x}{\sqrt{1-x^2}}=\frac{2}{\sqrt{1-x^2}}$，故有

$$\int\left(\sqrt{\frac{1+x}{1-x}}+\sqrt{\frac{1-x}{1+x}}\right)\mathrm{d}x=\int\frac{2}{\sqrt{1-x^2}}\mathrm{d}x=2\arcsin x+C.$$

(9) 因为 $\cot^2 x+1=\csc^2 x$，又 $\mathrm{d}(\cot x)=-\csc^2 x\ \mathrm{d}x$，故有

$$\int\cot^2 x\ \mathrm{d}x=\int(\csc^2 x-1)\mathrm{d}x=-\cot x-x+C.$$

(10) 因为 $\sin^2 x+\cos^2 x=1$，$\sin 2x=2\sin x\ \cos x$，故有

$$\begin{aligned}\int(\cos x+\sin x)^2\mathrm{d}x&=\int(\cos^2 x+\sin^2 x+2\sin x\ \cos x)\mathrm{d}x\\&=\int(1+\sin 2x)\mathrm{d}x=\int\mathrm{d}x+\int\sin 2x\ \mathrm{d}x\\&=x+\frac{1}{2}(-\cos 2x)=x-\frac{\cos 2x}{2}+C.\end{aligned}$$

(11) 因为 $2\cos x\ \cos y=\cos(x+y)+\cos(x-y)$，故有

$$\begin{aligned}\int\cos x\cdot\cos 2x\ \mathrm{d}x&=\int\frac{1}{2}(\cos x+\cos 3x)\mathrm{d}x=\frac{1}{2}\int(\cos x+\cos 3x)\mathrm{d}x\\&=\frac{1}{2}\sin x+\frac{1}{6}\sin 3x+C.\end{aligned}$$

(12) 因为 $(a-b)^3=a^3-3a^2b+3ab^2-b^3$，故有

$$\begin{aligned}\int(\mathrm{e}^x-\mathrm{e}^{-x})^3\mathrm{d}x&=\int(\mathrm{e}^{3x}-3\mathrm{e}^x+3\mathrm{e}^{-x}-\mathrm{e}^{-3x})\mathrm{d}x\\&=\frac{1}{3}\mathrm{e}^{3x}-3\mathrm{e}^x-3\mathrm{e}^{-x}+\frac{1}{3}\mathrm{e}^{-3x}+C.\end{aligned}$$

(13) $$\begin{aligned}\int\frac{3x^4+3x^2+1}{x^2+1}\mathrm{d}x&=\int\frac{3x^2(x^2+1)+1}{x^2+1}\mathrm{d}x=\int\left(3x^2+\frac{1}{1+x^2}\right)\mathrm{d}x\\&=x^3+\arctan x+C.\end{aligned}$$

(14) $$\begin{aligned}\int\sqrt{1-\sin 2x}\ \mathrm{d}x&=\int\sqrt{\sin^2 x-2\sin x\ \cos x+\cos^2 x}\ \mathrm{d}x\\&=\int\sqrt{(\cos x-\sin x)^2}\ \mathrm{d}x\\&=\int\mathrm{sgn}(\cos x-\sin x)\ (\cos x-\sin x)\mathrm{d}x\\&=(\sin x+\cos x)\cdot\mathrm{sgn}(\cos x-\sin x)+C.\end{aligned}$$

(15) $$\int(\mathrm{ch}\,x-5x^4+10^x\ \ln 10)\mathrm{d}x=\mathrm{sh}\,x-x^5+10^x+C.$$

(16) $$\begin{aligned}\int\frac{x^6}{1+x^2}\mathrm{d}x&=\int\frac{x^6+1-1}{1+x^2}\mathrm{d}x=\int\frac{(x^2+1)(x^4-x^2+1)-1}{1+x^2}\mathrm{d}x\\&=\int\left[(x^4-x^2+1)-\frac{1}{1+x^2}\right]\mathrm{d}x\\&=\frac{1}{5}x^5-\frac{1}{3}x^3+x-\arctan x+C.\end{aligned}$$

2. 一物体由静止开始运动，经 t 秒后的速度是 $3t^2$ (m/s). 问在 3 (s) 后物体离开出发点的距离和物体走完 360 (m) 所需的时间各是多少?

解 由题设知 $S'(t)=3t^2$，故有 $S(t)=t^3+C$. 又 $S(0)=0$，得 $C=0$. 所以物体运动规律为 $S(t)=t^3$. 当 $t=3$ (s) 时，$S=27$ (m)；当 $S=360$ (m) 时，$t=60$ (s).

3. 设 $f(x)$ 为单调连续函数，$f^{-1}(x)$ 是它的反函数. 证明：若 $\int f(x)\mathrm{d}x=F(x)+C$，则

$$\int f^{-1}(x)\mathrm{d}x=xf^{-1}(x)-F(f^{-1}(x))+C.$$

证 由于

$$(xf^{-1}(x)-F(f^{-1}(x))+C)'=f^{-1}(x)+x(f^{-1}(x))'-F'(f^{-1}(x))(f^{-1}(x))',$$

又 $F'(x)=f(x)$，而 $F'(f^{-1}(x))=f(f^{-1}(x))=x$，$(f^{-1}(x))'=\dfrac{1}{f'(x)}$，所以

$$\begin{aligned}(xf^{-1}(x)-F(f^{-1}(x))+C)'&=f^{-1}(x)+x(f^{-1}(x))'-F'(f^{-1}(x))(f^{-1}(x))'\\&=f^{-1}(x)+\frac{x}{f'(x)}-\frac{x}{f'(x)}=f^{-1}(x).\end{aligned}$$

故有 $\int f^{-1}(x)\mathrm{d}x=xf^{-1}(x)-F(f^{-1}(x))+C.$

4. 设 $F(x)>0$ 是 $f(x)$ 的一个原函数，且 $F(0)=2$，$\dfrac{f(x)}{F(x)}=\dfrac{x}{1+x^2}$，求 $f(x)$.

解 由于 $F(x)$ 是 $f(x)$ 的一个原函数，故 $\mathrm{d}F(x)=f(x)\mathrm{d}x$. 又 $\dfrac{f(x)\mathrm{d}x}{F(x)}=\dfrac{x\,\mathrm{d}x}{1+x^2}$，所以有 $\dfrac{\mathrm{d}F(x)}{F(x)}=\dfrac{x\,\mathrm{d}x}{1+x^2}$，且 $\int\dfrac{\mathrm{d}F(x)}{F(x)}=\int\dfrac{x}{1+x^2}\mathrm{d}x$，即

$$\int\frac{1}{F(x)}\mathrm{d}F(x)=\frac{1}{2}\int\frac{1}{1+x^2}\,\mathrm{d}(1+x^2).$$

于是 $\ln F(x)=\dfrac{1}{2}\ln(1+x^2)+\ln C$，即 $F(x)=C\sqrt{1+x^2}$. 又 $F(0)=2$，得 $C=2$，所以 $F(x)=2\sqrt{1+x^2}$，故有 $f(x)=F'(x)=\dfrac{2x}{\sqrt{1+x^2}}$.

习题 4-2

A 类

1. 在下列式子等号右端的空白处填上适当的系数，使等式成立：

(1) $\mathrm{d}x=$ ________ $\mathrm{d}(7x-3)$；　(2) $x\,\mathrm{d}x=$ ________ $\mathrm{d}(1-5x^2)$；

(3) $\mathrm{e}^{-\frac{x}{2}}\mathrm{d}x=$ ________ $\mathrm{d}(1+\mathrm{e}^{-\frac{x}{2}})$；　(4) $\dfrac{\mathrm{d}x}{x}=$ ________ $\mathrm{d}(3-5\ln x)$；

(5) $\dfrac{\mathrm{d}x}{\sqrt{1-x^2}}=$ ________ $\mathrm{d}(1-\arcsin x)$；　(6) $\dfrac{\mathrm{d}x}{1+9x^2}=$ ________ $\mathrm{d}(\arctan 3x)$.

解 (1) 因为 $\mathrm{d}(7x-3)=7\mathrm{d}x$，所以 $\mathrm{d}x=\dfrac{1}{7}\mathrm{d}(7x-3)$.

(2) 因为 $\mathrm{d}(1-5x^2)=-10x\,\mathrm{d}x$，所以 $x\,\mathrm{d}x=-\frac{1}{10}\mathrm{d}(1-5x^2)$.

(3) 因为 $\mathrm{d}(1+\mathrm{e}^{-\frac{x}{2}})=-\frac{1}{2}\mathrm{e}^{-\frac{x}{2}}\mathrm{d}x$，所以 $\mathrm{e}^{-\frac{x}{2}}\mathrm{d}x=-2\,\mathrm{d}(1+\mathrm{e}^{-\frac{x}{2}})$.

(4) 因为 $\mathrm{d}(3-5\ln x)=-5\frac{\mathrm{d}x}{x}$，所以$\frac{\mathrm{d}x}{x}=-\frac{1}{5}\mathrm{d}(3-5\ln x)$.

(5) 因为 $\mathrm{d}(1-\arcsin x)=-\frac{\mathrm{d}x}{\sqrt{1-x^2}}$，所以$\frac{\mathrm{d}x}{\sqrt{1-x^2}}=-\mathrm{d}(1-\arcsin x)$.

(6) 因为 $\mathrm{d}(\arctan 3x)=\frac{3\mathrm{d}x}{1+9x^2}$，所以$\frac{\mathrm{d}x}{1+9x^2}=\frac{1}{3}\mathrm{d}(\arctan 3x)$.

2. 试用第一换元法求下列不定积分(其中 a,b,ω,φ 均为常数)：

(1) $\int\cos 2x\,\mathrm{d}x$；　　(2) $\int(3-x)^{100}\mathrm{d}x$；

(3) $\int(\sin ax-\mathrm{e}^{\frac{x}{b}})\mathrm{d}x$；　　(4) $\int\frac{x^2}{1+x^2}\mathrm{d}x$；

(5) $\int\frac{\mathrm{d}x}{x\ln x}$；　　(6) $\int\frac{\sin x}{\cos^3 x}\mathrm{d}x$；

(7) $\int\frac{\mathrm{d}x}{\mathrm{e}^x-\mathrm{e}^{-x}}$；　　(8) $\int\frac{\sin\sqrt{t}}{\sqrt{t}}\mathrm{d}t$；

(9) $\int\tan^3 x\sec x\,\mathrm{d}x$；　　(10) $\int\frac{\mathrm{d}x}{\sin x\cos x}$；

(11) $\int\frac{\arctan x}{1+x^2}\mathrm{d}x$；　　(12) $\int\frac{\mathrm{d}x}{4-x^2}$.

解 (1) $\int\cos 2x\,\mathrm{d}x=\frac{1}{2}\int\cos 2x\,\mathrm{d}(2x)=\frac{1}{2}\int\mathrm{d}(\sin 2x)=\frac{1}{2}\sin 2x+C$.

(2) $$\int(3-x)^{100}\mathrm{d}x=-\int(3-x)^{100}\mathrm{d}(3-x)=-\int\mathrm{d}\left(\frac{1}{101}(3-x)^{101}\right)=-\frac{1}{101}(3-x)^{101}+C.$$

(3) $$\int(\sin ax-\mathrm{e}^{\frac{x}{b}})\mathrm{d}x=\frac{1}{a}\int\sin ax\,\mathrm{d}(ax)-b\int\mathrm{e}^{\frac{x}{b}}\mathrm{d}\frac{x}{b}=\frac{1}{a}\int\mathrm{d}(-\cos ax)-b\int\mathrm{d}(\mathrm{e}^{\frac{x}{b}})=-\frac{1}{a}\cos ax-b\,\mathrm{e}^{\frac{x}{b}}+C.$$

(4) $\int\frac{x^2\mathrm{d}x}{1+x^2}=\int\left(1-\frac{1}{1+x^2}\right)\mathrm{d}x=\int\mathrm{d}(x-\arctan x)=x-\arctan x+C$.

(5) $\int\frac{\mathrm{d}x}{x\ln x}=\int\frac{\mathrm{d}\ln x}{\ln x}=\int\mathrm{d}(\ln|\ln x|)=\ln|\ln x|+C$.

(6) $\int\frac{\sin x}{\cos^3 x}\mathrm{d}x=-\int\cos^{-3}x\,\mathrm{d}\cos x=\frac{1}{2\cos^2 x}+C$.

(7) $$\int\frac{\mathrm{d}x}{\mathrm{e}^x-\mathrm{e}^{-x}}=\int\frac{\mathrm{e}^x\mathrm{d}x}{\mathrm{e}^{2x}-1}=\int\frac{\mathrm{d}\,\mathrm{e}^x}{\mathrm{e}^{2x}-1}=\int\frac{\mathrm{d}\,\mathrm{e}^x}{(\mathrm{e}^x-1)(\mathrm{e}^x+1)}=\frac{1}{2}\int\left(\frac{\mathrm{d}\,\mathrm{e}^x}{\mathrm{e}^x-1}-\frac{\mathrm{d}\,\mathrm{e}^x}{\mathrm{e}^x+1}\right)=\frac{1}{2}(\ln(\mathrm{e}^x-1)-\ln(\mathrm{e}^x+1))+C.$$

(8) $\int \frac{\sin\sqrt{t}}{\sqrt{t}}\mathrm{d}t = 2\int \sin\sqrt{t}\ \mathrm{d}\sqrt{t} = 2\int \mathrm{d}(-\cos\sqrt{t}) = -2\cos\sqrt{t} + C.$

(9) $$\int \tan^3 x\ \sec x\ \mathrm{d}x = \int \tan^2 x\ \tan x\ \sec x\ \mathrm{d}x = \int \tan^2 x\ \mathrm{d}\ \sec x$$
$$= \int (\sec^2 x - 1)\mathrm{d}\ \sec x = \frac{1}{3}\sec^3 x - \sec x + C.$$

(10) $$\int \frac{\mathrm{d}x}{\sin x\ \cos x} = \int \frac{(\sin^2 x + \cos^2 x)\mathrm{d}x}{\sin x\ \cos x} = \int \frac{\sin x\ \mathrm{d}x}{\cos x} + \int \frac{\cos x\ \mathrm{d}x}{\sin x}$$
$$= \int \frac{\mathrm{d}(-\cos x)}{\cos x} + \int \frac{\mathrm{d}(\sin x)}{\sin x} = -\ln|\cos x| + \ln|\sin x| + C.$$

(11) $\int \frac{\arctan x}{1+x^2}\mathrm{d}x = \int \arctan x\ \mathrm{d}\ \arctan x = \int \mathrm{d}\left(\frac{1}{2}\arctan^2 x\right) = \frac{1}{2}\arctan^2 x + C.$

(12) $$\int \frac{\mathrm{d}x}{4-x^2} = \int \frac{1}{4}\left(\frac{1}{2-x} + \frac{1}{2+x}\right)\mathrm{d}x = \frac{1}{4}\left[\int \frac{-\mathrm{d}(2-x)}{2-x} + \int \frac{\mathrm{d}(2+x)}{2+x}\right]$$
$$= \frac{1}{4}\ln\left|\frac{2+x}{2-x}\right| + C.$$

3. 试用第二换元法求下列不定积分：

(1) $\int \frac{\mathrm{d}x}{\sqrt{1+\mathrm{e}^x}}$；

(2) $\int \frac{\mathrm{d}x}{\sqrt{(x^2+1)^3}}$；

(3) $\int \frac{\sqrt{x^2-9}}{x}\mathrm{d}x$；

(4) $\int \frac{\mathrm{d}x}{1+\sqrt{2x}}$；

(5) $\int \frac{\mathrm{d}x}{\sqrt{2+x^2}}$；

(6) $\int \frac{1}{x+2\sqrt{x}+5}\mathrm{d}x$；

(7) $\int \frac{1}{\sqrt{\mathrm{e}^x-1}}\mathrm{d}x$；

(8) $\int x\sqrt{x-1}\,\mathrm{d}x$；

(9) $\int \frac{\sqrt{x^2-2}}{x}\mathrm{d}x$；

(10) $\int \frac{1}{\sqrt{4+9x^2}}\mathrm{d}x$；

(11) $\int \sqrt{5-4x-x^2}\,\mathrm{d}x$；

(12) $\int \sqrt{x^2+2x+5}\,\mathrm{d}x$.

解 (1) 令 $t = \sqrt{1+\mathrm{e}^x}$，则 $x = \ln(t^2-1)$，$\mathrm{d}x = \mathrm{d}(\ln(t^2-1)) = \frac{2t\ \mathrm{d}t}{t^2-1}$，故

$$\int \frac{\mathrm{d}x}{\sqrt{1+\mathrm{e}^x}} = \int \frac{2t\ \mathrm{d}t}{t(t^2-1)} = 2\int \frac{\mathrm{d}t}{(t-1)(t+1)} = \int \frac{\mathrm{d}t}{t-1} - \int \frac{\mathrm{d}t}{t+1}$$
$$= \ln(t-1) - \ln(t+1) + C = \ln\frac{\sqrt{1+\mathrm{e}^x}-1}{\sqrt{1+\mathrm{e}^x}+1} + C.$$

(2) 令 $x = \tan t$，则 $\mathrm{d}x = \sec^2 t\ \mathrm{d}t$，$x^2+1 = \tan^2 t + 1 = \sec^2 t$，故

$$\int \frac{\mathrm{d}x}{\sqrt{(x^2+1)^3}} = \int \frac{\sec^2 t\ \mathrm{d}t}{\sec^3 t} = \int \frac{\mathrm{d}t}{\sec t} = \int \cos t\ \mathrm{d}t = \sin t + C = \frac{\sqrt{1+x^2}}{x} + C.$$

(3) 令 $x = 3\sec t$，则 $\sqrt{x^2-9} = 3\tan t$，$\mathrm{d}x = 3\sec t\ \tan t\ \mathrm{d}t$，故

$$\int \frac{\sqrt{x^2-9}}{x}\mathrm{d}x = \int \frac{3\tan t}{3\sec t}\cdot 3\tan t\ \sec t\ \mathrm{d}t = 3\int \tan^2 t\ \mathrm{d}t = 3\int (\sec^2 t - 1)\mathrm{d}t$$

$$= 3(\tan t - t) + C = 3\left(\frac{\sqrt{x^2-9}}{3} - \operatorname{arcsec}\frac{x}{3}\right) + C$$

$$= \sqrt{x^2-9} - 3\arccos\frac{3}{x} + C.$$

(4) 令 $t = \sqrt{2x}$，则 $\mathrm{d}t = \dfrac{2\mathrm{d}x}{2\sqrt{2x}}$，于是 $\mathrm{d}x = t\,\mathrm{d}t$，故

$$\int \frac{\mathrm{d}x}{1+\sqrt{2x}} = \int \frac{t\,\mathrm{d}t}{1+t} = t - \ln(1+t) + C = \sqrt{2x} - \ln(1+\sqrt{2x}) + C.$$

(5) 令 $x = \sqrt{2}\tan t$，则 $\mathrm{d}x = \sqrt{2}\sec^2 t\,\mathrm{d}t$，故

$$\int \frac{\mathrm{d}x}{\sqrt{2+x^2}} = \int \sec t\,\mathrm{d}t = \ln|\sec t + \tan t| + C' = \ln\left|\frac{\sqrt{x^2+2}}{\sqrt{2}} + \frac{x}{\sqrt{2}}\right| + C'$$

$$= \ln(\sqrt{x^2+2} + x) + C,$$

其中，$C = C' - \ln\sqrt{2}$.

(6) 令 $t = \sqrt{x}$，则 $\mathrm{d}t = \dfrac{\mathrm{d}x}{2\sqrt{x}}$，于是 $\mathrm{d}x = 2t\,\mathrm{d}t$，故

$$\int \frac{1}{x+2\sqrt{x}+5}\mathrm{d}x = \int \frac{2t}{t^2+2t+5}\mathrm{d}t = \int \frac{\mathrm{d}(t^2+2t+5-2t)}{t^2+2t+5}$$

$$= \int \frac{\mathrm{d}(t^2+2t+5)}{t^2+2t+5} - 2\int \frac{\mathrm{d}t}{t^2+2t+5}$$

$$= \ln(t^2+2t+5) - \int \frac{\mathrm{d}\,\frac{t+1}{2}}{\left(\frac{t+1}{2}\right)^2+1}$$

$$= \ln(t^2+2t+5) - \arctan\frac{t+1}{2} + C$$

$$= \ln(x+2\sqrt{x}+5) - \arctan\frac{\sqrt{x}+1}{2} + C.$$

(7) 令 $t = \sqrt{\mathrm{e}^x - 1}$，则 $x = \ln(t^2+1)$，$\mathrm{d}x = \dfrac{2t\,\mathrm{d}t}{1+t^2}$，故

$$\int \frac{1}{\sqrt{\mathrm{e}^x-1}}\mathrm{d}x = \int \frac{2t\,\mathrm{d}t}{t(1+t^2)} = 2\arctan t + C = 2\arctan\sqrt{\mathrm{e}^x-1} + C.$$

(8) 令 $t = \sqrt{x-1}$，则 $x = t^2+1$，$\mathrm{d}x = 2t\,\mathrm{d}t$，故

$$\int x\sqrt{x-1}\,\mathrm{d}x = 2\int (t^2+1)t^2\,\mathrm{d}t = \frac{2}{5}t^5 + \frac{2}{3}t^3 + C$$

$$= \frac{2}{5}(x-1)^{\frac{5}{2}} + \frac{2}{3}(x-1)^{\frac{3}{2}} + C.$$

(9) 令 $x = \sqrt{2}\sec t$，则 $\sqrt{x^2-2} = \sqrt{2}\tan t$，$\mathrm{d}x = \sqrt{2}\tan t\sec t\,\mathrm{d}t$，故

$$\int \frac{\sqrt{x^2-2}}{x}\mathrm{d}x = \int \frac{2\tan^2 t\sec t}{\sqrt{2}\sec t}\mathrm{d}t = \sqrt{2}\int \tan^2 t\,\mathrm{d}t = \sqrt{2}\int (\sec^2 t - 1)\mathrm{d}t$$

$$= \sqrt{2}(\tan t - t) + C = \sqrt{x^2-2} - \sqrt{2}\arccos\frac{\sqrt{2}}{x} + C.$$

(10) 令 $x=\frac{2}{3}\tan t$，则 $\sqrt{4+9x^2}=2\sec t$，$dx=\frac{2}{3}\sec^2 t\,dt$，故

$$\int\frac{1}{\sqrt{4+9x^2}}dx=\int\frac{1}{3}\sec t\,dt=\frac{1}{3}\int\frac{\sec t\,(\sec t+\tan t)}{\sec t+\tan t}dt=\frac{1}{3}\int\frac{d(\sec t+\tan t)}{\sec t+\tan t}$$

$$=\frac{1}{3}\ln|\sec t+\tan t|+C_1=\frac{1}{3}\ln|3x+\sqrt{4+9x^2}|+C,$$

其中，$C=C_1-\ln 2$.

(11) 由于 $\sqrt{5-4x-x^2}=\sqrt{9-(2+x)^2}$，令 $x+2=3\sin t$，则 $\sqrt{9-(2+x)^2}=3\cos t$，$dx=3\cos t\,dt$，故

$$\int\sqrt{5-4x-x^2}\,dx=\int\sqrt{9-(2+x)^2}\,dx=\int 9\cos^2 t\,dt=\int 9\cdot\frac{1+\cos 2t}{2}dt$$

$$=\frac{9}{2}t+\frac{9}{2}\sin t\cos t+C$$

$$=\frac{9}{2}\left[\arcsin\frac{2+x}{3}+\frac{2+x}{3}\sqrt{1-\left(\frac{2+x}{3}\right)^2}\right]+C.$$

(12) 由于 $\sqrt{x^2+2x+5}=\sqrt{(x+1)^2+4}$，令 $x+1=2\tan t$，则 $\sqrt{(x+1)^2+4}=2\sec t$，$dx=2\sec^2 t\,dt$，故 $\int\sqrt{x^2+2x+5}\,dx=4\int\sec^3 t\,dt$. 而

$$\int\sec^3 t\,dt=\int\sec t\,d(\tan t)=\left(\sec t\tan t-\int\sec t\tan^2 t\,dt\right)$$

$$=\left[\sec t\tan t-\int\sec t\,(\sec^2 t-1)dt\right]=\sec t\tan t-\int\sec^3 t\,dt+\int\sec t\,dt$$

$$=\sec t\tan t-\int\sec^3 t\,dt+\ln|\sec t+\tan t|+C_1,$$

即 $\int\sec^3 t\,dt=\frac{1}{2}(\sec t\tan t+\ln|\sec t+\tan t|+C_1)$，所以

$$\int\sqrt{x^2+2x+5}\,dx=4\int\sec^3 t\,dt=2(\sec t\tan t+\ln|\sec t+\tan t|+C_1)$$

$$=\frac{x+1}{2}\sqrt{x^2+2x+5}+2\ln|x+1+\sqrt{x^2+2x+5}|+C,$$

其中，$C=2C_1-2\ln 2$.

4. 试用分部积分法求下列不定积分：

(1) $\int x^2\cos x\,dx$； (2) $\int e^{\sqrt[3]{x}}\,dx$；

(3) $\int\arcsin x\,dx$； (4) $\int x^2\sin^2\frac{x}{2}\,dx$；

(5) $\int\cos(\ln x)\,dx$； (6) $\int\sqrt{x}\ln x\,dx$.

解 (1) $\int x^2\cos x\,dx=\int x^2 d\sin x=x^2\sin x-2\int x\sin x\,dx$

$$=x^2\sin x+2\int x\,d\cos x=x^2\sin x+2x\cos x-2\int\cos x\,dx$$

$$=x^2\sin x+2x\cos x-2\sin x+C.$$

(2) 令 $t=\sqrt[3]{x}$，则 $dx=3t^2dt$，故

$$\int e^{\sqrt[3]{x}}\,dx=\int 3t^2e^t\,dt=3t^2e^t-\int 6te^t\,dt=3t^2e^t-6te^t+\int 6e^t\,dt$$

$$=3t^2e^t-6te^t+6e^t+C=(3\sqrt[3]{x^2}-6\sqrt[3]{x}+6)e^{\sqrt[3]{x}}+C.$$

(3) $\int \arcsin x\,dx=x\arcsin x-\int\frac{x}{\sqrt{1-x^2}}dx=x\arcsin x+\frac{1}{2}\int\frac{1}{\sqrt{1-x^2}}d(1-x^2)$

$$=x\arcsin x+\frac{1}{2}\sqrt{1-x^2}+C.$$

(4) $\int x^2\sin^2\frac{x}{2}\,dx=\int x^2\cdot\frac{1-\cos x}{2}dx=\frac{1}{2}\left(\int x^2dx-\int x^2\cos x\,dx\right)$

$$=\frac{1}{6}x^3-\frac{1}{2}x^2\sin x-x\cos x+\sin x+C.$$

(5) 由于

$$\int\cos(\ln x)\,dx=x\cos(\ln x)+\int\sin(\ln x)\,dx$$

$$=x\cos(\ln x)+x\sin(\ln x)-\int\cos(\ln x)\,dx,$$

故$\int\cos(\ln x)\,dx=\frac{1}{2}(x\cos(\ln x)+x\sin(\ln x))+C.$

(6) 令 $t=\sqrt{x}$，则 $dx=2t\,dt$，故

$$\int\sqrt{x}\ln x\,dx=\int 2t^2\ln t^2\,dt=\frac{2}{3}\int\ln t^2\,dt^3=\frac{2}{3}\left(t^3\ln t^2-\int t^3d(\ln t^2)\right)$$

$$=\frac{2}{3}\left(t^3\ln t^2-2\int t^2dt\right)=\frac{2}{3}\left(t^3\ln t^2-\frac{2}{3}t^3\right)+C$$

$$=\frac{2}{3}(\sqrt{x})^3\ln x-\frac{4}{9}(\sqrt{x})^3+C.$$

B　类

1. 求下列不定积分(其中 a,b,ω,φ 均为常数)：

(1) $\int\frac{\sin x+\cos x}{\sqrt[3]{\sin x-\cos x}}dx$；　(2) $\int\frac{dx}{x(x^6+4)}$；

(3) $\int\tan\sqrt{1+x^2}\cdot\frac{x\,dx}{\sqrt{1+x^2}}$；　(4) $\int\frac{\arctan\sqrt{x}}{\sqrt{x}(1+x)}dx$；

(5) $\int\frac{1+\ln x}{(x\ln x)^2}dx$；　(6) $\int\frac{\ln\tan x}{\cos x\sin x}dx$；

(7) $\int\frac{1}{x\sqrt{x^2-1}}dx$；　(8) $\int\frac{1}{x^3\sqrt{x^2-9}}dx$；

(9) $\int\frac{\arcsin^4 x}{\sqrt{1-x^2}}dx$；　(10) $\int e^x\sin(e^x+1)\,dx$；

(11) $\int\frac{e^x-1}{e^{2x}+4}dx$；　(12) $\int x^2\ln x\,dx$；

(13) $\int e^{-2x}\sin\frac{x}{2}\,dx$；　　(14) $\int x\tan^2 x\,dx$；

(15) $\int(\arcsin x)^2 dx$；　　(16) $\int\sec^3 x\,dx$；

(17) $\int\ln(x+\sqrt{1+x^2})\,dx$；　　(18) $\int\frac{x\cos x}{\sin^2 x}\,dx$.

解 (1) $\int\frac{\sin x+\cos x}{\sqrt[3]{\sin x-\cos x}}dx=\int\frac{d(\sin x-\cos x)}{\sqrt[3]{\sin x-\cos x}}=\frac{3}{2}(\sin x-\cos x)^{\frac{2}{3}}+C.$

(2) $$\int\frac{dx}{x(x^6+4)}=\int\frac{x^5 dx}{x^6(x^6+4)}=\frac{1}{6}\int\frac{d(x^6)}{x^6(x^6+4)}$$
$$=\frac{1}{24}\left(\int\frac{d(x^6)}{x^6}-\int\frac{d(x^6)}{x^6+4}\right)=\frac{1}{24}\ln\frac{x^6}{x^6+4}+C.$$

(3) $$\int\tan\sqrt{1+x^2}\cdot\frac{x\,dx}{\sqrt{1+x^2}}=\int\tan\sqrt{1+x^2}\,d\sqrt{1+x^2}=\int\frac{\sin\sqrt{1+x^2}}{\cos\sqrt{1+x^2}}d\sqrt{1+x^2}$$
$$=\int\frac{-1}{\cos\sqrt{1+x^2}}d(\cos\sqrt{1+x^2})$$
$$=-\ln\left|\cos\sqrt{1+x^2}\right|+C.$$

(4) $$\int\frac{\arctan\sqrt{x}}{\sqrt{x}(1+x)}dx=2\int\frac{\arctan\sqrt{x}}{1+x}d\sqrt{x}=2\int\arctan\sqrt{x}\,d\arctan\sqrt{x}$$
$$=(\arctan\sqrt{x})^2+C.$$

(5) $$\int\frac{1+\ln x}{(x\ln x)^2}dx=\int\frac{d(x\ln x)}{(x\ln x)^2}=-\frac{1}{x\ln x}+C.$$

(6) $$\int\frac{\ln\tan x}{\cos x\sin x}dx=\int\frac{\ln\tan x}{\cos^2 x\tan x}dx=\int\frac{\ln\tan x}{\tan x}d(\tan x)$$
$$=\int\ln\tan x\,d(\ln\tan x)=\frac{1}{2}(\ln\tan x)^2+C.$$

(7) 令 $x=\sec t$，则 $dx=\sec t\tan t\,dt$，$\sqrt{x^2-1}=\tan t$，故
$$\int\frac{dx}{x\sqrt{x^2-1}}=\int\frac{\sec t\tan t}{\sec t\tan t}dt=t+C=\arccos\frac{1}{x}+C.$$

(8) 令 $x=3\sec t$，则 $dx=3\sec t\tan t\,dt$，$\sqrt{x^2-9}=3\tan t$，故
$$\int\frac{1}{x^3\sqrt{x^2-9}}dx=\int\frac{3\sec t\tan t}{(3\sec t)^3\cdot 3\tan t}dt=\int\frac{1}{27\sec^2 t}dt=\frac{1}{27}\int\cos^2 t\,dt$$
$$=\frac{1}{27}\int\frac{1+\cos 2t}{2}dt=\frac{1}{54}t+\frac{1}{54}\cos t\sin t+C$$
$$=\frac{1}{54}\arccos\frac{3}{x}+\frac{\sqrt{x^2-9}}{18x^2}+C.$$

(9) $$\int\frac{\arcsin^4 x}{\sqrt{1-x^2}}dx=\int\arcsin^4 x\,d(\arcsin x)=\frac{1}{5}\arcsin^5 x+C.$$

(10) $$\int e^x\sin(e^x+1)\,dx=\int\sin(e^x+1)\,d(e^x+1)=-\cos(e^x+1)+C.$$

(11) $\int \frac{e^x - 1}{e^{2x} + 4} dx = \frac{1}{2}\int \frac{1}{\left(\frac{e^x}{2}\right)^2 + 1} d\left(\frac{e^x}{2}\right) + \frac{1}{8}\int \frac{1}{1 + 4e^{-2x}} d(4e^{-2x} + 1)$

$$= \frac{1}{2}\arctan\left(\frac{e^x}{2}\right) + \frac{1}{8}\ln(1 + 4e^{-2x}) + C.$$

(12) 令 $u = \ln x$，$x^2 dx = dv$，则 $du = \frac{1}{x}dx$，$v = \frac{1}{3}x^3$，故

$$\int x^2 \ln x \, dx = \frac{1}{3}x^3 \ln x - \int \frac{x^2}{3} dx = \frac{1}{3}x^3 \ln x - \frac{1}{9}x^3 + C.$$

(13) 令 $u = e^{-2x}$，$\sin\frac{x}{2} dx = dv$，则 $du = -2e^{-2x} dx$，$v = -2\cos\frac{x}{2}$，故

$$\int e^{-2x} \sin\frac{x}{2} dx = -2\cos\frac{x}{2} e^{-2x} - \int 4e^{-2x} \cos\frac{x}{2} dx$$

$$= -2\cos\frac{x}{2} e^{-2x} - e^{-2x} \cdot 8\sin\frac{x}{2} - \int 2e^{-2x} \cdot 8\sin\frac{x}{2} dx,$$

因此$\int e^{-2x} \sin\frac{x}{2} dx = -\frac{2}{17}e^{-2x}\left(\cos\frac{x}{2} + 4\sin\frac{x}{2}\right) + C.$

(14) $\int x \tan^2 x \, dx = \int (x\sec^2 x - x) dx = x\tan x - \int \tan x \, dx - \frac{1}{2}x^2$

$$= x\tan x - \frac{1}{2}x^2 + \ln|\cos x| + C.$$

(15) 设 $\arcsin x = t$，则 $x = \sin t$，$dx = \cos t \, dt$，故

$$\int (\arcsin x)^2 dx = \int t^2 \cos t \, dt = t^2 \sin t - \int 2t \sin t \, dt$$

$$= t^2 \sin t + 2t\cos t - 2\int \cos t \, dt$$

$$= t^2 \sin t + 2t\cos t - 2\sin t + C$$

$$= [(\arcsin x)^2 - 2]x + 2\sqrt{1 - x^2}\arcsin x + C.$$

(16) 由 A 类第 3 (12) 题知

$$\int \sec^3 x \, dx = \frac{1}{2}(\sec x \tan x + \ln|\sec x + \tan x|) + C.$$

(17) $\int \ln(x + \sqrt{1 + x^2}) dx = x\ln(x + \sqrt{1 + x^2}) - \int x \, d\ln(x + \sqrt{1 + x^2})$

$$= x\ln(x + \sqrt{1 + x^2}) - \int \frac{x}{\sqrt{1 + x^2}} dx$$

$$= x\ln(x + \sqrt{1 + x^2}) - \frac{1}{2}\int \frac{d(1 + x^2)}{\sqrt{1 + x^2}}$$

$$= x\ln(x + \sqrt{1 + x^2}) - \sqrt{1 + x^2} + C.$$

(18) $\int \frac{x\cos x}{\sin^2 x} dx = \int \frac{x \, d(\sin x)}{\sin^2 x} = -\int x \, d\left(\frac{1}{\sin x}\right) = -\frac{x}{\sin x} + \ln|\csc x - \cot x| + C.$

2. 导出下列不定积分的递推公式：

(1) $I_n = \int x^n \cos x \, dx \quad (n \leqslant 2)$；

(2) $I_n=\int(\ln x)^n\mathrm{d}x$，并求 I_4.

解 (1) $I_n=\int x^n\cos x\,\mathrm{d}x=\int x^n\,\mathrm{d}\sin x=x^n\sin x+\int\sin x\,\mathrm{d}x^n$

$$=x^n\sin x-n\int x^{n-1}\mathrm{d}\cos x=x^n\sin x-nx^{n-1}\cos x+n\int\cos x\,\mathrm{d}x^{n-1}$$

$$=x^n\sin x-nx^{n-1}\cos x+n(n-1)I_{n-2}.$$

(2) $I_n=\int(\ln x)^n\mathrm{d}x=x(\ln x)^n-\int x\,\mathrm{d}(\ln x)^n=x(\ln x^n)-n\int x(\ln x)^{n-1}\cdot\frac{1}{x}\mathrm{d}x$

$$=x(\ln x)^n-n\int(\ln x)^{n-1}\mathrm{d}x=x(\ln x)^n-nI_{n-1}.$$

因此 $I_1=\int\ln x\,\mathrm{d}x=x\ln x-x+C$，$I_2=x(\ln x)^2-2x\ln x+2x+C$，

$$I_3=x(\ln x)^3-3x(\ln x)^2+6x\ln x+C,$$

$$I_4=x(\ln x)^4-4x(\ln x)^3+12x(\ln x)^2-24x\ln x+24x+C.$$

习题 4-3

A 类

计算下列有理函数的不定积分：

(1) $\int\frac{1}{x(1+x^2)}\mathrm{d}x$；

(2) $\int\frac{1}{(x+2)(1-x)}\mathrm{d}x$；

(3) $\int\frac{3x-2}{x^2-4x+5}\mathrm{d}x$；

(4) $\int\frac{x^2-1}{x^4+1}\mathrm{d}x$；

(5) $\int\frac{\mathrm{d}x}{(x-1)(x^2+1)^2}$；

(6) $\int\frac{3}{x^3+1}\mathrm{d}x$；

(7) $\int\frac{\mathrm{d}x}{(x^2+1)(x^2+x)}$；

(8) $\int\frac{2x-5}{(x-2)^3}\mathrm{d}x$.

解 (1) $\int\frac{1}{x(1+x^2)}\mathrm{d}x=\int\frac{1}{x}\mathrm{d}x-\int\frac{x}{1+x^2}\mathrm{d}x=\ln|x|-\frac{1}{2}\ln(1+x^2)+C.$

(2) $\int\frac{1}{(x+2)(1-x)}\mathrm{d}x=\frac{1}{3}\left(\int\frac{1}{x+2}\mathrm{d}x+\int\frac{1}{1-x}\mathrm{d}x\right)$

$$=\frac{1}{3}\ln|x+2|-\frac{1}{3}\ln|1-x|+C.$$

(3) $\int\frac{3x-2}{x^2-4x+5}\mathrm{d}x=\frac{3}{2}\int\frac{2x-4}{x^2-4x+5}\mathrm{d}x+4\int\frac{1}{x^2-4x+5}\mathrm{d}x$

$$=\frac{3}{2}\int\frac{2x-4}{x^2-4x+5}\mathrm{d}x+4\int\frac{1}{(x-2)^2+1}\mathrm{d}(x-2)$$

$$=\frac{3}{2}\ln|x^2-4x+5|+4\arctan(x-2)+C.$$

(4) $\int \frac{x^2-1}{x^4+1}\mathrm{d}x = \int \frac{1-\left(\frac{1}{x}\right)^2}{x^2+2-2+\frac{1}{x^2}}\mathrm{d}x = \int \frac{\mathrm{d}\left(x+\frac{1}{x}\right)}{\left(x+\frac{1}{x}\right)^2-(\sqrt{2})^2}$

$$= \frac{\sqrt{2}}{4}\left(\int \frac{\mathrm{d}\left(x+\frac{1}{x}-\sqrt{2}\right)}{x+\frac{1}{x}-\sqrt{2}} - \int \frac{\mathrm{d}\left(x+\frac{1}{x}+\sqrt{2}\right)}{x+\frac{1}{x}+\sqrt{2}}\right)$$

$$= \frac{\sqrt{2}}{4}\ln\left|\frac{x^2-\sqrt{2}x+1}{x^2+\sqrt{2}x+1}\right| + C.$$

(5) 令$\frac{1}{(x-1)(x^2+1)^2} = \frac{A}{x-1} + \frac{Bx+C}{x^2+1} + \frac{Dx+E}{(x^2+1)^2}$，则

$$1 = A(x^2+1)^2 + (Bx+C)(x-1)(x^2+1) + (Dx+E)(x-1).$$

令 $x=1$，得 $A=\frac{1}{4}$，故有

$$1 = \frac{1}{4}(x^2+2x^2+1) + Bx^4 + (C-B)x^3 + (B-C)x^2 + (C-B)x - C + Dx^2 + (E-D)x - E$$

$$= \left(\frac{1}{4}+B\right)x^4 + (C-B)x^3 + \left(\frac{1}{2}+B-C+D\right)x^2 + (C-B+E-D)x + \left(\frac{1}{4}-C-E\right).$$

比较两端同次幂项系数，得 $B=-\frac{1}{4}$，$C=-\frac{1}{4}$，$D=-\frac{1}{2}$，$E=-\frac{1}{2}$. 故

$$\int \frac{\mathrm{d}x}{(x-1)(x^2+1)^2} = \int \frac{\mathrm{d}x}{4(x-1)} - \int \frac{x+1}{4(x^2+1)}\mathrm{d}x - \frac{1}{2}\int \frac{x+1}{(x^2+1)^2}\mathrm{d}x.$$

又因为

$$\int \frac{x+1}{x^2+1}\mathrm{d}x = \frac{1}{2}\int \frac{2x}{x^2+1}\mathrm{d}x + \int \frac{\mathrm{d}x}{x^2+1} = \frac{1}{2}\ln(x^2+1) + \arctan x + C_1,$$

以及由$\int \frac{\mathrm{d}x}{(1+x^2)^2} = \frac{1}{2}\left(\arctan x + \frac{x}{x^2+1}\right) + C$，有

$$\int \frac{x+1}{(x^2+1)^2}\mathrm{d}x = \frac{1}{2}\int \frac{\mathrm{d}x^2}{(x^2+1)^2} + \int \frac{\mathrm{d}x}{(x^2+1)^2}$$

$$= \frac{-1}{2(x^2+1)} + \frac{x}{2(1+x^2)} + \frac{1}{2}\arctan x + C_2,$$

所以

$$原式 = \frac{1}{4}\ln|x-1| - \frac{1}{8}\ln(x^2+1) - \frac{1}{4}\arctan x + \frac{1}{4(x^2+1)}$$

$$- \frac{x}{4(x^2+1)} - \frac{1}{4}\arctan x + C$$

$$= \frac{1}{4}\left(\ln\frac{|x-1|}{\sqrt{x^2+1}} - 2\arctan x + \frac{1-x}{x^2+1}\right) + C.$$

(6) 令$\frac{1}{x^3+1} = \frac{1}{(x+1)(x^2-x+1)} = \frac{A}{x+1} + \frac{Bx+C}{x^2-x+1}$，则

$$1 = (A+B)x^2 + (B+C-A)x + (A+C).$$

从而$\begin{cases}A+B=0,\\ B+C-A=0,\\ A+C=1,\end{cases}$ 解得 $A=\frac{1}{3}$, $B=-\frac{1}{3}$, $C=\frac{2}{3}$. 故

$$\int\frac{3}{x^3+1}dx=\int\frac{1}{x+1}dx-\int\frac{x-2}{x^2-x+1}dx$$

$$=\ln|x+1|-\frac{1}{2}\int\frac{2x-1}{x^2-x+1}dx+\frac{3}{2}\int\frac{1}{x^2-x+1}dx$$

$$=\ln|x+1|-\frac{1}{2}\ln|x^2-x+1|+\frac{3}{2}\int\frac{1}{\left(x-\frac{1}{2}\right)^2+\frac{3}{4}}dx$$

$$=\ln|x+1|-\frac{1}{2}\ln|x^2-x+1|+\sqrt{3}\arctan\frac{2x-1}{\sqrt{3}}+C.$$

(7) $$\int\frac{dx}{(x^2+1)(x^2+x)}=\int\frac{1}{x}dx-\frac{1}{2}\int\frac{dx}{x+1}-\frac{1}{2}\int\frac{x+1}{x^2+1}dx$$

$$=\ln|x|-\frac{1}{2}\ln|x+1|-\frac{1}{4}\int\frac{2x}{x^2+1}dx-\frac{1}{2}\int\frac{1}{x^2+1}dx$$

$$=\ln|x|-\frac{1}{2}\ln|x+1|-\frac{1}{4}\ln|x^2+1|-\frac{1}{2}\arctan x+C.$$

(8) $$\int\frac{2x-5}{(x-2)^3}dx=\int\frac{2}{(x-2)^2}dx-\int\frac{1}{(x-2)^3}dx=-\frac{2}{x-2}+\frac{1}{2(x-2)^2}+C.$$

B 类

计算下列有理函数的不定积分:

(1) $\int\frac{3x^3-2x^2+4x+2}{x^2-2x+1}dx$;

(2) $\int\frac{1}{x^5-x^2}dx$;

(3) $\int\frac{x}{(x^2-2x+2)^2}dx$;

(4) $\int\frac{2x^2+7x-1}{x^3+x^2-x-1}dx$;

(5) $\int\frac{x-2}{x^2-7x+12}dx$;

(6) $\int\frac{dx}{8-2x-x^2}$;

(7) $\int\frac{dx}{1+x^4}$;

(8) $\int\frac{x^6+x^4-4x^2-2}{x^3(x^2+1)^2}dx$.

解 (1) $$\int\frac{3x^3-2x^2+4x+2}{x^2-2x+1}dx=\int\left(3x+4+\frac{9x-9+7}{x^2-2x+1}\right)dx$$

$$=\int\left[3x+4+\frac{9(x-1)}{(x-1)^2}+\frac{7}{(x-1)^2}\right]dx$$

$$=3\int x\,dx+4x+9\int\frac{(x-1)d(x-1)}{(x-1)^2}+7\int\frac{1}{(x-1)^2}d(x-1)$$

$$=\frac{3}{2}x^2+4x+9\ln|x-1|-\frac{7}{x-1}+C.$$

(2) $$\int\frac{1}{x^5-x^2}dx=\int\frac{1}{x^2(x^3-1)}dx=\int\frac{1}{x^2(x-1)(x^2+x+1)}dx$$

$$=\int\left[\frac{-1}{x^2}+\frac{1}{3(x-1)}-\frac{x-1}{3(x^2+x+1)}\right]dx$$

$$=\int\left[\frac{-1}{x^2}+\frac{1}{3(x-1)}-\frac{2x+1}{6(x^2+x+1)}-\frac{1}{2(x^2+x+1)}\right]dx$$

$$=\int\left[\frac{-1}{x^2}+\frac{1}{3(x-1)}-\frac{2x+1}{6(x^2+x+1)}-\frac{\frac{2}{3}}{\left(\frac{2x+1}{\sqrt{3}}\right)^2+1}\right]dx$$

$$=\frac{1}{x}+\frac{1}{6}\ln\frac{(x-1)^2}{x^2+x+1}+\frac{1}{\sqrt{3}}\arctan\frac{2x+1}{\sqrt{3}}+C.$$

(3) $$\int\frac{x}{(x^2-2x+2)^2}dx=\frac{1}{2}\int\frac{2x-2}{(x^2-2x+2)^2}dx+\int\frac{1}{(x^2-2x+2)^2}dx$$

$$=\frac{-1}{2(x^2-2x+2)}+\int\frac{1}{[(x-1)^2+1]^2}d(x-1)$$

$$=\frac{-1}{2(x^2-2x+2)}+\frac{x-1}{2(x^2-2x+2)}+\frac{1}{2}\arctan(x-1)+C$$

$$=\frac{1}{2}\arctan(x-1)+\frac{x-2}{2(x^2-2x+2)}+C.$$

(4) $$\int\frac{2x^2+7x-1}{x^3+x^2-x-1}dx=\int\frac{2x^2+7x-1}{(x+1)^2(x-1)}dx=\int\left[\frac{2}{x-1}+\frac{3}{(x+1)^2}\right]dx$$

$$=2\ln|x-1|-\frac{3}{x+1}+C.$$

(5) $$\int\frac{x-2}{x^2-7x+12}dx=\frac{1}{2}\int\frac{2x-7+3}{x^2-7x+12}dx$$

$$=\frac{1}{2}\int\frac{d((x-3)(x-4))}{(x-3)(x-4)}+\frac{3}{2}\int\frac{1}{(x-3)(x-4)}dx$$

$$=\frac{1}{2}\ln|(x-3)(x-4)|+\frac{3}{2}\int\left(\frac{1}{x-4}-\frac{1}{x-3}\right)dx$$

$$=\frac{1}{2}\left(\ln|(x-3)(x-4)|+\ln\left|\frac{(x-4)^3}{(x-3)^3}\right|\right)+C$$

$$=\ln\frac{(x-4)^2}{|x-3|}+C.$$

(6) $$\int\frac{dx}{8-2x-x^2}=\int\frac{dx}{9-(x+1)^2}dx=\int\frac{dx}{(2-x)(4+x)}$$

$$=\frac{1}{6}\int\frac{1}{2-x}dx+\frac{1}{6}\int\frac{1}{4+x}dx=\frac{1}{6}\ln\left|\frac{4+x}{2-x}\right|+C.$$

(7) $$\int\frac{dx}{x^4+1}=\frac{1}{2}\int\frac{(x^2+1)-(x^2-1)}{x^4+1}dx=\frac{1}{2}\int\frac{x^2+1}{x^4+1}dx-\frac{1}{2}\int\frac{x^2-1}{x^4+1}dx$$

$$=\frac{1}{2}\int\frac{1+\frac{1}{x^2}}{x^2+\frac{1}{x^2}}dx-\frac{1}{2}\int\frac{1-\frac{1}{x^2}}{x^2+\frac{1}{x^2}}dx$$

$$=\frac{1}{2}\int\frac{d\left(x-\frac{1}{x}\right)}{\left(x-\frac{1}{x}\right)^2+2}-\frac{1}{2}\int\frac{d\left(x+\frac{1}{x}\right)}{\left(x+\frac{1}{x}\right)^2-2}$$

$$=\frac{\sqrt{2}}{4}\arctan\frac{x-\frac{1}{x}}{\sqrt{2}}-\frac{\sqrt{2}}{8}\ln\left|\frac{x+\frac{1}{x}-\sqrt{2}}{x+\frac{1}{x}+\sqrt{2}}\right|+C.$$

也可由 $x^4+1=(x^2+1)^2-2x^2=(x^2-\sqrt{2}x+1)(x^2+\sqrt{2}x+1)$，再利用

$$\frac{1}{x^4+1}=\frac{Ax+B}{x^2-\sqrt{2}x+1}+\frac{Cx+D}{x^2+\sqrt{2}x+1},$$

求出 A,B,C,D 之值，然后积分，结果是一致的.

(8) $$\int\frac{x^6+x^4-4x^2-2}{x^3(x^2+1)^2}dx=-\int\frac{4x^2+2}{x^3(x^2+1)^2}dx+\int\frac{x}{x^2+1}dx$$

$$=\frac{1}{x^2(x^2+1)}+\ln\sqrt{x^2+1}+C.$$

习题 4-4

A 类

1. 求下列三角有理式的不定积分：

(1) $\int\frac{1}{\sin x+\cos x}dx$；　　(2) $\int\frac{1}{\sin^2 x\cos x}dx$；

(3) $\int\frac{1}{2+\sin^2 x}dx$；　　(4) $\int\frac{dx}{1+\tan x}$.

(5) $\int\frac{dx}{5+4\sin 2x}$.

解 (1) $$\int\frac{1}{\sin x+\cos x}dx=\int\frac{1}{\sqrt{2}\sin\left(x+\frac{\pi}{4}\right)}d\left(x+\frac{\pi}{4}\right)$$

$$=\frac{1}{\sqrt{2}}\ln\left|\csc\left(x+\frac{\pi}{4}\right)-\cot\left(x+\frac{\pi}{4}\right)\right|+C$$

$$=\frac{1}{\sqrt{2}}\ln\left|\tan\left(\frac{x}{2}+\frac{\pi}{8}\right)\right|+C.$$

(2) $$\int\frac{1}{\sin^2 x\cos x}dx=\int\frac{\sin^2 x+\cos^2 x}{\sin^2 x\cos x}dx=\int\frac{1}{\cos x}dx+\int\frac{\cos x}{\sin^2 x}dx$$

$$=\ln|\sec x+\tan x|-\frac{1}{\sin x}+C.$$

(3) 令 $t=\tan x$，则 $\sin^2 x=\frac{t^2}{1+t^2}$，$dx=\frac{dt}{1+t^2}$，故

$$\int\frac{1}{2+\sin^2 x}dx=\int\frac{\frac{dt}{1+t^2}}{2+\frac{t^2}{1+t^2}}=\frac{1}{\sqrt{6}}\int\frac{d\left(\frac{\sqrt{3}t}{\sqrt{2}}\right)}{1+\left(\frac{\sqrt{3}t}{\sqrt{2}}\right)^2}=\frac{1}{\sqrt{6}}\arctan\left(\frac{\sqrt{6}}{2}\tan x\right)+C.$$

(4) 令 $t=\tan x$，则 $dx=\dfrac{dt}{1+t^2}$，故

$$\int\frac{dx}{1+\tan x}=\int\frac{dt}{(1+t)(1+t^2)}=\int\left(\frac{\frac{1}{2}}{1+t}+\frac{-\frac{1}{2}t+\frac{1}{2}}{1+t^2}\right)dt$$

$$=\frac{1}{2}\left(\ln(1+t)-\frac{1}{2}\ln(1+t^2)+\arctan t\right)+C$$

$$=\frac{1}{2}(x+\ln|\cos x+\sin x|)+C.$$

(5) $$\int\frac{dx}{5+4\sin 2x}=\int\frac{dx}{5+4\dfrac{2\tan x}{1+\tan^2 x}}=\int\frac{(1+\tan^2 x)dx}{5+5\tan^2 x+8\tan x}$$

$$=\frac{1}{3}\int\frac{\frac{5}{3}\sec^2 dx}{\left[\frac{5}{3}\left(\tan x+\frac{4}{5}\right)\right]^2+1}$$

$$=\frac{1}{3}\int\frac{d\left[\frac{5}{3}\left(\tan x+\frac{4}{5}\right)\right]}{\left[\frac{5}{3}\left(\tan x+\frac{4}{5}\right)\right]^2+1}$$

$$=\frac{1}{3}\arctan\frac{5}{3}\left(\tan x+\frac{4}{5}\right)+C.$$

2. 求下列无理函数的不定积分：

(1) $\displaystyle\int\frac{1}{\sqrt{x+2}-\sqrt{x+1}}dx$；　　(2) $\displaystyle\int\frac{\sqrt{x+1}-1}{\sqrt{x+1}+1}dx$；

(3) $\displaystyle\int\frac{1}{1+\sqrt{x}+\sqrt{1+x}}dx$.

解 (1) $$\int\frac{1}{\sqrt{x+2}-\sqrt{x+1}}dx=\int\frac{\sqrt{x+2}+\sqrt{x+1}}{1}dx$$

$$=\int\sqrt{x+2}\,d(x+2)+\int\sqrt{x+1}\,d(x+1)$$

$$=\frac{2}{3}\left[\sqrt{(x+2)^3}+\sqrt{(x-1)^3}\right]+C.$$

(2) $\displaystyle\int\frac{\sqrt{x+1}-1}{\sqrt{x+1}+1}dx=\int\frac{\sqrt{x+1}+1-2}{\sqrt{x+1}+1}dx=\int\left(1-\frac{2}{\sqrt{x+1}+1}\right)dx$. 令 $t=\sqrt{x+1}+1$，则 $x=(t-1)^2-1$，$dx=2(t-1)dt$，故

$$\int\frac{\sqrt{x+1}-1}{\sqrt{x+1}+1}dx=x-4\int\left(1-\frac{1}{t}\right)dt=x-4\sqrt{x+1}+4\ln|\sqrt{x+1}+1|+C.$$

(3) 令 $t=\sqrt{x}+\sqrt{1+x}$

则　$x=\left(\dfrac{t^2-1}{2t}\right)^2\quad dx=\dfrac{t^4-1}{2t^2}dt$

$$\sqrt{1+x}=\frac{t^2+1}{2t}$$

故
$$\begin{aligned}\int\frac{1}{1+\sqrt{x}+\sqrt{1+x}}\mathrm{d}x&=\frac{1}{2}\int\frac{t^4-1}{t^3(t+1)}\mathrm{d}t\\&=\frac{1}{2}\int\left(1-\frac{1}{t}+\frac{1}{t^2}-\frac{1}{t^3}\right)\mathrm{d}t\\&=\frac{1}{2}\left(t-\ln t-\frac{1}{t}+\frac{1}{2t^2}\right)+C\\&=\sqrt{x}-\frac{1}{2}\ln(\sqrt{x}+\sqrt{x+1})+\frac{x}{2}-\frac{\sqrt{x^2+x}}{2}+C.\end{aligned}$$

══B 类══

1. 求下列三角有理式的不定积分：

(1) $\int\frac{1}{\tan^2x+\sin^2x}\mathrm{d}x$； (2) $\int\frac{1}{(2-\sin x)(3-\sin x)}\mathrm{d}x$；

(3) $\int\frac{1}{(1+\cos x)^2}\mathrm{d}x$.

解 (1)
$$\begin{aligned}\int\frac{1}{\tan^2x+\sin^2x}\mathrm{d}x&=\int\frac{1}{\tan^2x\ (1+\cos^2x)}\mathrm{d}x=\int\frac{\sec^2x}{\tan^2x\ (2+\tan^2x)}\mathrm{d}x\\&=\frac{1}{2}\int\left(\frac{1}{\tan^2x}-\frac{1}{2+\tan^2x}\right)\mathrm{d}(\tan x)\\&=-\frac{1}{2\tan x}-\frac{1}{2\sqrt{2}}\arctan\frac{\tan x}{\sqrt{2}}+C.\end{aligned}$$

(2) 令 $t=\tan\frac{x}{2}$，则 $\sin x=\frac{2t}{1+t^2}$，$\mathrm{d}x=\frac{2}{1+t^2}\mathrm{d}t$，故

$$\begin{aligned}\int\frac{1}{(2-\sin x)(3-\sin x)}\mathrm{d}x&=\int\frac{1}{2-\sin x}\mathrm{d}x-\int\frac{1}{3-\sin x}\mathrm{d}x\\&=\int\frac{1}{t^2-t+1}\mathrm{d}t-\int\frac{2}{3t^2-2t+3}\mathrm{d}t\\&=\frac{2}{\sqrt{3}}\int\frac{\mathrm{d}\left(\frac{2}{\sqrt{3}}\left(t-\frac{1}{2}\right)\right)}{\left(\frac{2}{\sqrt{3}}\left(t-\frac{1}{2}\right)\right)^2+1}-\frac{1}{\sqrt{2}}\int\frac{\mathrm{d}\left(\frac{3}{2\sqrt{2}}\left(t-\frac{1}{3}\right)\right)}{\left(\frac{3}{2\sqrt{2}}\left(t-\frac{1}{3}\right)\right)^2+1}\\&=\frac{2}{\sqrt{3}}\arctan\frac{2\tan\frac{x}{2}-1}{\sqrt{3}}-\frac{1}{\sqrt{2}}\arctan\frac{3\tan\frac{x}{2}-1}{2\sqrt{2}}+C.\end{aligned}$$

(3)
$$\begin{aligned}\int\frac{1}{(1+\cos x)^2}\mathrm{d}x&=\frac{1}{4}\int\sec^4\frac{x}{2}\ \mathrm{d}x=\frac{1}{2}\int\left(1+\tan^2\frac{x}{2}\right)\mathrm{d}\left(\tan\frac{x}{2}\right)\\&=\frac{1}{2}\tan\frac{x}{2}+\frac{1}{6}\tan^3\frac{x}{2}+C.\end{aligned}$$

2. 求下列无理函数的不定积分：

(1) $\int \frac{1}{\sqrt[3]{(x+1)^2(x-1)^4}}dx$； (2) $\int \frac{3x-6}{\sqrt{1-x-x^2}}dx$；

(3) $\int \frac{1}{1-\sqrt{4x-x^2-3}}dx$.

解 (1) 令 $t=\sqrt[3]{\frac{x+1}{x-1}}$，则 $x=\frac{t^3+1}{t^3-1}$，$dx=-\frac{6t^2}{(t^3-1)^2}dt$，故

$$\int \frac{1}{\sqrt[3]{(x+1)^2(x-1)^4}}dx=-\frac{3}{2}\sqrt[3]{\frac{x+1}{x-1}}+C.$$

(2) $$\int \frac{3x-6}{\sqrt{1-x-x^2}}dx=-3\int \frac{-1-2x+5}{2\sqrt{1-x-x^2}}dx$$

$$=-3\int \frac{d(1-x-x^2)}{2\sqrt{1-x-x^2}}-\frac{15}{2}\int \frac{dx}{\sqrt{1-x-x^2}}$$

$$=-3\sqrt{1-x-x^2}-\frac{15}{2}\arcsin\frac{2x+1}{\sqrt{5}}+C.$$

(3) $$\int \frac{1}{1-\sqrt{4x-x^2-3}}dx=\int \frac{1+\sqrt{4x-x^2-3}}{x^2-4x+4}dx$$

$$=\int \frac{1}{(x-2)^2}dx+\int \frac{\sqrt{4x-x^2-3}}{(x-2)^2}dx$$

$$=\frac{1}{2-x}-\int \sqrt{1-(x-2)^2}\,d\left(\frac{1}{x-2}\right)$$

$$=\frac{1+\sqrt{4x-x^2-3}}{2-x}-\arcsin(x-2)+C.$$

总习题四

1. 选择题

(1) 已知 $f'(e^x)=1+x$，则 $f(x)=($ $)$.

A. $1+\ln x+C$ B. $x+\frac{1}{2}x^2+C$ C. $\ln x+\frac{1}{2}\ln^2 x+C$ D. $x\ln x+C$

(2) 若$\int f(x)dx=x^2+C$，则$\int xf(1-x^2)dx=($ $)$.

A. $2(1-x^2)^2+C$ B. $x^2-\frac{1}{2}x^4+C$

C. $-2(1-x^2)+C$ D. $\frac{1}{2}(1-x^2)+C$

(3) $\int \frac{1}{1+\sin x}dx=($ $)$.

A. $\tan x+\sec x+C$ B. $\tan x-\sec x+C$

C. $\ln|1+\sin x|+C$ D. $\cot x-\csc x+C$

(4) 设 $f'(\ln x)=\dfrac{1}{x}$, 则 $f(x)=($ $)$.

A. $\dfrac{1}{|\ln x|}+C$ B. $e^{-x}+C$ C. $\ln|\ln x|+C$ D. $-e^{-x}+C$

(5) 设$\int f(x)dx=F(x)+C$, 且 $x=at+b$, 则$\int f(x)dt=($ $)$.

A. $F(x+C)$ B. $F(x)+C$ C. $F(at+b)+C$ D. $\dfrac{1}{a}F(at+b)+C$

(6) 已知函数 $y=y(x)$ 在任意点 x 处的增量 $\Delta y=\dfrac{y\Delta x}{1+x^2}+\alpha$, 且当 $\Delta x\to 0$ 时, α 是 Δx 的高阶无穷小, $y(0)=\pi$, 则 $y(1)=($ $)$.

A. 2π B. π C. $e^{\frac{\pi}{4}}$ D. $\pi e^{\frac{\pi}{4}}$

(7) 在下列等式中, 正确的结果是( ).

A. $\int f'(x)dx=f(x)$ B. $\int df(x)=f(x)$

C. $\dfrac{d}{dx}\int f(x)dx=f(x)$ D. $d\int f(x)dx=f(x)$

(8) 设函数 $f(x)$ 在$(-\infty,+\infty)$内连续, 则 $d\left(\int f(x)dx\right)=($ $)$.

A. $f(x)$ B. $f(x)dx$ C. $f(x)+C$ D. $f'(x)dx$

(9) 若 $f(x)$ 的导数是 $\sin x$, 则 $f(x)$ 有一个原函数为( ).

A. $1+\sin x$ B. $1-\sin x$ C. $1+\cos x$ D. $1-\cos x$

(10) 设 $f'(\cos^2 x)=\sin^2 x$, 且 $f(0)=0$, 则 $f(x)=($ $)$.

A. $\cos x+\dfrac{1}{2\cos^2 x}$ B. $\cos^2 x-\dfrac{1}{2}\cos^4 x$

C. $x+\dfrac{1}{2}x^2$ D. $x-\dfrac{1}{2}x^2$

解 (1) 应选D. 由于 $f'(x)=1+\ln x$, 故

$$f(x)=\int(1+\ln x)dx=x+\int\ln x\,dx=x+x\ln x-x+C=x\ln x+C.$$

(2) 应选B. 因

$$\int xf(1-x^2)dx=-\frac{1}{2}\int f(1-x^2)d(1-x^2)=-\frac{1}{2}(1-x^2)^2+C$$

$$=-\frac{1}{2}+x^2-\frac{1}{2}x^4+C.$$

(3) 应选B. 因

$$\int\frac{1}{1+\sin x}dx=\int\frac{1-\sin x}{1-\sin^2 x}dx=\int\frac{1-\sin x}{\cos^2 x}dx=\int(\sec^2 x-\sec x\tan x)dx$$

$$=\tan x-\sec x+C.$$

(4) 应选 D. 因 $f'(\ln x)=\dfrac{1}{x}$，设 $u=\ln x$，则 $x=e^u$，所以

$$f(\ln x)=\int d f(\ln x)=\int \frac{1}{x}d(\ln x)=\int \frac{1}{x^2}dx=-\frac{1}{x}+C,$$

即 $f(u)=-\dfrac{1}{e^u}+C$. 故有 $f(x)=-e^{-x}+C$.

(5) 应选 D. 因 $\int f(x)dx=F(x)+C$，$x=at+b$，所以有

$$\int f(x)dt=\frac{1}{a}\int f(at+b)d(at+b)=\frac{1}{a}F(at+b)+C.$$

(6) 应选 D. 由题设知 $dy=\dfrac{y}{1+x^2}dx$，故有 $\int\dfrac{dy}{y}=\int\dfrac{dx}{1+x^2}$，得 $y=C e^{\arctan x}$. 令 $x=0$，得 $C=\pi$，所以有 $y(1)=\pi e^{\frac{\pi}{4}}$.

(7) 应选 C. 由于 $\dfrac{d}{dx}\int f(x)dx=f(x)$，以及不定积分是微分的逆运算，故 $d\int f(x)dx=f(x)dx$ 成立.

(8) 应选 B. 设 $F'(x)=f(x)$，则由不定积分定义知，

$$d\left(\int f(x)dx\right)=d(F(x)+C)=F'(x)dx=f(x)dx.$$

(9) 应选 B. 由 $f'(x)=\sin x$，得 $f(x)=\int\sin x\ dx+C_1=-\cos x+C_1$. 又 $F'(x)=f(x)=-\cos x+C_1$，故

$$F(x)=\int f(x)dx+C_2=\int(-\cos x+C_1)dx+C_2=-\sin x+C_1x+C_2,$$

其中，C_1,C_2 为任意常数. 取 $C_1=0$, $C_2=1$，即得 $f(x)$ 的一个原函数 $1-\sin x$.

(10) 应选 D. 由 $f'(\cos^2 x)=\sin^2 x=1-\cos^2 x$，得 $f'(x)=1-x$，所以有

$$f(x)=\int(1-x)dx=x-\frac{1}{2}x^2+C.$$

又 $f(0)=0$，故 $C=0$. 因此 $f(x)=x-\dfrac{1}{2}x^2$.

2. 填空题

(1) $\int(2^x e^x+1)dx=$ ________.

(2) $\int\dfrac{1}{\sqrt{x}(1+x)}dx=$ ________.

(3) $\int\dfrac{1}{x\sqrt{x^2-1}}dx=$ ________.

(4) $\int\dfrac{\cos 2x}{\sin^2 x\cos^2 x}dx=$ ________.

(5) 设 $f(x)$ 是连续函数，则 $\mathrm{d}\int f(x)\mathrm{d}x =$ ________；$\int \mathrm{d}f(x) =$ ________；$\dfrac{\mathrm{d}}{\mathrm{d}x}\int f(x)\mathrm{d}x =$ ________；$\int f'(x)\mathrm{d}x =$ ________（其中 $f'(x)$ 存在）.

(6) 若 $f(x)$ 的导函数是 $\sin x$，则 $f(x)$ 的所有原函数为________.

(7) 通过点 $\left(\dfrac{\pi}{6},1\right)$ 的积分曲线 $y=\int \sin x\ \mathrm{d}x$ 的方程是________.

(8) 设函数 $f(x)$ 与 $g(x)$ 可导，且有 $f'(x)=g(x)$，$g'(x)=f(x)$，$f(0)=0$，$g(x)\neq 0$，则函数 $F(x)=\dfrac{f(x)}{g(x)}=$ ________.

解 (1) $\int(2^x\mathrm{e}^x+1)\mathrm{d}x=\int(2\mathrm{e})^x\mathrm{d}x+\int\mathrm{d}x=\dfrac{(2\mathrm{e})^x}{\ln(2\mathrm{e})}+x+C_1$

$$=\frac{(2\mathrm{e})^x}{1+\ln 2}+x+C=\frac{2^x\mathrm{e}^x}{1+\ln 2}+x+C.$$

(2) $\int\dfrac{1}{\sqrt{x}(1+x)}\mathrm{d}x=2\int\dfrac{1}{1+(\sqrt{x})^2}\mathrm{d}\sqrt{x}=2\arctan\sqrt{x}+C.$

(3) $\int\dfrac{1}{x\sqrt{x^2-1}}\mathrm{d}x=\int-\dfrac{1}{\sqrt{1-\left(\dfrac{1}{x}\right)^2}}\mathrm{d}\left(\dfrac{1}{x}\right)=\arccos\dfrac{1}{x}+C.$

(4) $\int\dfrac{\cos 2x}{\sin^2 x\cos^2 x}\mathrm{d}x=\int\dfrac{\cos^2 x-\sin^2 x}{\sin^2 x\cos^2 x}\mathrm{d}x=\int\dfrac{1}{\sin^2 x}\mathrm{d}x-\int\dfrac{1}{\cos^2 x}\mathrm{d}x$

$$=-\cot x-\tan x+C.$$

(5) $\mathrm{d}\int f(x)\mathrm{d}x=f(x)\mathrm{d}x$；$\int\mathrm{d}f(x)=f(x)+C$；$\dfrac{\mathrm{d}}{\mathrm{d}x}\int f(x)\mathrm{d}x=f(x)$；$\int f'(x)\mathrm{d}x=f(x)+C$.

(6) 由 $f'(x)=\sin x$，得 $f(x)=\int\sin x\ \mathrm{d}x+C_1=-\cos x+C_1$. 又 $F'(x)=f(x)=-\cos x+C_1$，故

$$F(x)=\int f(x)\mathrm{d}x+C_2=\int(-\cos x+C_1)\mathrm{d}x+C_2=-\sin x+C_1x+C_2.$$

(7) 由于 $y=\int\sin x\ \mathrm{d}x=-\cos x+C$，又 $y=f(x)$ 过点 $\left(\dfrac{\pi}{6},1\right)$，故有 $1=-\cos\dfrac{\pi}{6}+C$，得 $C=1+\dfrac{\sqrt{3}}{2}$. 所以有 $y=-\cos x+1+\dfrac{\sqrt{3}}{2}$.

(8) $F'(x)=\dfrac{f'(x)g(x)-f(x)g'(x)}{g^2(x)}=\dfrac{g^2(x)-f^2(x)}{g^2(x)}=1-F^2(x)$，即 $\dfrac{\mathrm{d}F(x)}{1-F^2(x)}=\mathrm{d}x$，得 $\dfrac{1+F(x)}{1-F(x)}=C\mathrm{e}^{2x}$. 代入 $F(0)=0$，得 $C=1$. 故 $F(x)=1-\dfrac{2}{\mathrm{e}^{2x}+1}$.

3. 求下列不定积分：

(1) $\int\dfrac{x^2}{(x-2)^{100}}\mathrm{d}x$；　　(2) $\int\dfrac{x}{1+\sqrt{1+x^2}}\mathrm{d}x$；

(3) $\int \frac{1+\sin x}{1+\cos x}dx$；　　(4) $\int \frac{1}{(x-2)(x+3)^2}dx$；

(5) $\int \frac{x\arctan x}{(1+x^2)^2}dx$；　　(6) $\int \frac{\arctan e^x}{e^x}dx$；

(7) $\int \frac{1-\ln x}{(x-\ln x)^2}dx$；　　(8) $\int \frac{1}{x^2\sqrt{2x^2-2x+1}}dx$；

(9) $\int \arctan(1+\sqrt{x})\,dx$；　　(10) $\int \frac{x+1}{x(1+xe^x)}dx$；

(11) $\int \frac{1}{1+e^{\frac{x}{2}}+e^{\frac{x}{3}}+e^{\frac{x}{6}}}dx$；　　(12) $\int x^x(1+\ln x)dx$；

(13) $\int \frac{\ln^3 x\cdot\sqrt{1-\ln^2 x}}{x}dx$；　　(14) $\int(|1+x|-|1-x|)dx$.

解　(1) 令 $t=x-2$，则 $x=t+2$，$dx=dt$，故

$$\int \frac{x^2}{(x-2)^{100}}dx=\int \frac{(t+2)^2}{t^{100}}dt=\int \frac{t^2+4t+4}{t^{100}}dt=\int \frac{1}{t^{98}}dt+\int \frac{4}{t^{99}}dt+\int \frac{4}{t^{100}}dt$$

$$=-\frac{1}{97}\cdot\frac{1}{t^{97}}-\frac{2}{49}\cdot\frac{1}{t^{98}}-\frac{4}{99}\cdot\frac{1}{t^{99}}+C$$

$$=-\frac{1}{97}\cdot\frac{1}{(x-2)^{97}}-\frac{2}{49}\cdot\frac{1}{(x-2)^{98}}-\frac{4}{99}\cdot\frac{1}{(x-2)^{99}}+C.$$

(2) $$\int \frac{x}{1+\sqrt{1+x^2}}dx=\int \frac{x\sqrt{1+x^2}}{(1+\sqrt{1+x^2})\sqrt{1+x^2}}dx$$

$$=\int \frac{x(1+\sqrt{1+x^2})-x}{\sqrt{1+x^2}(1+\sqrt{1+x^2})}dx$$

$$=\int \frac{x}{\sqrt{1+x^2}}dx-\int \frac{x}{\sqrt{1+x^2}(1+\sqrt{1+x^2})}dx$$

$$=\frac{1}{2}\int \frac{d(1+x^2)}{\sqrt{1+x^2}}-\int d\ln(1+\sqrt{1+x^2})$$

$$=\sqrt{1+x^2}-\ln(1+\sqrt{1+x^2})+C.$$

(3) $$\int \frac{1+\sin x}{1+\cos x}dx=\int \frac{1}{1+\cos x}dx+\int \frac{\sin x}{1+\cos x}dx$$

$$=\int \frac{1}{2\cos^2\frac{x}{2}}dx-\int \frac{1}{1+\cos x}d(1+\cos x)$$

$$=\tan\frac{x}{2}-\ln(1+\cos x)+C.$$

(4) 设 $\frac{1}{(x-2)(x+3)^2}=\frac{A}{x-2}+\frac{B}{x+3}+\frac{C}{(x+3)^2}$，解得 $A=\frac{1}{25}$，$B=-\frac{1}{25}$，$C=-\frac{1}{5}$，故

$$\int \frac{1}{(x-2)(x+3)^2}dx = \frac{1}{25}\int \frac{1}{x-2}dx - \frac{1}{25}\int \frac{1}{x+3}dx - \frac{1}{5}\int \frac{1}{(x+3)^2}dx$$

$$= \frac{1}{25}\ln\left|\frac{x-2}{x+3}\right| + \frac{1}{5}\frac{1}{x+3} + C.$$

(5) $$\int \frac{x\arctan x}{(1+x^2)^2}dx = -\frac{1}{2}\int \frac{1}{(1+x^2)^2}dx + \frac{1}{2}\int \frac{1}{(1+x^2)^2}dx + \int \frac{\arctan x\cdot x}{(1+x^2)^2}dx$$

$$= -\frac{1}{2}\int \frac{1-2\arctan x\cdot x}{(1+x^2)^2}dx + \frac{1}{4}\int \frac{1+x^2+1-x^2}{(1+x^2)^2}dx$$

$$= -\frac{1}{2}\int \frac{\frac{1+x^2}{1+x^2} - \arctan x\cdot 2x}{(1+x^2)^2}dx + \frac{1}{4}\int \frac{1}{1+x^2}dx + \frac{1}{4}\int \frac{1-x^2}{(1+x^2)^2}dx$$

$$= -\frac{\arctan x}{2(1+x^2)} + \frac{1}{4}\arctan x + \frac{x}{4(1+x^2)} + C.$$

(6) $$\int \frac{\arctan e^x}{e^x}dx = -\int \arctan e^x\ d\,e^{-x} = -e^{-x}\arctan e^x + \int e^{-x}\ d\arctan e^x$$

$$= -e^{-x}\arctan e^x + \int \frac{1}{1+e^{2x}}dx$$

$$= -e^{-x}\arctan e^x + \int dx - \frac{1}{2}\int \frac{d(e^{2x}+1)}{e^{2x}+1}$$

$$= -e^{-x}\arctan e^x + x - \frac{1}{2}\ln(1+e^{2x}) + C.$$

(7) 令 $x = \frac{1}{t}$，则 $dx = -\frac{1}{t^2}dt$，故

$$\int \frac{1-\ln x}{(x-\ln x)^2}dx = \int \frac{1-\ln\frac{1}{t}}{\left(\frac{1}{t}-\ln\frac{1}{t}\right)^2}\cdot\left(-\frac{1}{t^2}\right)dt = -\int \frac{1+\ln t}{(1+t\ln t)^2}dt$$

$$= -\int \frac{1}{(1+t\ln t)^2}d(1+t\ln t) = \frac{1}{1+t\ln t} + C$$

$$= \frac{x}{x-\ln x} + C.$$

(8) 令 $x = \frac{1}{t}$，则 $dx = -\frac{1}{t^2}dt$，且设 $x > 0$ ($x < 0$ 时同理计算)，故

$$\int \frac{1}{x^2\sqrt{2x^2-2x+1}}dx = \int \frac{-\frac{1}{t^2}dt}{\frac{1}{t^2}\sqrt{2\frac{1}{t^2}-\frac{2}{t}+1}} = -\int \frac{t\,dt}{\sqrt{t^2-2t+2}}$$

$$= -\frac{1}{2}\int \frac{d(t^2-2t+2)}{\sqrt{t^2-2t+2}} - \int \frac{dt}{\sqrt{t^2-2t+2}}$$

$$= -\sqrt{t^2-2t+2} - \ln\left|t-1+\sqrt{t^2-2t+2}\right| + C$$

$$= -\frac{\sqrt{2x^2-2x+1}}{x} - \ln\left|\frac{1-x+\sqrt{2x^2-2x+1}}{x}\right| + C.$$

(9) 设 $1+\sqrt{x}=t$，则

$$\int \arctan t\ \mathrm{d}(t-1)^2 = (t-1)^2\arctan t-\int (t-1)^2\mathrm{d}\arctan t$$
$$= (t-1)^2\arctan t-\int \frac{(t-1)^2}{t^2+1}\mathrm{d}t$$
$$= (t-1)^2\arctan t-\int \frac{t^2+1-2t}{t^2+1}\mathrm{d}t$$
$$= (t-1)^2\arctan t-(t-\ln(t^2+1))+C$$
$$= x\arctan(1+\sqrt{x})-\sqrt{x}+\ln(2+2\sqrt{x}+x)+C.$$

(10) 令 $\mathrm{e}^x=t$，则 $x=\ln t$，$\mathrm{d}x=\frac{1}{t}\mathrm{d}t$，故

$$\int \frac{x+1}{x(x+x\,\mathrm{e}^x)}\mathrm{d}x = \int \frac{1+\ln t}{t\ln t\ (1+t\ln t)}\mathrm{d}t = \int \frac{1}{u(1+u)}\mathrm{d}u \quad (u=t\ln t)$$
$$= \ln|u|-\ln|1+u|+C$$
$$= \ln\Big|t\ln|t|\Big|-\ln\Big|1+t\ln|t|\Big|+C$$
$$= \ln|x\,\mathrm{e}^x|-\ln|1+x\,\mathrm{e}^x|+C = x+\ln\left|\frac{x}{1+x\,\mathrm{e}^x}\right|+C.$$

(11) 设 $\mathrm{e}^{\frac{x}{6}}=t$，或 $x=6\ln t$，则

$$原式=\int \frac{\mathrm{d}(6\ln t)}{1+t^3+t^2+t} = 6\int \frac{\mathrm{d}t}{t+t^2+t^3+t^4} = 6\int \frac{\mathrm{d}t}{t(1+t)(1+t^2)}$$
$$= 6\int\left[\frac{1}{t}-\frac{\frac{1}{2}}{1+t}-\frac{\frac{1}{2}(1+t)}{1+t^2}\right]\mathrm{d}t = 6\left[\int\frac{\mathrm{d}t}{t}-\frac{1}{2}\int\frac{\mathrm{d}t}{1+t}-\frac{1}{2}\int\frac{(1+t)\mathrm{d}t}{1+t^2}\right]$$
$$= 6\left(\ln t-\frac{1}{2}\ln(1+t)-\frac{1}{4}\ln(1+t^2)-\frac{1}{2}\arctan t+C\right)$$
$$= \frac{3}{2}\ln\frac{t^4}{(1+t^2)(1+t^2)^2}-\frac{1}{2}\arctan t+C$$
$$= \frac{3}{2}\ln\frac{\mathrm{e}^{\frac{2}{3}x}}{(1+\mathrm{e}^{\frac{x}{6}})^2(1+\mathrm{e}^{\frac{x}{3}})}-\frac{1}{2}\arctan\mathrm{e}^{\frac{x}{6}}+C$$
$$= x-3\ln\left((1+\mathrm{e}^{\frac{x}{6}})\sqrt{1+\mathrm{e}^{\frac{x}{3}}}\right)-3\arctan\mathrm{e}^{\frac{x}{6}}+C.$$

(12) $\int x^x(1+\ln x)\mathrm{d}x = \int \mathrm{e}^{x\ln x}\mathrm{d}(x\ln x) = \mathrm{e}^{x\ln x}+C = x^x+C.$

(13) $原式=\frac{1}{2}\int(-\ln^2 x)\ \sqrt{1-\ln^2 x}\ \mathrm{d}(-\ln^2 x)$

$$= \frac{1}{2}\int(1-\ln^2 x-1)\ \sqrt{1-\ln^2 x}\ \mathrm{d}(1-\ln^2 x)$$
$$= \frac{1}{2}\int\left[(1-\ln^2 x)^{\frac{3}{2}}-(1-\ln^2 x)^{\frac{1}{2}}\right]\mathrm{d}(1-\ln^2 x)$$
$$= \frac{1}{5}(1-\ln^2 x)^{\frac{5}{2}}-\frac{1}{3}(1-\ln^2 x)^{\frac{3}{2}}+C.$$

(14) 当 $-1<x<1$ 时,

$$\int(|x+1|-|1-x|)\mathrm{d}x=\int[(1+x)-(1-x)]\mathrm{d}x=\int 2x\,\mathrm{d}x=x^2+C_1;$$

当 $x>1$ 时,

$$\int(|x+1|-|1-x|)\mathrm{d}x=\int[(1+x)-(x-1)]\mathrm{d}x=2x+C_2;$$

当 $x<-1$ 时,

$$\int(|x+1|-|1-x|)\mathrm{d}x=\int(-1-x-1+x)\mathrm{d}x=-2x+C_3.$$

利用原函数的连续性,有 $1+C_1=2+C_2=2+C_3$. 令 $C=C_2$,故

$$\int(|x+1|-|1-x|)\mathrm{d}x=\begin{cases}x^2+C+1, & -1<x<1,\\ 2x+C, & x>1,\\ -2x+C, & x<-1.\end{cases}$$

4. 导出下列不定积分的递推公式:$I_n=\int x^n\mathrm{e}^{-x}\mathrm{d}x$.

解 $I_n=-\int x^n\,\mathrm{d}\,\mathrm{e}^{-x}=-x^n\mathrm{e}^{-x}+\int\mathrm{e}^{-x}\mathrm{d}x^n=-x^n\mathrm{e}^{-x}+n\int x^{n-1}\mathrm{e}^{-x}\mathrm{d}x$

$=-x^n\mathrm{e}^{-x}+nI_{n-1}$.

5. 试证明:

$$\int uv^{(n+1)}\mathrm{d}x=uv^{(n)}-u'v^{(n-1)}+u''v^{(n-2)}-\cdots+(-1)^n u^{(n)}v+(-1)^{n+1}\int u^{(n+1)}v\,\mathrm{d}x.$$

按此公式计算积分 $\int x^8\mathrm{e}^x\mathrm{d}x$.

证
$$\begin{aligned}\int uv^{(n+1)}\mathrm{d}x&=\int u\,\mathrm{d}v^{(n)}=uv^{(n)}-\int u'\mathrm{d}v^{(n-1)}\\&=uv^{(n)}-u'v^{(n-1)}+\int u''\mathrm{d}v^{(n-2)}\\&=uv^{(n)}-u'v^{(n-1)}+u''v^{(n-2)}-\int u'''\mathrm{d}v^{(n-3)}\\&=\cdots\\&=uv^{(n)}-u'v^{(n-1)}+u''v^{(n-2)}-u'''v^{(n-3)}+\cdots+(-1)^n u^{(n)}v\\&\quad+(-1)^{n+1}\int u^{(n+1)}v\,\mathrm{d}x.\end{aligned}$$

利用上面公式,得

$$\int x^8\mathrm{e}^x\mathrm{d}x=x^8\mathrm{e}^x-8x^7\mathrm{e}^x-8\cdot7x^6\mathrm{e}^x-8\cdot7\cdot6x^5\mathrm{e}^x+\cdots+8!\ \mathrm{e}^x+C.$$

6. 证明:

$$\int\frac{a_1\sin x+b_1\cos x}{a\sin x+b\cos x}\mathrm{d}x=Ax+B\ln|a\sin x+b\cos x|+C,$$

其中,A,B,C 是常数,并利用这个公式计算 $\int\frac{\sin x-\cos x}{\sin x+2\cos x}\mathrm{d}x$.

证 令 $I_1=\int\frac{\sin x}{a\sin x+b\cos x}dx$，$I_2=\int\frac{\cos x}{a\sin x+b\cos x}dx$，则

$$aI_1+bI_2=\int\frac{a\sin x+b\cos x}{a\sin x+b\cos x}dx=\int dx=x+C_1,$$

$$\begin{aligned}aI_2-bI_1&=\int\frac{a\cos x-b\sin x}{a\sin x+b\cos x}dx=\int\frac{d(a\sin x+b\cos x)}{a\sin x+b\cos x}\\&=\ln|a\sin x+b\cos x|+C_2.\end{aligned}$$

于是

$$I_1=\frac{a}{a^2+b^2}x-\frac{b}{a^2+b^2}\ln|a\sin x+b\cos x|+C,$$

$$I_2=\frac{b}{a^2+b^2}x+\frac{a}{a^2+b^2}\ln|a\sin x+b\cos x|+C.$$

故

$$\begin{aligned}\int\frac{a_1\sin x+b_1\cos x}{a\sin x+b\cos x}dx&=a_1I_1+b_1I_2\\&=\frac{aa_1+bb_1}{a^2+b^2}x+\frac{ab_1-a_1b}{a^2+b^2}\ln|a\sin x+b\cos x|+C\\&=Ax+B\ln|a\sin x+b\cos x|+C,\end{aligned}$$

其中，$A=\frac{aa_1+bb_1}{a^2+b^2}$，$B=\frac{ab_1-a_1b}{a^2+b^2}$.

利用上述公式计算 $\int\frac{\sin x-\cos x}{\sin x+2\cos x}dx$，此时，$a_1=1$，$b_1=-1$，$a=1$，$b=2$，求得 $A=-\frac{1}{5}$，$B=-\frac{3}{5}$，故

$$\int\frac{\sin x-\cos x}{\sin x+2\cos x}dx=-\frac{1}{5}x-\frac{3}{5}\ln|\sin x+2\cos x|+C.$$

四、考研真题解析

【例1】 (2019年) 不定积分 $\int\frac{3x+6}{(x-1)^2(x^2+x+1)}dx$

解 由 $\frac{3x+6}{(x-1)^2(x^2+x+1)}=-\frac{2}{x-1}+\frac{3}{(x-1)^2}+\frac{2x+1}{x^2+x+1}$

故 $\int\frac{3x+6}{(x-1)^2(x^2+x+1)}dx$

$$= -2\int \frac{1}{x-1}dx + 3\int \frac{1}{(x-1)^2}dx + \int \frac{2x+1}{x^2+x+1}dx$$

$$= -2\ln(x-1) - 3\frac{1}{x-1} + \ln(x^2+x+1) + C$$

【例 2】 (2018 年) 不定积分 $\int e^{2x}\arctan\sqrt{e^x-1}\,dx$

解　令 $t=\sqrt{e^x-1}$,则 $x=\ln(t^2+1)$,$dx=\frac{2t}{t^2+1}dt$

故有 $\int e^{2x}\arctan\sqrt{e^x-1}\,dx = \int 2t(t^2+1)\arctan t\,dt$

$$= \frac{1}{2}\int \arctan t\,d\,(t^2+1)^2 = \frac{1}{2}(t^2+1)^2\arctan t - \frac{1}{2}\int (t^2+1)^2\,d\arctan t$$

$$= \frac{1}{2}(t^2+1)^2\arctan t - \frac{1}{2}\int (t^2+1)dt$$

$$= \frac{1}{2}(t^2+1)^2\arctan t - \frac{1}{6}t^3 - \frac{1}{2}t + C$$

$$= \frac{1}{2}e^{2x}\arctan\sqrt{e^x-1} - \frac{1}{6}(e^x-1)^{\frac{3}{2}} - \frac{1}{2}(e^x-1)^{\frac{1}{2}} + C$$

【例 3】 (2011 年) 求 $\int \frac{\arcsin\sqrt{x}+\ln x}{\sqrt{x}}dx$.

解　令 $t=\sqrt{x}$,则 $x=t^2$,$dx=2t\,dt$,故

$$\int \frac{\arcsin\sqrt{x}+\ln x}{\sqrt{x}}dx = 2\int \frac{\arcsin t+2\ln t}{t}t\,dt$$

$$= 2t(\arcsin t+2\ln t) - 2\int t\left(\frac{1}{\sqrt{1-t^2}}+\frac{2}{t}\right)dt$$

$$= 2t(\arcsin t+2\ln t) - 2\int \frac{t}{\sqrt{1-t^2}}dt - 4t$$

$$= 2t(\arcsin t+2\ln t) - 4t + \int \frac{1}{\sqrt{1-t^2}}d(1-t^2)$$

$$= 2t(\arcsin t+2\ln t) - 4t + 2\sqrt{1-t^2} + C$$

$$= 2\sqrt{x}(\arcsin\sqrt{x}+2\ln\sqrt{x})$$

$$- 4\sqrt{x} + 2\sqrt{1-x} + C$$

$$= 2t\arcsin t + 2\sqrt{1-t^2} + C$$

$$= 2\sqrt{x}\arcsin\sqrt{x} + 2\sqrt{1-x} + C.$$

【例 4】（2009 年）计算不定积分$\int \ln\left(1+\sqrt{\frac{1+x}{x}}\right)\mathrm{d}x\ (x>0)$.

解　令$\sqrt{\frac{1+x}{x}}=t$，则$x=\frac{1}{1-t^2}$，$\mathrm{d}x=\frac{-2t\,\mathrm{d}t}{(t^2-1)^2}$，故

$$\begin{aligned}\int \ln\left(1+\sqrt{\frac{1+x}{x}}\right)\mathrm{d}x &= \int \ln(1+t)\ \mathrm{d}\left(\frac{1}{t^2-1}\right)\\ &= \frac{\ln(1+t)}{t^2-1}-\int \frac{1}{(t^2-1)(t+1)}\mathrm{d}t\\ &= \frac{\ln(1+t)}{t^2-1}-\frac{1}{4}\int\left[\frac{1}{t-1}-\frac{1}{t+1}-\frac{2}{(t+1)^2}\right]\mathrm{d}t\\ &= \frac{\ln(1+t)}{t^2-1}-\frac{1}{4}\ln(t-1)+\frac{1}{4}\ln(t+1)-\frac{2}{t+1}+C\\ &= x\ln\left(1+\sqrt{\frac{1+x}{x}}\right)+\frac{1}{2}\ln(\sqrt{x}+\sqrt{x+1})\\ &\quad -\frac{1}{2}\frac{\sqrt{x}}{\sqrt{x+1}+\sqrt{x}}+C.\end{aligned}$$

【例 5】（2006 年）求$\int \frac{\arcsin \mathrm{e}^x}{\mathrm{e}^x}\mathrm{d}x$.

解

$$\begin{aligned}\int \frac{\arcsin \mathrm{e}^x}{\mathrm{e}^x}\mathrm{d}x &= -\int \arcsin \mathrm{e}^x\ \mathrm{d}\,\mathrm{e}^{-x}\\ &= -\mathrm{e}^{-x}\arcsin \mathrm{e}^x+\int \mathrm{e}^{-x}\cdot\frac{\mathrm{e}^x}{\sqrt{1-\mathrm{e}^{2x}}}\mathrm{d}x\\ &= -\mathrm{e}^{-x}\arcsin \mathrm{e}^x+\int \frac{1}{\sqrt{1-\mathrm{e}^{2x}}}\mathrm{d}x.\end{aligned}$$

令$t=\sqrt{1-\mathrm{e}^{2x}}$，则$x=\frac{1}{2}\ln(1-t^2)$，$\mathrm{d}x=-\frac{t}{1-t^2}\mathrm{d}t$，故

$$\begin{aligned}\int \frac{1}{\sqrt{1-\mathrm{e}^{2x}}}\mathrm{d}x &= \int \frac{1}{t^2-1}\mathrm{d}t=\frac{1}{2}\int\left(\frac{1}{t-1}-\frac{1}{t+1}\right)\mathrm{d}t\\ &= \frac{1}{2}\ln\left|\frac{t-1}{t+1}\right|+C=\frac{1}{2}\ln\left|\frac{\sqrt{1-\mathrm{e}^{2x}}-1}{\sqrt{1-\mathrm{e}^{2x}}+1}\right|+C.\end{aligned}$$

【例 6】（2004 年）已知$f'(\mathrm{e}^x)=x\,\mathrm{e}^{-x}$，且$f(1)=0$，则$f(x)=$ ________.

解 令 $e^x = t$，则 $x = \ln t$，于是 $f'(t) = \dfrac{\ln t}{t}$，即 $f'(x) = \dfrac{\ln x}{x}$. 积分得

$$f(x) = \int \frac{\ln x}{x} dx = \frac{1}{2}(\ln x)^2 + C.$$

利用初始条件 $f(1) = 0$，得 $C = 0$，故所求函数为 $f(x) = \dfrac{1}{2}(\ln x)^2$.

【例 7】 (2003 年) 计算不定积分 $\displaystyle\int \frac{x\, e^{\arctan x}}{(1+x^2)^{\frac{3}{2}}} dx$.

解法 1 设 $x = \tan t$，则

$$\int \frac{x\, e^{\arctan x}}{(1+x^2)^{\frac{3}{2}}} dx = \int \frac{e^t \tan t}{(1+\tan^2 t)^{\frac{3}{2}}} \sec^2 t\, dt = \int e^t \sin t\, dt.$$

又

$$\int e^t \sin t\, dt = -\int e^t\, d\cos t = -\left(e^t \cos t - \int e^t \cos t\, dt\right)$$

$$= -e^t \cos t + e^t \sin t - \int e^t \sin t\, dt,$$

故 $\displaystyle\int e^t \sin t\, dt = -\int e^t\, d\cos t$. 因此

$$\int \frac{x\, e^{\arctan x}}{(1+x^2)^{\frac{3}{2}}} dx = \frac{1}{2} e^{\arctan x}\left(\frac{x}{\sqrt{1+x^2}} - \frac{1}{\sqrt{1+x^2}}\right) + C$$

$$= \frac{(x-1)e^{\arctan x}}{2\sqrt{1+x^2}} + C.$$

解法 2 由于

$$\int \frac{x\, e^{\arctan x}}{(1+x^2)^{\frac{3}{2}}} dx = \int \frac{x}{\sqrt{1+x^2}}\, d\, e^{\arctan x} = \frac{x\, e^{\arctan x}}{\sqrt{1+x^2}} - \int \frac{e^{\arctan x}}{(1+x^2)^{\frac{3}{2}}} dx$$

$$= \frac{x\, e^{\arctan x}}{\sqrt{1+x^2}} - \int \frac{1}{\sqrt{1+x^2}}\, d\, e^{\arctan x}$$

$$= \frac{x\, e^{\arctan x}}{\sqrt{1+x^2}} - \frac{e^{\arctan x}}{\sqrt{1+x^2}} - \int \frac{x\, e^{\arctan x}}{(1+x^2)^{\frac{3}{2}}} dx,$$

移项整理，得 $\displaystyle\int \frac{x\, e^{\arctan x}}{(1+x^2)^{\frac{3}{2}}} dx = \frac{(x-1)e^{\arctan x}}{2\sqrt{1+x^2}} + C.$

【例 8】 (2003 年) 求 $\displaystyle\int \frac{x\, e^x}{\sqrt{e^x - 1}} dx$.

解 令$\sqrt{e^x-1}=t$，则 $e^x=t^2+1$，$x=\ln(t^2+1)$，$dx=\frac{2t}{t^2+1}dt$，故

$$\int\frac{x\,e^x}{\sqrt{e^x-1}}dx=2\int\ln(t^2+1)\,dt=2t\ln(t^2+1)-2\int t\frac{2t}{t^2+1}dt$$

$$=2t\ln(t^2+1)-4\int\left(1-\frac{1}{t^2+1}\right)dt$$

$$=2t\ln(t^2+1)-4t+4\arctan t+C$$

$$=2x\sqrt{e^x-1}-4\sqrt{e^x-1}+4\arctan\sqrt{e^x-1}+C.$$

【例9】（2002年）设 $f(\sin^2 x)=\frac{x}{\sin x}$，求$\int\frac{\sqrt{x}}{\sqrt{1-x}}f(x)dx$.

解 令 $u=\sin^2 x$，则

$$\sin x=\sqrt{u},\quad x=\arcsin\sqrt{u},\quad f(x)=\frac{\arcsin\sqrt{x}}{\sqrt{x}}.$$

故

$$\int\frac{\sqrt{x}}{\sqrt{1-x}}f(x)dx=\int\frac{\arcsin\sqrt{x}}{\sqrt{1-x}}dx=-\int\frac{\arcsin\sqrt{x}}{\sqrt{1-x}}d(1-x)$$

$$=\int\frac{\sqrt{x}}{\sqrt{1-x}}f(x)dx=\int\frac{\arcsin\sqrt{x}}{\sqrt{1-x}}dx$$

$$=-2\int\arcsin\sqrt{x}\;d(\sqrt{1-x})$$

$$=-2\sqrt{1-x}\arcsin\sqrt{x}+2\int d\sqrt{x}$$

$$=-2\sqrt{1-x}\arcsin\sqrt{x}+2\sqrt{x}+C.$$

【例10】（2002年）已知 $f(x)$ 的一个原函数为 $\ln^2 x$，则$\int xf'(x)dx=$ ________.

解法1 由题设知

$$f(x)=(\ln^2 x)'=\frac{2\ln x}{x},\quad f'(x)=\left(\frac{2\ln x}{x}\right)'=\frac{2(1-\ln x)}{x^2},$$

故有

$$\int xf'(x)dx=2\int\frac{1-\ln x}{x}dx=2\ln x-2\int\frac{\ln x}{x}dx=2\ln x-\ln^2 x+C.$$

解法2 由题设知 $f(x)=(\ln^2 x)'=\frac{2\ln x}{x}$，故有

$$\int xf'(x)\mathrm{d}x = \int x\,\mathrm{d}f(x) = xf(x) - \int f(x)\mathrm{d}x = 2\ln x - 2\int \frac{\ln x}{x}\mathrm{d}x$$
$$= 2\ln x - \ln^2 x + C.$$

【例 11】 (2001 年) 求$\int \frac{\arctan \mathrm{e}^x}{\mathrm{e}^{2x}}\mathrm{d}x$.

解
$$\int \frac{\arctan \mathrm{e}^x}{\mathrm{e}^{2x}}\mathrm{d}x = -\frac{1}{2}\int \arctan \mathrm{e}^x \ \mathrm{d}(\mathrm{e}^{-2x})$$
$$= -\frac{1}{2}\left(\mathrm{e}^{-2x}\arctan \mathrm{e}^x - \int \frac{\mathrm{e}^{-2x}}{1+\mathrm{e}^{2x}}\mathrm{e}^x\,\mathrm{d}x\right)$$
$$= -\frac{1}{2}\left[\mathrm{e}^{-2x}\arctan \mathrm{e}^x - \int \frac{1}{\mathrm{e}^{2x}(1+\mathrm{e}^{2x})}\mathrm{d}\ \mathrm{e}^x\right]$$
$$= -\frac{1}{2}\mathrm{e}^{2x}\arctan \mathrm{e}^x + \frac{1}{2}\int\left(\frac{1}{\mathrm{e}^{2x}} - \frac{1}{1+\mathrm{e}^{2x}}\right)\mathrm{d}\ \mathrm{e}^x$$
$$= -\frac{1}{2}\mathrm{e}^{2x}\arctan \mathrm{e}^x - \frac{1}{2\mathrm{e}^x} - \frac{1}{2}\arctan \mathrm{e}^x + C.$$

【例 12】 (2000 年) $\int \frac{\arcsin\sqrt{x}}{\sqrt{x}}\mathrm{d}x =$ ________.

解 令 $t = \sqrt{x}$，则 $x = t^2$，$\mathrm{d}x = 2t\,\mathrm{d}t$，故
$$\int \frac{\arcsin\sqrt{x}}{\sqrt{x}}\mathrm{d}x = 2\int \arcsin t\ \mathrm{d}t = 2t\arcsin t - \int \frac{2t}{\sqrt{1-t^2}}\mathrm{d}t$$
$$= 2t\arcsin t + \int \frac{1}{\sqrt{1-t^2}}\mathrm{d}(1-t^2)$$
$$= 2t\arcsin t + 2\sqrt{1-t^2} + C$$
$$= 2\sqrt{x}\arcsin\sqrt{x} + 2\sqrt{1-x} + C.$$

【例 13】 (2000 年) 设 $f(\ln x) = \frac{\ln(x+1)}{x}$，计算$\int f(x)\mathrm{d}x$.

解 令 $\ln x = t$，则 $x = \mathrm{e}^t$，$\mathrm{d}x = \mathrm{e}^t\mathrm{d}t$，故 $f(t) = \frac{\ln(1+\mathrm{e}^t)}{\mathrm{e}^t}$，于是有
$$\int f(x)\mathrm{d}x = \int \frac{\ln(1+\mathrm{e}^x)}{\mathrm{e}^x}\mathrm{d}x = -\int \ln(1+\mathrm{e}^x)\ \mathrm{d}\,\mathrm{e}^{-x}$$
$$= -\mathrm{e}^{-x}\ln(1+\mathrm{e}^x) + \int \frac{1}{1+\mathrm{e}^x}\mathrm{d}x$$
$$= -\mathrm{e}^{-x}\ln(1+\mathrm{e}^x) + \int\left(1 - \frac{\mathrm{e}^x}{1+\mathrm{e}^x}\right)\mathrm{d}x$$

$$= -e^{-x}\ln(1+e^{x})+x-\ln(1+e^{x})+C$$
$$= x-(1+e^{x})\ln(1+e^{x})+C.$$

【例14】 (1997年) 计算$\int e^{2x}(\tan x+1)^2 dx$.

解
$$\begin{aligned}\int e^{2x}(\tan x+1)^2 dx &= \int e^{2x}(\tan^2 x+2\tan x+1)dx\\ &= \int e^{2x}(\sec^2 x+2\tan x)dx\\ &= e^{2x}\tan x-2\int e^{2x}\tan x\ dx+2\int e^{2x}\tan x\ dx\\ &= e^{2x}\tan x+C.\end{aligned}$$

【例15】 (1996年) 计算不定积分$\int \frac{\arctan x}{x^2(1+x^2)}dx$.

解法1
$$\begin{aligned}\int \frac{\arctan x}{x^2(1+x^2)}dx &= \int \frac{\arctan x}{x^2}dx-\int \frac{\arctan x}{1+x^2}dx\\ &= -\frac{\arctan x}{x}+\int \frac{1}{x(1+x^2)}dx-\frac{1}{2}(\arctan x)^2\\ &= -\frac{\arctan x}{x}+\frac{1}{2}\int \frac{1}{x^2}dx^2-\frac{1}{2}\int \frac{1}{1+x^2}dx^2-\frac{1}{2}(\arctan x)^2\\ &= -\frac{\arctan x}{x}+\frac{1}{2}\ln\frac{x^2}{1+x^2}-\frac{1}{2}(\arctan x)^2+C.\end{aligned}$$

解法2 令$x=\tan t$，则$dx=\sec^2 t\ dt$，故

$$\begin{aligned}\int \frac{\arctan x}{x^2(1+x^2)}dx &= \int t(\csc^2 t-1)dt=-t\cot t+\int \frac{\cos t}{\sin t}dt-\frac{1}{2}t^2\\ &= -t\cot t+\ln\sin t-\frac{1}{2}t^2+C\\ &= -\frac{\arctan x}{x}+\ln\frac{x}{\sqrt{1+x^2}}-\frac{1}{2}(\arctan x)^2+C.\end{aligned}$$

【例16】 (1995年) 设$f(x^2-1)=\ln\frac{x^2}{x^2-2}$，且$f(\varphi(x))=\ln x$，求$\int\varphi(x)dx$.

解 由于$f(x^2-1)=\ln\frac{x^2}{x^2-2}=\ln\frac{x^2-1+1}{x^2-1-1}$，则$f(x)=\ln\frac{x+1}{x-1}$，故有$f(\varphi(x))=\ln\frac{\varphi(x)+1}{\varphi(x)-1}$. 又$f(\varphi(x))=\ln x$，所以$\ln x=\ln\frac{\varphi(x)+1}{\varphi(x)-1}$，于

是 $\varphi(x)=\dfrac{x+1}{x-1}$，故

$$\int\varphi(x)\mathrm{d}x=\int\frac{x+1}{x-1}\mathrm{d}x=\int\frac{x-1+2}{x-1}\mathrm{d}x=\int\mathrm{d}x+\int\frac{2}{x-1}\mathrm{d}x$$

$$=x+2\ln(x-1)+C.$$

第5章 定积分及其应用

一、主 要 内 容

1. 定积分的基本概念与主要结论

■ 定积分的概念

设函数 $f(x)$ 在闭区间 $[a,b]$ 上有界，在 $[a,b]$ 中任意插入 $n-1$ 个分点：

$$a=x_0<x_1<x_2<\cdots<x_{i-1}<x_i<\cdots<x_{n-1}<x_n=b,$$

将闭区间 $[a,b]$ 分成 n 个小区间 $[x_{i-1},x_i]$ $(i=1,2,\cdots,n)$，其长度为

$$\Delta x_i=x_i-x_{i-1}\quad(i=1,2,\cdots,n).$$

在每个小区间 $[x_{i-1},x_i]$ 上任取一点 $\xi_i\in[x_{i-1},x_i]$，作和

$$S=\sum_{i=1}^{n}f(\xi_i)\Delta x_i.$$

取 $\lambda=\max\{\Delta x_i\}$，如果极限

$$\lim_{\lambda\to 0}S=\lim_{\lambda\to 0}\sum_{i=1}^{n}f(\xi_i)\Delta x_i$$

存在，则称这个极限为 $f(x)$ **在区间** $[a,b]$ **上的定积分**，记为

$$\int_a^b f(x)\mathrm{d}x=\lim_{\lambda\to 0}\sum_{i=1}^{n}f(\xi_i)\Delta x_i.$$

关于定积分定义的说明：

定积分是特定和式的极限，它表示一个数，该数只取决于被积函数与积分下限、积分上限，而与积分变量采用什么字母无关，一般的有

$$\int_a^b f(x)\mathrm{d}x=\int_a^b f(t)\mathrm{d}t.$$

■ 定积分的几何意义

设 $f(x)$ 在 $[a,b]$ 上的定积分为 $\int_a^b f(x)\mathrm{d}x$，其积分值等于曲线 $y=f(x)$，直线 $x=a$，$x=b$ 和 $y=0$ 所围成的在 x 轴上方部分与下方部分面积的代数和.

■ 函数可积性的判定

(1) 若函数 $f(x)$ 在区间 I 上连续，则 $f(x)$ 在区间 I 上可积.

(2) 若函数 $f(x)$ 在区间 I 上有界，且只有有限个间断点，则 $f(x)$ 在区间 I 上可积.

(3) 单调有界函数必可积.

(4) 若 $f(x)$ 可积，则 $|f(x)|$ 可积.

■ 定积分的性质

(1) $\int_a^a f(x)\mathrm{d}x=0$.

(2) $\int_a^b f(x)\mathrm{d}x=-\int_b^a f(x)\mathrm{d}x$.

(3) $\int_a^b (lf(x)+kg(x))\mathrm{d}x=l\int_a^b f(x)\mathrm{d}x+k\int_a^b g(x)\mathrm{d}x$.

(4) $\int_a^b f(x)\mathrm{d}x=\int_a^c f(x)\mathrm{d}x+\int_c^b f(x)\mathrm{d}x$.

(5) 若 $\forall x\in[a,b]$，$f(x)\geqslant 0$，则 $\int_a^b f(x)\mathrm{d}x\geqslant 0$.

(6) 若在区间 $[a,b]$ 上 $f(x)\geqslant g(x)$ 恒成立，则

$$\int_a^b f(x)\mathrm{d}x\geqslant\int_a^b g(x)\mathrm{d}x.$$

(7) $\left|\int_a^b f(x)\mathrm{d}x\right|\leqslant\int_a^b |f(x)|\mathrm{d}x$.

(8) 若函数 $f(x)$ 在区间 $[a,b]$ 上连续，$g(x)$ 在区间 $[a,b]$ 上可积且 $g(x)$ 在该区间内单调增加(或减少)，则至少存在一个数 $\xi\in[a,b]$，使得

$$\int_a^b f(x)g(x)\mathrm{d}x=f(\xi)\int_a^b g(x)\mathrm{d}x$$

(当 $g(x)=1$ 时，有 $\int_a^b f(x)\mathrm{d}x=f(\xi)(b-a)$).

性质(8) 称为**定积分的第一中值定理**.

(9) 若函数 $f(x)$ 在区间 $[a,b]$ 上单调，$g(x)$ 可积，则至少存在一个数

$\xi \in [a,b]$，使得

$$\int_a^b f(x)g(x)\mathrm{d}x = f(a)\int_a^{\xi} g(x)\mathrm{d}x + f(b)\int_{\xi}^b g(x)\mathrm{d}x.$$

(10) 若 $f(x)$ 在对称区间$[-a,a]$上连续，则

① $\int_{-a}^a f(x)\mathrm{d}x = \int_0^a (f(x)+f(-x))\mathrm{d}x$；

② $\int_{-a}^a f(x)\mathrm{d}x = \begin{cases} 0, & f(x) \text{是奇函数}, \\ 2\int_0^a f(x)\mathrm{d}x, & f(x) \text{是偶函数}. \end{cases}$

(11) 若 $f(x)$ 在区间$[0,a]$上可积，则

$$\int_0^a f(x)\mathrm{d}x = \int_0^a f(a-x)\mathrm{d}x.$$

(12) 若 $f(x)$ 是以 T 为周期的连续函数，a 为任意实数，则

$$\int_a^{a+T} f(x)\mathrm{d}x = \int_0^T f(x)\mathrm{d}x.$$

(13) 若 $f(x)$ 是连续函数，则

$$\frac{\pi}{2}\int_0^{\pi} f(\sin x)\mathrm{d}x = \pi\int_0^{\frac{\pi}{2}} f(\sin x)\mathrm{d}x = \pi\int_0^{\frac{\pi}{2}} f(\cos x)\mathrm{d}x.$$

■ 微积分基本定理(牛顿 - 莱布尼兹公式)

(1) 若函数 $f(x)$ 在区间$[a,b]$上连续，则积分上限的函数 $F(x)=\int_a^x f(t)\mathrm{d}t$ 在区间$[a,b]$上可导，且有 $F'(x)=f(x)$，即积分上限的函数是其被积函数的一个原函数. 一般，如果积分上限是 x 的函数 $\varphi(x)$，则

$$F'(x) = f(\varphi(x))\varphi'(x).$$

如果积分上、下限都是 x 的函数，分别为 $\psi(x),\varphi(x)$，则

$$F'(x) = f(\psi(x))\psi'(x) - f(\varphi(x))\varphi'(x).$$

(2) 设函数 $f(x)$ 在闭区间$[a,b]$上连续. 如果 $F(x)$ 是 $f(x)$ 的任意一个原函数，则

$$\int_a^b f(x)\mathrm{d}x = F(x)\Big|_a^b = F(b) - F(a).$$

此公式称为**微积分基本定理**，又称**牛顿 - 莱布尼兹公式**.

■ 定积分的微元法

一般来说，如果所讨论的量 Q 是与某一变量 x 的变化区间 I 有关的量，同时具有如下两个性质：

(1) 当区间 I 分成 n 个子区间$[x,x+\mathrm{d}x]$时，所讨论的量 Q 等于各子

区间上对应分量 ΔQ 之和；

(2) 如果 Q 在区间$[x,x+\mathrm{d}x]$上的增量 ΔQ 的线性主部能用连续函数 $f(x)$ 与 $\mathrm{d}x$ 的乘积表示，即 $\Delta Q=f(x)\mathrm{d}x+o(\mathrm{d}x)$，

则 $Q=\int_I f(x)\mathrm{d}x$ $\left(Q=\int_a^b f(x)\mathrm{d}x,\ I=[a,b]\right)$.

用这种方法推导出所求量的计算公式的方法称为**元素法**(**微元法**)，其中 $f(x)\mathrm{d}x$ 称为所求量的**元素**(**微元**).

关于微元 $\mathrm{d}Q=f(x)\mathrm{d}x$，有两点要说明：

(1) $f(x)\mathrm{d}x$ 作为 ΔQ 的近似表达式，应该足够准确，确切地说，就是要求 $\Delta Q-f(x)\mathrm{d}x$ 是关于 Δx 的高阶无穷小，即 $\Delta Q-f(x)\mathrm{d}x=o(\Delta x)$. 称为微元的量 $f(x)\mathrm{d}x$，实际上就是所求量的微分 $\mathrm{d}Q$.

(2) 那么怎样求微元呢? 这是问题的关键，需要分析问题的实际意义及数量关系. 一般按照在局部$[x,x+\mathrm{d}x]$上以“常代变”“直代曲”的思路(局部线性化)，写出局部上所求量的近似值，即为微元 $\mathrm{d}Q=f(x)\mathrm{d}x$.

■ 定积分在几何上的应用

平面图形的面积

(1) 直角坐标情形

由曲线 $y=f_1(x)$，$y=f_2(x)$ 及直线 $x=a$，$x=b$ $(a<b)$ 所围成的曲边图形面积 $A=\int_a^b |f_1(x)-f_2(x)|\mathrm{d}x$.

由曲线 $x=g_1(y)$，$x=g_2(y)$ 及直线 $y=c$，$y=d$ $(c<d)$ 所围成的曲边图形面积 $A=\int_c^d |g_1(y)-g_2(y)|\mathrm{d}y$.

(2) 极坐标情况

由曲线 $r=r(\theta)$ 及射线 $\theta=\alpha$，$\theta=\beta$ $(\alpha<\beta)$ 所围成的曲边扇形面积为

$$A=\frac{1}{2}\int_\alpha^\beta (r(\theta))^2\mathrm{d}\theta.$$

由曲线 $r=r_1(\theta)$，$r=r_2(\theta)$ 及射线 $\theta=\alpha$，$\theta=\beta$ $(\alpha<\beta)$ 所围成的平面图形面积为 $A=\frac{1}{2}\int_\alpha^\beta \left|{r_1}^2(\theta)-{r_2}^2(\theta)\right|\mathrm{d}\theta$.

(3) 参数方程

由 $x=\varphi(t)$，$y=\psi(t)$ $(0\leqslant t\leqslant T)$ 的简单闭曲线所围成的平面图形的面积为 $S=\int_0^T \varphi(t)\psi'(t)\mathrm{d}t=-\int_0^T \psi(t)\varphi'(t)\mathrm{d}t$ 或

$$S=\frac{1}{2}\int_0^T (\varphi(t)\psi'(t)-\psi(t)\varphi'(t))\mathrm{d}t.$$

旋转体的体积

由曲线 $y=f(x)$，直线 $x=a$，$x=b$ $(a<b)$ 及 x 轴所围成的曲边梯形绕 x 轴旋转一周而成的立体体积为 $V=\pi\int_a^b f^2(x)\mathrm{d}x$.

由曲线 $x=g(y)$，直线 $y=c$，$y=d$ $(c<d)$ 及 y 轴所围成的曲边梯形绕 y 轴旋转一周而成的立体体积为 $V=\pi\int_c^d g^2(y)\mathrm{d}y$.

若曲边梯形的曲边曲线由参数方程表示，也有相应的计算公式.

平行截面面积为已知的立体体积　由曲面及平面 $x=a$，$x=b$ $(a<b)$ 所围成，且过点 x 而垂直于 x 轴的截面面积 $A(x)$ 是已知的连续函数的立体体积为 $V=\int_a^b A(x)\mathrm{d}x$.

旋转面的侧面积　若光滑曲线 $\overset{\frown}{AB}$ 的方程为 $y=f(x)$ $(f(x)\geqslant 0)$，$x\in[a,b]$，则由 $\overset{\frown}{AB}$ 绕 x 轴旋转一周所得旋转面的侧面积为

$$S=2\pi\int_a^b f(x)\mathrm{d}s=2\pi\int_a^b f(x)\sqrt{1+(f'(x))^2}\,\mathrm{d}x.$$

平面曲线的弧长

若曲线弧由 $y=f(x)$ $(a\leqslant x\leqslant b)$ 给出，则曲线的弧长为

$$s=\int_a^b \sqrt{1+(f'(x))^2}\,\mathrm{d}x.$$

若曲线弧由 $\begin{cases}x=x(t),\\ y=y(t)\end{cases}$ $(\alpha\leqslant t\leqslant\beta)$ 给出，则曲线的弧长为

$$s=\int_\alpha^\beta \sqrt{(x'(t))^2+(y'(t))^2}\,\mathrm{d}t.$$

若曲线弧由 $r=r(\theta)$ $(\alpha\leqslant\theta\leqslant\beta)$ 给出，则曲线的弧长为

$$s=\int_\alpha^\beta \sqrt{(r(\theta))^2+(r'(\theta))^2}\,\mathrm{d}\theta.$$

■ 定积分在物理学中的应用

变力沿直线所做的功　设某质点在变力作用下，沿 x 轴从点 a 运动到点 b，力的方向始终与 x 轴平行，变力 $f(x)$ 在 $[a,b]$ 上连续. 在 $[a,b]$ 上的任一小区间 $[x,x+\mathrm{d}x]$ 上变力所做功的微元为 $\mathrm{d}W=f(x)\mathrm{d}x$，则所做的功为

$$W=\int_a^b f(x)\mathrm{d}x.$$

提升液体所做的功　设有一容器，液体表面与 x 轴相截于 $x=a$，底面与 x 轴相截于 $x=b$，垂直于 x 轴的平面截容器所得的截面面积为 $S(x)$，则将容器中的液体全部抽出所做的功为

$$W=\int_a^b \rho g x S(x)\mathrm{d}x,$$

其中，ρ 是液体的密度，g 是重力加速度.

静止液体的侧压力 由曲线 $y=f_1(x)$，$y=f_2(x)$ ($f_1(x)\leqslant f_2(x)$) 及直线 $x=a$，$x=b$ ($a<b$) 所围成的平面板铅垂没入比重为 γ 的液体中. 取 x 轴铅垂向下，液面与 y 轴重合，则平面板一侧所受压力为

$$P=\gamma\int_a^b x(f_2(x)-f_1(x))\mathrm{d}x.$$

引力

设有质量密度为均匀分布，长度为 l，质量为 M 的直线 AB，吸引着在其延长线的一质点 m. 如果质点离直线近端的距离为 a，确定直线对质点的引力 F.

取质点 m 所在的位置作为原点，直线 AB 所在轴为 Ox 轴，在 AB 上截取一微元直线段 $[x,x+\mathrm{d}x]$，则它的质量为 $\frac{M}{l}\mathrm{d}x$. 由于

$$\mathrm{d}F=k\cdot\frac{m\cdot\frac{M}{l}\mathrm{d}x}{x^2}=\frac{kmM}{l}\cdot\frac{\mathrm{d}x}{x^2},$$

故

$$F=\int_a^{a+l}\frac{kmM}{l}\cdot\frac{\mathrm{d}x}{x^2}=\frac{kmM}{l}\left(\frac{1}{a}-\frac{1}{a+l}\right)=\frac{kmM}{a(a+l)}.$$

静力矩与重心

平面上一段曲线弧 $\overset{\frown}{AB}$ 的线密度为 ρ (曲线上质量分布均匀)，质量为 m，纵坐标为 y 的质点对 x 轴的力矩为 my，在 $\overset{\frown}{AB}$ 上弧长为 s 处取一小段微元 $\mathrm{d}s$，当 $\mathrm{d}s$ 充分小时，视其为一质点，在 s 处的纵坐标为 y，即质点 $\mathrm{d}s$ 到 x 轴的距离为 y，到 y 轴的距离为 x，所以，$\mathrm{d}s$ 对 x 轴的静力矩微元为 $\mathrm{d}J_x=y\rho\,\mathrm{d}s=\rho y\sqrt{1+y^2}\,\mathrm{d}x$，故

$$J_x=\rho\int_a^b y\sqrt{1+y^2}\,\mathrm{d}x=\rho\int_a^b f(x)\sqrt{1+f'^2(x)}\,\mathrm{d}x;$$

$\mathrm{d}s$ 对 y 轴的静力矩微元为 $\mathrm{d}J_y=x\rho\,\mathrm{d}s=\rho x\sqrt{1+y'^2}\,\mathrm{d}x$，故

$$J_y=\rho\int_a^b x\sqrt{1+f'^2(x)}\,\mathrm{d}x.$$

曲线弧 $\overset{\frown}{AB}$ 的质量为

$$m=\int_a^b\rho\sqrt{1+y'^2}\,\mathrm{d}x=\int_a^b\rho\sqrt{1+f'^2(x)}\,\mathrm{d}x,$$

其重心为

$$\bar{x}=\frac{J_y}{m}=\frac{\int_a^b f(x)\sqrt{1+f'^2(x)}\,dx}{\int_a^b \sqrt{1+f'^2(x)}\,dx},$$

$$\bar{y}=\frac{J_x}{m}=\frac{\int_a^b x\sqrt{1+f'^2(x)}\,dx}{\int_a^b \sqrt{1+f'^2(x)}\,dx}.$$

转动惯量

现有平面一段曲线弧$\overset{\frown}{AB}$，其方程为 $y=f(x)$，且在$[a,b]$上有连续导数，确定其绕 y 轴旋转的转动惯量.

将$\overset{\frown}{AB}$分成n个小弧段，$[s,s+ds]$对应于$[x,x+dx]$，当 ds 足够小时，dx 足够小，这时视 ds 为一质点，由质点的转动惯量公式知，

$$dJ=\rho x^2 ds=\rho x^2\sqrt{1+y'^2}\,dx,$$

故 $J=\int_a^b \rho x^2\sqrt{1+f'^2(x)}\,dx$.

2. 基本方法、重要技巧

定积分的换元法　设函数 $f(x)$ 在$[a,b]$上连续. 令 $x=\varphi(t)$，则有

$$\int_a^b f(x)dx \xlongequal{x=\varphi(t)} \int_\alpha^\beta f(\varphi(t))\varphi'(t)dt,$$

其中，函数 $x=\varphi(t)$ 应满足以下三个条件：

(1)　$\varphi(\alpha)=a$，$\varphi(\beta)=b$；

(2)　$\varphi(t)$ 在$[\alpha,\beta]$上单值且有连续导数；

(3)　当 t 在$[\alpha,\beta]$上变化时，对应的 $x=\varphi(t)$ 值在$[a,b]$上变化.

定积分的分部积分公式　设函数 $u(x)$,$v(x)$ 在区间$[a,b]$上均有连续导数，则

$$\int_a^b u\,dv=(uv)\Big|_a^b-\int_a^b v\,du.$$

以上公式称为定积分的分部积分公式，其证明方法与不定积分类似，但结果不同，定积分是一个数值，而不定积分是一类函数.

偶函数与奇函数在对称区间上的定积分　设函数 $f(x)$ 在关于原点对称的区间$[-a,a]$上连续，则

(1)　当 $f(x)$ 为偶函数时，$\int_{-a}^a f(x)dx=2\int_0^a f(x)dx$；

(2)　当 $f(x)$ 为奇函数时，$\int_{-a}^a f(x)dx=0$.

利用上述结论，对奇、偶函数在关于原点对称区间上的定积分计算将会带来方便.

二、典型例题分析

【例 1】 计算定积分$\int_a^b \sin x\ \mathrm{d}x$.

解 因为$f(x)=\sin x$在$[a,b]$上连续，故$\sin x$在$[a,b]$上可积，可以对$[a,b]$采用特殊的分法(只要$\lambda\to 0$)，以及选取特殊的点ξ_i，取极限$\lim\limits_{\lambda\to 0}\sum\limits_{i=1}^{n} f(\xi_i)\Delta x_i$即得到积分值.

将$[a,b]$ n等分，则$\Delta x_i=\dfrac{b-a}{n}$，取$\xi_i=a+\dfrac{(i-1)(b-a)}{n}$，$i=1,2,\cdots,n$，于是

$$\int_a^b \sin x\ \mathrm{d}x=\lim_{n\to\infty}\sum_{i=0}^{n-1}\sin\left(a+\frac{i(b-a)}{n}\right)\cdot\frac{b-a}{n}.$$

为了书写方便，令$h=\dfrac{b-a}{n}$，利用积化和差公式有

$$\begin{aligned}\sum_{i=0}^{n-1}\sin(a+ih)&=\frac{1}{2\sin\frac{h}{2}}\left(2\sin a\ \sin\frac{h}{2}+2\sin(a+h)\ \sin\frac{h}{2}+\cdots\right.\\&\qquad\left.+2\sin(a+(n-1)h)\ \sin\frac{h}{2}\right)\\&=\frac{1}{2\sin\frac{h}{2}}\left[\cos\left(a-\frac{h}{2}\right)-\cos\left(a+\frac{h}{2}\right)\right.\\&\qquad+\left(\cos\left(a+\frac{h}{2}\right)-\cos\left(a+\frac{3h}{2}\right)\right)+\cdots\\&\qquad\left.+\left(\cos\left(a+\frac{2n-3}{2}h\right)-\cos\left(a+\frac{2n-1}{2}h\right)\right)\right]\\&=\frac{1}{2\sin\frac{h}{2}}\left(\cos\left(a-\frac{h}{2}\right)-\cos\left(a+\frac{2n-1}{2}h\right)\right),\end{aligned}$$

所以

$$\int_a^b \sin x\ \mathrm{d}x = \lim_{n\to\infty}\sum_{i=0}^{n-1}\sin\left(a+\frac{i(b-a)}{n}\right)\cdot\frac{b-a}{n}=\cos a-\cos b.$$

【例 2】　求 $\lim\limits_{n\to\infty}\sum\limits_{k=1}^{n}\dfrac{\mathrm{e}^{\frac{k}{n}}}{n+n\,\mathrm{e}^{\frac{2k}{n}}}$.

解　原式$=\lim\limits_{n\to\infty}\sum\limits_{k=1}^{n}\dfrac{\mathrm{e}^{\frac{k}{n}}}{1+\mathrm{e}^{\frac{2k}{n}}}\dfrac{1}{n}=\displaystyle\int_0^1\frac{\mathrm{e}^x}{1+\mathrm{e}^{2x}}\mathrm{d}x$

$$=\arctan \mathrm{e}^x\Big|_0^1=\arctan \mathrm{e}-\frac{\pi}{4}.$$

【例 3】　设 $f(x)$,$g(x)$ 在$[a,b]$上连续，且 $g(x)\geqslant 0$，$f(x)>0$. 求 $\lim\limits_{n\to\infty}\displaystyle\int_a^b g(x)\sqrt[n]{f(x)}\,\mathrm{d}x$.

解　由于 $f(x)$ 在$[a,b]$上连续，则 $f(x)$ 在$[a,b]$上有最大值 M 和最小值 m. 由 $f(x)>0$ 知 $M>0$，$m>0$. 又 $g(x)\geqslant 0$，则

$$\sqrt[n]{m}\int_a^b g(x)\mathrm{d}x\leqslant\int_a^b g(x)\sqrt[n]{f(x)}\,\mathrm{d}x\leqslant\sqrt[n]{M}\int_a^b g(x)\mathrm{d}x.$$

由于 $\lim\limits_{n\to\infty}\sqrt[n]{m}=\lim\limits_{n\to\infty}\sqrt[n]{M}=1$，故

$$\lim_{n\to\infty}\int_a^b g(x)\sqrt[n]{f(x)}\,\mathrm{d}x=\int_a^b g(x)\mathrm{d}x.$$

【例 4】　设 $f(x)$ 在$[A,B]$上连续，$A<a<b<B$，求证：

$$\lim_{k\to 0}\int_a^b\frac{f(x+k)-f(x)}{k}\mathrm{d}x=f(b)-f(a).$$

证　$\displaystyle\int_a^b\frac{f(x+k)-f(x)}{k}\mathrm{d}x=\frac{1}{k}\int_a^b f(x+k)\mathrm{d}x-\frac{1}{k}\int_a^b f(x)\mathrm{d}x.$

令 $x+k=u$，则$\displaystyle\int_a^b f(x+k)\mathrm{d}x=\int_{a+k}^{b+k}f(u)\mathrm{d}u$，于是

$$\begin{aligned}\int_a^b\frac{f(x+k)-f(k)}{k}\mathrm{d}x&=\frac{1}{k}\int_{a+k}^{b+k}f(x)\mathrm{d}x-\frac{1}{k}\int_a^b f(x)\mathrm{d}x\\&=\frac{1}{k}\int_b^{b+k}f(x)\mathrm{d}x-\frac{1}{k}\int_a^{a+k}f(x)\mathrm{d}x.\end{aligned}$$

故

$$\begin{aligned}\lim_{k\to 0}\int_a^b\frac{f(x+k)-f(x)}{k}\mathrm{d}x&=\lim_{k\to 0}\frac{1}{k}\int_b^{b+k}f(x)\mathrm{d}x-\lim_{k\to 0}\frac{1}{k}\int_a^{a+k}f(x)\mathrm{d}x\\&=f(b)-f(a).\end{aligned}$$

【例 5】 若$\int_x^{2\ln 2}\frac{\mathrm{d}t}{\sqrt{\mathrm{e}^t-1}}=\frac{\pi}{6}$，求 x.

解 令$\sqrt{\mathrm{e}^t-1}=u$，则 $t=\ln(1+u^2)$，$\mathrm{d}t=\frac{2u}{1+u^2}\mathrm{d}u$. 当 $t=2\ln 2$ 时，$u=\sqrt{3}$；当 $t=x$ 时，$u=\sqrt{\mathrm{e}^x-1}$. 故

$$\int_x^{2\ln 2}\frac{\mathrm{d}t}{\sqrt{\mathrm{e}^t-1}}=\int_{\sqrt{\mathrm{e}^x-1}}^{\sqrt{3}}\frac{2u\,\mathrm{d}u}{(1+u^2)u}=2\arctan u\Big|_{\sqrt{\mathrm{e}^x-1}}^{\sqrt{3}}$$

$$=2\left(\frac{\pi}{3}-\arctan\sqrt{\mathrm{e}^x-1}\right)=\frac{\pi}{6}.$$

从而 $x=\ln 2$.

【例 6】 证明：$\ln(1+\sqrt{2})\leqslant\int_0^1\frac{\mathrm{d}x}{\sqrt{1+x^n}}\leqslant 1\ (n\geqslant 2)$.

证 在[0,1]上有$\frac{1}{\sqrt{1+x^2}}\leqslant\frac{1}{\sqrt{1+x^n}}\leqslant\frac{1}{\sqrt{1+0}}\ (n\geqslant 2)$，故

$$\int_0^1\frac{1}{\sqrt{1+x^2}}\mathrm{d}x\leqslant\int_0^1\frac{1}{\sqrt{1+x^n}}\mathrm{d}x\leqslant\int_0^1\frac{1}{\sqrt{1+0}}\mathrm{d}x\quad(n\geqslant 2),$$

即 $\ln(x+\sqrt{1+x^2})\Big|_0^1\leqslant\int_0^1\frac{1}{\sqrt{1+x^n}}\mathrm{d}x\leqslant x\Big|_0^1\ (n\geqslant 2)$. 所以

$$\ln(1+\sqrt{2})\leqslant\int_0^1\frac{\mathrm{d}x}{\sqrt{1+x^n}}\leqslant 1\quad(n\geqslant 2).$$

【例 7】 设函数 $f(x)$ 在$[0,a]$上严格增加且连续，$f(0)=0$，$g(x)$ 为 $f(x)$ 的反函数. 证明：$\int_0^a f(x)\mathrm{d}x=\int_0^{f(a)}(a-g(x))\mathrm{d}x$.

证 设 $y=f(x)$，则 $x=g(y)=f^{-1}(y)$，故有

$$\int_0^a f(x)\mathrm{d}x\xlongequal{y=f(x)}\int_{f(0)}^{f(a)}y\,\mathrm{d}g(y)=yg(y)\Big|_{f(0)}^{f(a)}-\int_{f(0)}^{f(a)}g(y)\mathrm{d}y$$

$$=af(a)-\int_0^{f(a)}g(y)\mathrm{d}y=\int_0^{f(a)}(a-g(x))\mathrm{d}x.$$

【例 8】 不求出定积分的值，比较定积分$\int_0^{\pi}\mathrm{e}^{-x^2}\cos^2 x\ \mathrm{d}x$ 与$\int_{\pi}^{2\pi}\mathrm{e}^{-x^2}\cos^2 x\ \mathrm{d}x$ 的大小.

解 因为

$$\int_{\pi}^{2\pi}\mathrm{e}^{-x^2}\cos^2 x\ \mathrm{d}x\xlongequal{x=\pi+t}\int_0^{\pi}\mathrm{e}^{-(\pi+t)^2}\cos^2(\pi+t)\ \mathrm{d}t=\int_0^{\pi}\mathrm{e}^{-(\pi+x)^2}\cos^2 x\ \mathrm{d}x,$$

且当 $x \in [0,\pi]$ 时，$e^{-(\pi+x)^2}\cos^2 x < e^{-x^2}\cos^2 x$，所以

$$\int_0^{\pi} e^{-x^2}\cos^2 x\ dx > \int_{\pi}^{2\pi} e^{-x^2}\cos^2 x\ dx.$$

【例9】　若

$$f(x)=\begin{cases}\int_0^{\int_0^x \sin t^2\ dt} t\ dt \Big/ \int_0^x \left(t^2\int_0^t \sin u^2\ du\right)dt, & x\neq 0,\\ a, & x=0\end{cases}$$

在 $x=0$ 处连续，求 a 的值.

解　由于

$$\lim_{x\to\infty}\frac{\int_0^{\int_0^x \sin t^2 dt} t\ dt}{\int_0^x \left(t^2\int_0^t \sin u^2\ du\right)dt}=\lim_{x\to\infty}\frac{\sin x^2\int_0^x \sin t^2\ dt}{x^2\int_0^x \sin t^2\ dt}=1,$$

又 $f(x)$ 在 $x=0$ 处连续，故 $a=1$.

【例10】　设 $f(x)=x^2-x\int_0^2 f(x)dx+2\int_0^1 f(x)dx$，求 $f(x)$.

解　设 $\int_0^1 f(x)dx=A$，$\int_0^2 f(x)dx=B$，则 $f(x)=x^2-Bx+2A$，故

$$A=\int_0^1 f(x)dx=\int_0^1 (x^2-Bx+2A)dx=\frac{1}{3}-\frac{1}{2}B+2A,$$

$$B=\int_0^2 f(x)dx=\int_0^2 (x^2-Bx+2A)dx=\frac{8}{3}-2B+4A.$$

解得 $A=\frac{1}{3}$，$B=\frac{4}{3}$，于是 $f(x)=x^2-\frac{4}{3}x+\frac{2}{3}$.

【例11】　设 $f(x)$ 为奇函数，在 $(-\infty,+\infty)$ 内连续且单调增加，$F(x)=\int_0^x (x-3t)f(t)dt$，证明：

(1) $F(x)$ 为奇函数；　　(2) $F(x)$ 在 $[0,+\infty)$ 上单调减少.

证　(1) 由于

$$\begin{aligned}F(-x)&=\int_0^{-x}(-x-3t)f(t)dt\\ &\xlongequal{t=-u}-\int_0^x -(-x+3u)f(-u)du\\ &\xlongequal{f(x)\text{为奇函数}}\int_0^x (-x+3u)f(u)du\end{aligned}$$

$$= -\int_0^x (x-3u)f(u)\mathrm{d}u = -F(x),$$

故 $F(x)$ 为奇函数.

(2) $F'(x) = \left(x\int_0^x f(t)\mathrm{d}t - 3\int_0^x tf(t)\mathrm{d}t\right)'$

$$= \int_0^x f(t)\mathrm{d}t + xf(x) - 3xf(x) = \int_0^x f(t)\mathrm{d}t - 2xf(x)$$

$$= \int_0^x (f(t) - f(x))\mathrm{d}t - xf(x).$$

由于 $f(x)$ 是奇函数且单调增加，当 $x>0$ 时，$f(x)>0$，于是

$$\int_0^x (f(t)-f(x))\mathrm{d}t < 0 \quad (\text{因 } 0<t<x),$$

故 $F'(x)<0$，$x\in(0,+\infty)$，即 $F(x)$ 在 $[0,+\infty)$ 上单调减少.

【例12】 设 $f(x)=ax+b-\ln x$，在 $[1,3]$ 上 $f(x)\geqslant 0$，求出常数 a,b 使 $\int_1^3 f(x)\mathrm{d}x$ 最小.

解 若 $\int_1^3 f(x)\mathrm{d}x$ 最小，即 $\int_1^3 (ax+b-\ln x)\mathrm{d}x$ 最小，由 $f(x)=ax+b-\ln x\geqslant 0$ 知，$y=ax+b$ 在 $y=\ln x$ 的上方，其间所夹面积最小，故 $y=ax+b$ 是 $y=\ln x$ 的切线. 而 $y'=\dfrac{1}{x}$，设切点为 $(x_0,\ln x_0)$，则切线为 $y=\dfrac{1}{x_0}(x-x_0)+\ln x_0$，故 $a=\dfrac{1}{x_0}$，$b=\ln x_0-1$. 于是

$$I=\int_1^3 (ax+b-\ln x)\mathrm{d}x = \left(\frac{a}{2}x^2+bx\right)\Big|_1^3 - \int_1^3 \ln x\ \mathrm{d}x$$

$$=4a-2(1+\ln a)-\int_1^3 \ln x\ \mathrm{d}x.$$

令 $I'_a=4-\dfrac{2}{a}=0$，得 $a=\dfrac{1}{2}$. 从而 $x_0=2$，$b=\ln 2-1$. 又 $I''_a=\dfrac{2}{a^2}>0$，此时 $\int_1^3 f(x)\mathrm{d}x$ 最小.

【例13】 设 $f(x)$ 为连续函数，函数 $y=y(x)$ 由方程

$$\int_1^x yt\ \mathrm{d}t + \int_{y^2}^2 u^2\mathrm{d}u = \int_1^2 f(x)\mathrm{d}x$$

确定，求 $\dfrac{\mathrm{d}y}{\mathrm{d}x}$.

解 方程两边对 x 求导数，得 $y'\int_1^x t\ \mathrm{d}t + yx - y^4\cdot 2yy' = 0$，即

$$y' \cdot \frac{1}{2}(x^2-1)+yx-y^4 \cdot 2yy'=0,$$

整理得 $y'\left[\frac{1}{2}(x^2-1)-2y^5\right]=-xy$. 故有$\frac{\mathrm{d}y}{\mathrm{d}x}=\frac{2xy}{4y^5-x^2+1}$.

【例 14】　设 $f(x)$ 有连续导数，$f(0)=0$，$f'(0)\neq 0$，且 $F(x)=\int_0^x (x^2-t^2)f(t)\mathrm{d}t$. 当 $x\to 0$ 时，$F'(x)$ 与 x^k 是同阶无穷小，求常数 k.

解　因

$$F(x)=\int_0^x (x^2-t^2)f(t)\mathrm{d}t=x^2\int_0^x f(t)\mathrm{d}t-\int_0^x t^2 f(t)\mathrm{d}t,$$

所以 $F'(x)=2x\int_0^x f(t)\mathrm{d}t$. 于是

$$\begin{aligned}\lim_{x\to 0}\frac{F'(x)}{x^k}&=\lim_{x\to 0}\frac{2x\int_0^x f(t)\mathrm{d}t}{x^k}=\lim_{x\to 0}\frac{2f(x)}{(k-1)x^{k-2}}\\&=\lim_{x\to 0}\frac{2}{k-1}\frac{f(x)-f(0)}{x-0}\frac{1}{x^{k-3}}=\frac{2f'(0)}{k-1}\lim_{x\to 0}\frac{1}{x^{k-3}}.\end{aligned}$$

由同阶无穷小的定义知，$k=3$.

【例 15】　设 $f(x)$ 在 $(-\infty,+\infty)$ 内连续，且 $f(x)=\mathrm{e}^x+\mathrm{e}^{-1}\int_0^1 f(x)\mathrm{d}x$，求 $f(x)$.

解　求 $f(x)$ 就是要求具体计算出定积分$\int_0^1 f(x)\mathrm{d}x$ 之值.

这类问题一般都是通过两边同时作定积分的方法解决. 由于$\int_0^1 f(x)\mathrm{d}x$ 是常数，可以提到积分号之外，故有

$$\begin{aligned}\int_0^1 f(x)\mathrm{d}x&=\int_0^1 \mathrm{e}^x\mathrm{d}x+\int_0^1 f(x)\mathrm{d}x\cdot\int_0^1 \mathrm{e}^{-1}\mathrm{d}x\\&=(\mathrm{e}-1)+\mathrm{e}^{-1}\int_0^1 f(x)\mathrm{d}x,\end{aligned}$$

即$\int_0^1 f(x)\mathrm{d}x=\frac{\mathrm{e}-1}{1-\mathrm{e}^{-1}}$. 故 $f(x)=\mathrm{e}^x+\mathrm{e}^{-1}\frac{\mathrm{e}-1}{1-\mathrm{e}^{-1}}=\mathrm{e}^x+1$.

【例 16】　设 $f(x)=\int_0^{\sin^2 x}\arcsin\sqrt{t}\,\mathrm{d}t+\int_0^{\cos^2 x}\arccos\sqrt{t}\,\mathrm{d}t$.

(1)　求 $f'(x)\left(0\leqslant x\leqslant\frac{\pi}{2}\right)$.

(2) 求 $f(x)\left(0\leqslant x\leqslant\frac{\pi}{2}\right)$.

解 (1) $f'(x)=\arcsin\sqrt{\sin^2 x}\cdot 2\sin x\cos x$

$$+\arccos\sqrt{\cos^2 x}\,(-2\cos x\sin x)$$

$$=2x\sin x\cos x-2x\sin x\cos x=0\quad\left(x\in\left[0,\frac{\pi}{2}\right]\right).$$

(2) 因为 $f'(x)=0\left(x\in\left[0,\frac{\pi}{2}\right]\right)$，故 $f(x)$ 为常数. 取 $f(x)=f(0)$，则

$$f(x)=\int_0^1\arccos\sqrt{t}\,\mathrm{d}t=t\arccos\sqrt{t}\,\Big|_0^1-\int_0^1\frac{-t}{\sqrt{1-t}}\cdot\frac{1}{2\sqrt{t}}\mathrm{d}t$$

$$=\frac{1}{2}\int_0^1\frac{\sqrt{t}}{\sqrt{1-t}}\mathrm{d}t\xlongequal{t=u^2}\int_0^1\frac{u^2}{\sqrt{1-u^2}}\mathrm{d}u=\int_0^1\frac{u^2-1+1}{\sqrt{1-u^2}}\mathrm{d}u$$

$$=-\int_0^1\sqrt{1-u^2}\,\mathrm{d}u+\int_0^1\frac{\mathrm{d}u}{\sqrt{1-u^2}}$$

$$=-\frac{1}{4}(\text{半径为 1 的圆的面积})+\arccos u\,\Big|_0^1$$

$$=-\frac{\pi}{4}+\frac{\pi}{2}=\frac{\pi}{4}.$$

【例 17】 计算定积分 $J=\int_0^1 x\arcsin 2\sqrt{x(1-x)}\,\mathrm{d}x$.

解法 1 先配方，$x(1-x)=\frac{1}{4}-\left(x-\frac{1}{2}\right)^2$；再平移，令 $t=x-\frac{1}{2}$，则

$$J=\int_{-\frac{1}{2}}^{\frac{1}{2}}\left(t+\frac{1}{2}\right)\arcsin 2\sqrt{\frac{1}{4}-t^2}\,\mathrm{d}t$$

$$=\int_{-\frac{1}{2}}^{\frac{1}{2}}t\arcsin 2\sqrt{\frac{1}{4}-t^2}\,\mathrm{d}t+\frac{1}{2}\int_{-\frac{1}{2}}^{\frac{1}{2}}\arcsin 2\sqrt{\frac{1}{4}-t^2}\,\mathrm{d}t$$

$$=0+\int_0^{\frac{1}{2}}\arcsin 2\sqrt{\frac{1}{4}-t^2}\,\mathrm{d}t$$

$$\xlongequal{t=\frac{1}{2}\cos\theta}\int_0^{\frac{\pi}{2}}\arcsin(\sin\theta)\cdot\frac{1}{2}\sin\theta\,\mathrm{d}\theta=\frac{1}{2}\int_0^{\frac{\pi}{2}}\theta\sin\theta\,\mathrm{d}\theta$$

$$=-\frac{1}{2}\int_0^{\frac{\pi}{2}}\theta\,\mathrm{d}\cos\theta=\frac{1}{2}\int_0^{\frac{\pi}{2}}\cos\theta\,\mathrm{d}\theta=\frac{1}{2}.$$

解法 2 配方后作三角函数代换. 令 $x-\frac{1}{2}=\frac{1}{2}\cos t$，则 $x\in[0,1]$ 时，$t\in[0,\pi]$ ($x=0$ 时，$t=\pi$)，于是

$$J=\frac{1}{2}\int_0^{\pi}(1+\cos t)\arcsin(\sin t)\cdot\frac{1}{2}\sin t\ \mathrm{d}t.$$

注意到 $\arcsin(\sin t)=\begin{cases}t, & t\in\left[0,\frac{\pi}{2}\right],\\ \pi-t, & t\in\left[\frac{\pi}{2},\pi\right],\end{cases}$ 则有

$$\begin{aligned}J&=\frac{1}{4}\int_0^{\frac{\pi}{2}}t(1+\cos t)\sin t\ \mathrm{d}t+\frac{1}{4}\int_{\frac{\pi}{2}}^{\pi}(1+\cos t)(\pi-t)\sin t\ \mathrm{d}t\\&=\frac{1}{4}\int_0^{\frac{\pi}{2}}t(1+\cos t)\sin t\ \mathrm{d}t+\frac{1}{4}\int_0^{\frac{\pi}{2}}u(1-\cos u)\sin u\ \mathrm{d}u\\&=\frac{1}{2}\int_0^{\frac{\pi}{2}}t\sin t\ \mathrm{d}t=\frac{1}{2}.\end{aligned}$$

【例 18】 设 $f(x)=\int_0^x \mathrm{e}^{-y^2+2y}\mathrm{d}y$，求 $\int_0^1(x-1)^2f(x)\mathrm{d}x$.

解 由 $f(x)=\int_0^x \mathrm{e}^{-y^2+2y}\mathrm{d}y$ 知，$f(0)=0$，$f'(x)=\mathrm{e}^{-x^2+2x}$，故

$$\begin{aligned}\int_0^1(x-1)^2f(x)\mathrm{d}x&=\left[\frac{1}{3}(x-1)^3f(x)\right]\Big|_0^1-\frac{1}{3}\int_0^1(x-1)^3f'(x)\mathrm{d}x\\&=-\frac{1}{3}\int_0^1(x-1)^3\mathrm{e}^{-x^2+2x}\mathrm{d}x\\&=-\frac{1}{6}\int_0^1(x-1)^3\mathrm{e}^{-x^2+2x}\mathrm{d}(x-1)^2\\&=\frac{\mathrm{e}}{6}\int_0^1 t\,\mathrm{e}^{-t}\mathrm{d}t=\frac{1}{6}(\mathrm{e}-2).\end{aligned}$$

【例 19】 如果 $f(x)$ 在 $[a,b]$ 上有连续导数，$f(a)=f(b)=0$，并且 $\int_a^b f^2(x)\mathrm{d}x=2$，求积分 $\int_a^b xf(x)f'(x)\mathrm{d}x$ 的值.

解 由分部积分可知

$$\begin{aligned}\int_a^b xf(x)f'(x)\mathrm{d}x&=\int_a^b xf(x)\mathrm{d}(f(x))=\frac{1}{2}\int_a^b x\ \mathrm{d}(f^2(x))\\&=\frac{x}{2}f^2(x)\Big|_a^b-\frac{1}{2}\int_a^b f^2(x)\mathrm{d}x\\&=\frac{b}{2}f^2(b)-\frac{a}{2}f^2(a)-\frac{1}{2}\cdot 2\\&=-1.\end{aligned}$$

【例 20】 计算 $I=\int_0^{\frac{\pi}{2}}\frac{\mathrm{d}x}{1+(\cot x)^{2009}}$.

解 由于

$$I=\int_{\frac{\pi}{2}}^0\frac{1}{1+\left(\cot\left(\frac{\pi}{2}-u\right)\right)^{2009}}(-\mathrm{d}u)=\int_0^{\frac{\pi}{2}}\frac{\mathrm{d}u}{1+(\tan u)^{2009}}$$

$$=\int_0^{\frac{\pi}{2}}\frac{1}{1+\frac{1}{(\cot u)^{2009}}}\mathrm{d}u=\int_0^{\frac{\pi}{2}}\frac{(\cot u)^{2009}}{1+(\cot u)^{2009}}\mathrm{d}u,$$

所以 $2I=\int_0^{\frac{\pi}{2}}\frac{1+(\cot x)^{2009}}{1+(\cot x)^{2009}}\mathrm{d}x=\int_0^{\frac{\pi}{2}}\mathrm{d}x=\frac{\pi}{2}$，故 $I=\frac{\pi}{4}$.

【例 21】 设 $f(x)=\lim\limits_{n\to\infty}\frac{x\,\mathrm{e}^{n(1-x)}+x^{2n}}{\mathrm{e}^{n(1-x)}+x^{2n+1}}$，求 $\int_0^{\mathrm{e}}f(x)\mathrm{d}x$.

解 $f(x)=\begin{cases}x, & 0\leqslant x<1,\\ \frac{1}{x}, & x\geqslant 1,\end{cases}$ 于是

$$\int_1^{\mathrm{e}}f(x)\mathrm{d}x=\int_0^1x\,\mathrm{d}x+\int_1^{\mathrm{e}}\frac{1}{x}\mathrm{d}x=\frac{3}{2}.$$

【例 22】 设函数 $f(x)$ 在 $[-a,a]\ (a>0)$ 上连续，在 $x=0$ 处可导，且 $f'(0)\neq 0$. 求证：

(1) $\forall x\in(0,a)$，存在 $0<\theta<1$，使

$$\int_0^x f(t)\mathrm{d}t+\int_0^{-x}f(t)\mathrm{d}t=x(f(\theta x)-f(-\theta x));$$

(2) $\lim\limits_{x\to 0^+}\theta=\frac{1}{2}$.

证 (1) 令 $F(x)=\int_0^x f(t)\mathrm{d}t+\int_0^{-x}f(t)\mathrm{d}t$，$x\in[-a,a]$，则 $F(x)$ 在 $[0,x]$ 上连续、可导，由微分中值定理有

$$F(x)-F(0)=F'(\theta x)x,\quad 0<\theta<1.$$

又 $F(0)=0$，所以有

$$\int_0^x f(t)\mathrm{d}t+\int_0^{-x}f(t)\mathrm{d}t=x(f(\theta x)-f(-\theta x)).$$

(2) 由(1)的结论得

$$\frac{\int_0^x f(t)\mathrm{d}t+\int_0^{-x}f(t)\mathrm{d}t}{2x^2}=\frac{f(\theta x)-f(-\theta x)}{2x\theta}\theta.$$

由 $f(x)$ 在 $x=0$ 处可导，且 $f'(0)\neq 0$，在上式两边取极限得

$$左边=\lim_{x\to 0^+}\frac{f(x)-f(-x)}{4x}=\frac{1}{2}f'(0),$$

$$右边=\lim_{x\to 0^+}\frac{f(\theta x)-f(-\theta x)}{2\theta x}\theta=f'(0)\lim_{x\to 0^+}\theta,$$

故 $\lim\limits_{x\to 0^+}\theta=\dfrac{1}{2}$.

【例 23】　证明：函数 $f(x)=\int_0^x(1-t)\ln(1+nt)\,dt$ 在区间 $[0,+\infty)$ 上的最大值不超过 $\dfrac{n}{6}$，其中 n 为正整数.

证　$f'(x)=(1-x)\ln(1+nx)$. 令 $f'(x)=0$，则在 $[0,+\infty)$ 内得唯一驻点 $x_1=1$. 当 $x\in(0,1)$ 时 $f'(x)>0$，当 $x\in(1,+\infty)$ 时 $f'(x)<0$，所以 $f(x)$ 在 $x=1$ 处取极大值 $f(1)$. 从而 $\max f(x)=f(1)$. 令

$$\Phi(t)=\ln(1+nt)-nt,\quad 0\leqslant t\leqslant 1,$$

则 $\Phi(0)=0$ 且

$$\Phi'(t)=\frac{n}{1+nt}-n=-n^2\frac{t}{1+nt}<0.$$

从而 $\Phi(t)$ 在 $[0,1]$ 上单调减少，$\Phi(t)<\Phi(0)=0$，即 $\ln(1+nt)<nt$. 于是，由定积分的比较性质可知

$$\begin{aligned}\max f(x)=f(1)&=\int_0^1(1-t)\ln(1+nt)\,dt\\&\leqslant\int_0^1 nt(1-t)dt=n\left(\frac{t^2}{2}-\frac{t^3}{3}\right)\bigg|_0^1=\frac{n}{6}.\end{aligned}$$

【例 24】　设 $f(x)$ 在 $[-a,a]$ 上连续，且 $f(x)>0$，试判定 $\varphi(x)=\int_{-a}^{a}|x-t|f(t)dt$ 在 $[-a,a]$ 上的凹凸性.

解　积分变量和参变量的变化范围均为 $[-a,a]$，所以可根据 t 和 x 的相对位置去掉绝对值符号.

$$|x-t|=\begin{cases}x-t, & -a\leqslant t<x,\\ t-x, & x\leqslant t\leqslant a,\end{cases}$$

所以

$$\begin{aligned}\varphi(x)&=\int_{-a}^{x}(x-t)f(t)dt+\int_{x}^{a}(t-x)f(t)dt\\&=x\int_{-a}^{x}f(t)dt-\int_{-a}^{x}tf(t)dt+\int_{x}^{a}tf(t)dt-x\int_{x}^{a}f(t)dt,\end{aligned}$$

$$\varphi'(x)=\int_{-a}^{x}f(t)\mathrm{d}t+xf(x)-xf(x)-xf(x)-\int_{x}^{a}f(t)\mathrm{d}t+xf(x)$$

$$=\int_{-a}^{x}f(t)\mathrm{d}t-\int_{x}^{a}f(t)\mathrm{d}t,$$

$$\varphi''(x)=2f(x)>0\quad(因\ f(x)>0),$$

所以 $\varphi(x)$ 在 $[-a,a]$ 上是下凸的.

【例 25】 求由已知直线 $y=x$, $y=\pi-x$, $y=\sin x$ 所围成的平面区域绕直线 $y=x$ 旋转一周所得旋转体的体积.

解法 1 先求曲线 $y=\sin x$ 上任一点到直线 $y=x$ 的距离，然后用横截面法求得旋转体体积.

$$M_p=x-\sin x,\quad p\theta=mp\cos\frac{\pi}{4}=\frac{1}{\sqrt{2}}(x-\sin x),$$

又 x 轴上长为 $\mathrm{d}x$ 的线段在直线 $y=x$ 上的投影长为 $\frac{1}{\sqrt{2}}\mathrm{d}x$，故所求旋转体体积为

$$V=\pi\int_0^{\pi}\frac{1}{2}(x-\sin x)^2\frac{1}{\sqrt{2}}\mathrm{d}x=\frac{\pi}{2\sqrt{2}}\int_0^{\pi}(x^2-2x\sin x+\sin^2 x)\mathrm{d}x$$

$$=\frac{\pi^2}{2\sqrt{2}}\left(\frac{\pi^2}{3}-\frac{3}{2}\right).$$

解法 2 $l\in\left[0,\frac{\pi}{\sqrt{2}}\right]$，$[l,l+\mathrm{d}l]$ 与 $[x,x+\mathrm{d}x]$ 对应，且 $\sqrt{2}\,l=x$，$\mathrm{d}x=\sqrt{2}\,\mathrm{d}l$，又 $y=\sin x$ 到 $y=x$ 的距离为 $\frac{1}{\sqrt{2}}(\sqrt{2}l-\sin\sqrt{2}l)$，所以

$$V=\pi\int_0^{\frac{\pi}{\sqrt{2}}}\frac{1}{2}(\sqrt{2}\,l-\sin\sqrt{2}l)\mathrm{d}l.$$

令 $x=\sqrt{2}l$，则 $l=0$ 时 $x=0$，$l=\frac{\pi}{\sqrt{2}}$ 时 $x=\pi$，故

$$\int_0^{\pi}\frac{1}{2}(x-\sin x)\frac{\mathrm{d}x}{\sqrt{2}}=\frac{\pi^2}{2\sqrt{2}}\left(\frac{\pi^2}{3}-\frac{3}{2}\right).$$

【例 26】 设有曲线 $y=\sqrt{x-1}$，过原点作其切线，求由此曲线、切线及 x 轴围成的平面图形绕 x 轴旋转一周所得到的旋转体的表面积.

解 设切点为 $(x_0,\sqrt{x_0-1})$，则过原点的切线方程为

$$y=\frac{1}{2\sqrt{x_0-1}}x.$$

再以切点 $(x_0,\sqrt{x_0-1})$ 代入，得 $\sqrt{x_0-1}=\frac{x_0}{2\sqrt{x_0-1}}$. 解得 $x_0=2$，$y_0=$

1. 于是上述切线方程为 $y=\frac{1}{2}x$.

由曲线 $y=\sqrt{x-1}$ $(1\leqslant x\leqslant 2)$ 绕 x 轴旋转一周所得到的旋转面的面积为

$$\begin{aligned}S_1&=\int_1^2 2\pi y\,\mathrm{d}s=\int_1^2 2\pi y\sqrt{1+y'^2}\,\mathrm{d}x\\&=\int_1^2 2\pi\sqrt{x-1}\cdot\sqrt{1+\left(\frac{1}{2\sqrt{x-1}}\right)^2}\,\mathrm{d}x\\&=\pi\int_1^2\sqrt{4x-3}\,\mathrm{d}x=\frac{\pi}{6}(5\sqrt{5}-1).\end{aligned}$$

由直线 $y=\frac{1}{2}x$ $(0\leqslant x\leqslant 2)$ 绕 x 轴旋转一周所得到的旋转面的面积为

$$S_2=\int_0^2 2\pi y\,\mathrm{d}s=\int_0^2 2\pi y\sqrt{1+y'^2}\,\mathrm{d}x=\pi\frac{\sqrt{5}}{2}\int_0^2 x\,\mathrm{d}x=\sqrt{5}\pi.$$

因此，所求旋转体的表面积为 $S=S_1+S_2=\frac{\pi}{6}(11\sqrt{5}-1)$.

【例 27】　半径为 R，比重为 δ（大于 1）的球，沉入深为 H（大于 $2R$）的水池底，现将其从水中取出，需做多少功？

解　建立坐标系，将球从水底取出所做的功分为如下两部分：

(1)　将球从池底提升到球顶面与水平面相齐时所做的功 W_1；

(2)　将球进一步提离水平面所做的功 W_2.

在水中作用的外力 $F_1=$ 球重 $-$ 浮力 $=\frac{4}{3}\pi R^3\delta-\frac{4}{3}\pi R^3$，于是

$$W_1=F_1(H-2R)=\frac{4}{3}\pi R^3(\delta-1)(H-2R).$$

球从水中提出高度为 x 单位时，所用的外力为

$$\begin{aligned}F_2&=\text{球重}-\text{浮力}=\frac{4}{3}\pi R^3\delta-\text{水下部分球的浮力}\\&=\frac{4}{3}\pi R^3\delta-\pi h^2\left(R-\frac{h}{3}\right)\\&=\frac{4}{3}\pi R^3\delta-\pi(2R-x)^2\left[R-\frac{1}{3}(2R-x)\right]\\&=\frac{\pi}{3}[4R^3(\delta-1)-x^3+3Rx^2],\end{aligned}$$

其中，h 为球缺的高，故所需做的功 W_2 为

$$W_2=\frac{\pi}{3}\int_0^{2R}[4R^3(\delta-1)-x^3+3Rx^2]\mathrm{d}x$$

$$= \frac{\pi}{3}\left[4R^3(\delta-1)x - \frac{x^4}{4} + Rx^3\right]\Big|_0^{2R}$$

$$= \frac{4}{3}\pi R^4(2\delta-1).$$

于是将球从池底取出外力需做的总功为

$$W = W_1 + W_2 = \frac{4}{3}\pi R^3(\delta-1)(H-2R) + \frac{4}{3}\pi R^4(2\delta-1)$$

$$= \frac{4}{3}\pi R^3[R+(\delta-1)H].$$

【例 28】 设有心形线 $r = a(1+\cos\theta)\ (a>0)$.

(1) 计算心形线所围成图形的面积.

(2) 计算心形线的全长.

(3) 计算心形线绕极轴旋转所围成立体的体积.

(4) 计算面密度 $\rho_A = 1-\cos\theta$ 的心形线形的物体薄片的质量.

解 (1) 图形对称于极轴，如图 5-1 所示，因此所求面积是极轴以上部分面积的 2 倍. 心形线所围成图形的面积为

$$A = 2\int_0^{\pi}\frac{1}{2}r^2\mathrm{d}\theta = \int_0^{\pi}a^2(1+\cos\theta)^2\mathrm{d}\theta$$

$$= a^2\int_0^{\pi}(1+2\cos\theta+\cos^2\theta)\mathrm{d}\theta$$

$$= a^2\int_0^{\pi}\left(\frac{3}{2}+2\cos\theta+\frac{1}{2}\cos 2\theta\right)\mathrm{d}\theta$$

$$= a^2\left(\frac{3}{2}\theta+2\sin\theta+\frac{1}{4}\sin 2\theta\right)\Big|_0^{\pi}$$

$$= \frac{3}{2}\pi a^2.$$

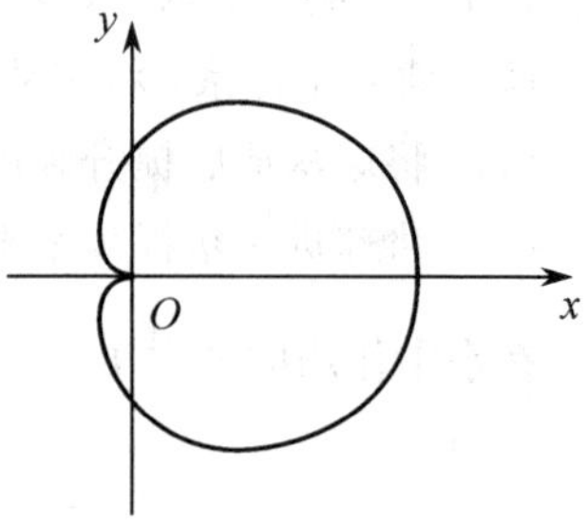

y
O
x

图 5-1

(2) $r'(\theta) = -a\sin\theta$. 根据对称性，心形线的全长为

$$s = 2\int_0^{\pi}\sqrt{r^2(\theta)+r'^2(\theta)}\,\mathrm{d}\theta$$

$$= 2a\int_0^{\pi}\sqrt{1+\cos^2\theta+2\cos\theta+\sin^2\theta}\,\mathrm{d}\theta$$

$$= 2a\int_0^{\pi}\sqrt{2+2\cos\theta}\,\mathrm{d}\theta = 4a\int_0^{\pi}\cos\frac{\theta}{2}\,\mathrm{d}\theta$$

$$= \left(8a\sin\frac{\theta}{2}\right)\Big|_0^{\pi} = 8a.$$

(3) $r = a(1+\cos\theta)\ (a>0)$ 是心形线，而

$$\begin{cases} x = a(1+\cos\theta)\cos\theta, \\ y = a(1+\cos\theta)\sin\theta \end{cases} \quad (0 \leqslant \theta \leqslant \pi)$$

是心形线极轴之上部分的参数方程，故心形线绕极轴旋转所围成立体的体积为

$$\begin{aligned} V &= \left| \int_0^{\frac{2}{3}\pi} \pi y^2 \mathrm{d}x \right| - \left| \int_{\frac{2}{3}\pi}^{\pi} \pi y^2 \mathrm{d}x \right| \\ &= \pi a^3 \int_0^{\pi} (\sin^3\theta + 2\sin^3\theta\ \cos\theta + \sin^3\theta\ \cos^2\theta)(1+2\cos\theta)\mathrm{d}\theta \\ &= \frac{8}{3}\pi a^3. \end{aligned}$$

(4) 因为面积元素(微元) $\mathrm{d}s = \frac{1}{2}\varphi^2(\theta)\mathrm{d}\theta = \frac{1}{2}a(1+\cos\theta)^2\mathrm{d}\theta$，故质量微元为

$$\mathrm{d}m = \rho_A \mathrm{d}s = \frac{1}{2}a(1-\cos\theta)(1+\cos\theta)^2\mathrm{d}\theta = \frac{1}{2}a(1+\cos\theta)\sin^2\theta\ \mathrm{d}\theta.$$

所以，所求质量为

$$\begin{aligned} m &= \frac{1}{2}a\int_0^{2\pi} \sin^2\theta\ (1+\cos\theta)\mathrm{d}\theta \\ &= \frac{1}{2}a\left(\int_0^{2\pi} \sin^2\theta\ \mathrm{d}\theta + \int_0^{2\pi} \sin^2\theta\ \cos\theta\ \mathrm{d}\theta\right) \\ &= \frac{1}{2}a\left(\int_0^{2\pi} \frac{1-\cos 2\theta}{2}\mathrm{d}\theta + \int_0^{2\pi} \sin^2\theta\ \mathrm{d}\sin\theta\right) \\ &= \frac{1}{2}a\left(\frac{1}{2}\theta - \frac{1}{4}\sin 2\theta + \frac{1}{3}\sin^3\theta\right)\Bigg|_0^{2\pi} = \frac{1}{2}a\pi. \end{aligned}$$

【例29】 设某产品在时刻 t 总产量的变化率为 $f(t)=100+12t-0.6t^2$，求从 $t=2$ 到 $t=4$ 的总产量.

解　所求总产量为

$$\begin{aligned} Q &= \int_2^4 (100+12t-0.6t^2)\mathrm{d}t = (100t+6t^2-0.2t^3)\Big|_2^4 \\ &= 100(4-2)+6(4^2-2^2)-0.2(4^3-2^3) = 260.8. \end{aligned}$$

【例30】 设某产品每天生产 x 单位时，边际成本为 $C'(x)=4x$（元/单位），其固定成本为 10 元，总收入 $R(x)$ 的变化率也是产量 x 的函数：

$$R'(x) = 60 - 2x.$$

求每天生产多少单位产品时，总利润 $L(x)$ 最大.

解　可变成本就是边际成本函数在 $[0,x]$ 上的定积分，又已知固定成本

为 10 元，所以总成本函数为

$$C(x)=\int_0^x 4x\,\mathrm{d}x+10=2x^2\Big|_0^x+10=2x^2+10,$$

而总收入函数为

$$R(x)=\int_0^x (60-2x)\mathrm{d}x=60x-x^2,$$

因而总利润函数为

$$\begin{aligned}L(x)&=R(x)-C(x)=(60x-x^2)-(2x^2+10)\\&=-3x^2+60x-10.\end{aligned}$$

令 $L'(x)=60-6x=0$，得 $x=10$，又 $L''(x)=-6<0$，所以每天生产 10 个单位产品可获得最大利润，最大利润为 $L(10)=290$ (元).

三、教材习题全解

习题 5-1

A 类

1. 利用定积分的几何意义，说明下列等式：

(1) $\int_0^1 2x\,\mathrm{d}x=1$；　　(2) $\int_{-\frac{\pi}{2}}^{\frac{\pi}{2}}\cos x\,\mathrm{d}x=2\int_0^{\frac{\pi}{2}}\cos x\,\mathrm{d}x$.

解 (1) $\int_0^1 2x\,\mathrm{d}x$ 表示直线 $y=2x$ 与 $x=1$ 及 x 轴所围面积，由三角形面积易知

$$\int_0^1 2x\,\mathrm{d}x=\frac{1}{2}\times1\times2=1.$$

(2) $\int_{-\frac{\pi}{2}}^{\frac{\pi}{2}}\cos x\,\mathrm{d}x$ 表示曲线 $y=\cos x$ 从 $-\frac{\pi}{2}$ 到 $\frac{\pi}{2}$ 与 x 轴所围面积，从图形知所围部分均在 x 轴上半部分，且由对称性知它是从 0 到 $\frac{\pi}{2}$ 所围面积的 2 倍，即

$$\int_{-\frac{\pi}{2}}^{\frac{\pi}{2}}\cos x\,\mathrm{d}x=2\int_0^{\frac{\pi}{2}}\cos x\,\mathrm{d}x.$$

2. 按定积分定义证明：$\int_a^b k\,\mathrm{d}x=k(b-a)$.

证 将闭区间 $[a,b]$ 作任意分割

$$T: a = x_0 < x_1 < x_2 < \cdots < x_{n-1} < x_n = b,$$

在每个小区间 Δx_i 上任意取一点 $\xi_i \in \Delta x_i$，$i = 1,2,\cdots,n$，则积分和

$$\sum_{i=1}^{n} f(\xi_i)\Delta x_i = \sum_{i=1}^{n} k\,\Delta x_i = k\sum_{i=1}^{n}\Delta x_i = k(b-a).$$

$\forall \varepsilon > 0$，可取 $\delta > 0\ (\delta < b-a)$，显然对上述任意分割 T 及任意选取的 ξ_i，当 $\|T\| < \delta$ 时，有

$$\left|\sum_{i=1}^{n} f(\xi_i)\Delta x_i - k(b-a)\right| = 0 < \varepsilon.$$

于是 $f(x) = k$，$x \in [a,b]$ 可积，且 $\int_a^b k\,\mathrm{d}x = k(b-a)$.

3. 设有一长度为 a 的直金属丝，其上各点处的密度为 $\rho = \rho(x)$（其中 $\rho(x)$ 为连续函数），试用积分和式表示其质量.

解　将闭区间 $[0,a]$ 作任意分割：$0 = x_0 < x_1 < x_2 < \cdots < x_{n-1} < x_n = a$，在每个小区间 Δx_i 上任意取一点 $\xi_i \in \Delta x_i$，$i = 1,2,\cdots,n$，得第 i 段直金属丝质量的近似值：$\Delta m_i \approx \rho(\xi_i)\Delta x_i$，从而得直金属丝质量的近似值：$m \approx \sum_{i=1}^{n}\rho(\xi_i)\Delta x_i$. 取 $\lambda = \max\limits_{1\leqslant i\leqslant n}\{\Delta x_i\}$，故有直金属丝质量 $m = \lim\limits_{\lambda\to 0}\sum_{i=1}^{n}\rho(\xi_i)\Delta x_i$.

4. 设 $f(x)$ 在 $[a+c, b+c]$ 上可积，证明：$f(x+c)$ 在 $[a,b]$ 上可积，且

$$\int_a^b f(x+c)\mathrm{d}x = \int_{a+c}^{b+c} f(x)\mathrm{d}x.$$

证　由于 $x \in [a+c, b+c]$，$f(x) \in R[a+c, b+c]$. 而当 $x \in [a,b]$ 时，$u = x + c \in [a+c, b+c]$，故 $f(u) \in R[a+c, b+c]$，即 $f(x+c) \in R[a,b]$. 所以

$$\begin{aligned}\int_{a+c}^{b+c} f(x)\mathrm{d}x &= \lim_{n\to\infty}\sum_{i=1}^{n} f\left(a+c+\frac{i-1}{n}((b+c)-(a+c))\right)\frac{(b+c)-(a+c)}{n}\\ &= \lim_{n\to\infty}\sum_{i=1}^{n} f\left(\left(a+\frac{i-1}{n}(b-a)\right)+c\right)\frac{b-a}{n}\\ &= \int_a^b f(x+c)\mathrm{d}x.\end{aligned}$$

5. 试将下列极限用定积分表示：

(1) $\lim\limits_{n\to\infty}\dfrac{1}{n^4}(1+2^3+3^3+\cdots+n^3)$；

(2) $\lim\limits_{n\to\infty} n\left[\dfrac{1}{(n+1)^2}+\dfrac{1}{(n+2)^2}+\cdots+\dfrac{1}{(n+n)^2}\right]$.

解　(1) 由于 $\lim\limits_{n\to\infty}\sum_{i=1}^{n}\dfrac{b-a}{n}f\left(a+\dfrac{(i-1)(b-a)}{n}\right) = \int_a^b f(x)\mathrm{d}x$，所以有

$$\lim_{n\to\infty}\frac{1}{n^4}(1+2^3+3^3+\cdots+n^3) = \lim_{n\to\infty}\frac{1}{n}\sum_{i=1}^{n}\left(\frac{i}{n}\right)^3 = \int_0^1 x^3\,\mathrm{d}x.$$

(2) 由于 $\lim\limits_{n\to\infty}\sum_{i=1}^{n}\dfrac{b-a}{n}f\left(a+\dfrac{(i-1)(b-a)}{n}\right) = \int_a^b f(x)\mathrm{d}x$，所以有

$$\lim_{n\to\infty} n\left[\frac{1}{(n+1)^2}+\frac{1}{(n+2)^2}+\cdots+\frac{1}{(n+n)^2}\right]$$
$$=\lim_{n\to\infty}\frac{1}{n}\sum_{i=1}^{n}\frac{1}{\left(1+\frac{i}{n}\right)^2}=\int_0^1\frac{1}{(1+x)^2}\mathrm{d}x.$$

6. 证明：函数 $f(x)=\begin{cases}\frac{1}{\sqrt{x}}, & 0<x\leqslant 1,\\ 0, & x=0\end{cases}$ 在$[0,1]$上不可积.

证 因为 $f(x)=\begin{cases}\frac{1}{\sqrt{x}}, & 0<x\leqslant 1,\\ 0, & x=0,\end{cases}$ 而 $\lim\limits_{x\to 0+}f(x)=+\infty$，知 $f(x)$ 在$[0,1]$上无界，故 $f(x)$ 在$[0,1]$上不可积.

——B 类——

1. 利用定积分的几何意义，说明下列等式：

(1) $\int_0^1\sqrt{1-x^2}\,\mathrm{d}x=\frac{\pi}{4}$；　　(2) $\int_{-\pi}^{\pi}\sin x\ \mathrm{d}x=0$.

解 (1) $\int_0^1\sqrt{1-x^2}\,\mathrm{d}x$ 表示圆弧 $y=\sqrt{1-x^2}$ 在第一象限部分与两坐标轴所围成的面积，易知$\int_0^1\sqrt{1-x^2}\,\mathrm{d}x=\frac{\pi}{4}\cdot 1^2=\frac{\pi}{4}$.

(2) $\int_{-\pi}^{\pi}\sin x\ \mathrm{d}x$ 表示 $y=\sin x$ 与 x 轴在$[-\pi,\pi]$上所围的面积，其中上半部分符号取正，下半部分符号取负，易知$\int_{-\pi}^{\pi}\sin x\ \mathrm{d}x=0$.

2. 通过对积分区间作等分分割，并取适当的点集$\{\xi_i\}$，把定积分看做对应的积分和的极限，来计算下列定积分：

(1) $\int_a^b \mathrm{e}^x\,\mathrm{d}x$；　　(2) $\int_a^b\frac{\mathrm{d}x}{x^2}$ $(0<a<b)$.

解 (1) 因为$f(x)=\mathrm{e}^x$ 在$[a,b]$上连续，故$f(x)$在$[a,b]$上的定积分存在. 取分割

$$T: a,\ a+\frac{b-a}{n},\ a+\frac{2(b-a)}{n},\ \cdots,\ a+\frac{n(b-a)}{n}=b,$$

将$[a,b]$ n 等分，则区间长度 $\Delta x_i=\frac{b-a}{n}$. 取 $\xi_i=a+\frac{(i-1)(b-a)}{n}\in\Delta x_i$，$i=1,2,\cdots,n$，故有(其中 $\lambda=\max\{\Delta x_i\}$)

$$\int_a^b\mathrm{e}^x\,\mathrm{d}x=\lim_{\lambda\to 0}\sum_{i=1}^{n}f(\xi_i)\Delta x_i=\lim_{\lambda\to 0}\sum_{i=1}^{n}\mathrm{e}^{\xi_i}\Delta x_i=\lim_{n\to\infty}\sum_{i=1}^{n}\mathrm{e}^{a+\frac{i-1}{n}(b-a)}\cdot\frac{b-a}{n}$$
$$=\lim_{n\to\infty}\mathrm{e}^a\cdot\frac{1-\mathrm{e}^{b-a}}{1-\mathrm{e}^{\frac{b-a}{n}}}\cdot\frac{b-a}{n}=\mathrm{e}^a(\mathrm{e}^{b-a}-1)=\mathrm{e}^b-\mathrm{e}^a.$$

(2) 当 $0<a<b$ 时，函数 $y=\dfrac{1}{x^2}$ 在闭区间 $[a,b]$ 上连续，所以可积. 取分割

$$T: a, a+\frac{b-a}{n}, a+\frac{2(b-a)}{n}, \cdots, a+\frac{n(b-a)}{n}=b,$$

将 $[a,b]$ n 等分，则区间长度 $\Delta x_i=\dfrac{b-a}{n}$. 取 $\xi_i=\sqrt{x_{i-1}x_i}\in\Delta x_i$ $(x_{i-1}<\sqrt{x_{i-1}x_i}<x_i)$，$i=1,2,\cdots,n$，故有(其中 $\lambda=\max\{\Delta x_i\}$)

$$\begin{aligned}
\int_a^b\frac{\mathrm{d}x}{x^2}&=\lim_{\lambda\to 0}\sum_{i=1}^n f(\xi_i)\Delta x_i=\lim_{\lambda\to 0}\sum_{i=1}^n\frac{1}{\xi_i^2}\Delta x_i\\
&=\lim_{n\to\infty}\sum_{i=1}^n\frac{1}{\left(\sqrt{\left[a+\frac{i-1}{n}(b-a)\right]\left[a+\frac{i(b-a)}{n}\right]}\right)^2}\frac{b-a}{n}\\
&=\lim_{n\to\infty}\frac{b-a}{n}\sum_{i=1}^n\frac{1}{\left[a+\frac{i-1}{n}(b-a)\right]\left[a+\frac{i}{n}(b-a)\right]}\\
&=\lim_{n\to\infty}\frac{b-a}{n}\sum_{i=1}^n\left[\frac{1}{a+\frac{i-1}{n}(b-a)}-\frac{1}{a+\frac{i}{n}(b-a)}\right]\frac{n}{b-a}\\
&=\lim_{n\to\infty}\left(\frac{1}{a}-\frac{1}{b}\right)=\frac{1}{a}-\frac{1}{b}.
\end{aligned}$$

3. 水库的一个矩形闸门铅直立于水中，设其高为 H 米，宽为 L 米. 当水面与闸门顶部相齐时，写出该闸门所受到的水的压力的积分表达式.

解　将闭区间 $[0,H]$ 作任意分割：$0=x_0<x_1<x_2<\cdots<x_{n-1}<x_n=a$，在每个小区间 Δx_i 上任意取一点 $\xi_i\in\Delta x_i$，$i=1,2,\cdots,n$，得第 i 段小矩形闸门所受到的水的压力的近似值：$\Delta F_i\approx gL\xi_i\Delta x_i$，从而得矩形闸门所受到的水的压力的近似值：

$$F\approx\sum_{i=1}^n gL\xi_i\Delta x_i.$$

取 $\lambda=\max\limits_{1\leqslant i\leqslant n}\{\Delta x_i\}$，故矩形闸门所受到的水的压力为 $F=gL\int_0^H x\,\mathrm{d}x$.

4. 利用定积分表示极限 $\lim\limits_{n\to\infty}\dfrac{1}{n}\left(\sin\dfrac{\pi}{n}+\sin\dfrac{2\pi}{n}+\cdots+\sin\dfrac{(n-1)\pi}{n}\right)$.

解　由于 $\lim\limits_{n\to\infty}\sum\limits_{i=1}^n\dfrac{b-a}{n}f\left(a+\dfrac{(i-1)(b-a)}{n}\right)=\int_a^b f(x)\mathrm{d}x$，故

$$\begin{aligned}
&\lim_{n\to\infty}\frac{1}{n}\left(\sin\frac{\pi}{n}+\sin\frac{2\pi}{n}+\cdots+\sin\frac{(n-1)\pi}{n}\right)\\
&=\lim_{n\to\infty}\frac{1}{\pi}\sum_{i=1}^n\frac{\pi}{n}\sin\frac{(i-1)\pi}{n}\\
&=\frac{1}{\pi}\int_0^\pi\sin x\,\mathrm{d}x.
\end{aligned}$$

习题 5-2

A 类

1. 根据定积分的性质，比较下列各对定积分的大小：

(1) $\int_0^1 x\,dx$ 与 $\int_0^1 x^2 dx$；　　(2) $\int_0^{\frac{\pi}{2}} x\,dx$ 与 $\int_0^{\frac{\pi}{2}} \sin x\,dx$；

(3) $\int_{-2}^{-1} e^{-x^2} dx$ 与 $\int_{-2}^{-1} e^{x^2} dx$；　　(4) $\int_{-2}^{-1} \left(\frac{1}{3}\right)^x dx$ 与 $\int_0^1 3^x dx$.

解 (1) 因为$x - x^2 = x(1-x) > 0$，$x \in (0,1)$，而$x - x^2 = 0$时，$x = 0,1$，所以

$$\int_0^1 x\,dx - \int_0^1 x^2 dx = \int_0^1 x(1-x)dx > 0,$$

即$\int_0^1 x\,dx > \int_0^1 x^2 dx$.

(2) 因为 $x - \sin x > 0, x \in \left(0, \frac{\pi}{2}\right]$，而 $x - \sin x = 0$ 时，$x = 0$，所以

$$\int_0^{\frac{\pi}{2}} x\,dx - \int_0^{\frac{\pi}{2}} \sin x\,dx = \int_0^{\frac{\pi}{2}} (x - \sin x)dx > 0,$$

即$\int_0^{\frac{\pi}{2}} x\,dx > \int_0^{\frac{\pi}{2}} \sin x\,dx$.

(3) 因为 $e^{x^2} - e^{-x^2} = \frac{(e^{x^2})^2 - 1}{e^{x^2}} > 0$，$x \in [-1, -2]$，所以

$$\int_{-2}^{-1} e^{x^2} dx - \int_{-2}^{-1} e^{-x^2} dx = \int_{-2}^{-1} (e^{x^2} - e^{-x^2})dx > 0,$$

即$\int_{-2}^{-1} e^{x^2} dx > \int_{-2}^{-1} e^{-x^2} dx$.

(4) 因为$\int_{-2}^{-1} \left(\frac{1}{3}\right)^x dx = \int_0^1 \left(\frac{1}{3}\right)^{x-2} dx = \int_0^1 3^{2-x} dx$，且当$x \in (0,1)$时，$2 - x > x$，故 $3^{2-x} > 3^x$，所以有$\int_{-2}^{-1} \left(\frac{1}{3}\right)^x dx > \int_0^1 3^x dx$.

2. 设函数 $f(x)$ 在$[0,1]$上连续，在$(0,1)$内可导，且 $3\int_{\frac{2}{3}}^1 f(x)dx = f(0)$. 证明：在$(0,1)$内存在一点 c，使 $f'(c) = 0$.

证 因 $f(x)$ 在$[0,1]$上连续，由积分中值定理，存在 $\xi \in \left(\frac{2}{3}, 1\right)$，使得

$$3\int_{\frac{2}{3}}^1 f(x)dx = 3 \cdot \frac{1}{3} f(\xi) = f(\xi) = f(0).$$

函数 $f(x)$ 在$[0,\xi]$上满足罗尔定理的条件，故存在 $c \in (0,1)$ 使得 $f'(c) = 0$.

3. 证明下列不等式：

(1) $\frac{\pi}{2} < \int_0^{\frac{\pi}{2}} \frac{dx}{\sqrt{1 - \frac{1}{2}\sin^2 x}} < \frac{\sqrt{2}\pi}{2}$；　　(2) $1 < \int_0^1 e^{x^2} dx < e$；

(3) $1<\int_0^{\frac{\pi}{2}}\frac{\sin x}{x}\mathrm{d}x<\frac{\pi}{2}$；　　　(4) $3\sqrt{\mathrm{e}}<\int_{\mathrm{e}}^{4\mathrm{e}}\frac{\ln x}{\sqrt{x}}\mathrm{d}x<6$.

证　(1) 记 $f(x)=\left(1-\frac{1}{2}\sin^2 x\right)^{-\frac{1}{2}}$. 当 $x\in\left[0,\frac{\pi}{2}\right]$ 时，有 $0\leqslant\sin x\leqslant 1$，故当 $x\in\left(0,\frac{\pi}{2}\right)$ 时，有 $1-\frac{1}{2}\sin^2\frac{\pi}{2}<1-\frac{1}{2}\sin^2 x<1-\frac{1}{2}\sin^2 0$，所以

$$1=f(0)<f(x)=\frac{1}{\sqrt{1-\frac{1}{2}\sin^2 x}}<f\left(\frac{\pi}{2}\right)=\sqrt{2}.$$

当 $x=0$ 时，$f(0)=f(x)<f\left(\frac{\pi}{2}\right)$；当 $x=\frac{\pi}{2}$ 时，$f(0)<f(x)=f\left(\frac{\pi}{2}\right)$. 因此

$$\frac{\pi}{2}<\int_0^{\frac{\pi}{2}}\frac{\mathrm{d}x}{\sqrt{1-\frac{1}{2}\sin^2 x}}<\int_0^{\frac{\pi}{2}}\sqrt{2}\,\mathrm{d}x=\frac{\sqrt{2}}{2}\pi.$$

(2) 记 $f(x)=\mathrm{e}^{x^2}$，则 $f(0)=1$，$f(1)=\mathrm{e}$. 而当 $x\in(0,1]$ 时，$f'(x)=2x\,\mathrm{e}^{x^2}>0$，故当 $x\in(0,1)$ 时，有 $1<\mathrm{e}^{x^2}<\mathrm{e}$. 因此

$$1=\int_0^1\mathrm{d}x<\int_0^1\mathrm{e}^{x^2}\mathrm{d}x<\int_0^1\mathrm{e}\,\mathrm{d}x=\mathrm{e}.$$

(3) 记 $f(x)=\begin{cases}\frac{\sin x}{x}, & x\in\left(0,\frac{\pi}{2}\right],\\ 1, & x=0,\end{cases}$ 则

$$f'(x)=\frac{x\cos x-\sin x}{x^2}=\frac{\cos x}{x^2}(x-\tan x)<0,\quad x\in\left(0,\frac{\pi}{2}\right),$$

$f(x)$ 在区间 $\left[0,\frac{\pi}{2}\right]$ 上单调减少，故有 $f\left(\frac{\pi}{2}\right)<f(x)<f(0)$. 又 $f(0)=1$，$f\left(\frac{\pi}{2}\right)=\frac{2}{\pi}$，故当 $x\in\left(0,\frac{\pi}{2}\right)$ 时，有 $\frac{2}{\pi}<\frac{\sin x}{x}<1$. 于是

$$\int_0^{\frac{\pi}{2}}\frac{2}{\pi}\mathrm{d}x<\int_0^{\frac{\pi}{2}}\frac{\sin x}{x}\mathrm{d}x<\int_0^{\frac{\pi}{2}}\mathrm{d}x,$$

即 $1<\int_0^{\frac{\pi}{2}}\frac{\sin x}{x}\mathrm{d}x<\frac{\pi}{2}$.

(4) 设 $f(x)=\frac{\ln x}{\sqrt{x}}$，先求 $f(x)$ 在 $(\mathrm{e},4\mathrm{e})$ 上的最大值和最小值. 因为

$$f'(x)=\left(\frac{\ln x}{\sqrt{x}}\right)'=\frac{\frac{1}{x}\sqrt{x}-\frac{1}{2\sqrt{x}}\ln x}{x}=\frac{2-\ln x}{2x\sqrt{x}},$$

得唯一驻点 $x=\mathrm{e}^2$. 计算在驻点和区间端点处的函数值：

$$f(\mathrm{e})=\frac{1}{\sqrt{\mathrm{e}}},\quad f(4\mathrm{e})=\frac{\ln 4\mathrm{e}}{2\sqrt{\mathrm{e}}},\quad f(\mathrm{e}^2)=\frac{2}{\mathrm{e}}.$$

比较可知 $f(x)$ 在 $(\mathrm{e},4\mathrm{e})$ 上的最大值为 $f(\mathrm{e}^2)=\frac{2}{\mathrm{e}}$，最小值为 $f(\mathrm{e})=\frac{1}{\sqrt{\mathrm{e}}}$，所以 $f(x)$ 在 $(\mathrm{e},4\mathrm{e})$ 上有 $\frac{1}{\sqrt{\mathrm{e}}}<\frac{\ln x}{\sqrt{x}}<\frac{2}{\mathrm{e}}$. 从而 $3\sqrt{\mathrm{e}}<\int_{\mathrm{e}}^{4\mathrm{e}}\frac{\ln x}{\sqrt{x}}\mathrm{d}x<6$.

4. 估计下列各积分的值：

(1) $\int_1^2 \frac{x\,dx}{1+x^2}$；　　(2) $\int_{\frac{1}{\sqrt{3}}}^{\sqrt{3}} x\arctan x\,dx$；

(3) $\int_0^{2\pi} \frac{dx}{10+3\cos x}$；　　(4) $\int_8^{18} \frac{x+1}{x+2}dx$.

解 (1) 设 $f(x)=\frac{x}{1+x^2}$，$x\in[1,2]$，则 $f'(x)=\frac{1-x^2}{(1+x^2)^2}\leqslant 0$，$x\in[1,2]$，所以 $f(x)$ 在区间 $[1,2]$ 上单调减少，故有 $\frac{2}{5}\leqslant f(x)\leqslant\frac{1}{2}$. 从而 $\frac{2}{5}\leqslant\int_1^2\frac{x}{1+x^2}dx\leqslant\frac{1}{2}$.

(2) 设 $f(x)=x\arctan x$，则 $f'(x)=\arctan x+\frac{2x^2}{1+x^2}>0$，$x\in\left[\frac{1}{\sqrt{3}},\sqrt{3}\right]$，所以 $f(x)$ 在区间 $\left[\frac{1}{\sqrt{3}},\sqrt{3}\right]$ 上单调增加，故有 $\frac{1}{\sqrt{3}}\arctan\frac{1}{\sqrt{3}}\leqslant x\arctan x\leqslant\sqrt{3}\arctan\sqrt{3}$. 从而

$$\int_{\frac{1}{\sqrt{3}}}^{\sqrt{3}}\frac{1}{\sqrt{3}}\arctan\frac{1}{\sqrt{3}}\,dx\leqslant\int_{\frac{1}{\sqrt{3}}}^{\sqrt{3}}x\arctan x\,dx\leqslant\int_{\frac{1}{\sqrt{3}}}^{\sqrt{3}}\sqrt{3}\arctan\sqrt{3}\,dx,$$

即 $\frac{\pi}{9}=\left(\sqrt{3}-\frac{1}{\sqrt{3}}\right)\frac{1}{\sqrt{3}}\arctan\frac{1}{\sqrt{3}}\leqslant\int_{\frac{1}{\sqrt{3}}}^{\sqrt{3}}x\arctan x\,dx\leqslant\left(\sqrt{3}-\frac{1}{\sqrt{3}}\right)\sqrt{3}\arctan\sqrt{3}=\frac{2\pi}{3}$.

(3) 设 $f(x)=\frac{1}{10+3\cos x}$，$x\in[0,2\pi]$，而 $x\in[0,2\pi]$ 时，有 $0\leqslant\cos x\leqslant 1$，所以 $f(x)$ 在区间 $[0,2\pi]$ 上有 $\frac{1}{13}\leqslant\frac{1}{10+3\cos x}\leqslant\frac{1}{10}$，即 $\frac{2\pi}{13}\leqslant\int_0^{2\pi}\frac{dx}{10+3\cos x}\leqslant\frac{\pi}{5}$.

(4) 设 $f(x)=\frac{x+1}{x+2}$，$x\in[8,18]$，则

$$f'(x)=\left(1-\frac{1}{x+2}\right)'=\frac{1}{(x+2)^2}>0,\quad x\in[8,18],$$

所以 $f(x)=\frac{x+1}{x+2}$ 在区间 $x\in[8,18]$ 上单调增加，故有

$$\frac{9}{10}=f(8)\leqslant\frac{x+1}{x+2}\leqslant f(18)=\frac{19}{20}.$$

从而 $9=\int_8^{18}\frac{9}{10}dx\leqslant\int_8^{18}\frac{x+1}{x+2}dx\leqslant\int_8^{18}\frac{19}{20}dx=\frac{19}{2}$.

5. 若函数 $f(x)$ 在 $[0,1]$ 上可积且单调减少，求证：$\forall a\in(0,1)$，有

$$a\int_0^1 f(x)dx\leqslant\int_0^a f(x)dx.$$

证 $\forall a\in(0,1)$，由于函数 $f(x)$ 在 $[0,1]$ 上可积且单调减少，所以有 $f(x)\geqslant f(a)$，$x\in[0,a]$. 根据定积分的单调性，有 $\int_0^a f(a)dx\leqslant\int_0^a f(x)dx$，即

$$\frac{1}{a}\int_0^a f(x)dx\geqslant f(a). \tag{①}$$

另一方面，$x\in[a,1]$ 时，有 $\int_a^1 f(x)dx\leqslant\int_a^1 f(a)dx$，即

$$\frac{1}{1-a}\int_a^1 f(x)dx\leqslant f(a). \tag{②}$$

由 ① 式和 ② 式，得$\frac{1}{1-a}\int_a^1 f(x)\mathrm{d}x \leqslant f(a) \leqslant \frac{1}{a}\int_0^a f(x)\mathrm{d}x$，即

$$a\int_a^1 f(x)\mathrm{d}x \leqslant (1-a)\int_0^a f(x)\mathrm{d}x = \int_0^a f(x)\mathrm{d}x - a\int_0^a f(x)\mathrm{d}x.$$

于是 $a\left(\int_0^a f(x)\mathrm{d}x + \int_a^1 f(x)\mathrm{d}x\right) \leqslant \int_0^a f(x)\mathrm{d}x$. 再根据定积分的可加性质，有

$$a\int_0^1 f(x)\mathrm{d}x \leqslant \int_0^a f(x)\mathrm{d}x.$$

6. 设 $f(x),g(x)$ 都在$[a,b]$上可积，证明：$M(x) = \max\limits_{x\in[a,b]}\{f(x),g(x)\}$，$m(x) = \min\limits_{x\in[a,b]}\{f(x),g(x)\}$ 在$[a,b]$上也都可积.

证　因为 f,g 在$[a,b]$上可积，根据积分性质，$f-g$ 在$[a,b]$上可积，$|f-g|$在$[a,b]$上也可积. 由于

$$M(x) = \max_{x\in[a,b]}\{f(x),g(x)\} = \frac{1}{2}(f(x)+g(x)+|f(x)-g(x)|),$$

$$m(x) = \min_{x\in[a,b]}\{f(x),g(x)\} = \frac{1}{2}(f(x)+g(x)-|f(x)-g(x)|),$$

根据积分的线性性质，知 $M(x),m(x)$ 在$[a,b]$上也都可积.

7. 若函数 $f(x)$ 在$[a,b]$上可积，其积分是 I，令在$[a,b]$内有限个点上改变 $f(x)$ 的值使它成为另一函数 $f^*(x)$，证明：$f^*(x)$ 也在$[a,b]$上可积，并且积分仍为 I.

证　令 $F(x) = f(x) - f^*(x)$，则 $F(x)$ 在$[a,b]$上除有限个点外均为零，即除有限个点外均连续，故必可积，且积分为零. 再由积分性质，$f^*(x) = f(x) - F(x)$ 可积，且

$$\int_a^b f^*(x)\mathrm{d}x = \int_a^b f(x)\mathrm{d}x - \int_a^b F(x)\mathrm{d}x = I - 0 = I.$$

B　类

1. 根据定积分的性质，比较下列各对定积分的大小：

(1) $\int_0^1 \frac{\sin x}{x}\mathrm{d}x$ 与$\int_0^1\left(\frac{\sin x}{x}\right)^2\mathrm{d}x$；　　(2) $\int_1^2 2\sqrt{x}\,\mathrm{d}x$ 与$\int_1^2\left(3-\frac{1}{x}\right)\mathrm{d}x$；

(3) $\int_0^1 \ln(1+x)\,\mathrm{d}x$ 与$\int_0^1 \frac{\arctan x}{1+x}\mathrm{d}x$.

解　(1) 设 $f(x) = x - \sin x$，$x\in[0,1]$，则 $f'(x) = 1-\cos x > 0$，$x\in(0,1]$，所以当 $x\in(0,1]$时，$f(x)$ 单调增加. 故有 $f(x) > 0$，即 $x > \sin x$，也就是当 $x\in(0,1]$时，$0 < \frac{\sin x}{x} < 1$，因此有$\frac{\sin x}{x} > \left(\frac{\sin x}{x}\right)^2$. 从而$\int_0^1 \frac{\sin x}{x}\mathrm{d}x > \int_0^1\left(\frac{\sin x}{x}\right)^2\mathrm{d}x$.

(2) 设$f(x) = 2\sqrt{x} - \left(3-\frac{1}{x}\right)$，$x\in[1,2]$，则 $f'(x) = \frac{1}{\sqrt{x}} - \frac{1}{x^2} > 0$，$x\in[1,2]$，

所以当 $x\in[1,2]$ 时，$f(x)$ 单调增加，故有 $f(x) > f(1) = 0$，即 $2\sqrt{x} > 3-\frac{1}{x}$. 从而

$$\int_1^2 2\sqrt{x}\,\mathrm{d}x > \int_1^2\left(3-\frac{1}{x}\right)\mathrm{d}x.$$

(3) 设 $f(x)=\ln(1+x)-\dfrac{\arctan x}{1+x}=\dfrac{(1+x)\ln(1+x)-\arctan x}{1+x}$，$x\in[0,1]$. 令 $g(x)=(1+x)\ln(1+x)-\arctan x$，则

$$g'(x)=\ln(1+x)+1-\frac{1}{1+x^2}\geqslant 0,\quad x\in[0,1],$$

所以当 $x\in[0,1]$ 时，$g(x)$ 单调增加，故有 $g(x)\geqslant g(0)=0$. 而由 $g(x)=0$，得唯一的驻点 $x=0$，即有 $(1+x)\ln(1+x)-\arctan x>0$，$x\in(0,1]$，故有

$$f(x)=\ln(1+x)-\frac{\arctan x}{1+x}=\frac{(1+x)\ln(1+x)-\arctan x}{1+x}>0,\quad x\in(0,1].$$

因此有 $\ln(1+x)>\dfrac{\arctan x}{1+x}$，$x\in(0,1]$，从而 $\displaystyle\int_0^1\ln(1+x)\mathrm{d}x>\int_0^1\frac{\arctan x}{1+x}\mathrm{d}x$.

2. 设 $f'(x)$ 在 $[a,b]$ 上连续，且 $f(a)=0$，求证：

$$\left|\int_a^b f(x)\mathrm{d}x\right|\leqslant\frac{(b-a)^2}{2}\max_{a\leqslant x\leqslant b}|f'(x)|.$$

证 由于 $\left|\displaystyle\int_a^b f(x)\mathrm{d}x\right|\leqslant\int_a^b|f(x)|\mathrm{d}x$，而 $f'(x)$ 在 $[a,b]$ 上连续，故 $f'(x)$ 在 $[a,b]$ 上存在最大值 $M=\max\limits_{a\leqslant x\leqslant b}|f'(x)|$，$\forall x\in[a,b]$，有 $|f'(x)|\leqslant M$. 于是

$$|f(x)|=|f(x)-f(a)|=(x-a)|f'(\xi)|\leqslant M(x-a),\quad a<\xi<x<b.$$

因此

$$\left|\int_a^b f(x)\mathrm{d}x\right|\leqslant\int_a^b|f(x)|\mathrm{d}x\leqslant\int_a^b(x-a)M\mathrm{d}x=\frac{(b-a)^2}{2}M$$
$$=\frac{(b-a)^2}{2}\max_{a\leqslant x\leqslant b}|f'(x)|.$$

3. 设 $f(x)$ 在 $[a,b]$ 上连续，且对 $[a,b]$ 上任一连续函数 $g(x)$ 均有 $\displaystyle\int_a^b f(x)g(x)\mathrm{d}x=0$，证明：$f(x)\equiv 0$，$x\in[a,b]$.

证 由于 $f(x)$ 在 $[a,b]$ 上连续，且对 $[a,b]$ 上任一连续函数 $g(x)$ 均有 $\displaystyle\int_a^b f(x)g(x)\mathrm{d}x=0$，则当 $g(x)=f(x)$ 时，有

$$\int_a^b f(x)g(x)\mathrm{d}x=\int_a^b f^2(x)\mathrm{d}x=0,$$

故必有 $f(x)\equiv 0$，$x\in[a,b]$. 否则，不妨设 $x_0\in(a,b)$，$f(x)$ 在点 x_0 处连续，且 $f(x_0)>0$（小于零时证明类似），取 $\varepsilon=\dfrac{f(x_0)}{2}>0$，则 $\exists\delta>0$，$(x_0-\delta,x_0+\delta)\subset(a,b)$，当 $x\in U(x_0,\delta)$ 时，有 $|f(x)-f(x_0)|<\varepsilon=\dfrac{f(x_0)}{2}$，即

$$\frac{f(x_0)}{2}<f(x)<\frac{3f(x_0)}{2},$$

由定积分的可加性质（教材中性质 3.4）和单调性质（教材中性质 3.6），有

$$\int_a^b f(x)\mathrm{d}x\geqslant\int_{x_0-\delta}^{x_0+\delta}f(x)\mathrm{d}x\geqslant\int_{x_0-\delta}^{x_0+\delta}\frac{f(x_0)}{2}\mathrm{d}x=f(x_0)\delta>0.$$

上式表明对连续函数 $g(x)=1$ 时，条件 $\int_a^b f(x)g(x)\mathrm{d}x=0$ 不成立. 故结论成立.

4. 设 $f(x)$ 在 $[0,1]$ 上连续，$f(x)\geqslant\alpha>0$，求证：$\int_0^1 \frac{1}{f^2(x)}\mathrm{d}x\geqslant\frac{1}{\int_0^1 f^2(x)\mathrm{d}x}$.

证　因 $f(x)$ 在 $[0,1]$ 上连续，且 $f(x)\geqslant\alpha>0$，故 $\frac{1}{f(x)}$ 在 $[0,1]$ 上也连续，积分 $\int_0^1\frac{1}{f(x)}\mathrm{d}x$, $\int_0^1 f(x)\mathrm{d}x$ 均存在. 由柯西不等式，有

$$1=\left(\int_0^1\mathrm{d}x\right)^2=\left(\int_0^1 f(x)\frac{1}{f(x)}\mathrm{d}x\right)^2\leqslant\int_0^1 f^2(x)\mathrm{d}x\int_0^1\frac{1}{f^2(x)}\mathrm{d}x,$$

即 $\int_0^1\frac{1}{f^2(x)}\mathrm{d}x\geqslant\frac{1}{\int_0^1 f^2(x)\mathrm{d}x}$.

5. 设函数 $f(x)\in C[0,1]$，$f(x)$ 在 $(0,1)$ 内可微，且 $f(1)=2\int_0^{\frac{1}{2}}xf(x)\mathrm{d}x$. 求证：$\exists\eta\in(0,1)$，使得 $f(\eta)+\eta f'(\eta)=0$.

证　令 $F(x)=xf(x)$，则 $F(x)\in C[0,1]$. 由积分中值公式，$\exists\xi\in\left[0,\frac{1}{2}\right]$，使得

$$2\int_0^{\frac{1}{2}}xf(x)\mathrm{d}x=2\int_0^{\frac{1}{2}}F(x)\mathrm{d}x=2F(\xi)\cdot\frac{1}{2}=F(\xi).$$

注意到 $F(x)\in C[\xi,1]$，$F(x)$ 在 $(\xi,1)$ 内可导，且 $F(\xi)=2\int_0^{\frac{1}{2}}xf(x)\mathrm{d}x=f(1)=F(1)$，由罗尔定理，至少存在一点 $\eta\in(0,1)$，使得 $F'(\eta)=f(\eta)+\eta f'(\eta)$.

习题 5-3

A　类

1. 求由参数表达式 $x=\int_0^t\sin u\,\mathrm{d}u$, $y=\int_0^t\cos u\,\mathrm{d}u$ 所给定的函数 y 对 x 的导数.

解　$\frac{\mathrm{d}x}{\mathrm{d}t}=\sin t$, $\frac{\mathrm{d}y}{\mathrm{d}t}=\cos t$, 故 $\frac{\mathrm{d}y}{\mathrm{d}x}=\frac{\mathrm{d}y/\mathrm{d}t}{\mathrm{d}x/\mathrm{d}t}=\cot t$.

2. 计算下列各导数：

(1) $\frac{\mathrm{d}}{\mathrm{d}x}\int_0^{x^2}\sqrt{1+t^2}\,\mathrm{d}t$；　　(2) $\frac{\mathrm{d}}{\mathrm{d}x}\int_{\sin x}^{\cos x}\cos(\pi t^2)\,\mathrm{d}t$.

解　(1) $\frac{\mathrm{d}}{\mathrm{d}x}\int_0^{x^2}\sqrt{1+t^2}\,\mathrm{d}t=2x\sqrt{1+x^4}$.

(2)
$$\begin{aligned}\frac{\mathrm{d}}{\mathrm{d}x}\int_{\sin x}^{\cos x}\cos(\pi t^2)\,\mathrm{d}t&=\cos(\pi\cos^2x)(-\sin x)-\cos(\pi\sin^2x)\cos x\\&=(\sin x-\cos x)\cos(\pi\sin^2x).\end{aligned}$$

3. 设 f 在 $[a,b]$ 上连续，$F(x)=\int_a^x f(x)(x-t)\mathrm{d}t$. 证明：$F''(x)=f(x)$，$x\in[a,b]$.

证 因 $F(x)=\int_a^x xf(t)\mathrm{d}t-\int_a^x tf(t)\mathrm{d}t=x\int_a^x f(t)\mathrm{d}t-\int_a^x tf(t)\mathrm{d}t$，所以

$$F'(x)=\int_a^x f(t)\mathrm{d}t-xf(x)-xf(x)=\int_a^x f(t)\mathrm{d}t,$$

故 $F''(x)=f(x)$，$x\in[a,b]$.

4. 计算下列各定积分：

(1) $\int_{-\frac{1}{2}}^{\frac{1}{2}}\frac{\mathrm{d}x}{\sqrt{1-x^2}}$；　　(2) $\int_0^{\sqrt{3}a}\frac{\mathrm{d}x}{a^2+x^2}$；

(3) $\int_{-\mathrm{e}-1}^{-2}\frac{\mathrm{d}x}{1+x}$；　　(4) $\int_0^1(2x+3)\mathrm{d}x$；

(5) $\int_0^1\frac{1-x^2}{1+x^2}\mathrm{d}x$；　　(6) $\int_0^1\frac{\mathrm{e}^x-\mathrm{e}^{-x}}{2}\mathrm{d}x$.

解 (1) 由于 $\mathrm{d}(\arcsin x)=\frac{\mathrm{d}x}{\sqrt{1-x^2}}$，所以

$$\int_{-\frac{1}{2}}^{\frac{1}{2}}\frac{\mathrm{d}x}{\sqrt{1-x^2}}=\arcsin x\Big|_{-\frac{1}{2}}^{\frac{1}{2}}=\arcsin\frac{1}{2}-\arcsin\left(-\frac{1}{2}\right)=2\arcsin\frac{1}{2}=\frac{\pi}{3}.$$

(2) 由于 $\mathrm{d}\left(\frac{1}{a}\arctan\frac{x}{a}\right)=\frac{\mathrm{d}x}{a^2+x^2}$，所以

$$\int_0^{\sqrt{3}a}\frac{\mathrm{d}x}{a^2+x^2}=\frac{1}{a}\arctan\frac{x}{a}\Big|_0^{\sqrt{3}a}=\frac{1}{a}\arctan\sqrt{3}=\frac{\pi}{3a}.$$

(3) 由于 $\mathrm{d}(\ln(1+x))=\frac{\mathrm{d}x}{1+x}$，所以

$$\int_{-\mathrm{e}-1}^{-2}\frac{\mathrm{d}x}{1+x}=\ln|1+x|\Big|_{-\mathrm{e}-1}^{-2}=\ln|1-2|-\ln|1-\mathrm{e}-1|=-1.$$

(4) $\int_0^1(2x+3)\mathrm{d}x=\int_0^1 2x\,\mathrm{d}x+3\int_0^1\mathrm{d}x=x^2\Big|_0^1+3x\Big|_0^1=4.$

(5) $$\int_0^1\frac{1-x^2}{1+x^2}\mathrm{d}x=\int_0^1\left(\frac{2}{1+x^2}-1\right)\mathrm{d}x=\int_0^1\frac{2}{1+x^2}\mathrm{d}x-\int_0^1\mathrm{d}x$$
$$=2\arctan x\Big|_0^1-x\Big|_0^1=\frac{\pi}{2}-1.$$

(6) 由于 $\mathrm{d}\left(\frac{\mathrm{e}^x+\mathrm{e}^{-x}}{2}\right)=\mathrm{d}(\operatorname{ch}x)=\operatorname{sh}x\,\mathrm{d}x=\frac{\mathrm{e}^x-\mathrm{e}^{-x}}{2}\mathrm{d}x$，所以

$$\int_0^1\frac{\mathrm{e}^x-\mathrm{e}^{-x}}{2}\mathrm{d}x=\int_0^1\mathrm{d}\left(\frac{\mathrm{e}^x+\mathrm{e}^{-x}}{2}\right)=\frac{1}{2}(\mathrm{e}^x+\mathrm{e}^{-x})\Big|_0^1=\frac{1}{2}(\mathrm{e}+\mathrm{e}^{-1})-1.$$

5. 求下列极限：

(1) $\lim\limits_{x\to+\infty}\frac{\int_0^x(\arctan t)^2\mathrm{d}t}{\sqrt{x^2+1}}$；　　(2) $\lim\limits_{x\to 0}\frac{\left(\int_0^x\mathrm{e}^{t^2}\mathrm{d}t\right)^2}{\int_0^x t\,\mathrm{e}^{2t^2}\mathrm{d}t}$；

(3) $\lim\limits_{x\to 0}\frac{1}{x}\int_0^x\cos t^2\,\mathrm{d}t$.

解　(1) $\lim\limits_{x\to+\infty}\dfrac{\int_0^x(\arctan t)^2\mathrm{d}t}{\sqrt{x^2+1}}=\lim\limits_{x\to+\infty}\dfrac{(\arctan x)^2}{\dfrac{x}{\sqrt{1+x^2}}}=\dfrac{\pi^2}{4}.$

(2) $\lim\limits_{x\to0}\dfrac{\left(\int_0^x \mathrm{e}^{t^2}\mathrm{d}t\right)^2}{\int_0^x t\,\mathrm{e}^{2t^2}\mathrm{d}t}=\lim\limits_{x\to0}\dfrac{\mathrm{e}^{x^2}\cdot 2\int_0^x \mathrm{e}^{t^2}\mathrm{d}t}{x\,\mathrm{e}^{2x^2}}=2\lim\limits_{x\to0}\dfrac{\int_0^x \mathrm{e}^{t^2}\mathrm{d}t}{x\,\mathrm{e}^{x^2}}=2\lim\limits_{x\to0}\dfrac{\mathrm{e}^{x^2}}{2x^2\mathrm{e}^{x^2}+\mathrm{e}^{x^2}}=2.$

(3) $\lim\limits_{x\to0}\dfrac{1}{x}\int_0^x\cos t^2\,\mathrm{d}t=\lim\limits_{x\to0}\dfrac{\int_0^x\cos t^2\,\mathrm{d}t}{x}=\lim\limits_{x\to0}\dfrac{\cos x^2}{1}=\lim\limits_{x\to0}\cos x^2=1.$

6. 设 $f(x)=\begin{cases}x^2, & x\in[0,1),\\ x, & x\in[1,2].\end{cases}$ 求 $\Phi(x)=\int_0^x f(t)\mathrm{d}t$ 在[0,2]上的表达式，并讨论 $\Phi(x)$ 在(0,2)内的连续性.

解　当 $x\in[0,1]$ 时，有 $\Phi(x)=\int_0^x f(t)\mathrm{d}t=\int_0^x t^2\mathrm{d}t=\dfrac{1}{3}x^3$；当 $x\in(1,2]$ 时，有

$$\Phi(x)=\int_0^1 f(t)\mathrm{d}t+\int_1^x f(t)\mathrm{d}t=\int_0^1 t^2\mathrm{d}t+\int_1^x t\,\mathrm{d}t=\frac{1}{2}x^2-\frac{1}{6}.$$

所以 $\Phi(x)=\begin{cases}\dfrac{1}{3}x^3, & x\in[0,1],\\ \dfrac{1}{2}x^2-\dfrac{1}{6}, & x\in(1,2].\end{cases}$

易知 $\lim\limits_{x\to1-0}\Phi(x)=\lim\limits_{x\to1+0}\Phi(x)=\Phi(1)$，所以 $\Phi(x)$ 在(0,2)内连续.

7. 设 $f(x)$ 在 $[a,b]$ 上连续且 $f(x)>0$，$F(x)=\int_a^x f(t)\mathrm{d}t+\int_b^x\dfrac{\mathrm{d}t}{f(t)}$，$x\in[a,b]$. 证明：

(1) $F'(x)\geqslant2$；

(2) 方程 $F(x)=0$ 在 (a,b) 内有且仅有一个根.

证　(1) 由 $f(x)$ 在 $[a,b]$ 上连续且 $f(x)>0$，有

$$F'(x)=f(x)+\frac{1}{f(x)}\geqslant2\sqrt{f(x)}\sqrt{\frac{1}{f(x)}}=2.$$

(2) 显然，$F(a)=\int_b^a\dfrac{\mathrm{d}t}{f(t)}=-\int_a^b\dfrac{\mathrm{d}t}{f(t)}<0$，$F(b)=\int_a^b f(t)\mathrm{d}t>0$，由单调性及介值定理知 $F(x)=0$ 在 (a,b) 内有且仅有一根.

8. 设 $f(x)$ 为连续函数.

(1) 若 f 满足恒等式 $\int_0^{x^3-1}f(t)\mathrm{d}t=x-1$，求 $f(7)$.

(2) 若 f 满足恒等式 $\int_1^{\mathrm{e}^{-x}}f(t)\mathrm{d}t=\mathrm{e}^x$，求 $f(x)$.

解　(1) 对等式 $\int_0^{x^3-1}f(t)\mathrm{d}t=x-1$ 两边求导数，得

$$f(x^3-1)\cdot 2x^2=1.$$

令 $x^3-1=u$，则 $x=\sqrt[3]{u+1}$，故有 $f(u)=\dfrac{1}{3(u+1)^{\frac{2}{3}}}$. 所以 $f(7)=\dfrac{1}{12}$.

(2) 对等式$\int_1^{e^{-x}} f(t)\mathrm{d}t=e^x$ 两边求导数，得 $-f(e^{-x})e^{-x}=e^x$. 令 $e^{-x}=u$，则 $f(u)=-\dfrac{1}{u^2}$，所以 $f(x)=-\dfrac{1}{x^2}$.

9. 设 $f(x)\in C[0,1]$ 且 $f(x)\geqslant 0$.

(1) 试证：$\exists x_0\in[0,1]$，使得在区间$[0,x_0]$上以 $f(x_0)$ 为高的矩形面积等于区间$[x_0,1]$上以 $y=f(x)$ 为边的曲边梯形面积(如图 5-2).

(2) 又设 $f(x)$ 在区间$(0,1)$内可导，且 $f'(x)>-\dfrac{2f(x)}{x}$，证明：(1) 中的 x_0 是唯一的.

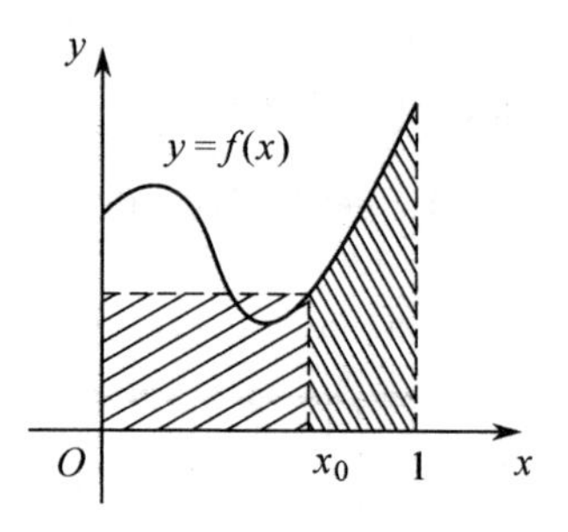

图 5-2

证 (1) 令 $g(x)=x\int_x^1 f(t)\mathrm{d}t$，$x\in[0,1]$，则 $g(0)=0$，$g(1)=0$，且

$$g'(x)=\int_x^1 f(x)\mathrm{d}x-xf(x).$$

在$[0,1]$上对 $g(x)$ 应用罗尔定理，则至少有一点 $x_0\in(0,1)$，使得 $g'(x_0)=0$，即

$$\int_{x_0}^1 f(x)\mathrm{d}x=x_0f(x_0),$$

故在$[0,x_0]$上的矩形面积 $x_0f(x_0)$ 等于$[x_0,1]$上以 $y=f(x)$ 为边的曲边梯形面积.

(2) 设函数 $h(x)=\int_x^1 f(t)\mathrm{d}t-xf(x)$，则

$$h'(x)=-2f(x)-xf'(x)<-2f(x)+x\cdot\frac{2f(x)}{x}=0,$$

所以函数 $h(x)$ 在$(0,1)$内严格单调减少. 故使得 $h(x_0)=0$ 的 x_0 是唯一的，即(1) 中的 x_0 是唯一的.

B 类

1. 试求函数 $y=\int_0^x \sin t\,\mathrm{d}t$ 当 $x=0$ 及 $x=\dfrac{\pi}{4}$ 时的导数.

解 $\dfrac{\mathrm{d}y}{\mathrm{d}x}=\sin x$，所以$\left.\dfrac{\mathrm{d}y}{\mathrm{d}x}\right|_{x=0}=0$，$\left.\dfrac{\mathrm{d}y}{\mathrm{d}x}\right|_{x=\frac{\pi}{4}}=\dfrac{\sqrt{2}}{2}$.

2. 求由$\int_0^y e^t\,\mathrm{d}t+\int_0^x \cos t\,\mathrm{d}t=0$ 所决定的隐函数 y 对 x 的导数$\dfrac{\mathrm{d}y}{\mathrm{d}x}$.

解 将等式两边对 x 求导，有 $e^y\dfrac{\mathrm{d}y}{\mathrm{d}x}+\cos x=0$，故

$$\frac{\mathrm{d}y}{\mathrm{d}x}=-e^{-y}\cos x.$$

3. 求 $\lim\limits_{x\to 0}\dfrac{\int_0^{\int_0^x \sin t^2\,dt} t\,dt}{\int_0^x \left(t^2\int_0^t \sin u^2\,du\right)dt}$.

解　$\lim\limits_{x\to 0}\dfrac{\int_0^{\int_0^x \sin t^2\,dt} t\,dt}{\int_0^x \left(t^2\int_0^t \sin u^2\,du\right)dt}=\lim\limits_{x\to 0}\dfrac{\sin x^2\int_0^x \sin t^2\,dt}{x^2\int_0^x \sin u^2\,du}=\lim\limits_{x\to 0}\dfrac{\sin x^2}{x^2}=1.$

4. 计算下列各定积分：

(1) $\int_{-1}^0 \dfrac{3x^4+3x^2+1}{x^2+1}dx$；　　(2) $\int_0^{2\pi}|\sin x|\,dx$；

(3) $\int_0^2 \max\{x,x^2\}\,dx$.

解　(1) $\int_{-1}^0 \dfrac{3x^4+3x^2+1}{x^2+1}dx=\int_{-1}^0 \dfrac{3x^2(x^2+1)+1}{x^2+1}dx=\int_{-1}^0\left(3x^2+\dfrac{1}{x^2+1}\right)dx$

$$=(x^3+\arctan x)\Big|_{-1}^0=1+\frac{\pi}{4}.$$

(2) $\int_0^{2\pi}|\sin x|\,dx=2\int_0^{\pi}\sin x\,dx=2(-\cos x)\Big|_0^{\pi}=4.$

(3) $\int_0^2 \max\{x,x^2\}\,dx=\int_0^1 \max\{x,x^2\}\,dx+\int_1^2 \max\{x,x^2\}\,dx$

$$=\int_0^1 x\,dx+\int_1^2 x^2dx=\frac{1}{2}x^2\Big|_0^1+\frac{1}{3}x^3\Big|_1^2$$

$$=\frac{1}{2}+\frac{1}{3}\times(8-1)=\frac{17}{6}.$$

5. 设 k 及 l 为正整数，且 $k\neq l$，证明：$\int_{-\pi}^{\pi}\cos kx\,\sin lx\,dx=0$.

证　由积化和差公式 $\cos kx\,\sin lx=\dfrac{1}{2}(\sin(k+l)x-\sin(k-l)x)$，有

$$\int_{-\pi}^{\pi}\cos kx\,\sin lx\,dx=\int_{-\pi}^{\pi}\frac{1}{2}(\sin(k+l)x-\sin(k-l)x)dx$$

$$=\left[\frac{1}{2}\left(-\frac{1}{k+l}\right)\cos(k+l)x+\frac{1}{2}\,\frac{1}{k-l}\cos(k-l)x\right]\Big|_{-\pi}^{\pi}$$

$$=0.$$

6. 设 $f(x)$ 在 $[a,b]$ 上可导，且 $f'(x)>0$，$f(a)>0$，试证：对如图 5-3 所示的两部分面积 $A(x)$，$B(x)$ 来说，存在唯一的 $\xi\in(a,b)$，使 $\dfrac{A(\xi)}{B(\xi)}=2\,008$.

证　如图所示，$\forall x\in(a,b)$，有

$$A(x)=\int_a^x(f(x)-f(t))dt,$$

$$B(x)=\int_x^b(f(t)-f(x))dt.$$

令 $F(x)=A(x)-2\,008B(x)$，则 $F(x)$ 在$[a,b]$上连续. 由

$$A'(x)=f'(x)(x-a)>0,$$
$$B'(x)=-f'(x)(b-x)<0,$$

得

$$F'(x)=A'(x)-2\,008B'(x)>0,$$

即 $F(x)$ 在$[a,b]$上单调增加. 而 $F(a)<0$，$F(b)>0$，由零点定理，存在唯一点 $\xi\in(a,b)$，使 $F(\xi)=0$，即$\dfrac{A(\xi)}{B(\xi)}=2\,008$.

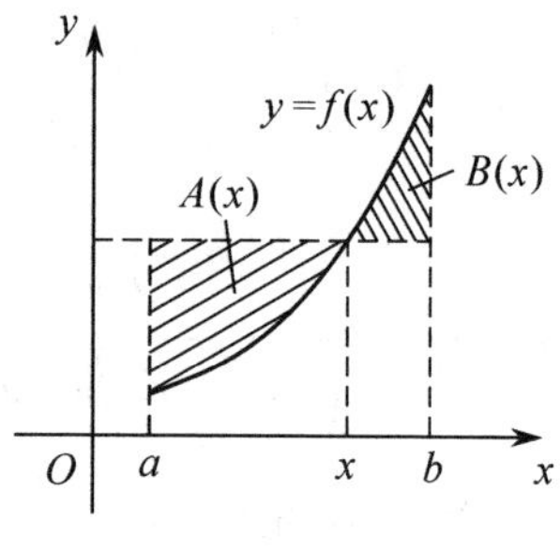

图 5-3

7. 设 $f(x)$ 在$(-\infty,+\infty)$内连续，且 $f(x)>0$，证明：函数

$$F(x)=\frac{\int_0^x tf(t)\mathrm{d}t}{\int_0^x f(t)\mathrm{d}t}$$

在$(0,+\infty)$内单调增加.

证 要证明 $F(x)$ 当 $x\geqslant 0$ 时为增函数，只要证明当 $x\geqslant 0$ 时，$F'(x)>0$ 即可. 因为

$$F'(x)=\frac{\int_0^x f(t)\mathrm{d}t\cdot\frac{\mathrm{d}}{\mathrm{d}x}\int_0^x tf(t)\mathrm{d}t-\int_0^x tf(t)\mathrm{d}t\cdot\frac{\mathrm{d}}{\mathrm{d}x}\int_0^x f(t)\mathrm{d}t}{\left(\int_0^x f(t)\mathrm{d}t\right)^2}$$

$$=\frac{f(x)\left(x\int_0^x f(t)\mathrm{d}t-\int_0^x tf(t)\mathrm{d}t\right)}{\left(\int_0^x f(t)\mathrm{d}t\right)^2}=\frac{f(x)\int_0^x (x-t)f(t)\mathrm{d}t}{\left(\int_0^x f(t)\mathrm{d}t\right)^2},$$

又 $f(x)>0$，$\left(\int_0^x f(t)\mathrm{d}t\right)^2>0$，$t<x$，所以 $x-t>0$，$\int_0^x (x-t)f(t)\mathrm{d}t>0$. 故 $F'(x)>0$，$F(x)$ 为增函数.

习题 5-4

A 类

1. 计算下列定积分：

(1) $\int_{\frac{\pi}{3}}^{\pi}\sin\left(x+\frac{\pi}{3}\right)\mathrm{d}x$；　　(2) $\int_0^{\frac{\pi}{2}}\sin\varphi\cos^3\varphi\,\mathrm{d}\varphi$；

(3) $\int_{\frac{1}{\sqrt{2}}}^{1}\frac{\sqrt{1-x^2}}{x^2}\mathrm{d}x$；　　(4) $\int_{\frac{3}{4}}^{1}\frac{\mathrm{d}x}{\sqrt{1-x}-1}$.

解 (1) $\int_{\frac{\pi}{3}}^{\pi}\sin\left(x+\frac{\pi}{3}\right)\mathrm{d}x=\int_{\frac{\pi}{3}}^{\pi}\sin\left(x+\frac{\pi}{3}\right)\mathrm{d}\left(x+\frac{\pi}{3}\right)=-\int_{\frac{\pi}{3}}^{\pi}\mathrm{d}\cos\left(x+\frac{\pi}{3}\right)$

$$= -\cos\left(x+\frac{\pi}{3}\right)\Big|_{\frac{\pi}{3}}^{\pi} = -\left(\cos\left(\pi+\frac{\pi}{3}\right)-\cos\left(\pi-\frac{\pi}{3}\right)\right)$$

$$= -\left(\cos\frac{\pi}{3}-\cos\frac{\pi}{3}\right) = 0.$$

(2) $\int_0^{\frac{\pi}{2}} \sin\varphi\ \cos^3\varphi\ d\varphi = \int_0^{\frac{\pi}{2}} (-\cos^3\varphi)\,d\cos\varphi = -\frac{1}{4}\cos^4\varphi\ \Big|_0^{\frac{\pi}{2}}$

$$= -\frac{1}{4}\left(\cos^4\frac{\pi}{2}-\frac{1}{4}\cos^4 0\right) = \frac{1}{4}.$$

(3) 设 $x=\sin\alpha$，则 $dx=\cos\alpha\cdot d\alpha$，故

$$\int_{\frac{1}{\sqrt{2}}}^{1} \frac{\sqrt{1-x^2}}{x^2}dx = \int_{\frac{\pi}{4}}^{\frac{\pi}{2}} \frac{\cos\alpha}{\sin^2\alpha}\cos\alpha\ d\alpha = (-\cot\alpha-\alpha)\Big|_{\frac{\pi}{4}}^{\frac{\pi}{2}} = 1-\frac{\pi}{4}.$$

(4) 设 $1-x=t^2$，则 $dx=-2t\,dt$. 当 $x=1$ 时，$t=0$；当 $x=\frac{3}{4}$ 时，$t=\frac{1}{2}$. 故

$$\int_{\frac{3}{4}}^{1} \frac{dx}{\sqrt{1-x}-1} = \int_{\frac{1}{2}}^{0} \frac{-2t\,dt}{t-1} = 2\int_0^{\frac{1}{2}} \left(1+\frac{1}{t-1}\right)dt$$

$$= 2(t+\ln(1-t))\Big|_0^{\frac{1}{2}} = 1-2\ln 2.$$

2. 利用函数的奇偶性计算下列积分：

(1) $\int_{-\frac{1}{2}}^{\frac{1}{2}} \frac{(\arcsin x)^2}{\sqrt{1-x^2}}dx$；　　(2) $\int_{-5}^{5} \frac{x^3\sin^2 x}{x^4+2x^2+1}dx$.

解 (1) 因被积函数是偶函数，且积分区间关于原点对称，故

$$\int_{-\frac{1}{2}}^{\frac{1}{2}} \frac{(\arcsin x)^2}{\sqrt{1-x^2}}dx = 2\int_0^{\frac{1}{2}} \frac{(\arcsin x)^2}{\sqrt{1-x^2}}dx = 2\int_0^{\frac{1}{2}} (\arcsin x)^2 d(\arcsin x)$$

$$= \frac{2}{3}(\arcsin x)^3\Big|_0^{\frac{1}{2}} = \frac{\pi^3}{324}.$$

(2) 由于被积函数是奇函数，积分区间关于原点对称，故

$$\int_{-5}^{5} \frac{x^3\sin^2 x}{x^4+2x^2+1}dx = 0.$$

3. 设 $f(x)=\begin{cases}\dfrac{1}{1+x}, & x\geqslant 0,\\ \dfrac{1}{1+e^x}, & x<0.\end{cases}$ 求 $\int_0^2 f(x-1)dx$.

解 设 $x-1=t$，则 $dx=dt$. 当 $x=0$ 时，$t=-1$；当 $x=2$ 时，$t=1$. 故

$$\int_0^2 f(x-1)dx = \int_{-1}^{1} f(t)dt = \int_{-1}^{0} \frac{dt}{1+e^t} + \int_0^1 \frac{dt}{1+t}$$

$$= \int_{-1}^{0} \frac{e^{-t}dt}{1+e^{-t}} + \int_0^1 \frac{dt}{1+t} = -\int_{-1}^{0} \frac{d(1+e^{-t})}{1+e^{-t}} + \int_0^1 \frac{dt}{1+t}$$

$$= \ln\frac{e^t}{1+e^t}\Big|_{-1}^{0} + \ln(1+t)\Big|_0^1 = \ln(e+1).$$

4. 设 $f(x)$ 是以 l 为周期的连续函数，证明：$\int_a^{a+l} f(x)\mathrm{d}x$ 的值与 a 无关.

证 $\int_a^{a+l} f(x)\mathrm{d}x = \int_a^0 f(x)\mathrm{d}x + \int_0^l f(x)\mathrm{d}x + \int_l^{l+a} f(x)\mathrm{d}x$. 在等式右边第三个积分中，令 $x = t + l$，则 $\mathrm{d}x = \mathrm{d}t$，当 $x = l$ 时 $t = 0$，当 $x = a + l$ 时 $t = a$，所以有

$$\int_l^{l+a} f(x)\mathrm{d}x = \int_0^a f(l+t)\mathrm{d}t = \int_0^a f(t)\mathrm{d}t = \int_0^a f(x)\mathrm{d}x.$$

因此 $\int_a^{a+l} f(x)\mathrm{d}x = \int_a^0 f(x)\mathrm{d}x + \int_0^l f(x)\mathrm{d}x + \int_0^a f(x)\mathrm{d}x = \int_0^l f(x)\mathrm{d}x$.

5. 若 $f(t)$ 是连续函数且为奇函数，证明 $\int_0^x f(t)\mathrm{d}t$ 是偶函数；若 $f(t)$ 是连续函数且为偶函数，证明：$\int_0^x f(t)\mathrm{d}t$ 是奇函数.

证 设 $F(x) = \int_0^x f(t)\mathrm{d}t$. 若 $f(x)$ 连续且为奇函数，即 $f(x) = -f(-x)$，令 $t = -u$，则 $\mathrm{d}x = -\mathrm{d}u$，当 $t = 0$ 时 $u = 0$，当 $t = x$ 时 $u = -x$，故有

$$F(x) = \int_0^x f(t)\mathrm{d}t = \int_0^{-x} (-f(-u))\mathrm{d}u = \int_0^{-x} f(u)\mathrm{d}u = \int_0^{-x} f(t)\mathrm{d}t = F(-x).$$

所以 $\int_0^x f(t)\mathrm{d}t$ 是偶函数.

同理，若 $f(x)$ 是偶函数，即 $f(-x) = f(x)$，令 $t = -u$，则 $\mathrm{d}x = -\mathrm{d}u$，当 $t = 0$ 时 $u = 0$，当 $t = -x$ 时 $u = x$，故有

$$F(-x) = \int_0^{-x} f(t)\mathrm{d}t = -\int_0^x f(-u)\mathrm{d}u = -\int_0^x f(x)\mathrm{d}x = -F(x).$$

所以 $\int_0^x f(t)\mathrm{d}t$ 为奇函数.

6. 利用第一换元积分法计算下列定积分：

(1) $\int_0^{\ln 2} \sqrt{\mathrm{e}^x - 1}\,\mathrm{d}x$；　　(2) $\int_0^{\frac{\pi}{\omega}} \sin^2(\omega t + \varphi_0)\mathrm{d}t$；

(3) $\int_0^1 \frac{x^{\frac{3}{2}}}{1+x}\mathrm{d}x$；　　(4) $\int_1^2 \frac{1}{x^2}\mathrm{e}^{\frac{1}{x}}\mathrm{d}x$；

(5) $\int_0^{\pi} (1-\cos^3 x)\mathrm{d}x$；　　(6) $\int_{-2}^{-1} \frac{\mathrm{d}x}{(11+5x)^3}$.

解 (1) $\int_0^{\ln 2} \sqrt{\mathrm{e}^x - 1}\,\mathrm{d}x = \int_0^1 \frac{2t^2}{t^2+1}\mathrm{d}t = 2\int_0^1 \left(1 - \frac{1}{t^2+1}\right)\mathrm{d}t = 2(t - \arctan t)\Big|_0^1$

$$= 2(1 - \arctan 1) = 2 - \frac{\pi}{2}.$$

(2) $\int_0^{\frac{\pi}{\omega}} \sin^2(\omega t + \varphi_0)\,\mathrm{d}t = \int_0^{\frac{\pi}{\omega}} \frac{1 - \cos 2(\omega t + \varphi_0)}{2}\mathrm{d}t$

$$= \frac{t}{2}\Big|_0^{\frac{\pi}{\omega}} - \frac{1}{2\omega}\int_0^{\frac{\pi}{\omega}} \frac{\cos 2(\omega t + \varphi_0)}{2}\mathrm{d}(2\omega t + 2\varphi_0)$$

$$= \frac{\pi}{2\omega} - \frac{1}{4\omega}\int_0^{\frac{\pi}{\omega}} \mathrm{d}(\sin 2(\omega t + \varphi_0))$$

$$= \frac{\pi}{2\omega} - \frac{1}{4\omega}\sin 2(\omega t + \varphi_0)\Big|_0^{\frac{\pi}{\omega}}$$

$$= \frac{\pi}{2\omega} - \frac{1}{4\omega}(\sin(2\pi + 2\varphi_0) - \sin 2\varphi_0) = \frac{\pi}{2\omega}.$$

(3) 令 $t = \sqrt{x}$，则 $dx = 2t\,dt$，当 $x = 0$ 时 $t = 0$，当 $x = 1$ 时 $t = 1$，故有

$$\int_0^1 \frac{x^{\frac{3}{2}}}{1+x}dx = \int_0^1 \frac{t^3}{1+t^2}\cdot 2t\,dt = 2\int_0^1\left(\frac{1}{1+t^2} + t^2 - 1\right)dt$$

$$= 2\left(\arctan t + \frac{1}{3}t^3 - t\right)\Big|_0^1 = \frac{\pi}{2} - \frac{4}{3}.$$

(4) $\int_1^2 \frac{1}{x^2}e^{\frac{1}{x}}dx = -\int_1^2 e^{\frac{1}{x}}d\frac{1}{x} = -\int_1^2 d(e^{\frac{1}{x}}) = -e^{\frac{1}{x}}\Big|_1^2 = e - \sqrt{e}.$

(5) $\int_0^{\pi}(1-\cos^3 x)dx = \int_0^{\pi}dx - \int_0^{\pi}(1-\sin^2 x)\,d(\sin x)$

$$= x\Big|_0^{\pi} - \int_0^{\pi}d(\sin x) + \int_0^{\pi}\sin^2 x\ d(\sin x)$$

$$= \pi - \left(\sin x + \frac{1}{3}\sin^3 x\right)\Big|_0^{\pi} = \pi.$$

(6) $\int_{-2}^{-1}\frac{dx}{(11+5x)^3} = \frac{1}{5}\int_{-2}^{-1}\frac{d(11+5x)}{(11+5x)^3} = -\frac{1}{10}(11+5x)^{-2}\Big|_{-2}^{-1} = \frac{7}{72}.$

7. 利用第二换元积分法计算下列定积分：

(1) $\int_1^4 \frac{\ln x}{\sqrt{x}}dx$；　　(2) $\int_0^1 \sqrt{4-x^2}\,dx$；

(3) $\int_0^{\frac{\pi}{2}} \frac{1}{5-3\cos x}dx$；　　(4) $\int_{-\sqrt{2}}^{\sqrt{2}} \sqrt{8-2y^2}\,dy$；

(5) $\int_0^a x^2\sqrt{\frac{a-x}{a+x}}\,dx\quad(a>0)$.

解　(1) 令 $t = \sqrt{x}$，则 $dx = 2t\,dt$，当 $x = 1$ 时 $t = 1$，当 $x = 4$ 时 $t = 2$，故

$$\int_1^4 \frac{\ln x}{\sqrt{x}}dx = 4\int_1^2 \ln t\ dt = 4(t\ln t - t)\Big|_1^2 = 4(2\ln 2 - 1).$$

(2) 设 $x = 2\sin t$，则 $dx = 2\cos t\ dt$，当 $x = 0$ 时 $t = 0$，当 $x = 1$ 时 $t = \frac{\pi}{6}$，故有

$$\int_0^1 \sqrt{4-x^2}\,dx = \int_0^{\frac{\pi}{6}} 4\cos^2 t\ dt = 2\int_0^{\frac{\pi}{6}}(1+\cos 2t)dt$$

$$= 2\left(t + \frac{1}{2}\sin 2t\right)\Big|_0^{\frac{\pi}{6}} = \frac{\pi}{3} + \frac{\sqrt{2}}{2}.$$

(3) 令 $t = \tan\frac{x}{2}$，则 $\sin x = \frac{2t}{1+t^2}$，$\cos x = \frac{1-t^2}{1+t^2}$ 且 $x = 2\arctan t$，$dx = \frac{2}{1+t^2}dt$，

故有

$$\int_0^{\frac{\pi}{2}} \frac{1}{5-3\cos x}dx = \frac{1}{2}\int_0^1 \frac{1}{5-3\cdot\frac{1-t^2}{1+t^2}}\frac{2}{1+t^2}dt = \int_0^1 \frac{1}{1+4t^2}dt$$

$$= \frac{1}{2}\int_0^1 \frac{1}{1+4t^2}d(2t) = \frac{1}{2}\arctan 2t\Big|_0^1 = \frac{1}{2}\arctan 2.$$

(4) 因为 $f(y)=\sqrt{8-2y^2}$ 为偶函数，所以

$$\int_{-\sqrt{2}}^{\sqrt{2}}\sqrt{8-2y^2}\,\mathrm{d}y=2\sqrt{2}\int_0^{\sqrt{2}}\sqrt{4-y^2}\,\mathrm{d}y.$$

令 $y=2\sin t$，则 $\mathrm{d}y=2\cos t\,\mathrm{d}t$，当 $y=0$ 时 $t=0$，当 $y=\sqrt{2}$ 时 $t=\frac{\pi}{4}$，故有

$$\begin{aligned}\int_{-\sqrt{2}}^{\sqrt{2}}\sqrt{8-2y^2}\,\mathrm{d}y&=2\sqrt{2}\int_0^{\sqrt{2}}\sqrt{4-y^2}\,\mathrm{d}y=8\sqrt{2}\int_0^{\frac{\pi}{4}}\cos^2 t\,\mathrm{d}t\\&=4\sqrt{2}\int_0^{\frac{\pi}{4}}(1+\cos 2t)\mathrm{d}t=4\sqrt{2}\left(t+\frac{1}{2}\sin 2t\right)\Big|_0^{\frac{\pi}{4}}\\&=\sqrt{2}(2+\pi).\end{aligned}$$

(5) 令 $x=a\sin t$，则 $\mathrm{d}x=a\cos t\,\mathrm{d}t$，当 $x=0$ 时 $t=0$，当 $x=a$ 时 $t=\frac{\pi}{2}$，又

$$\int_0^a x^2\sqrt{\frac{a-x}{a+x}}\,\mathrm{d}x=\int_0^a\frac{x^2(a-x)}{\sqrt{a^2-x^2}}\mathrm{d}x\quad(a>0),$$

故有

$$\begin{aligned}\int_0^a x^2\sqrt{\frac{a-x}{a+x}}\,\mathrm{d}x&=\int_0^a\frac{x^2(a-x)}{\sqrt{a^2-x^2}}\mathrm{d}x=a^3\int_0^{\frac{\pi}{2}}\sin^2 t\,(1-\sin t)\mathrm{d}t\\&=a^3\int_0^{\frac{\pi}{2}}\sin^2 t\,\mathrm{d}t+a^3\int_0^{\frac{\pi}{2}}(1-\cos^2 t)\,\mathrm{d}\cos x\\&=a^3\int_0^{\frac{\pi}{2}}\frac{1-\cos 2t}{2}\mathrm{d}t+a^3\int_0^{\frac{\pi}{2}}(1-\cos^2 t)\mathrm{d}\cos t\\&=a^3\left(\frac{t}{2}-\frac{1}{4}\sin 2t+\cos t-\frac{1}{3}\cos^3 t\right)\Big|_0^{\frac{\pi}{2}}\\&=a^3\left(\frac{\pi}{4}-\frac{2}{3}\right).\end{aligned}$$

8. 利用分部积分法计算下列定积分：

(1) $\int_0^1 x^2\mathrm{e}^{2x}\mathrm{d}x$；　　(2) $\int_0^{\frac{\pi}{2}}x(1-\sin x)\mathrm{d}x$；

(3) $\int_0^{\frac{\pi}{2}}\mathrm{e}^{2x}\cos x\,\mathrm{d}x$；　　(4) $\int_0^{2\pi}x\sqrt{1+\cos x}\,\mathrm{d}x$；

(5) $\int_0^{\sqrt{3}}x\arctan x\,\mathrm{d}x$；　　(6) $\int_0^{\frac{1}{2}}(\arcsin x)^2\mathrm{d}x$.

解 (1) $$\begin{aligned}\int_0^1 x^2\mathrm{e}^{2x}\mathrm{d}x&=\frac{1}{2}\int_0^1 x^2\mathrm{d}\,\mathrm{e}^{2x}=\frac{1}{2}\left(x^2\mathrm{e}^{2x}\Big|_0^1-2\int_0^1 x\,\mathrm{e}^{2x}\mathrm{d}x\right)\\&=\frac{1}{2}\left(\mathrm{e}^2-\int_0^1 x\,\mathrm{d}\,\mathrm{e}^{2x}\right)=\frac{1}{2}\left[\mathrm{e}^2-\left(x\,\mathrm{e}^{2x}\Big|_0^1-\int_0^1\mathrm{e}^{2x}\mathrm{d}x\right)\right]\\&=\frac{1}{2}\int_0^1\mathrm{e}^{2x}\mathrm{d}x=\frac{1}{4}\mathrm{e}^{2x}\Big|_0^1=\frac{1}{4}(\mathrm{e}^2-1).\end{aligned}$$

(2) $$\begin{aligned}\int_0^{\frac{\pi}{2}}x(1-\sin x)\mathrm{d}x&=\int_0^{\frac{\pi}{2}}x\,\mathrm{d}x-\int_0^{\frac{\pi}{2}}x\sin x\,\mathrm{d}x=\frac{1}{2}x^2\Big|_0^{\frac{\pi}{2}}+\int_0^{\frac{\pi}{2}}x\,\mathrm{d}(\cos x)\\&=\frac{\pi^2}{8}+(x\cos x-\sin x)\Big|_0^{\frac{\pi}{2}}=\frac{\pi^2}{8}-1.\end{aligned}$$

(3) $\int_0^{\frac{\pi}{2}} e^{2x}\cos x\,dx = \int_0^{\frac{\pi}{2}} e^{2x}\,d\sin x = e^{2x}\sin x\Big|_0^{\frac{\pi}{2}} - 2\int_0^{\frac{\pi}{2}} e^{2x}\sin x\,dx$

$$= e^{\pi} + 2\int_0^{\frac{\pi}{2}} e^{2x}\,d\cos x = e^{\pi} + 2e^{2x}\cos x\Big|_0^{\frac{\pi}{2}} - 4\int_0^{\frac{\pi}{2}} e^{2x}\cos x\,dx,$$

故$\int_0^{\frac{\pi}{2}} e^{2x}\cos x\,dx = \frac{1}{5}(e^{\pi}-2)$.

(4) 由$\int_0^{2\pi} x\sqrt{1+\cos x}\,dx = \sqrt{2}\int_0^{2\pi} x\left|\cos\frac{x}{2}\right|dx$，令$t=\frac{x}{2}$，则$dx=2dt$，当$x=0$时$t=0$，当$x=2\pi$时$t=\pi$，故有

$$\int_0^{2\pi} x\sqrt{1+\cos x}\,dx = \sqrt{2}\int_0^{2\pi} x\left|\cos\frac{x}{2}\right|dx = 4\sqrt{2}\int_0^{\pi} t\,|\cos t|\,dt$$

$$= 4\sqrt{2}\left(\int_0^{\frac{\pi}{2}} t\cos t\,dt - \int_{\frac{\pi}{2}}^{\pi} t\cos t\,dt\right)$$

$$= 4\sqrt{2}\left(\int_0^{\frac{\pi}{2}} t\,d(\sin t) - \int_{\frac{\pi}{2}}^{\pi} t\,d(\sin t)\right)$$

$$= 4\sqrt{2}\left[t\sin t\Big|_0^{\frac{\pi}{2}} + \cos t\Big|_0^{\frac{\pi}{2}} - \left(t\sin t\Big|_{\frac{\pi}{2}}^{\pi} + \cos t\Big|_{\frac{\pi}{2}}^{\pi}\right)\right]$$

$$= 4\sqrt{2}\left[\frac{\pi}{2} - 1 - \left(-\frac{\pi}{2} - 1\right)\right] = 4\sqrt{2}\pi.$$

(5) $\int_0^{\sqrt{3}} x\arctan x\,dx = \frac{1}{2}\int_0^{\sqrt{3}} \arctan x\,d(x^2) = \frac{1}{2}\left(x^2\arctan x\Big|_0^{\sqrt{3}} - \int_0^{\sqrt{3}} \frac{x^2}{1+x^2}dx\right)$

$$= \frac{1}{2}\left(x^2\arctan x\Big|_0^{\sqrt{3}} - x\Big|_0^{\sqrt{3}} + \arctan x\Big|_0^{\sqrt{3}}\right)$$

$$= \frac{1}{2}(4\arctan\sqrt{3} - \sqrt{3}) = \frac{1}{2}\left(\frac{4\pi}{3} - \sqrt{3}\right) = \frac{2\pi}{3} - \frac{\sqrt{3}}{2}.$$

(6) $\int_0^{\frac{1}{2}} (\arcsin x)^2 dx = x(\arcsin x)^2\Big|_0^{\frac{1}{2}} - 2\int_0^{\frac{1}{2}} \frac{x\arcsin x}{\sqrt{1-x^2}}dx$

$$= \frac{\pi^2}{72} + \int_0^{\frac{1}{2}} \frac{\arcsin x}{\sqrt{1-x^2}}d(1-x^2) = \frac{\pi^2}{72} + 2\int_0^{\frac{1}{2}} \arcsin x\,d\sqrt{1-x^2}$$

$$= \frac{\pi^2}{72} + 2\left(\sqrt{1-x^2}\arcsin x\Big|_0^{\frac{1}{2}} - \int_0^{\frac{1}{2}} dx\right)$$

$$= \frac{\pi^2}{72} + 2\left(\frac{\sqrt{3}}{2}\frac{\pi}{6} - \frac{1}{2}\right) = \frac{\pi^2}{72} + \frac{\sqrt{3}}{6}\pi - 1.$$

9. 设 $f(x) = e^{-x^2}$，求$\int_0^1 f'(x)f''(x)dx$.

解　由于 $f(x) = e^{-x^2}$，则 $f'(x) = -2x\,e^{-x^2}$，故有

$$\int_0^1 f'(x)f''(x)dx = \int_0^1 f'(x)df'(x) = \frac{1}{2}(f'(x))^2\Big|_0^1$$

$$= \frac{1}{2}(-2x\,e^{-x^2})^2\Big|_0^1 = 2e^{-2}.$$

10. 已知 $f(0)=1$，$f(2)=3$，$f'(2)=5$，求$\int_0^1 xf''(2x)\mathrm{d}x$.

解
$$\int_0^1 xf''(2x)\mathrm{d}x=\frac{1}{2}\int_0^1 x\,\mathrm{d}f'(2x)=\frac{1}{2}\left(xf'(2x)\Big|_0^1-\frac{1}{2}\int_0^1 f'(2x)\mathrm{d}(2x)\right)$$
$$=\frac{1}{2}\left(5-\frac{1}{2}f(2x)\Big|_0^1\right)=\frac{1}{2}\times(5-1)=2.$$

11. 证明：$\int_0^1 x^m(1-x)^n\mathrm{d}x=\int_0^1 x^n(1-x)^m\mathrm{d}x$ (m,n 是自然数)，并由此计算 $\int_0^1 x^2(1-x)^{2008}\mathrm{d}x$.

证 令 $x=1-t$，则 $\mathrm{d}x=-\mathrm{d}t$，当 $x=0$ 时 $t=1$，当 $x=1$ 时 $t=0$，故有
$$\int_0^1 x^m(1-x)^n\mathrm{d}x=-\int_1^0(1-t)^m t^n\mathrm{d}t=\int_0^1 x^n(1-x)^m\mathrm{d}x.$$
所以
$$\int_0^1 x^2(1-x)^{2008}\mathrm{d}x=\int_0^1 x^{2008}(1-x)^2\mathrm{d}x=\int_0^1 x^{2008}(1-2x+x^2)\mathrm{d}x$$
$$=\frac{6\,030}{2\,009\times2\,010\times2\,011}.$$

12. 设 $f(x)$ 在$[a,+\infty)$ 上连续，且 $f(a)=0$，求$\lim\limits_{h\to0}\frac{1}{h}\int_a^x(f(t+h)-f(t))\mathrm{d}t$.

证 令 $u=t+h$，则 $\mathrm{d}u=\mathrm{d}t$，当 $t=a$ 时 $u=a+h$，当 $t=x$ 时 $u=x+h$，所以
$$\int_a^x f(t+h)\mathrm{d}t=\int_{a+h}^{x+h}f(u)\mathrm{d}u=\int_{a+h}^{x+h}f(t)\mathrm{d}t$$
$$=\int_{a+h}^{a}f(t)\mathrm{d}t+\int_a^x f(t)\mathrm{d}t+\int_x^{x+h}f(t)\mathrm{d}t.$$
故有
$$\lim_{h\to0}\frac{1}{h}\int_a^x(f(t+h)-f(t))\mathrm{d}t=\lim_{h\to0}\frac{1}{h}\left(\int_a^x f(t+h)\mathrm{d}t-\int_a^x f(t)\mathrm{d}t\right)$$
$$=\lim_{h\to0}\frac{1}{h}\left(\int_{a+h}^{a}f(t)\mathrm{d}t+\int_a^x f(t)\mathrm{d}t+\int_x^{x+h}f(t)\mathrm{d}t-\int_a^x f(t)\mathrm{d}t\right)$$
$$=\lim_{h\to0}(f(x+h)-f(a+h))=f(x).$$

B 类

1. 计算下列定积分：

(1) $\int_1^4|t^2-3t+2|\,\mathrm{d}t$； (2) $\int_0^{2\pi}|\sin x-\cos x|\,\mathrm{d}x$；

(3) $\int_{-2}^2\max\{1,x^2\}\,\mathrm{d}x$； (4) $\int_1^{\mathrm{e}}\frac{\ln x\ \mathrm{d}x}{x\sqrt{1+\ln^2x}}$；

(5) $\int_{-1}^1|x|\ln(x+\sqrt{1+x^2})\,\mathrm{d}x$； (6) $\int_0^1 x\sqrt{\frac{1-x}{1+x}}\,\mathrm{d}x$；

(7) $\int_{\frac{\pi}{6}}^{\frac{\pi}{3}} \frac{1+\tan\theta}{\sin 2\theta}\mathrm{d}\theta$；　　(8) $\int_{\frac{\pi}{4}}^{\frac{\pi}{2}} \frac{x}{\sin^2 x}\mathrm{d}x$；

(9) $\int_{-\frac{1}{2}}^{\frac{1}{2}} \frac{(1+x)\arcsin x}{\sqrt{1-x^2}}\mathrm{d}x$；　　(10) $\int_{-2}^{2}\left(x^2\sqrt{4-x^2}+\cos^3 x\ln\frac{1+x}{1-x}\right)\mathrm{d}x$；

(11) $\int_0^{\frac{\pi}{2}} \frac{\cos^p x}{\sin^p x+\cos^p x}\mathrm{d}x\quad (p>0)$.

解　(1) $\int_1^4 |t^2-3t+2|\,\mathrm{d}t = \int_1^4 |(t-1)(t-2)|\,\mathrm{d}t$

$$= -\int_1^2 (t^2-3t+2)\mathrm{d}t + \int_2^4 (t^2-3t+2)\mathrm{d}t$$

$$= -\left(\frac{1}{3}t^3-\frac{3}{2}t^2+2t\right)\Bigg|_1^2 + \left(\frac{1}{3}t^3-\frac{3}{2}t^2+2t\right)\Bigg|_2^4$$

$$= 4\,\frac{5}{6}.$$

(2) $\int_0^{2\pi} |\sin x-\cos x|\,\mathrm{d}x$

$$= \int_0^{\frac{\pi}{4}}(\cos x-\sin x)\mathrm{d}x + \int_{\frac{\pi}{4}}^{\frac{5\pi}{4}}(\sin x-\cos x)\mathrm{d}x + \int_{\frac{5\pi}{4}}^{2\pi}(\cos x-\sin x)\mathrm{d}x$$

$$= (\sin x+\cos x)\Big|_0^{\frac{\pi}{4}} - (\sin x+\cos x)\Big|_{\frac{\pi}{4}}^{\frac{5\pi}{4}} + (\sin x+\cos x)\Big|_{\frac{5\pi}{4}}^{2\pi}$$

$$= 4\sqrt{2}.$$

(3) $\int_{-2}^{2}\max\{1,x^2\}\,\mathrm{d}x = \int_{-2}^{-1}x^2\mathrm{d}x + \int_{-1}^{1}\mathrm{d}x + \int_1^2 x^2\mathrm{d}x = 6\,\frac{2}{3}$.

(4) $\int_1^{\mathrm{e}} \frac{\ln x\,\mathrm{d}x}{x\sqrt{1+\ln^2 x}} = \frac{1}{2}\int_1^{\mathrm{e}} \frac{\mathrm{d}\ln^2 x}{\sqrt{1+\ln^2 x}} = \int_1^{\mathrm{e}} \frac{\mathrm{d}(\ln^2 x+1)}{2\sqrt{1+\ln^2 x}}$

$$= \sqrt{1+\ln^2 x}\Big|_1^{\mathrm{e}} = \sqrt{2}-1.$$

(5) 因为 $\ln(-x+\sqrt{1+(-x)^2}) = -\ln(x+\sqrt{1+x^2})$，故

$$\int_{-1}^{1}|x|\ln(x+\sqrt{1+x^2})\,\mathrm{d}x = 0.$$

(6) $\int_0^1 x\sqrt{\frac{1-x}{1+x}}\mathrm{d}x = \int_0^1 \frac{x(1-x)}{\sqrt{1-x^2}}\mathrm{d}x = \int_0^1 \frac{x}{\sqrt{1-x^2}}\mathrm{d}x - \int_0^1 \frac{x^2-1+1}{\sqrt{1-x^2}}\mathrm{d}x$

$$= -\frac{1}{2}\int_0^1 \frac{1}{\sqrt{1-x^2}}\mathrm{d}(1-x^2) + \int_0^1 \frac{1-x^2}{\sqrt{1-x^2}}\mathrm{d}x + \int_0^1 \frac{1}{\sqrt{1-x^2}}\mathrm{d}x$$

$$= 1-\frac{\pi}{2}+\int_0^1\sqrt{1-x^2}\,\mathrm{d}x = 1-\frac{\pi}{2}+\int_0^{\frac{\pi}{2}}\cos^2 t\,\mathrm{d}t = 1-\frac{\pi}{4}.$$

(7) 令 $t=\tan\theta$，则 $\mathrm{d}t=\sec^2\theta\,\mathrm{d}\theta$，$\mathrm{d}\theta=\frac{1}{\sec^2\theta}\mathrm{d}t=\frac{1}{1+\tan^2\theta}\mathrm{d}t=\frac{1}{1+t^2}\mathrm{d}t$，

$$\sin 2\theta = 2\cos^2\theta\,\tan\theta = \frac{2\tan\theta}{\sec^2\theta} = \frac{2\tan\theta}{1+\tan^2\theta} = \frac{2t}{1+t^2},$$

当 $\theta=\frac{\pi}{6}$ 时 $t=\frac{1}{\sqrt{3}}$，当 $\theta=\frac{\pi}{3}$ 时 $t=\sqrt{3}$，故有

$$\int_{\frac{\pi}{6}}^{\frac{\pi}{3}} \frac{1+\tan\theta}{\sin 2\theta}\mathrm{d}\theta = \int_{\sqrt{\frac{1}{3}}}^{\sqrt{3}} \frac{1+t}{2t}\mathrm{d}t = \frac{1}{2}(t+\ln t)\Big|_{\sqrt{\frac{1}{3}}}^{\sqrt{3}} = \frac{1}{\sqrt{3}}+\frac{1}{2}\ln 3.$$

(8) $\int_{\frac{\pi}{4}}^{\frac{\pi}{2}} \frac{x}{\sin^2 x}\mathrm{d}x = \int_{\frac{\pi}{4}}^{\frac{\pi}{2}} x\csc^2 x\ \mathrm{d}x = -\int_{\frac{\pi}{4}}^{\frac{\pi}{2}} x\ \mathrm{d}\cot x$

$$= -\left(x\cot x\ \Big|_{\frac{\pi}{4}}^{\frac{\pi}{2}} - \int_{\frac{\pi}{4}}^{\frac{\pi}{2}}\cot x\ \mathrm{d}x\right) = \frac{\pi}{4}+\frac{1}{2}\ln 2.$$

(9) $\int_{-\frac{1}{2}}^{\frac{1}{2}} \frac{(1+x)\arcsin x}{\sqrt{1-x^2}}\mathrm{d}x = 2\left(\int_0^{\frac{1}{2}} \frac{1}{\sqrt{1-x^2}}\mathrm{d}x - \int_0^{\frac{1}{2}}\arcsin x\ \mathrm{d}\sqrt{1-x^2}\right)$

$$= 2\left(\arcsin x\ \Big|_0^{\frac{1}{2}} - \arcsin x\cdot\sqrt{1-x^2}\ \Big|_0^{\frac{1}{2}} + \int_0^{\frac{1}{2}}\mathrm{d}x\right)$$

$$= 2\left(\frac{\pi}{6}-\frac{\sqrt{3}}{2}\cdot\frac{\pi}{6}+\frac{1}{2}\right) = 1+\frac{\pi}{3}\left(1-\frac{\sqrt{3}}{2}\right).$$

(10) 令 $x=2\sin t$，则 $\mathrm{d}x = 2\cos t\ \mathrm{d}t$，当 $x=0$ 时 $t=0$，当 $x=2$ 时 $t=\frac{\pi}{2}$，故有

$$\int_{-2}^{2}\left(x^2\sqrt{4-x^2}+\cos^3 x\ \ln\frac{1+x}{1-x}\right)\mathrm{d}x$$

$$= \int_{-2}^{2} x^2\sqrt{4-x^2}\ \mathrm{d}x = 2\int_0^2 x^2\sqrt{4-x^2}\ \mathrm{d}x = 2\int_0^{\frac{\pi}{2}} 16\sin^2 t\ \cos^2 t\ \mathrm{d}t$$

$$= 8\int_0^{\frac{\pi}{2}}\sin^2 2t\ \mathrm{d}t = 8\int_0^{\frac{\pi}{2}}\frac{1-\cos 4t}{2}\mathrm{d}t = 4\int_0^{\frac{\pi}{2}}\mathrm{d}t - 4\int_0^{\frac{\pi}{2}}\cos 4t\ \mathrm{d}t = 2\pi.$$

(11) $\int_0^{\frac{\pi}{2}} \frac{\cos^p x}{\sin^p x+\cos^p x}\mathrm{d}x = \frac{1}{2}\int_0^{\frac{\pi}{2}}\left(\frac{\cos^p x}{\sin^p x+\cos^p x}+\frac{\sin^p x}{\sin^p x+\cos^p x}\right)\mathrm{d}x = \frac{\pi}{4}.$

2. 若函数 $f(x)$ 是以 $T\ (>0)$ 为周期的连续函数，求证：

$$\lim_{x\to+\infty}\frac{1}{x}\int_0^x f(u)\mathrm{d}u = \frac{1}{T}\int_0^T f(u)\mathrm{d}u.$$

证 由于 $x\to+\infty$，不妨设 $x>a$，且令 $x=nT+t$，其中 T 是 $f(x)$ 的周期，$0\leqslant t<T$. 因为

$$\int_a^x f(t)\mathrm{d}t = \int_a^{nT+t} f(t)\mathrm{d}t = \int_a^t f(t)\mathrm{d}t + \int_t^{nT+t} f(t)\mathrm{d}t = \int_a^t f(t)\mathrm{d}t + n\int_0^T f(t)\mathrm{d}t,$$

故

$$\lim_{x\to+\infty}\frac{1}{x}\int_a^x f(t)\mathrm{d}t = \lim_{n\to+\infty}\frac{\int_a^t f(t)\mathrm{d}t + n\int_0^T f(t)\mathrm{d}t}{nT+t} = \frac{1}{T}\int_0^T f(t)\mathrm{d}t = \frac{1}{T}\int_0^T f(x)\mathrm{d}x.$$

3. 设函数 $f(x)$ 连续，且 $\int_0^x uf(2x-u)\mathrm{d}u = \frac{1}{2}\arctan x^2$. 已知 $f(1)=1$，求 $\int_1^2 f(x)\mathrm{d}x$.

解 由于

$$\int_0^x uf(2x-u)\mathrm{d}u \xlongequal{t=2x-u} -\int_{2x}^{x}(2x-t)f(t)\mathrm{d}t = \int_{2x}^{x} tf(t)\mathrm{d}t - 2x\int_{2x}^{x} f(t)\mathrm{d}t,$$

代入已知条件，有

$$\int_{2x}^{x} tf(t)\mathrm{d}t - 2x\int_{2x}^{x} f(t)\mathrm{d}t = \frac{1}{2}\arctan x^2.$$

对上式两边求导：$\left(\frac{1}{2}\arctan x^2\right)' = \left(\int_{2x}^{x} tf(t)\mathrm{d}t - 2x\int_{2x}^{x} f(t)\mathrm{d}t\right)'$，得

$$2\int_{2x}^{x} f(t)\mathrm{d}t - xf(x) = \frac{x}{1+x^4}.$$

令 $x=1$，有 $\int_{1}^{2} f(x)\mathrm{d}x = \frac{f(1)}{2} + \frac{1}{4} = \frac{3}{4}$.

4. 设 $f(x) = \begin{cases} x+1, & x<0, \\ x, & x\geqslant 0, \end{cases}$ 求 $\varphi(x) = \int_{-1}^{x} f(t)\mathrm{d}t$ 在 $[-1,1]$ 上的表达式，并研究 $\varphi(x)$ 在 $[-1,1]$ 上的连续性和可微性.

解　当 $x\in[-1,0)$ 时，$\varphi(x) = \int_{-1}^{x} f(t)\mathrm{d}t = \int_{-1}^{x}(t+1)\mathrm{d}t = \frac{1}{2}x^2 + x + 1$；当 $x\in[0,1]$ 时，$\varphi(x) = \int_{-1}^{x} f(t)\mathrm{d}t = \int_{-1}^{0}(t+1)\mathrm{d}t + \int_{0}^{x} t\,\mathrm{d}t = \frac{1}{2}x^2 + \frac{1}{2}$. 所以

$$\varphi(x) = \begin{cases} \frac{x^2}{2} + x + \frac{1}{2}, & -1\leqslant x<0, \\ \frac{x^2}{2} + \frac{1}{2}, & 0\leqslant x\leqslant 1, \end{cases}$$

且 $\varphi(0) = \frac{1}{2}$,

$$\lim_{x\to 0^-}\varphi(x) = \lim_{x\to 0^-}\left(\frac{x^2}{2} + x + \frac{1}{2}\right) = \frac{1}{2}, \quad \lim_{x\to 0^+}\varphi(x) = \lim_{x\to 0^+}\left(\frac{x^2}{2} + \frac{1}{2}\right) = \frac{1}{2},$$

而

$$\varphi'_-(0) = \lim_{x\to 0^-}\frac{f(x)-f(0)}{x} = \lim_{x\to 0^-}\frac{\frac{x^2}{2} + x + \frac{1}{2} - \frac{1}{2}}{x} = 1,$$

$$\varphi'_+(0) = \lim_{x\to 0^+}\frac{f(x)-f(0)}{x} = \lim_{x\to 0^+}\frac{\frac{x^2}{2} + \frac{1}{2} - \frac{1}{2}}{x} = 0,$$

所以 $\varphi(x)$ 在 $[-1,1]$ 上连续，但在 $x=0$ 处不可导.

5. 设 $f(x)$ 在 $[-a,a]$ 上连续. 证明：$\int_{-a}^{a} f(x)\mathrm{d}x = \int_{0}^{a}(f(x)+f(-x))\mathrm{d}x$. 利用此结果计算定积分 $\int_{-\frac{\pi}{4}}^{\frac{\pi}{4}}\frac{1}{1+\sin x}\mathrm{d}x$.

证　令 $t=-x$，则 $\mathrm{d}x = -\mathrm{d}t$，当 $x=0$ 时 $t=0$，当 $x=a$ 时 $t=-a$，所以

$$\int_{0}^{a} f(-x)\mathrm{d}x = -\int_{0}^{-a} f(t)\mathrm{d}t = \int_{-a}^{0} f(t)\mathrm{d}t = \int_{-a}^{0} f(x)\mathrm{d}x,$$

因此

$$\int_{0}^{a}(f(x)+f(-x))\mathrm{d}x = \int_{0}^{a} f(x)\mathrm{d}x + \int_{-a}^{0} f(x)\mathrm{d}x = \int_{-a}^{a} f(x)\mathrm{d}x.$$

利用上述公式，得

$$\int_{-\frac{\pi}{4}}^{\frac{\pi}{4}} \frac{1}{1+\sin x}\mathrm{d}x = \int_0^{\frac{\pi}{4}} \left(\frac{1}{1+\sin x}+\frac{1}{1-\sin x}\right)\mathrm{d}x$$

$$= 2\int_0^{\frac{\pi}{4}} \sec^2 x\ \mathrm{d}x = 2(\tan x)\Big|_0^{\frac{\pi}{4}} = 2.$$

6. 设 $f(x)$ 是连续函数，试证明：

$$\int_1^4 f\left(\frac{2}{x}+\frac{x}{2}\right)\frac{\ln x}{x}\mathrm{d}x = \ln 2\int_1^4 f\left(\frac{2}{x}+\frac{x}{2}\right)\frac{\mathrm{d}x}{x}.$$

证 令 $x=\frac{4}{t}$，则 $\mathrm{d}x=-\frac{4}{t^2}\mathrm{d}t$，当 $x=4$ 时 $t=1$，当 $x=1$ 时 $t=4$，故有

$$\int_1^4 f\left(\frac{2}{x}+\frac{x}{2}\right)\frac{\ln x}{x}\mathrm{d}x = \int_4^1 f\left(\frac{2}{t}+\frac{t}{2}\right)\frac{\ln 4-\ln t}{\frac{4}{t}}\left(-\frac{4}{t^2}\mathrm{d}t\right)$$

$$= \int_1^4 f\left(\frac{2}{t}+\frac{t}{2}\right)\frac{\ln 4-\ln t}{t}\mathrm{d}t$$

$$= 2\ln 2\int_1^4 f\left(\frac{2}{t}+\frac{t}{2}\right)\mathrm{d}t - \int_1^4 f\left(\frac{2}{t}+\frac{t}{2}\right)\frac{\ln t}{t}\mathrm{d}t$$

$$= 2\ln 2\int_1^4 f\left(\frac{2}{x}+\frac{x}{2}\right)\mathrm{d}x - \int_1^4 f\left(\frac{2}{x}+\frac{x}{2}\right)\frac{\ln x}{x}\mathrm{d}x.$$

所以$\int_1^4 f\left(\frac{2}{x}+\frac{x}{2}\right)\frac{\ln x}{x}\mathrm{d}x = \ln 2\int_1^4 f\left(\frac{2}{x}+\frac{x}{2}\right)\frac{\mathrm{d}x}{x}$.

7. 设 $f(x)$ 连续，且 $0\leqslant x\leqslant \frac{a}{2}$ 时，$f(x)+f(a-x)>0$. 试证：$\int_0^a f(x)\mathrm{d}x>0$.

证 由于$\int_0^a f(x)\mathrm{d}x = \int_0^{\frac{a}{2}} f(x)\mathrm{d}x + \int_{\frac{a}{2}}^a f(x)\mathrm{d}x$，令 $t=a-x$，则 $\mathrm{d}t=-\mathrm{d}x$，当 $x=a$ 时 $t=0$，当 $x=\frac{a}{2}$ 时 $t=\frac{a}{2}$，所以

$$\int_{\frac{a}{2}}^a f(x)\mathrm{d}x = -\int_{\frac{a}{2}}^0 f(a-t)\mathrm{d}t = \int_0^{\frac{a}{2}} f(a-x)\mathrm{d}x,$$

因此

$$\int_0^a f(x)\mathrm{d}x = \int_0^{\frac{a}{2}} f(x)\mathrm{d}x + \int_0^{\frac{a}{2}} f(a-x)\mathrm{d}x = \int_0^{\frac{a}{2}} (f(x)+f(a-x))\mathrm{d}x.$$

由已知，当 $0\leqslant x\leqslant \frac{a}{2}$ 时，$f(x)+f(a-x)>0$，故$\int_0^a f(x)\mathrm{d}x>0$.

8. 设 $f(x)=\int_0^x \frac{\sin t}{\pi-t}\mathrm{d}t$，计算$\int_0^\pi f(x)\mathrm{d}x$.

解 $\int_0^\pi f(x)\mathrm{d}x = xf(x)\Big|_0^\pi - \int_0^\pi x\frac{\sin x}{\pi-x}\mathrm{d}x = \pi\int_0^\pi \frac{\sin x}{\pi-x}\mathrm{d}x - \int_0^\pi \frac{x\sin x}{\pi-x}\mathrm{d}x$

$$= \int_0^\pi \frac{(\pi-x)\sin x}{\pi-x}\mathrm{d}x = 2.$$

9. 计算$\int_{100}^{100+\pi} \sin^2 2x\ (\tan x+1)\mathrm{d}x$.

解　由 A 类第 4 题知

$$\int_{100}^{100+\pi}\sin^2 2x\ (\tan x+1)\mathrm{d}x=\int_0^{\pi}\sin^2 2x\ (\tan x+1)\mathrm{d}x=\int_{-\frac{\pi}{2}}^{\frac{\pi}{2}}\sin^2 2x\ (\tan x+1)\mathrm{d}x$$

$$=2\int_0^{\frac{\pi}{2}}\sin^2 2x\ \mathrm{d}x=\int_0^{\frac{\pi}{2}}(1-\cos 4x)\mathrm{d}x=\frac{\pi}{2}.$$

10. 设 $f(x)$ 在 $(-\infty,+\infty)$ 内连续，且对任何 x,y 有 $f(x+y)=f(x)+f(y)$，计算 $\int_{-1}^{1}(x^2+1)f(x)\mathrm{d}x$.

解　因为 $f(x)$ 和 x^2+1 在 $(-\infty,+\infty)$ 内连续，所以 $\int_{-1}^{1}(x^2+1)f(x)\mathrm{d}x$ 存在. 又 $f(0+0)=f(0)+f(0)$，即 $f(0)=0$，当 $x=-y$ 时，有 $0=f(0)=f(x)+f(-x)$ 知，$f(x)$ 为 $(-\infty,+\infty)$ 内的奇函数. 由定积分的性质，故 $\int_{-1}^{1}(x^2+1)f(x)\mathrm{d}x=0$.

习题 5-5

A　类

1. 求由下列各曲线所围图形的面积：

(1)　$y=\dfrac{1}{x}$，$y=x$，$x=2$；

(2)　$y=x^2$，$y=x$，$y=2x$；

(3)　$y=\dfrac{1}{2}x^2$ 与 $x^2+y^2=8$（两部分都要计算）.

解　(1)　所围平面图形的面积为

$$A=\int_1^2\left(x-\frac{1}{x}\right)\mathrm{d}x=\left(\frac{x^2}{2}-\ln x\right)\bigg|_1^2=\frac{3}{2}-\ln 2.$$

(2)　所围平面图形的面积为

$$A=\int_0^1(2x-x)\mathrm{d}x+\int_1^2(2x-x^2)\mathrm{d}x=\left(x^2-\frac{1}{2}x^2\right)\bigg|_0^1+\left(x^2-\frac{1}{3}x^3\right)\bigg|_1^2$$

$$=\frac{1}{2}+\left[\left(4-\frac{8}{3}\right)-\frac{2}{3}\right]=\frac{1}{2}+\frac{2}{3}=\frac{7}{6}.$$

(3)　由 $\begin{cases}y=\dfrac{1}{2}x^2,\\ x^2+y^2=8,\end{cases}$ 得

$$\begin{cases}x_1=2,\\ y_1=2,\end{cases}\quad\begin{cases}x_2=-2,\\ y_2=2.\end{cases}$$

图 5-4

于是由对称性（如图 5-4），

$$S_1=2\int_0^2\left(\sqrt{8-x^2}-\frac{1}{2}x^2\right)\mathrm{d}x$$

$$\xlongequal{x=2\sqrt{2}\sin t} 2\int_0^{\frac{\pi}{4}} 8\cos^2 t\ \mathrm{d}t - \frac{1}{3}x^3\Big|_0^2$$

$$= 8\int_0^{\frac{\pi}{4}}(1+\cos 2t)\mathrm{d}t - \frac{8}{3} = 2\pi + \frac{4}{3},$$

$$S_2 = 8\pi - \left(2\pi + \frac{4}{3}\right) = 6\pi - \frac{4}{3}.$$

2. 求由下列各曲线所围成图形的面积：

(1) $x = a\cos^3 t,\ y = a\sin^3 t$； (2) $\rho = 2a(2+\cos\theta)$；

(3) $\rho = 2a\cos\theta,\ \theta = 0,\ \theta = \frac{\pi}{6}$.

解 (1) 平面曲线所围成的图形面积为

$$A = 4\int_0^a y\,\mathrm{d}x = 4\int_{\frac{\pi}{2}}^0 a\sin^3 t\ (-3a\cos^2 t\ \sin t)\mathrm{d}t = 12a^2\int_0^{\frac{\pi}{2}}\sin^4 t\ \cos^2 t\ \mathrm{d}t$$

$$= 12a^2\int_0^{\frac{\pi}{2}}(\sin^4 t - \sin^6 t)\mathrm{d}t = 12a^2\left(1-\frac{5}{6}\right)\cdot\frac{3}{4}\cdot\frac{1}{2}\cdot\frac{\pi}{2} = \frac{3}{8}\pi a^2.$$

(2) 平面曲线所围成的图形面积为

$$A = \frac{1}{2}\int_0^{2\pi} 4a^2(2+\cos\theta)^2\mathrm{d}\theta = 2a^2\int_0^{2\pi}(4+4\cos\theta+\cos^2\theta)\mathrm{d}\theta$$

$$= 2a^2\int_0^{2\pi}\left(4+\frac{1+\cos 2\theta}{2}\right)\mathrm{d}\theta = 2a^2\left(4\theta\Big|_0^{2\pi} + \frac{1}{2}\theta\Big|_0^{2\pi} + \frac{1}{4}\sin 2\theta\Big|_0^{2\pi}\right)$$

$$= 18\pi a^2.$$

(3) 平面曲线所围成的图形面积为

$$A = \frac{1}{2}\int_0^{\frac{\pi}{6}} r^2\mathrm{d}\theta = \frac{1}{2}\int_0^{\frac{\pi}{6}} 4a^2\cos^2\theta\ \mathrm{d}\theta = a^2\int_0^{\frac{\pi}{6}}(1+\cos 2\theta)\mathrm{d}\theta$$

$$= a^2\left(\theta\Big|_0^{\frac{\pi}{6}} + \frac{1}{2}\sin 2\theta\ \Big|_0^{\frac{\pi}{6}}\right) = \left(\frac{\pi}{6}+\frac{\sqrt{3}}{4}\right)a^2.$$

3. 求下列各曲线所围成图形的公共部分的面积：

(1) $\rho = 3\cos\theta$ 与 $\rho = 1+\cos\theta$； (2) $\rho = \sqrt{2}\sin\theta$ 与 $\rho^2 = \cos 2\theta$.

解 (1) 由 $\begin{cases}\rho = 3\cos\theta,\\ \rho = 1+\cos\theta,\end{cases}$ 知 $1 = 2\cos\theta$，故两曲线的交点为 $\left(\frac{3}{2},\pm\frac{\pi}{3}\right)$，且交点处的极角为 $\theta = \pm\frac{\pi}{3}$. 由对称性知，曲线所围成图形的公共部分的面积为

$$\frac{1}{2}A = \frac{1}{2}\int_0^{\frac{\pi}{3}}(1+\cos\theta)^2\mathrm{d}\theta + \frac{1}{2}\int_{\frac{\pi}{3}}^{\frac{\pi}{2}}(3\cos\theta)^2\mathrm{d}\theta,$$

即

$$A = \int_0^{\frac{\pi}{3}}(1+2\cos\theta+\cos^2\theta)\mathrm{d}\theta + 9\int_{\frac{\pi}{3}}^{\frac{\pi}{2}}\cos^2\theta\ \mathrm{d}\theta$$

$$= \int_0^{\frac{\pi}{3}}\left(1+2\cos\theta+\frac{1+\cos 2\theta}{2}\right)\mathrm{d}\theta + 9\int_{\frac{\pi}{3}}^{\frac{\pi}{2}}\frac{1+\cos 2\theta}{2}\mathrm{d}\theta$$

$$= \left(\theta \Big|_0^{\frac{\pi}{3}} + 2\sin\theta \Big|_0^{\frac{\pi}{3}} + \frac{1}{2}\theta \Big|_0^{\frac{\pi}{3}} + \frac{1}{4}\sin 2\theta \Big|_0^{\frac{\pi}{3}}\right) + 9\left(\frac{1}{2}\theta \Big|_{\frac{\pi}{3}}^{\frac{\pi}{2}} + \frac{1}{4}\sin 2\theta \Big|_{\frac{\pi}{3}}^{\frac{\pi}{2}}\right)$$

$$= \frac{\pi}{2} + \sqrt{3} + \frac{\sqrt{3}}{8} + \frac{9}{4}\pi - \frac{3}{2}\pi - \frac{9}{8}\sqrt{3} = \frac{5}{4}\pi.$$

(2) 由 $\begin{cases}\rho = \sqrt{2}\sin\theta, \\ \rho^2 = \cos 2\theta,\end{cases}$ 知 $2\sin^2\theta = \rho^2 = \cos 2\theta = 1 - 2\sin^2\theta$，即 $\sin\theta = \pm\frac{1}{2}$，故有 $\theta = \frac{\pi}{6}, \frac{5\pi}{6}$. 故两曲线的交点为 $A\left(\frac{\sqrt{2}}{2}, \frac{\pi}{6}\right)$，$B\left(\frac{\sqrt{2}}{2}, \frac{5\pi}{6}\right)$，且交点处的极角为 $\theta = \frac{\pi}{6}$ 和 $\theta = \frac{5}{6}\pi$. 由于双纽线 $r^2 = \cos 2\theta \geqslant 0$ 和 $\rho = \sqrt{2}\sin\theta \geqslant 0$ 有极角的变化范围为 $0 \leqslant \theta \leqslant \frac{\pi}{4}$，由对称性知，曲线所围成图形的公共部分的面积为

$$\frac{1}{2}A = \frac{1}{2}\int_0^{\frac{\pi}{6}} 2\sin^2\theta \, d\theta + \frac{1}{2}\int_{\frac{\pi}{6}}^{\frac{\pi}{4}} \cos 2\theta \, d\theta,$$

即

$$A = 2\int_0^{\frac{\pi}{6}} \sin^2\theta \, d\theta + \int_{\frac{\pi}{6}}^{\frac{\pi}{4}} \cos 2\theta \, d\theta = 2\int_0^{\frac{\pi}{6}} \frac{1 - \cos 2\theta}{2} \, d\theta + \int_{\frac{\pi}{6}}^{\frac{\pi}{4}} \cos 2\theta \, d\theta$$

$$= \left(\theta - \frac{1}{2}\sin^2\theta\right) \Big|_0^{\frac{\pi}{6}} + \frac{1}{2}\sin 2\theta \Big|_{\frac{\pi}{6}}^{\frac{\pi}{4}} = \frac{\pi}{6} - \frac{1}{2} \cdot \frac{\sqrt{3}}{2} + \frac{1}{2} - \frac{\sqrt{3}}{4}$$

$$= \frac{\pi}{6} + \frac{1}{2} - \frac{\sqrt{3}}{2}.$$

4. 求摆线 $\begin{cases}x = a(t - \sin t), \\ y = a(1 - \cos t)\end{cases}$ 的第一拱与 x 轴所围的面积($a > 0$).

解　由 $y = 0$ 得 $t = 0$ 和 $t = 2\pi$，此时 $x = 0$ 和 $x = 2\pi a$，所以摆线与 x 轴的交点为 $(0,0)$ 与 $(2a\pi,0)$. 摆线的第一拱 x 由 0 变到 $2a\pi$，参数 t 由 0 变到 2π，在相应的微元区间 $[x, x + dx]$ 上的面积微元为 $dA = y dx = a^2(1 - \cos t)^2 dt$，所以摆线的第一拱与 x 轴所围的面积为

$$A = \int_0^{2\pi} a(1 - \cos t) \cdot a(1 - \cos t) dt = \int_0^{2a\pi} y \, dx a^2$$

$$= \int_0^{2\pi} (1 - \cos t)^2 dt = a^2 \int_0^{2\pi} \left(1 - 2\cos t + \frac{1 + \cos 2t}{2}\right) dt$$

$$= a^2 \left(t - 2\sin t + \frac{1}{2}t + \frac{1}{4}\sin 2t\right) \Big|_0^{2\pi} = 3\pi a^2.$$

5. 由 $y = x^3$，$x = 2$，$y = 0$ 所围成的图形，分别绕 x 轴和 y 轴旋转，计算所得两个旋转体的体积.

解　设平面图形绕 x 轴和 y 轴旋转所得的旋转体体积分别为 V_x 和 V_y，由旋转体体积公式得

$$V_x = \pi\int_0^2 x^6 dx = \frac{\pi}{7}x^7 \Big|_0^2 = \frac{128}{7}\pi,$$

$$V_y = \pi \cdot 2^2 \cdot 8 - \pi\int_0^8 (y^{\frac{1}{3}})^2 dy = 32\pi - \frac{3}{5}\pi y^{\frac{5}{3}} \Big|_0^8 = 32\pi - \frac{96}{3}\pi = \frac{64}{5}\pi.$$

6. 计算底面是半径为 R 的圆，而垂直于底面上一条固定直径的所有截面都是等边三角形的立体体积.

解 以底面圆心为原点，底面所在平面为 Oxy 面，固定直径为 x 轴，建立直角坐标系. 设过点 x 且垂直于 x 轴的截面面积为 $A(x)$，底圆方程为 $x^2+y^2=R^2$，相应于点 x 的截面是等边三角形，其边长为 $2\sqrt{R^2-x^2}$，高为$\sqrt{3}\sqrt{R^2-x^2}$，截面面积为

$$A(x)=\frac{1}{2}\cdot 2\sqrt{R^2-x^2}\cdot\sqrt{3}\sqrt{R^2-x}=\sqrt{3}(R^2-x^2).$$

由已知截面面积的立体体积公式知，所求立体体积为

$$V=2\int_0^R\sqrt{3}(R^2-x^2)\mathrm{d}x=\frac{4}{3}\sqrt{3}R^3.$$

7. 立体的底是曲线 $y=x^2$，$y=8-x^2$ 所围的平面图形，垂直于 x 轴的平面与该立体的截面是以 AB (如图 5-5) 为直径的半圆，求此立体的体积.

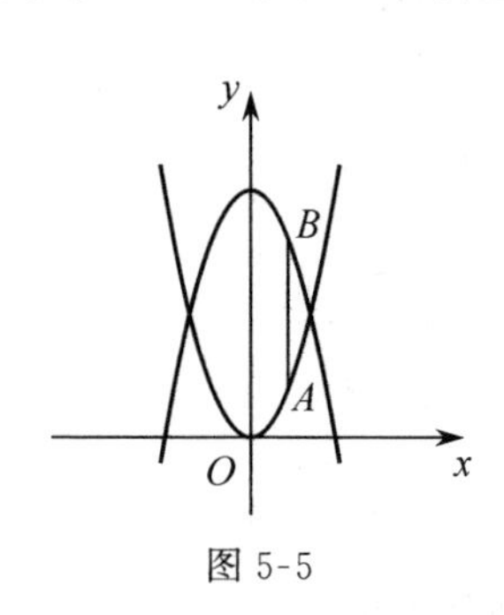

图 5-5

解 由$\begin{cases}y=8-x^2,\\y=x^2,\end{cases}$ 得$\begin{cases}x=2,\\y=4,\end{cases}$ $\begin{cases}x=-2,\\y=4.\end{cases}$ 由对称性知，所求立体的体积为

$$V=2\int_0^2\frac{\pi(4-x^2)^2}{2}\mathrm{d}x=\pi\int_0^2(16-8x^2+x^4)\mathrm{d}x$$

$$=\pi\left(16x-\frac{8}{3}x^3+\frac{1}{5}x^5\right)\Big|_0^2=\frac{256}{15}\pi.$$

8. 过坐标原点作曲线 $y=\ln x$ 的切线，该切线与曲线 $y=\ln x$ 及 x 轴围成平面图形 D.

(1) 求 D 的面积 A.

(2) 求 D 绕直线 $x=\mathrm{e}$ 旋转一周所得旋转体的体积 V.

解 设切点的横坐标为 x_0，则曲线 $y=\ln x$ 在点$(x_0,\ln x_0)$处的切线方程是

$$y=\ln x_0+\frac{1}{x_0}(x-x_0).$$

由该切线过原点知 $\ln x_0-1=0$，从而 $x_0=\mathrm{e}$，所以该切线的方程为 $y=\frac{1}{\mathrm{e}}x$.

(1) 平面图形 D 的面积 $A=\int_0^1(\mathrm{e}^y-\mathrm{e}y)\mathrm{d}y=\frac{1}{2}\mathrm{e}-1$.

(2) 切线 $y=\frac{1}{\mathrm{e}}x$ 与 x 轴及直线 $x=\mathrm{e}$ 所围成的三角形绕直线 $x=\mathrm{e}$ 旋转所得的圆锥体积为 $V_1=\frac{1}{3}\pi\mathrm{e}^2$. 曲线 $y=\ln x$ 与 x 轴及直线 $x=\mathrm{e}$ 所围成的图形绕直线 $x=\mathrm{e}$ 旋转所得的旋转体体积为 $V_2=\int_0^1\pi(\mathrm{e}-\mathrm{e}^y)^2\mathrm{d}y$. 因此所求旋转体的体积为

$$V=V_1-V_2=\frac{1}{3}\pi\mathrm{e}^2-\int_0^1\pi(\mathrm{e}-\mathrm{e}^y)^2\mathrm{d}y=\frac{\pi}{6}(5\mathrm{e}^2-12\mathrm{e}+3).$$

9. 求心形线 $\rho=4(1+\cos\theta)$ 及射线 $\theta=0$ 及 $\theta=\frac{\pi}{2}$ 所围成的图形绕极轴旋转所成旋转体的体积.

解　由极坐标与直角坐标的转换公式 $x=\rho\cos\theta, y=\rho\sin\theta$，将心形线方程 $\rho=4(1+\cos\theta)$ 转换为参数方程形式：

$$x=\rho\cos\theta=4(1+\cos\theta)\cos\theta,\quad y=\rho\sin\theta=4(1+\cos\theta)\sin\theta.$$

当 $\theta=0$ 时，得 $\rho=8$，即当 $y=0$ 时，$x=8$，体积微元 $\mathrm{d}V=\pi y^2\mathrm{d}x$，

$$\mathrm{d}x=(-4\sin\theta-8\cos\theta\ \sin\theta)\mathrm{d}\theta=-4(\sin\theta+2\cos\theta\ \sin\theta)\mathrm{d}\theta,$$

故有

$$V=\int_0^8\pi y^2\mathrm{d}x=-\int_{\frac{\pi}{2}}^0\pi\cdot16(1+\cos\theta)^2\sin^2\theta\cdot4(2\sin\theta\ \cos\theta+\sin\theta)\mathrm{d}\theta$$

$$=\int_0^{\frac{\pi}{2}}\pi\cdot16(1+\cos\theta)^2\sin^2\theta\cdot4(2\sin\theta\ \cos\theta+\sin\theta)\mathrm{d}\theta$$

$$=64\pi\int_0^{\frac{\pi}{2}}(1+\cos\theta)^2\sin^3\theta\ (1+2\cos\theta)\mathrm{d}\theta$$

$$=64\pi\int_0^{\frac{\pi}{2}}(1-\cos^2\theta)(1+4\cos\theta+5\cos^2\theta+2\cos^3\theta)\sin\theta\ \mathrm{d}\theta$$

$$=-64\pi\int_0^{\frac{\pi}{2}}(1+4\cos\theta+4\cos^2\theta-2\cos^3\theta-5\cos^4\theta-2\cos^5\theta)\mathrm{d}(\cos\theta)$$

$$=160\pi.$$

10. 计算曲线 $y=\ln x$ 上相应于 $\sqrt{3}\leqslant x\leqslant\sqrt{8}$ 的一段弧的长度.

解　由弧长公式，所求弧长为

$$s=\int_{\sqrt{3}}^{\sqrt{8}}\sqrt{1+y'^2}\ \mathrm{d}x=\int_{\sqrt{3}}^{\sqrt{8}}\frac{\sqrt{1+x^2}}{x}\mathrm{d}x\xlongequal{t=\sqrt{1+x^2}}\int_2^3\frac{t^2}{t^2-1}\mathrm{d}t=1+\frac{1}{2}\ln\frac{3}{2}.$$

11. 求曲线 $\rho\theta=1$ 自 $\theta=\frac{3}{4}$ 至 $\theta=\frac{4}{3}$ 的一段弧长.

解　由极坐标弧长公式，所求弧长为

$$s=\int_{\frac{3}{4}}^{\frac{4}{3}}\sqrt{\rho^2(\theta)+\rho'^2(\theta)}\ \mathrm{d}\theta=\int_{\frac{3}{4}}^{\frac{4}{3}}\frac{1}{\theta^2}\sqrt{1+\theta^2}\ \mathrm{d}\theta$$

$$=-\int_{\frac{3}{4}}^{\frac{4}{3}}\sqrt{1+\theta^2}\ \mathrm{d}\frac{1}{\theta}=-\left(\frac{1}{\theta}\sqrt{1+\theta^2}\right)\Bigg|_{\frac{3}{4}}^{\frac{4}{3}}+\int_{\frac{3}{4}}^{\frac{4}{3}}\frac{\mathrm{d}\theta}{\sqrt{1+\theta^2}}$$

$$=\frac{5}{12}+\ln\left|\theta+\sqrt{1+\theta^2}\right|\Bigg|_{\frac{3}{4}}^{\frac{4}{3}}=\frac{5}{12}+\ln\frac{3}{2}.$$

B　类

1. 用积分法证明球缺(高为 H)的体积为 $V=\pi H^2\left(R-\frac{H}{3}\right)$.

证　以球心为原点建立直角坐标系 $Oxyz$，则球面在平面 Oxy 上的圆的方程为 $x^2+y^2=R^2$ (R 为球的半径)，球可视为该圆绕 y 轴旋转而成，从而球缺的体积为

$$V=\int_{R-H}^R\pi x^2\mathrm{d}y=\int_{R-H}^R\pi(R^2-y^2)\mathrm{d}y$$

$$= \pi\left(R^2 y - \frac{1}{3}y^3\right)\Big|_{R-H}^{R} = \pi H^2\left(R - \frac{1}{3}H\right).$$

2. 在摆线 $x = a(t - \sin t)$，$y = a(1 - \cos t)$ 上求分摆线第一拱成 1∶3 的点的坐标.

解 设摆线第一拱上对应 t 的弧长为 $s(t)$，则

$$s(t) = \int_0^t \sqrt{x'^2(t) + y'^2(t)}\,dt = \int_0^t 2a\sin\frac{t}{2}\,dt = 4a\left(1 - \cos\frac{t}{2}\right).$$

从而第一拱的全长为 $s(2\pi) = 8a$. 设分摆线第一拱成 1∶3 的点为 $A(x, y)$，则 OA 的长为 $2a$，于是 $4a\left(1 - \cos\frac{t}{2}\right) = 2a$，得 $t = \frac{2}{3}\pi$. 故 A 的坐标为

$$x = a\left(\frac{2\pi}{3} - \sin\frac{2\pi}{3}\right) = \left(\frac{2\pi}{3} - \frac{\sqrt{3}}{2}\right)a,\quad y = a\left(1 - \cos\frac{2\pi}{3}\right) = \frac{3}{2}a,$$

即 $\left(\left(\frac{2\pi}{3} - \frac{\sqrt{3}}{2}\right)a, \frac{3}{2}a\right)$.

3. 在半径为 R 的球上钻一个半径为 a $(a < R)$ 的圆孔，孔的轴为球体的一条直径，求剩余部分的体积.

解 球体可视为圆 $x^2 + y^2 = R^2$ 所围成的平面图形绕 y 轴旋转一周所得的旋转体，现用柱壳法计算剩下部分的体积：

$$V = 2\cdot 2\pi\int_a^R x\sqrt{R^2 - x^2}\,dx = 4\pi\left(-\frac{1}{2}\right)\int_a^R \sqrt{R^2 - x^2}\,d(R^2 - x^2)$$

$$= 4\pi\left(-\frac{1}{2}\right)\frac{2}{3}(R^2 - x^2)^{\frac{3}{2}}\Big|_a^R = \frac{4}{3}\pi(\sqrt{R^2 - a^2})^3.$$

4. 求曲线 $(x^2 + y^2)^2 = 2a^2xy$ 所围成图形的面积.

解 设 $x = \rho\cos\theta$，$y = \rho\sin\theta$，则曲线方程为 $\rho^2 = a^2\sin 2\theta$. 令 $\rho = 0$，得 $\theta = 0, \frac{\pi}{2}, \pi, \frac{3\pi}{2}$. 由对称性有

$$S = 4\cdot\frac{1}{2}\int_0^{\frac{\pi}{4}} a^2\sin 2\theta\,d\theta = a^2\int_0^{\frac{\pi}{4}}\sin 2\theta\,d(2\theta) = -a^2\cos 2\theta\Big|_0^{\frac{\pi}{4}} = a^2.$$

5. 设 $f(x) = \int_{-1}^{x}(1 - |t|)dt$ $(x \geqslant -1)$，试求曲线 $y = f(x)$ 与 Ox 轴所围成图形的面积.

解 由 $f(x) = \int_{-1}^{x}(1 - |t|)dt$ 得，当 $x \leqslant 0$ 时，

$$f(x) = \int_{-1}^{x}(1 - |t|)dt = \left(t + \frac{1}{2}t^2\right)\Big|_{-1}^{x} = x + \frac{1}{2}x^2 + 1 - \frac{1}{2}$$

$$= \frac{1}{2}x^2 + x + \frac{1}{2} = \frac{1}{2}(x + 1)^2;$$

当 $x > 0$ 时，

$$f(x) = \int_{-1}^{0}(1 - |t|)dt + \int_0^x(1 - |t|)dt = \int_{-1}^{0}(1 + t)dt + \int_0^x(1 - t)dt$$

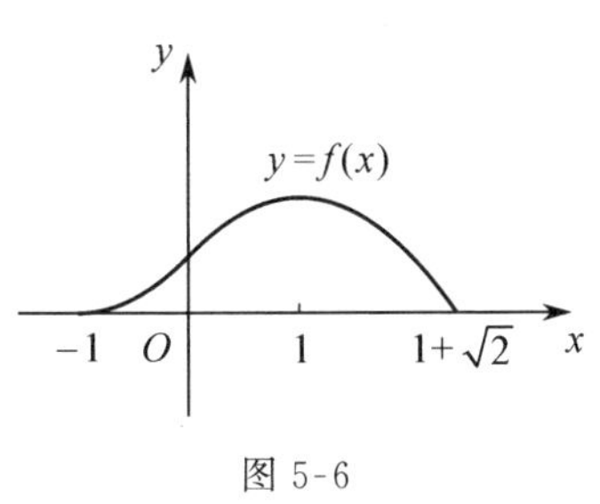

图 5-6

$$= \left(t+\frac{1}{2}t^2\right)\Big|_{-1}^{0} + \left(t-\frac{1}{2}t^2\right)\Big|_{0}^{x}$$

$$= \frac{1}{2}+x-\frac{1}{2}x^2 = -\frac{1}{2}x^2+x+\frac{1}{2}$$

$$= -\frac{1}{2}(x-1)^2+1.$$

$f(x)$ 如图5-6所示. 令 $f(x)=0$，得 $x_1=-1$，$x_2=1+\sqrt{2}$. 故 $y=f(x)$ 与 Ox 轴所围成的图形的面积为

$$S = \int_{-1}^{0}\left(\frac{1}{2}x^2+x+\frac{1}{2}\right)\mathrm{d}x + \int_{0}^{1+\sqrt{2}}\left(\frac{1}{2}+x-\frac{1}{2}x^2\right)\mathrm{d}x$$

$$= \left(\frac{1}{6}x^3+\frac{1}{2}x^2+\frac{1}{2}x\right)\Big|_{-1}^{0} + \left(\frac{1}{2}x+\frac{1}{2}x^2-\frac{1}{6}x^3\right)\Big|_{0}^{1+\sqrt{2}}$$

$$= \frac{1}{6}-\frac{1}{2}+\frac{1}{2}+\frac{1}{2}(1+\sqrt{2})+\frac{1}{2}(1+\sqrt{2})^2-\frac{1}{6}(1+\sqrt{2})^3$$

$$= \frac{1}{6}(6+4\sqrt{2}) = \frac{1}{3}(3+2\sqrt{2}).$$

6. 设曲线方程为 $y=\mathrm{e}^{-x}$ $(x \geqslant 0)$.

(1) 把曲线 $y=\mathrm{e}^{-x}$，x 轴，y 轴和直线 $x=\xi$ $(\xi>0)$ 所围平面图形绕 x 轴旋转一周，得一旋转体，求此旋转体体积，以及满足 $V(a)=\frac{1}{2}\lim\limits_{\xi\to+\infty}V(\xi)$ 的 a 值.

(2) 在此曲线上找一点，使过该点的切线与两个坐标轴所夹平面图形的面积最大，并求出该面积.

解 (1) 由旋转体体积公式知，旋转体体积为

$$V(\xi) = \pi\int_0^{\xi} y^2\,\mathrm{d}x = \pi\int_0^{\xi}\mathrm{e}^{-2x}\,\mathrm{d}x = \frac{\pi}{2}(1-\mathrm{e}^{-2\xi}),$$

于是

$$\lim_{\xi\to+\infty}V(\xi) = \lim_{\xi\to+\infty}\frac{\pi}{2}(1-\mathrm{e}^{-2\xi}) = \frac{\pi}{2},\quad V(a)=\frac{\pi}{2}(1-\mathrm{e}^{-2a}).$$

由已知条件 $V(a)=\frac{1}{2}\lim\limits_{\xi\to+\infty}V(\xi)$，即 $\frac{\pi}{4}=\frac{1}{2}\lim\limits_{\xi\to+\infty}V(\xi)=V(a)=\frac{\pi}{2}(1-\mathrm{e}^{-2a})$，所以有 $\mathrm{e}^{-2a}=\frac{1}{2}$，即 $a=\frac{1}{2}\ln 2$.

(2) 设切点为 (x_0,e^{-x_0})，则切线方程为 $y-\mathrm{e}^{-x_0}=-\mathrm{e}^{-x_0}(x-x_0)$. 当 $x=0$ 时，$y=(1+x_0)\mathrm{e}^{-x_0}$；当 $y=0$ 时，$x=1+x_0$. 故所求平面图形的面积为

$$S=\frac{1}{2}(1+x_0)^2\mathrm{e}^{-x_0}\quad(x_0>0).$$

令 $S'=0$，得 $x_0=1,-1$（负值舍去），所以切点坐标为 $(1,\mathrm{e}^{-1})$，最大面积 $S_{\max}=2\mathrm{e}^{-1}$.

7. 设直线 $y=ax$ 与抛物线 $y=x^2$ 所围成图形的面积为 S_1，它们与直线 $x=1$ 所围成的图形面积为 S_2，并且 $a<1$.

(1) 试确定 a 的值，使 S_1+S_2 达到最小值.

(2) 求该最小值所对应的平面图形绕 x 轴旋转一周所得旋转体的体积.

解 (1) 设 $S = S_1 + S_2$. 当 $0 < a < 1$ 时,

$$S = S_1 + S_2 = \int_0^a (ax - x^2)\mathrm{d}x + \int_a^1 (x^2 - ax)\mathrm{d}x$$

$$= \left(\frac{ax^2}{2} - \frac{x^3}{3}\right)\Bigg|_0^a + \left(\frac{x^3}{3} - \frac{ax^2}{2}\right)\Bigg|_a^1 = \frac{a^3}{3} - \frac{a}{2} + \frac{1}{3},$$

于是 $S' = a^2 - \frac{1}{2}$. 令 $S' = 0$, 得 $a = \frac{1}{\sqrt{2}}$. 由于 $S''\Big|_{a=\frac{1}{\sqrt{2}}} = 2 > 0$, 故 $S\left(\frac{1}{\sqrt{2}}\right)$ 是极小值, 也是最小值, 其值为

$$S\left(\frac{1}{\sqrt{2}}\right) = \frac{1}{6\sqrt{2}} - \frac{1}{2\sqrt{2}} + \frac{1}{3} = \frac{2-\sqrt{2}}{6}.$$

当 $a \leqslant 0$ 时,

$$S = S_1 + S_2 = \int_a^0 (ax - x^2)\mathrm{d}x + \int_0^1 (x^2 - ax)\mathrm{d}x = -\frac{a^3}{6} - \frac{a}{2} + \frac{1}{3},$$

于是 $S' = -\frac{a^2}{2} - \frac{1}{2} = -\frac{1}{2}(a^2 + 1) < 0$, S 单调减少. 故 $a = 0$ 时, S 取得最小值, 此时 $S = \frac{1}{3}$. 综上所述, 当 $a = \frac{1}{\sqrt{2}}$ 时, $S\left(\frac{1}{\sqrt{2}}\right)$ 为所求最小值, 最小值为 $\frac{2-\sqrt{2}}{6}$.

(2) 所求旋转体的体积为

$$V_x = \pi\int_0^{\frac{1}{\sqrt{2}}} \left(\frac{1}{2}x^2 - x^4\right)\mathrm{d}x + \pi\int_{\frac{1}{\sqrt{2}}}^1 \left(x^4 - \frac{1}{2}x^2\right)\mathrm{d}x$$

$$= \pi\left(\frac{1}{6}x^3 - \frac{1}{5}x^5\right)\Bigg|_0^{\frac{1}{\sqrt{2}}} + \pi\left(\frac{1}{5}x^5 - \frac{1}{6}x^3\right)\Bigg|_{\frac{1}{\sqrt{2}}}^0$$

$$= \frac{\sqrt{2}+1}{30}\pi.$$

8. 设直椭圆柱体被通过底面短轴的斜平面所截, 试求截得楔形体的体积.

解 建立直角坐标系, 设椭圆的方程为 $\frac{x^2}{a^2} + \frac{y^2}{b^2} = 1$, 斜面的方程为 $z = kx$, 用平面 $x = t$ 截这个立体, 得一长方形, 其边长是 $2b\sqrt{1 - \frac{t^2}{a^2}}$, kt, 其面积为 $A(x) = 2kbx\sqrt{1 - \frac{x^2}{a^2}}$. 从而截得楔形体的体积为

$$V = \int_0^a 2bkx\sqrt{1 - \frac{x^2}{a^2}}\mathrm{d}x = -a^2bk\int_0^a \sqrt{1 - \frac{x^2}{a^2}}\mathrm{d}\left(1 - \frac{x^2}{a^2}\right)$$

$$= \frac{2}{3}a^2bk\left(1 - \frac{x^2}{a^2}\right)^{\frac{3}{2}}\Bigg|_a^0 = \frac{2}{3}kba^2.$$

9. 设平面图形 D 是由 $y = \sin x$, $y = \cos x$ (其中 $0 \leqslant x \leqslant \frac{\pi}{2}$) 及直线 $x = 0$, $x = \frac{\pi}{2}$ 所围成的平面图形. 求:

(1) 平面图形 D 的面积;

(2) 平面图形 D 绕 x 轴旋转一周所成的立体体积.

解　(1) 平面图形 D 的面积为

$$S=\int_0^{\frac{\pi}{4}}(\cos x-\sin x)\mathrm{d}x+\int_{\frac{\pi}{4}}^{\frac{\pi}{2}}(\sin x-\cos x)\mathrm{d}x=2(\sqrt{2}-1).$$

(2) 平面图形 D 绕 x 轴旋转一周所成的立体体积为

$$\begin{aligned}V&=\pi\int_0^{\frac{\pi}{4}}(\cos^2 x-\sin^2 x)\mathrm{d}x+\pi\int_{\frac{\pi}{4}}^{\frac{\pi}{2}}(\sin^2 x-\cos^2 x)\mathrm{d}x\\&=\pi\int_0^{\frac{\pi}{4}}\cos 2x\ \mathrm{d}x-\pi\int_{\frac{\pi}{4}}^{\frac{\pi}{2}}\cos 2x\ \mathrm{d}x=\pi.\end{aligned}$$

10. 将曲线 $y=\dfrac{\sqrt{x}}{1+x^2}$ 绕 x 轴旋转得一旋转体，它在点 $x=0$ 与 $x=\xi$ $(\xi>0)$ 之间的体积记为 $V(\xi)$. 问 a 等于何值时，能使 $V(a)=\dfrac{1}{2}\lim\limits_{\xi\to+\infty}V(\xi)$?

解　因

$$V(\xi)=\int_0^{\xi}\pi y^2\mathrm{d}y=\pi\int_0^{\xi}\frac{x}{(1+x^2)^2}\mathrm{d}x=-\frac{\pi}{2}\frac{1}{1+x^2}\bigg|_0^{\xi}=\frac{\pi}{2}-\frac{\pi}{2}\frac{1}{1+\xi^2},$$

故 $\lim\limits_{\xi\to+\infty}V(\xi)=\dfrac{\pi}{2}$，从而 $V(a)=\dfrac{\pi}{2}-\dfrac{\pi}{2}\cdot\dfrac{1}{1+a^2}=\dfrac{\pi}{4}$. 由此可得 $1+a^2=2$，所以 $a=1$ 或 $a=-1$ (舍去)，故 $a=1$.

习题 5-6

A　类

1. 一物体按规律 $x=ct^3$ 做直线运动，阻力与速度的平方成正比，计算物体由 $x=0$ 移至 $x=a$ 时，克服阻力所做的功.

解　物体运动速度 $v=\dfrac{\mathrm{d}x}{\mathrm{d}t}=3ct^2$，所受之阻力

$$f=kv^2=9kc^2t^4=9kc^2\left(\frac{x}{c}\right)^{\frac{4}{3}}=9kc^{\frac{2}{3}}x^{\frac{4}{3}},$$

其中，k 为比例系数. 物体由 $x=0$ 移至 $x=a$ 时，克服阻力所做的功为

$$W=\int_0^a 9kc^{\frac{2}{3}}x^{\frac{4}{3}}\mathrm{d}x=9kc^{\frac{2}{3}}\left(\frac{3}{7}x^{\frac{7}{3}}\right)\bigg|_0^a=\frac{27}{7}kc^{\frac{2}{3}}a^{\frac{7}{3}}.$$

2. 底面直径为 20 cm、高为 80 cm 的圆柱体内充满压强为 10 N/cm^2 的蒸汽. 设温度保持不变，要使蒸汽体积缩小一半，问需要做多少功?

解　建立坐标系，取 x 为积分变量，$[0,40]$ 为积分区间，根据波义耳定律，在恒温下压强 p 与 x 有关，且压强 $p(x)$ 与体积 V 的积为常数，即

$$p(x)V=k=10\cdot(\pi\cdot 10^2\cdot 80)=80\,000\,\pi.$$

当蒸汽体积的底面积不变而高减少 x (cm) 时，蒸汽体积为 $10^2\pi(80-x)$，于是再应用波

义耳定律有

$$(10^2\pi)(80-x)p(x)=80\,000\pi,\quad 即\ p(x)=\frac{800}{80-x}\ (\mathrm{N/cm^2}).$$

作用在蒸汽上的压力为

$$P(x)=(10)^2\pi p(x)=\frac{80\,000\pi}{80-x},$$

在微元区间$[x,x+\mathrm{d}x]$上相应的功微元 $\mathrm{d}W=P(x)\mathrm{d}x$，故所做的功为

$$W=\int_0^{40}\frac{80\,000\pi}{80-x}\mathrm{d}x=80\,000\pi\ln 2\ (\mathrm{N\cdot cm})=800\pi\ln 2\ (\mathrm{J}).$$

3. 有一等腰梯形闸门，它的两条底边各长 10 m 和 6 m，高为 20 m，较长的底边与水面相齐，计算闸门的一侧所受的水压力.

解 建立坐标系，等腰梯形的对称轴为 x 轴，正向朝下，梯形的较长边与 y 轴重合，取 x 为积分变量，$[0,20]$ 为积分区间，由已知条件得梯形在第一象限的腰直线方程为

$$y-5=\frac{3-5}{20-0}(x-0),\quad 即\ y=5-\frac{x}{10}.$$

故知在 x 处闸门位于第一象限的宽度为 $5-\frac{x}{10}$，微元区间$[x,x+\mathrm{d}x]$上闸门所受之压强 $p\approx x$，压力微元 $\mathrm{d}P=2g\rho x\left(5-\frac{x}{10}\right)\mathrm{d}x$，所以闸门的一侧所受的水压力为

$$\begin{aligned}P&=2g\rho\int_0^{20}x\left(5-\frac{x}{10}\right)\mathrm{d}x=g\rho\int_0^{20}x\left(10-\frac{x}{5}\right)\mathrm{d}x=g\rho\left(5x^2-\frac{x^3}{15}\right)\Big|_0^{20}\\&=g\rho\left(2\,000-\frac{8\,000}{15}\right)=\frac{4\,400}{3}\rho g=14\,373.33\ (千牛)\end{aligned}$$

(水的比重 $\rho g=9.8$ (千牛 $/\mathrm{m}^3$)).

4. 设有一长度为 L，线密度为 ρ 的均匀细直棒，在与棒的一端垂直距离为 a 单位处有一质量为 m 的质点 M，试求这细棒对质点 M 的引力.

解 以细棒的中心轴线为 x 轴，正向朝上，细棒的一端点与质点所在的直线为 y 轴，方向朝右，该细棒端点为坐标原点，建立坐标系. x 为积分变量，$[0,L]$ 为积分区间，微元区间$[x,x+\mathrm{d}x]$上对应小段直棒可近似看做质点，其质量为 $\rho\,\mathrm{d}x$，与 M 相距 $r=\sqrt{a^2+x^2}$，它对质点 M 的引力 $\Delta\boldsymbol{F}$ 的大小为 $\Delta F\approx k\frac{m\rho\,\mathrm{d}x}{a^2+x^2}$. 在坐标轴上的投影分别为

$$\Delta F_x=\Delta F\sin\theta\approx k\frac{m\rho\,\mathrm{d}x}{a^2+x^2}\cdot\frac{x}{\sqrt{a^2+x^2}},$$

$$\Delta F_y=\Delta F\cos\theta\approx k\frac{m\rho\,\mathrm{d}x}{a^2+x^2}\cdot\frac{-a}{\sqrt{a^2+x^2}},$$

从而有引力分量微元为 $\mathrm{d}F_x=\frac{km\rho x\,\mathrm{d}x}{(a^2+x^2)^{\frac{3}{2}}}$，$\mathrm{d}F_y=\frac{-km\rho a\,\mathrm{d}x}{(a^2+x^2)^{\frac{3}{2}}}$，故引力分量为

$$\begin{aligned}F_x&=\int_0^L\frac{km\rho x\,\mathrm{d}x}{(a^2+x^2)^{\frac{3}{2}}}=\frac{1}{2}km\rho\int_0^L\frac{\mathrm{d}(x^2+a^2)}{(a^2+x^2)^{\frac{3}{2}}}\\&=km\rho\left(-\frac{1}{\sqrt{a^2+x^2}}\right)\Big|_0^L=km\rho\left(\frac{1}{a}-\frac{1}{\sqrt{a^2+L^2}}\right),\end{aligned}$$

$$F_y=\int_0^L\frac{-km\rho a\,\mathrm{d}x}{(a^2+x^2)^{\frac{3}{2}}}\xlongequal{x=a\tan t}-km\rho a\int_0^{\arctan\frac{L}{a}}\frac{a\sec^2t\ \mathrm{d}t}{(a^2\sec^2t)^{\frac{3}{2}}}$$

$$=-\frac{km\rho}{a}\int_0^{\arctan\frac{L}{a}}\cos t\ \mathrm{d}t=-\frac{km\rho}{a}\sin t\Big|_0^{\arctan\frac{L}{a}}$$

$$=-\frac{km\rho}{a}\frac{\tan t}{\sqrt{1+\tan^2t}}\Bigg|_0^{\arctan\frac{L}{a}}=-\frac{km\rho}{a}\frac{\frac{L}{a}}{\sqrt{1+\left(\frac{L}{a}\right)^2}}$$

$$=-\frac{km\rho L}{a\sqrt{a^2+L^2}}$$

(或 $F_y=\int_0^L\frac{-km\rho a\,\mathrm{d}x}{(a^2+x^2)^{\frac{3}{2}}}=-\frac{km\rho}{a}\int_0^L\mathrm{d}\,\frac{x}{(a^2+x^2)^{\frac{1}{2}}}=-\frac{km\rho}{a}\frac{x}{(a^2+x^2)^{\frac{1}{2}}}\Bigg|_0^L=\frac{-km\rho L}{a(a^2+L^2)^{\frac{1}{2}}}$).

5. 一物体以速度 $v=3t^2+2t$ (m/s) 做直线运动，算出它在 $t=0$ 到 $t=3$ 秒一段时间内的平均速度.

解 由平均值公式 $\overline{y}=\frac{1}{b-a}\int_a^b f(x)\mathrm{d}x$，得所求平均速度为

$$\overline{v}=\frac{1}{3}\int_0^3(3t^2+2t)\mathrm{d}t=\frac{1}{3}(t^3+t^2)\Big|_0^3=12\ (\mathrm{m/s}).$$

6. 有一椭圆形($\frac{x^2}{a^2}+\frac{y^2}{b^2}\leqslant 1\ (a>b)$) 薄板，长轴沿铅直方向一半浸入水中，求水对板的压力.

解 以椭圆圆心为坐标原点，x 轴为纵轴正向朝下，y 轴为横轴，正向朝右，建立坐标系. x 为积分变量，$[0,a]$ 为积分区间，微元区间为$[x,x+\mathrm{d}x]$，微元区间对应的面积微元为 $\mathrm{d}s=2|y|\mathrm{d}x=2a\sqrt{1-\frac{x^2}{a^2}}\,\mathrm{d}x$，压力微元为 $\mathrm{d}P=x\,\mathrm{d}s=2ax\sqrt{1-\frac{x^2}{a^2}}\,\mathrm{d}x$，故水对板的压力为

$$P=\int_0^a\frac{2b}{a}x\sqrt{a^2-x^2}\,\mathrm{d}x=-\frac{b}{a}\int_0^a\sqrt{a^2-x^2}\,\mathrm{d}(a^2-x^2)$$

$$=-\frac{2b}{3a}(a^2-x^2)^{\frac{3}{2}}\Big|_0^a=\frac{2}{3}a^2b.$$

7. 某建筑工程打地基时，需用汽锤将桩打进土层. 汽锤每次击打，都将克服土层对桩的阻力而做功. 设土层对桩的阻力的大小与桩被打进地下的深度成正比(比例系数为 k，$k>0$). 汽锤第一次击打将桩打进地下 a (m). 根据设计方案，要求汽锤每次击打桩时所做的功与前一次击打时所做的功之比为常数 r $(0<r<1)$. 问(m 表示长度单位米)

(1) 汽锤击打桩 3 次后，可将桩打进地下多深？

(2) 若击打次数不限，汽锤至多能将桩打进地下多深？

解 (1) 设第 n 次击打后，桩被打进地下 x_n，第 n 次击打时，汽锤所做的功为 W_n

$(n=1,2,\cdots)$. 由题设，当桩被打进地下的深度为 x 时，土层对桩的阻力的大小为 kx，所以

$$W_1=\int_0^{x_1}kx\,\mathrm{d}x=\frac{k}{2}x_1^2=\frac{k}{2}a^2,$$

$$W_2=\int_{x_1}^{x_2}kx\,\mathrm{d}x=\frac{k}{2}(x_2^2-x_1^2)=\frac{k}{2}(x_2^2-a^2).$$

由 $W_2=rW_1$，可得 $x_2^2-a^2=ra^2$，即 $x_2^2=(1+r)a^2$. 于是

$$W_3=\int_{x_2}^{x_3}kx\,\mathrm{d}x=\frac{k}{2}(x_3^2-x_2^2)=\frac{k}{2}[x_3^2-(1+r)a^2].$$

由 $W_3=rW_2=r^2W_1$，可得 $x_3^2-(1+r)a^2=r^2a^2$，从而 $x_3=\sqrt{1+r+r^2}\,a$，即汽锤击打 3 次后，可将桩打进地下 $\sqrt{1+r+r^2}\,a$ (m).

(2) 由归纳法，设 $x_n=\sqrt{1+r+r^2+\cdots+r^{n-1}}\,a$，则

$$\begin{aligned}W_{n+1}&=\int_{x_n}^{x_{n+1}}kx\,\mathrm{d}x=\frac{k}{2}(x_{n+1}^2-x_n^2)\\&=\frac{k}{2}[x_{n+1}^2-(1+r+\cdots+r^{n-1})a^2].\end{aligned}$$

由于 $W_{n+1}=rW_n=r^2W_{n-1}=\cdots=r^nW_1$，故得 $x_{n+1}^2-(1+r+\cdots+r^{n-1})a^2=r^na^2$，从而

$$x_{n+1}=\sqrt{1+r+\cdots+r^n}\,a=\sqrt{\frac{1-r^{n+1}}{1-r}}\,a.$$

于是 $\lim\limits_{n\to\infty}x_{n+1}=\sqrt{\frac{1}{1-r}}\,a$，即若击打次数不限，汽锤至多能将桩打进地下 $\sqrt{\frac{1}{1-r}}\,a$ (m).

B 类

1. (1) 证明：把质量为 m 的物体从地球表面升高到 h 处所做的功是 $W=G\frac{mMh}{R(R+h)}$，其中 G 是引力常数，M 是地球的质量，R 是地球的半径.

(2) 一颗人造地球卫星的质量为 173 kg，在高于地面 630 km 处进入轨道. 问把这个卫星从地面送到 630 km 的高空处，克服地球引力要做多少功？已知引力常数 $G=6.67\times10^{-11}\,\mathrm{m^3/(kg\cdot s^3)}$，地球质量 $M=5.98\times10^{24}\,\mathrm{kg}$，地球半径 $R=6\,370$ km.

解 (1) 以地球中心为原点，地球中心与卫星的连线为 x 轴，建立坐标系. 取 y 作积分变量，积分区间为 $[R,R+h]$，在微元区间 $[y,y+\mathrm{d}y]$ 上，物体所受的引力为 $F(y)\approx k\frac{mM}{y^2}$，功微元为 $\mathrm{d}W=\frac{kmM}{y^2}\mathrm{d}y$，卫星升高到 h 处所做的功为

$$W=\int_R^{R+h}\frac{kmM}{y^2}\mathrm{d}y=kmM\int_R^{R+h}\mathrm{d}\left(-\frac{1}{y}\right)=\left(-\frac{kmM}{y}\right)\Big|_R^{R+h}=\frac{kmMh}{R(R+h)}.$$

(2) 由(1)的结论知，卫星克服地球引力要做的功为

$$\begin{aligned}W&=\frac{kmMh}{R(R+h)}=\frac{6.67\times10^{-11}\times173\times5.98\times10^{24}\times6\,370\times10^3}{6\,370\times(6\,370+6\,370)\times10^6}\\&=9.75\times10^8\,(\mathrm{J})=9.75\times10^5\,(\mathrm{kJ}).\end{aligned}$$

2. 锤将一铁钉击入木板，设木板对铁钉的阻力与铁钉击入木板的深度成正比，在击第一次时，将铁钉击入木板 1 cm. 如果铁锤每次打击铁钉所做的功相等，问锤击第二次时，铁钉又击入多少？

解　取铁钉钉入点为原点，铁钉进入板的方向为 x 轴的正向. 由题设知阻力 $f=-kx$（其中 k 为比例系数，阻力方向与 x 轴方向相反），第一锤使铁钉从 $x=0$ 进入木板内 $x=1$ cm 处，则第一次锤击时所做的功

$$W_1=-\int_0^1 kx\,\mathrm{d}x=-\frac{k}{2}.$$

由题设知，第二次锤击时阻力所做的功仍为 $-\frac{k}{2}=W_1$，设第二次锤击时击入 L cm，则第二次锤击时所做的功

$$W_2=-\int_1^{1+L} kx\,\mathrm{d}x=-\frac{k}{2}x^2\Big|_1^{1+L}=-\frac{k}{2}(2L+L^2).$$

由 $W_1=W_2$，故有 $L^2+2L=1$. 解方程得 $L=-1\pm\sqrt{2}$，舍去负值，故 $L=\sqrt{2}-1$ (cm).

3. 设有一半径为 R、中心角为 φ 的圆弧形细棒，其线密度为常数 ρ，在圆心处有一质量为 m 的质点 M，试求这细棒对质点 M 的引力.

解　以圆心为原点，圆心与圆弧的中点所在直线为 x 轴(正向朝右)，建立坐标系. 取 θ 为积分变量，其变化区间为 $\left[-\frac{\varphi}{2},\frac{\varphi}{2}\right]$，在 $\left[-\frac{\varphi}{2},\frac{\varphi}{2}\right]$ 内取微元区间 $[\theta,\theta+\mathrm{d}\theta]$，微元区间对应的弧形细棒微元为 $\mathrm{d}s$，则 $\mathrm{d}s=R\,\mathrm{d}\theta$，于是长度为 $\mathrm{d}s$ 的一段细棒对质点 M 的引力为

$$\mathrm{d}F=k\frac{m\rho\,\mathrm{d}s}{R^2}=k\frac{m\rho R\,\mathrm{d}\theta}{R^2}=k\frac{m\rho}{R}\mathrm{d}\theta.$$

沿着 x 轴方向的分力微元为 $\mathrm{d}F_x=\mathrm{d}F\cdot\cos\theta=k\frac{m\rho}{R}\cos\theta\,\mathrm{d}\theta$，沿着 y 轴方向的分力微元为 $\mathrm{d}F_y=\mathrm{d}F\cdot\sin\theta=k\frac{m\rho}{R}\sin\theta\,\mathrm{d}\theta$，从而

$$F_x=\int_{-\frac{\varphi}{2}}^{\frac{\varphi}{2}}k\frac{m\rho}{R}\cos\theta\,\mathrm{d}\theta=\frac{2km\rho}{R}\sin\frac{\varphi}{2},\quad F_y=\int_{-\frac{\varphi}{2}}^{\frac{\varphi}{2}}k\frac{m\rho}{R}\sin\theta\,\mathrm{d}\theta=0,$$

其中 k 为引力系数. 故有 $\boldsymbol{F}=\left(\frac{2km\rho}{R}\sin\frac{\varphi}{2},0\right)$，其方向由质点 M 指向圆弧细棒的中心.

4. 计算函数 $y=2x\,\mathrm{e}^{-x^2}$ 在 $[0,2]$ 上的平均值.

解　由平均值公式 $\overline{y}=\frac{1}{b-a}\int_a^b f(x)\mathrm{d}x$，得

$$\overline{y}=\frac{1}{2}\int_0^2 2x\,\mathrm{e}^{-x^2}\mathrm{d}x=-\frac{1}{2}\int_0^2\mathrm{e}^{-x^2}\mathrm{d}(-x^2)=-\frac{1}{2}\mathrm{e}^{-x^2}\Big|_0^2=\frac{1}{2}(1-\mathrm{e}^{-4}).$$

5. 求垂直放在水中的平面薄片一侧所受的水压力，薄片上半部是高为 4 m 的等腰三角形，下半部是半径为 3 m 的半圆.

解　以等腰三角形顶点为原点，图形的对称轴为 x 轴(正向朝下)，建立坐标系. 薄片上半部分与下半部分受到的压力的微元分别为

$$dP_1 = x \cdot 2 \cdot \frac{3}{4}x \cdot dx = \frac{3}{2}x^2 dx, \quad 0 \leqslant x \leqslant 4,$$

$$dP_2 = x \cdot 2 \cdot \sqrt{3^2-(x-4)^2}\,dx, \quad 4 \leqslant x \leqslant 7.$$

从而 $P_1 = \int_0^4 \frac{3}{2}x^2 dx = 32\ (\mathrm{t})$,

$$\begin{aligned} P_2 &= 2\int_4^7 x\sqrt{3^2-(x-4)^2}\,dx = 2\int_0^3 (t+4)\sqrt{3^2-t^2}\,dt \\ &= \int_0^3 \sqrt{3^2-t^2}\,dt^2 + 8\int_0^3 \sqrt{3^2-t^2}\,dt \\ &= -\frac{2}{3}(3^2-t^2)\Big|_0^3 + 8\left(\frac{3^2}{2}\arcsin\frac{t}{3} + \frac{1}{2}t\sqrt{3^2-t^2}\right)\Bigg|_0^3 \\ &= 18 + 18\pi\ (\mathrm{t}), \end{aligned}$$

故所求压力为 $P = P_1 + P_2 = 50 + 18\pi\ (\mathrm{t}) = (50+18\pi)g \times 10^3\,(\mathrm{N})$.

6. 一开口容器的侧面和底面分别由曲线弧段 $y = x^2 - 1\ (1 \leqslant x \leqslant 2)$ 和直线段 $y = 0\ (0 \leqslant x \leqslant 1)$ 绕 y 轴旋转而成，坐标轴长度单位为 m. 现以 2 $\mathrm{m^3/min}$ 的速度向容器内注水，试求当水面高度达到容器深度一半时，水面上涨的速度.

解 这是利用定积分求相变化度的问题. 由题设知，$x = 2$ 时，$y = 3$，即容器的深度为 3 m. 当水深为 H 时，水的体积 V 可由旋转体计算公式表示为

$$V = \pi\int_0^H (\sqrt{y+1})^2 dy = \pi\int_0^H (y+1)dy.$$

所以 $\frac{dV}{dt} = \pi(H+1)\frac{dH}{dt}$. 当 $\frac{dV}{dt} = 2$ 时，$\frac{dH}{dt} = \frac{2}{\pi(H+1)}$. $H = \frac{3}{2}$ (m) 为容器深度一半，于是 $\left.\frac{dH}{dt}\right|_{H=\frac{3}{2}} = \frac{4}{5\pi}$ (m/min).

7. 半径为 R 的半球形水池充满水，将水从池中抽出，当抽出的水所做的功为将水全部抽空所做的功的一半时，试问水面下降的深度 H 为多少？

解 取横轴为 y 轴，纵轴为 x 轴(方向朝下)，建立坐标系. 取 x 作积分变量，作微元区间 $[x, x+dx]$ 一薄层水，其体积微元 $dV = \pi y^2 dx = \pi(R^2 - x^2)dx$，把这层水抽出所做的功微元 $dW = \rho g\pi(R^2 - x^2)x\,dx$，将池中水全部抽出所做的功为

$$\begin{aligned} W(R) &= \int_0^R \rho g\pi(R^2-x^2)x\,dx = -\frac{1}{2}\int_0^R \rho g\pi(R^2-x^2)d(R^2-x^2) \\ &= -\frac{1}{4}\rho g\pi(R^2-x^2)^2\Big|_0^R = \frac{\pi\rho g}{4}R^4. \end{aligned}$$

而当水面下降的深度为 H 时，所做的功为

$$\begin{aligned} W(H) &= -\frac{1}{2}\int_0^H \rho g\pi(R^2-x^2)d(a^2-x^2) = -\frac{1}{4}\rho g\pi(R^2-x^2)^2\Big|_0^H \\ &= -\frac{1}{4}\rho g\pi[(R^2-H^2)^2 - R^4] = \frac{\pi\rho g}{4}H^2(2R^2-H^2). \end{aligned}$$

由题设知 $W(H) = \frac{1}{2}W(R)$，即 $\frac{\pi\rho g}{4}H^2(2R^2-H^2) = \frac{\pi\rho g}{8}R^4$，化简得

$$H^4-2R^2H^2+\frac{R^4}{2}=0.$$

解得 $H^2=\left(1-\frac{\sqrt{2}}{2}\right)R^2$，于是 $H=\sqrt{1-\frac{\sqrt{2}}{2}}R$，即当抽出的水所做的功为将水全部抽空所做的功的一半时，液面下降的深度为 $\sqrt{1-\frac{\sqrt{2}}{2}}R$，其中 ρ 是水的密度，g 是重力加速度.

8. 在 x 轴上，从原点到点 $P(l,0)$ 有一线密度为常数 ρ 的细棒，在点 $A(0,a)$ 处有一质量为 m 的质点. 试求：

(1) 细棒对质点的引力的大小和方向；

(2) 当 $l\to+\infty$ 时，细棒对质点的引力的大小和方向.

解　对微元区间 $[x,x+\mathrm{d}x]\subset[0,l]$ 上一小段细棒，其质量为 $\rho\,\mathrm{d}x$，它对质点的引力微元为 $\mathrm{d}\boldsymbol{F}$，其大小为 $|\mathrm{d}\boldsymbol{F}|=\frac{km\rho\mathrm{d}x}{x^2+a^2}$，故它在两坐标轴上的分量分别为

$$\begin{aligned}\mathrm{d}F_x&=|\mathrm{d}\boldsymbol{F}|\sin\theta=\frac{x}{\sqrt{x^2+a^2}}|\mathrm{d}\boldsymbol{F}|=\frac{x}{\sqrt{x^2+a^2}}\cdot\frac{km\rho\,\mathrm{d}x}{x^2+a^2}\\&=\frac{km\rho x\,\mathrm{d}x}{(x^2+a^2)^{\frac{3}{2}}},\\\mathrm{d}F_y&=|\mathrm{d}\boldsymbol{F}|\cos\theta=\frac{-a}{\sqrt{x^2+a^2}}|\mathrm{d}\boldsymbol{F}|=\frac{-kam\rho x\,\mathrm{d}x}{(x^2+a^2)^{\frac{3}{2}}}.\end{aligned}$$

(1)
$$\begin{aligned}F_x&=\int_0^l\frac{km\rho x\,\mathrm{d}x}{(x^2+a^2)^{\frac{3}{2}}}=-km\rho\left.\frac{1}{\sqrt{x^2+a^2}}\right|_0^l=km\rho\left(\frac{1}{a}-\frac{1}{\sqrt{l^2+a^2}}\right)\\&=km\rho\frac{\sqrt{l^2+a^2}-a}{a\sqrt{l^2+a^2}},\\F_y&=-\int_0^l\frac{km\rho x\,\mathrm{d}x}{(x^2+a^2)^{\frac{3}{2}}}\xlongequal{x=a\tan t}\frac{-km\rho}{a}\int_0^{\arctan\frac{l}{a}}\cos t\,\mathrm{d}t\\&=\frac{-km\rho}{a}\frac{l}{\sqrt{l^2+a^2}}=\frac{-klm\rho}{a\sqrt{l^2+a^2}},\end{aligned}$$

故 $\boldsymbol{F}$ 的大小

$$|\boldsymbol{F}|=\sqrt{F_x^2+F_y^2}=km\rho\sqrt{\frac{2}{a^2}-\frac{2}{a^2\sqrt{a^2+l^2}}}.$$

设 $\boldsymbol{F}$ 与 x 轴的夹角为 α，则

$$\tan\alpha=\left|\frac{F_y}{F_x}\right|=\frac{l}{\sqrt{l^2+a^2}-a}=\frac{\sqrt{l^2+a^2}+a}{l}.$$

(2) 当 $l\to+\infty$ 时，$F_x\to\frac{km\rho}{a}$，$F_y\to\frac{-km\rho}{a}$，因此，

$$F\to\frac{\sqrt{2}km\rho}{a},\quad\tan\alpha\to1,\quad\alpha\to\frac{\pi}{4}.$$

9. 由物理学知道，质量为 m 的质点，速度为 v 时，具有的动能为 $\frac{1}{2}mv^2$. 做圆周运动的质点，当转动半径为 r，角速度为 ω 时，它的线速度的大小为 $v=r\omega$. 设有水平放置的直杆 AB 绕过 A 点的铅垂轴旋转，角速度 $\omega=10\pi/\mathrm{s}$，直杆的截面积 $S=4\ \mathrm{cm}^2$，杆长 $l=20\ \mathrm{cm}$，材料密度 $\rho=7.5\ \mathrm{g/cm^3}$. 试求杆的动能.

解 取横轴为 x 轴，纵轴为 y 轴(方向朝上)，A 点与原点重合，建立坐标系. 取积分变量 x，$x\in[0,l]$，根据物理学中质点的动能公式，对微元区间 $[x,x+\mathrm{d}x]$ 上一小段杆的动能微元为 $\mathrm{d}E=\frac{v^2\mathrm{d}m}{2}=\frac{(x\omega)^2\rho S\mathrm{d}x}{2}$，所以杆 AB 绕铅垂轴(y 轴) 旋转时动能为

$$
\begin{aligned}
E&=\int_0^l\frac{(x\omega)^2\rho S\mathrm{d}x}{2}=\int_0^l\frac{\rho S\omega^2}{2}x^2\mathrm{d}x=\frac{\rho S\omega^2l^3}{6}\\
&=\frac{1}{6}(7.5)\cdot4\cdot(10\pi)^2\cdot(20)^3\ \mathrm{g\cdot cm^2/s^2}\\
&=0.4\pi^2\ \mathrm{kg\cdot m^2/s^2}=0.4\times9.869\,8\ \mathrm{J}\\
&\approx3.95\ \mathrm{J}.
\end{aligned}
$$

10. 算出正弦交流电流 $i=I_m\sin\omega t$ 经半波整流后得到的电流

$$
i=\begin{cases}I_m\sin\omega t, & 0\leqslant t\leqslant\frac{\pi}{\omega},\\ 0, & \frac{\pi}{\omega}\leqslant t\leqslant\frac{2\pi}{\omega}\end{cases}
$$

的有效值.

解 根据非恒定电流 i 的有效值计算公式 $I=\sqrt{\frac{1}{T}\int_0^T i^2\mathrm{d}t}$，其中 T 为 i 的一个周期，得到周期性电流 i 的有效值就是它在一个周期上的均方根值，而 $i=I_m\sin\omega t$ 的一周期为 $\frac{2\pi}{\omega}$，故所求的有效值为

$$
\begin{aligned}
I&=\left(\frac{1}{2\pi/\omega}\int_0^{\frac{2\pi}{\omega}}i^2(t)\mathrm{d}t\right)^{\frac{1}{2}}=\left[\frac{1}{2\pi/\omega}\left(\int_0^{\frac{\pi}{\omega}}i^2(t)\mathrm{d}t+\int_{\frac{\pi}{\omega}}^{\frac{2\pi}{\omega}}i^2(t)\mathrm{d}t\right)\right]^{\frac{1}{2}}\\
&=\left(\frac{\omega}{2\pi}\int_0^{\frac{\pi}{\omega}}I_m^2\sin^2\omega t\ \mathrm{d}t\right)^{\frac{1}{2}}=\left(\frac{\omega I_m^2}{2\pi}\int_0^{\frac{\pi}{\omega}}\frac{1-\cos2\omega t}{2}\mathrm{d}t\right)^{\frac{1}{2}}\\
&=\left[\frac{\omega I_m^2}{2\pi}\left(\int_0^{\frac{\pi}{\omega}}\frac{1}{2}\mathrm{d}t-\frac{1}{2}\int_0^{\frac{\pi}{\omega}}\cos2\omega t\ \mathrm{d}t\right)\right]^{\frac{1}{2}}=\frac{I_m}{2}.
\end{aligned}
$$

习题 5-7

1. 已知 $\int_0^1\frac{\mathrm{d}x}{1+x^2}=\frac{\pi}{4}$，试把积分区间 $[0,1]$ 分成 10 等份，分别用矩形法、梯形法和抛物线法的近似积分公式计算 π 的近似值，计算到小数点后三位.

解 计算结果如下表所示：

x	矩形公式	梯形公式	辛卜生形公式
$x_0=0$	$y_0=1.0000$	$\frac{1}{2}y_0=0.5000$	$y_0=1.0000$
$x_1=0.1$	$y_1=0.9901$	$y_1=0.9901$	$4y_1=3.9604$
$x_2=0.2$	$y_2=0.9615$	$y_2=0.9615$	$2y_2=1.9230$
$x_3=0.3$	$y_3=0.9174$	$y_3=0.9174$	$4y_3=3.6696$
$x_4=0.4$	$y_4=0.8621$	$y_4=0.8621$	$2y_4=1.7242$
$x_5=0.5$	$y_5=0.8000$	$y_5=0.8000$	$4y_5=3.2000$
$x_6=0.6$	$y_6=0.7353$	$y_6=0.7353$	$2y_6=1.4706$
$x_7=0.7$	$y_7=0.6711$	$y_7=0.6711$	$4y_7=2.6844$
$x_8=0.8$	$y_8=0.6098$	$y_8=0.6098$	$2y_8=1.2196$
$x_9=0.9$	$y_9=0.5525$	$y_9=0.5525$	$4y_9=2.2100$
$x_{10}=1.0$	$y_{10}=0.5000$	$y_{10}=0.5000$	$y_{10}=0.5000$
$\sum$	8.099 8 7.599 8	7.849 8	23.562 1
$\int_0^1\frac{dx}{1+x^2}$ 的近似值	0.809 98 0.759 98	0.784 98	0.785 37
π 的近似值	3.239 92 3.039 92	3.139 92	3.141 48

2. 把积分区间 10 等分，用抛物线公式计算下列积分的近似值，精确到小数点后三位：

(1) $\int_0^1\sqrt{1-x^3}\,dx$；　　(2) $\int_1^2\frac{dx}{x}$.

解　(1)
$$\int_0^1\sqrt{1-x^3}\,dx=\frac{1}{60}[0+1+4(0.9920+0.9864+0.9354+0.8106+0.5206)+2(0.9960+0.9675+0.8854+0.6986)]$$
$$=\frac{1}{60}(17.98+7.095)=0.418.$$

(2)
$$\int_1^2\frac{dx}{x}=\frac{2-1}{30}\left[1+\frac{1}{2}+4\left(\frac{1}{1.1}+\frac{1}{1.3}+\frac{1}{1.5}+\frac{1}{1.7}+\frac{1}{1.9}\right)+2\left(\frac{1}{1.2}+\frac{1}{1.4}+\frac{1}{1.6}+\frac{1}{1.8}\right)\right]\approx 0.693.$$

总习题五

1. 计算定积分：

(1) $\int_0^{\frac{1}{\sqrt{3}}}\frac{1}{(1+5x^2)\sqrt{1+x^2}}dx$；　　(2) $\int_0^1 x^5\ln^3 x\,dx$；

(3) $\int_{-\frac{\pi}{4}}^{\frac{\pi}{3}} \frac{2x+\sin 2x}{\cos^2 x}\mathrm{d}x$.

解 (1) 令 $x=\tan t$，则 $\mathrm{d}x=\sec^2 t\ \mathrm{d}t$，当 $x=0$ 时 $t=0$，当 $x=\frac{1}{\sqrt{3}}$ 时 $t=\frac{\pi}{6}$，故

$$\int_0^{\frac{1}{\sqrt{3}}} \frac{1}{(1+5x^2)\sqrt{1+x^2}}\mathrm{d}x=\int_0^{\frac{\pi}{6}} \frac{\sec^2 t}{(1+5\tan^2 t)\sqrt{1+\tan^2 t}}\mathrm{d}t$$

$$=\int_0^{\frac{\pi}{6}} \frac{\cos t}{1+4\sin^2 t}\mathrm{d}t=\frac{1}{2}\int_0^{\frac{\pi}{6}} \frac{1}{1+(2\sin t)^2}\mathrm{d}(2\sin t)$$

$$=\frac{1}{2}\arctan(2\sin x)\Big|_0^{\frac{\pi}{6}}=\frac{\pi}{8}.$$

(2) $\int_0^1 x^5\ln^3 x\ \mathrm{d}x=\frac{1}{6}\int_0^1 \ln^3 x\ \mathrm{d}x^6=\frac{1}{6}\left(\lim\limits_{x\to 0}x^6\ln^3 x-\int_0^1 x^5\ln^2 x\ \mathrm{d}x\right)=\cdots=-\frac{1}{216}$.

(3) $$\int_{-\frac{\pi}{4}}^{\frac{\pi}{3}} \frac{2x+\sin 2x}{\cos^2 x}\mathrm{d}x=\int_{-\frac{\pi}{4}}^{\frac{\pi}{4}} \frac{2x+\sin 2x}{\cos^2 x}\mathrm{d}x+\int_{\frac{\pi}{4}}^{\frac{\pi}{3}} \frac{2x+\sin 2x}{\cos^2 x}\mathrm{d}x$$

$$=2\int_{\frac{\pi}{4}}^{\frac{\pi}{3}} x\ \mathrm{d}\tan x+2\int_{\frac{\pi}{4}}^{\frac{\pi}{3}} \tan x\ \mathrm{d}x$$

$$=2\left(x\tan x\ \Big|_{\frac{\pi}{4}}^{\frac{\pi}{3}}-\int_{\frac{\pi}{4}}^{\frac{\pi}{3}} \tan x\ \mathrm{d}x\right)+2\int_{\frac{\pi}{4}}^{\frac{\pi}{3}} \tan x\ \mathrm{d}x$$

$$=2\left(\frac{\pi}{3}\cdot\sqrt{3}-\frac{\pi}{4}\right)=2\pi\left(\frac{\sqrt{3}}{3}-\frac{1}{4}\right).$$

2. 利用定积分求下列极限：

(1) $\lim\limits_{n\to\infty}\frac{\sqrt{1}+\sqrt{2}+\cdots+\sqrt{n}}{n\sqrt{n}}$；　　(2) $\lim\limits_{n\to\infty}\frac{\sqrt[n]{n!}}{n}$.

解 (1) 由于 $\lim\limits_{n\to\infty}\sum\limits_{i=1}^{n}\frac{b-a}{n}f\left(a+\frac{(i-1)(b-a)}{n}\right)=\int_a^b f(x)\mathrm{d}x$，所以

$$\lim_{n\to\infty}\frac{\sqrt{1}+\sqrt{2}+\cdots+\sqrt{n}}{n\sqrt{n}}=\lim_{n\to\infty}\sum_{i=1}^{n}\frac{1}{n}\sqrt{\frac{i}{n}}=\int_0^1\sqrt{x}\ \mathrm{d}x=\frac{2}{3}.$$

(2) 由于 $\lim\limits_{n\to\infty}\sum\limits_{i=1}^{n}\frac{b-a}{n}f\left(a+\frac{(i-1)(b-a)}{n}\right)=\int_a^b f(x)\mathrm{d}x$，所以

$$\lim_{n\to\infty}\frac{\sqrt[n]{n!}}{n}=\lim_{n\to\infty}\sqrt[n]{\frac{1}{n}\cdot\frac{2}{n}\cdot\cdots\cdot\frac{n}{n}}=\lim_{n\to\infty}\mathrm{e}^{\ln\sqrt[n]{\frac{1}{n}\cdot\frac{2}{n}\cdot\cdots\cdot\frac{n}{n}}}$$

$$=\lim_{n\to\infty}\mathrm{e}^{\frac{1}{n}\sum\limits_{i=1}^{n}\ln\frac{i}{n}}=\mathrm{e}^{\int_0^1\ln x\ \mathrm{d}x}=\frac{1}{\mathrm{e}}.$$

3. 设 $f(x)$ 在区间[0,1]上连续，且 $f(x)>0$，求极限 $\lim\limits_{n\to\infty}\sqrt[n]{f\left(\frac{1}{n}\right)f\left(\frac{2}{n}\right)\cdots f\left(\frac{n}{n}\right)}$.

解 由于 $\lim\limits_{n\to\infty}\sum\limits_{i=1}^{n}\frac{b-a}{n}f\left(a+\frac{(i-1)(b-a)}{n}\right)=\int_a^b f(x)\mathrm{d}x$，故有

$$\lim_{n\to\infty}\sqrt[n]{f\left(\frac{1}{n}\right)f\left(\frac{2}{n}\right)\cdots f\left(\frac{n}{n}\right)}=\lim_{n\to\infty}\mathrm{e}^{\ln\sqrt[n]{f\left(\frac{1}{n}\right)f\left(\frac{2}{n}\right)\cdots f\left(\frac{n}{n}\right)}}$$

$$=\lim_{n\to\infty}e^{\frac{1}{n}\sum\limits_{i=1}^{n}\ln f\left(\frac{i}{n}\right)}=e^{\lim\limits_{n\to\infty}\sum\limits_{i=1}^{n}\ln f\left(\frac{i}{n}\right)\cdot\frac{1}{n}}=e^{\int_0^1\ln f(x)\,dx}.$$

4. 设 $f(x)=\int_1^{x^2}e^{-t^2}dt$，求 $\int_0^1 xf(x)dx$.

解　由于 $f(x)=\int_1^{x^2}e^{-t^2}dt$，则 $f'(x)=\left(\int_1^{x^2}e^{-t^2}dt\right)'=2xe^{-x^4}$，故

$$\int_0^1 xf(x)dx=\frac{x^2}{2}f(x)\Big|_0^1-\int_0^1\frac{x^2}{2}f'(x)dx=\frac{x^2}{2}\left(\int_1^{x^2}e^{-t^2}dt\right)\Big|_0^1-\int_0^1\frac{x^2}{2}f'(x)dx$$

$$=-\int_0^1 x^3e^{-x^4}dx=\frac{1}{4}e^{-x^4}\Big|_0^1=\frac{1}{4}\left(\frac{1}{e}-1\right)=\frac{1-e}{4e}.$$

5. 设 $f(x)$ 在 $(-\infty,+\infty)$ 内连续，且 $F(x)=\int_0^x(x-2t)f(t)dt$，证明：

(1)　如果 $f(x)$ 是偶函数，则 $F(x)$ 也是偶函数；

(2)　如果 $f(x)$ 递减，则 $F(x)$ 递增.

证　(1)　由于 $f(x)$ 是偶函数，且 $F(-x)=\int_0^{-x}(-x-2t)f(t)dt$，令 $t=-y$，则 $dt=-dy$，当 $t=0$ 时 $y=0$，当 $t=-x$ 时 $y=x$，故有

$$F(-x)=\int_0^x-(-x+2y)f(-y)dy=\int_0^x(x-2y)f(y)dy=F(x).$$

所以 $F(x)$ 也是偶函数.

(2)　因为

$$F'(x)=\left(x\int_0^x f(t)dt-2\int_0^x tf(t)dt\right)'=\int_0^x f(t)dt+xf(x)-2xf(x)$$

$$=\int_0^x f(t)dt-xf(x)=\int_0^x(f(t)-f(x))dt,$$

而 $f(x)$ 单调递减，于是 $\int_0^x(f(t)-f(x))dt\geqslant 0$，所以 $F'(x)\geqslant 0$，故 $F(x)$ 单调递增.

6. 设 $f(x)$ 是连续偶函数，$f(x)>0$，且 $g(x)=\int_{-a}^{a}|x-t|f(t)dt$，$-a\leqslant x\leqslant a$.

(1)　证明：$g'(x)$ 在 $[-a,a]$ 上严格单调增加.

(2)　求使 $g(x)$ 在 $[-a,a]$ 上取最小值的点.

(3)　若对任意 $a>0$，均有 $\min\limits_{-a\leqslant x\leqslant a}g(x)=f(a)-a^2-1$，求 $f(x)$.

证　(1)　因为

$$g(x)=\int_{-a}^{x}(x-t)f(t)dt-\int_x^a(x-t)f(t)dt$$

$$=x\int_{-a}^x f(t)dt-\int_{-a}^x tf(t)dt+x\int_a^x f(t)dt-\int_a^x tf(t)dt,$$

所以 $g'(x)=\int_{-a}^x f(t)dt+\int_a^x f(t)dt$，$g''(x)=2f(x)>0$. 从而 $g'(x)$ 在 $[-a,a]$ 上严格单调增加.

(2) 由于 $g'(-a)=-\int_{-a}^{a}f(t)\mathrm{d}t<0$，$g'(a)=\int_{-a}^{a}f(t)\mathrm{d}t>0$，并且 $g'(x)$ 在 $[-a,a]$ 上严格单调增加，所以 $g'(x)$ 在 $[-a,a]$ 上有唯一的根，即 $g(x)$ 在 $[-a,a]$ 上有唯一的驻点. 又

$$g'(0)=\int_{-a}^{0}f(t)\mathrm{d}t+\int_{a}^{0}f(t)\mathrm{d}t=\int_{0}^{a}f(t)\mathrm{d}t+\int_{a}^{0}f(t)\mathrm{d}t=0,$$

故 $x=0$ 就是 $g(x)$ 的唯一驻点，所以 $x=0$ 是 $g(x)$ 在 $[-a,a]$ 上取最小值的点.

(3) 由(2)的结论，$\min\limits_{-a\leqslant x\leqslant a}g(x)=g(0)$，故 $g(0)=f(a)-a^2-1$. 而

$$g(0)=-\int_{-a}^{0}tf(t)\mathrm{d}t-\int_{a}^{0}tf(t)\mathrm{d}t=2\int_{0}^{a}tf(t)\mathrm{d}t,$$

所以 $2\int_{0}^{a}tf(t)\mathrm{d}t=f(a)-a^2-1$. 从而 $2af(a)=f'(a)-2a$，即

$$f'(a)=2a(f(a)+1).$$

于是 $\dfrac{\mathrm{d}f(a)}{f(a)+1}=2a\,\mathrm{d}a$，两边取不定积分：$\int\dfrac{\mathrm{d}f(a)}{f(a)+1}=\int 2a\,\mathrm{d}a$，有

$$\int\frac{\mathrm{d}(f(a)+1)}{f(a)+1}=\int 2a\,\mathrm{d}a,$$

故 $\ln(f(a)+1)=a^2+C_1$，即 $f(a)+1=C\mathrm{e}^{a^2}$. 又 $f(0)=1$，代入得 $C=2$，从而

$$f(x)=2\mathrm{e}^{x^2}-1.$$

7. 设 $f(x)\in C[a,b]$，且对于满足 $\int_a^b\varphi(x)\mathrm{d}x=0$ 的任意连续函数 $\varphi(x)$，都有 $\int_a^b f(x)\varphi(x)\mathrm{d}x=0$，证明：$f(x)$ 必恒为常数.

证 利用积分中值定理，有

$$\int_a^b f(x)\mathrm{d}x=(b-a)f(\xi)=\int_a^b f(\xi)\mathrm{d}x,\quad \xi\in[a,b].$$

于是，有 $\int_a^b(f(x)-f(\xi))\mathrm{d}x=0$. 取 $\varphi_0(x)=f(x)-f(\xi)$，则 $\int_a^b\varphi_0(x)\mathrm{d}x=0$，从而

$$\int_a^b f(\xi)\varphi_0(x)\mathrm{d}x=0. \qquad ①$$

由题设又有

$$\int_a^b f(x)\varphi_0(x)\mathrm{d}x=0. \qquad ②$$

由 ①,② 两式可得 $\int_a^b(f(x)-f(\xi))\varphi_0(x)\mathrm{d}x=0$，即

$$\int_a^b(\varphi_0(x))^2\mathrm{d}x=0.$$

故 $\varphi_0(x)\equiv 0$，即 $f(x)\equiv f(\xi)=\dfrac{1}{b-a}\int_a^b f(x)\mathrm{d}x$.

8. 设 $f(x)$ 在区间 $[0,1]$ 上连续，且当 $0\leqslant x\leqslant 1$ 时，$0\leqslant f(x)<1$，证明：

$$\lim_{n\to\infty}\int_0^1 f^n(x)\mathrm{d}x=0.$$

证　由于 $f(x)$ 在区间 $[0,1]$ 上连续，且 $0 \leqslant f(x) < 1$，则 $\exists M\ (0 < M < 1)$，$\forall x \in [0,1]$，有 $f(x) \leqslant M$. 于是 $0 \leqslant \int_0^1 f^n(x)\mathrm{d}x \leqslant M^n$，所以 $\lim\limits_{n \to \infty} \int_0^1 f^n(x)\mathrm{d}x = 0$.

9. 设 $f(x)$ 是连续函数，证明：$\int_0^x \left(\int_0^y f(t)\mathrm{d}t\right)\mathrm{d}y = \int_0^x (x-y)f(y)\mathrm{d}y$.

证　由分部积分法知

$$\begin{aligned}\int_0^x \left(\int_0^y f(t)\mathrm{d}t\right)\mathrm{d}y &= y\int_0^y f(t)\mathrm{d}t \Big|_0^x - \int_0^x y\,\mathrm{d}\left(\int_0^y f(t)\mathrm{d}t\right)\\ &= x\int_0^x f(t)\mathrm{d}t - \int_0^x yf(y)\mathrm{d}y\\ &= \int_0^x (x-y)f(y)\mathrm{d}y.\end{aligned}$$

10. 已知 $f(x)$ 满足方程 $f(x) = \frac{1}{2}x + \mathrm{e}^x\int_0^1 f(x)\mathrm{d}x$，求 $f(x)$.

解　由于 $f(x) = \frac{1}{2}x + \mathrm{e}^x\int_0^1 f(x)\mathrm{d}x$，两边积分得

$$\int_0^1 f(x)\mathrm{d}x = \int_0^1 \frac{1}{2}x\,\mathrm{d}x + \int_0^1 \mathrm{e}^x\,\mathrm{d}x\int_0^1 f(x)\mathrm{d}x = \frac{1}{4} + (\mathrm{e}-1)\int_0^1 f(x)\mathrm{d}x,$$

所以 $\int_0^1 f(x)\mathrm{d}x = -\frac{1}{4(\mathrm{e}-2)}$，故 $f(x) = \frac{1}{2}x - \frac{\mathrm{e}^x}{4(\mathrm{e}-2)}$.

11. 设 $f''(1)$ 存在，且 $\lim\limits_{x \to 1}\frac{f(x)}{x-1} = 0$，记 $\varphi(x) = \int_0^1 f'(1+(x-1)t)\mathrm{d}t$，求 $\varphi(x)$ 在 $x = 1$ 的某个邻域内的导数，并讨论 $\varphi'(x)$ 在 $x = 1$ 处的连续性.

解　由于 $\lim\limits_{x \to 1}\frac{f(x)}{x-1} = 0$，则 $\lim\limits_{x \to 1} f(x) = f(1) = 0$，

$$f'(1) = \lim_{x \to 1}\frac{f(x)-f(1)}{x-1} = \lim_{x \to 1}\frac{f(x)}{x-1} = 0.$$

令 $u = (x-1)t$，则 $\mathrm{d}t = \frac{1}{x-1}\mathrm{d}u$，当 $t = 0$ 时 $u = 0$，当 $t = 1$ 时 $u = x-1$，所以

$$\varphi(x) = \int_0^{x-1}\frac{1}{x-1}f'(1+u)\mathrm{d}u = \frac{f(x)-f(1)}{x-1} = \frac{f(x)}{x-1},\quad x \neq 1.$$

易知 $\varphi(1) = 0$，$\varphi'(x) = \frac{f'(x)}{x-1} - \frac{f(x)}{(x-1)^2}\ (x \neq 1)$，所以

$$\varphi'(1) = \lim_{x \to 1}\frac{\varphi(x)-\varphi(1)}{x-1} = \lim_{x \to 1}\frac{\varphi(x)}{x-1} = \lim_{x \to 1}\frac{f(x)}{(x-1)^2} = \lim_{x \to 1}\frac{f'(x)}{2(x-1)} = \frac{1}{2}f''(1),$$

$$\lim_{x \to 1}\varphi'(x) = f''(1) - \frac{1}{2}f''(1) = \frac{1}{2}f''(1).$$

故 $\varphi'(x)$ 在 $x = 1$ 处连续.

12. 求 $\int_0^{\frac{\pi}{4}} \tan^n x\ \mathrm{d}x$（$n$ 为自然数）.

解　设 $I_n = \int_0^{\frac{\pi}{4}} \tan^n x\ \mathrm{d}x$，则

$$I_n=\int_0^{\frac{\pi}{4}}(\tan^n x+1)\tan^{n-2}x\ \mathrm{d}x-\int_0^{\frac{\pi}{4}}\tan^{n-2}x\ \mathrm{d}x=\int_0^{\frac{\pi}{4}}\tan^{n-2}x\ \mathrm{d}\tan x-I_{n-2}$$

$$=\frac{1}{n-1}\tan^{n-1}x\ \Big|_0^{\frac{\pi}{4}}-I_{n-2}=\frac{1}{n-1}-I_{n-2},$$

所以 $I_n=\dfrac{1}{n-1}-I_{n-2}$.

13. 设 $f(x)$ 在$[a,b]$上连续，且 $f(x)>0$，证明：

$$\int_a^b f(x)\mathrm{d}x\cdot\int_a^b\frac{1}{f(x)}\mathrm{d}x\geqslant(b-a)^2.$$

证 由于 $f(x)$ 在$[a,b]$上连续，且 $f(x)>0$，所以 $f(x)$，$\dfrac{1}{f(x)}$，$\sqrt{f(x)}$，$\dfrac{1}{\sqrt{f(x)}}$ 在$[a,b]$上连续可积. 由教材例 2.4 的不等式 $\left(\int_a^b f(x)g(x)\mathrm{d}x\right)^2\leqslant\int_a^b f^2(x)\mathrm{d}x\int_a^b g^2(x)\mathrm{d}x$，得

$$\left(\int_a^b\mathrm{d}x\right)^2=\left(\int_a^b\frac{1}{\sqrt{f(x)}}\sqrt{f(x)}\,\mathrm{d}x\right)^2\leqslant\int_a^b f(x)\mathrm{d}x\int_a^b\frac{1}{f(x)}\mathrm{d}x,$$

故 $\int_a^b f(x)\mathrm{d}x\int_a^b\dfrac{1}{f(x)}\mathrm{d}x\geqslant(b-a)^2$.

14. 设 $f(x)$ 在$[0,1]$上连续，$f(x)<1$，证明：方程 $2x-\int_0^x f(t)\mathrm{d}t=1$ 在$[0,1]$上有且仅有一个实根.

证 设 $F(x)=2x-\int_0^x f(t)\mathrm{d}t-1$. 根据 $f(x)$ 在$[0,1]$上连续，$f(x)<1$，可知 $F(x)$ 在$[0,1]$上连续. 又 $F(0)=-1<0$ 及 $F(1)=1-\int_0^1 f(t)\mathrm{d}t>0$，由零点值定理，$F(x)$ 在$[0,1]$上至少有一点 ξ，使 $F(\xi)=0$，即方程 $2x-\int_0^x f(t)\mathrm{d}t=1$ 在$(0,1)$内至少有一个实根. 又 $F'(x)=2-f(x)>0$，所以 $F(x)$ 严格单调增加，从而 $2x-\int_0^x f(t)\mathrm{d}t=1$ 在$[0,1]$上至多有一个实根. 故方程 $2x-\int_0^x f(t)\mathrm{d}t=1$ 在$[0,1]$上有且仅有一个实根.

15. 已知 $f(x)=\begin{cases}\sin x, & |x|<\dfrac{\pi}{2},\\ 0, & |x|\geqslant\dfrac{\pi}{2},\end{cases}$ 试求 $I(x)=\int_0^x f(t)\mathrm{d}t$.

解 当 $x\leqslant-\dfrac{\pi}{2}$ 时，

$$I(x)=\int_0^x f(t)\mathrm{d}t=-\int_x^0 f(t)\mathrm{d}t=-\int_x^{-\frac{\pi}{2}}f(t)\mathrm{d}t-\int_{-\frac{\pi}{2}}^0 f(t)\mathrm{d}t$$

$$=-\int_{-\frac{\pi}{2}}^0\sin t\ \mathrm{d}t=1.$$

当 $-\dfrac{\pi}{2}<x<\dfrac{\pi}{2}$ 时，$I(x)=\int_0^x f(t)\mathrm{d}t=\int_0^x\sin t\ \mathrm{d}t=1-\cos x$. 当 $x\geqslant\dfrac{\pi}{2}$ 时，

$$I(x)=\int_0^x f(t)\mathrm{d}t=\int_0^{\frac{\pi}{2}} f(t)\mathrm{d}t+\int_{\frac{\pi}{2}}^x f(t)\mathrm{d}t=\int_0^{\frac{\pi}{2}}\sin t\ \mathrm{d}t=1.$$

综上所述，$I(x)=\begin{cases}1-\cos x, & |x|<\dfrac{\pi}{2},\\ 1, & |x|\geqslant\dfrac{\pi}{2}.\end{cases}$

16. 设 $f(x)$ 在 $[0,+\infty)$ 上连续，且 $\lim\limits_{x\to+\infty}f(x)=A$，求证：$\lim\limits_{n\to\infty}\int_0^1 f(nx)\mathrm{d}x=A$.

证　令 $nx=t$，则 $\mathrm{d}x=\dfrac{1}{n}\mathrm{d}t$，当 $x=0$ 时 $t=0$，当 $x=1$ 时 $t=n$，所以

$$\int_0^1 f(nx)\mathrm{d}x=\frac{1}{n}\int_0^n f(t)\mathrm{d}t.$$

而 $\lim\limits_{x\to\infty}\dfrac{\int_0^x f(t)\mathrm{d}t}{x}=\lim\limits_{x\to\infty}f(x)=A$，由归结原理，故

$$\lim_{n\to\infty}\int_0^1 f(nx)\mathrm{d}x=\lim_{n\to\infty}\frac{\int_0^n f(t)\mathrm{d}t}{n}=A.$$

17. 设 $f(x)$ 是区间 $[0,+\infty)$ 上单调减少且非负的连续函数，

$$a_n=\sum_{k=1}^n f(k)-\int_1^n f(x)\mathrm{d}x\quad(n=1,2,\cdots),$$

证明：数列 $\{a_n\}$ 的极限存在.

证　由于 $f(x)$ 在区间 $[0,+\infty)$ 上单调减少且非负，则当 $x\in[k,k+1]$ 时，$f(k)-f(x)>0$，所以

$$a_n=\sum_{k=1}^n f(k)-\int_1^n f(x)\mathrm{d}x=\sum_{k=1}^n f(k)-\sum_{k=1}^{n-1}\int_k^{k+1}f(x)\mathrm{d}x$$
$$=f(n)+\sum_{k=1}^{n-1}\int_k^{k+1}(f(k)-f(x))\mathrm{d}x>0,$$

且

$$a_{n+1}-a_n=f(n+1)-\int_1^{n+1}f(x)\mathrm{d}x+\int_1^n f(x)\mathrm{d}x=f(n+1)-\int_n^{n+1}f(x)\mathrm{d}x$$
$$=\int_n^{n+1}(f(n+1)-f(x))\mathrm{d}x\leqslant 0,$$

故 $\{a_n\}$ 递减有下界. 由单调有界准则知，数列 $\{a_n\}$ 的极限存在.

18. 设

$$f(x)=\begin{cases}\dfrac{\int_0^x\left[(t-1)\int_0^{t^2}\varphi(u)\mathrm{d}u\right]\mathrm{d}t}{\sin^2 x}, & x\neq 0,\\ 0, & x=0,\end{cases}$$

其中，$\varphi(u)$ 为连续函数，讨论 $f(x)$ 在 $x=0$ 处的连续性与可微性.

解 由题设，当 $x\neq 0$ 时，$f(x)=\dfrac{\int_0^x\left[(t-1)\int_0^{t^2}\varphi(u)\mathrm{d}u\right]\mathrm{d}t}{\sin^2 x}$；当 $x=0$ 时，$f(x)=0$. 由于

$$\lim_{x\to 0}f(x)=\lim_{x\to 0}\frac{(x-1)\int_0^{x^2}\varphi(u)\mathrm{d}u}{2\sin x\ \cos x}=\lim_{x\to 0}\frac{(x-1)\int_0^{x^2}\varphi(u)\mathrm{d}u}{\sin 2x}$$

$$=\lim_{x\to 0}\frac{\int_0^{x^2}\varphi(u)\mathrm{d}u+(x-1)\varphi(x^2)\cdot 2x}{2\cos 2x}=0,$$

故 $f(x)$ 在 $x=0$ 处连续. 由于

$$\lim_{x\to 0}\frac{f(x)-f(0)}{x}=\lim_{x\to 0}\frac{\int_0^x\left[(t-1)\int_0^{t^2}\varphi(u)\mathrm{d}u\right]\mathrm{d}t}{x\sin^2 x}$$

$$=\lim_{x\to 0}\frac{\int_0^x\left[(t-1)\int_0^{t^2}\varphi(u)\mathrm{d}u\right]\mathrm{d}t}{x^3}\cdot\lim_{x\to 0}\frac{x^2}{\sin^2 x}$$

$$=\lim_{x\to 0}\frac{\int_0^x\left[(t-1)\int_0^{t^2}\varphi(u)\mathrm{d}u\right]\mathrm{d}t}{x^3}=\lim_{x\to 0}\frac{(x-1)\int_0^{x^2}\varphi(u)\mathrm{d}u}{3x^2}$$

$$=\lim_{x\to 0}\frac{\int_0^{x^2}\varphi(u)\mathrm{d}u+(x-1)\varphi(x^2)\cdot 2x}{6x}=-\frac{1}{3}\varphi(0),$$

故 $f(x)$ 在 $x=0$ 处可微.

19. 设有曲线族 $y=kx^2\ (k>0)$，对于每个正数 k $\left(k\geqslant\dfrac{4}{\pi^2}\right)$，曲线 $y=kx^2$ 与曲线 $y=\sin x\ (0\leqslant x\leqslant\dfrac{\pi}{2})$ 交于唯一的一点 $(t,\sin t)$ (其中 $t=t(k)$)，用 S_1 表示曲线 $y=kx^2$ 与曲线 $y=\sin x$ $\left(0\leqslant x\leqslant\dfrac{\pi}{2}\right)$ 围成的区域的面积；S_2 表示曲线 $y=\sin x$，$y=\sin t$ 与 $x=\dfrac{\pi}{2}$ 围成的区域的面积. 求证：在上述曲线族中存在唯一的一条曲线 L，使得 S_1+S_2 达到最小值.

解 由题设知 k 与 t 的关系是 $k=\dfrac{\sin t}{t^2}$，该函数在区间 $\left(0,\dfrac{\pi}{2}\right]$ 上单调减少，于是反函数 $t=t(k)$ 存在，其定义域为 $\left[\dfrac{4}{\pi^2},+\infty\right)$. 因此 S_1,S_2 可表示为关于 t 的函数，即 $S_1=S_1(t)$，$S_2=S_2(t)$. 问题转化为：作为 t 的函数，$f(t)=S_1(t)+S_2(t)$ 在区间 $\left(0,\dfrac{\pi}{2}\right]$ 上有唯一最小值. 由于

$$S_1(t)=\int_0^t\left(\sin x-\frac{\sin t}{t^2}x^2\right)\mathrm{d}x,\quad S_2(t)=\int_t^{\frac{\pi}{2}}(\sin x-\sin t)\mathrm{d}x,$$

$$f(t)=S_1(t)+S_2(t)=\int_0^t\left(\sin x-\frac{\sin t}{t^2}x^2\right)\mathrm{d}x+\int_t^{\frac{\pi}{2}}(\sin x-\sin t)\mathrm{d}x,$$

求导得

$$f'(t)=\frac{2}{3}\sin t+\frac{2}{3}t\cos t-\frac{\pi}{2}\cos t,\quad f'(0)=-\frac{\pi}{2}<0,\quad f'\left(\frac{\pi}{2}\right)>0,$$

于是在区间$\left(0,\frac{\pi}{2}\right]$上存在 t_0，使得 $f'(t_0)=0$. 通过计算知，在区间$\left(0,\frac{\pi}{2}\right]$上，恒有

$$f''(x)=\frac{4}{3}\cos t+\left(\frac{\pi}{2}-\frac{2}{3}\right)\sin t>0.$$

所以函数 $f(t)$ 在区间$\left(0,\frac{\pi}{2}\right]$上有唯一驻点，并在该驻点处达到最小值.

20. 设函数 $f(x)$ 在$[a,b]$上可导($a>0$, $b>0$)，且满足方程

$$2\int_a^{\frac{a+b}{2}}e^{\lambda(x-b)(x+b)}f(x)dx=(b-a)f(b),$$

证明：存在 $\xi\in(a,b)$ 使 $2\lambda\xi f(\xi)+f'(\xi)=0$ 成立.

证　由 $2\int_a^{\frac{a+b}{2}}e^{\lambda(x-b)(x+b)}f(x)dx=(b-a)f(b)$，令 $F(x)=e^{\lambda b^2}f(x)$，根据积分中值定理得

$$F(b)=e^{\lambda b^2}f(b)=\frac{2}{b-a}\int_a^{\frac{a+b}{2}}e^{\lambda x^2}f(x)dx$$

$$=e^{\lambda\eta^2}f(\eta)=F(\eta),\quad \eta\in\left[a,\frac{a+b}{2}\right].$$

由微分中值定理知，在(η,b)中至少存在一点 ξ 使 $F'(\xi)=0$，即 $2\lambda\xi f(\xi)+f'(\xi)=0$.

四、考研真题解析

【例 1】　(2020 年) 当 $x\to0^+$ 时，下列无穷小量中最高阶是(　　)

A. $\int_0^x(e^{t^2}-1)dt$　　B. $\int_0^x\ln(1+\sqrt{t^2})dt$

C. $\int_0^{\sin x}\sin t^2dt$　　D. $\int_0^{1-\cos x}\sqrt{\sin t^2}dt$

解　由于选项都是变上限积分，所以导数的无穷小量的阶的比较与原函数阶的比较相同.

又因为　$$\left(\int_0^x(e^{t^2}-1)dt\right)'=e^{x^2}-1\sim x^2,$$

$$\left(\int_0^x\ln(1+\sqrt{t^2})dt\right)'=\ln(1+\sqrt{x^2})\sim\sqrt{x^2}=|x|$$

$$\left(\int_0^{\sin x}\sin t^2\,\mathrm{d}t\right)'=\sin(\sin^2 x)\cos x\sim x^2,$$

$$\left(\int_0^{1-\cos x}\sqrt{\sin t^2}\,\mathrm{d}t\right)'=\sqrt{\sin(1-\cos x)^2}\sin x\sim\frac{1}{2}x^3$$

所以$\int_0^{1-\cos x}\sqrt{\sin t^2}\,\mathrm{d}t$为无穷小量中最高阶的无穷小量，故选 D.

【例 2】 (2020 年) 设$f(x)$在区间$[0,2]$上具有连续导数，$f(0)=f(2)=0, M=\max\limits_{x\in[0,2]}|f(x)|$，

证 (1) 存在$\xi\in[0,2]$，使得$|f'(\xi)|\geqslant M$；

(2) 若对任意$x\in(0,2)$，$|f'(x)|\leqslant M$，则$M=0$.

证明：(1) 因为$f(x)$在区间$[0,2]$上具有连续导数，所以函数$|f(x)|$在闭区间$[0,2]$上连续。由闭区间上连续函数的最大、最小值定理知，$|f(x)|$在闭区间$[0,2]$上取得最值

$$M=\max_{x\in[0,2]}|f(x)|$$

又已知$|f(0)|=|f(2)|=0$，所以函数$|f(x)|$的最值必在开区间$(0,2)$内取得，即存在$\eta\in[0,2]$，使得$|f(\eta)|=M$，若$0<\eta<1$，由拉格朗日中值公式，可得

$$|f'(\xi)|=\left|\frac{f(\eta)-f(0)}{\eta-0}\right|=\left|\frac{f(\eta)}{\eta}\right|=\frac{M}{\eta}\geqslant M\quad \xi\in(0,\eta)\subset(0,2)$$

若$1<\eta<2$，由拉格朗日中值公式，可得

$$|f'(\xi)|=\left|\frac{f(2)-f(\eta)}{2-\eta}\right|=\left|\frac{f(\eta)}{2-\eta}\right|=\frac{M}{2-\eta}>M\quad \xi\in(\eta,2)\subset(0,2)$$

(2) 由(1) 存在$\eta\in(0,2)$，使得$|f(\eta)|=M$，则

$$\begin{aligned}M&=|f(\eta)|=|f(\eta)-f(0)|\\&=\left|\int_0^{\eta}f'(x)\mathrm{d}x\right|\leqslant\int_0^{\eta}|f'(x)|\mathrm{d}x\leqslant\int_0^{\eta}M\mathrm{d}x=M\eta\end{aligned}\qquad (*)$$

$$\begin{aligned}M&=|f(\eta)|=|f(2)-f(\eta)|\\&=\left|\int_{\eta}^{2}f'(x)\mathrm{d}x\right|\leqslant\int_{\eta}^{2}|f'(x)|\mathrm{d}x\leqslant\int_{\eta}^{2}M\mathrm{d}x=M(2-\eta)\end{aligned}\qquad (**)$$

由(*)式知，$M(\eta-1)\geqslant 0$，由(**)式知$M(\eta-1)\leqslant 0$，故若$\eta\neq 1$，则$M=0$

当$\eta=1$，$|f'(x)|\leqslant M$时，则

$$\begin{aligned}M&=|f(1)|=|f(1)-f(0)|\\&=\left|\int_0^1 f'(x)\mathrm{d}x\right|\leqslant\int_0^1|f'(x)|\mathrm{d}x\leqslant\int_0^1 M\mathrm{d}x=M\end{aligned}$$

$$M=|f(1)|=|f(2)-f(1)|$$
$$=\left|\int_{\eta}^{2}f'(x)\mathrm{d}x\right|\leqslant\int_{1}^{2}|f'(x)|\mathrm{d}x\leqslant\int_{1}^{2}M\mathrm{d}x=M$$

故 $|f'(x)|\equiv M, x\in(0,1)\cup(1,2)$，即有 $f'(x)=\pm M$.

若 $M\neq 0$，则 $f'(x)$ 不连续，与题设矛盾，所以必有 $M=0$.

【例3】　(2019 年) 设 $a_n=\int_0^1 x^n\sqrt{1-x^2}\,\mathrm{d}x\ (n=0,1,2,3,\cdots)$ (1) 证明：数列 $\{a_n\}$ 单调减少，且 $a_n=\dfrac{n-1}{n+2}a_{n-2}(n=2,3,\cdots)$；(2) 求极限 $\lim\limits_{n\to\infty}\dfrac{a_n}{a_{n-1}}$.

(1) **证**　由 $a_n=\int_0^1 x^n\sqrt{1-x^2}\,\mathrm{d}x$，$a_{n+1}=\int_0^1 x^{n+1}\sqrt{1-x^2}\,\mathrm{d}x\ (n=0,1,2,3,\cdots)$

当 $x\in(0,1)$，则 $a_{n+1}-a_n=\int_0^1(x^{n+1}-x^n)\sqrt{1-x^2}\,\mathrm{d}x<0\ (n=0,1,2,3,\cdots)$

故 $a_{n+1}<a_n(n=0,1,2,3,\cdots)$，所以数列 $\{a_n\}$ 单调减少.

又 $a_n=\int_0^1 x^n\sqrt{1-x^2}\,\mathrm{d}x\xlongequal{x=\sin t}\int_0^{\frac{\pi}{2}}\sin^n t\sqrt{1-\sin^2 t}\cos t\,\mathrm{d}t$

$$=\int_0^{\frac{\pi}{2}}\sin^n t(1-\sin^2 t)\mathrm{d}t$$

由 $I_n=\int_0^{\frac{\pi}{2}}\sin^n t\,\mathrm{d}t\xlongequal{t=\frac{\pi}{2}-u}\int_0^{\frac{\pi}{2}}\cos^n t\,\mathrm{d}t$

而当 $n\geqslant 2$　$I_n=\int_0^{\frac{\pi}{2}}\sin^n t\,\mathrm{d}t\xlongequal{t=\frac{\pi}{2}-u}-\int_0^{\frac{\pi}{2}}\sin^{n-1}t\,\mathrm{d}(\cos t)$

$$=(n-1)\int_0^{\frac{\pi}{2}}\sin^{n-2}t\cos^2 t\,\mathrm{d}t$$
$$=(n-1)(I_{n-2}-I_n)$$

即
$$I_n=\frac{n+2}{n+1}I_{n+2}\qquad n=0,1,2,\cdots$$

由　$a_n=\int_0^1 x^n\sqrt{1-x^2}\,\mathrm{d}x\xlongequal{x=\sin t}\int_0^{\frac{\pi}{2}}\sin^n t\sqrt{1-\sin^2 t}\cos t\,\mathrm{d}t$

$$=\int_0^{\frac{\pi}{2}}\sin^n t(1-\sin^2 t)\mathrm{d}t=I_n-I_{n+2}=\frac{1}{n+2}I_n$$

同理有 $a_{n-2}=I_{n-2}-I_n=\dfrac{1}{n-1}I_n$ 从而对任意的正整数 n，都有 $\dfrac{a_n}{a_{n-2}}=$

$\dfrac{n-1}{n+2}$

即 $$a_n=\frac{n-1}{n+2}a_{n-2}\quad (n=2,3,\cdots)$$

(2) 由(1) 数列$\{a_n\}$单调减少，且 $a_n=\dfrac{n-1}{n+2}a_{n-2}\quad (n=2,3,\cdots)$

因此 $$a_n=\frac{n-1}{n+2}a_{n-2}>\frac{n-1}{n+2}a_{n-1}\quad (n=2,3,\cdots)$$

所以有 $1>\dfrac{a_n}{a_{n-1}}>\dfrac{n-1}{n+2}\ (n=2,3,\cdots)$，故由夹逼法则有 $\lim\limits_{n\to\infty}\dfrac{a_n}{a_{n-1}}=1$.

【例 4】 (2018 年) 设 $M=\int_{-\frac{\pi}{2}}^{\frac{\pi}{2}}\dfrac{(1+x)^2}{1+x^2}\mathrm{d}x$，$N=\int_{-\frac{\pi}{2}}^{\frac{\pi}{2}}\dfrac{1+x}{\mathrm{e}^x}\mathrm{d}x$，$K=\int_{-\frac{\pi}{2}}^{\frac{\pi}{2}}(1+\sqrt{\cos x})\mathrm{d}x$，则 M,N,K 大小关系为：

A. $M>N>K$　　B. $M>K>N$

C. $K>M>N$　　D. $K>N>M$

解 由 $M=\int_{-\frac{\pi}{2}}^{\frac{\pi}{2}}\dfrac{(1+x)^2}{1+x^2}\mathrm{d}x=\int_{-\frac{\pi}{2}}^{\frac{\pi}{2}}\left(1+\dfrac{2x}{1+x^2}\right)\mathrm{d}x=\int_{-\frac{\pi}{2}}^{\frac{\pi}{2}}1\mathrm{d}x=\pi$

而 $x\in\left[-\dfrac{\pi}{2},\dfrac{\pi}{2}\right]$，$1+\sqrt{\cos x}>1$ 所以有 $K=\int_{-\frac{\pi}{2}}^{\frac{\pi}{2}}(1+\sqrt{\cos x})\mathrm{d}x>\int_{-\frac{\pi}{2}}^{\frac{\pi}{2}}\dfrac{(1+x)^2}{1+x^2}\mathrm{d}x=M$

又 $1+x<\mathrm{e}^x$，所以有 $\dfrac{1+x}{\mathrm{e}^x}<1$，故 $M=\int_{-\frac{\pi}{2}}^{\frac{\pi}{2}}\dfrac{(1+x)^2}{1+x^2}\mathrm{d}x>\int_{-\frac{\pi}{2}}^{\frac{\pi}{2}}\dfrac{1+x}{\mathrm{e}^x}\mathrm{d}x=N$

即有 $K>M>N$，故选 C.

【例 5】 (2018 年) 设函数 $f(x)$ 具有二阶连续导数，若曲线 $y=f(x)$ 过点$(0,0)$且与曲线 $y=2^x$ 在点$(1,2)$处相切，则$\int_0^1 xf''(x)\mathrm{d}x=$________.

解 由题设条件知 $f(0)=0, f(1)=2, f'(1)=2^x\ln 2\big|_{x=1}=2\ln 2$

故有 $$\int_0^1 xf''(x)\mathrm{d}x=\int_0^1 x\mathrm{d}f'(x)=xf'(x)\Big|_0^1-\int_0^1 f'(x)\mathrm{d}x$$
$$=f'(1)-f(x)\Big|_0^1$$

$$=f'(1)-f(1)+f(0)=2(\ln2-1)$$

【例 6】（2017 年）求 $\lim\limits_{n\to\infty}\sum\limits_{k=1}^{n}\frac{k}{n^2}\ln\left(1+\frac{k}{n}\right)$.

解　由定积分的定义式可知

$$\lim_{n\to\infty}\sum_{k=1}^{n}\frac{k}{n^2}\ln\left(1+\frac{k}{n}\right)=\lim_{n\to\infty}\frac{1}{n}\sum_{k=1}^{n}\frac{k}{n}\ln\left(1+\frac{k}{n}\right)=\int_0^1 x\ln(1+x)\,\mathrm{d}x.$$

再由分部积分法可知：

$$\int_0^1 x\ln(1+x)\mathrm{d}x=\frac{1}{2}\int_0^1\ln(1+x)\mathrm{d}(x^2-1)$$

$$=\frac{x^2-1}{2}\ln(1+x)\Big|_0^1-\int_0^1\frac{x^2-1}{2}\mathrm{d}\ln(1+x)$$

$$=-\frac{1}{2}\int_0^1(x-1)\mathrm{d}x=-\frac{1}{4}(x-1)^2\Big|_0^1=\frac{1}{4}$$

【例 7】（2016 年）$\lim\limits_{x\to0}\dfrac{\int_0^x t\ln(1+t\sin t)\mathrm{d}t}{1-\cos x^2}=$__________.

解
$$\lim_{x\to0}\frac{\int_0^x t\ln(t\sin t+1)\mathrm{d}t}{1-\cos x^2}=\lim_{x\to0}\frac{\int_0^x t\ln(t\sin t+1)\mathrm{d}t}{\frac{1}{2}x^4}$$

$$=\lim_{x\to0}\frac{x\ln(x\sin x+1)}{2x^3}$$

$$=\lim_{x\to0}\frac{x\sin x}{2x^2}=\frac{1}{2}$$

【例 8】（2016 年）极限 $\lim\limits_{n\to\infty}\frac{1}{n^2}\left(\sin\frac{1}{n}+2\sin\frac{2}{n}+\cdots+n\sin\frac{n}{n}\right)=$

__________.

解
$$\lim_{n\to\infty}\frac{1}{n^2}\left(\sin\frac{1}{n}+2\sin\frac{2}{n}+\cdots+n\sin\frac{n}{n}\right)$$

$$=\lim_{n\to\infty}\frac{1}{n^2}\sum_{i=1}^{n}i\sin\frac{i}{n}=\lim_{n\to\infty}\frac{1}{n}\sum_{i=1}^{n}\frac{i}{n}\sin\frac{i}{n}$$

$$=\int_0^1 x\sin x\,\mathrm{d}x=-\int_0^1 x\,\mathrm{d}\cos x=-x\cos x\Big|_0^1+\int_0^1\cos x\,\mathrm{d}x$$

$$=-\cos1+\sin1$$

【例 9】 (2015 年) $\int_{-\frac{\pi}{2}}^{\frac{\pi}{2}}\left(\frac{\sin x}{1+\cos x}+|x|\right)\mathrm{d}x=$________.

解 运用在对称区间上被积函数奇偶的定积分性质化简

$$\int_{-\frac{\pi}{2}}^{\frac{\pi}{2}}\left(\frac{\sin x}{1+\cos x}+|x|\right)\mathrm{d}x=2\int_{0}^{\frac{\pi}{2}}x\,\mathrm{d}x=\frac{\pi^2}{4}$$

【例 10】 (2014 年) 求极限 $\lim\limits_{x\to+\infty}\dfrac{\int_1^x\left[t^2\left(\mathrm{e}^{\frac{1}{t}}-1\right)-t\right]\mathrm{d}t}{x^2\ln\left(1+\frac{1}{x}\right)}$.

解

$$\lim_{x\to+\infty}\frac{\int_1^x\left[t^2\left(\mathrm{e}^{\frac{1}{t}}-1\right)-t\right]\mathrm{d}t}{x^2\ln\left(1+\frac{1}{x}\right)}=\lim_{x\to+\infty}\frac{\int_1^x\left[t^2\left(\mathrm{e}^{\frac{1}{t}}-1\right)-t\right]\mathrm{d}t}{x^2\cdot\frac{1}{x}}$$

$$=\lim_{x\to+\infty}\frac{\int_1^x\left[t^2\left(\mathrm{e}^{\frac{1}{t}}-1\right)-t\right]\mathrm{d}t}{x}$$

$$=\lim_{x\to+\infty}\frac{x^2\left(\mathrm{e}^{\frac{1}{x}}-1\right)-x}{1}$$

$$=\lim_{t\to0^+}\left[\left(\frac{1}{t}\right)^2\left(\mathrm{e}^t-1\right)-\frac{1}{t}\right]$$

$$=\lim_{t\to0^+}\frac{\left(\mathrm{e}^t-1\right)-t}{t^2}=\lim_{t\to0^+}\frac{\mathrm{e}^t-1}{2t}$$

$$=\lim_{t\to0^+}\frac{t}{2t}=\frac{1}{2}$$

【例 11】 (2012 年) 已知曲线 L：$\begin{cases}x=f(t),\\ y=\cos t\end{cases}$ $\left(0\leqslant t\leqslant\frac{\pi}{2}\right)$，其中函数 $f(t)$ 具有连续导数，且 $f(0)=0$，$f(t)>0$ $\left(0<t<\frac{\pi}{2}\right)$. 若曲线 L 的切线与 x 轴的交点到切点的距离恒为 1，求函数 $f(t)$ 的表达式，并求此曲线 L 与 x 轴及 y 轴无边界的区域的面积.

解 设切点坐标为$(f(t),\cos t)$，则切线方程为

$$y-\cos t=-\frac{\sin t}{f'(t)}(x-f(t)).$$

令 $y=0$，得 $x=f(t)+\dfrac{f'(t)\cos t}{\sin t}$. 由曲线 L 的切线与 x 轴的交点到切点的距离恒为 1，得

$$\sqrt{\left(\frac{f'(t)\cos t}{\sin t}\right)^2+\cos^2 t}=1 \text{ 即 } f'(t)=\frac{\sin^2 t}{\cos t}\quad\left(0\leqslant t<\frac{\pi}{2}\right).$$

从而

$$f(t)=\int\frac{\sin^2 t}{\cos t}\mathrm{d}t=\int\left(\frac{1}{\cos t}-\cos t\right)\mathrm{d}t=\ln(\sec t+\tan t)-\sin t+C.$$

又由题设 $f(0)=0$ 得 $C=0$，因此

$$f(t)=\ln(\sec t+\tan t)-\sin t.$$

由面积计算公式，得所求无边界的区域的面积为

$$S=\int_0^{\frac{\pi}{2}}y(t)\mathrm{d}x(t)=\int_0^{\frac{\pi}{2}}f'(t)\cos t\ \mathrm{d}t=\int_0^{\frac{\pi}{2}}\sin^2 t\ \mathrm{d}t$$

$$=\int_0^{\frac{\pi}{2}}\frac{1-\cos 2t}{2}\mathrm{d}t=\frac{\pi}{4}.$$

【例 12】　(2011 年) 已知函数 $F(x)=\dfrac{\int_0^x\ln(1+t^2)\ \mathrm{d}t}{x^{3a}}$，设 $\lim\limits_{x\to+\infty}F(x)=\lim\limits_{x\to0^+}F(x)=0$，试求 a 的取值范围.

解　因为 $\ln(1+t^2)>0\ (t>0)$，由 $\lim\limits_{x\to+\infty}F(x)=0$ 知 $a>0$. 又 $\lim\limits_{x\to0^+}F(x)=0$，则

$$\lim_{x\to0^+}F(x)=\lim_{x\to0^+}\frac{\int_0^x\ln(1+t^2)\ \mathrm{d}t}{x^{3a}}=\lim_{x\to0^+}\frac{\ln(1+x^2)}{3ax^{3a-1}}$$

$$=\lim_{x\to0^+}\frac{x^2}{3ax^{3a-1}}=\lim_{x\to0^+}\frac{1}{3ax^{3a-3}}=0,$$

所以 $3(a-1)<0$，即 $a<1$. 再由 $\lim\limits_{x\to+\infty}F(x)=0$，得

$$\lim_{x\to+\infty}F(x)=\lim_{x\to+\infty}\frac{\int_0^x\ln(1+t^2)\ \mathrm{d}t}{x^{3a}}=\lim_{x\to+\infty}\frac{\ln(1+x^2)}{3ax^{3a-1}}$$

$$=\lim_{x\to+\infty}\frac{\frac{2x}{1+x^2}}{3a(3a-1)x^{3a-2}}$$

$$=\frac{2}{3}\lim_{x\to+\infty}\frac{x^{3-3a}}{a(3a-1)(1+x^2)}=0,$$

所以 $3(a-1)<2$，即 $a>\dfrac{1}{3}$. 综上所述，有 $1>a>\dfrac{1}{3}$，故填 $1>a>\dfrac{1}{3}$.

【例 13】 (2011 年)一容器内侧是由曲线绕 y 轴旋转一周而成的曲面,该曲线由 $x^2+y^2=2y$ ($y\geqslant\frac{1}{2}$)与 $x^2+y^2=1$ ($y\leqslant\frac{1}{2}$)连接而成.

(1) 求容器的容积.

(2) 若将容器内盛满的水从容器顶部抽出,至少需要做多少功?(长度单位:m,重力加速度为 g m/s^2,水的密度为10^3 kg/m^3)

解 (1) 由$\begin{cases}x^2+y^2=2y,\\x^2+y^2=1,\end{cases}$ 解得 $y=\frac{1}{2}$. 由题设知 $y\in[-1,2]$,且边界曲线为 $x^2+y^2=2y$ ($y\geqslant\frac{1}{2}$)的容器容积 V_1 与边界曲线为 $x^2+y^2=1$ ($y\leqslant\frac{1}{2}$)的容器容积 V_2 相同,故容器的容积为 $V=V_1+V_2=2V_2$,且有

$$V=2V_2=2\pi\int_{-1}^{\frac{1}{2}}x^2\mathrm{d}y=2\pi\int_{-1}^{\frac{1}{2}}(1-y^2)\mathrm{d}y$$

$$=2\pi\left(y-\frac{1}{3}y^3\right)\Big|_{-1}^{\frac{1}{2}}=\frac{9}{4}\pi.$$

(2) 将容器内盛满的水从容器顶部抽出,至少需要做的功为

$$W=\rho g\pi\int_{-1}^{\frac{1}{2}}(1-y^2)(2-y)\mathrm{d}y+\rho g\pi\int_{\frac{1}{2}}^{2}[1-(1-y)^2](2-y)\mathrm{d}y$$

$$=\rho g\pi\left[\int_{-1}^{\frac{1}{2}}(2-y-2y^2+y^3)\mathrm{d}y+\int_{\frac{1}{2}}^{2}(4y-4y^2+y^3)\mathrm{d}y\right]$$

$$=\rho g\pi\left[\left(2y-\frac{1}{2}y^2-\frac{2}{3}y^3+\frac{1}{4}y^4\right)\Big|_{-1}^{\frac{1}{2}}\right.$$

$$\left.+\left(2y^2-\frac{4}{3}y^3+\frac{1}{4}y^4\right)\Big|_{\frac{1}{2}}^{2}\right]$$

$$=\frac{27}{8}\rho g\pi\ (\mathrm{J}).$$

【例 14】 (2010 年)求 $f(x)=\int_1^{x^2}(x^2-t)\mathrm{e}^{-t^2}\mathrm{d}t$ 的单调区间与极值.

解 由于 $f(x)=\int_1^{x^2}(x^2-t)\mathrm{e}^{-t^2}\mathrm{d}t=x^2\int_1^{x^2}\mathrm{e}^{-t^2}\mathrm{d}t-\int_1^{x^2}t\,\mathrm{e}^{-t^2}\mathrm{d}t$,则

$$f'(x)=2x\int_1^{x^2}\mathrm{e}^{-t^2}\mathrm{d}t+2x^3\mathrm{e}^{-x^4}-2x^3\mathrm{e}^{-x^4}=2x\int_1^{x^2}\mathrm{e}^{-t^2}\mathrm{d}t.$$

令 $f'(x)=2x\int_1^{x^2}\mathrm{e}^{-t^2}\mathrm{d}t=0$,得 $x=0$,$x=-1$,$x=1$. 因为

$$f''(x)=2\int_1^{x^2}e^{-t^2}dt+4x^2e^{-x^4},$$

$$f''(\pm 1)=\frac{4}{e}>0,\quad f''(0)=-2\int_0^1 e^{-t^2}dt<0,$$

所以 $x=1$ 和 $x=-1$ 为 $f(x)$ 的极小值点，极小值为 $f(\pm 1)=0$，$x=0$ 为极大值点，极大值为

$$f(0)=\int_0^1 te^{-t^2}dt=-\frac{1}{2}\int_0^1 e^{-t^2}d(-t^2)=-\frac{1}{2}e^{-t^2}\Big|_0^1=\frac{1}{2}(1-e^{-1}).$$

列表如下：

x	$(-\infty,-1)$	-1	$(-1,0)$	0	$(0,1)$	1	$(1,+\infty)$
$f'(x)$	$-$	0	$+$	0	$-$	0	$+$
$f(x)$	↘	极小	↗	极大	↘	极小	↗

故 $(-\infty,-1)$ 及 $(0,1)$ 为 $f(x)$ 的单调减区间，$(-1,0)$ 及 $(1,+\infty)$ 为 $f(x)$ 的单调增区间.

【例15】 (2010年)设函数 $f(x)$ 在 $[0,3]$ 上连续，在 $(0,3)$ 内存在二阶导数，且 $2f(0)=\int_0^2 f(x)dx=f(2)+f(3)$.

(1) 证明：存在 $\eta\in(0,2)$，使 $f(\eta)=f(0)$.

(2) 证明：存在 $\xi\in(0,3)$，使 $f''(\xi)=0$.

证 (1) 设 $F(x)=\int_0^x f(t)dt\ (0\leqslant x\leqslant 2)$，则

$$\int_0^2 f(x)dx=F(2)-F(0).$$

根据拉格朗日中值定理，存在 $\eta\in(0,2)$，使 $F(2)-F(0)=2F'(\eta)=2f(\eta)$，即

$$\int_0^2 f(x)dx=2f(\eta).$$

由题设条件知 $2f(0)=\int_0^2 f(x)dx$，故有 $f(\eta)=f(0)$.

(2) $\dfrac{f(2)+f(3)}{2}$ 介于 $f(x)$ 在 $[2,3]$ 上的最小值与最大值之间，根据连续函数的介质定理，存在 $\xi\in[2,3]$，使 $f(\xi)=\dfrac{f(2)+f(3)}{2}$. 由题设知

$\dfrac{f(2)+f(3)}{2}=f(0)$，故 $f(\xi)=f(0)$. 由于

$$f(0)=f(\eta)=f(\xi),\quad 且\ 0<\eta<\xi\leqslant 3,$$

根据罗尔中值定理，存在 $\xi_1\in(0,\eta)$，$\xi_2\in(\eta,\xi)$，使 $f'(\xi_1)=0$，$f'(\xi_2)=0$，从而存在 $\xi\in(\xi_1,\xi_2)\subset(0,3)$，使得 $f''(\xi)=0$.

【例 16】 (2009 年) 椭球面 S_1 由椭圆 $\dfrac{x^2}{4}+\dfrac{y^2}{3}=1$ 绕 x 轴旋转而成，圆锥面 S_2 由过点(4,0)且与椭圆 $\dfrac{x^2}{4}+\dfrac{y^2}{3}=1$ 相切的直线绕 x 轴旋转而成.

(1) 求 S_1 及 S_2 的方程.

(2) 求 S_1 与 S_2 之间的立体体积.

解 (1) 椭球面 S_1 的方程为 $\dfrac{x^2}{4}+\dfrac{y^2+z^2}{3}=1$. 设切点为 (x_0,y_0)，则椭圆 $\dfrac{x^2}{4}+\dfrac{y^2}{3}=1$ 在切点 (x_0,y_0) 处的切线方程为 $\dfrac{xx_0}{4}+\dfrac{yy_0}{3}=1$. 由切线过点 (4,0)，将 $x=4$，$y=0$ 代入切线方程得 $x_0=1$. 再由 $\dfrac{x_0^2}{4}+\dfrac{y_0^2}{3}=1$ 得 $y_0=\pm\dfrac{3}{2}$，所以切线方程为 $\dfrac{x}{4}\pm\dfrac{y}{2}=1$. 由题意，可得圆锥面 S_2 的方程为

$$\frac{x}{4}-1=\pm\frac{\sqrt{y^2+z^2}}{2},$$

即 $\left(\dfrac{x}{4}-1\right)^2=\dfrac{y^2+z^2}{4}$，也就是 $(x-4)^2-4y^2-4z^2=0$.

(2) **方法 1** S_1 与 S_2 之间的立体的体积 $V=V_1-V_2$，其中 V_1 是一个底面半径为 $\dfrac{3}{2}$，高为 3 的圆锥体体积；V_2 是椭球体 $\dfrac{x^2}{4}+\dfrac{y^2+z^2}{3}\leqslant 1$ 介于 $x=1$ 和 $x=2$ 之间的部分的体积. 由于

$$V_1=\frac{4}{9}\pi,\quad V_2=\frac{3}{4}\pi\int_1^2(4-x^2)\mathrm{d}x=\frac{5}{4}\pi,$$

故有 $V=V_1-V_2=\dfrac{9}{4}\pi-\dfrac{5}{4}\pi=\pi$.

方法 2 曲面 S_1 与 S_2 之间的立体可看成旋转轴是 x 轴的旋转体，利用定积分计算其体积 V，有

$$V=\pi\int_2^4\left(-\frac{1}{2}x+2\right)^2\mathrm{d}x+\pi\int_1^2\left[\left(-\frac{1}{2}x+2\right)^2-3\left(1-\frac{1}{4}x^2\right)\right]\mathrm{d}x$$

$$=\pi\int_1^4\left(\frac{1}{4}x^2-2x+4\right)\mathrm{d}x-3\pi\int_1^2\left(1-\frac{1}{4}x^2\right)\mathrm{d}x$$

$$=\pi\left(\frac{1}{12}x^3-x^2+4x\right)\Big|_1^4-\pi\left(3x-\frac{1}{4}x^3\right)\Big|_1^2$$

$$=\frac{9}{4}\pi-\frac{5}{4}\pi=\pi.$$

【例 17】　(2008 年) 设函数 $y=y(x)$ 由参数方程

$$\begin{cases}x=x(t),\\ y=\int_0^{t^2}\ln(1+u)\,\mathrm{d}u\end{cases}$$

所确定，其中 $x(t)$ 是初始值问题 $\begin{cases}\dfrac{\mathrm{d}x}{\mathrm{d}t}-2t\,\mathrm{e}^{-x}=0,\\ x\big|_{t=0}=0\end{cases}$ 的解，求 $\dfrac{\mathrm{d}^2y}{\mathrm{d}x^2}$.

解　由 $\begin{cases}\dfrac{\mathrm{d}x}{\mathrm{d}t}-2t\,\mathrm{e}^{-x}=0,\\ x\big|_{t=0}=0,\end{cases}$ 得 $x=\ln(1+t^2)$. 于是

$$\frac{\mathrm{d}y}{\mathrm{d}x}=\frac{\dfrac{\mathrm{d}y}{\mathrm{d}t}}{\dfrac{\mathrm{d}x}{\mathrm{d}t}}=\frac{2t\ln(1+t^2)}{\dfrac{2t}{1+t^2}}=(1+t^2)\ln(1+t^2),$$

$$\frac{\mathrm{d}^2y}{\mathrm{d}x^2}=\frac{\dfrac{\mathrm{d}}{\mathrm{d}t}\left(\dfrac{\mathrm{d}y}{\mathrm{d}x}\right)}{\dfrac{\mathrm{d}x}{\mathrm{d}t}}=\frac{2t\ln(1+t^2)+2t}{\dfrac{2t}{1+t^2}}=(1+t^2)(\ln(1+t^2)+1).$$

【例 18】　(2008 年)(1) 证明积分中值定理：若函数 $f(x)$ 在闭区间 $[a,b]$ 上连续，则至少存在一点 $\eta\in[a,b]$，使得 $\int_a^b f(x)\mathrm{d}x=f(\eta)(b-a)$.

(2) 若函数 $\varphi(x)$ 具有二阶导数，且满足 $\varphi(2)>\varphi(1)$，$\varphi(2)>\int_2^3\varphi(x)\mathrm{d}x$，则至少存在一点 $\xi\in(1,3)$，使得 $\varphi''(\xi)<0$.

证　(1) 由函数 $f(x)$ 在闭区间 $[a,b]$ 上连续知，$f(x)$ 存在最大值 M 和最小值 m，即 $\forall\, x\in[a,b]$，有 $m\leqslant f(x)\leqslant M$. 由定积分性质，有

$$m(b-a)\leqslant\int_a^b f(x)\mathrm{d}x\leqslant M(b-a),$$

即 $m\leqslant\dfrac{1}{b-a}\int_a^b f(x)\mathrm{d}x\leqslant M$. 根据连续函数介值定理，至少存在一点 $\eta\in$

$[a,b]$，使得$\frac{1}{(b-a)}\int_a^b f(x)\mathrm{d}x=f(\eta)$，即$\int_a^b f(x)\mathrm{d}x=f(\eta)(b-a)$.

(2) 由(1)知，至少存在一点$\eta\in[2,3]$，使得$\int_2^3\varphi(x)\mathrm{d}x=\varphi(\eta)$. 又$\varphi(2)>\int_2^3\varphi(x)\mathrm{d}x=\varphi(\eta)$，因此$2<\eta\leqslant 3$. 对$\varphi(x)$在$[1,2]$,$[2,\eta]$上分别应用拉格朗日中值定理，并注意到$\varphi(1)<\varphi(2)$，$\varphi(\eta)<\varphi(2)$，得

$$\varphi'(\xi_1)=\frac{\varphi(2)-\varphi(1)}{2-1}>0,\quad 1<\xi_1<2,$$

$$\varphi'(\xi_2)=\frac{\varphi(\eta)-\varphi(2)}{\eta-2}<0,\quad 2<\xi_2<\eta\leqslant 3.$$

在$[\xi_1,\xi_2]$上对导函数$\varphi'(x)$应用拉格朗日中值定理，有

$$\varphi''(\xi)=\frac{\varphi'(\xi_2)-\varphi'(\xi_1)}{\xi_2-\xi_1}<0,\quad \xi\in(\xi_1,\xi_2)\subset(1,3).$$

【例 19】 (2008 年) 已知$f(x)$是周期为 2 的连续函数.

(1) 证明：对任意的实数t，有$\int_t^{t+2}f(x)\mathrm{d}x=\int_0^2 f(x)\mathrm{d}x$.

(2) 证明：$G(x)=\int_0^x\left(2f(t)-\int_t^{t+2}f(s)\mathrm{d}s\right)\mathrm{d}t$是周期为 2 的周期函数.

证法 1 (1) 由$\int_t^{t+2}f(x)\mathrm{d}x=\int_t^0 f(x)\mathrm{d}x+\int_0^2 f(x)\mathrm{d}x+\int_2^{t+2}f(x)\mathrm{d}x$，令$s=x-2$，则

$$\int_2^{t+2}f(x)\mathrm{d}x=\int_0^t f(s+2)\mathrm{d}s=\int_0^t f(x)\mathrm{d}x=-\int_t^0 f(x)\mathrm{d}x.$$

故

$$\int_t^{t+2}f(x)\mathrm{d}x=\int_t^0 f(x)\mathrm{d}x+\int_0^2 f(x)\mathrm{d}x-\int_t^0 f(x)\mathrm{d}x=\int_0^2 f(x)\mathrm{d}x.$$

(2) 由(1)知，对任意的t，有$\int_t^{t+2}f(x)\mathrm{d}x=\int_0^2 f(x)\mathrm{d}x$，记$\int_0^2 f(s)\mathrm{d}s=a$，则

$$G(x)=2\int_0^x f(t)\mathrm{d}t-\int_0^2 f(s)\mathrm{d}s\cdot\int_0^x\mathrm{d}t=2\int_0^x f(t)\mathrm{d}t-ax.$$

于是，对任意的x，有

$$\begin{aligned}G(x+2)-G(x)&=2\int_0^{x+2}f(t)\mathrm{d}t-a(x+2)-2\int_0^x f(t)\mathrm{d}t+ax\\&=2\int_x^{x+2}f(t)\mathrm{d}t-2a=2\int_0^2 f(t)\mathrm{d}t-2a=0.\end{aligned}$$

故 $G(x)=\int_0^x\left(2f(t)-\int_t^{t+2}f(s)\mathrm{d}s\right)\mathrm{d}t$ 是周期为2的周期函数.

证法2　(1) 设 $F(t)=\int_t^{t+2}f(x)\mathrm{d}x$. 由于 $F'(t)=f(t+2)-f(t)=0$，所以 $F(t)$ 为常数，从而有 $F(t)=F(0)$. 而 $F(0)=\int_0^2 f(t)\mathrm{d}t$，所以 $F(t)=\int_0^2 f(t)\mathrm{d}t$，故有$\int_t^{t+2}f(x)\mathrm{d}x=\int_0^2 f(x)\mathrm{d}x$.

(2) 由(1)知，对任意的 t，有$\int_t^{t+2}f(x)\mathrm{d}x=\int_0^2 f(x)\mathrm{d}x$，令 $a=\int_0^2 f(s)\mathrm{d}s$，则

$$G(x)=2\int_0^x f(t)\mathrm{d}t-\int_0^2 f(s)\mathrm{d}s\cdot\int_0^x\mathrm{d}t=2\int_0^x f(t)\mathrm{d}t-ax,$$

$$G(x+2)=2\int_0^{x+2}f(t)\mathrm{d}t-a(x+2).$$

对任意的 x，

$$G'(x+2)=2f(x+2)-a=2f(x)-a,\quad G'(x)=2f(x)-a,$$

所以$(G(x+2)-G(x))'=0$，从而 $G(x+2)-G(x)$ 是常数，即

$$G(x+2)-G(x)=G(2)-G(0)=0.$$

故 $G(x)=\int_0^x\left(2f(t)-\int_t^{t+2}f(s)\mathrm{d}s\right)\mathrm{d}t$ 是周期为2的周期函数.

【例20】　(2008年) 设函数 $f(x)=\int_0^1|t(t-x)|\mathrm{d}t\ (0<x<1)$，求函数 $f(x)$ 的极值、单调区间及曲线 $y=f(x)$ 的凹凸区间.

解　$$f(x)=\int_0^1|t(t-x)|\mathrm{d}t=\int_0^x t(x-t)\mathrm{d}t+\int_x^1 t(t-x)\mathrm{d}t$$
$$=\frac{1}{3}x^3-\frac{x}{2}+\frac{1}{3},$$

于是 $f'(x)=x^2-\frac{1}{2}$. 令 $f'(x)=0$，得 $x=\pm\frac{\sqrt{2}}{2}$. 由于 $0<x<1$，故 $x=\frac{\sqrt{2}}{2}$. 又 $f''(x)=2x>0\ (0<x<1)$，所以 $x=\frac{\sqrt{2}}{2}$ 为 $f(x)$ 的极小值点，极小值为 $f\left(\frac{\sqrt{2}}{2}\right)=\frac{1}{3}\left(1-\frac{\sqrt{2}}{2}\right)$，且曲线 $y=f(x)$ 在$(0,1)$内是凹的.

由 $f'(x)=x^2-\frac{1}{2}$ 知，$f(x)$ 在$\left(0,\frac{\sqrt{2}}{2}\right)$内单调递减，在$\left(\frac{\sqrt{2}}{2},1\right)$内单调

递增.

【例 21】 (2007 年) 设 $f(x)$ 是区间 $\left[0,\frac{\pi}{4}\right]$ 上的单调、可导函数，且满足

$$\int_0^{f(x)} f^{-1}(t)\mathrm{d}t=\int_0^x t\,\frac{\cos t-\sin t}{\sin t+\cos t}\mathrm{d}t,$$

其中，f^{-1} 是 f 的反函数，求 $f(x)$.

解 对已知等式两边求导数，得

$$f^{-1}(f(x))f'(x)=x\,\frac{\cos x-\sin x}{\sin x+\cos x}.$$

而 $f^{-1}(f(x))=x$，所以 $f'(x)=\dfrac{\cos x-\sin x}{\sin x+\cos x}$，因此

$$f(x)=\int\frac{\cos x-\sin x}{\sin x+\cos x}\mathrm{d}x=\ln(\sin x+\cos x)+C\quad\left(x\in\left[0,\frac{\pi}{4}\right]\right).$$

令 $x=0$，代入已知等式，得 $\int_0^{f(0)} f^{-1}(t)\mathrm{d}t=0$. 又由 $f(x)$ 单调，知 $f^{-1}(x)$ 也单调，因此 $f(0)=0$. 从而 $C=0$，故 $f(x)=\ln(\sin x+\cos x)$.

【例 22】 (2007 年) 设 $f(x)$ 具有一阶连续导数，且满足

$$f(x)=\int_0^x (x^2-t^2)f'(t)\mathrm{d}t+x^2,$$

求 $f(x)$ 的表达式.

解 由已知，可得 $f(0)=0$，

$$\begin{aligned}f(x)&=x^2\int_0^x f'(t)\mathrm{d}t-\int_0^x t^2f'(t)\mathrm{d}t+x^2\\&=x^2f(x)-x^2f(x)+2\int_0^x tf(t)\mathrm{d}t+x^2\\&=2\int_0^x tf(t)\mathrm{d}t+x^2.\end{aligned}$$

两边求导数，得 $f'(x)=2xf(x)+2x$. 解得

$$f(x)=\mathrm{e}^{\int 2x\,\mathrm{d}x}\left(\int 2x\,\mathrm{e}^{-\int 2x\,\mathrm{d}x}\mathrm{d}x+C\right)=\mathrm{e}^{x^2}(-\mathrm{e}^{-x^2}+C).$$

将 $f(0)=0$ 代入，可得 $C=1$，故 $f(x)=\mathrm{e}^{x^2}-1$.

【例 23】 (2005 年) 设函数 $f(x)$ 连续，且 $f(0)\neq 0$，求极限

$$\lim_{x\to 0}\frac{\int_0^x (x-t)f(t)\mathrm{d}t}{x\int_0^x f(x-t)\mathrm{d}t}.$$

解　由于$\int_0^x f(x-t)\mathrm{d}t \xlongequal{x-t=u} \int_x^0 f(u)(-\mathrm{d}u)=\int_0^x f(u)\mathrm{d}u$，所以

$$\lim_{x\to 0}\frac{\int_0^x (x-t)f(t)\mathrm{d}t}{x\int_0^x f(x-t)\mathrm{d}t}=\lim_{x\to 0}\frac{x\int_0^x f(t)\mathrm{d}t-\int_0^x tf(t)\mathrm{d}t}{x\int_0^x f(u)\mathrm{d}u}$$

$$=\lim_{x\to 0}\frac{\int_0^x f(t)\mathrm{d}t+xf(x)-xf(x)}{\int_0^x f(u)\mathrm{d}u+xf(x)}=\lim_{x\to 0}\frac{\int_0^x f(t)\mathrm{d}t}{\int_0^x f(u)\mathrm{d}u+xf(x)}$$

$$=\lim_{x\to 0}\frac{\dfrac{\int_0^x f(t)\mathrm{d}t}{x}}{\dfrac{\int_0^x f(u)\mathrm{d}u}{x}+f(x)}=\frac{f(0)}{f(0)+f(0)}=\frac{1}{2}.$$

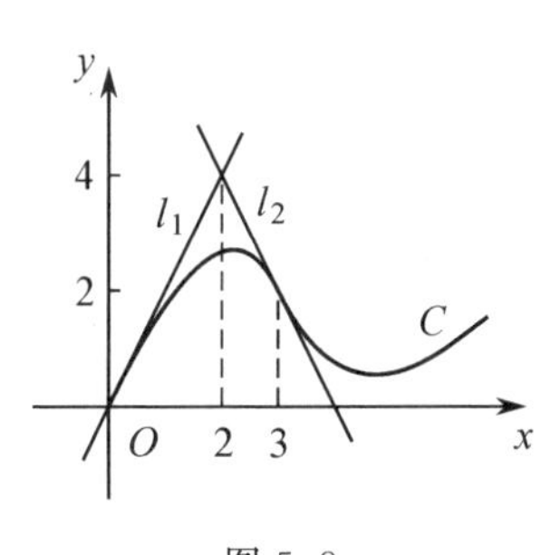

图 5-8

【例 24】　(2005 年) 如图 5-8，曲线 C 的方程为 $y=f(x)$，点(3,2) 是它的一个拐点，直线 l_1 与 l_2 分别是曲线 C 在点(0,0) 与(3,2) 处的切线，其交点为(2,4). 设函数 $f(x)$ 具有三阶连续导数，计算定积分$\int_0^3 (x^2+x)f'''(x)\mathrm{d}x$.

解　由图 5-8 知，$f(0)=0$，

$$f'(0)=\frac{4-0}{2-0}=2;$$

$f(3)=2$，$f'(3)=\dfrac{4-2}{2-3}=-2$，$f''(3)=0$. 由分部积分，知

$$\int_0^3 (x^2+x)f'''(x)\mathrm{d}x=\int_0^3 (x^2+x)\mathrm{d}f''(x)$$

$$=(x^2+x)f''(x)\Big|_0^3-\int_0^3 f''(x)(2x+1)\mathrm{d}x$$

$$=-\int_0^3 (2x+1)\mathrm{d}f'(x)=-(2x+1)f'(x)\Big|_0^3+2\int_0^3 f'(x)\mathrm{d}x$$

$$=16+2(f(3)-f(0))=20.$$

【例 25】　(2005 年) 设 $f(x)$,$g(x)$ 在[0,1] 上的导数连续，且 $f(0)=0$，$f'(x)\geqslant 0$，$g'(x)\geqslant 0$. 证明：对任何 $a\in[0,1]$，有

$$\int_0^a g(x)f'(x)\mathrm{d}x+\int_0^1 f(x)g'(x)\mathrm{d}x\geqslant f(a)g(1).$$

证法 1 设 $F(x)=\int_0^x g(t)f'(t)\mathrm{d}t+\int_0^1 f(t)g'(t)\mathrm{d}t-f(x)g(1)$，则 $F(x)$ 在$[0,1]$上的导数连续，并且

$$F'(x)=g(x)f'(x)-f'(x)g(1)=f'(x)(g(x)-g(1)).$$

由于 $x\in[0,1]$ 时，$f'(x)\geqslant 0$，$g'(x)\geqslant 0$，因此 $F'(x)\leqslant 0$，$F(x)$ 在$[0,1]$上单调递减. 注意到 $F(1)=\int_0^1 g(t)f'(t)\mathrm{d}t+\int_0^1 f(t)g'(t)\mathrm{d}t-f(1)g(1)$，而

$$\begin{aligned}\int_0^1 g(t)f'(t)\mathrm{d}t&=\int_0^1 g(t)\mathrm{d}f(t)=g(t)f(t)\Big|_0^1-\int_0^1 f(t)g'(t)\mathrm{d}t\\&=f(1)g(1)-\int_0^1 f(t)g'(t)\mathrm{d}t,\end{aligned}$$

故有 $F(1)=0$. 因此 $x\in[0,1]$ 时，$F(x)\geqslant 0$，由此可得对任何 $a\in[0,1]$，有

$$\int_0^a g(x)f'(x)\mathrm{d}x+\int_0^1 f(x)g'(x)\mathrm{d}x\geqslant f(a)g(1).$$

证法 2 由于

$$\begin{aligned}\int_0^a g(x)f'(x)\mathrm{d}x&=g(x)f(x)\Big|_0^a-\int_0^a f(x)g'(x)\mathrm{d}x\\&=f(a)g(a)-\int_0^a f(x)g'(x)\mathrm{d}x,\end{aligned}$$

所以

$$\begin{aligned}&\int_0^a g(x)f'(x)\mathrm{d}x+\int_0^1 f(x)g'(x)\mathrm{d}x\\&\quad=f(a)g(a)-\int_0^a f(x)g'(x)\mathrm{d}x+\int_0^1 f(x)g'(x)\mathrm{d}x\\&\quad=f(a)g(a)+\int_a^1 f(x)g'(x)\mathrm{d}x.\end{aligned}$$

由于 $x\in[0,1]$ 时，$g'(x)\geqslant 0$，则 $f(x)g'(x)\geqslant f(a)g'(x)$，$x\in[a,1]$，因此$\int_0^1 f(x)g'(x)\mathrm{d}x\geqslant\int_0^1 f(a)g'(x)\mathrm{d}x=f(a)(g(1)-g(a))$，从而

$$\begin{aligned}&\int_0^a g(x)f'(x)\mathrm{d}x+\int_0^1 f(x)g'(x)\mathrm{d}x\\&\quad\geqslant f(a)g(a)+f(a)(g(1)-g(a))=f(a)g(1).\end{aligned}$$

【例 26】 (2004 年) 设 $f(x),g(x)$ 在$[a,b]$上连续，且满足

$$\int_a^x f(t)\mathrm{d}t\geqslant\int_a^x g(t)\mathrm{d}t,\ x\in[a,b),\quad \int_a^b f(t)\mathrm{d}t=\int_a^b g(t)\mathrm{d}t.$$

证明：$\int_a^b xf(x)\mathrm{d}x \leqslant \int_a^b xg(x)\mathrm{d}x$.

证　令 $F(x)=f(x)-g(x)$，$G(x)=\int_a^x F(t)\mathrm{d}t$. 由题设知，$G(x)\geqslant 0$ $(x\in[a,b])$，$G(a)=G(b)=0$，$G'(x)=F(x)$. 于是

$$\int_a^b xF(x)\mathrm{d}x=\int_a^b x\,\mathrm{d}G(x)=xG(x)\Big|_a^b-\int_a^b G(x)\mathrm{d}x=-\int_a^b G(x)\mathrm{d}x.$$

由于 $G(x)\geqslant 0$ $(x\in[a,b])$，故 $-\int_a^b G(x)\mathrm{d}x\leqslant 0$，即 $\int_a^b xF(x)\mathrm{d}x\leqslant 0$. 因此

$$\int_a^b xf(x)\mathrm{d}x\leqslant\int_a^b xg(x)\mathrm{d}x.$$

【例 27】　(2004 年) 设 $f(x)=\int_x^{x+\frac{\pi}{2}}|\sin t|\,\mathrm{d}t$.

(1)　证明：$f(x)$ 是以 π 为周期的周期函数.

(2)　求 $f(x)$ 的值域.

证　(1)　$f(x+\pi)=\int_{x+\pi}^{x+\frac{3\pi}{2}}|\sin t|\,\mathrm{d}t$. 设 $t=u+\pi$，则有

$$f(x+\pi)=\int_x^{x+\frac{\pi}{2}}|\sin(u+\pi)|\,\mathrm{d}u=\int_x^{x+\frac{\pi}{2}}|\sin u|\,\mathrm{d}u=f(x),$$

故 $f(x)$ 是以 π 为周期的周期函数.

(2)　因为 $|\sin x|$ 在 $(-\infty,+\infty)$ 内连续且周期为 π，故只需在 $[0,\pi]$ 上讨论其值域. 由于

$$f'(x)=\left|\sin\left(x+\frac{\pi}{2}\right)\right|-|\sin x|=|\cos x|-|\sin x|,$$

令 $f'(x)=0$，得 $x_1=\frac{\pi}{4}$，$x_2=\frac{3\pi}{4}$，且 $f\left(\frac{\pi}{4}\right)=\int_{\frac{\pi}{4}}^{\frac{3\pi}{4}}\sin t\,\mathrm{d}t=\sqrt{2}$，

$$f\left(\frac{3\pi}{4}\right)=\int_{\frac{3\pi}{4}}^{\frac{5\pi}{4}}|\sin t|\,\mathrm{d}t=\int_{\frac{3\pi}{4}}^{\pi}\sin t\,\mathrm{d}t-\int_{\pi}^{\frac{5\pi}{4}}\sin t\,\mathrm{d}t=2-\sqrt{2},$$

又 $f(0)=\int_0^{\frac{\pi}{2}}\sin t\,\mathrm{d}t=1$，$f(\pi)=\int_\pi^{\frac{3\pi}{2}}(-\sin t)\mathrm{d}t=1$，所以 $f(x)$ 的最小值是 $2-\sqrt{2}$，最大值是 $\sqrt{2}$. 故 $f(x)$ 的值域是 $[2-\sqrt{2},\sqrt{2}]$.

【例 28】　(2004 年) 曲线 $y=\frac{\mathrm{e}^x+\mathrm{e}^{-x}}{2}$ 与直线 $x=0$，$x=t$ $(t>0)$ 及 $y=0$ 围成一曲边梯形. 该曲边梯形绕 x 轴旋转一周得一旋转体，其体积为

$V(t)$，侧面积为 $S(t)$，在 $x=t$ 处的底面积为 $F(t)$.

(1) 求$\dfrac{S(t)}{V(t)}$的值.

(2) 计算极限 $\lim\limits_{t\to+\infty}\dfrac{S(t)}{F(t)}$.

解 (1) 由于

$$S(t)=\int_0^t 2\pi y\sqrt{1+y'^2}\,dx=2\pi\int_0^t\frac{e^x+e^{-x}}{2}\sqrt{1+\frac{(e^x-e^{-x})^2}{4}}\,dx$$

$$=2\pi\int_0^t\left(\frac{e^x+e^{-x}}{2}\right)^2dx,$$

$$V(t)=\pi\int_0^t y^2dx=\pi\int_0^t\left(\frac{e^x+e^{-x}}{2}\right)^2dx\text{，所以}\frac{S(t)}{V(t)}=2.$$

(2) $F(t)=\pi y^2\Big|_{x=t}=\pi\left(\dfrac{e^t+e^{-t}}{2}\right)^2$. 于是

$$\lim_{t\to+\infty}\frac{S(t)}{F(t)}=\lim_{t\to+\infty}\frac{2\pi\int_0^t\left(\frac{e^x+e^{-x}}{2}\right)^2dx}{\pi\left(\frac{e^t+e^{-t}}{2}\right)^2}=\lim_{t\to+\infty}\frac{2\left(\frac{e^t+e^{-t}}{2}\right)^2}{2\cdot\frac{e^t+e^{-t}}{2}\cdot\frac{e^t-e^{-t}}{2}}$$

$$=\lim_{t\to+\infty}\frac{e^t+e^{-t}}{e^t-e^{-t}}=1.$$

【例 29】 (2003 年) 设函数 $f(x)$ 在闭区间 $[a,b]$ 上连续，在开区间 (a,b) 内可导，且 $f'(x)>0$. 若极限 $\lim\limits_{x\to a^+}\dfrac{f(2x-a)}{x-a}$ 存在，证明：

(1) 在 (a,b) 内 $f(x)>0$；

(2) 在 (a,b) 内存在点 ξ，使$\dfrac{b^2-a^2}{\int_a^b f(x)dx}=\dfrac{2\xi}{f(\xi)}$；

(3) 在 (a,b) 内存在与(2)中 ξ 相异的点 η，使

$$f'(\eta)(b^2-a^2)=\frac{2\xi}{\xi-a}\int_a^b f(x)dx.$$

证 (1) 因为 $\lim\limits_{x\to a^+}\dfrac{f(2x-a)}{x-a}$ 存在，故 $\lim\limits_{x\to a^+}f(2x-a)=f(a)=0$. 又 $f'(x)>0$，于是 $f(x)$ 在 (a,b) 内单调增加，故

$$f(x)>f(a)=0,\quad x\in(a,b).$$

(2) 设 $F(x)=x^2$，$g(x)=\int_a^x f(t)dt\ (a\leqslant x\leqslant b)$，则 $g'(x)=f(x)$

>0，故 $F(x)$，$g(x)$ 满足柯西中值定理的条件，于是在 (a,b) 内存在点 ξ，使

$$\frac{F(b)-F(a)}{g(b)-g(a)}=\frac{b^2-a^2}{\int_a^b f(t)\mathrm{d}t-\int_a^a f(t)\mathrm{d}t}=\left.\frac{(x^2)'}{\left(\int_a^x f(t)\mathrm{d}t\right)'}\right|_{x=\xi},$$

即 $\dfrac{b^2-a^2}{\int_a^b f(x)\mathrm{d}x}=\dfrac{2\xi}{f(\xi)}$.

(3)　因 $f(\xi)=f(\xi)-f(0)=f(\xi)-f(a)$，在 $[a,\xi]$ 上应用拉格朗日中值定理，知在 (a,ξ) 内存在一点 η，使 $f(\xi)=f'(\eta)(\xi-a)$，从而由(2)的结论得

$$\frac{b^2-a^2}{\int_a^b f(x)\mathrm{d}x}=\frac{2\xi}{f'(\eta)(\xi-a)},$$

即有 $f'(\eta)(b^2-a^2)=\dfrac{2\xi}{\xi-a}\int_a^b f(x)\mathrm{d}x$.

【例 30】　(2002 年) 设

$$f(x)=\begin{cases}2x+\dfrac{3}{2}x^2, & -1\leqslant x<0,\\ \dfrac{x\mathrm{e}^x}{(\mathrm{e}^x+1)^2}, & 0\leqslant x\leqslant 1,\end{cases}$$

求函数 $F(x)=\int_{-1}^x f(t)\mathrm{d}t$ 的表达式.

解　当 $-1\leqslant x<0$ 时，

$$F(x)=\int_{-1}^x\left(2t+\frac{3}{2}t^2\right)\mathrm{d}t=\left.\left(t^2+\frac{1}{2}t^3\right)\right|_{-1}^x=\frac{1}{2}x^3+x^2-\frac{1}{2};$$

当 $0\leqslant x\leqslant 1$ 时，

$$\begin{aligned}F(x)&=\int_{-1}^x\left(2t+\frac{3}{2}t^2\right)\mathrm{d}t=\int_{-1}^0\left(2t+\frac{3}{2}t^2\right)\mathrm{d}t+\int_0^x\frac{t\mathrm{e}^t}{(\mathrm{e}^t+1)^2}\mathrm{d}t\\&=\left.\left(t^2+\frac{1}{2}t^3\right)\right|_{-1}^0-\int_0^x t\,\mathrm{d}\left(\frac{1}{\mathrm{e}^t+1}\right)=-\frac{1}{2}-\left.\frac{t}{\mathrm{e}^t+1}\right|_0^x+\int_0^x\frac{1}{\mathrm{e}^t+1}\mathrm{d}t\\&=-\frac{1}{2}-\frac{x}{\mathrm{e}^x+1}+\int_0^x\frac{\mathrm{e}^t}{\mathrm{e}^t(\mathrm{e}^t+1)}\mathrm{d}t\\&=-\frac{1}{2}-\frac{x}{\mathrm{e}^x+1}+\int_0^x\left(\frac{1}{\mathrm{e}^t}-\frac{1}{\mathrm{e}^t+1}\right)\mathrm{d}(\mathrm{e}^t)\\&=-\frac{1}{2}-\frac{x}{\mathrm{e}^x+1}+\left.\ln\frac{\mathrm{e}^t}{\mathrm{e}^t+1}\right|_0^x=\ln\frac{\mathrm{e}^x}{\mathrm{e}^x+1}-\frac{x}{\mathrm{e}^x+1}+\ln 2-\frac{1}{2}.\end{aligned}$$

故有

$$F(x)=\int_{-1}^{x} f(t)\mathrm{d}t=\begin{cases}\dfrac{1}{2}x^3+x^2-\dfrac{1}{2}, & -1\leqslant x<0,\\ \ln\dfrac{\mathrm{e}^x}{\mathrm{e}^x+1}-\dfrac{x}{\mathrm{e}^x+1}+\ln 2-\dfrac{1}{2}, & 0\leqslant x\leqslant 1.\end{cases}$$

【例31】 (2001年)设 $f(x)$ 在区间 $[-a,a]$ $(a>0)$ 上具有二阶连续导数，$f(0)=0$.

(1) 写出 $f(x)$ 的带拉格朗日余项的一阶麦克劳林公式.

(2) 证明：在 $[-a,a]$ 上至少存在一点 η，使得 $a^3f''(\eta)=3\int_{-a}^{a}f(x)\mathrm{d}x$.

(1) **解** $f(x)=f(0)+f'(0)x+\dfrac{f''(\xi)}{2!}x^2$（其中 ξ 在0与 x 之间）.

(2) **证法1** 由(1)得

$$\int_{-a}^{a}f(x)\mathrm{d}x=\int_{-a}^{a}f'(0)x\,\mathrm{d}x+\int_{-a}^{a}\frac{x^2}{2}f''(\xi)\mathrm{d}x=\frac{1}{2}\int_{-a}^{a}x^2f''(\xi)\mathrm{d}x.$$

因为 $f''(x)$ 在 $[-a,a]$ 上连续，故对任意的 $x\in[-a,a]$，有 $m\leqslant f''(x)\leqslant M$，其中 m,M 分别为 $f''(x)$ 在 $[-a,a]$ 上的最小值、最大值，于是

$$m\int_{0}^{a}x^2\mathrm{d}x\leqslant\int_{-a}^{a}f(x)\mathrm{d}x=\frac{1}{2}\int_{-a}^{a}x^2f''(\xi)\mathrm{d}x\leqslant M\int_{0}^{a}x^2\mathrm{d}x,$$

即 $\dfrac{m}{3}a^3\leqslant\int_{-a}^{a}f(x)\mathrm{d}x\leqslant\dfrac{M}{3}a^3$，也就是 $m\leqslant\dfrac{3}{a^3}\int_{-a}^{a}f(x)\mathrm{d}x\leqslant M$. 由介值定理知，在 $[-a,a]$ 上至少存在一点 η，使得 $a^3f''(\eta)=3\int_{-a}^{a}f(x)\mathrm{d}x$.

证法2 设 $F(x)=\int_{0}^{x}f(t)\mathrm{d}t$，则 $F(x)$ 在 $[-a,a]$ 上具有3阶连续导数，其2阶麦克劳林展开式为

$$\begin{aligned}F(x)&=F(0)+F'(0)x+\frac{F''(0)}{2!}x^2+\frac{F'''(\xi)}{3!}x^3\\&=0+f(0)x+\frac{f'(0)}{2!}x^2+\frac{f''(\xi)}{3!}x^3,\end{aligned}$$

于是 $F(a)=\dfrac{f'(0)}{2!}a^2+\dfrac{f''(\xi_1)}{3!}a^3$，$F(-a)=\dfrac{f'(0)}{2!}a^2-\dfrac{f''(\xi_2)}{3!}a^3$ $(-a<\xi_2<0<\xi_1<a)$，以及

$$\begin{aligned}\int_{-a}^{a}f(t)\mathrm{d}t&=F(a)-F(-a)=\frac{a^3}{3!}(f''(\xi_1)+f''(\xi_2))\\&=\frac{a^3}{3}\cdot\frac{f''(\xi_1)+f''(\xi_2)}{2}.\end{aligned}$$

因为 $f''(x)$ 在 $[-a,a]$ 上连续，故对任意的 $x \in [-a,a]$，有 $m \leqslant f''(x) \leqslant M$，其中 m,M 分别为 $f''(x)$ 在 $[-a,a]$ 上的最小值、最大值，所以有

$$m \leqslant \frac{f''(\xi_1)+f''(\xi_2)}{2} \leqslant M.$$

由介值定理知，在 $[-a,a]$ 上至少存在一点 η，使得

$$f''(\eta)=\frac{f''(\xi_1)+f''(\xi_2)}{2},$$

即 $\frac{a^3}{3}f''(\eta)=\int_{-a}^{a} f(x)\mathrm{d}x$，故有 $a^3 f''(\eta)=3\int_{-a}^{a} f(x)\mathrm{d}x$.

【例 32】　(2000 年) 设函数 $f(x)$ 在 $[0,\pi]$ 上连续，且 $\int_0^{\pi} f(x)\mathrm{d}x=0$，$\int_0^{\pi} f(x)\cos x\,\mathrm{d}x=0$，试证：在 $(0,\pi)$ 内至少存在两个不同的点 ξ_1,ξ_2，使得 $f(\xi_1)=f(\xi_2)=0$.

证　令 $F(x)=\int_0^x f(t)\mathrm{d}t$，则 $F(0)=F(\pi)=0$. 又

$$\begin{aligned}0&=\int_0^{\pi} f(x)\cos x\,\mathrm{d}x=\int_0^{\pi}\cos x\,\mathrm{d}(F(x))\\&=\cos x\,F(x)\Big|_0^{\pi}+\int_0^{\pi}F(x)\sin x\,\mathrm{d}x\\&=\int_0^{\pi}F(x)\sin x\,\mathrm{d}x,\end{aligned}$$

令 $G(x)=\int_0^x F(u)\sin u\,\mathrm{d}u$，则 $G(0)=G(\pi)=0$. 由罗尔中值定理知，存在 $\eta \in (0,\pi)$，使得

$$G'(\eta)=F(\eta)\sin\eta=0.$$

而 $x \in (0,\pi)$ 时，$\sin x>0$，即 $\sin\eta>0$，故有 $F(\eta)=0$. 所以有 $F(0)=F(\eta)=F(\pi)=0$，对函数 $F(x)$ 在区间 $[0,\eta]$ 与 $[\eta,\pi]$ 上运用罗尔定理，故存在 $\xi_1 \in (0,\eta)$，$\xi_2 \in (\eta,\pi)$，使得 $F'(\xi_1)=F'(\xi_2)=0$，即 $f(\xi_1)=f(\xi_2)=0$.

第 6 章　广义定积分

一、主 要 内 容

两类广义积分的概念及计算是本章的基本内容.

1. 广义积分的基本概念与主要结论

■ 无穷区间上的广义积分

设函数 $f(x)$ 在 $[a, +\infty)$ 上连续，任取实数 $b > a$，则极限 $\lim\limits_{b \to +\infty}\int_a^b f(x)\mathrm{d}x$ 称为**函数 $f(x)$ 在无穷区间上的广义积分**，记为

$$\int_a^{+\infty} f(x)\mathrm{d}x = \lim_{b \to \infty}\int_a^b f(x)\mathrm{d}x.$$

若极限存在，则称**广义积分** $\int_a^{+\infty} f(x)\mathrm{d}x$ **收敛**；若极限不存在，则称**广义积分** $\int_a^{+\infty} f(x)\mathrm{d}x$ **发散**.

类似地，可定义**函数 $f(x)$ 在 $(-\infty, b]$ 上的广义积分**为

$$\int_{-\infty}^b f(x)\mathrm{d}x = \lim_{a \to -\infty}\int_a^b f(x)\mathrm{d}x;$$

函数 $f(x)$ 在区间 $(-\infty, +\infty)$ 内的广义积分为

$$\int_{-\infty}^{+\infty} f(x)\mathrm{d}x = \int_{-\infty}^c f(x)\mathrm{d}x + \int_c^{+\infty} f(x)\mathrm{d}x,$$

其中，c 为任意实数. 当右端两个广义积分都收敛时，广义积分 $\int_{-\infty}^{+\infty} f(x)\mathrm{d}x$ 才是收敛的；否则，广义积分 $\int_{-\infty}^{+\infty} f(x)\mathrm{d}x$ 发散.

■ 无界函数的广义积分

若 $f(x)$ 在 $(a,b]$ 上连续，且 $\lim\limits_{x\to a^+} f(x)=\infty$，则

$$\int_a^b f(x)\mathrm{d}x=\lim_{\varepsilon\to 0^+}\int_{a+\varepsilon}^b f(x)\mathrm{d}x.$$

若 $f(x)$ 在 $[a,b)$ 上连续，且 $\lim\limits_{x\to b^-} f(x)=\infty$，则

$$\int_a^b f(x)\mathrm{d}x=\lim_{\varepsilon\to 0^+}\int_a^{b-\varepsilon} f(x)\mathrm{d}x.$$

若 $f(x)$ 在 (a,b) 内连续，且 $\lim\limits_{x\to a^+} f(x)=\infty$，$\lim\limits_{x\to b^-} f(x)=\infty$，则

$$\int_a^b f(x)\mathrm{d}x=\lim_{\varepsilon\to 0^+}\int_{a+\varepsilon}^c f(x)\mathrm{d}x+\lim_{\delta\to 0^+}\int_c^{b-\delta} f(x)\mathrm{d}x.$$

若 $f(x)$ 在 $[a,c)$，$(c,b]$ 上连续，且 $\lim\limits_{x\to c} f(x)=\infty$，则

$$\int_a^b f(x)\mathrm{d}x=\lim_{\varepsilon\to 0^+}\int_a^{c-\varepsilon} f(x)\mathrm{d}x+\lim_{\delta\to 0^+}\int_{c+\delta}^b f(x)\mathrm{d}x.$$

2. 广义积分的性质

■ 积分限为无穷的广义积分的性质

(1) 若积分限为无穷的广义积分 $\int_a^{+\infty} f(x)\mathrm{d}x$ 收敛，则

$$\lim_{a\to+\infty}\int_a^{+\infty} f(x)\mathrm{d}x=0.$$

(2) 对于任意非零常数 α,β，若积分限为无穷的广义积分 $\int_a^{+\infty} f(x)\mathrm{d}x$ 与 $\int_a^{+\infty} g(x)\mathrm{d}x$ 都收敛，则积分限为无穷的广义积分 $\int_a^{+\infty}(\alpha f(x)\pm\beta g(x))\mathrm{d}x$ 也收敛，且

$$\int_a^{+\infty}(\alpha f(t)+\beta g(t))\mathrm{d}t=\alpha\int_a^{+\infty} f(t)\mathrm{d}t+\beta\int_a^{+\infty} g(t)\mathrm{d}t.$$

(3) $\forall b>a$，积分限为无穷的广义积分 $\int_a^{+\infty} f(x)\mathrm{d}x$ 与积分限为无穷的广义积分 $\int_b^{+\infty} f(x)\mathrm{d}x$ 有相同的敛散性.

(4) 若积分限为无穷的广义积分 $\int_a^{+\infty} f(x)\mathrm{d}x$ 与 $\int_a^{+\infty} g(x)\mathrm{d}x$ 都收敛，且 $f(x)\leqslant g(x)$ $(x\geqslant a)$，则有

$$\int_a^{+\infty} f(x)\mathrm{d}x\leqslant\int_a^{+\infty} g(x)\mathrm{d}x.$$

(5) 若积分限为无穷的广义积分$\int_a^{+\infty}|f(x)|\mathrm{d}x$收敛，则积分限为无穷的广义积分$\int_a^{+\infty}f(x)\mathrm{d}x$也收敛.

(6) 设$f(x)$和$g(x)$是定义在区间$[a,+\infty)$上的函数，$g(x)$连续有界，$f(x)$不变号，且$\int_a^{+\infty}f(x)\mathrm{d}x$收敛，则$\int_a^{+\infty}f(x)g(x)\mathrm{d}x$收敛，并存在$\mu$，使得

$$\int_a^{+\infty}f(x)g(x)\mathrm{d}x=\mu\int_a^{+\infty}g(x)\mathrm{d}x.$$

以上结论对$\int_{-\infty}^{a}f(x)\mathrm{d}x,\int_{-\infty}^{+\infty}f(x)\mathrm{d}x$也成立.

■ 无界函数的广义积分的性质

设b(或a,c)是$f(x),g(x)$的唯一无穷间断点，则有如下无界函数的广义积分的性质：

(1) 对于任意常数α,β，若无界函数的广义积分$\int_a^b f(x)\mathrm{d}x$和$\int_a^b g(x)\mathrm{d}x$都收敛，则无界函数的广义积分$\int_a^b(\alpha f(x)\pm\beta g(x))\mathrm{d}x$也收敛，且有

$$\int_a^b(\alpha f(x)\pm\beta g(x))\mathrm{d}x=\alpha\int_a^b f(x)\mathrm{d}x\pm\beta\int_a^b g(x)\mathrm{d}x.$$

(2) $\forall d>a$，无界函数的广义积分$\int_a^b f(x)\mathrm{d}x$与无界函数的广义积分$\int_d^b f(x)\mathrm{d}x$有相同的敛散性，且

$$\int_a^b f(x)\mathrm{d}x=\int_a^d f(x)\mathrm{d}x+\int_d^b f(x)\mathrm{d}x.$$

(3) 若无界积分$\int_a^b f(x)\mathrm{d}x$与$\int_a^b g(x)\mathrm{d}x$都收敛，且$f(x)\leqslant g(x)$$(x\geqslant a)$，则有

$$\int_a^b f(x)\mathrm{d}x\leqslant\int_a^b g(x)\mathrm{d}x.$$

(4) 设$f(x)$和$g(x)$是定义在区间$[a,b)$上的函数，$g(x)$连续有界不变号，且$\int_a^b f(x)\mathrm{d}x$收敛，则$\int_a^b f(x)g(x)\mathrm{d}x$收敛，且存在$\mu$，使得

$$\int_a^b f(x)g(x)\mathrm{d}x=\mu\int_a^b g(x)\mathrm{d}x.$$

以上结论对无穷间断点在积分区间左端点处和处于区间内部也成立.

3. 广义积分收敛判别法

■ 积分限为无穷的广义积分判别法

若积分限为无穷的广义积分$\int_a^{+\infty}|f(x)|\mathrm{d}x$收敛，则称积分限为无穷的广义积分$\int_a^{+\infty}f(x)\mathrm{d}x$ **绝对收敛**；若积分限为无穷的广义积分$\int_a^{+\infty}f(x)\mathrm{d}x$收敛，积分限为无穷的广义积分$\int_a^{+\infty}|f(x)|\mathrm{d}x$发散，则称积分限为无穷的广义积分$\int_a^{+\infty}f(x)\mathrm{d}x$ **条件收敛**.

比较判别法　设有区间$[a,+\infty)$上的非负函数$f(x)$和$g(x)$，满足$f(x)\leqslant g(x)$，且对任何$A>a$，$f(x)$和$g(x)$在区间$[a,A]$上可积.

(1) 若$\int_a^{+\infty}g(x)\mathrm{d}x$收敛，则$\int_a^{+\infty}f(x)\mathrm{d}x$也收敛；

(2) 若$\int_a^{+\infty}f(x)\mathrm{d}x$发散，则$\int_a^{+\infty}g(x)\mathrm{d}x$也发散.

M 判别法　设有区间$[a,+\infty)$上的非负函数$f(x)$，且对任何$A>a$，$f(x)$在区间$[a,A]$上可积，则$\int_a^{+\infty}f(x)\mathrm{d}x$收敛的充要条件是：存在与$A$无关的正数$M$，使得对任何$A>a$，都有$\int_a^A f(x)\mathrm{d}x<M$.

比较判别法的极限形式　设有区间$[a,+\infty)$上的非负函数$f(x)$和$g(x)$，$\lim\limits_{x\to+\infty}\dfrac{f(x)}{g(x)}=k$.

(1) 若$0<k<+\infty$，则$\int_a^{+\infty}f(x)\mathrm{d}x$与$\int_a^{+\infty}g(x)\mathrm{d}x$同敛散；

(2) 若$k=0$，$\int_a^{+\infty}g(x)\mathrm{d}x$收敛，则$\int_a^{+\infty}f(x)\mathrm{d}x$也收敛；

(3) 若$k=+\infty$，$\int_a^{+\infty}g(x)\mathrm{d}x$发散，则$\int_a^{+\infty}f(x)\mathrm{d}x$也发散.

Cauchy 判别法　设有区间$[a,+\infty)$ $(a>0)$上的非负函数$f(x)$，对任何$A>a$，$f(x)$在$[a,A]$上可积.

(1) 若$0\leqslant f(x)\leqslant\dfrac{1}{x^p}$且$p>1$，则$\int_a^{+\infty}f(x)\mathrm{d}x$收敛；

(2) 若 $f(x) \geqslant \frac{1}{x^p}$ 且 $p \leqslant 1$，则$\int_a^{+\infty} f(x)\mathrm{d}x$ 发散.

p-判别法 设 $f(x)$ 是在任何有限区间$[a,A]$上可积的正值函数，且 $\lim\limits_{x \to +\infty} x^p f(x) = \lambda$.

(1) 若 $p > 1$，$0 \leqslant \lambda < +\infty$，则$\int_a^{+\infty} f(x)\mathrm{d}x$ 收敛；

(2) 若 $p \leqslant 1$，$0 < \lambda \leqslant +\infty$，则$\int_a^{+\infty} f(x)\mathrm{d}x$ 发散.

无穷积分收敛的柯西准则 无穷积分$\int_a^{+\infty} f(x)\mathrm{d}x$ 收敛的充要条件是：任给 $\varepsilon > 0$，存在 $G \geqslant a$，只要 $u_1, u_2 > G$，便有

$$\left|\int_a^{u_2} f(x)\mathrm{d}x - \int_a^{u_1} f(x)\mathrm{d}x\right| = \left|\int_{u_1}^{u_2} f(x)\mathrm{d}x\right| < \varepsilon.$$

无穷积分的阿贝尔(Abel)判别法和狄利克雷(Dirichlet)判别法 若下列两个条件之一满足，则$\int_a^{+\infty} f(x)g(x)\mathrm{d}x$ 收敛：

(1) (Abel判别法) $\int_a^{+\infty} f(x)\mathrm{d}x$ 收敛，$g(x)$ 在$[a,+\infty)$ 上单调有界；

(2) (Dirichlet判别法) 设 $F(t) = \int_a^t f(x)\mathrm{d}x$，$F(t)$ 在$[a,+\infty)$ 上有界，$g(x)$ 在$[a,+\infty)$ 上单调，且 $\lim\limits_{x \to +\infty} g(x) = 0$.

■ 无界函数的广义积分判别法

设 b (或 a,c) 是 $f(x)$,$g(x)$ 的唯一无穷间断点，类似于积分限为无穷的广义积分判别法，无界函数的广义积分也有如下判别法：

比较判敛法 设有区间$[a,b)$ 上的非负函数 $f(x)$ 和 $g(x)$，$f(x) \leqslant g(x)$，且对任何 $b > A > a$，$f(x)$ 和 $g(x)$ 在区间$[a,A]$ 上可积.

(1) 若$\int_a^b g(x)\mathrm{d}x$ 收敛，则$\int_a^b f(x)\mathrm{d}x$ 也收敛；

(2) 若$\int_a^b f(x)\mathrm{d}x$ 发散，则$\int_a^b g(x)\mathrm{d}x$ 也发散.

比较原则的极限形式 设有区间$[a,b)$ 上的非负函数 $f(x)$ 和 $g(x)$，$\lim\limits_{x \to b^-} \frac{f(x)}{g(x)} = \lambda$.

(1) 若 $0 < \lambda < +\infty$，则$\int_a^b f(x)\mathrm{d}x$ 与$\int_a^b g(x)\mathrm{d}x$ 同敛散；

(2) 若 $\lambda = 0$，$\int_a^b g(x)\mathrm{d}x$ 收敛，则$\int_a^b f(x)\mathrm{d}x$ 也收敛；

(3) 若 $\lambda=+\infty$，$\int_a^b g(x)\mathrm{d}x$ 发散，则 $\int_a^b f(x)\mathrm{d}x$ 也发散.

Cauchy 判敛法 设有区间 $[a,b)$ 上的非负函数 $f(x)$，对任何 $b>A>a$，$f(x)$ 在 $[a,A]$ 上可积.

(1) 若 $0\leqslant f(x)\leqslant \dfrac{c}{(x-a)^p}$ (c 为常数) 且 $0<p<1$，则 $\int_a^b f(x)\mathrm{d}x$ 收敛；

(2) 若 $f(x)\geqslant \dfrac{c}{(x-a)^p}$ 且 $p\geqslant 1$，则 $\int_a^b f(x)\mathrm{d}x$ 发散.

***p*-判别法** 设 $f(x)$ 是在 $[a,b)$ 内任何有限区间 $[a,A]$ $(a<A<b)$ 上可积的正值函数，且 $\lim\limits_{x\to a^+}(x-a)^p f(x)=\lambda$.

(1) 若 $0<p<1$，$0\leqslant\lambda<\infty$，则 $\int_a^b f(x)\mathrm{d}x$ 收敛；

(2) 若 $p\geqslant 1$，$0<\lambda\leqslant\infty$，则 $\int_a^b f(x)\mathrm{d}x$ 发散.

设 $f(x)$ 是在 $[a,b)$ 内任何有限区间 $[a,A]$ $(a<A<b)$ 上可积的正值函数，且 $\lim\limits_{x\to b^-}(b-x)^p f(x)=\lambda$.

(1) 若 $0<p<1$，$0\leqslant\lambda<\infty$，则 $\int_a^b f(x)\mathrm{d}x$ 收敛；

(2) 若 $p\geqslant 1$，$0<\lambda\leqslant\infty$，则 $\int_a^b f(x)\mathrm{d}x$ 发散.

无界积分收敛的柯西准则 无界积分 $\int_a^b f(x)\mathrm{d}x$ (瑕点为 a) 收敛的充要条件是：任给 $\varepsilon>0$，存在 $\delta>0$，只要 $u_1,u_2\in(a,a+\delta)$，总有

$$\left|\int_{u_1}^b f(x)\mathrm{d}x-\int_{u_2}^b f(x)\mathrm{d}x\right|=\left|\int_{u_1}^{u_2} f(x)\mathrm{d}x\right|<\varepsilon.$$

无界积分的 Abel 判别法和 Dirichlet 判别法 若下列两个条件之一满足，则 $\int_a^b f(x)g(x)\mathrm{d}x$ 收敛(b 为唯一瑕点)：

(1) (Abel 判别法) $\int_a^b f(x)\mathrm{d}x$ 收敛，$g(x)$ 在 $[a,b)$ 上单调有界；

(2) (Dirichlet 判别法) $F(\eta)=\int_a^{b-\eta} f(x)\mathrm{d}x$ 在 $[a,b)$ 上有界，$g(x)$ 在 $(0,b-a]$ 上单调，且 $\lim\limits_{x\to b^-} g(x)=0$.

4. 基本方法、重要技巧

广义积分作为定积分的扩充，它实际上是普通定积分的极限，要加强对

广义积分尤其是无界函数广义积分的识别能力.

对广义积分的计算,一般情况下,首先判别积分类型,根据类型进行计算,如果是无穷积分和无界积分的混合,则必须将积分分解成多个单积分之和,且每个单积分只有一个无界点或一个积分限为无穷;其次按广义积分定义计算各个积分值并求代数和即可.

二、典型例题分析

【例 1】 判别下列广义积分的敛散性:

(1) $\int_0^1 \frac{dx}{\sqrt{(1-x^2)(1-k^2x^2)}}$ $(k^2<1)$;

(2) $\int_0^{\frac{\pi}{2}} \frac{dx}{\sin^p x\ \cos^q x}$ $(p,q>0)$.

解 (1) 1 是被积函数的唯一瑕点. 因为

$$\lim_{x\to 1^-}(1-x)^{\frac{1}{2}}\frac{dx}{\sqrt{(1-x^2)(1-k^2x^2)}}=\frac{1}{\sqrt{2(1-k^2)}}<+\infty,$$

由 $p=\frac{1}{2}$ 知广义积分 $\int_0^1 \frac{dx}{\sqrt{(1-x^2)(1-k^2x^2)}}$ 收敛.

(2) 0 与 $\frac{\pi}{2}$ 都是被积函数的瑕点.

先讨论 $\int_0^{\frac{\pi}{4}} \frac{dx}{\sin^p x\ \cos^q x}$. 由 $\lim\limits_{x\to 0^+} x^p \cdot \frac{1}{\sin^p x\ \cos^q x}=1$ 知,当 $p<1$ 时,广义积分 $\int_0^{\frac{\pi}{4}} \frac{dx}{\sin^p x\ \cos^q x}$ 收敛;当 $p\geqslant 1$ 时,广义积分 $\int_0^{\frac{\pi}{4}} \frac{dx}{\sin^p x\ \cos^q x}$ 发散.

再讨论 $\int_{\frac{\pi}{4}}^{\frac{\pi}{2}} \frac{dx}{\sin^p x\ \cos^q x}$. 因 $\lim\limits_{x\to \left(\frac{\pi}{2}\right)^-}\left(\frac{\pi}{2}-x\right)^p \frac{1}{\sin^p x\ \cos^q x}=1$,所以,当 $q<1$ 时,广义积分 $\int_{\frac{\pi}{4}}^{\frac{\pi}{2}} \frac{dx}{\sin^p x\ \cos^q x}$ 收敛;当 $q\geqslant 1$ 时,广义积分 $\int_{\frac{\pi}{4}}^{\frac{\pi}{2}} \frac{dx}{\sin^p x\ \cos^q x}$ 发散.

综上所述，当 $p<1$ 且 $q<1$ 时，广义积分 $\int_0^{\frac{\pi}{2}} \frac{\mathrm{d}x}{\sin^p x\ \cos^q x}$ 收敛；其他情况发散.

【例2】　讨论下列广义积分的敛散性：

(1) $\int_1^{+\infty} \frac{\cos x}{x}\mathrm{d}x$；　　(2) $\int_1^{+\infty} \left(\ln\left(1+\frac{1}{x}\right)-\frac{1}{1+x}\right)\mathrm{d}x$.

解　(1) 令 $f(x)=\frac{1}{x}$，$g(x)=\cos x$，则当 $x\to+\infty$ 时，$f(x)$ 单调下降且趋于零，$F(t)=\int_1^t \cos x\ \mathrm{d}x=\sin t-\sin 1$ 在 $[a,+\infty)$ 上有界. 由 Dirichlet 判别法知，$\int_1^{+\infty} \frac{\cos x}{x}\mathrm{d}x$ 收敛.

另一方面，$\frac{|\cos x|}{x} \geqslant \frac{\cos^2 x}{x}=\frac{1+\cos 2x}{2x}$，因 $\int_1^{+\infty} \frac{1}{2x}\mathrm{d}x$ 发散，$\int_1^{+\infty} \frac{\cos 2x}{2x}\mathrm{d}x$ 收敛，从而非负函数的广义积分 $\int_1^{+\infty} \frac{1+\cos 2x}{2x}\mathrm{d}x$ 发散. 由比较判别法知 $\int_1^{+\infty} \frac{|\cos x|}{x}\mathrm{d}x$ 发散，所以 $\int_1^{+\infty} \frac{\cos x}{x}\mathrm{d}x$ 条件收敛.

(2) 对 $x\in[1,+\infty)$，有

$$0\leqslant \ln\left(1+\frac{1}{x}\right)-\frac{1}{1+x}\leqslant \frac{1}{x}-\frac{1}{x+1}=\frac{1}{x(x+1)}\leqslant \frac{1}{x^2}.$$

由 $\int_1^{+\infty} \frac{1}{x^2}\mathrm{d}x$ 收敛，可知 $\int_1^{+\infty} \left(\ln\left(1+\frac{1}{x}\right)-\frac{1}{1+x}\right)\mathrm{d}x$ 收敛.

【例3】　计算下列广义积分：

(1) $\int_{-\infty}^{+\infty} \frac{a\sqrt{|x-b|}}{(x-b)^2+a^2}\mathrm{d}x$；

(2) $\int_1^{+\infty} \left(\frac{1}{[x]}-\frac{1}{x}\right)\mathrm{d}x$，其中 $[x]$ 是 x 的整数部分.

解　(1) 令 $t=x-b$，$I=\int_{-\infty}^{+\infty} \frac{a\sqrt{|x-b|}}{(x-b)^2+a^2}\mathrm{d}x$，则

$$I=\int_{-\infty}^{+\infty} \frac{a\sqrt{|x-b|}}{(x-b)^2+a^2}\mathrm{d}x=\int_{-\infty}^{+\infty} \frac{a\sqrt{|t|}}{t^2+a^2}\mathrm{d}t=2\int_0^{+\infty} \frac{a\sqrt{t}}{t^2+a^2}\mathrm{d}t.$$

令 $v=\sqrt{\frac{t}{a}}$，则 $I=4\sqrt{a}\int_0^{+\infty} \frac{v^2\mathrm{d}v}{v^4+1}$. 令 $w=\frac{1}{v}$，则

$$I=4\sqrt{a}\int_0^{+\infty}\frac{v^2\mathrm{d}v}{v^4+1}=4\sqrt{a}\int_0^{+\infty}\frac{\mathrm{d}w}{w^4+1}.$$

于是

$$\begin{aligned}I&=2\sqrt{a}\int_0^{+\infty}\frac{v^2+1}{v^4+1}\mathrm{d}v=4\sqrt{a}\int_0^{+\infty}\frac{1+v^{-2}}{v^2+v^{-2}}\mathrm{d}v\\&=4\sqrt{a}\int_0^{+\infty}\frac{\mathrm{d}(v-v^{-1})}{(v+v^{-1})^2+2}\\&=2\sqrt{a}\,\frac{1}{\sqrt{2}}\arctan\left(v-\frac{1}{v}\right)\Big|_0^{+\infty}=\sqrt{2a}\,\pi.\end{aligned}$$

(2) 令 $J=\int_1^{+\infty}\left(\frac{1}{[x]}-\frac{1}{x}\right)\mathrm{d}x$，首先证收敛性：因

$$\frac{1}{[x]}-\frac{1}{x}=\frac{x-[x]}{x\cdot[x]}\leqslant\frac{1}{x(x-1)}\leqslant\frac{1}{(x-1)^2},$$

而$\int_2^{+\infty}\frac{\mathrm{d}x}{(x-1)^2}<+\infty$，所以$\int_1^{+\infty}\left(\frac{1}{[x]}-\frac{1}{x}\right)\mathrm{d}x<+\infty$，即广义积分 J 收敛.

$$\begin{aligned}J&=\int_1^{+\infty}\left(\frac{1}{[x]}-\frac{1}{x}\right)\mathrm{d}x=\lim_{n\to\infty}\int_1^n\left(\frac{1}{[x]}-\frac{1}{x}\right)\mathrm{d}x\\&=\lim_{n\to\infty}\sum_{k=1}^{n-1}\int_k^{k+1}\left(\frac{1}{[x]}-\frac{1}{x}\right)\mathrm{d}x=\lim_{n\to\infty}\sum_{k=1}^{n-1}\left(\frac{1}{k}-\ln\frac{k+1}{k}\right)\\&=\lim_{n\to\infty}\left(\sum_{k=1}^{n-1}\frac{1}{k}-\ln n\right).\end{aligned}$$

【例 4】 求 $\lim\limits_{x\to\infty}\int_x^{x+2}t\sin\left(\frac{3}{t}\right)f(t)\mathrm{d}t$，其中 $f(t)$ 可微且 $\lim\limits_{x\to\infty}f(x)=1$.

解 由积分中值定理，$\exists\xi\in[x,x+2]$，使得

$$\int_x^{x+2}t\sin\left(\frac{3}{t}\right)f(t)\mathrm{d}t=2\xi\sin\left(\frac{3}{\xi}\right)f(\xi),$$

故 $\lim\limits_{x\to\infty}\int_x^{x+2}t\sin\left(\frac{3}{t}\right)f(t)\mathrm{d}t=\lim\limits_{\xi\to\infty}2\xi\sin\left(\frac{3}{\xi}\right)f(\xi)=6.$

【例 5】 设 $f'(x)=\mathrm{e}^{-x^2}$，$\lim\limits_{x\to+\infty}f(x)=0$，求$\int_0^{+\infty}x^2f(x)\mathrm{d}x$.

解
$$\begin{aligned}\int_0^{+\infty}x^2f(x)\mathrm{d}x&=\frac{1}{3}x^3f(x)\Big|_0^{+\infty}-\frac{1}{3}\int_0^{+\infty}x^3f'(x)\mathrm{d}x\\&=\frac{1}{3}x^3f(x)\Big|_0^{+\infty}-\frac{1}{3}\int_0^{+\infty}x^3\mathrm{e}^{-x^2}\mathrm{d}x\\&=\frac{1}{3}x^3f(x)\Big|_0^{+\infty}+\frac{1}{6}(x^2\mathrm{e}^{-x^2}+\mathrm{e}^{-x^2}-1)\Big|_0^{+\infty}\end{aligned}$$

$$= -\frac{1}{6}+\frac{1}{3}\lim_{x\to+\infty}x^3f(x)=-\frac{1}{6}+\frac{1}{3}\lim_{x\to+\infty}\frac{f(x)}{x^{-3}}$$

$$= -\frac{1}{6}+\frac{1}{3}\lim_{x\to+\infty}\frac{f'(x)}{-3x^{-4}}=-\frac{1}{6}+\frac{1}{3}\lim_{x\to+\infty}\frac{e^{-x^2}}{-3x^{-4}}=-\frac{1}{6}.$$

【例6】 求证：若广义积分$\int_0^1 f(x)dx$收敛，且当$x\to0^+$时函数$f(x)$单调趋向于$+\infty$，则$\lim\limits_{x\to0^+}xf(x)=0$.

证 不妨设$\forall x\in(0,1]$，$f(x)\geqslant0$，且$f(x)$在$(0,1)$上单调减少. 已知$\int_0^1 f(x)dx$收敛，由柯西收敛准则，$\forall\varepsilon>0$，$\exists\delta>0\ (\delta<1)$，$\forall\,0<x<\delta$，有$\int_{\frac{x}{2}}^{x}f(t)dt<\varepsilon$. 从而

$$0<\frac{x}{2}f(x)\leqslant\int_{\frac{x}{2}}^{x}f(t)dt<\varepsilon,\quad 即\ 0<xf(x)<2\varepsilon,$$

故$\lim\limits_{x\to0^+}xf(x)=0$.

【例7】 设广义积分$\int_1^{+\infty}f^2(x)dx$收敛，证明：广义积分$\int_1^{+\infty}\frac{f(x)}{x}dx$绝对收敛.

证 由于

$$0\leqslant\left|\frac{f(x)}{x}\right|=|f(x)|\frac{1}{x}\leqslant\frac{1}{2}\left(f^2(x)+\frac{1}{x^2}\right)\quad(x\geqslant1>0),$$

而$\int_1^{+\infty}\frac{1}{x^2}dx$，$\int_1^{+\infty}f^2(x)dx$收敛，故$\frac{1}{2}\int_1^{+\infty}\left(f^2(x)+\frac{1}{x^2}\right)dx$也收敛. 比较判别法知：广义积分$\int_1^{+\infty}\frac{f(x)}{x}dx$绝对收敛.

【例8】 设$f(x)$，$g(x)$在$[a,+\infty)$上连续，$g(x)$为有界函数，$\int_a^{+\infty}f(x)dx$绝对收敛，证明：$\int_a^{+\infty}f(x)g(x)dx$绝对收敛.

证 由于$g(x)$为$[a,+\infty)$上有界函数，所以存在$M>0$，使得$\forall x\in[a,+\infty)$，有$|g(x)|\leqslant M$，从而有

$$|f(x)g(x)|\leqslant M|f(x)|.$$

又$\int_a^{+\infty}|f(x)|dx$收敛，可知$\int_a^{+\infty}M|f(x)|dx$收敛，所以$\int_a^{+\infty}|f(x)g(x)|dx$收敛，故广义积分$\int_a^{+\infty}f(x)g(x)dx$绝对收敛.

【例 9】 若 f 在任何有限区间$[a,u)$上可积，且$\int_a^{+\infty}|f(x)|dx$ 收敛，则$\int_a^{+\infty}f(x)dx$ 也收敛，并有$\left|\int_a^{+\infty}f(x)dx\right|\leqslant\int_a^{+\infty}|f(x)|dx$.

证 由$\int_a^{+\infty}|f(x)|dx$ 收敛，根据柯西准则(必要性)，任给 $\varepsilon>0$，存在 $G\geqslant a$，当 $u_2>u_1>G$ 时，总有

$$\int_{u_1}^{u_2}|f(x)|dx\leqslant\left|\int_{u_1}^{u_2}|f(x)|dx\right|<\varepsilon.$$

利用定积分的绝对值不等式，又有$\left|\int_{u_1}^{u_2}f(x)dx\right|\leqslant\int_{u_1}^{u_2}|f(x)|dx$. 再由柯西准则(充分性)，证得$\int_a^{+\infty}f(x)dx$ 收敛.

由$\left|\int_a^u f(x)dx\right|\leqslant\int_a^u|f(x)|dx$，令 $u\to+\infty$，取极限，立刻得到所证不等式.

【例 10】 设 f,g,h 是定义在$[a,+\infty)$上的三个连续函数，且成立不等式 $h(x)\leqslant f(x)\leqslant g(x)$，证明：

(1) 若$\int_a^{+\infty}h(x)dx$ 与$\int_a^{+\infty}g(x)dx$ 都收敛，则$\int_a^{+\infty}f(x)dx$ 也收敛；

(2) 又若$\int_a^{+\infty}h(x)dx=\int_a^{+\infty}g(x)dx=A$，则$\int_a^{+\infty}f(x)dx=A$.

证 (1) 由于 f,g,h 是定义在$[a,+\infty)$上的三个连续函数，故 $f-h$，$g-h$ 必在有限区间$[a,u]$上可积. 又由 $h(x)\leqslant f(x)\leqslant g(x)$ 知

$$|f(x)-h(x)|=f(x)-h(x)\leqslant g(x)-h(x).$$

由已知，知$\int_a^{+\infty}(g(x)-h(x))dx$ 收敛，据比较原则，知$\int_a^{+\infty}|f(x)-h(x)|dx$ 也收敛，从而$\int_a^{+\infty}(f(x)-h(x))dx$ 收敛. 再由$\int_a^{+\infty}h(x)dx$ 收敛得$\int_a^{+\infty}f(x)dx$ 也收敛.

(2) 由已知，任给 $M>a$，有

$$\int_a^M h(x)dx\leqslant\int_a^M f(x)dx\leqslant\int_a^M g(x)dx,$$

且 $\lim\limits_{M\to+\infty}\int_c^M h(x)dx=\int_a^{+\infty}h(x)dx=A$，$\lim\limits_{M\to+\infty}\int_a^M g(x)dx=\int_a^{+\infty}g(x)dx=A$，由迫敛性定理，得$\int_a^{+\infty}f(x)dx=\lim\limits_{M\to+\infty}\int_a^M f(x)dx=A$.

【例 11】　证明：$\int_0^{+\infty}\frac{\ln x}{1+x^2}\mathrm{d}x=0$.

证　首先证明积分是收敛的. 0 是奇点，所以要把积分$\int_0^{+\infty}\frac{\ln x}{1+x^2}\mathrm{d}x$ 分成两个积分，即

$$\int_0^{+\infty}\frac{\ln x}{1+x^2}\mathrm{d}x=\underset{\text{(奇异积分)}}{\int_0^1\frac{\ln x}{1+x^2}\mathrm{d}x}+\underset{\text{(无穷积分)}}{\int_1^{+\infty}\frac{\ln x}{1+x^2}\mathrm{d}x}.$$

在右端的奇异积分中，因为(根据柯西判别法)

$$\lim_{x\to 0^+}\left(x^{\frac{1}{2}}\cdot\left|\frac{\ln x}{1+x^2}\right|\right)=\lim_{x\to 0^+}\left(-\frac{\sqrt{x}\ln x}{1+x^2}\right)=0\quad\text{(洛必达法则)},$$

所以$\int_0^1\frac{\ln x}{1+x^2}\mathrm{d}x$ 收敛. 在右端的无穷积分中，因为(根据柯西判别法)

$$\begin{aligned}\lim_{x\to+\infty}\left(x^{\frac{3}{2}}\cdot\left|\frac{\ln x}{1+x^2}\right|\right)&=\lim_{x\to+\infty}\left(\frac{x^2}{1+x^2}\cdot\frac{\ln x}{\sqrt{x}}\right)\\&=\lim_{x\to+\infty}\frac{x^2}{1+x^2}\cdot\lim_{x\to+\infty}\frac{\ln x}{\sqrt{x}}\quad\left(\frac{\infty}{\infty}\text{型}\right)\\&=1\cdot 0=0,\end{aligned}$$

所以$\int_1^{+\infty}\frac{\ln x}{1+x^2}\mathrm{d}x$ 收敛. 因此，无穷积分$\int_0^{+\infty}\frac{\ln x}{1+x^2}\mathrm{d}x$ 是收敛的.

其次，$\int_0^{+\infty}\frac{\ln x}{1+x^2}\mathrm{d}x=\int_0^1\frac{\ln x}{1+x^2}\mathrm{d}x+\int_1^{+\infty}\frac{\ln x}{1+x^2}\mathrm{d}x$，而

$$\begin{aligned}\int_1^{+\infty}\frac{\ln x}{1+x^2}\mathrm{d}x&\xlongequal{x=\frac{1}{t}}\int_1^0\frac{-\ln t}{1+t^{-2}}\left(-\frac{1}{t^2}\right)\mathrm{d}t=-\int_0^1\frac{\ln t}{t^2+1}\mathrm{d}t\\&=-\int_0^1\frac{\ln x}{1+x^2}\mathrm{d}x,\end{aligned}$$

所以$\int_0^{+\infty}\frac{\ln x}{1+x^2}\mathrm{d}x=0$.

【例 12】　设函数 $f(x)$ 在任何有限区间可积，且有 $\lim\limits_{x\to\infty}f(x)=A$，证明：$\forall t$，$I(t)=\int_{-\infty}^{+\infty}(f(x+t)-f(x))\mathrm{d}x=0$.

证　$$\begin{aligned}\int_a^b(f(x+t)-f(x))\mathrm{d}x&=\int_a^b f(x+t)\mathrm{d}x-\int_a^b f(x)\mathrm{d}x\\&=\int_{a+t}^{b+t}f(x)\mathrm{d}x-\int_a^b f(x)\mathrm{d}x=\int_b^{b+t}f(x)\mathrm{d}x-\int_a^{a+t}f(x)\mathrm{d}x\end{aligned}$$

$$=\int_b^{b+t}(f(x)+A-A)\mathrm{d}x-\int_a^{a+t}(f(x)+A-A)\mathrm{d}x$$

$$=At-At+\int_b^{b+t}(f(x)-A)\mathrm{d}x-\int_a^{a+t}(f(x)-A)\mathrm{d}x$$

$$=\int_b^{b+t}(f(x)-A)\mathrm{d}x-\int_a^{a+t}(f(x)-A)\mathrm{d}x\xrightarrow{a,b\to+\infty}0.$$

【例 13】 设 $f(x)$ 在 $[0,+\infty)$ 上连续，且 $\lim\limits_{x\to+\infty}f(x)=k$，求证：对任何 $b>a>0$，有

$$\int_0^{+\infty}\frac{f(ax)-f(bx)}{x}\mathrm{d}x=(f(0)-k)\ln\frac{b}{a},$$

并计算 $\displaystyle\int_0^{+\infty}\frac{\mathrm{e}^{-ax}-\mathrm{e}^{-bx}}{x}\mathrm{d}x$.

证 设 $0<A<B$，记 $g(A,B)=\displaystyle\int_A^B\frac{f(ax)-f(bx)}{x}\mathrm{d}x$，则

$$g(A,B)=\int_A^B\frac{f(ax)}{x}\mathrm{d}x-\int_A^B\frac{f(bx)}{x}\mathrm{d}x.$$

令 $u=ax$ 和 $u=bx$，则

$$\text{原式}=\int_{aA}^{aB}\frac{f(u)}{u}\mathrm{d}u-\int_{bA}^{bB}\frac{f(u)}{u}\mathrm{d}u$$

$$=\int_{aA}^{aB}\frac{f(u)}{u}\mathrm{d}u+\int_{bA}^{aB}\frac{f(u)}{u}\mathrm{d}u-\int_{bA}^{aB}\frac{f(u)}{u}\mathrm{d}u-\int_{bA}^{bB}\frac{f(u)}{u}\mathrm{d}u$$

$$=\int_{aA}^{bA}\frac{f(u)}{u}\mathrm{d}u-\int_{aB}^{bB}\frac{f(u)}{u}\mathrm{d}u.$$

由积分中值定理知，存在 $\xi\in(aA,bA)$，$\eta\in(aB,bB)$，使得

$$\int_{aA}^{bA}\frac{f(u)}{u}\mathrm{d}u=f(\xi)\int_{aA}^{bA}\frac{1}{u}\mathrm{d}u=f(\xi)\ln\frac{b}{a},$$

$$\int_{aB}^{bB}\frac{f(u)}{u}\mathrm{d}u=f(\eta)\int_{aB}^{bB}\frac{1}{u}\mathrm{d}u=f(\eta)\ln\frac{b}{a},$$

故

$$\int_0^{+\infty}\frac{f(ax)-f(bx)}{x}\mathrm{d}x=\lim_{A\to0^+,\,B\to+\infty}g(A,B)$$

$$=\lim_{A\to0^+}\int_{aA}^{bA}\frac{f(u)}{u}\mathrm{d}u-\lim_{B\to+\infty}\int_{aB}^{bB}\frac{f(u)}{u}\mathrm{d}u$$

$$=f(0)\ln\frac{b}{a}-k\ln\frac{b}{a}=(f(0)-k)\ln\frac{b}{a}.$$

于是，$\displaystyle\int_0^{+\infty}\frac{\mathrm{e}^{-ax}-\mathrm{e}^{-bx}}{x}\mathrm{d}x=\ln\frac{b}{a}$（因为 $\lim\limits_{x\to+\infty}f(x)=\lim\limits_{x\to+\infty}\mathrm{e}^{-x}=0$）.

【例 14】　证明：$\int_0^{+\infty}\frac{1}{1+x^4}\mathrm{d}x=\int_0^{+\infty}\frac{x^2}{1+x^4}\mathrm{d}x=\frac{\pi}{2\sqrt{2}}$.

证　令 $x=\frac{1}{t}$，则当 $x\to0^+$ 时 $t\to+\infty$，当 $x\to+\infty$ 时 $t\to0^+$，于是

$$\int_0^{+\infty}\frac{1}{1+x^4}\mathrm{d}x=\int_{-\infty}^{0}\frac{-t^2}{1+t^4}\mathrm{d}t=\int_0^{+\infty}\frac{x^2}{1+x^4}\mathrm{d}x.$$

记 $I=\int_0^{+\infty}\frac{x^2+1}{1+x^4}\mathrm{d}x$，下证 $I=\frac{\pi}{\sqrt{2}}$.

令 $t=x-\frac{1}{x}$，则当 $x\to0^+$ 时 $t\to-\infty$，当 $x\to+\infty$ 时 $t\to+\infty$，于是

$$I=\int_0^{+\infty}\frac{1+\frac{1}{x^2}}{\frac{1}{x^2}+x^2}\mathrm{d}x=\int_0^{+\infty}\frac{\mathrm{d}\left(x-\frac{1}{x}\right)}{\left(x-\frac{1}{x}\right)^2+2}=\int_{-\infty}^{+\infty}\frac{1}{2+t^2}\mathrm{d}t$$

$$=2\int_0^{+\infty}\frac{1}{2+t^2}\mathrm{d}t=2\lim_{b\to+\infty}\int_0^{b}\frac{1}{2+t^2}\mathrm{d}t=\lim_{b\to+\infty}\frac{2}{\sqrt{2}}\arctan\frac{t}{\sqrt{2}}\Bigg|_0^b$$

$$=\lim_{b\to+\infty}\sqrt{2}\arctan\frac{b}{\sqrt{2}}=\sqrt{2}\cdot\frac{\pi}{2}=\frac{\pi}{\sqrt{2}}.$$

故 $\int_0^{+\infty}\frac{1}{1+x^4}\mathrm{d}x=\int_0^{+\infty}\frac{x^2}{1+x^4}\mathrm{d}x=\frac{1}{2}I=\frac{\pi}{2\sqrt{2}}$.

【例 15】　设函数 $f(x)$ 在 $(-\infty,+\infty)$ 内有界且导数连续，又对于任意实数 x 有 $|f(x)+f'(x)|\leqslant1$. 试证明：总有 $|f(x)|\leqslant1$.

证　令 $F(x)=\mathrm{e}^x f(x)$，则

$$F'(x)=\mathrm{e}^x(f(x)+f'(x)).$$

由 $|f(x)+f'(x)|\leqslant1$，知 $|F'(x)|\leqslant\mathrm{e}^x$，即 $-\mathrm{e}^x\leqslant F'(x)\leqslant\mathrm{e}^x$，故有

$$-\int_{-\infty}^{x}\mathrm{e}^x\,\mathrm{d}x\leqslant\int_{-\infty}^{x}F'(x)\mathrm{d}x\leqslant\int_{-\infty}^{x}\mathrm{e}^x\,\mathrm{d}x.$$

所以 $-\mathrm{e}^x\leqslant\mathrm{e}^x f(x)-\lim\limits_{x\to-\infty}\mathrm{e}^x f(x)=\mathrm{e}^x f(x)\leqslant\mathrm{e}^x$，即 $-1\leqslant f(x)\leqslant1$，故总有 $|f(x)|\leqslant1$.

【例 16】　举例说明：$\int_a^{+\infty}f(x)\mathrm{d}x$ 收敛，且 f 在 $[a,+\infty)$ 上连续时，不一定有 $\lim\limits_{x\to+\infty}f(x)=0$.

解　令 $f(x)=\begin{cases}\frac{1}{x^2}, & x\text{ 不为自然数},\\ 1, & x\text{ 为自然数},\end{cases}$ 则

$$\int_1^{+\infty} f(x)\mathrm{d}x = \lim_{A\to+\infty}\int_1^A \frac{\mathrm{d}x}{x^2} = \lim_{A\to+\infty}\left(-\frac{1}{x}\bigg|_1^A\right)=1.$$

但极限 $\lim\limits_{x\to+\infty} f(x)$ 不存在.

【例 17】 设 $f(x)>0$ 且单调递减,证明:$\int_a^{+\infty} f(x)\mathrm{d}x$ 与 $\int_a^{+\infty} f(x)\sin^2 x\,\mathrm{d}x$ 同时敛散.

证 因为 $f(x)>0$ 且单调递减,故 $\lim\limits_{x\to+\infty} f(x)$ 存在.

若 $\lim\limits_{x\to+\infty} f(x)=0$,则由 Dirichlet 判别法,$\int_a^{+\infty} f(x)\cos 2x\,\mathrm{d}x$ 收敛. 由于

$$2\int_a^{+\infty} f(x)\sin^2 x\,\mathrm{d}x = \int_a^{+\infty} f(x)\mathrm{d}x - \int_a^{+\infty} f(x)\cos 2x\,\mathrm{d}x,$$

故 $\int_a^{+\infty} f(x)\mathrm{d}x$ 与 $\int_a^{+\infty} f(x)\sin^2 x\,\mathrm{d}x$ 同时敛散.

若 $\lim\limits_{x\to+\infty} f(x)=b>0$,此时 $\int_a^{+\infty} f(x)\mathrm{d}x$ 发散. 由极限定义,存在 $A>a$,使得 $x>A$ 时,$f(x)>\dfrac{b}{2}>0$,故取 n 充分大,使得

$$A''=2n\pi+\frac{\pi}{2}>A'=2n\pi+\frac{\pi}{4}>A,$$

则 $\int_{A'}^{A''} f(x)\sin^2 x\,\mathrm{d}x \geqslant \dfrac{1}{8}b\pi$,故 $\int_a^{+\infty} f(x)\sin^2 x\,\mathrm{d}x$ 发散. 因而,此时二者同时发散.

【例 18】 设 $f(x)$ 在任意有限区间 $[a,A]$ 上可积且 $\lim\limits_{x\to+\infty} f(x)=0$,$\lim\limits_{n\to+\infty}\int_a^n f(x)\mathrm{d}x=A$,证明:$\int_a^{+\infty} f(x)\mathrm{d}x=A$.

证 由 $\lim\limits_{x\to+\infty} f(x)=0$ 和 $\lim\limits_{n\to+\infty}\int_a^n f(x)\mathrm{d}x=A$ 知,对任意 $\varepsilon>0$,存在 $N>0$,使得当 $x>N$ 和 $n>N$ 时,

$$|f(x)|<\varepsilon,\quad \left|\int_a^n f(x)\mathrm{d}x - A\right|<\varepsilon.$$

又对任意 $M>N+1$,存在 $n>N$,使得 $n\leqslant M<n+1$,故

$$\begin{aligned}\left|\int_a^M f(x)\mathrm{d}x - A\right| &= \left|\int_a^M f(x)\mathrm{d}x - \int_a^n f(x)\mathrm{d}x + \int_a^n f(x)\mathrm{d}x - A\right| \\ &\leqslant \left|\int_n^M f(x)\mathrm{d}x\right| + \left|\int_a^n f(x)\mathrm{d}x - A\right| \\ &\leqslant (M-n)\varepsilon+\varepsilon\leqslant 2\varepsilon.\end{aligned}$$

因此,$\int_a^{+\infty} f(x)\mathrm{d}x=A$.

三、教材习题全解

习题6-1

A　类

1. 判别下列各广义积分的收敛性，如果收敛，则计算广义积分的值：

(1) $\int_1^{+\infty}\frac{dx}{\sqrt{2x}}$；　(2) $\int_0^{+\infty}e^{-2x}dx$；　(3) $\int_2^{+\infty}\frac{1}{x\ln^2 x}dx$；

(4) $\int_1^{+\infty}\frac{\arctan x}{x^2}dx$；　(5) $\int_{-\infty}^{+\infty}\frac{dx}{x^2-2x+2}$.

解　(1) $\int_1^{+\infty}\frac{dx}{\sqrt{2x}}=\lim\limits_{b\to+\infty}\int_1^b\frac{dx}{\sqrt{2x}}=\lim\limits_{b\to+\infty}\left(\sqrt{2x}\,\Big|_1^b\right)=\lim\limits_{b\to+\infty}(\sqrt{2b}-\sqrt{2})=$ $+\infty$，故广义积分$\int_1^{+\infty}\frac{dx}{\sqrt{x}}$发散.

(2) $$\int_0^{+\infty}e^{-2x}dx=-\frac{1}{2}\int_0^{+\infty}e^{-2x}d(-2x)=-\frac{1}{2}\lim_{b\to+\infty}\left(e^{-2x}\Big|_0^b\right)$$
$$=-\frac{1}{2}\lim_{b\to+\infty}(e^{-2b}-1)=\frac{1}{2}.$$

(3) $$\int_2^{+\infty}\frac{1}{x\ln^2 x}dx=\lim_{b\to+\infty}\int_2^b\frac{1}{\ln^2 x}d\ln x=-\lim_{b\to+\infty}\left(\frac{1}{\ln x}\Big|_2^b\right)=\frac{1}{\ln 2}.$$

(4) $$\int_1^{+\infty}\frac{\arctan x}{x^2}dx=\lim_{b\to+\infty}\int_1^b\arctan x\ d\left(\frac{1}{x}\right)$$
$$=\lim_{b\to+\infty}\left[\frac{\arctan x}{x}\Big|_1^b-\int_1^b\frac{1}{x(1+x^2)}dx\right]$$
$$=\frac{\pi}{4}-\lim_{b\to+\infty}\int_1^b\left(\frac{1}{x}-\frac{x}{1+x^2}\right)dx$$
$$=\frac{\pi}{4}-\lim_{b\to+\infty}\left(\ln\sqrt{1+\frac{1}{x^2}}\ \Big|_1^b\right)$$
$$=\frac{\pi}{4}-\lim_{b\to+\infty}\left(\ln\sqrt{1+\frac{1}{b^2}}-\ln\sqrt{2}\right)=\frac{\pi}{4}+\frac{1}{2}\ln 2.$$

(5) $$\int_{-\infty}^{+\infty}\frac{dx}{x^2-2x+2}=\lim_{a\to-\infty}\int_a^0\frac{d(x-1)}{(x-1)^2+1}+\lim_{b\to+\infty}\int_0^b\frac{d(x-1)}{(x-1)^2+1}$$
$$=\lim_{a\to-\infty}\left(\arctan(x-1)\Big|_a^0\right)+\lim_{b\to+\infty}\left(\arctan(x-1)\Big|_0^b\right)$$

$$=\lim_{a\to-\infty}(\arctan(0-1)-\arctan(a-1))$$

$$+\lim_{b\to+\infty}(\arctan(b-1)-\arctan(0-1))$$

$$=-\frac{\pi}{4}-\left(-\frac{\pi}{2}\right)+\frac{\pi}{2}-\left(-\frac{\pi}{4}\right)=\pi.$$

2. 判别下列积分的敛散性，若收敛，则指出是绝对收敛还是条件收敛：

(1) $\int_0^{+\infty}\frac{\mathrm{d}x}{1+\sqrt{x}}$；　　(2) $\int_0^{+\infty}\frac{\operatorname{sgn}(\sin x)}{1+x^2}\mathrm{d}x$.

解 (1) 由于 $\lim\limits_{x\to+\infty}\sqrt{x}\cdot\frac{1}{1+\sqrt{x}}=1$，而$\int_1^{+\infty}\frac{1}{\sqrt{x}}\mathrm{d}x$ 发散，故广义积分$\int_0^{+\infty}\frac{1}{1+\sqrt{x}}\mathrm{d}x$ 发散.

(2) 由于 $\left|\frac{\operatorname{sgn}(\sin x)}{1+x^2}\right|\leqslant\frac{1}{1+x^2}$，$x\geqslant0$，而$\int_0^{+\infty}\frac{\mathrm{d}x}{1+x^2}$ 收敛，故广义积分 $\int_0^{+\infty}\frac{\operatorname{sgn}(\sin x)}{1+x^2}\mathrm{d}x$ 绝对收敛.

3. 讨论下列积分的收敛性：

(1) $\int_1^{+\infty}\frac{x\arctan x}{1+x^3}\mathrm{d}x$；　　(2) $\int_1^{+\infty}\sin\frac{1}{x^2}\,\mathrm{d}x$；

(3) $\int_0^{+\infty}\frac{\mathrm{d}x}{1+x\,|\sin x|}$；　　(4) $\int_0^{+\infty}\frac{x^m}{1+x^n}\mathrm{d}x$　$(n,m>0)$；

(5) $\int_0^{+\infty}\frac{x^2\mathrm{d}x}{x^4-x^2+1}$；　　(6) $\int_1^{+\infty}\frac{\mathrm{d}x}{x\sqrt[3]{1+x^2}}$.

解 (1) 由于

$$\lim_{x\to+\infty}\frac{\dfrac{x\arctan x}{1+x^3}}{\dfrac{1}{x^2}}=\lim_{x\to+\infty}\frac{x^3\arctan x}{1+x^3}=\lim_{x\to+\infty}\frac{x^3}{1+x^3}\cdot\lim_{x\to+\infty}\arctan x=\frac{\pi}{2},$$

这时 $p=2$，$\lambda=\frac{\pi}{2}>1$，根据教材第一节推论 4 知，广义积分$\int_1^{+\infty}\frac{x\arctan x}{1+x^3}\mathrm{d}x$ 收敛.

(2) 由于 $0<\sin\frac{1}{x^2}<\frac{1}{x^2}$，而$\int_1^{+\infty}\frac{1}{x^2}\mathrm{d}x$ 收敛，根据比较判别法知，广义积分 $\int_1^{+\infty}\sin\frac{1}{x^2}\,\mathrm{d}x$ 收敛.

(3) 由于$\frac{1}{1+x\,|\sin x|}\geqslant\frac{1}{1+x}>0$，而$\int_0^{+\infty}\frac{\mathrm{d}x}{1+x}$ 发散，根据比较判别法知，广义积分$\int_0^{+\infty}\frac{\mathrm{d}x}{1+x\,|\sin x|}$ 发散.

(4) 由于 $\lim\limits_{n\to\infty}x^{n-m}\cdot\frac{x^m}{1+x^n}=\lim\limits_{x\to+\infty}\frac{x^n}{1+x^n}=1$，这时 $\lambda=1$，$p=n-m$，所以当

$n-m>1$ 时积分$\int_0^{+\infty}\dfrac{x^m}{1+x^n}\mathrm{d}x$ 收敛，当 $n-m\leqslant 1$ 时积分$\int_0^{+\infty}\dfrac{x^m}{1+x^n}\mathrm{d}x$ 发散.

(5) 由于 $f(x)=\dfrac{x^2}{x^4-x^2+1}\geqslant 0$，且 $\lim\limits_{x\to+\infty}x^2f(x)=1$，$p=2>1$，根据教材第一节推论4知，广义积分$\int_0^{+\infty}\dfrac{x^2\mathrm{d}x}{x^4-x^2+1}$ 收敛.

(6) 由于 $\lim\limits_{x\to+\infty}x^{\frac{5}{3}}\dfrac{1}{x\sqrt[3]{x^2+1}}=1$，且 $p=\dfrac{5}{3}>1$，根据教材第一节推论4知，广义积分$\int_0^{+\infty}\dfrac{1}{x\sqrt[3]{x^2+1}}\mathrm{d}x$ 收敛.

4. 设 f,g,h 是定义在$[a,+\infty)$上的三个连续函数，且成立不等式 $h(x)\leqslant f(x)\leqslant g(x)$. 证明：

(1) 若$\int_a^{+\infty}h(x)\mathrm{d}x$ 与$\int_a^{+\infty}g(x)\mathrm{d}x$ 都收敛，则$\int_a^{+\infty}f(x)\mathrm{d}x$ 也收敛；

(2) 又若$\int_a^{+\infty}h(x)\mathrm{d}x=\int_a^{+\infty}g(x)\mathrm{d}x=A$，则$\int_a^{+\infty}f(x)\mathrm{d}x=A$.

证 (1) 由于 f,g,h 是定义在$[a,+\infty)$上的三个连续函数，故 $f-h,g-h$ 必在有限区间$[a,u]$上可积. 又由 $h(x)\leqslant f(x)\leqslant g(x)$ 知

$$|f(x)-h(x)|=f(x)-h(x)\leqslant g(x)-h(x).$$

由已知，广义积分$\int_a^{+\infty}(g(x)-h(x))\mathrm{d}x$ 收敛，根据比较判别法知，广义积分$\int_a^{+\infty}|f(x)-h(x)|\mathrm{d}x$ 收敛，从而广义积分$\int_a^{+\infty}(f(x)-h(x))\mathrm{d}x$ 收敛. 再由广义积分$\int_a^{+\infty}h(x)\mathrm{d}x$ 收敛，得广义积分$\int_a^{+\infty}f(x)\mathrm{d}x$ 也收敛.

(2) 由已知，任给 $M>a$，有$\int_a^M h(x)\mathrm{d}x\leqslant\int_a^M f(x)\mathrm{d}x\leqslant\int_a^M g(x)\mathrm{d}x$，且

$$\lim_{M\to+\infty}\int_c^M h(x)\mathrm{d}x=\int_a^{+\infty}h(x)\mathrm{d}x=A,\quad \lim_{M\to+\infty}\int_a^M g(x)\mathrm{d}x=\int_a^{+\infty}g(x)\mathrm{d}x=A.$$

由夹逼法则知，$\int_a^{+\infty}f(x)\mathrm{d}x=\lim\limits_{M\to+\infty}\int_a^M f(x)\mathrm{d}x=A$.

5. 设广义积分$\int_1^{+\infty}f^2(x)\mathrm{d}x$ 收敛. 证明：广义积分$\int_1^{+\infty}\dfrac{f(x)}{x}\mathrm{d}x$ 绝对收敛.

证 由于

$$0\leqslant\left|\frac{f(x)}{x}\right|=|f(x)|\cdot\frac{1}{|x|}\leqslant\frac{1}{2}\left(f^2(x)+\frac{1}{x^2}\right),$$

而$\int_1^{+\infty}f^2(x)\mathrm{d}x$ 与$\int_1^{+\infty}\dfrac{1}{x^2}\mathrm{d}x$ 均收敛，所以$\dfrac{1}{2}\int_1^{+\infty}\left(f^2(x)+\dfrac{1}{x^2}\right)\mathrm{d}x$ 收敛，从而$\int_1^{+\infty}\left|\dfrac{f(x)}{x}\right|\mathrm{d}x$ 收敛，故$\int_1^{+\infty}\dfrac{f(x)}{x}\mathrm{d}x$ 绝对收敛.

6. 证明：若 f 是$[a,+\infty)$上的单调函数，且$\int_a^{+\infty} f(x)\mathrm{d}x$ 收敛，则 $\lim\limits_{x\to+\infty} f(x)=0$，且 $f(x)=o\left(\dfrac{1}{x}\right)\ (x\to+\infty)$.

证 设 f 单调递减，则必有 $f(x)\geqslant 0$（否则，若存在 $x=b$，使 $f(x)<0$，则当 $x>b$ 时，$f(x)\leqslant f(b)<0$，从而$\int_a^{+\infty} f=\int_a^b f+\int_b^{+\infty} f$，发散，矛盾）. 由$\int_a^{\infty} f(x)\mathrm{d}x$ 收敛知，任给 $\varepsilon>0$，存在 $M>a$，当 $x>M$ 时，

$$\frac{\varepsilon}{2}>\int_{\frac{x}{2}}^{x} f(t)\mathrm{d}t\geqslant f(x)\int_{\frac{x}{2}}^{x}\mathrm{d}t=\frac{x}{2}f(x).$$

故当 $x>M$ 时，$0<xf(x)\leqslant\varepsilon$，因此 $\lim\limits_{x\to\infty} xf(x)=0$，所以 $f(x)=o\left(\dfrac{1}{x}\right)\ (x\to+\infty)$，且 $\lim\limits_{x\to+\infty} f(x)=0$.

B 类

1. 讨论下列无穷积分的收敛性：

(1) $\displaystyle\int_1^{+\infty}\frac{\ln(1+x)}{x^n}\mathrm{d}x$；　　(2) $\displaystyle\int_1^{+\infty}\frac{\ln x}{x^p}\mathrm{d}x$；

(3) $\displaystyle\int_1^{+\infty}\left(\ln\left(1+\frac{1}{x}\right)-\frac{1}{1+x}\right)\mathrm{d}x$.

解 (1) 当 $n\leqslant 1$ 时，$\lim\limits_{x\to+\infty} x^n\cdot\dfrac{\ln(1+x)}{x^n}=+\infty$，根据教材第一节推论 4 知，广义积分$\displaystyle\int_1^{+\infty}\frac{\ln(1+x)}{x^n}\mathrm{d}x$ 发散.

当 $n>1$ 时，由于 $\lim\limits_{x\to+\infty} x^{\frac{n+1}{2}}\cdot\dfrac{\ln(1+x)}{x^n}=\lim\limits_{x\to+\infty}\dfrac{\ln(1+x)}{x^{\frac{n-1}{2}}}=0$，这里 $p=\dfrac{n+1}{2}>1$，$\lambda=0$，根据教材第一节推论 4 知，广义积分$\displaystyle\int_1^{+\infty}\frac{\ln(1+x)}{x^n}\mathrm{d}x$ 收敛.

(2) 当 $p>1$ 时，$\lim\limits_{x\to+\infty} x^{1+\frac{1}{p}}\cdot\dfrac{\ln x}{x^p}=\lim\limits_{x\to+\infty}\dfrac{\ln x}{x^{p-\left(1+\frac{1}{p}\right)}}=0$，根据教材第一节推论 4 知，广义积分$\displaystyle\int_1^{+\infty}\frac{\ln x}{x^p}\mathrm{d}x$ 收敛.

当 $p\leqslant 1$ 时，$\lim\limits_{x\to+\infty} x^p\cdot\dfrac{\ln x}{x^p}=\lim\limits_{x\to+\infty}\ln x=+\infty$，根据教材第一节推论 4 知，广义积分$\displaystyle\int_1^{+\infty}\frac{\ln x}{x^p}\mathrm{d}x$ 发散.

(3) $\forall x\in[1,+\infty)$，有

$$0\leqslant\ln\left(1+\frac{1}{x}\right)-\frac{1}{1+x}\leqslant\frac{1}{x}-\frac{1}{1+x}=\frac{1}{x(1+x)}\leqslant\frac{1}{x^2}.$$

由于$\displaystyle\int_1^{+\infty}\frac{1}{x^2}\mathrm{d}x$ 收敛，故$\displaystyle\int_1^{+\infty}\left(\ln\left(1+\frac{1}{x}\right)-\frac{1}{1+x}\right)\mathrm{d}x$ 收敛.

2. 利用递推公式计算广义积分 $I_n=\int_0^{+\infty}x^n e^{-x}dx$.

解 $I_n=-\int_0^{+\infty}x^n d\,e^{-x}=-x^n e^{-x}\Big|_0^{+\infty}+n\int_0^{+\infty}x^{n-1}e^{-x}dx=nI_{n-1}$. 又

$$I_1=-\int_0^{+\infty}x\,d\,e^{-x}=-x\,e^{-x}\Big|_0^{+\infty}-e^{-x}\Big|_0^{+\infty}=1,$$

故 $I_n=nI_{n-1}=n(n-1)I_{n-2}=n(n-1)\cdot\cdots\cdot 2I_1=n!$.

3. 设 $f(x)$ 与 $g(x)$ 是定义在 $[a,+\infty)$ 上的函数，对任何 $u>a$，它们在 $[a,u]$ 上都可积. 证明：若 $\int_a^{+\infty}f^2(x)dx$ 与 $\int_a^{+\infty}g^2(x)dx$ 收敛，则 $\int_a^{+\infty}f(x)g(x)dx$ 与 $\int_a^{+\infty}(f(x)+g(x))^2dx$ 也收敛.

证 由 $|f(x)g(x)|\leqslant\frac{1}{2}(f^2(x)+g^2(x))$ 及 $\int_a^{+\infty}f^2(x)dx$ 与 $\int_a^{+\infty}g^2(x)dx$ 收敛，可知 $\int_a^{+\infty}f(x)g(x)dx$ 收敛. 又

$$(f(x)+g(x))^2=f^2(x)+2f(x)g(x)+g^2(x),$$

而且 $\int_a^{+\infty}f^2(x)dx$, $\int_a^{+\infty}g^2(x)dx$ 及 $\int_a^{+\infty}f(x)g(x)dx$ 均收敛，知 $\int_a^{+\infty}(f(x)+g(x))^2dx$ 收敛.

4. 证明：若 $\int_a^{+\infty}f(x)dx$ 绝对收敛，且 $\lim\limits_{x\to+\infty}f(x)=0$，则 $\int_a^{+\infty}f^2(x)dx$ 必定收敛.

证 因 $\lim\limits_{x\to+\infty}f(x)=0$，所以 $\exists A>a$，当 $x\in[A,+\infty)$ 时，$|f(x)|<1$，从而在 $[A,+\infty)$ 上，$f^2(x)\leqslant|f(x)|$. 由题设知 $\int_a^{+\infty}f(x)dx$ 绝对收敛，即 $\int_A^{+\infty}|f(x)|dx$ 收敛，于是 $\int_A^{+\infty}f^2(x)dx$ 收敛，所以 $\int_a^{+\infty}f^2(x)dx=\int_a^A f^2(x)dx+\int_A^{+\infty}f^2(x)dx$ 收敛.

5. 求曲线 $y=e^{-x}\sin x\ (x\geqslant 0)$ 与 Ox 轴围成的无界图形的面积.

解 由题设知无界图形的面积为

$$\int_0^{+\infty}e^{-x}\sin x\,dx=-\left(e^{-x}\sin x\Big|_0^{+\infty}-\int_0^{+\infty}e^{-x}\cos x\,dx\right)=\int_0^{+\infty}e^{-x}\cos x\,dx$$
$$=-\left(e^{-x}\cos x\Big|_0^{+\infty}+\int_0^{+\infty}e^{-x}\sin x\,dx\right)=1-\int_0^{+\infty}e^{-x}\sin x\,dx,$$

故 $\int_0^{+\infty}e^{-x}\sin x\,dx=\frac{1}{2}$，即所求无界图形的面积为 $\frac{1}{2}$.

6. 证明：设 $f(x)$ 在 $[0,+\infty)$ 上一致连续，且 $\int_0^{+\infty}f(x)dx$ 收敛，则 $\lim\limits_{x\to+\infty}f(x)=0$.

证 因为 $f(x)$ 在 $[a,+\infty)$ 上一致连续，故任给 $x>0$，存在某个 $\delta>0$，使当 $x_1,x_2\in[a,+\infty)$ 且 $|x_1-x_2|<\delta$ 时，有

$$|f(x_1)-f(x_2)|<\varepsilon. \qquad ①$$

又因$\int_a^{+\infty} f(x)\mathrm{d}x$ 收敛，所以对 $\varepsilon_1 = \delta\varepsilon$，存在 $M > a$，使当 $x > M$ 时，有

$$\left|\int_x^{x+\delta} f(t)\mathrm{d}t\right| < \delta\varepsilon. \quad ②$$

现考虑积分$\int_x^{x+\delta} f(t)\mathrm{d}t$. 当 $x < t < x+\delta$ 时，由 ① 有 $f(t)-\varepsilon < f(x) < f(t)+\varepsilon$. 从而

$$\int_x^{x+\delta} f(t)\mathrm{d}t - \delta\varepsilon \leqslant \int_x^{x+\delta} f(x)\mathrm{d}t \leqslant \int_x^{x+\delta} f(t)\mathrm{d}t + \delta\varepsilon,$$

即

$$\left|\int_x^{x+\delta} f(x)\mathrm{d}t - \int_x^{x+\delta} f(t)\mathrm{d}t\right| \leqslant \delta\varepsilon. \quad ③$$

于是当 $x > M$ 时，由 ② 及 ③ 知

$$|f(x)| = \frac{1}{\delta}\left|\int_x^{x+\delta} f(x)\mathrm{d}t\right| \leqslant \frac{1}{\delta}\left(\left|\int_x^{x+\delta} f(x)\mathrm{d}x - \int_x^{x+\delta} f(t)\mathrm{d}t\right| + \left|\int_x^{x+\delta} f(t)\mathrm{d}t\right|\right)$$
$$< \varepsilon + \varepsilon = 2\varepsilon.$$

故 $\lim\limits_{x\to+\infty} f(x) = 0$.

习题 6-2

A 类

1. 当 k 为何值时，广义积分$\int_a^b \frac{\mathrm{d}x}{(x-a)^k}$ $(b>a)$ 收敛？ 又 k 为何值时，这广义积分发散？

解 当 $k \leqslant 0$ 时，积分$\int_a^b \frac{\mathrm{d}x}{(x-a)^k}$ 的被积函数连续，故定积分存在.

当 $k > 0$ 时，若 $x \to a^+$，则$\frac{1}{(x-a)^k} \to +\infty$. 由于

$$\int \frac{\mathrm{d}x}{(x-a)^k} = \begin{cases} \ln|x-a| + C, & k = 1, \\ \dfrac{(x-a)^{-k+1}}{-k+1} + C, & k \neq 1, \end{cases}$$

取 $\varepsilon > 0$，有

$$I = \int_{a+\varepsilon}^b \frac{\mathrm{d}x}{(x-a)^k} = \begin{cases} \ln(b-a) - \ln\varepsilon, & k = 1, \\ \dfrac{(b-a)^{-k+1} - \varepsilon^{-k+1}}{-k+1}, & k \neq 1. \end{cases}$$

当 $k = 1$ 时，$\lim\limits_{\varepsilon\to 0} I = \lim\limits_{\varepsilon\to 0}(\ln(b-a) - \ln\varepsilon) = \infty$；当 $k > 1$ 时，

$$\lim_{\varepsilon\to 0} I = \lim_{\varepsilon\to 0} \frac{(b-a)^{-k+1} - \varepsilon^{-k+1}}{-k+1} = \infty;$$

当 $0 < k < 1$ 时，$\lim\limits_{\varepsilon\to 0} I = \lim\limits_{\varepsilon\to 0} \frac{(b-a)^{-k+1} - \varepsilon^{-k+1}}{-k+1} = \frac{(b-a)^{1-k}}{1-k}$.

总之，当 $k<1$ 时，$\int_a^b \frac{dx}{(x-a)^k}$ 收敛；当 $k\geqslant 1$ 时，$\int_a^b \frac{dx}{(x-a)^k}$ 发散.

2. 证明：设函数 $f(x)$ 的瑕点为 $x=a$，$f(x)$ 在 $(a,b]$ 的任一内闭区间 $[u,b]$ 上可积，则当 $\int_a^b |f(x)|dx$ 收敛时，$\int_a^b f(x)dx$ 也收敛，并有 $\left|\int_a^b f(x)dx\right|\leqslant\int_a^b |f(x)|dx$.

证　因 $\int_a^b |f(x)|dx$ 收敛，故 $\forall\varepsilon>0$，$\exists\delta>0$ $(\delta<b-a)$，只要 $u_1,u_2\in(a,a+\delta)$，总有

$$\left|\int_{u_1}^b |f(x)|dx-\int_{u_2}^b |f(x)|dx\right|=\left|\int_{u_1}^{u_2} |f(x)|dx\right|<\varepsilon.$$

因此，只要 $u_1,u_2\in(a,a+\delta)$，总有

$$\left|\int_{u_1}^b f(x)dx-\int_{u_2}^b f(x)dx\right|=\left|\int_{u_1}^{u_2} f(x)dx\right|\leqslant\left|\int_{u_1}^{u_2} |f(x)|dx\right|<\varepsilon.$$

故 $\left|\int_a^b f(x)dx\right|=\left|\lim\limits_{u\to a^+}\int_u^b f(x)dx\right|\leqslant\lim\limits_{u\to a^+}\int_u^b |f(x)|dx=\int_a^b |f(x)|dx$，即

$$\left|\int_a^b f(x)dx\right|\leqslant\int_a^b |f(x)|dx.$$

3. 证明：设定义在 $[a,b]$ 上的两个函数 $f(x)$ 与 $g(x)$，其瑕点同为 $x=a$，在任何区间 $[u,b]\subset[a,b]$ 上都可积，若 $g(x)>0$，且 $\lim\limits_{x\to a^+}\frac{|f(x)|}{g(x)}=c$，则有

(1)　当 $0<c<+\infty$ 时，$\int_a^b |f(x)|dx$ 与 $\int_a^b g(x)dx$ 同时收敛；

(2)　当 $c=0$ 时，由 $\int_a^b g(x)dx$ 收敛可推知 $\int_a^b |f(x)|dx$ 也收敛；

(3)　当 $c=+\infty$ 时，由 $\int_a^b g(x)dx$ 发散可推知 $\int_a^b |f(x)|dx$ 也发散.

证　(1)　由于 $0<\lim\limits_{x\to a^+}\frac{|f(x)|}{g(x)}=c<+\infty$，所以 $\exists\varepsilon>0$ 以及 $\delta>0$，当 $x\in(a,a+\delta)$ 时，$0<c-\varepsilon_0<\frac{|f(x)|}{g(x)}<c+\varepsilon_0$，即

$$0<(c-\varepsilon_0)g(x)<|f(x)|<(c+\varepsilon_0)g(x).\qquad ①$$

若 $\int_a^b g(x)dx$ 收敛，则 $\int_a^b (c+\varepsilon_0)g(x)dx$ 收敛，由习题 2 知，$\int_a^b |f(x)|dx$ 收敛. 若 $\int_a^b g(x)dx$ 发散，则 $\int_a^b (c-\varepsilon_0)g(x)dx$ 发散，由习题 2 知，$\int_a^b |f(x)|dx$ 发散.

又因为 $0<\lim\limits_{x\to a^+}\frac{|f(x)|}{g(x)}=\frac{1}{c}<+\infty$，类似上面的方法可知，当 $\int_a^b |f(x)|dx$ 收敛(或发散)时，$\int_a^b g(x)dx$ 也收敛(或发散).

综合知，$\int_a^b |f(x)|dx$ 与 $\int_a^b g(x)dx$ 同敛散.

(2)　若 $c=0$，则由 ① 式右半部分即得结论.

(3)　若 $c=+\infty$，则 $\exists\delta>0$，当 $x\in(a,a+\delta)$ 时，$\frac{|f(x)|}{g(x)}\geqslant 1$，即 $g(x)\leqslant$

$|f(x)|$. 故由$\int_a^b g(x)\mathrm{d}x$ 发散可推知$\int_a^b |f(x)|\mathrm{d}x$ 也发散.

4. 讨论下列广义积分的收敛性：

(1) $\int_0^2 \frac{\mathrm{d}x}{(x-2)^2}$；　(2) $\int_0^\pi \frac{\sin x}{x^{\frac{3}{2}}}\mathrm{d}x$；　(3) $\int_0^1 \frac{\mathrm{d}x}{\sqrt{x}\ln x}$；

(4) $\int_0^1 \frac{\ln x}{1-x}\mathrm{d}x$；　(5) $\int_0^1 \frac{\arctan x}{1-x^3}\mathrm{d}x$.

解 (1) $x=2$是瑕点. 由于$\lim\limits_{x\to 2^-}(2-x)\frac{1}{(2-x)^2}=+\infty$，这里$p=1$，$\lambda=+\infty$，根据教材第二节推论 3 知，广义积分$\int_0^2 \frac{\mathrm{d}x}{(x-2)^2}$ 发散.

(2) $x=0$是瑕点. 由于$\lim\limits_{x\to 0^+} x^{\frac{1}{2}}\cdot\frac{\sin x}{x^{\frac{3}{2}}}=1$，这里$p=\frac{1}{2}$，$\lambda=1$，根据教材第二节推论 3 知，广义积分$\int_0^\pi \frac{\sin x}{x^{\frac{3}{2}}}\mathrm{d}x$ 收敛.

(3) $x=0$，$x=1$ 都是瑕点，且$\int_0^1 \frac{\mathrm{d}x}{\sqrt{x}\ln x}=\int_0^{\frac{1}{2}} \frac{\mathrm{d}x}{\sqrt{x}\ln x}+\int_{\frac{1}{2}}^1 \frac{\mathrm{d}x}{\sqrt{x}\ln x}$. 由于

$$\lim_{x\to 0^+} x^{\frac{1}{2}}\cdot\frac{1}{\sqrt{x}\ln x}=\lim_{x\to 0^+}\frac{1}{\ln x}=0,$$

这里$p=\frac{1}{2}$，$\lambda=0$，根据教材第二节推论 3 知，广义积分$\int_0^{\frac{1}{2}} \frac{\mathrm{d}x}{\sqrt{x}\ln x}$ 发散，从而由定义知广义积分$\int_0^1 \frac{\mathrm{d}x}{\sqrt{x}\ln x}$ 发散.

(4) 因为$\lim\limits_{x\to 1^-}\frac{\ln x}{1-x}=\lim\limits_{x\to 1^-}\frac{\frac{1}{x}}{-1}=-1$，故只有$x=0$是瑕点. 由于$\lim\limits_{x\to 0^+} x^{\frac{1}{2}}\cdot\frac{\ln x}{1-x}=0$，这里$p=\frac{1}{2}$，$\lambda=0$，根据教材第二节推论 3 知，广义积分$\int_0^1 \frac{\ln x}{1-x}\mathrm{d}x$ 收敛.

(5) 因为$\lim\limits_{x\to 1^-}(1-x)\frac{\arctan x}{1-x^3}=\frac{\pi}{12}$，这里$p=1$，$\lambda=\frac{\pi}{12}$，根据教材第二节推论 3 知，广义积分$\int_0^1 \frac{\arctan x}{1-x^3}\mathrm{d}x$ 发散.

5. 下列积分是否收敛？ 若收敛，则求其值(其中 n 为正整数)：

(1) $\int_0^1 (\ln x)^n\mathrm{d}x$；　(2) $\int_0^1 \frac{x^n}{\sqrt{1-x}}\mathrm{d}x$；

(3) $\int_0^{\frac{1}{2}} \cot x\,\mathrm{d}x$；　(4) $\int_0^a \frac{\mathrm{d}x}{\sqrt{a-x}}$.

解 (1) 设$I_n=\int_0^1 (\ln x)^n\mathrm{d}x$. 当$n=1$时，有

$$I_1=\int_0^1 \ln x\ \mathrm{d}x=\lim_{\varepsilon\to 0^+}\left(x\ln x\ \Big|_\varepsilon^1\right)-\lim_{\varepsilon\to 0^+}\int_\varepsilon^1 \mathrm{d}x=-1.$$

当 $n\geqslant 2$ 时，有

$$\begin{aligned}I_n&=\lim_{\varepsilon\to 0^+}\int_\varepsilon^1(\ln x)^n\mathrm{d}x=\lim_{\varepsilon\to 0^+}\left(x(\ln x)^n\ \Big|_\varepsilon^1\right)-\lim_{\varepsilon\to 0^+}\int_\varepsilon^1 n(\ln x)^{n-1}\mathrm{d}x\\&=-n\int_0^1(\ln x)^{n-1}\mathrm{d}x=-nI_{n-1},\end{aligned}$$

所以 $I_n=(-1)^n n!$. 综上，$I_n=\int_0^1(\ln x)^n\mathrm{d}x=(-1)^n n!$.

（2） 设 $I_n=\int_0^1\frac{x^n}{\sqrt{1-x}}\mathrm{d}x$. 令 $x=\sin^2\theta$，则 $\mathrm{d}x=2\sin\theta\cos\theta\ \mathrm{d}\theta$，于是

$$\begin{aligned}I_n&=\int_0^1\frac{x^n}{\sqrt{1-x}}\mathrm{d}x=2\int_0^{\frac{\pi}{2}}\sin^{2n}\theta\ \sin\theta\ \mathrm{d}\theta\\&=-2\left(\sin^{2n}\theta\ \cos\theta\ \Big|_0^{\frac{\pi}{2}}-2n\int_0^{\frac{\pi}{2}}\sin^{2n-1}\theta\ \cos^2\theta\ \mathrm{d}\theta\right)\\&=2n\left(2\int_0^{\frac{\pi}{2}}\sin^{2n-1}\theta\ \mathrm{d}\theta-2\int_0^{\frac{\pi}{2}}\sin^{2n+1}\theta\ \mathrm{d}\theta\right)=2n(I_{n-1}-I_n).\end{aligned}$$

因此 $I_n=\frac{2n}{2n+1}I_{n-1}$. 而 $I_0=2\int_0^{\frac{\pi}{2}}\sin\theta\ \mathrm{d}\theta=2$，故

$$I_n=\frac{(2n)!!}{(2n+1)!!}\cdot 2=\frac{2^{2n+1}(n!)^2}{(2n+1)!}.$$

（3） 由于

$$\begin{aligned}\int_0^{\frac{1}{2}}\cot x\ \mathrm{d}x&=\lim_{\varepsilon\to 0^+}\int_\varepsilon^{\frac{1}{2}}\frac{\cos x}{\sin x}\mathrm{d}x=\lim_{\varepsilon\to 0^+}\left(\ln\sin x\ \Big|_\varepsilon^{\frac{1}{2}}\right)\\&=\ln\sin\frac{1}{2}-\lim_{\varepsilon\to 0^+}\ln\sin\varepsilon=-\infty,\end{aligned}$$

故广义积分 $\int_0^{\frac{1}{2}}\cot x\ \mathrm{d}x$ 发散.

（4） $\int_0^a\frac{\mathrm{d}x}{\sqrt{a-x}}=-2\int_0^a\mathrm{d}\sqrt{a-x}=-2\sqrt{a-x}\ \Big|_0^a=2\sqrt{a}.$

6. 证明不等式：

（1） $\frac{1}{2}\left(1-\frac{1}{\mathrm{e}}\right)<\int_0^{+\infty}\mathrm{e}^{-x^2}\mathrm{d}x<1+\frac{1}{2\mathrm{e}}$；

（2） $\frac{\pi}{2\sqrt{2}}<\int_0^1\frac{\mathrm{d}x}{\sqrt{1-x^4}}<\frac{\pi}{2}$.

证　（1） 由于

$$\int_0^{+\infty}\mathrm{e}^{-x^2}\mathrm{d}x=\int_0^1\mathrm{e}^{-x^2}\mathrm{d}x+\int_1^{+\infty}\mathrm{e}^{-x^2}\mathrm{d}x<\int_0^1\mathrm{d}x+\int_1^{+\infty}x\,\mathrm{e}^{-x^2}\mathrm{d}x=1+\frac{1}{2\mathrm{e}},$$

$$\int_0^{+\infty}\mathrm{e}^{-x^2}\mathrm{d}x=\int_0^1\mathrm{e}^{-x^2}\mathrm{d}x+\int_1^{+\infty}\mathrm{e}^{-x^2}\mathrm{d}x>\int_0^1\mathrm{e}^{-x^2}\mathrm{d}x>\int_0^1 x\,\mathrm{e}^{-x^2}\mathrm{d}x=\frac{1}{2}\left(1-\frac{1}{\mathrm{e}}\right),$$

故$\frac{1}{2}\left(1-\frac{1}{\mathrm{e}}\right)<\int_{0}^{+\infty}\mathrm{e}^{-x^2}\mathrm{d}x<1+\frac{1}{2\mathrm{e}}$.

(2) 由于

$$\int_0^1\frac{\mathrm{d}x}{\sqrt{1-x^4}}<\int_0^1\frac{\mathrm{d}x}{\sqrt{1-x^2}}=\frac{\pi}{2},$$

$$\int_0^1\frac{\mathrm{d}x}{\sqrt{1-x^4}}=\int_0^1\frac{\mathrm{d}x}{\sqrt{(1-x^2)(1+x^2)}}>\frac{1}{\sqrt{2}}\int_0^1\frac{\mathrm{d}x}{\sqrt{1-x^2}}=\frac{\pi}{2\sqrt{2}},$$

故$\frac{\pi}{2\sqrt{2}}<\int_0^1\frac{\mathrm{d}x}{\sqrt{1-x^4}}<\frac{\pi}{2}$.

B 类

1. 讨论下列广义积分的收敛性:

(1) $\int_0^1\frac{\sin x}{x^{\frac{3}{2}}}\mathrm{d}x$;　　(2) $\int_0^1\frac{\mathrm{d}x}{\sqrt[3]{x^2(1-x)}}$;　　(3) $\int_0^{\frac{\pi}{2}}\frac{\mathrm{d}x}{\sin^2x\ \cos^2x}$;

(4) $\int_0^{\frac{\pi}{2}}\frac{\ln\sin x}{\sqrt{x}}\mathrm{d}x$.

解 (1) 因$x=0$是瑕点，而$\lim\limits_{x\to0^+}x^{\frac{1}{2}}\cdot\frac{\sin x}{x^{\frac{3}{2}}}=1$，这里$p=\frac{1}{2}$，$\lambda=1$，根据教材第二节推论3知，广义积分$\int_0^1\frac{\sin x}{x^{\frac{3}{2}}}\mathrm{d}x$收敛.

(2) $x=0$，$x=1$是瑕点，且

$$\int_0^1\frac{\mathrm{d}x}{\sqrt[3]{x^2(1-x)}}=\int_0^{\frac{1}{2}}\frac{\mathrm{d}x}{\sqrt[3]{x^2(1-x)}}+\int_{\frac{1}{2}}^1\frac{\mathrm{d}x}{\sqrt[3]{x^2(1-x)}}.$$

由于$\lim\limits_{x\to1^-}(1-x)^{\frac{1}{3}}\frac{1}{\sqrt[3]{x^2(1-x)}}=1$，这里$\lambda=1$，$p=\frac{1}{3}$，根据教材第二节推论3知，广义积分$\int_{\frac{1}{2}}^1\frac{\mathrm{d}x}{\sqrt[3]{x^2(1-x)}}$收敛. 由于$\lim\limits_{x\to0^+}x^{\frac{2}{3}}\cdot\frac{1}{\sqrt[3]{x^2(1-x)}}=1$，这里$\lambda=1$，$p=\frac{2}{3}$，根据教材第二节推论3知，广义积分$\int_0^{\frac{1}{2}}\frac{\mathrm{d}x}{\sqrt[3]{x^2(1-x)}}$收敛. 再根据广义积分性质知，广义积分$\int_0^1\frac{\mathrm{d}x}{\sqrt[3]{x^2(1-x)}}$收敛.

(3) 瑕点为$x=0$，$x=\frac{\pi}{2}$，且

$$\int_0^{\frac{\pi}{2}}\frac{\mathrm{d}x}{\sin^2x\ \cos^2x}=\int_0^{\frac{\pi}{3}}\frac{\mathrm{d}x}{\sin^2x\ \cos^2x}+\int_{\frac{\pi}{3}}^{\frac{\pi}{2}}\frac{\mathrm{d}x}{\sin^2x\ \cos^2x}.$$

由$\lim\limits_{x\to0}\frac{x^2}{\sin^2x\ \cos^2x}=1$，这里$\lambda=1$，$p=2>1$，知广义积分$\int_0^{\frac{\pi}{3}}\frac{\mathrm{d}x}{\sin^2x\ \cos^2x}$发散. 故广义积分$\int_0^{\frac{\pi}{2}}\frac{\mathrm{d}x}{\sin^2x\ \cos^2x}$发散.

(4) 由于

$$\lim_{x\to 0^+}\left(x^{\frac{3}{4}}\cdot\left|\frac{\ln\sin x}{\sqrt{x}}\right|\right)=\lim_{x\to 0^+}x^{\frac{1}{4}}\left|\ln\sin x\right|=0,$$

这里 $p=\frac{3}{4}$，$\lambda=0$，根据教材第二节推论 3 知，广义积分$\int_0^{\frac{\pi}{2}}\frac{\ln\sin x}{\sqrt{x}}\mathrm{d}x$ 收敛.

2. 下列积分是否收敛？ 若收敛，则求其值(其中 n 为正整数)：

(1) $\int_0^1\sqrt{\frac{x}{1-x}}\mathrm{d}x$；　　(2) $\int_0^1\frac{1}{\sqrt{x(1-x)}}\mathrm{d}x$；

(3) $\int_0^1\frac{1}{(x-2)\sqrt{1-x}}\mathrm{d}x$.

解　(1) 因 $x=1$ 为瑕点，而 $\lim_{x\to 1^-}(1-x)^{\frac{1}{2}}\sqrt{\frac{x}{1-x}}=1$，这里 $\lambda=1$，$p=\frac{1}{2}$，根据教材第二节推论 3 知，广义积分$\int_0^1\sqrt{\frac{x}{1-x}}\mathrm{d}x$ 收敛.

令 $t=\sqrt{\frac{x}{1-x}}$，则 $x=\frac{t^2}{1+t^2}$，于是

$$\int_0^1\sqrt{\frac{x}{1-x}}\mathrm{d}x=\lim_{\varepsilon\to 0^+}\int_0^{1-\varepsilon}\sqrt{\frac{x}{1-x}}\mathrm{d}x=2\lim_{\varepsilon\to 0^+}\int_0^{\sqrt{\frac{1-\varepsilon}{\varepsilon}}}\left[\frac{1}{t^2+1}-\frac{1}{(t^2+1)^2}\right]\mathrm{d}t.$$

由于

$$-2\int\frac{1}{(1+t^2)^2}\mathrm{d}t=-\int\frac{1}{t(1+t^2)^2}\mathrm{d}(t^2+1)=\int\frac{1}{t}\mathrm{d}\frac{1}{1+t^2}$$

$$=\frac{1}{t(t^2+1)}-\frac{1}{t}-\arctan t=-\frac{t}{1+t^2}-\arctan t,$$

故$\int_0^1\sqrt{\frac{x}{1-x}}\mathrm{d}x=\frac{\pi}{2}$.

(2) 因 $x=0$，$x=1$ 是瑕点，

$$\int_0^1\frac{1}{\sqrt{x(1-x)}}\mathrm{d}x=\lim_{\varepsilon_1\to 0^+}\int_{\varepsilon_1}^{\frac{1}{2}}\frac{1}{\sqrt{x(1-x)}}\mathrm{d}x+\lim_{\varepsilon_2\to 0^+}\int_{\frac{1}{2}}^{1-\varepsilon_2}\frac{1}{\sqrt{x(1-x)}}\mathrm{d}x,$$

而$\int\frac{1}{\sqrt{x(1-x)}}\mathrm{d}x=\int\frac{1}{\sqrt{1-(2x-1)^2}}\mathrm{d}(2x-1)=\arcsin(2x-1)$，故

$$\int_0^1\frac{1}{\sqrt{x(1-x)}}\mathrm{d}x=\lim_{\varepsilon_2\to 0^+}\arcsin(1-2\varepsilon_2)-\lim_{\varepsilon_1\to 0^+}\arcsin(2\varepsilon_1-1)=\pi.$$

(3) $x=1$ 是瑕点. 令 $t=\sqrt{1-x}$，则 $x=1-t^2$，$\mathrm{d}x=-2t\,\mathrm{d}t$，$2-x=1+t^2$，于是

$$\int\frac{1}{(x-2)\sqrt{1-x}}\mathrm{d}x=-2\int\frac{1}{1+t^2}\mathrm{d}t=-2\arctan\sqrt{1-x}.$$

故$\int_0^1\frac{1}{(x-2)\sqrt{1-x}}\mathrm{d}x=-2\left(\lim_{x\to 1}\arctan\sqrt{1-x}-\frac{\pi}{4}\right)=\frac{\pi}{2}$.

3. 证明：广义积分 $J=\int_0^{\frac{\pi}{2}}\ln(\sin x)\,dx$ 收敛，且 $J=-\frac{\pi}{2}\ln 2$.

证 因为 $\lim\limits_{x\to 0}\sqrt{x}\ln(\sin x)=0$，由 Dirichlet 判别法知，广义积分 $J=\int_0^{\frac{\pi}{2}}\ln(\sin x)\,dx$ 收敛. 为了求 J，考虑积分$\int_0^{\frac{\pi}{2}}\ln(\cos x)\,dx$. 同理可证此积分收敛，令 $t=\frac{\pi}{2}-x$，则有

$$\int_0^{\frac{\pi}{2}}\ln(\cos x)\,dx=\lim_{\varepsilon\to 0^+}\int_\varepsilon^{\frac{\pi}{2}}\ln(\cos x)\,dx=\lim_{\varepsilon\to 0^+}\int_\varepsilon^{\frac{\pi}{2}}\ln(\sin t)\,dt=\int_0^{\frac{\pi}{2}}\ln(\sin t)\,dt=J.$$

所以

$$\begin{aligned}2J&=\int_0^{\frac{\pi}{2}}(\ln(\cos x)+\ln(\sin x))dx=\int_0^{\frac{\pi}{2}}\ln\left(\frac{1}{2}\sin 2x\right)dx\\&=\int_0^{\frac{\pi}{2}}\ln(\sin 2x)\,dx-\ln 2\int_0^{\frac{\pi}{2}}dx=\lim_{\varepsilon\to 0^+}\int_\varepsilon^{\frac{\pi}{2}}\ln(\sin 2x)\,dx-\frac{\pi}{2}\ln 2\\&=\lim_{\varepsilon\to 0^+}\int_{2\varepsilon}^{\pi}\frac{1}{2}\ln(\sin u)\,du-\frac{\pi}{2}\ln 2=\frac{1}{2}\int_0^{\pi}\ln(\sin u)\,du-\frac{\pi}{2}\ln 2\\&=\frac{1}{2}\int_0^{\frac{\pi}{2}}\ln(\sin u)\,du+\frac{1}{2}\int_{\frac{\pi}{2}}^{\pi}\ln(\sin u)\,du-\frac{\pi}{2}\ln 2\\&=\int_0^{\frac{\pi}{2}}\ln(\sin u)\,du-\frac{\pi}{2}\ln 2=J-\frac{\pi}{2}\ln 2,\end{aligned}$$

其中，$\int_{\frac{\pi}{2}}^{\pi}\ln(\sin u)\,du=\int_0^{\frac{\pi}{2}}\ln(\sin v)\,dv$ (令 $u=\pi-v$). 故 $J=-\frac{\pi}{2}\ln 2$.

4. 利用上题结果，证明：

(1) $\int_0^{\pi}\theta\ln(\sin\theta)\,d\theta=-\frac{\pi^2}{2}\ln 2$； (2) $\int_0^{\pi}\frac{\theta\sin\theta}{1-\cos\theta}d\theta=2\pi\ln 2$.

证 (1) $\int_0^{\pi}\theta\ln(\sin\theta)\,d\theta=\int_0^{\frac{\pi}{2}}\theta\ln(\sin\theta)\,d\theta+\int_{\frac{\pi}{2}}^{\pi}\theta\ln(\sin\theta)\,d\theta$. 令 $\theta=\pi-x$，则 $d\theta=-dx$，当 $\theta=\frac{\pi}{2}$ 时 $x=\frac{\pi}{2}$，当 $\theta=\pi$ 时 $x=0$，于是

$$\begin{aligned}\int_{\frac{\pi}{2}}^{\pi}\theta\ln(\sin\theta)\,d\theta&=\int_0^{\frac{\pi}{2}}(\pi-x)\ln(\sin x)\,dx=\pi\int_0^{\frac{\pi}{2}}\ln(\sin x)\,dx-\int_0^{\frac{\pi}{2}}x\ln(\sin x)\,dx\\&=\pi\int_0^{\frac{\pi}{2}}\ln(\sin x)\,dx-\int_0^{\frac{\pi}{2}}\theta\ln(\sin\theta)\,d\theta,\end{aligned}$$

所以$\int_0^{\pi}\theta\ln(\sin\theta)\,d\theta=\pi\int_0^{\frac{\pi}{2}}\ln(\sin x)dx$. 又由于$\int_0^{\frac{\pi}{2}}\ln(\sin x)\,dx=-\frac{\pi}{2}\ln 2$，故有

$$\int_0^{\pi}\theta\ln(\sin\theta)\,d\theta=-\frac{\pi^2}{2}\ln 2.$$

(2) $$\begin{aligned}\int_0^{\pi}\frac{\theta\sin\theta}{1-\cos\theta}d\theta&=\int_0^{\pi}\theta\,d\ln(1-\cos\theta)=\theta\ln(1-\cos\theta)\Big|_0^{\pi}-\int_0^{\pi}\ln(1-\cos\theta)\,d\theta\\&=\pi\ln 2-\int_0^{\pi}\ln\left(2\sin^2\frac{\theta}{2}\right)d\theta\xlongequal{x=\frac{\theta}{2}}\pi\ln 2-\int_0^{\frac{\pi}{2}}\ln(2\sin^2 x)\cdot 2dx\end{aligned}$$

$$= \pi \ln 2 - \int_0^{\frac{\pi}{2}} \ln 2 \, dx - 4\int_0^{\frac{\pi}{2}} \ln(\sin x) \, dx$$

$$= \pi \ln 2 - \pi \ln 2 - 4\left(-\frac{\pi}{4}\ln 2\right) = 2\pi \ln 2.$$

总习题六

1. 判别下列各广义积分的收敛性，如果收敛，则计算广义积分的值：

(1) $\displaystyle\int_0^{+\infty} \frac{1}{(1+x^2)^2} dx$；　　　　(2) $\displaystyle\int_0^1 \frac{\arcsin x}{\sqrt{1-x^2}} dx$.

解　(1) 由于 $\displaystyle\lim_{x\to+\infty} \frac{x^4}{(1+x^2)^2} = 1$，这时 $p = 4, \lambda = 1$，根据教材第二节推论 3 知，广义积分 $\displaystyle\int_0^{+\infty} \frac{1}{(1+x^2)^2} dx$ 收敛.

$$\int_0^{+\infty} \frac{1}{(1+x^2)^2} dx = \int_0^{+\infty} \frac{1}{1+x^2} dx - \int_0^{+\infty} \frac{x^2}{(1+x^2)^2} dx$$

$$= \arctan x \Big|_0^{+\infty} + \frac{1}{2}\int_0^{+\infty} x\left(\frac{1}{1+x^2}\right)' dx$$

$$= \frac{\pi}{2} + \frac{1}{2}\left(\frac{x}{1+x^2}\Big|_0^{+\infty} - \int_0^{+\infty} \frac{1}{1+x^2} dx\right) = \frac{\pi}{4}.$$

(2) 当 $x \in [0,1)$ 时，$\dfrac{\arcsin x}{\sqrt{1-x^2}} \geqslant 0$，而

$$\lim_{x\to 1^-} \sqrt{1-x} \cdot \frac{\arcsin x}{\sqrt{1-x^2}} = \lim_{x\to 1^-} \frac{\arcsin x}{\sqrt{1+x}} = \frac{\pi}{4},$$

这时 $p = \dfrac{1}{2}, \lambda = \dfrac{\pi}{4}$，根据教材第二节推论 3 知，广义积分 $\displaystyle\int_0^1 \frac{\arcsin x}{\sqrt{1-x^2}} dx$ 收敛.

$$\int_0^1 \frac{\arcsin x}{\sqrt{1-x^2}} dx = \int_0^1 \arcsin x \, d\arcsin x = \frac{1}{2}(\arcsin x)^2 \Big|_0^1 = \frac{\pi^2}{8}.$$

2. 讨论下列积分的收敛性：

(1) $\displaystyle\int_1^{+\infty} \ln\left(\cos\frac{1}{x} + \sin\frac{1}{x}\right) dx$；　　　　(2) $\displaystyle\int_0^{+\infty} \frac{x}{1+x^2\sin^2 x} dx$；

(3) $\displaystyle\int_0^1 \frac{1}{\sqrt{(1-x^2)(1-k^2x^2)}} dx \quad (k^2 < 1)$；　(4) $\displaystyle\int_0^1 \frac{1}{x^a} \sin\frac{1}{x} \, dx$.

解　(1) 当 $x \geqslant 1$ 时，$\ln\left(\cos\dfrac{1}{x} + \sin\dfrac{1}{x}\right) \geqslant 0$，且

$$\lim_{x\to+\infty} \frac{\ln\left(\cos\frac{1}{x} + \sin\frac{1}{x}\right)}{\frac{1}{x}} = \lim_{x\to+\infty} \frac{\cos\frac{1}{x} - \sin\frac{1}{x}}{\cos\frac{1}{x} + \sin\frac{1}{x}} = 1,$$

即 $\ln\left(\cos\dfrac{1}{x} + \sin\dfrac{1}{x}\right) \sim \dfrac{1}{x} (x \to +\infty)$，而广义积分 $\displaystyle\int_1^{+\infty} \frac{1}{x} dx$ 发散，所以广义积分

$\int_1^{+\infty}\ln\left(\cos\frac{1}{x}+\sin\frac{1}{x}\right)\mathrm{d}x$ 发散.

(2) 由于$\frac{x}{1+x^2}\leqslant\frac{x}{1+x^2\sin^2 x}$，而$\lim\limits_{x\to+\infty}x\cdot\frac{x}{1+x^2}=1$，这时$p=1,\lambda=1$，知广义积分$\int_0^{+\infty}\frac{x}{1+x^2}\mathrm{d}x$ 发散，故广义积分$\int_0^{+\infty}\frac{x}{1+x^2\sin^2 x}\mathrm{d}x$ 发散.

(3) 因 $x=1$ 是奇点，且 $0<\frac{1}{\sqrt{(1-x^2)(1-k^2x^2)}}\leqslant\frac{1}{\sqrt{1-k^2}}\cdot\frac{1}{\sqrt{1-x}}$，而$\int_0^1\frac{1}{\sqrt{1-x}}\mathrm{d}x$ 收敛，故$\int_0^1\frac{1}{\sqrt{(1-x^2)(1-k^2x^2)}}\mathrm{d}x$ 收敛.

(4) $x=0$是瑕点，当$p-a>0$时，$\lim\limits_{x\to0^+}x^{p-a}\frac{1}{\sin x}=0$，则当$0<p<1$，且$a<p<1$，即$a<1$时，广义积分$\int_0^1\frac{1}{x^a}\sin\frac{1}{x}\mathrm{d}x$ 收敛.

3. 判别下列积分的敛散性，若收敛，则指出是绝对收敛还是条件收敛：

(1) $\int_1^{+\infty}\frac{\cos x}{x^p}\mathrm{d}x$；　　(2) $\int_2^{+\infty}\frac{\ln\ln x}{\ln x}\sin x\,\mathrm{d}x$.

解 (1) 当$p>1$时，$\frac{|\cos x|}{x^p}\leqslant\frac{1}{x^p}$，而广义积分$\int_1^{+\infty}\frac{1}{x^p}\mathrm{d}x$ 收敛，所以当$p>1$时，广义积分$\int_1^{+\infty}\frac{\cos x}{x^p}\mathrm{d}x$ 绝对收敛.

当$0<p\leqslant1$时，因为$\left|\int_1^A\cos x\,\mathrm{d}x\right|\leqslant2$，$\frac{1}{x^p}$在$[1,+\infty)$上单调，且$\lim\limits_{x\to+\infty}\frac{1}{x^p}=0$，由 Dirichlet 判别法知，广义积分$\int_1^{+\infty}\frac{\cos x}{x^p}\mathrm{d}x$ 收敛. 但因为当$0<p\leqslant1$时，广义积分$\int_1^{+\infty}\frac{|\cos x|}{x^p}\mathrm{d}x$ 发散，所以当$0<p\leqslant1$时，广义积分$\int_1^{+\infty}\frac{\cos x}{x^p}\mathrm{d}x$ 条件收敛.

(2) $\left|\frac{\ln\ln x}{\ln x}\sin x\right|\geqslant\frac{\ln\ln x}{\ln x}\sin^2 x=\frac{\ln\ln x}{\ln x}-\frac{\ln\ln x}{2\ln x}\cos2x$. 因为

$$\int_2^{+\infty}\frac{\ln\ln x}{\ln x}\mathrm{d}x=\int_2^{+\infty}\ln\ln x\,\mathrm{d}(\ln\ln x)=\frac{1}{2}(\ln\ln x)^2\Big|_2^{+\infty}=+\infty,$$

所以广义积分$\int_2^{+\infty}\frac{\ln\ln x}{\ln x}\mathrm{d}x$ 发散. 又因为当$A>2$时，$\left|\int_1^A\cos2x\,\mathrm{d}x\right|\leqslant2$，

$$\lim_{x\to+\infty}\frac{\ln\ln x}{\ln x}=\lim_{x\to+\infty}\frac{\frac{1}{x\ln x}}{\frac{1}{x}}=0,$$

而$\left(\frac{\ln\ln x}{\ln x}\right)'=\frac{1-\ln\ln x}{x(\ln x)^2}$，当$x>\mathrm{e}^{\mathrm{e}}$时，有$\left(\frac{\ln\ln x}{\ln x}\right)'=\frac{1-\ln\ln x}{x(\ln x)^2}<0$，此时$\frac{\ln\ln x}{\ln x}$单调减趋于0，由 Dirichlet 判别法知，广义积分$\int_{\mathrm{e}^{\mathrm{e}}}^{+\infty}\frac{\ln\ln x}{2\ln x}\cos2x\,\mathrm{d}x$ 收敛. 由于$\int_2^{\mathrm{e}^{\mathrm{e}}}\frac{\ln\ln x}{2\ln x}\cos2x\,\mathrm{d}x$ 为常义积分，故广义积分$\int_2^{+\infty}\frac{\ln\ln x}{2\ln x}\cos2x\,\mathrm{d}x$ 收敛. 从而积分

$\int_{2}^{+\infty}\left|\frac{\ln\ln x}{\ln x}\sin x\right|\mathrm{d}x$ 发散.

又 $\left|\int_{2}^{A}\sin x\ \mathrm{d}x\right|\leqslant 2$，$\frac{\ln\ln x}{\ln x}$ 在$(\mathrm{e}^{\mathrm{e}},+\infty)$上单调，且 $\lim\limits_{x\to+\infty}\frac{\ln\ln x}{\ln x}=0$，由 Dirichlet 判别法知，广义积分$\int_{\mathrm{e}^{\mathrm{e}}}^{+\infty}\frac{\ln\ln x}{\ln x}\sin x\ \mathrm{d}x$ 收敛，而$\int_{2}^{\mathrm{e}^{\mathrm{e}}}\frac{\ln\ln x}{\ln x}\sin x\ \mathrm{d}x$ 为常义积分，所以广义积分$\int_{2}^{+\infty}\frac{\ln\ln x}{\ln x}\sin x\ \mathrm{d}x$ 收敛.

由上述讨论知，广义积分$\int_{2}^{+\infty}\frac{\ln\ln x}{\ln x}\sin x\ \mathrm{d}x$ 条件收敛.

4. 讨论广义积分$\int_{0}^{+\infty}\frac{\sin xy}{x^{\lambda}}\mathrm{d}x\ (b\neq 0)$，$\lambda$ 取何值时是绝对收敛或条件收敛.

解　当 $y=0$ 时，显然此积分收敛. 当 $y\neq 0$ 时，设 $y>0$，记

$$I=\int_{0}^{+\infty}\frac{\sin xy}{x^{\lambda}}\mathrm{d}x,\quad I_1=\int_{0}^{\frac{1}{y}}\frac{\sin xy}{x^{\lambda}}\mathrm{d}x,\quad I_2=\int_{\frac{1}{y}}^{+\infty}\frac{\sin xy}{x^{\lambda}}\mathrm{d}x.$$

先讨论积分 I_1. 当 $\lambda\leqslant 1$ 时，由于

$$\lim_{x\to 0}\frac{\sin xy}{x^{\lambda}}=\lim_{x\to 0}yx^{1-\lambda}\frac{\sin xy}{xy}=\begin{cases}0, & \lambda<1,\\ y, & \lambda=1,\end{cases}$$

故 I_1 是正常积分. 当 $\lambda>1$ 时，$x=0$ 是瑕点，由于 $\lim\limits_{x\to 0}x^{\lambda-1}\frac{\sin xy}{x^{\lambda}}=y\in(0,+\infty)$，故当 $1<\lambda<2$ 时，I_1 绝对收敛；当 $\lambda\leqslant 2$ 时，I_1 发散(因为在$\left(0,\frac{1}{b}\right)$上，$\frac{\sin y\lambda}{x^{\lambda}}>0$).

积分 I_2 是无穷广义积分. 当 $\lambda\leqslant 0$ 时，令 $A_n=\left(2n\pi+\frac{\pi}{4}\right)\frac{1}{y}$，$B_n=\left(2n\pi+\frac{\pi}{2}\right)\frac{1}{y}$，有 $A_n\to+\infty$，$B_n\to+\infty\ (n\to+\infty)$，且

$$\left|\int_{A_N}^{B_N}\frac{\sin xy}{x^{\lambda}}\mathrm{d}x\right|=y^{\lambda}\int_{2n\pi+\frac{\pi}{4}}^{2n\pi+\frac{\pi}{2}}\frac{\sin u}{u^{\lambda}}\mathrm{d}x\geqslant\left(2n\pi+\frac{\pi}{4}\right)^{-\lambda}y^{\lambda}\cdot\frac{\sqrt{2}}{2}\cdot\frac{\pi}{4}\geqslant\frac{\pi}{8}y^{\lambda}\sqrt{2}>0,$$

故由柯西准则知，当 $\lambda\leqslant 0$ 时，I_2 发散. 当 $0<\lambda\leqslant 1$ 时，由 Dirichlet 判别法知，积分 I_2 收敛，但由于$\int_{\frac{1}{y}}^{+\infty}\frac{\sin xy}{x^{\lambda}}\mathrm{d}x$ 不绝对收敛，且 $\left|\frac{\sin xy}{x^{\lambda}}\right|\geqslant\left|\frac{\sin xy}{x}\right|\ (0\leqslant\lambda\leqslant 1,\ x>1)$，可知当 $0<\lambda\leqslant 1$ 时，I_2 条件收敛. 当 $\lambda>1$ 时，由于 $\left|\frac{\sin xy}{x^{\lambda}}\right|\leqslant\frac{1}{x^{\lambda}}$，知积分 I_2 绝对收敛.

所以有如下表所示结果：

	$\lambda\leqslant 0$	$0<\lambda\leqslant 1$	$1<\lambda<2$	$\lambda\geqslant 2$
I_1	正常积分	正常积分	绝对收敛	发散
I_2	发散	收敛	绝对收敛	绝对收敛
I	发散	收敛	绝对收敛	发散

5. 举例说明：$\int_a^b f(x)\mathrm{d}x$ 收敛时，$\int_a^b f^2(x)\mathrm{d}x$ 不一定收敛.

解 如$\int_0^1 \frac{1}{\sqrt{x}}\mathrm{d}x$ 收敛，但$\int_0^1 \frac{1}{x}\mathrm{d}x$ 发散.

6. 证明下列等式：

(1) $\int_0^1 \frac{x^{p-1}}{x+1}\mathrm{d}x = \int_1^{+\infty} \frac{x^{-p}}{x+1}\mathrm{d}x$，$p>0$；

(2) $\int_0^{+\infty} \frac{x^{p-1}}{x+1}\mathrm{d}x = \int_0^{+\infty} \frac{x^{-p}}{x+1}\mathrm{d}x$，$0<p<1$.

证 (1) 因 $p>0$，易知广义积分$\int_0^1 \frac{x^{p-1}}{x+1}\mathrm{d}x$，$\int_1^{+\infty} \frac{x^{-p}}{x+1}\mathrm{d}x$ 收敛. 令 $x=\frac{1}{t}$，则

$$\int_0^1 \frac{x^{p-1}}{x+1}\mathrm{d}x = \lim_{\varepsilon\to 0^+}\int_\varepsilon^1 \frac{x^{p-1}}{x+1}\mathrm{d}x = \lim_{\varepsilon\to 0^+}\int_{\frac{1}{\varepsilon}}^1 \frac{\left(\frac{1}{t}\right)^{p-1}}{\frac{1}{t}+1}\left(-\frac{1}{t^2}\right)\mathrm{d}t$$

$$= \lim_{\varepsilon\to 0^+}\int_1^{\frac{1}{\varepsilon}} \frac{t^{-p}}{t+1}\mathrm{d}t = \int_1^{+\infty}\frac{t^{-p}}{t+1}\mathrm{d}t = \int_1^{+\infty}\frac{x^{-p}}{x+1}\mathrm{d}x.$$

(2) 由 $0<p<1$，易知广义积分$\int_0^{+\infty} \frac{x^{p-1}}{x+1}\mathrm{d}x$，$\int_0^{+\infty} \frac{x^{-p}}{x+1}\mathrm{d}x$ 都收敛，且

$$\int_0^{+\infty} \frac{x^{p-1}}{x+1}\mathrm{d}x = \int_0^1 \frac{x^{p-1}}{x+1}\mathrm{d}x + \int_1^{+\infty} \frac{x^{p-1}}{x+1}\mathrm{d}x.$$

由(1) 知$\int_0^1 \frac{x^{p-1}}{x+1}\mathrm{d}x = \int_1^{+\infty} \frac{x^{-p}}{x+1}\mathrm{d}x$，对于右端第二个广义积分，令 $x=\frac{1}{t}$，有

$$\int_1^{+\infty} \frac{x^{p-1}}{x+1}\mathrm{d}x = \lim_{A\to+\infty}\int_1^A \frac{x^{-p}}{x+1}\mathrm{d}x = \lim_{A\to+\infty}\int_{\frac{1}{A}}^1 \frac{t^{-p}}{t+1}\mathrm{d}t = \int_0^1 \frac{t^{-p}}{t+1}\mathrm{d}t = \int_0^1 \frac{x^{-p}}{x+1}\mathrm{d}t,$$

所以

$$\int_0^{+\infty} \frac{x^{p-1}}{x+1}\mathrm{d}x = \int_0^1 \frac{x^{-p}}{x+1}\mathrm{d}x + \int_1^{+\infty} \frac{x^{-p}}{x+1}\mathrm{d}x = \int_0^{+\infty} \frac{x^{-p}}{x+1}\mathrm{d}x.$$

7. 证明：设 f 在$[0,+\infty)$ 上连续，$0<a<b$，

(1) 若 $\lim\limits_{x\to+\infty} f(x)=k$，则$\int_0^{+\infty} \frac{f(ax)-f(bx)}{x}\mathrm{d}x = (f(0)-k)\ln\frac{b}{a}$；

(2) 若$\int_0^{+\infty} \frac{f(x)}{x}\mathrm{d}x$ 收敛，则$\int_0^{+\infty} \frac{f(ax)-f(bx)}{x}\mathrm{d}x = f(0)\ln\frac{b}{a}$.

证 (1) 令 $ax=t$，则$\int_\varepsilon^A \frac{f(ax)}{x}\mathrm{d}x = \int_{a\varepsilon}^{aA}\frac{f(t)}{t}\mathrm{d}t$ $(0<\varepsilon<A)$；令 $bx=u$，则 $\int_\varepsilon^A \frac{f(bx)}{x}\mathrm{d}x = \int_{b\varepsilon}^{bA}\frac{f(u)}{u}\mathrm{d}u$ $(0<\varepsilon<A)$. 于是

$$\int_0^A \frac{f(ax)-f(bx)}{x}\mathrm{d}x = \int_{a\varepsilon}^{aA}\frac{f(y)}{y}\mathrm{d}y - \int_{b\varepsilon}^{bA}\frac{f(y)}{y}\mathrm{d}y = \int_{a\varepsilon}^{b\varepsilon}\frac{f(y)}{y}\mathrm{d}y - \int_{aA}^{bA}\frac{f(y)}{y}\mathrm{d}y$$

$$= \int_a^b \frac{f(\varepsilon w)}{w}\mathrm{d}w - \int_a^b \frac{f(Aw)}{w}\mathrm{d}w$$

$$= (f(\varepsilon\xi)-f(A\eta))\int_a^b \frac{1}{w}\mathrm{d}w,$$

其中，ξ,η 介于 a,b 之间. 令 $\varepsilon\to0^+$，$A\to+\infty$，得

$$\int_0^{+\infty}\frac{f(ax)-f(bx)}{x}\mathrm{d}x=(f(0)-k)\int_a^b\frac{1}{w}\mathrm{d}w=(f(0)-k)\ln\frac{b}{a}.$$

(2) 由于 $\int_0^{+\infty}\frac{f(x)}{x}\mathrm{d}x$ 存在，故对 $\varepsilon>0$，有

$$\int_\varepsilon^{+\infty}\frac{f(ax)}{x}\mathrm{d}x=\int_{a\varepsilon}^{+\infty}\frac{f(x)}{x}\mathrm{d}x,\quad\int_\varepsilon^{+\infty}\frac{f(bx)}{x}\mathrm{d}x=\int_{b\varepsilon}^{+\infty}\frac{f(x)}{x}\mathrm{d}x,$$

于是

$$\begin{aligned}\int_\varepsilon^{+\infty}\frac{f(ax)-f(bx)}{x}\mathrm{d}x&=\int_{a\varepsilon}^{+\infty}\frac{f(x)}{x}\mathrm{d}x-\int_{b\varepsilon}^{+\infty}\frac{f(x)}{x}\mathrm{d}x=\int_{a\varepsilon}^{b\varepsilon}\frac{f(x)}{x}\mathrm{d}x\\&=\int_a^b\frac{f(\varepsilon t)}{t}\mathrm{d}t=f(\varepsilon\xi)\int_a^b\frac{1}{x}\mathrm{d}x\quad(a\leqslant\xi\leqslant b).\end{aligned}$$

从而令 $\varepsilon\to0$，得 $\int_0^{+\infty}\frac{f(ax)-f(bx)}{x}\mathrm{d}x=f(0)\ln\frac{b}{a}$.

8. 证明下述命题：

(1) 设 f 为 $[a,+\infty)$ 上的非负连续函数，若 $\int_a^{+\infty}xf(x)\mathrm{d}x$ 收敛，则 $\int_a^{+\infty}f(x)\mathrm{d}x$ 也收敛；

(2) 设 f 为 $[a,+\infty)$ 上的连续可微函数，且当 $x\to+\infty$ 时，$f(x)$ 递减趋于零，则 $\int_a^{+\infty}f(x)\mathrm{d}x$ 收敛的充要条件为 $\int_a^{+\infty}xf'(x)\mathrm{d}x$ 收敛.

证 (1) 取 $M=\max\{|a|,1\}$，则由 $\int_a^{+\infty}xf(x)\mathrm{d}x$ 收敛，可知 $\int_M^{+\infty}xf(x)\mathrm{d}x$ 也收敛. 而 $0\leqslant\int_M^{+\infty}f(x)\mathrm{d}x\leqslant\int_M^{+\infty}xf(x)\mathrm{d}x$，所以 $\int_M^{+\infty}f(x)\mathrm{d}x$ 收敛，从而 $\int_a^{+\infty}f(x)\mathrm{d}x$ 收敛.

(2) 由已知，在 $[a,+\infty)$ 上，f,f' 均为连续函数，于是任给 $A>a$，有

$$\int_a^A xf'(x)\mathrm{d}x=\int_a^A x\,\mathrm{d}f(x)=xf(x)\Big|_a^A-\int_a^A f(x)\mathrm{d}x.\tag{①}$$

设 $\int_a^{+\infty}f(x)\mathrm{d}x$ 收敛，则由 $f(x)$ 的单调性，得 $\lim\limits_{A\to+\infty}\left(xf(x)\Big|_a^A\right)=-af(a)$，从而由 ① 知 $\lim\limits_{A\to+\infty}\int_a^A xf'(x)\mathrm{d}x$ 存在，即 $\int_a^{+\infty}xf'(x)\mathrm{d}x$ 收敛.

设 $\int_a^{+\infty}xf'(x)\mathrm{d}x$ 收敛，则任给 $\varepsilon>0$，存在 $M>|a|$，使得当 $A>x>M$ 时，有 $\left|\int_x^A tf'(t)\mathrm{d}t\right|<\varepsilon$. 由于 f' 不变号($\leqslant0$)，故由积分中值定理知，存在 $\xi\in[x,A]$，使得

$$\int_x^A tf'(t)\mathrm{d}t=\xi\int_x^A f'(t)\mathrm{d}t=\xi(f(A)-f(x)).$$

于是 $0\leqslant x|f(A)-f(x)|\leqslant\xi(f(A)-f(x))<\varepsilon$，可见

$$0\leqslant x|f(A)-f(x)|<\varepsilon\quad(A>x>M).\tag{②}$$

令 $A\to+\infty$，由 ② 得 $\lim\limits_{A\to+\infty}f(A)=0$. 于是 $\lim\limits_{A\to+\infty}\left(xf(x)\Big|_a^A\right)=-af(a)$ 存在，所以由 ① 知 $\lim\limits_{A\to+\infty}\int_a^A f(x)\mathrm{d}x$ 存在，即 $\int_a^{+\infty}f(x)\mathrm{d}x$ 收敛.

故$\int_a^{+\infty} f(x)\mathrm{d}x$ 收敛 $\Leftrightarrow \int_a^{+\infty} xf'(x)\mathrm{d}x$ 收敛.

9. 设 $f(x)$ 与 $g(x)$ 在$[a,+\infty)$上有连续导数，且 $f'(x)\geqslant 0$. 又当 $x\to+\infty$ 时，$f(x)\to 0$，且 $g(x)$ 在$[a,+\infty)$上有界. 证明：$\int_a^{+\infty} f(x)g'(x)\mathrm{d}x$ 收敛.

证 设$|g(x)|\leqslant M$，$A>a$ 为任意数，则有

$$\int_a^A f(x)g'(x)\mathrm{d}x = f(A)g(A)-f(a)g(a)-\int_a^A f'(x)g(x)\mathrm{d}x. \qquad ①$$

由题设知，$\lim\limits_{A\to+\infty} f(A)g(A)=0$，

$$\left|\int_a^A g(x)f'(x)\mathrm{d}x\right| \leqslant M\int_a^A f'(x)\mathrm{d}x = M(f(A)-f(a)).$$

在 ① 式两边取极限，令 $A\to+\infty$，可知$\int_a^{+\infty} f(x)g'(x)\mathrm{d}x$ 收敛.

10. 设 $f'(x)$ 在$[0,1]$上连续，且 $f'(x)\geqslant 0$，试证：广义积分$\int_0^1 \frac{f(x)-f(0)}{x^a}\mathrm{d}x$ 当 $a<2$ 时收敛，当 $a>2$ 时发散.

证 设 $m=\min\limits_{x\in[0,1]} f'(x)$，$M=\max\limits_{x\in[0,1]} f'(x)$. 因 $f'(x)\geqslant 0$，故 $m\geqslant 0$，$M\geqslant 0$. 由拉格朗日中值定理，有 $f(x)-f(0)=xf'(\xi)$，ξ 在 0 与 x 之间. 所以当 $x\in[0,1]$ 时，有

$$mx\leqslant f(x)-f(0)\leqslant Mx, \quad \frac{m}{x^{a-1}}\leqslant \frac{f(x)-f(0)}{x^a}\leqslant \frac{M}{x^{a-1}}.$$

由此可知，当 $a<2$ 时，由$\int_0^1 \frac{M}{x^{a-1}}\mathrm{d}x$ 收敛，得$\int_0^1 \frac{f(x)-f(0)}{x^a}\mathrm{d}x$ 收敛；当 $a>2$ 时，由$\int_0^1 \frac{m}{x^{a-1}}\mathrm{d}x$ 发散，得$\int_0^1 \frac{f(x)-f(0)}{x^a}\mathrm{d}x$ 发散.

四、考研真题解析

【例 1】 (2019 年) 求曲线 $y=\mathrm{e}^{-x}\sin x$ $(x\geqslant 0)$ 与 x 轴之间图形的面积.

解 所求面积为$\int_0^{+\infty}|\mathrm{e}^{-x}\sin x|\mathrm{d}x$，又曲线 $y=\mathrm{e}^{-x}\sin x$ $(x\geqslant 0)$ 与 x 轴的交点为：$\mathrm{e}^{-x}\sin x=0$ 的点，解方程得：$x=k\pi$ $(k=0,1,2,\cdots)$，当 $2k\pi<x<(2k+1)\pi$ 时，$\mathrm{e}^{-x}\sin x>0$；当$(2k+1)\pi<x<2(k+1)\pi$ 时，$\mathrm{e}^{-x}\sin x<0$，

故有 $\int_0^{+\infty}|e^{-x}\sin x|dx=\lim\limits_{n\to\infty}\sum\limits_{k=0}^{n}(-1)^k\int_{k\pi}^{(k+1)\pi}e^{-x}\sin x\,dx$

$$=\lim_{n\to\infty}\sum_{k=0}^{n}(-1)^k\left[-\frac{1}{2}e^{-x}(\cos x+\sin x)\Big|_{k\pi}^{(k+1)\pi}\right.$$

$$=\frac{1}{2}\lim_{n\to\infty}\sum_{k=0}^{n}(-1)^{k+1}[e^{-(k+1)\pi}(-1)^{k+1}-e^{-k\pi}(-1)^k]$$

$$=\frac{1}{2}\lim_{n\to\infty}\sum_{k=0}^{n}(e^{-(k+1)\pi}+e^{-k\pi})$$

$$=\frac{1}{2}\lim_{n\to\infty}\left[1+2\sum_{k=1}^{n}e^{-k\pi}+e^{-(n+1)\pi}\right]$$

$$=\frac{1}{2}\lim_{n\to\infty}\left[1+\frac{2e^{-\pi}}{1-e^{-\pi}}+e^{-(n+1)\pi}\right]$$

$$=\frac{1}{2}\left(1+\frac{2e^{-\pi}}{1-e^{-\pi}}\right)=\frac{1}{2}\frac{1+e^{-\pi}}{1-e^{-\pi}},$$

或由不定积分 $\int_0^{+\infty}e^{-x}\sin x\ dx=-\frac{1}{2}e^{-x}(\cos x+\sin x)+C$，

得 $\int_{2k\pi}^{(2k+1)\pi}e^{-x}\sin x\,dx=\frac{1}{2}e^{-2k\pi}(1+e^{-\pi})$，

$\int_{(2k+1)\pi}^{2(k+1)\pi}e^{-x}\sin x\,dx=-\frac{1}{2}e^{-(2k+1)\pi}(1+e^{-\pi})$，

故有 $\int_0^{+\infty}|e^{-x}\sin x|dx=\lim\limits_{n\to\infty}\sum\limits_{k=0}^{n}\left[\int_{2k\pi}^{(2k+1)\pi}e^{-x}\sin x\,dx-\int_{(2k+1)\pi}^{2(k+1)\pi}e^{-x}\sin x\,dx\right]$

$$=\lim_{n\to\infty}\sum_{k=0}^{n}\left[\frac{1}{2}e^{-2k\pi}(1+e^{-\pi})+\frac{1}{2}e^{-(2k+1)\pi}(1+e^{-\pi})\right]$$

$$=\frac{1}{2}(1+e^{-\pi})^2\lim_{n\to\infty}\sum_{k=0}^{n}e^{-2k\pi}$$

$$=\frac{1}{2}(1+e^{-\pi})^2\frac{1}{1-e^{-2\pi}}=\frac{1}{2}\frac{1+e^{-\pi}}{1-e^{-\pi}}.$$

【例2】　(2016年)若反常积分 $\int_0^{+\infty}\frac{1}{x^a(1+x)^b}dx$ 收敛,则(　　).

A. $a<1$ 且 $b>1$　　B. $a>1$ 且 $b>1$

C. $a<1$ 且 $a+b>1$　　D. $a>1$ 且 $a+b>1$

解　因为 $\frac{1}{x^a}$ 在 $x=0$ 为无界积分,在 $x=\infty$ 为无穷限反常积分,

$\frac{1}{(1+x)^b}$ 仅在 $x=\infty$ 为无穷限反常积分,

由 $\int_0^{+\infty}\frac{1}{x^a(1+x)^b}dx=\int_0^1\frac{1}{x^a(1+x)^b}dx+\int_1^{+\infty}\frac{1}{x^a(1+x)^b}dx$,

又 $\int_0^{+\infty}\frac{1}{x^a}dx$ 在 $a<1$ 时积分收敛,

$$\int_1^{+\infty}\frac{1}{x^a(1+x)^b}dx=\int_1^{+\infty}\frac{1}{x^{a+b}\left(1+\frac{1}{x}\right)^b}dx,$$

又 $\int_1^{+\infty}\frac{1}{x^{a+b}}dx$ 在 $a+b>1$ 时积分收敛,

所以反常积分 $\int_0^{+\infty}\frac{1}{x^a(1+x)^b}dx$ 在 $a<1,a+b>1$ 时收敛,故选 C.

【例 3】 (2010 年)设位于曲线 $y=\frac{1}{\sqrt{x(1+\ln^2 x)}}$ $(e\leqslant x<+\infty)$ 下方、x 轴上方的无界区域为 G,则 G 绕 x 轴旋转一周所得空间区域的体积是________.

解 由旋转体体积公式,得

$$V=\int_e^{+\infty}\pi y^2dx=\pi\int_e^{+\infty}\frac{1}{x(1+\ln^2 x)}dx=\pi\int_e^{+\infty}\frac{1}{1+\ln^2 x}d(\ln x)$$

$$=\pi\arctan(\ln x)\Big|_e^{+\infty}=\pi\left(\frac{\pi}{2}-\frac{\pi}{4}\right)=\frac{\pi^2}{4}.$$

【例 4】 (2010 年)设 m,n 是正整数,则广义积分 $\int_0^1\frac{\sqrt[m]{\ln^2(1-x)}}{\sqrt[n]{x}}dx$ 的收敛性( ).

A. 仅与 m 的取值有关　　　B. 仅与 n 的取值有关

C. 与 m,n 的取值都有关　　　D. 与 m,n 的取值都无关

解 显然 $x=0$,$x=1$ 是两个瑕点,有

$$\int_0^1\frac{\sqrt[m]{\ln^2(1-x)}}{\sqrt[n]{x}}dx=\int_0^{\frac{1}{2}}\frac{\sqrt[m]{\ln^2(1-x)}}{\sqrt[n]{x}}dx+\int_{\frac{1}{2}}^1\frac{\sqrt[m]{\ln^2(1-x)}}{\sqrt[n]{x}}dx.$$

对于 $\int_0^{\frac{1}{2}}\frac{\sqrt[m]{\ln^2(1-x)}}{\sqrt[n]{x}}dx$ 的瑕点 $x=0$,$\frac{\sqrt[m]{\ln^2(1-x)}}{\sqrt[n]{x}}\geqslant 0$,由于 $\lim\limits_{x\to0^+}\sqrt[n]{x}\frac{\sqrt[m]{\ln^2(1-x)}}{\sqrt[n]{x}}=0$,而 $\int_0^{\frac{1}{2}}x^{-\frac{1}{n}}dx$ 收敛,故 $\int_0^{\frac{1}{2}}\frac{\sqrt[m]{\ln^2(1-x)}}{\sqrt[n]{x}}dx$ 收敛.

对于 $\int_{\frac{1}{2}}^1\frac{\sqrt[m]{\ln^2(1-x)}}{\sqrt[n]{x}}dx$ 的瑕点 $x=1$,$\frac{\sqrt[m]{\ln^2(1-x)}}{\sqrt[n]{x}}\geqslant 0$,由于

$$\lim_{x\to1^-}\sqrt{1-x}\,\frac{\sqrt[m]{\ln^2(1-x)}}{\sqrt[n]{x}}=\lim_{x\to1^-}\frac{\ln^{\frac{2}{m}}(1-x)}{(1-x)^{-\frac{1}{2}}}$$

$$=\lim_{x\to1^-}\frac{-\dfrac{2}{m}(1-x)^{-1}\ln^{\frac{2}{m}-1}(1-x)}{-\dfrac{1}{2}(1-x)^{-\frac{3}{2}}}=\lim_{x\to1^-}\frac{4\ln^{\frac{2}{m}-1}(1-x)}{m(1-x)^{-\frac{1}{2}}}$$

$$=\lim_{x\to1^-}\frac{-4\left(\dfrac{2}{m}-1\right)(1-x)^{-1}\ln^{\frac{2}{m}-2}(1-x)}{-\dfrac{1}{2}m(1-x)^{-\frac{3}{2}}}$$

$$=\lim_{x\to1^-}\frac{8(2-m)\ln^{\frac{2}{m}-2}(1-x)}{m^2(1-x)^{-\frac{1}{2}}}=0,$$

而广义积分$\int_{\frac{1}{2}}^{1}(1-x)^{\frac{1}{2}}\mathrm{d}x$ 收敛，故$\int_{\frac{1}{2}}^{1}\frac{\sqrt[m]{\ln^2(1-x)}}{\sqrt[n]{x}}\mathrm{d}x$ 收敛. 所以选择 D.

【例 5】 (2010 年) (1) 比较$\int_0^1|\ln t|(\ln(1+t))^n\mathrm{d}t$ 与$\int_0^1 t^n|\ln t|\mathrm{d}t$ $(n=1,2,\cdots)$ 的大小，并说明理由.

(2) 记 $u_n=\int_0^1|\ln t|(\ln(1+t^2))^n\mathrm{d}t$ $(n=1,2,\cdots)$，求极限 $\lim\limits_{n\to\infty}u_n$.

解 (1) 因为 $0\leqslant t\leqslant 1$ 时，$\ln(1+t)\leqslant t$，所以有

$$|\ln t|(\ln(1+t))^n\leqslant t^n|\ln t|,$$

故有$\int_0^1|\ln t|(\ln(1+t^2))^n\mathrm{d}t\leqslant\int_0^1 t^n|\ln t|\mathrm{d}t$ $(n=1,2,\cdots)$.

(2) 由(1)知

$$0\leqslant u_n=\int_0^1|\ln t|(\ln(1+t^2))^n\mathrm{d}t\leqslant\int_0^1 t^n|\ln t|\mathrm{d}t\quad(n=1,2,\cdots).$$

又

$$\int_0^1 t^n|\ln t|\mathrm{d}t=-\int_0^1 t^n\ln t\,\mathrm{d}t=-\frac{1}{n+1}\int_0^1\ln t\,\mathrm{d}(t^{n+1})$$

$$=-\frac{1}{n+1}\left(t^{n+1}\ln t\,\Big|_0^1-\int_0^1 t^n\mathrm{d}t\right)$$

$$=-\frac{1}{n+1}\left(t^{n+1}\ln t\,\Big|_0^1-\frac{1}{n+1}t^{n+1}\Big|_0^1\right)=\frac{1}{(n+1)^2},$$

而

$$\lim_{t\to 0}t^{n+1}\ln t \xlongequal{t=\frac{1}{x}} \lim_{x\to\infty}\left(\frac{1}{x}\right)^{n+1}\ln\frac{1}{x} = -\lim_{x\to\infty}\frac{\ln x}{x^{n+1}}$$

$$= -\lim_{x\to\infty}\frac{1}{(n+1)x^{n+1}} = 0,$$

故有 $\lim\limits_{n\to\infty}u_n = \lim\limits_{n\to\infty}\int_0^1 t^n\,|\ln t|\,\mathrm{d}t = \lim\limits_{n\to\infty}\frac{1}{(n+1)^2} = 0.$

【例 6】 (2008 年)计算$\int_0^1\frac{x^2\arcsin x}{\sqrt{1-x^2}}\mathrm{d}x.$

解 令 $\arcsin x = t$,有 $x = \sin t$,$t\in\left[0,\frac{\pi}{2}\right)$.

$$\int_0^1\frac{x^2\arcsin x}{\sqrt{1-x^2}}\mathrm{d}x = \int_0^{\frac{\pi}{2}}\frac{t\sin^2 t}{\cos t}\cos t\,\mathrm{d}t = \int_0^{\frac{\pi}{2}} t\sin^2 t\,\mathrm{d}t$$

$$= \int_0^{\frac{\pi}{2}}\left(\frac{t}{2}-\frac{t}{2}\cos 2t\right)\mathrm{d}t = \frac{t^2}{4}\Big|_0^{\frac{\pi}{2}} - \frac{1}{4}\int_0^{\frac{\pi}{2}} t\,\mathrm{d}(\sin 2t)$$

$$= \frac{\pi^2}{16} - \frac{t\sin 2t}{4}\Big|_0^{\frac{\pi}{2}} + \frac{1}{4}\int_0^{\frac{\pi}{2}}\sin 2t\,\mathrm{d}t$$

$$= \frac{\pi^2}{16} - \frac{1}{8}(\cos 2t)\Big|_0^{\frac{\pi}{2}} = \frac{\pi^2}{16}+\frac{1}{4}.$$

【例 7】 (2006 年)广义积分$\int_0^{+\infty}\frac{x\,\mathrm{d}x}{(1+x^2)^2} =$ ________.

解 $$\int_0^{+\infty}\frac{x\,\mathrm{d}x}{(1+x^2)^2} = \frac{1}{2}\lim_{b\to+\infty}\int_0^b\frac{\mathrm{d}(1+x^2)}{(1+x^2)^2} = -\frac{1}{2}\lim_{b\to+\infty}\left(\frac{1}{1+x^2}\Big|_0^b\right)$$

$$= -\frac{1}{2}\lim_{b\to+\infty}\frac{1}{1+b^2}+\frac{1}{2} = \frac{1}{2}.$$

【例 8】 (2005 年)$\int_0^1\frac{x\,\mathrm{d}x}{(2-x^2)\sqrt{1-x^2}} =$ ________.

解 令 $x = \sin t$,则

$$\int_0^1\frac{x\,\mathrm{d}x}{(2-x^2)\sqrt{1-x^2}} = \int_0^{\frac{\pi}{2}}\frac{\sin t\cos t}{(2-\sin^2 t)\cos t}\mathrm{d}t = -\int_0^{\frac{\pi}{2}}\frac{\mathrm{d}\cos t}{1+\cos^2 t}$$

$$= -\arctan(\cos t)\Big|_0^{\frac{\pi}{2}} = \frac{\pi}{4}.$$

【例 9】 （2005 年）下列结论中正确的是(　　).

A. $\int_1^{+\infty}\frac{dx}{x(x+1)}$ 与 $\int_0^1\frac{dx}{x(x+1)}$ 都收敛

B. $\int_1^{+\infty}\frac{dx}{x(x+1)}$ 与 $\int_0^1\frac{dx}{x(x+1)}$ 都发散

C. $\int_1^{+\infty}\frac{dx}{x(x+1)}$ 发散，$\int_0^1\frac{dx}{x(x+1)}$ 收敛

D. $\int_1^{+\infty}\frac{dx}{x(x+1)}$ 收敛，$\int_0^1\frac{dx}{x(x+1)}$ 发散

解 $\int_1^{+\infty}\frac{dx}{x(x+1)}=\ln\left|\frac{x}{x+1}\right|\Big|_1^{+\infty}=\ln 2$，积分收敛；

$$\int_0^1\frac{dx}{x(x+1)}=\ln\left|\frac{x}{x+1}\right|\Big|_0^1=0-(-\infty)=+\infty,$$

积分发散. 故应选 D.

【例 10】 （2004 年）$\int_1^{+\infty}\frac{dx}{x\sqrt{x^2-1}}=$ ________.

解法 1 $\int_1^{+\infty}\frac{dx}{x\sqrt{x^2-1}}\xlongequal{x=\sec t}\int_0^{\frac{\pi}{2}}\frac{\sec t\ \tan t}{\sec t\ \tan t}dt=\int_0^{\frac{\pi}{2}}dt=\frac{\pi}{2}.$

解法 2 $\int_1^{+\infty}\frac{dx}{x\sqrt{x^2-1}}\xlongequal{x=\frac{1}{t}}\int_1^0\frac{t}{\sqrt{\frac{1}{t^2}-1}}\left(-\frac{1}{t^2}\right)dt$

$$=\int_0^1\frac{1}{\sqrt{1-t^2}}dt=\arcsin t\ \Big|_0^1=\frac{\pi}{2}.$$

【例 11】 （2004 年）某种飞机在机场降落时，为了减少滑行距离，在触地的瞬间，飞机尾部张开减速伞，以增大阻力，使飞机迅速减速并停下. 现有一质量为 9 000 kg 的飞机，着陆时的水平速度为 700 km/h，经测试，减速伞打开后，飞机所受的总阻力与飞机的速度成正比(比例系数为 $k=6.0\times10^6$). 问从着陆算起，飞机滑行的最长距离是多少?

解 根据牛顿第二定律，得 $m\frac{dv}{dt}=-kv$，所以

$$\frac{dv}{v}=-\frac{k}{m}dt.$$

两边积分得通解 $v=Ce^{-\frac{k}{m}t}$. 代入初始条件 $v\Big|_{t=0}=v_0$，解得 $C=v_0$. 故

$$v(t)=v_0\mathrm{e}^{-\frac{k}{m}t}.$$

飞机滑行的最长距离为

$$x=\int_0^{+\infty}v(t)\mathrm{d}t=-\frac{mv_0}{k}\mathrm{e}^{-\frac{k}{m}t}\Big|_0^{+\infty}=\frac{mv_0}{k}=1.05\ (\mathrm{km}).$$

或由$\frac{\mathrm{d}x}{\mathrm{d}t}=v_0\mathrm{e}^{-\frac{k}{m}t}$，知$x(t)=\int_0^t v_0\mathrm{e}^{-\frac{k}{m}t}\mathrm{d}t=-\frac{kv_0}{m}(\mathrm{e}^{-\frac{k}{m}t}-1)$. 故最长距离为当$t\to\infty$时，$x(t)\to\frac{kv_0}{m}=1.05\ (\mathrm{km})$.

【例 12】 (2002 年) $\int_{\mathrm{e}}^{+\infty}\frac{\mathrm{d}x}{x\ln^2x}=$ ________.

解 $\int_{\mathrm{e}}^{+\infty}\frac{\mathrm{d}x}{x\ln^2x}=\int_{\mathrm{e}}^{+\infty}\frac{\mathrm{d}(\ln x)}{\ln^2x}=-\frac{1}{\ln x}\Big|_{\mathrm{e}}^{+\infty}=1.$

第7章 微分方程

一、主要内容

1. 一阶微分方程的解法

■ 可分离变量的微分方程

形如$\frac{\mathrm{d}y}{\mathrm{d}x}=g(x)h(y)$或$M(y)\mathrm{d}y=N(x)\mathrm{d}x$的微分方程称为**可分离变量的微分方程**. 对$M(y)\mathrm{d}y=N(x)\mathrm{d}x$两边积分即可得其通解为

$$\int M(y)\mathrm{d}y=\int N(x)\mathrm{d}x+C.$$

■ 齐次方程

形如

$$\frac{\mathrm{d}y}{\mathrm{d}x}=\varphi\left(\frac{y}{x}\right) \quad ①$$

的微分方程称为**齐次方程**. 令$u=\frac{y}{x}$, 则$y=xu$, $\frac{\mathrm{d}y}{\mathrm{d}x}=u+x\frac{\mathrm{d}u}{\mathrm{d}x}$, 代入方程①得$u+x\frac{\mathrm{d}u}{\mathrm{d}x}=\varphi(u)$, 即$\frac{\mathrm{d}u}{\varphi(u)-u}=\frac{\mathrm{d}x}{x}$. 这是一个可分离变量的微分方程.

■ 一阶线性微分方程

一阶线性齐次微分方程$y'+P(x)y=0$的通解是

$$y=C\mathrm{e}^{-\int P(x)\mathrm{d}x}. \quad ①$$

一阶线性非齐次微分方程

$$y'+P(x)y=Q(x) \quad ②$$

的通解是

$$y=\left(\int Q(x)e^{\int P(x)dx}dx+C\right)e^{-\int P(x)dx}. \qquad ③$$

一阶线性非齐次微分方程还可以用常数变易法来求解，即在①中，把C换为$u(x)$，令

$$y=u(x)e^{-\int P(x)dx} \qquad ④$$

为方程②的解，并将④代入②中求出$u(x)$，即得②的通解③.

■ 伯努利方程

形如

$$y'+P(x)y=Q(x)y^{\alpha}\quad(\alpha\neq 0,1) \qquad ①$$

的微分方程称为**伯努利方程**. 方程两端同除以y^{α}，将方程①化为

$$y^{-\alpha}y'+P(x)y^{1-\alpha}=Q(x),$$

再令$z=y^{1-\alpha}$，即变为一阶线性微分方程

$$\frac{dz}{dx}+(1-\alpha)P(x)z=(1-\alpha)Q(x).$$

求出其通解之后，再以$z=y^{1-\alpha}$代回原变量，即可得到方程①的通解.

2. 可降阶的高阶微分方程

■ $y^{(n)}=f(x)$型的方程

对$y^{(n)}=f(x)$型的方程，连续积分n次即可求得其通解.

■ $y''=f(x,y')$型的方程

令$y'=p$，则$y''=\frac{dp}{dx}=p'$，方程$y''=f(x,y')$可化为一阶微分方程

$$p'=f(x,p).$$

设其通解为$y'=p=\varphi(x,C_1)$，再两边积分，得方程$y''=f(x,y')$的通解为

$$y=\int\varphi(x,C_1)dx+C_2.$$

■ $y''=f(y,y')$型的方程

令$y'=p(y)$，则$y''=p\frac{dp}{dy}$，方程$y''=f(y,y')$可化为一阶微分方程

$$p\frac{dp}{dy}=f(y,p).$$

设其通解为$y'=p=p(y,C_1)$，再用分离变量法，得方程$y''=f(y,y')$的通

解为$\int \frac{\mathrm{d}y}{p(y,C_1)}=x+C_2$.

3. 二阶线性微分方程解的结构

二阶非齐次线性微分方程的形式为

$$y''+P(x)y'+Q(x)y=f(x), \quad ①$$

其对应的二阶齐次线性微分方程的形式为

$$y''+P(x)y'+Q(x)y=0. \quad ②$$

(1) 如果 $y_1(x),y_2(x)$ 是方程 ② 的两个特解，则

$$y=C_1y_1(x)+C_2y_2(x)$$

也是方程 ② 的解，其中 C_1,C_2 是任意常数.

特别地，设 $y_1(x),y_2(x)$ 是方程 ② 的两个线性无关的特解(即 $y_1(x)\neq \lambda y_2(x)$，$\lambda$ 是常数)，则

$$y=C_1y_1(x)+C_2y_2(x)$$

就是方程 ② 的通解，其中 C_1,C_2 是任意常数.

(2) 如果 $y^*(x)$ 是方程 ① 的一个特解，而 $C_1y_1(x)+C_2y_2(x)$ 是方程 ② 的通解，则

$$y=C_1y_1(x)+C_2y_2(x)+y^*(x)$$

是方程 ① 的通解.

(3) 设 $y_1^*(x)$ 与 $y_2^*(x)$ 分别是方程

$$y''+P(x)y'+Q(x)y=f_1(x),$$

$$y''+P(x)y'+Q(x)y=f_2(x)$$

的特解，则 $y_1^*(x)+y_2^*(x)$ 是方程

$$y''+P(x)y'+Q(x)y=f_1(x)+f_2(x)$$

的特解.

4. 二阶常系数齐次线性微分方程

二阶常系数齐次线性微分方程的形式为

$$y''+py'+qy=0, \quad ①$$

其中，p,q 是常数. 其特征方程为

$$\lambda^2+p\lambda+q=0,$$

特征方程的根称为方程 ① 的**特征根**. 特征根与通解的关系见下表：

特 征 根	$y''+py'+qy=0$ 的通解
两不等的单实根 $\lambda_1 \neq \lambda_2$	$y=C_1e^{\lambda_1 x}+C_2e^{\lambda_2 x}$
两相等的实根 $\lambda_1=\lambda_2=\lambda$	$y=e^{\lambda x}(C_1+C_2x)$
一对共轭复根 $\lambda_{1,2}=\alpha \pm i\beta$	$y=e^{\alpha x}(C_1\cos\beta x+C_2\sin\beta x)$

类似地，n 阶常系数线性齐次微分方程

$$y^{(n)}+a_1y^{(n-1)}+a_2y^{(n-2)}+\cdots+a_{n-1}y'+a_ny=0,$$

其中，$a_1,a_2,\cdots,a_n$ 为实常数，其特征方程为

$$\lambda^n+a_1\lambda^{n-1}+a_2\lambda^{n-2}+\cdots+a_{n-1}\lambda+a_n=0.$$

特征根与通解的关系见下表：

特 征 根	微分方程相应的线性无关的解项
单实根 λ	给出一项：$e^{\lambda x}$
一对单复根 $\lambda_{1,2}=\alpha \pm i\beta$	给出两项：$e^{\alpha x}\cos\beta x$，$e^{\alpha x}\sin\beta x$
k 重实根 λ	给出 k 项：$e^{\lambda x}(C_1+C_2x+\cdots+C_kx^{k-1})$
一对 k 重复根 $\lambda=\alpha \pm i\beta$	给出 $2k$ 项：$e^{\alpha x}(C_1+C_2x+\cdots+C_kx^{k-1})\cos\beta x$ $+e^{\alpha x}(D_1+D_2x+\cdots+D_kx^{k-1})\sin\beta x$

5. 二阶常系数线性非齐次微分方程

二阶常系数线性非齐次微分方程的形式为

$$y''+py'+qy=f(x), \qquad ①$$

其中，p,q 为常数，$f(x)$ 不恒为零. 其对应齐次方程的通解易求，关键在于求出方程 ① 的一个特解 y^*.

如果 $f(x)=P_m(x)e^{\lambda x}$，可设方程 ① 的特解为

$$y^*=x^kQ_m(x)e^{\lambda x},$$

其中，k 是 λ 为特征方程解的重数($k=0$ 表示 λ 不是特征根).

如果 $f(x)=e^{\lambda x}(P_l(x)\cos\omega x+P_n(x)\sin\omega x)$，记 $m=\max\{l,n\}$，若 $\lambda+i\omega$ 为特征方程的 k 重根($k=0$ 表示 λ 不是特征根)，则可设方程的特解为

$$y^*=x^ke^{\lambda x}(P_m(x)\cos\omega x+Q_m(x)\sin\omega x).$$

6. 欧拉方程

形如

$$x^n y^{(n)}+p_1x^{n-1}y^{(n-1)}+p_2x^{n-2}y^{(n-2)}+\cdots+p_{n-1}xy'+p_ny=f(x) \text{①}$$

的方程称为**欧拉方程**，其中 $p_1,p_2,\cdots,p_n$ 为常数.

令 $x=e^t$，则 $t=\ln x$，$\dfrac{dt}{dx}=\dfrac{1}{x}$，

$$y'=\frac{dy}{dx}=\frac{dy}{dt}\frac{dt}{x}=\frac{1}{x}\frac{dy}{dt},\quad y''=\frac{d^2y}{dx^2}=\frac{1}{x^2}\left(\frac{d^2y}{dt^2}-\frac{dy}{dt}\right).$$

记 $D=\dfrac{d}{dt}$，$\dfrac{dy}{dt}=Dy$，则 $x^2\dfrac{d^2y}{dx^2}=\dfrac{d^2y}{dt^2}-\dfrac{dy}{dt}=D(D-1)y$. 一般地，用数学归纳法可以推出

$$x^ky^{(k)}=x^k\frac{d^ky}{dx^k}=D(D-1)\cdots(D-k+1)y.$$

将 $x=e^t$ 及上式代入欧拉方程①，则欧拉方程①可化为关于自变量 t 的常系数线性微分方程.

二、典型例题分析

【例1】 解下列微分方程：

(1) $xy'+y=y(\ln x+\ln y)$； (2) $(1+y^2)dx=(\arctan y-x)dy$；

(3) $y'=\dfrac{1}{(x-y)^2}$； (4) $y'=\dfrac{y}{2x}+\dfrac{1}{2y}\tan\dfrac{y^2}{x}$；

(5) $y'\cos y-\cos x\sin^2 y=\sin y$.

解 (1) 原方程变形为 $(xy)'=y\ln(xy)$. 令 $xy=u$，代入原方程得

$$u'=\frac{u\ln u}{x}.$$

分离变量得 $\dfrac{du}{u\ln u}=\dfrac{dx}{x}$. 两边积分得 $\ln(\ln u)=\ln x+C_1$. 故原方程的通解为

$$y=\frac{e^{Cx}}{x},\quad C \text{ 为任意常数.}$$

(2) 把 y 视为自变量，x 视为 y 的函数，则

$$\frac{\mathrm{d}x}{\mathrm{d}y}+\frac{1}{1+y^2}x=\frac{1}{1+y^2}\arctan y,$$

于是

$$\begin{aligned}x&=\mathrm{e}^{-\int\frac{\mathrm{d}y}{1+y^2}}\left(\int\frac{1}{1+y^2}\arctan y\ \mathrm{e}^{\int\frac{\mathrm{d}y}{1+y^2}}\mathrm{d}y+C\right)\\&=\mathrm{e}^{-\arctan y}\left(\int\arctan y\ \mathrm{e}^{\arctan y}\mathrm{d}(\arctan y)+C\right)\\&=\mathrm{e}^{-\arctan y}[(\arctan y-1)\mathrm{e}^{\arctan y}+C]\\&=\arctan y-1+C\mathrm{e}^{-\arctan y}.\end{aligned}$$

(3) 令 $x-y=u$，则 $y=x-u$，$\frac{\mathrm{d}y}{\mathrm{d}x}=1-\frac{\mathrm{d}u}{\mathrm{d}x}$，代入原方程得

$$1-\frac{\mathrm{d}u}{\mathrm{d}x}=\frac{1}{u^2},\quad 即\frac{\mathrm{d}u}{\mathrm{d}x}=\frac{u^2-1}{u^2}.$$

分离变量得

$$\frac{u^2}{u^2-1}\mathrm{d}u=\mathrm{d}x,\quad 即\left(1+\frac{1}{u^2+1}\right)\mathrm{d}u=\mathrm{d}x.$$

积分得 $u+\frac{1}{2}\ln\left|\frac{u-1}{u+1}\right|=x+C_1$. 将 $x-y=u$ 代回，得原方程通解为

$$\frac{x-y-1}{x-y+1}=C\mathrm{e}^{2y}.$$

(4) 原方程变形为

$$2yy'=\frac{y^2}{x}+\tan\frac{y^2}{x}.$$

令 $\frac{y^2}{x}=u$，则 $y^2=xu$，求导得 $2yy'=xu'+u$，代入上式得

$$xu'+u=u+\tan u,\quad 即\ xu'=\tan u.$$

分离变量得 $\frac{\mathrm{d}u}{\tan u}=\frac{\mathrm{d}x}{x}$. 积分得

$$\ln|\sin u|=\ln|x|+C_1,\quad 或者\ \sin u=Cx.$$

代回 $\frac{y^2}{x}=u$，得原方程的通解为 $\sin\frac{y^2}{x}=Cx$.

(5) 令 $z=\sin y$，则 $\frac{\mathrm{d}z}{\mathrm{d}x}=\cos y\ \frac{\mathrm{d}y}{\mathrm{d}x}$，代入原方程得

$$\frac{\mathrm{d}z}{\mathrm{d}x}-z^2\cos x=z,\quad 即\frac{\mathrm{d}z}{\mathrm{d}x}-z=z^2\cos x.$$

这是伯努利方程，令 $u=z^{-1}$ 得 $\frac{\mathrm{d}u}{\mathrm{d}x}+u=-\cos x$，于是

$$u=\mathrm{e}^{-x}\left(\int-\cos x\ \mathrm{e}^{x}\,\mathrm{d}x+C_1\right)=\mathrm{e}^{-x}\left[-\frac{\mathrm{e}^{x}(\cos x+\sin x)}{2}+C_1\right]$$

$$=-\frac{1}{2}(\cos x+\sin x)+C_1\mathrm{e}^{-x}.$$

而 $u=\frac{1}{z}=\frac{1}{\sin y}$，所以原方程的通解为 $\frac{2}{\sin y}+\cos x+\sin x=C\mathrm{e}^{-x}$.

【例2】 求下列各初值问题的解：

(1) $\begin{cases}xy'+x+\sin(x+y)=0,\\ y\big|_{x=\frac{\pi}{2}}=0;\end{cases}$

(2) $\begin{cases}2(y')^2=y''(y-1),\\ y\big|_{x=1}=2,\ y'\big|_{x=1}=-1.\end{cases}$

解 (1) 令 $u=x+y$，则有 $\frac{\mathrm{d}y}{\mathrm{d}x}=\frac{\mathrm{d}u}{\mathrm{d}x}-1$，于是原方程化为

$$x\left(\frac{\mathrm{d}u}{\mathrm{d}x}-1\right)+x+\sin u=0.$$

分离变量得 $\frac{\mathrm{d}u}{\sin u}=-\frac{\mathrm{d}x}{x}$. 积分得

$$\ln|\csc u-\cot u|=-\ln|x|+C_1,\quad 或\ \csc u+\cos u=Cx.$$

将 $u=x+y$ 代回，得通解 $\csc(x+y)+\cot(x+y)=Cx$. 再由初值条件 $y\big|_{x=\frac{\pi}{2}}=0$，得 $C=\frac{2}{\pi}$，从而所求特解为

$$\csc(x+y)+\cot(x+y)=\frac{2}{\pi}x.$$

(2) 方程不显含 x. 令 $y'=P$，则 $y''=P\frac{\mathrm{d}P}{\mathrm{d}x}$，原方程化为

$$2P^2=P\frac{\mathrm{d}P}{\mathrm{d}x}(y-1).$$

当 $P\neq 0$ 时，$\frac{\mathrm{d}P}{P}=\frac{2}{y-1}\mathrm{d}y$，于是

$$P=C_1(y-1)^2.$$

由 $y\big|_{x=1}=2$，$y'\big|_{x=1}=-1$，知 $y'\big|_{y=2}=-1$，代入上式得 $C_1=-1$. 从而得到 $\frac{\mathrm{d}y}{(y-1)^2}=-\mathrm{d}x$，积分得

$$\frac{1}{y-1}=x+C_2.$$

再由 $y\big|_{x=1}=2$，求得 $C_2=0$. 于是，当 $P\neq 0$ 时，所求特解为 $\frac{1}{y-1}=x$.

当 $P=0$ 时，得 $y=C$，显然这个解也满足方程，但不满足初始条件.

故原方程满足所给初始条件的特解为 $\frac{1}{y-1}=x$，即 $y=1+\frac{1}{x}$.

【例3】 设可微函数 $f(x)$,$g(x)$ 满足 $f'(x)=g(x)$，$g'(x)=f(x)$，且 $f(0)=0$，$g(x)\neq 0$. 设 $\varphi(x)=\frac{f(x)}{g(x)}$，试导出 $\varphi(x)$ 所满足的微分方程，并求 $\varphi(x)$.

解 对 $\varphi(x)=\frac{f(x)}{g(x)}$ 两边求导得

$$\varphi'(x)=\frac{f'(x)g(x)-f(x)g'(x)}{g^2(x)}=1-\left(\frac{f(x)}{g(x)}\right)^2=1-\varphi^2(x).$$

由 $f(0)=0$，$\varphi(x)=\frac{f(x)}{g(x)}$ 且 $g(x)\neq 0$，得 $\varphi(0)=0$. 于是得 $\varphi(x)$ 所满足的微分方程初值问题：

$$\begin{cases}\varphi'(x)=1-\varphi^2(x),\\ \varphi(0)=0.\end{cases}$$

将方程 $\varphi'(x)=1-\varphi^2(x)$ 分离变量得 $\frac{\mathrm{d}\varphi}{1-\varphi^2}=\mathrm{d}x$. 两边积分得

$$\frac{1}{2}\ln\left|\frac{1+\varphi}{1-\varphi}\right|=x+C.$$

由 $\varphi(0)=0$ 得 $C=0$. 所以 $\varphi(x)$ 满足的方程为 $\ln\left|\frac{1+\varphi(x)}{1-\varphi(x)}\right|=2x$.

【例4】 已知 $f(x)\int_0^x f(t)\mathrm{d}t=1$，$x\neq 0$，试求函数 $f(x)$ 的一般表达式.

解 令 $F(x)=\int_0^x f(t)\mathrm{d}t$，则 $F(0)=0$ 且 $F'(x)=f(x)$，于是原式即为 $F'(x)F(x)=1$. 两边积分得

$$\frac{1}{2}F^2(x)=x+C.$$

由 $F(0)=0$ 得 $C=0$. 所以 $F(x)=\pm\sqrt{2x}$，$f(x)=F'(x)=\pm\frac{1}{\sqrt{2x}}$.

【例 5】 若 $2\int_0^x y(t)\sqrt{1+y'^2(t)}\,dt=2x+y^2(x)$，求 $y(x)$.

解 两边关于 x 求导得

$$2y(x)\sqrt{1+y'^2(x)}=2+2y(x)y'(x).$$

两边平方，整理得

$$2yy'=y^2-1.$$

令 $z=y^2$，则方程化为 $\frac{dz}{dx}=z-1$. 积分得到 $z-1=C\,e^x$，即

$$y^2-1=C\,e^x.$$

又由 $y(0)=0$，得 $C=-1$，所以 $y^2=1-e^x$.

【例 6】 可导函数 $\varphi(x)$ 满足 $\varphi(x)\cos x+2\int_0^x \varphi(t)\sin t\,dt=x+1$，求 $\varphi(x)$.

解 两边对 x 求导，得 $\varphi'(x)\cos x-\varphi(x)\sin x+2\varphi(x)\sin x=1$，即

$$\varphi'(x)\cos x+\varphi(x)\sin x=1.$$

方程的通解是

$$\varphi(x)=e^{-\int\tan x\,dx}\left(\int\sec x\,e^{\int\tan x\,dx}dx+C\right)=\cos x\left(\int\sec^2 x\,dx+C\right)$$

$$=\cos x\,(\tan x+C).$$

令 $x=0$，由已知条件知 $\varphi(0)=1$，故 $C=1$. 所以

$$\varphi(x)=\cos x+\sin x.$$

【例 7】 求满足 $\int_0^x f(t)dt=x+\int_0^x tf(x-t)dt$ 的可微函数 $f(x)$.

解 令 $x-t=u$. 当 $t=0$ 时，$u=x$；当 $t=x$ 时，$u=0$. 原积分方程化为 $\int_0^x f(t)dt=x+\int_x^0(x-u)f(u)(-du)$，即

$$\int_0^x f(t)dt=x+x\int_0^x f(u)du-\int_0^x uf(u)du.$$

两边对 x 求导得

$$f(x)=1+\int_0^x f(u)du+xf(x)-xf(x),\quad 或\int_0^x f(u)du=f(x)-1.$$

再两边对 x 求导得 $f'(x)=f(x)$，其通解为

$$y=C\,e^x.$$

当 $x=0$ 时，$f(0)=1$ 得 $C=1$. 所以 $f(x)=e^x$.

【例 8】 设 $f(x)$ 为可导函数，且满足方程 $\int_0^1 f(tx)\mathrm{d}t=\frac{1}{2}f(x)+1$，求函数 $f(x)$.

解 将积分方程两边同乘以 x，得 $x\int_0^1 f(tx)\mathrm{d}t=\frac{x}{2}f(x)+x$，即

$$\int_0^1 f(tx)\mathrm{d}(tx)=\frac{x}{2}f(x)+x, \quad 即\int_0^x f(u)\mathrm{d}u=\frac{x}{2}f(x)+x.$$

将上式两边对 x 求导，得

$$f(x)=\frac{1}{2}f(x)+\frac{x}{2}f'(x)+1, \quad 即\ f'(x)-\frac{1}{x}f(x)=-\frac{2}{x}.$$

从而

$$f(x)=\mathrm{e}^{-\int -\frac{1}{x}\mathrm{d}x}\left(\int -\frac{2}{x}\mathrm{e}^{\int -\frac{1}{x}\mathrm{d}x}\mathrm{d}x+C\right)=x\left(\int -\frac{2}{x^2}\mathrm{d}x+C\right)$$

$$=x\left(\frac{2}{x}+C\right)=2+Cx.$$

【例 9】 求下列微分方程的解：

(1) $y'=\frac{4x+xy^2}{y-x^2y}$，$y(0)=1$；

(2) $(\mathrm{e}^{x+y}-\mathrm{e}^x)\mathrm{d}x+(\mathrm{e}^{x+y}+\mathrm{e}^y)\mathrm{d}y=0$.

解 (1) 将方程变形得 $\frac{\mathrm{d}y}{\mathrm{d}x}=\frac{x(4+y^2)}{y(1-x^2)}$. 分离变量得

$$\frac{y\mathrm{d}y}{4+y^2}=\frac{x\mathrm{d}x}{1-x^2}, \quad 即\frac{\mathrm{d}(4+y^2)}{4+y^2}=-\frac{\mathrm{d}(1-x^2)}{1-x^2}.$$

两边积分得 $\ln(4+y^2)=-\ln|1-x^2|+\ln C$，即

$$(4+y^2)(1-x^2)=C.$$

将初始条件 $y(1)=0$ 代入上式，得 $C=5$. 因此，满足初始条件的方程的特解为 $(4+y^2)(1-x^2)=5$.

(2) 分离变量得 $\mathrm{e}^x(\mathrm{e}^y-1)\mathrm{d}x=-\mathrm{e}^y(\mathrm{e}^x+1)\mathrm{d}y$，即

$$\frac{\mathrm{e}^x}{1+\mathrm{e}^x}\mathrm{d}x=\frac{\mathrm{e}^y}{1-\mathrm{e}^y}\mathrm{d}y.$$

两边积分得通解 $\ln(1+\mathrm{e}^x)=-\ln|1-\mathrm{e}^y|+C$，即 $(1+\mathrm{e}^x)(1-\mathrm{e}^y)=C$.

【例 10】 求下列微分方程的通解：

(1) $y''-2y=2x\mathrm{e}^x(\cos x-\sin x)$；

(2) $y^{(4)}-2y'''+y''=\mathrm{e}^x$.

解 (1) 对应的齐次线性微分方程的通解为

$$Y=C_1e^{\sqrt{2}x}+C_2e^{-\sqrt{2}x}.$$

可设特解为

$$y^*=e^x(Ax+B)\cos x+e^x(Cx+D)\sin x.$$

将 $y^*,y^{*\prime},y^{*\prime\prime}$ 代入方程，利用待定系数法，得

$$A=0,\quad B=1,\quad C=1,\quad D=0,$$

即 $y^*=e^x(\cos x+x\sin x)$，所以方程的通解为

$$y=Y+y^*=C_1e^{\sqrt{2}x}+C_2e^{-\sqrt{2}x}+e^x(\cos x+x\sin x).$$

(2) 对应的齐次线性微分方程的通解为

$$Y=C_1+C_2x+(C_3+C_4x)e^x.$$

可设特解为 $y^*=Ax^2e^x$. 将 $y^*,y^{*\prime},y^{*\prime\prime},y^{*\prime\prime\prime},y^{*(4)}$ 代入方程，得 $A=\dfrac{1}{2}$.

故所求通解为

$$y=Y+y^*=C_1+C_2x+\left(C_3+C_4x+\frac{1}{2}x^2\right)e^x.$$

【例 11】 设 $y=e^x(C_1\sin x+C_2\cos x)$ 为某二阶常系数线性齐次微分方程的通解，C_1,C_2 为任意常数. 求这个方程.

解 由所给解，可以看出所求方程的特征根为 $\lambda_{1,2}=1\pm i$，由此得特征方程为

$$[\lambda-(1+i)][\lambda-(1-i)]=\lambda^2-2\lambda+2=0,$$

所求方程为 $y''-2y'+2y=0$.

【例 12】 求微分方程 $y''-8y'+16y=x+e^{4x}$ 的一个特解.

解 方程右边函数 $f(x)=x+e^{4x}$ 可看做函数 $f_1(x)=x$ 与 $f_2(x)=e^{4x}$ 之和，因此原方程的特解 y^* 可以是方程

$$y''-8y'+16y=x \tag{①}$$

的特解 y_1^* 与方程

$$y''-8y'+16y=e^{4x} \tag{②}$$

的特解 y_2^* 之和，即 $y^*=y_1^*+y_2^*$. 特征方程及特征根分别为

$$r^2-8r+16=0,\quad r_1=r_2=4.$$

$\lambda=0$ 不是特征根，设 $y_1^*=Ax+B$，将其代入方程 ①，有

$$-8A+16Ax+16B=x.$$

比较系数得 $A=\dfrac{1}{16}$，$B=\dfrac{1}{32}$. 方程 ① 的特解为 $y_1^*=\dfrac{1}{16}x+\dfrac{1}{32}$.

由于 $\lambda=4$ 是二重特征根，设 $y_2^*=Cx^2e^{4x}$，将其代入方程 ②，得 $2Ce^{4x}=e^{4x}$，即 $C=\frac{1}{2}$. 方程 ② 的特解为 $y_2^*=\frac{1}{2}x^2e^{4x}$.

故原方程的一个特解为

$$y^*=y_1^*+y_2^*=\frac{1}{16}x+\frac{1}{32}+\frac{1}{2}x^2e^{4x}.$$

【例 13】 求微分方程 $x^2y''-2y=2x\ln x$ 的通解.

解 这是一个欧拉方程，作变换 $x=e^t$，或者 $t=\ln x$，将方程化为

$$D(D-1)y-2y=2te^t,$$

即 $\frac{d^2y}{dt^2}-\frac{dy}{dt}-2y=2te^t$. 解得

$$y=C_1e^{-t}+C_2e^{2t}-\left(t+\frac{1}{2}\right)e^t.$$

于是原方程的通解为

$$y=C_1\frac{1}{x}+C_2x^2-\left(\ln x+\frac{1}{2}\right)x.$$

【例 14】 求方程 $y^{(4)}-2y^{(3)}+y''=2x$ 的通解.

解 方程的特征方程为

$$r^4-2r^3+r^2=r^2(r^2-2r+1)=0,$$

其特征根为 $r_1=r_2=0$，$r_3=r_4=1$. 对应齐次方程的通解为

$$Y=C_1+C_2x+(C_3+C_4x)e^x.$$

方程右边的函数 $f(x)=2x$ 中的 $\lambda=0$ 是二重特征根. 设 $y^*=x^2(ax+b)$ 是方程的特解，并将其代入原方程，得

$$-12a+6ax+2b=2x.$$

比较两端同类项的系数解得 $a=\frac{1}{3}$，$b=2$. 方程的特解为

$$y^*=x^2\left(\frac{1}{3}x+2\right).$$

故所求方程的通解为

$$Y=C_1+C_2x+(C_3+C_4x)e^x+x^2\left(\frac{1}{3}x+2\right).$$

【例 15】 镭的衰变有如下的规律：镭的衰变速度与它的现存量 R 成正比. 由经验材料知，镭经过 1 600 年后，只余原始量 R_0 的一半，试求镭的量 R 与时间 t 的函数关系.

解 由题意可建立如下数学模型：

$$\begin{cases}\dfrac{\mathrm{d}R}{\mathrm{d}t}=-kR,\\ R\Big|_{t=0}=R_0,\ R\Big|_{t=1\,600}=\dfrac{1}{2}R_0,\end{cases}$$

解之得通解 $R=C\mathrm{e}^{-kt}$. 由 $R\Big|_{t=0}=R_0$，得 $C=R_0$，于是

$$R=R_0\mathrm{e}^{-kt}.$$

再由 $R\Big|_{t=1\,600}=\dfrac{1}{2}R_0$，得 $k=\dfrac{\ln 2}{1\,600}$，所以 $R=R_0\mathrm{e}^{-\frac{\ln 2}{1\,600}t}$，即 $R=R_0\mathrm{e}^{-0.\,000\,433t}$ 为所求函数关系.

【例16】 设有一质量为 m 的质点做直线运动，从速度等于零的时刻起，有一个与运动方向一致、大小与时间成正比(比例系数为 k_1) 的力作用于它，此外还受到一个与速度成正比(比例系数为 k_2) 的阻力作用. 求质点运动的速度与时间的函数关系.

解 设物体的运动速度为 $v(t)$，据题意有 $m\dfrac{\mathrm{d}v}{\mathrm{d}t}=k_1t-k_2v$，即

$$\frac{\mathrm{d}v}{\mathrm{d}t}+\frac{k_2}{m}=v\frac{k_1}{m}t.$$

于是

$$v=\mathrm{e}^{-\int\frac{k_2}{m}\mathrm{d}t}\left(C+\int\frac{k_1}{m}t\,\mathrm{e}^{\int\frac{k_2}{m}\mathrm{d}t}\mathrm{d}t\right)=\mathrm{e}^{-\frac{k_2}{m}t}\left(\frac{k_1}{k_2}t\,\mathrm{e}^{\frac{k_2}{m}t}-\frac{mk_1}{k_2^{\ 2}}\mathrm{e}^{\frac{k_2}{m}t}+C\right).$$

由 $v\Big|_{t=0}=0$，得 $C=\dfrac{mk_1}{k_2^{\ 2}}$，故所求函数关系为

$$v=\frac{k_1}{k_2}t-\frac{mk_1}{k_2^2}(1-\mathrm{e}^{-\frac{k_2}{m}t}).$$

【例17】 设有一质量为 m 的物体，在空中由静止开始下落. 如果空气阻力为 $R=c^2v^2$ (其中 c 为常数，v 为物体运动的速度)，试求物体下落的距离 s 与时间 t 的函数关系.

解 据题意，可得到微分方程的初值问题：

$$\begin{cases}m\dfrac{\mathrm{d}^2s}{\mathrm{d}t^2}=mg-c^2v^2,\\ s(0)=0,\ s'(0)=0.\end{cases}$$

因 $\dfrac{\mathrm{d}s}{\mathrm{d}t}=v$，原方程变为 $\dfrac{\mathrm{d}v}{\mathrm{d}t}=g-\dfrac{c^2}{m}v^2$，即 $\dfrac{m\,\mathrm{d}v}{mg-c^2v^2}=\mathrm{d}t$. 积分得

$$\frac{\sqrt{m}}{2c\sqrt{g}}\ln\left|\frac{cv+\sqrt{mg}}{cv-\sqrt{mg}}\right|=t+C_1.$$

代入 $v(0)=s'(0)=0$，得 $C_1=0$，于是

$$t=\frac{\sqrt{m}}{2c\sqrt{g}}\ln\left|\frac{cv+\sqrt{mg}}{cv-\sqrt{mg}}\right|.$$

记 $2a=\frac{2c\sqrt{g}}{\sqrt{m}}$，并注意到 $\sqrt{mg}>cv$，解得 $v=\frac{\mathrm{d}s}{\mathrm{d}t}=\frac{\sqrt{mg}}{c}\mathrm{th}(at)$. 再积分得

$$s=\frac{\sqrt{mg}}{c}\int\mathrm{th}(at)\,\mathrm{d}t=\frac{\sqrt{mg}}{ac}\ln\mathrm{ch}(at)+C_2=\frac{m}{c^2}\ln\mathrm{ch}\left(\frac{c\sqrt{g}}{\sqrt{m}}t\right)+C_2.$$

又由 $s(0)=0$，得 $C_2=0$，故所求函数关系为

$$s=\frac{m}{c^2}\ln\mathrm{ch}\left(\sqrt{\frac{g}{m}}ct\right).$$

【例 18】 大炮以仰角 α、初速 v_0 发射炮弹. 若不计空气阻力，求弹道曲线.

解 取炮口为坐标原点，弹道曲线所在平面的水平线为 x 轴. 由于炮筒与 x 轴的夹角为 α，则弹头在水平与竖直两个方向的分速度分别为

$$v_{0x}=v_0\cos\alpha,\quad v_{0y}=v_0\sin\alpha.$$

设时刻 t 弹头的位置为 (x,y)，据题设可得微分方程组

$$\begin{cases}\dfrac{\mathrm{d}x}{\mathrm{d}t}=v_0\cos\alpha,\\ m\dfrac{\mathrm{d}^2y}{\mathrm{d}t^2}=-mg,\end{cases}$$

且初始条件为

$$\begin{cases}x(0)=0,\\ y(0)=0,\ y'(0)=v_0\sin\alpha.\end{cases}$$

由 $\frac{\mathrm{d}x}{\mathrm{d}t}=v_0\cos\alpha$，积分得 $x=v_0\cos\alpha\cdot t+C_1$. 由 $\frac{\mathrm{d}^2y}{\mathrm{d}t^2}=-g$，积分得

$$y=-\frac{1}{2}gt^2+C_2t+C_3.$$

将初始条件 $x(0)=0$，$y(0)=0$，$y'(0)=v_0\sin\alpha$ 代入，得 $C_1=0$，$C_3=0$，$C_3=v_0\sin\alpha$. 所以弹道曲线的参数方程为

$$\begin{cases}x=v_0t\cos\alpha,\\ y=v_0t\sin\alpha-\dfrac{1}{2}gt^2.\end{cases}$$

消去参数 t，得弹道曲线为 $y=x\tan\alpha-\frac{1}{2}gt^2$.

三、教材习题全解

习题7-1

1. 验证下列各函数(C 是任意常数)是否为相应微分方程的解；若是解，请判定其是通解还是特解：

(1) $y'-2y=0$；$y=\sin x$，$y=2e^{x}$，$y=Ce^{2x}$；

(2) $2xy\,dx+(1+x^2)dy=0$；$y(1+x^2)=C$；

(3) $y''+9y=x+\dfrac{1}{2}$；$y=5\cos 3x+\dfrac{x}{9}+\dfrac{1}{18}$；

(4) $x^2y'''=2y'$；$y=\ln x+x^3$.

解 (1) $y=\sin x$，$y=2e^{x}$ 均不是解，$y=Ce^{2x}$ 是通解.

(2) 是通解.

(3) 是特解.

(4) 是特解.

2. 验证 $x=C_1\cos t+C_2\sin t$ 是微分方程 $x''+x=0$ 的通解，并求解初值问题：

$$x''+x=0,\quad x\big|_{t=0}=1,\ x'\big|_{t=0}=1.$$

解 方程的特解为 $x=\cos t+\sin t$.

3. 试求下列微分方程在指定形式下的解：

(1) $y''+3y'+2y=0$，形如 $y=e^{rx}$ 的解；

(2) $x^2y''+6xy'+4y=0$，形如 $y=x^{\lambda}$ 的解.

解 (1) 由 $r^2+3r+2=0$，得 $r=-1$，$r=-2$，方程的通解为 $y=C_1e^{-x}+C_2e^{-2x}$.

(2) 由 $\lambda(\lambda-1)+6\lambda+4=0$，得 $\lambda=-1$，$\lambda=-4$. 方程的通解为 $y=C_1x^{-1}+C_2x^{-4}$.

4. 写出由下列条件确定的曲线所满足的微分方程或微分方程的初值问题：

(1) 曲线上一点 $M(x,y)$ 处的法线与 x 轴的交点为 N，且线段 MN 被 y 轴平分；

(2) 曲线上点 $M(x,y)$ 处的切线与 y 轴的交点为 N，线段 MN 的长度为2，且曲线通过点(2,0).

解 (1) 曲线 $y=f(x)$ 在点 $M(x,y)$ 处的法线方程为

$$Y-y=-\frac{1}{y'}(X-x).$$

于是可得与 x 轴的交点 $N(x+yy',0)$，与 y 轴的交点 $Q\left(0,y+\dfrac{x}{y'}\right)$. 又 MN 的中点为 Q，

从而有 $x+yy'+x=0$，故得微分方程 $yy'+2x=0$.

(2) 曲线 $y=f(x)$ 在点 $M(x,y)$ 处的切线方程为

$$Y-y=y'(X-x),$$

得交点 $N(0,y-xy')$. 由题意，$|MN|^2=x^2+(xy')^2=4$，从而得微分方程为

$$x^2+x^2y'^2=4,\quad 且\ y\big|_{x=0}=2.$$

5. 行驶中的一辆汽车质量为 M. 若汽车制动时速度为 v_0，又假设路面摩擦力和其他阻力的合力 f 与行驶的速度 v 成正比，求汽车从制动到静止所经过的路程.

解 设 t 时刻汽车的位置为 $s(t)$，则速度为 $v(t)=s'(t)$. 由题设有

$$f=m\cdot\frac{\mathrm{d}v(t)}{\mathrm{d}t}=m\,v'(t)=-kv(t),\quad 且\ v(0)=v_0.$$

故 $v(t)=v_0\mathrm{e}^{-\frac{k}{m}t}$，$s(t)=\int_0^t v(t)\mathrm{d}t=\frac{mv_0}{k}-\frac{mv_0}{k}\mathrm{e}^{-\frac{k}{m}t}$. 当 $t\to+\infty$ 时，$v(t)\to0$，从而经过的路程为 $s=\frac{mv_0}{k}$.

习题 7-2

A 类

1. 用分离变量法求下列方程的通解：

(1) $x(1+y^2)\mathrm{d}x=y(1+x^2)\mathrm{d}y$；

(2) $\sec^2x\ \tan y\ \mathrm{d}x+\sec^2y\ \tan x\ \mathrm{d}y=0$；

(3) $\frac{\mathrm{d}y}{\mathrm{d}x}=x\,\mathrm{e}^{y-2x}$；

(4) $\mathrm{e}^y\left(1+\frac{\mathrm{d}y}{\mathrm{d}x}\right)=1$；

(5) $\mathrm{e}^y(1+x^2)\mathrm{d}y-2x(1+\mathrm{e}^y)\mathrm{d}x=0$；

(6) $\mathrm{e}^x\sin^3y+(1+\mathrm{e}^{2x})\cos y\cdot y'=0$.

解 (1) 分离变量得 $\frac{y\,\mathrm{d}y}{1+y^2}=\frac{x\,\mathrm{d}x}{1+x^2}$. 两边积分得

$$\frac{1}{2}\ln(1+y^2)=\frac{1}{2}\ln(1+x^2)+C_1,\quad 即\ \ln(1+y^2)=\ln(1+x^2)+C_2.$$

于是，原方程的通解为 $1+y^2=C(1+x^2)$.

(2) 分离变量得 $\frac{\sec^2x\ \mathrm{d}x}{\tan x}=-\frac{\sec^2y\ \mathrm{d}y}{\tan y}$. 两边积分得

$$\ln|\tan x|=-\ln|\tan y|+C_1.$$

故方程的通解为 $\tan x\ \tan y=C$.

(3) 分离变量得 $\mathrm{e}^{-y}\mathrm{d}y=x\,\mathrm{e}^{-2x}\mathrm{d}x$. 两边积分得

$$-e^{-y}=-\frac{1}{4}e^{-2x}(2x+1)+C_1.$$

故方程的通解为 $e^{-2x}(2x+1)=4e^{-y}+C$.

(4) 分离变量得$\dfrac{dy}{e^{-y}-1}=dx$. 两边积分得 $\ln|1-e^y|=x+C_1$. 故方程的通解为

$$1-e^y=Ce^x.$$

(5) 分离变量得$\dfrac{e^y}{1+e^y}dy=\dfrac{2x}{1+x^2}dx$. 两边积分得 $\ln(1+e^y)=\ln(1+x^2)+C_1$. 故方程的通解为 $1+e^y=C(1+x^2)$.

(6) 分离变量得$\dfrac{e^x\,dx}{1+e^{2x}}=-\dfrac{\cos y}{\sin^3 y}dy$. 两边积分得方程的通解为

$$\arctan e^x=\frac{1}{2\sin^2 y}+C.$$

2. 求下列微分方程初值问题的解：

(1) $\dfrac{x}{1+y}dx-\dfrac{y}{1+x}dy=0$，$y|_{x=0}=1$；

(2) $xy\,dx+(x^2+1)dy=0$，$y|_{x=0}=1$；

(3) $y\ln y\,dx+x\,dy=0$，$y(1)=e$；

(4) $(1+e^x)yy'=e^x$，$y(0)=1$；

(5) $(e^{x+y}-e^x)dx+(e^{x+y}+e^y)dy=0$，$y|_{x=0}=1$；

(6) $e^x\cos y\,dx+(e^x+1)\sin y\,dy=0$，$y|_{x=0}=\dfrac{\pi}{4}$.

解 (1) 分离变量得 $x(1+x)dx=y(1+y)dy$. 两边积分得

$$\frac{1}{2}x^2+\frac{1}{3}x^3=\frac{1}{2}y^2+\frac{1}{3}y^3+C.$$

由初始条件得 $C=-\dfrac{5}{6}$，故方程的特解为 $2x^3+3x^2=2y^3+3y^2-5$.

(2) 分离变量得$\dfrac{x\,dx}{x^2+1}=-\dfrac{dy}{y}$. 两边积分得$\dfrac{1}{2}\ln(1+x^2)=-\ln|y|+C_1$. 故方程的通解为 $y\sqrt{x^2+1}=C$.

由初始条件得 $C=1$，故方程的特解为 $y\sqrt{x^2+1}=1$，即 $y=\dfrac{1}{\sqrt{x^2+1}}$.

(3) 分离变量得$\dfrac{dx}{x}=-\dfrac{dy}{y\ln y}$. 两边积分得 $\ln|x|=-\ln|\ln y|+C_1$. 故方程的通解为 $x\ln y=C$.

由初始条件得 $C=1$，故方程的特解为 $x\ln y=1$.

(4) 分离变量得$\dfrac{e^x}{1+e^x}dx=y\,dy$. 两边积分得 $\ln(1+e^x)=\dfrac{1}{2}y^2+C$.

由初始条件得 $C=\ln 2-\dfrac{1}{2}$，故方程的特解为 $\ln(1+e^x)=\dfrac{1}{2}y^2+\ln 2-\dfrac{1}{2}$.

(5) 分离变量得$\frac{e^x}{1+e^x}dx=-\frac{e^y}{e^y-1}dy$. 两边积分得$\ln(e^x+1)+\ln(e^y-1)=C_1$. 故方程的通解为$(e^x+1)(e^y-1)=C$.

由初始条件得$C=2(e-1)$，故方程的特解为$(e^x+1)(e^y-1)=2(e-1)$.

(6) 分离变量得$\frac{e^x}{1+e^x}dx=-\frac{\sin y}{\cos y}dy$. 两边积分得$\ln(e^x+1)=\ln|\cos y|+C_1$. 故方程的通解为$e^x+1=C\cos y$.

由初始条件得$C=2\sqrt{2}$，故方程的特解为$e^x+1=2\sqrt{2}\cos y$.

3. 质量为1 g的质点受力作用做直线运动，该力与时间成正比，与质点运动的速率成反比，在$t=10$ s时，速率等于50 cm/s，力为4 g·cm/s^2. 问从运动开始经过了一分钟后的速率是多少?

解 由题意知，外力$F=k\cdot\frac{t}{v}$. 由于$v(t)\big|_{t=10}=50$ cm/s，$F\big|_{t=10}=4$ g·cm/s^2，代入得$k=20$，所以$F=\frac{20t}{v}$. 又$F=ma=1\cdot\frac{dv}{dt}$，所以$\frac{dv}{dt}=\frac{20t}{v}$. 分离变量得通解为

$$\frac{1}{2}v^2=10t^2+C.$$

将初始条件$v\big|_{t=10}=50$代入上式，得$C=250$. 从而$v^2=20t^2+500$，即

$$v=\sqrt{20t^2+500}.$$

再将$t=60$代入，得$v=\sqrt{20\times60^2+500}=269.3$ (cm/s).

4. 用适当的变量代换求解下列微分方程:

(1) $xy'-y=2\sqrt{xy}$;

(2) $x\frac{dy}{dx}=y(\ln y-\ln x)$;

(3) $xy'=y\left(1+\ln\frac{y}{x}\right)$，$y(1)=e^{-\frac{1}{2}}$;

(4) $x(x+2y)y'-y^2=0$，$y\big|_{x=1}=1$.

解 (1) 原方程可变为

$$\frac{dy}{dx}-\frac{y}{x}=2\sqrt{\frac{y}{x}}.$$

令$u=\frac{y}{x}$，则$\frac{dy}{dx}=u+x\frac{du}{dx}$，代入上式可得$x\frac{du}{dx}=2\sqrt{u}$. 分离变量并积分，可得通解为$\sqrt{u}=\ln|x|+C_1$. 故原方程的通解为$e^{\sqrt{\frac{y}{x}}}=Cx$.

(2) 令$u=\frac{y}{x}$，则$\frac{dy}{dx}=u+x\frac{du}{dx}$，代入原方程可得$u+xu'=u\ln u$. 分离变量得

$$\frac{du}{u\ln u-u}=\frac{dx}{x}.$$

积分得 $\ln|\ln u-1|=\ln|x|+C_1$. 故 $\ln u-1=Cx$，原方程的通解为 $y=x\,e^{Cx+1}$.

(3) 令 $u=\dfrac{y}{x}$，则 $\dfrac{dy}{dx}=u+x\dfrac{du}{dx}$，代入原方程可得 $u+xu'=u(1+\ln u)$，其通解为 $u=e^{Cx}$. 故原方程的通解为 $y=x\,e^{Cx}$.

由初始条件可得 $C=-\dfrac{1}{2}$，故原方程的特解为 $y=x\,e^{-\frac{x}{2}}$.

(4) 方程可变为 $\dfrac{x(x+2y)}{y^2}=\dfrac{dx}{dy}$. 令 $x=yu(y)$，则 $\dfrac{dx}{dy}=u+y\dfrac{du}{dy}$，代入得

$$u(u+2)=u+y\frac{du}{dy}.$$

分离变量并积分，可得方程的通解为 $\dfrac{u}{u+1}=Cy$，即 $\dfrac{x}{x+y}=Cy$.

由初始条件可得 $C=\dfrac{1}{2}$，故原方程的特解为 $2x=xy+y^2$.

5. 设微分方程 $\dfrac{dy}{dx}=f\left(\dfrac{a_1x+b_1y+c_1}{a_2x+b_2y+c_2}\right)$，其中 $f(u)$ 为连续函数，a_1,b_1,c_1,a_2,b_2,c_2 为常数. 证明：

(1) 若 $\dfrac{a_1}{a_2}=\dfrac{b_1}{b_2}$，则可选适当变换(如 $u=a_1x+b_1y$) 将该方程化为可分离变量的方程；

(2) 若 $\dfrac{a_1}{a_2}\neq\dfrac{b_1}{b_2}$，$c_1=c_2=0$，则可选变换(如 $u=\dfrac{y}{x}$) 将该方程化为可分离变量的方程；

(3) 若 $\dfrac{a_1}{a_2}\neq\dfrac{b_1}{b_2}$，且 c_1,c_2 不同时为零，则可选取常数 h 与 k，使通过变换 $x=u+h$，$y=v+k$，把该方程化为齐次方程.

并用上述方法分别求解微分方程：

(1) $y'=\dfrac{2x+2y+3}{x+y-4}$； (2) $y'=\dfrac{x+y}{x-y}$；

(3) $\dfrac{dy}{dx}=\dfrac{x+y-4}{x-y-6}$.

解 (1) 令 $x+y=u$，则有 $y'=u'-1$，代入原方程可得 $u'-1=\dfrac{2u+3}{u-4}$，即

$$\frac{u-4}{3u-1}du=dx.$$

此方程的通解为 $\dfrac{1}{3}u-\dfrac{11}{9}\ln|3u-1|=x+C_1$. 故原方程的通解为

$$11\ln|3x+3y-1|+6x-3y=C.$$

(2) 令 $u=\dfrac{y}{x}$，则 $\dfrac{dy}{dx}=u+x\dfrac{du}{dx}$，代入原方程可得 $u+x\dfrac{du}{dx}=\dfrac{1+u}{1-u}$，即

$$\frac{1-u}{1+u^2}du=\frac{dx}{x},$$

其通解为 $\arctan u - \frac{1}{2}\ln(1+u^2) = \ln x + C_1$. 故原方程的通解为

$$2\arctan\frac{y}{x} = \ln(x^2+y^2)+C.$$

(3) 令 $x = u+5$, $y = v-1$, 则原方程可变为$\frac{dv}{du} = \frac{u+v}{u-v}$, 其通解为

$$2\arctan\frac{v}{u} = \ln(u^2+v^2)+C.$$

故原方程的通解为 $2\arctan\frac{y+1}{x-5} - \ln((x-5)^2+(y+1)^2) = C$.

6. 求下列线性微分方程的解:

(1) $y' - \frac{1}{x}y = 2x\mathrm{e}^x$;

(2) $y' + 2xy = x\mathrm{e}^{-x^2}$;

(3) $y' + y\tan x = \sec x$;

(4) $\frac{dy}{dx} + \frac{1}{x}y = \frac{\sin x}{x}$;

(5) $xy' + y = \frac{\ln x}{x}$, $y|_{x=1} = \frac{1}{2}$;

(6) $x^2 + xy' = y$, $y(1) = 0$.

解 (1) 对应齐次方程的通解为 $y = Cx$. 设非齐次方程的解为 $y = C(x)x$, 则

$$C'(x)x = 2x\mathrm{e}^x,$$

故 $C(x) = 2\mathrm{e}^x + C$. 于是非齐次方程的通解为 $y = (2\mathrm{e}^x + C)x$.

(2) 对应齐次方程的通解为 $y = C\mathrm{e}^{-x^2}$. 设非齐次方程的解为 $y = C(x)\mathrm{e}^{-x^2}$, 则

$$C'(x)\mathrm{e}^{-x^2} = x\mathrm{e}^{-x^2},$$

得 $C(x) = \frac{1}{2}x^2 + C$. 故非齐次方程的通解为 $y = \left(\frac{1}{2}x^2 + C\right)\mathrm{e}^{-x^2}$.

(3) 对应齐次方程的通解为 $y = C\cos x$. 设非齐次方程的解为 $y = C(x)\cos x$, 则

$$C'(x)\cos x = \sec x,$$

得 $C(x) = \tan x + C$. 故非齐次方程的通解为 $y = (\tan x + C)\cos x$, 即 $y = \sin x + C\cos x$.

(4) 对应齐次方程的通解为 $y = \frac{C}{x}$. 设非齐次方程的解为 $y = \frac{C(x)}{x}$, 则

$$\frac{C'(x)}{x} = \frac{\sin x}{x},$$

得 $C(x) = -\cos x + C$. 故非齐次方程的通解为 $y = \frac{C-\cos x}{x}$.

(5) 对应齐次方程的通解为 $y = \frac{C}{x}$. 设非齐次方程的解为 $y = \frac{C(x)}{x}$, 则$\frac{C'(x)}{x} = \frac{\ln x}{x^2}$, 得 $C(x) = \frac{1}{2}\ln^2 x + \frac{C}{2}$. 故非齐次方程的通解为 $y = \frac{\ln^2 x + C}{2x}$.

由初始条件得 $C = 1$, 故方程的解为 $y = \frac{\ln^2 x + 1}{2x}$.

(6) 方程可变为 $y' - \frac{y}{x} = -x$. 对应齐次方程的通解为$y = Cx$. 设非齐次方程的解为

$y = C(x)x$，则 $C'(x)x = -x$，得 $C(x) = C - x$. 故非齐次方程的通解为 $y = x(C - x)$. 由初始条件得 $C = 1$，故方程的解为 $y = x - x^2$.

7. 求下列伯努利方程的通解：

(1) $y' = \frac{4}{x}y + x^2\sqrt{y}$；　　(2) $\frac{dy}{dx} + y = y^2(\cos x - \sin x)$；

(3) $\frac{dy}{dx} - \frac{y}{1+x} + xy^2 = 0$；　　(4) $x\,dy = y(xy - 1)dx$.

解 (1) $y^{-\frac{1}{2}} \cdot y' - \frac{4}{x}y^{\frac{1}{2}} = x^2$. 令 $z = y^{\frac{1}{2}}$，则有 $z' - \frac{2}{x}z = \frac{1}{2}x^2$，其对应的齐次方程的解为 $z = Cx^2$. 可设非齐次方程的解为 $z = C(x)x^2$，得 $C'(x) = \frac{1}{2}$，故 $C(x) = \frac{1}{2}x + C$. 从而原方程的解为 $y^{\frac{1}{2}} = \left(\frac{1}{2}x + C\right)x^2$.

(2) 将方程化为 $\frac{1}{y^2}y' + \frac{1}{y} = \cos x - \sin x$，于是 $\left(\frac{1}{y}\right)' - \frac{1}{y} = \sin x - \cos x$，即方程是关于 $\frac{1}{y}$ 的线性方程，从而有

$$\frac{1}{y} = e^{\int dx}\left[C + \int(\sin x - \cos x)e^{-\int dx}dx\right] = Ce^x - \sin x,$$

即 $y = \frac{1}{Ce^x - \sin x}$，其中，因

$$\int \sin x \cdot e^{-x}dx = -\int \sin x\, d(e^{-x}) = -\sin x \cdot e^{-x} + \int e^{-x}\cos x\, dx,$$

故 $\int(\sin x - \cos x)e^{-\int dx}dx = \int(\sin x - \cos x)e^{-x}dx = -\sin x \cdot e^{-x} + C$.

(3) 原方程可变为 $\frac{1}{y^2} \cdot \frac{dy}{dx} - \frac{1}{1+x} \cdot \frac{1}{y} = -x$. 设 $\frac{1}{y} = z$，则有 $z' + \frac{1}{1+x}z = x$，设其通解为 $z = \frac{C(x)}{1+x}$，可得 $C(x) = \frac{1}{2}x^2 + \frac{1}{3}x^3 + \frac{C}{6}$. 故原方程的通解为

$$\frac{1}{y} = \frac{3x^2 + 2x^3 + C}{6(1+x)}.$$

(4) 原方程可变为 $\frac{1}{y^2} \cdot \frac{dy}{dx} + \frac{1}{x} \cdot \frac{1}{y} = 1$. 设 $\frac{1}{y} = z$，则有 $z' - \frac{1}{x}z = -1$，设其通解为 $z = C(x) \cdot x$，得 $C'(x) \cdot x = -1$，于是 $C(x) = -\ln|x| + C$. 故原方程的通解为

$$\frac{1}{y} = x(C - \ln|x|).$$

8. 一曲线经过点(2,8)，曲线上任一点到两坐标轴的垂线与两坐标轴构成的矩形被该曲线分为两部分，其中上面部分的面积恰好是下面部分面积的两倍，求该曲线的方程.

解 设曲线方程为 $y = y(x)$. 依题意有 $x \cdot y(x) = 3\int_0^x y(t)dt$. 两边关于 x 求导得 $y + xy' = 3y$. 分离变量得 $\frac{dy}{y} = \frac{2}{x}dx$，积分得 $y = Cx^2$.

由初始条件 $y(2)=8$，得 $C=2$，故所求曲线方程为$y=2x^2$.

9. 设函数 $f(x)$ 在$[1,+\infty)$ 上连续. 若由曲线 $y=f(x)$，直线 $x=1$，$x=t$ $(t>1)$ 与 x 轴所围成的平面图形绕 x 轴旋转一周所成的旋转体的体积为

$$V(t)=\frac{\pi}{3}(t^2f(t)-f(1)),$$

试求 $y=f(x)$ 所满足的微分方程，并求该微分方程满足初值条件 $f(2)=\frac{2}{9}$ 的特解.

解 由旋转体体积计算公式，得 $V(t)=\pi\int_1^t f^2(x)\mathrm{d}x$. 于是，依题意得

$$\pi\int_1^t f^2(x)\mathrm{d}x=\frac{\pi}{3}(t^2f(t)-f(1)).$$

两边对 t 求导，得 $3f^2(t)=2tf(t)+t^2f'(t)$. 此式可改写为 $x^2y'=3y^2-2xy$，即

$$\frac{\mathrm{d}y}{\mathrm{d}x}=3\left(\frac{y}{x}\right)^2-2\cdot\frac{y}{x}. \quad ①$$

令 $u=\frac{y}{x}$，则有 $x\frac{\mathrm{d}u}{\mathrm{d}x}=3u(u-1)$. 当 $u\neq 0$，$u\neq 1$ 时，有

$$\frac{\mathrm{d}u}{u(u-1)}=\frac{3\mathrm{d}x}{x}.$$

两边积分得$\frac{u-1}{u}=Cx^3$. 从而方程 ① 的通解为 $y-x=Cx^3y$ (C 为任意常数).

由已知条件，求得 $C=-1$，故所求的解为 $y-x=-x^3y$，即 $y=\frac{x}{1+x^3}$ $(x\geqslant 1)$.

10. 设 $f(x)$ 满足 $f(x)+2\int_0^x f(t)\mathrm{d}t=x^2$，求函数 $f(x)$.

解 方程中令 $x=0$，得 $f(0)=0$. 方程两边求导数，得 $f'(x)+2f(x)=2x$. 记 $f(x)=y$，则 $y'+2y=2x$，且 $y(0)=0$，其通解为

$$\begin{aligned}y&=\mathrm{e}^{-\int 2\,\mathrm{d}x}\left(\int 2x\,\mathrm{e}^{\int 2\,\mathrm{d}x}\mathrm{d}x+C\right)=\mathrm{e}^{-2x}\left(\int 2x\,\mathrm{e}^{2x}\mathrm{d}x+C\right)\\&=\mathrm{e}^{-2x}\left(\int x\,\mathrm{d}\,\mathrm{e}^{2x}+C\right)=\mathrm{e}^{-2x}\left(x\,\mathrm{e}^{2x}-\int \mathrm{e}^{2x}\mathrm{d}x+C\right)\\&=\mathrm{e}^{-2x}\left(x\,\mathrm{e}^{2x}-\frac{1}{2}\mathrm{e}^{2x}+C\right)=C\,\mathrm{e}^{-2x}+x-\frac{1}{2}.\end{aligned}$$

由 $y(0)=0$，得 $C=\frac{1}{2}$，于是 $y=\frac{1}{2}\mathrm{e}^{-2x}+x-\frac{1}{2}$，即 $f(x)=\frac{1}{2}\mathrm{e}^{-2x}+x-\frac{1}{2}$.

B 类

1. 求解下列微分方程：

(1) $\frac{\mathrm{d}y}{\mathrm{d}x}=(x+y)^2$；

(2) $\left(x+y\cos\frac{y}{x}\right)\mathrm{d}x-x\cos\frac{y}{x}\,\mathrm{d}y=0$，$y\big|_{x=1}=0$；

(3) $y\,dx+(1+y)x\,dy=e^{y}dy$；

(4) $xy'=xe^{\frac{y}{x}}+y$，$y(1)=0$；

(5) $(x^3+e^y)y'=3x^2$；

(6) $y'+\dfrac{3x^2}{x^3+1}y=y^2(x^3+1)\sin x$，$y(0)=1$；

(7) $(1+x^2)y'+y=1$；

(8) $(2e^y-x)y'=1$；

(9) $xy'+y-e^x=0$，$y(1)=2$；

(10) $\dfrac{dy}{dx}-xy=x^3y^2$；

(11) $yy'+2xy^2-x=0$，$y|_{x=0}=1$；

(12) $y-x\dfrac{dy}{dx}=y^2+\dfrac{dy}{dx}$，$y|_{x=0}=2$.

解　(1) 令 $x+y=u$，则原方程变为 $u'-1=u^2$. 分离变量得$\dfrac{du}{u^2+1}=dx$，其通解为 $\arctan u=x+C$. 故原方程的通解为 $x+y=\tan(x+C)$.

(2) 令 $u=\dfrac{y}{x}$，则$\dfrac{dy}{dx}=u+x\dfrac{du}{dx}$，代入原方程可得 $1+u\cos u-\cos u\,(u+xu')=0$，即$\dfrac{dx}{x}=\cos u\,du$，其通解为 $\sin u=\ln|x|+C$.

由初始条件可得 $C=0$，故原方程的特解为 $\sin\dfrac{y}{x}=\ln|x|$.

(3) 原方程可变为$\dfrac{dx}{dy}+\left(1+\dfrac{1}{y}\right)x=\dfrac{e^y}{y}$，可求得对应的齐次方程的通解为 $x=C\dfrac{e^{-y}}{y}$，再用常数变易法可求得非齐次方程的通解为 $x=C\dfrac{e^{-y}}{y}+\dfrac{e^y}{2y}$.

(4) 令 $u=\dfrac{y}{x}$，则$\dfrac{dy}{dx}=u+x\dfrac{du}{dx}$，代入原方程可得 $u+xu'=e^u+u$，故$\dfrac{du}{e^u}=\dfrac{dx}{x}$，其通解为 $-e^{-u}=\ln|x|+C$.

由初始条件可得 $C=-1$，故原方程的特解为 $e^{-\frac{y}{x}}+\ln|x|=1$.

(5) 原方程可变为 $x^3+e^y=3x^2\dfrac{dx}{dy}$. 令 $x^3=u$，则有$\dfrac{du}{dy}-u=e^y$，其通解为 $u=(y+C)e^y$. 故原方程的通解为 $x^3=(y+C)e^y$.

(6) 原方程可变为$\dfrac{1}{y^2}\cdot\dfrac{dy}{dx}+\dfrac{3x^2}{x^3+1}\cdot\dfrac{1}{y}=(x^3+1)\sin x$. 令$\dfrac{1}{y}=u$，可得

$$-\frac{du}{dx}+\frac{3x^2}{x^3+1}u=(x^3+1)\sin x,$$

其通解为 $u=(\cos x+C)(x^3+1)$. 故原方程的通解为$(\cos x+C)(x^3+1)y=1$，特解为$(x^3+1)y\cos x=1$.

(7) 原方程可变为 $y'+\frac{y}{1+x^2}=\frac{1}{1+x^2}$，对应齐次方程的通解为 $y=C\mathrm{e}^{\operatorname{arccot}x}$，非齐次方程的通解为 $y=C\mathrm{e}^{\operatorname{arccot}x}+1$.

(8) 原方程可变为 $\frac{\mathrm{d}x}{\mathrm{d}y}+x=2\mathrm{e}^y$，其通解为 $x=C\mathrm{e}^{-y}+\mathrm{e}^y$.

(9) 原方程可变为 $y'+\frac{1}{x}y=\frac{\mathrm{e}^x}{x}$，其通解为 $y=\frac{\mathrm{e}^x+C}{x}$，方程的特解为 $y=\frac{\mathrm{e}^x+2-\mathrm{e}}{x}$.

(10) 原方程可变为 $\frac{1}{y^2}\frac{\mathrm{d}y}{\mathrm{d}x}-x\frac{1}{y}=x^3$，即 $-\frac{\mathrm{d}}{\mathrm{d}x}\left(\frac{1}{y}\right)-x\left(\frac{1}{y}\right)=x^3$. 令 $u=\frac{1}{y}$，则有 $-\frac{\mathrm{d}u}{\mathrm{d}x}-xu=x^3$，它是一线性微分方程，其通解为 $u=2-x^2-C\mathrm{e}^{-\frac{x^2}{2}}$. 故原方程的通解为 $y(2-x^2-C\mathrm{e}^{-\frac{x^2}{2}})=1$.

(11) 原方程可变为 $\frac{1}{2}(y^2)'+2x(y^2)-x=0$. 令 $u=y^2$，则原方程可变为一线性微分方程 $u'+4xu=2x$，其通解为 $u=C\mathrm{e}^{-2x^2}+\frac{1}{2}$.

由初始条件可得 $C=\frac{1}{2}$，故原方程的特解为 $y^2=\frac{1}{2}(\mathrm{e}^{-2x^2}+1)$.

(12) 方程的通解为 $\frac{y}{1-y}=C(x+1)$，方程的特解为 $y=\frac{2x+2}{2x+1}$.

2. 小船从河边点 O 处出发驶向对岸(两岸平行)，设船速为 a，船行驶方向始终与河岸垂直，又设河宽为 h，河中任一点处的水流速度与该点到两岸距离的乘积成正比(比例系数为 k)，求小船的航行路线.

解 以 O 为原点，与河岸平行的方向为 x 轴，建立坐标系，动点 $P(x,y)$ 为船的位置，由题意可知 $y=at$，$\frac{\mathrm{d}x}{\mathrm{d}t}=ky(h-y)$. 从而有

$$\begin{cases}\mathrm{d}x=kat(h-at)\mathrm{d}t,\\ x\big|_{t=0}=0.\end{cases}$$

解得 $x=\frac{1}{2}kaht^2-\frac{1}{3}ka^2t^3+C$. 由 $x\big|_{t=0}=0$，得 $C=0$，所以

$$x=\frac{1}{2}kaht^2-\frac{1}{3}ka^2t^2.$$

再将 $t=\frac{y}{a}$ 代入，得所求航行轨迹为 $x=\frac{k}{a}\left(\frac{h}{2}y^2-\frac{1}{3}y^3\right)$.

3. 容器内有 100 L 的盐水，含 10 kg 的盐. 现以 3 L/min 的均匀速率往容器内注入净水(假定净水与盐水立即调和)，又以 2 L/min 的均匀速率从容器中放出盐水，问 60 min 后容器内盐水中盐的含量是多少?

解 设$x(t)$表示t时刻盐的含量，则依题意有$\Delta x(t) \approx -\dfrac{2x(t)\cdot\Delta t}{100+t}$，故得微分方程

$$\frac{\mathrm{d}x}{\mathrm{d}t}=-\frac{2x}{100+t}.$$

求解此微分方程得$x(t)(100+t)^2=C$. 由初始条件$x(t)\big|_{t=0}=10$，得$C=10^5$，故

$$x(t)=\frac{10^5}{(100+t)^2}.$$

当$t=60$时，$x(t)\big|_{t=60}=\dfrac{125}{32}\approx 3.9\ (\mathrm{kg})$.

4. 在某一人群中推广新技术是通过其中已经掌握新技术的人进行的. 设该人群的总人数为N，在$t=0$时刻已掌握新技术的人数为x_0，在任意时刻t已掌握新技术的人数为$x(t)$（将$x(t)$视为连续可微变量），其变化率与掌握新技术的人数和未掌握新技术的人数之积成正比，比例常数$k>0$，求$x(t)$.

解 依题意有微分方程$\dfrac{\mathrm{d}x}{\mathrm{d}t}=kx(N-x)$，分离变量得

$$\left(\frac{1}{x}+\frac{1}{N-x}\right)\mathrm{d}x=kN\mathrm{d}t.$$

故有$\ln\left|\dfrac{x}{N-x}\right|=kNt+C_1$，方程的通解为$\dfrac{x}{N-x}=C\mathrm{e}^{kNt}$. 由初始条件得方程的特解为$\dfrac{x}{N-x}=\dfrac{x_0}{N-x_0}\mathrm{e}^{kNt}$，即$x(t)=\dfrac{Nx_0}{(N-x_0)\mathrm{e}^{-kNt}+x_0}$.

习题 7-3

A 类

1. 求下列方程的通解：

(1) $y''=2x\ln x$；

(2) $(x+1)y''+y'=\ln(x+1)$；

(3) $xy''-y'-x^2=0$；

(4) $y''+\dfrac{2}{1-y}(y')^2=0$；

(5) $y''=(y')^3+y'$；

(6) $xy''=(1+2x^2)y'$.

解 (1) $y'=x^2\left(\ln x-\dfrac{1}{2}\right)+C_1$，$y=\dfrac{1}{3}x^3\ln x-\dfrac{5}{18}x^3+C_1x+C_2$.

(2) 设$y'=p(x)$，则原方程可变为$p'+\dfrac{1}{x+1}p=\dfrac{\ln(x+1)}{x+1}$，此方程的通解为

$$p(x)=\ln(x+1)-1+\frac{C_1}{x+1}.$$

故原方程的通解为$y=\displaystyle\int p(x)\mathrm{d}x=(x+C_1)\ln(1+x)-2x+C_2$.

(3) 设$y'=p(x)$，则原方程可变为$p'-\dfrac{1}{x}p=x$，此方程的通解为$p=x(x+$

$2C_1$). 故原方程的通解为 $y=\frac{1}{3}x^3+C_1x^2+C_2$.

(4) 设 $y'=p(y)$，则有 $y''=p\frac{dp}{dy}$，原方程可变为 $p\frac{dp}{dy}+\frac{2p^2}{1-y}=0$，得

$$p=0 \quad 或 \quad \frac{dp}{p}=\frac{2dy}{y-1},$$

从而有 $y=C$ 或 $p=C_1(y-1)^2$. 故原方程的解为 $-\frac{1}{y-1}=C_1x+C_2$ 或 $y=C$.

(5) 设 $y'=p(x)$，则原方程可变为 $p'=p+p^3$，即 $\frac{dp^2}{p^2(p^2+1)}=2dx$，其通解为 $p=\frac{e^x}{\sqrt{{C_1}^2-e^{2x}}}$，从而可得 $y=\arcsin(C_1e^x)+C_2$.

(6) 设 $y'=p(x)$，则原方程可变为 $\frac{dp}{p}=\frac{1+2x^2}{x}dx$，得 $p=2C_1x\,e^{x^2}$，从而

$$y=C_1e^{x^2}+C_2.$$

2. 求下列初值问题的解：

(1) $(1+x^2)y''-2xy'=0$，$y(0)=0$，$y'(0)=3$；

(2) $(1-x^2)y''-xy'=0$，$y\big|_{x=0}=0$，$y'\big|_{x=0}=1$；

(3) $y''y^3=1$，$y\left(\frac{1}{2}\right)=y'\left(\frac{1}{2}\right)=1$；

(4) $y''-2yy'=0$，$y\big|_{x=0}=1$，$y'\big|_{x=0}=2$.

解 (1) 设 $y'=p(x)$，则 $y''=\frac{dp}{dx}$，原方程可变为 $(1+x^2)p'=2xp$. 分离变量求解得

$$p=C_1(1+x^2).$$

由初始条件得 $C_1=3$，即 $y'=3x^2+3$，从而 $y=x^3+3x+C_2$. 进一步由初始条件得 $C_2=0$，故原方程的特解为 $y=x^3+3x$.

(2) 设 $y'=p(x)$，则 $y''=\frac{dp}{dx}$，原方程可变为 $\frac{dp}{dx}=\frac{xp}{1-x^2}$. 分离变量并积分，得

$$p=\frac{C_1}{\sqrt{1-x^2}}.$$

由初始条件可得 $C_1=1$，从而 $y=\arcsin x+C_2$. 再由初始条件，可得 $C_2=0$，故原方程的特解为 $y=\arcsin x$.

(3) 设 $y'=p(y)$，则 $y''=p\frac{dp}{dy}$，原方程可变为 $\frac{dp}{dy}\cdot py^3=1$，其通解为

$$\frac{1}{2}p^2=-\frac{1}{2}y^{-2}+\frac{1}{2}C_1.$$

由初始条件有 $C_1=2$，故 $p=\frac{\sqrt{2y^2-1}}{y}$，其通解为 $\sqrt{2y^2-1}=2x+C$. 再次由初始条件，有 $C=0$，故方程的特解为 $2y^2=4x^2+1$.

(4) 设 $y'=p(y)$，则 $y''=p\frac{dp}{dy}$，原方程可变为 $p\frac{dp}{dy}=2yp$，得 $p=y^2+C_1$，即

$$y' = y^2 + C_1.$$

由初始条件有 $C_1 = 1$，故 $y' = y^2 + 1$，即$\dfrac{\mathrm{d}y}{y^2+1} = \mathrm{d}x$，得 $\arctan y = x + C_2$. 再次由初始条件，得 $C_2 = \dfrac{\pi}{4}$，故所求解为 $y = \tan\left(x + \dfrac{\pi}{4}\right)$.

3. 试求 $y'' = 6x$ 的经过点(0,1)且在此点与直线 $y = 2x + 1$ 相切的积分曲线.

解　依题意有 $y'(0) = 2$，$y(0) = 1$. 由 $y'' = 6x$ 得 $y' = 3x^2 + C_1$. 代入初始条件 $y'(0) = 2$，有 $C_1 = 2$，从而 $y = x^3 + 2x + C_2$. 代入初始条件 $y(0) = 1$，有 $C_2 = 1$，故所求曲线方程为 $y = x^3 + 2x + 1$.

4. 有一下凸曲线 L 位于 xOy 面的上半平面内，L 上任一点 M 处的法线与 x 轴相交，其交点记为 B. 如果点 M 处的曲率半径始终等于线段 MB 之长，并且 L 在点(1,1)处的切线与 y 轴垂直，试求 L 的方程.

解　设曲线方程为 $y = y(x)$，点 M 的坐标为(x,y)，则过 M 的法线方程为

$$Y - y = -\frac{1}{y'}(X - x).$$

故 B 点的坐标为$B(y\cdot y' + x, 0)$，得 $|MB| = \sqrt{(y\cdot y')^2 + y^2} = y\sqrt{1 + y'^2}$. 因 $y'' > 0$，点 M 处的曲率半径为$R = \dfrac{(1 + y'^2)^{\frac{3}{2}}}{y''}$. 依题意有

$$y\cdot y'' = 1 + y'^2,$$

且满足 $y(1) = 1$，$y'(1) = 0$. 设 $y' = p(y)$，则有 $y'' = p\dfrac{\mathrm{d}p}{\mathrm{d}y}$，方程可变为

$$p\frac{\mathrm{d}p}{1 + p^2} = \frac{\mathrm{d}y}{y},$$

故 $1 + p^2 = C_1 y^2$. 由初始条件可得 $C_1 = 1$，故 $p = \sqrt{y^2 - 1}$，即

$$\frac{\mathrm{d}y}{\sqrt{y^2 - 1}} = \mathrm{d}x.$$

积分得 $\ln(y + \sqrt{y^2 - 1}) = x + C_2$. 由初始条件，得 $C_2 = -1$，故 $\ln(y + \sqrt{y^2 - 1}) = x - 1$，于是 $y = \dfrac{1}{2}(\mathrm{e}^{x-1} + \mathrm{e}^{1-x}) = \operatorname{ch} x$.

B　类

1. 求下列方程的通解：

(1) $y'' = 1 + y'^2$；　　(2) $y''' - y''^2 = 0$；

(3) $yy'' - y'(1 + y') = 0$；　　(4) $y'' + y'\tan x = \sin 2x$.

解　(1) 设 $y' = p(x)$，则 $y'' = \dfrac{\mathrm{d}p}{\mathrm{d}x}$，代入原方程有$\dfrac{\mathrm{d}p}{\mathrm{d}x} = 1 + p^2$，其通解为

$$\arctan p = x + C_1,\quad \text{即 } p = \tan(x + C_1).$$

于是$\frac{dy}{dx}=\tan(x+C_1)$，解得原方程的通解为$y=-\ln|\cos(x+C_1)|+C_2$.

(2) 设$y''=p$，则$y'''=\frac{dp}{dx}$，原方程可变为$\frac{dp}{dx}-p^2=0$，其通解为

$$p=-\frac{1}{x+C_1},\quad 即\ y''=-\frac{1}{x+C_1}.$$

从而原方程的通解为$y=-(x+C_1)\ln|x+C_1|+C_2x+C_3$.

(3) 设$y'=p(y)$，则$y''=p\frac{dp}{dy}$，原方程可变为$yp\frac{dp}{dy}-p(1+p)=0$，故$p=0$即$y=C$，或$\frac{dp}{1+p}=\frac{dy}{y}$，其通解为$p=C_1y-1$. 分离变量得$\frac{dy}{C_1y-1}=dx$，其通解为$\ln|C_1y-1|=C_1x+C_2'$. 故原方程的通解为$C_1y-1=C_2e^{C_1x}$.

(4) 设$y'=p(x)$，则$y''=\frac{dp}{dx}$，原方程可变为$p'+p\tan x=\sin 2x$，其通解为

$$p=(C_1-2\cos x)\cos x.$$

故原方程的通解为$y=C_1\sin x-x-\frac{1}{2}\sin 2x+C_2$.

2. 设有单位质量的质点Q，受到沿x方向的力$P=A\sin\omega t$的作用沿x轴运动. 其所受空气阻力与速度成正比，比例系数$k>0$，其中A,ω为常数. 如果$x(0)=0$，$x'(0)=0$，试求质点运动规律.

解 根据牛顿第二定律，质点运动方程为

$$\begin{cases}\frac{d^2x}{dt^2}=-k\frac{dx}{dt}+A\sin\omega t\\ x(0)=0,\ x'(0)=0.\end{cases}$$

这是$y''=f(x,y')$型方程，令$p(t)=x'(t)$，则方程变成

$$\begin{cases}p'+kp=A\sin\omega t,\\ p(0)=0.\end{cases}$$

这是一阶线性非齐次方程，两边同乘$e^{\int k dt}=e^{kt}$，可得$(pe^{kt})'=Ae^{kt}\sin\omega t$. 再由初始条件，有$pe^{kt}=\int_0^t Ae^{kt}\sin\omega t\,dt$，故

$$x'(t)=e^{-kt}\int_0^t Ae^{kt}\sin\omega t\,dt=\int_0^t Ae^{-k(t-u)}\sin\omega u\,du.$$

于是质点的运动规律方程为

$$x(t)=\int_0^t\left(\int_0^t Ae^{-k(t-u)\sin\omega u\,du}\right)d\tau=\int_0^t d\tau\int_0^\tau Ae^{-k(\tau-u)}\sin\omega u\,du.$$

3. 设子弹以200 m/s的速度射入厚0.1 m的木板，受到的阻力大小与子弹的速度的平方成正比. 如果子弹穿出木板时的速度为80 m/s，求子弹穿过木板所用的时间.

解 设在t时刻子弹在木板里的运动速度为$v(t)$，则由题意知

$$m\frac{dv}{dt}=-kv^2,$$

其中，m 为子弹的质量，$k>0$ 为阻力的比例系数. 记$\frac{k}{m}=\mu$，解得 $v=\frac{1}{\mu t+C_1}$. 由初值条件 $v(0)=200$，得 $C_1=\frac{1}{200}$，从而 $v=\frac{200}{200\mu t+1}$，即

$$\frac{\mathrm{d}x}{\mathrm{d}t}=\frac{200}{200\mu t+1}.$$

解得 $x=\frac{1}{\mu}\ln(200\mu t+1)+C_2$. 由初值条件 $x(0)=0$，得 $C_2=0$，故 $x=\frac{1}{\mu}\ln(200\mu t+1)$. 由题设有

$$\begin{cases} v(t_0)=\dfrac{200}{200\mu t_0+1}=80, \\ x(t_0)=\dfrac{1}{\mu}\ln(200\mu t_0+1)=0.1. \end{cases}$$

解得 $\mu=10\ln\frac{5}{2}$，$t_0=\frac{3}{4\,000\ln\frac{5}{2}}\approx 0.000\,818\,5(\mathrm{s})$.

习题 7-4

A 类

1. 验证 $y_1=\mathrm{e}^{x^2}$ 与 $y_2=x\,\mathrm{e}^{x^2}$ 都是齐次方程 $y''-4xy'+(4x^2-2)y=0$ 的解，并写出该方程的通解.

解 验证略. 方程的通解为 $y=C_1\mathrm{e}^{x^2}+C_2x\,\mathrm{e}^{x^2}$.

2. 验证 $y=C_1\mathrm{e}^x+C_2\mathrm{e}^{2x}+\frac{1}{12}\mathrm{e}^{5x}$（$C_1,C_2$ 为任意常数）是非齐次方程 $y''-3y'+2y=\mathrm{e}^{5x}$ 的通解.

解 由 $y=C_1\mathrm{e}^x+C_2\mathrm{e}^{2x}+\frac{1}{12}\mathrm{e}^{5x}$，得

$$y'=C_1\mathrm{e}^x+2C_2\mathrm{e}^{2x}+\frac{5}{12}\mathrm{e}^{5x},\quad y''=C_1\mathrm{e}^x+4C_2\mathrm{e}^{2x}+\frac{25}{12}\mathrm{e}^{5x}.$$

代入方程左边，有

$$\begin{aligned} y''-3y'+2y &= \left(C_1\mathrm{e}^x+4C_2\mathrm{e}^{2x}+\frac{25}{12}\mathrm{e}^{5x}\right)-3\left(C_1\mathrm{e}^x+2C_2\mathrm{e}^{2x}+\frac{5}{12}\mathrm{e}^{5x}\right) \\ &\quad +2\left(C_1\mathrm{e}^x+C_2\mathrm{e}^{2x}+\frac{1}{12}\mathrm{e}^{5x}\right) \\ &= \mathrm{e}^{5x}. \end{aligned}$$

故 $y=C_1\mathrm{e}^x+C_2\mathrm{e}^{2x}+\frac{1}{12}\mathrm{e}^{5x}$ 是方程 $y''-3y'+2y=\mathrm{e}^{5x}$ 的通解.

3. 验证 $y=C_1\cos 3x+C_2\sin 3x+\frac{1}{32}(4x\cos x+\sin x)$（$C_1,C_2$ 为任意常数）是非

齐次方程 $y''+9y=x\cos x$ 的通解.

解 验证略.

4. 已知 $y_1=x^2$，$y_2=x+x^2$，$y_3=\mathrm{e}^x+x^2$ 都是非齐次线性微分方程

$$(x-1)y''-xy'+y=-x^2+2x+2$$

的解，试写出该方程的通解.

解 易知 $y_2-y_1=x$，$y_3-y_1=\mathrm{e}^x$ 是对应齐次方程的解，且因两者线性无关，知齐次方程的通解为 $y=C_1x+C_2\mathrm{e}^x$，从而得原方程的通解为

$$y=C_1(y_2-y_1)+C_2(y_3-y_1)+y_1=C_1x+C_2\mathrm{e}^x+x^2.$$

5. 对于齐次线性微分方程(A)：$y''+p(x)y'+q(x)y=0$，其中 $p(x)$，$q(x)$ 是连续函数，

(1) 证明：若 $1+p(x)+q(x)=0$，则 $y=\mathrm{e}^x$ 是方程(A)的一个特解；

(2) 证明：若 $p(x)+xq(x)=0$，则 $y=x$ 是方程(A)的一个特解；

(3) 求方程 $(x-1)y''-xy'+y=0$ 满足初值条件 $y(0)=2$，$y'(0)=1$ 的特解.

解 (1) 将 $y=\mathrm{e}^x$ 代入方程(A)左边得 $\mathrm{e}^x(1+p(x)+q(x))=0$，等式成立，故 $y=\mathrm{e}^x$ 是其特解.

(2) 将 $y=x$ 代入方程(A)左边得 $p(x)+xq(x)=0$，等式成立，故 $y=x$ 为其特解.

(3) 此为线性微分方程，并可变为

$$y''-\frac{x}{x-1}y'+\frac{1}{x-1}y=0,$$

这里 $p(x)=-\dfrac{x}{x-1}$，$q(x)=\dfrac{1}{x-1}$，满足 $1+p(x)+q(x)=0$，且 $p(x)+xq(x)=0$，故方程有解 $y_1=\mathrm{e}^x$ 和 $y_1=x$，从而方程的通解为 $y=C_1\mathrm{e}^x+C_2x$.

代入初始条件得 $C_1=2$，$C_2=-1$，即特解为 $y=2\mathrm{e}^x-x$.

6. 利用已知齐次线性方程的一个特解 $y_1(x)$，求下列方程的通解：

(1) $(1-x^2)y''-2xy'+2y=0$，$y_1=x$；

(2) $x^2y''+4xy'-4y=0$，$y_1=x$；

(3) $y''-3y'+2y=\mathrm{e}^x$，$y_1=\mathrm{e}^x$；

(4) $x^2y''-2xy'+2y=2x^3$，$y_1=x$.

解 (1) 设方程的解为 $y=C(x)\cdot x$，则 $y'=C'(x)\cdot x+C(x)$，$y''=C''(x)\cdot x+2C'(x)$，代入方程得

$$x\cdot C''(x)+\frac{2-4x^2}{1-x^2}\cdot C'(x)=0.$$

令 $C'(x)=p(x)$，则上述方程可变为 $\dfrac{\mathrm{d}p}{p\,\mathrm{d}x}=\dfrac{4x^2-2}{x(1-x^2)}$，故

$$\ln|p|=\int\left(\frac{-2}{x}+\frac{2x}{1-x^2}\right)\mathrm{d}x,\quad 即\ \ln|p|=-\ln|x^2(1-x^2)|+C_3.$$

于是 $C'(x)=\dfrac{C_2}{x^2(1-x^2)}$. 解得

$$C(x)=\left(-\frac{1}{x}+\frac{1}{2}\ln\left|\frac{1+x}{1-x}\right|\right)C_2+C_1.$$

故原方程的通解为 $y=C_1x+C_2x\left(-\frac{1}{x}+\frac{1}{2}\ln\left|\frac{1+x}{1-x}\right|\right)$.

(2) 设方程的解为 $y=C(x)\cdot x$，则

$$y'=C'(x)\cdot x+C(x),\quad y''=C''(x)\cdot x+2C'(x),$$

代入方程得 $x^2(xC''(x)+2C'(x))+4x(C(x)+xC'(x))-4xC(x)=0$，即

$$C''(x)+\frac{6}{x}C'(x)=0.$$

令 $C'(x)=p(x)$，则上述方程可变为$\frac{\mathrm{d}p}{p\,\mathrm{d}x}=-\frac{6}{x}$，解得 $p(x)=C_3x^{-6}$，即

$$\frac{\mathrm{d}C(x)}{\mathrm{d}x}=C_3x^{-6}.$$

解得 $C(x)=C_2x^{-5}+C_1$. 故原方程的通解为 $y=C_1x+\frac{C_2}{x^4}$.

(3) 设方程的解为 $y=C(x)\cdot \mathrm{e}^x$，则

$$y'=(C'(x)+C(x))\mathrm{e}^x,\quad y''=(C''(x)+2C'(x)+C(x))\mathrm{e}^x,$$

代入方程得 $C''(x)+2C'(x)+C(x)-3C(x)-3C'(x)+2C(x)=1$，即

$$C''(x)-C'(x)=1.$$

令 $C'(x)=p(x)$，则上述方程可变为 $p'(x)-p(x)=1$，解得 $p(x)=C_2\mathrm{e}^x-1$，故

$$C'(x)=C_2\mathrm{e}^x-1.$$

解得 $C(x)=C_2\mathrm{e}^x-x+C_1$. 故原方程的通解为 $y=C_1\mathrm{e}^x+C_2\mathrm{e}^{2x}-x\mathrm{e}^x$.

(4) 设方程的解为 $y=C(x)\cdot x$，则 $y'=C'(x)\cdot x+C(x)$，$y''=C''(x)\cdot x+2C'(x)$，代入方程得

$$x^2(xC''(x)+2C'(x))-2x(xC'(x)+C(x))+2xC(x)=2x^3,$$

即 $C''(x)=2$. 解得 $C(x)=x^2+C_2x+C_1$. 故原方程的通解为 $y=C_1x+C_2x^2+x^3$.

7. 已知齐次线性方程 $x^2y''-xy'+y=0$ 的通解为 $Y(x)=C_1x+C_2x\ln|x|$，求非齐次线性方程 $x^2y''-xy'+y=x$ 的通解.

解 设 $Y(x)=C_1(x)x+C_2(x)x\ln|x|$是所求方程的解. 因

$$Y'(x)=C_1'(x)x+C_2'(x)x\ln|x|+C_1(x)+C_2(x)(\ln|x|+1),$$

令 $C_1'(x)x+C_2'(x)x\ln|x|=0$，得

$$Y''(x)=C_1'(x)+C_2'(x)(\ln|x|+1)+\frac{C_2(x)}{x}.$$

代入非齐次线性方程得 $x^2C_1'(x)+x^2C_2'(x)(\ln|x|+1)=x$. 联立方程

$$\begin{cases}C_1'(x)x+C_2'(x)x\ln|x|=0,\\C_1'(x)+C_2'(x)(\ln|x|+1)=\frac{1}{x},\end{cases}$$

解得 $C_1'(x)=-\frac{\ln|x|}{x}$，$C_2'(x)=\frac{1}{x}$. 因此

$$C_1(x)=-\frac{1}{2}\ln^2|x|+C_1,\quad C_2(x)=\ln|x|+C_2.$$

故原方程的通解为 $y=C_1x+C_2x\ln|x|+\frac{1}{2}x\ln^2|x|$.

8. 已知齐次线性方程 $y''+y'-2y=0$ 的通解为 $Y(x)=C_1e^x+C_2e^{-2x}$，求非齐次线性方程 $y''+y'-2y=\frac{3e^x}{1+e^x}$ 的通解.

解 设 $Y(x)=C_1(x)e^x+C_2(x)e^{-2x}$ 是非齐次方程的通解. 因

$$Y'(x)=C_1'(x)e^x+C_2'(x)e^{-2x}+C_1(x)e^x-2C_2(x)e^{-2x},$$

令 $C_1'(x)e^x+C_2'(x)e^{-2x}=0$，得

$$Y''(x)=C_1'(x)e^x-2C_2'(x)e^{-2x}+C_1(x)e^x+4C_2(x)e^{-2x}.$$

代入非齐次线性方程得 $C_1'(x)e^x-2C_2'(x)e^{-2x}=\frac{3e^x}{1+e^x}$. 故可得联立方程组

$$\begin{cases}C_1'(x)e^x+C_2'(x)e^{-2x}=0,\\ C_1'(x)e^x-2C_2'(x)e^{-2x}=\dfrac{3e^x}{1+e^x}.\end{cases}$$

解得 $C_1'(x)=\frac{1}{1+e^x}$，$C_2'(x)=-\frac{e^{3x}}{1+e^x}$，于是

$$C_1(x)=-\ln(1+e^x)+x+C_1,\quad C_2(x)=-\frac{1}{2}e^{2x}+e^x-\ln(1+e^x)+C_2.$$

故原方程的通解为 $y(x)=C_1e^x+C_2e^{-2x}+xe^x+e^{-x}-\frac{1}{2}-(e^x+e^{-2x})\ln(1+e^x)$.

B 类

1. 设 $y_1(x),y_2(x)$ 是微分方程 $y''+p(x)y'+q(x)y=0$ 的两个解，其中 $p(x)$，$q(x)$ 是连续函数，试证：$y_1y_2'-y_1'y_2=Ce^{-\int p(x)dx}$（其中 C 为任意常数).

证 因 $y_1(x),y_2(x)$ 是方程的解，故有

$$y_1''+p(x)y_1'+q(x)y_1=0,\quad y_2''+p(x)y_2'+q(x)y_2=0.$$

两式分别乘以 y_2,y_1，再相减得

$$y_1''\cdot y_2-y_2''\cdot y_1-p(x)(y_1y_2'-y_2y_1')=0.$$

若令 $A(x)=y_1y_2'-y_1'y_2$，则易得 $A'(x)=y_1y_2''-y_1''y_2$，故上述方程可变为

$$A'(x)+p(x)A(x)=0.$$

从而有 $A(x)=Ce^{-\int p(x)dx}$，原结论成立.

2. 证明：如果 $Y(x)$ 是方程 $y''+k^2y=0\ (k>0)$ 的任意一个解，那么 $\left(\frac{dY}{dx}\right)^2+(kY)^2$ 为常数.

证 令 $g(x)=\left(\frac{dY}{dx}\right)^2+(kY)^2$，两边求导得

$$g'(x)=2Y'(x)\cdot Y''(x)+2k^2Y(x)\cdot Y'(x)=2Y'(x)(Y''(x)+k^2Y(x)).$$

因 $Y(x)$ 是方程 $y''+k^2y=0$ 的解，故 $Y''(x)+k^2Y(x)=0$，从而 $g'(x)=0$，得 $\left(\frac{\mathrm{d}Y}{\mathrm{d}x}\right)^2+(kY)^2$ 为常数.

3. 对于齐次线性微分方程 $y''+p(x)y'+q(x)y=0$，其中 $p(x),q(x)$ 是连续函数，试证明：

(1) 如果 $y(x)$ 是方程的一个非零解，且 $y(x_0)=0$，那么 $y'(x_0)\neq 0$；

(2) 如果 $y_1(x),y_2(x)$ 是方程的两个线性无关的解，那么 $y_1(x),y_2(x)$ 没有公共零点.

证 (1) 因方程存在与 $y(x)$ 线性无关的解 $\varphi(x)$，且对不全为零的常数 C_1,C_2 以及包含 x_0 的 $p(x),q(x)$ 的连续区间上的任意 x，有 $C_1\varphi(x)+C_2y(x)\neq 0$，故有 $C_1\varphi'(x)+C_2y'(x)\neq 0$，所以方程组

$$\begin{cases}C_1\varphi(x)+C_2y(x)=0,\\C_1\varphi'(x)+C_2y'(x)=0\end{cases}$$

只有零解. 因此 $\begin{vmatrix}\varphi(x) & y(x)\\ \varphi'(x) & y'(x)\end{vmatrix}\neq 0$，且有 $\begin{vmatrix}\varphi(x_0) & y(x_0)\\ \varphi'(x_0) & y'(x_0)\end{vmatrix}\neq 0$. 又 $y(x_0)=0$，故 $\begin{vmatrix}\varphi(x_0) & 0\\ \varphi'(x_0) & y'(x_0)\end{vmatrix}\neq 0$，从而 $y'(x_0)\neq 0$.

(2) 用反证法. 如果 $y_1(x),y_2(x)$ 是方程的两个线性无关的解，而存在 x_0 使得 $y_1(x_0)=y_2(x_0)=0$，则 $\begin{vmatrix}y_1(x_0) & y_2(x_0)\\ y_1'(x_0) & y_2'(x_0)\end{vmatrix}=0$. 由(1)的结果知

$$\begin{vmatrix}y_1(x) & y_2(x)\\ y_1'(x) & y_2'(x)\end{vmatrix}=\begin{vmatrix}y_1(x_0) & y_2(x_0)\\ y_1'(x_0) & y_2'(x_0)\end{vmatrix}\mathrm{e}^{\int_{x_0}^{x}p(t)\mathrm{d}t}=0,$$

所以方程组 $\begin{cases}C_1y_1(x)+C_2y_2(x)=0,\\C_1y_1'(x)+C_2y_2'(x)=0\end{cases}$ 有非零解 C_1,C_2. 对此 C_1,C_2，线性组合 $C_1y_1(x)+C_2y_2(x)=0$ 恒成立，故 $y_1(x),y_2(x)$ 是方程的两个线性相关的解，矛盾. 故结论成立.

习题 7-5

A 类

1. 求下列微分方程的通解：

(1) $y''-4y'=0$； (2) $y''+y'-2y=0$；

(3) $y''-4y'+5y=0$； (4) $y'''+2y''+y'=0$；

(5) $y^{(4)}+5y''-36y=0$； (6) $y^{(5)}+2y'''+y'=0$.

解 (1) 特征方程为 $\lambda^2-4\lambda=0$，特征根为 $\lambda_1=0,\lambda_2=4$，故通解为

$$y=C_1+C_2\mathrm{e}^{4x}.$$

(2) 特征方程为 $\lambda^2+\lambda-2=0$，特征根为 $\lambda_1=1,\lambda_2=-2$，故通解为

$$y = C_1 e^x + C_2 e^{-2x}.$$

(3) 特征方程为 $\lambda^2 - 4\lambda + 5 = 0$，特征根为 $\lambda = 2 \pm i$，故通解为

$$y = e^{2x}(C_1 \cos x + C_2 \sin x).$$

(4) 特征方程为 $\lambda^3 + 2\lambda^2 + \lambda = 0$，特征根为 $\lambda_1 = 0$，$\lambda_2 = \lambda_3 = -1$，故通解为

$$y = C_1 + C_2 e^{-x} + C_3 x e^{-x}.$$

(5) 特征方程为 $\lambda^4 + 5\lambda^2 - 36 = 0$，特征根为 $\lambda_1 = 2$，$\lambda_2 = -2$，$\lambda_{3,4} = \pm 3i$，故通解为

$$y = C_1 e^{2x} + C_2 e^{-2x} + C_3 \cos 3x + C_4 \sin 3x.$$

(6) 特征方程为 $\lambda^5 + 2\lambda^3 + \lambda = 0$，特征根为 $\lambda_1 = 0$，$\lambda_{2,3} = i$，$\lambda_{4,5} = -i$，故通解为

$$y = C_1 + C_2 x \cos x + C_3 x \sin x + C_4 \cos x + C_5 \sin x.$$

2. 写出下列各微分方程的特解(实)形式：

(1) $y'' - 2y' = 3x + 1$；

(2) $y'' + 4y = 3e^{2x}$；

(3) $y'' - 2y' + 10y = e^x \cos 3x$；

(4) $y''' - 2y'' + y' = x^2 e^x$；

(5) $y'' + 2y' + 2y = 1 + x$；

(6) $y''' - y' = 3x^2 - 2x + 1$；

(7) $y''' - y'' = 6x + 5$；

(8) $y^{(4)} - 3y''' + 3y'' - y' = 2x$.

解 (1) $y^* = x(Ax + B)$.

(2) $y^* = A e^{2x}$.

(3) $y^* = x e^x (A \cos 3x + B \sin 3x)$.

(4) $y^* = x^2 e^x (Ax^2 + Bx + C)$.

(5) $y^* = Ax + B$.

(6) $y^* = x(Ax^2 + Bx + C)$.

(7) $y^* = x^2(Ax + B)$.

(8) $y^* = x(Ax + B)$.

3. 求下列方程的通解：

(1) $y'' - 3y' + 2y = e^x(1 - 2x)$；

(2) $y'' - 2y' = (1 - 2x)e^x$；

(3) $y'' - 2y' + y = (3x + 7)e^{2x}$；

(4) $y'' + 2y' + 5y = -2 \sin x$；

(5) $y'' - 4y' + 4y = 2(\sin 2x + x)$；

(6) $y''' - 2y'' - y' + 2y = 6x^2 - 7$.

解 (1) 对应齐次方程的通解为 $Y = C_1 e^x + C_2 e^{2x}$. 设非齐次方程的特解为 $y^* = x e^x (Ax + B)$，则有 $y^* = x e^x (x + 1)$. 故方程的通解为

$$y = C_1 e^x + C_2 e^{2x} + x e^x (x + 1).$$

(2) 对应齐次方程的通解为 $Y = C_1 + C_2 e^{2x}$. 设非齐次方程的特解为 $y^* = e^x (Ax + B)$，则有 $A = 2$，$B = -1$. 故方程的通解为 $y = C_1 + C_2 e^{2x} + e^x (2x - 1)$.

(3) 对应齐次方程的通解为 $Y = C_1 e^x + C_2 x e^x$. 设非齐次方程的特解为 $y^* = e^{2x}(Ax + B)$，则有 $y^* = e^{2x}(3x + 1)$. 故方程的通解为

$$y = C_1 e^x + C_2 x e^x + e^{2x}(3x + 1).$$

(4) 对应齐次方程的通解为 $Y = e^{-x}(C_1 \cos 2x + C_2 \sin 2x)$. 设非齐次方程的特解为 $y^* = A \cos x + B \sin x$，则有 $y^* = \frac{1}{5}\cos x - \frac{2}{5}\sin x$. 故方程的通解为

$$y = e^{-x}(C_1\cos 2x + C_2\sin 2x) + \frac{1}{5}\cos x - \frac{2}{5}\sin x.$$

(5) 对应齐次方程的通解为 $Y = C_1 e^{2x} + C_2 x e^{2x}$. 设非齐次方程 $y'' - 4y' + 4y = 2\sin 2x$ 的特解为 $y^* = A\cos 2x + B\sin 2x$，则有 $A = \frac{1}{4}$，$B = 0$. 设非齐次方程 $y'' - 4y' + 4y = 2x$ 的特解为 $y^* = Cx + D$，则有 $C = \frac{1}{2}$，$D = \frac{1}{2}$. 故原方程的通解为

$$y = e^{2x}(C_1 + C_2 x) + \frac{1}{2}x + \frac{1}{2} + \frac{1}{4}\cos 2x.$$

(6) 对应齐次方程的通解为 $Y = C_1 e^{x} + C_2 e^{2x} + C_3 e^{-x}$. 设非齐次方程的特解为 $y^* = Ax^2 + Bx + C$，则有 $y^* = 3x^2 + 3x + 4$. 故原方程的通解为

$$y = C_1 e^{x} + C_2 e^{2x} + C_3 e^{-x} + 3x^2 + 3x + 4.$$

4. 求解下列初值问题：

(1) $y'' - 4y' + 3y = 0$，$y(0) = 6$，$y'(0) = 10$；

(2) $y'' - 4y' + 13y = 0$，$y(0) = 0$，$y'(0) = 3$；

(3) $y'' - y = 4x e^{x}$，$y(0) = 0$，$y'(0) = 1$；

(4) $y'' + y = \frac{1}{2}\cos 2x$，$y(0) = y'(0) = 1$.

解 (1) 对应的特征方程为 $\lambda^2 - 4\lambda + 3 = 0$，其特征根为 $\lambda_1 = 1$，$\lambda_2 = 3$，故原方程的通解为 $y = C_1 e^{x} + C_2 e^{3x}$. 将初始条件代入得 $C_1 = 4$，$C_2 = 2$，故原方程的特解为

$$y = 4e^{x} + 2e^{3x}.$$

(2) 对应的特征方程为 $\lambda^2 - 4\lambda + 13 = 0$，其特征根为 $\lambda_1 = 2 + 3i$，$\lambda_2 = 2 - 3i$，故原方程的通解为 $y = e^{2x}(C_1\cos 3x + C_2\sin 3x)$. 将初始条件代入得 $C_1 = 0$，$C_2 = 1$，故原方程的特解为 $y = e^{2x}\sin 3x$.

(3) 对应的齐次微分方程的特征方程为 $\lambda^2 - 1 = 0$，其特征根为 $\lambda_1 = 1$，$\lambda_2 = -1$，故原齐次微分方程的通解为 $y = C_1 e^{x} + C_2 e^{-x}$.

设非齐次微分方程的特解为 $y^* = (Ax + B)x e^{x}$，代入方程得 $A = 1$，$B = -1$，故特解为 $y^* = (x^2 - x)e^{x}$. 因此，原非齐次微分方程的通解为

$$y = C_1 e^{x} + C_2 e^{-x} + (x^2 - x)e^{x}.$$

将初始条件代入得 $C_1 = 2$，$C_2 = 4$，故原方程的特解为 $y = e^{x} - e^{-x} + (x^2 - x)e^{x}$.

(4) 对应的齐次微分方程的特征方程为 $\lambda^2 + 1 = 0$，其特征根为 $\lambda_1 = i$，$\lambda_2 = -i$，故原齐次微分方程的通解为 $y = C_1\sin x + C_2\cos x$.

设非齐次微分方程的特解为 $y^* = A\cos 2x + B\sin 2x$，代入方程得 $A = -\frac{1}{6}$，$B = 0$，故特解为 $y^* = -\frac{1}{6}\cos 2x$. 因此，原非齐次微分方程的通解为

$$y = C_1\sin x + C_2\cos x - \frac{1}{6}\cos 2x.$$

将初始条件代入得 $C_1 = 1$，$C_2 = \frac{7}{6}$，故原方程的特解为 $y = \frac{7}{6}\cos x + \sin x - \frac{1}{6}\cos 2x$.

5. 求下列欧拉方程的通解：

(1) $x^2y''-xy'+2y=0$；

(2) $x^3y'''-x^2y''+2xy'-2y=x^3$.

解 (1) 令 $x=e^t$，代入原方程得到关于 t 的常系数线性微分方程

$$[D(D-1)-D+2]y=0,$$

即$(D^2-2D+2)y=0$. 对应的齐次方程的通解为

$$Y=e^t(C_1\cos t+C_2\sin t).$$

换回原变量，得原方程的通解为 $y=x(C_1\cos\ln x+C_2\sin\ln x)$.

(2) 令 $x=e^t$，代入原方程得到关于 t 的常系数线性微分方程

$$[D(D-1)(D-2)-D(D-1)+2D-2]y=e^{3t},$$

即$(D^3-4D^2+5D-2)y=e^{3t}$. 对应的齐次方程的通解为

$$Y=C_1e^t+C_2te^t+C_3e^{2t}.$$

可求出非齐次方程的一个特解为 $y^*=\frac{1}{4}e^{3t}$. 换回原变量，得原方程的通解为

$$y=x(C_1+C_2\ln x)+C_3x^2+\frac{1}{4}x^3.$$

6. 设函数 $\varphi(x)$ 连续，且满足 $\varphi(x)=e^x+\int_0^x t\varphi(t)dt-x\int_0^x\varphi(t)dt$，求 $\varphi(x)$.

解 由方程可得 $\varphi(0)=e^0=1$. 对方程两边求导得

$$\varphi'(x)=e^x-\int_0^x\varphi(t)dt,$$

易得 $\varphi'(0)=1$. 再次求导得 $\varphi''(x)=e^x-\varphi(x)$，这是一个非齐次常系数线性微分方程，易得其对应的齐次微分方程的通解为$\varphi(x)=C_1\sin x+C_2\cos x$，非齐次方程的一个特解为 $\varphi^*(x)=\frac{1}{2}e^x$. 由初始条件得 $C_1=C_2=\frac{1}{2}$，故满足原等式的 $\varphi(x)$ 为

$$\varphi(x)=\frac{1}{2}(\cos x+\sin x+e^x).$$

B 类

1. 求下列微分方程的通解：

(1) $y''+2y'+ay=0$ (a 为常数)；

(2) $y''-2y'+5y=e^x\sin 2x$；

(3) $y''+3y'+2y=e^{-x}+\sin x$；

(4) $y''+y=2\cos 3x-3\sin 3x$.

解 (1) 方程所对应的特征方程为 $\lambda^2+2\lambda+a=0$.

当 $a<1$ 时，特征方程的根为 $\lambda_{1,2}=-1\pm\sqrt{1-a}$，故原方程的通解为

$$y=C_1e^{(-1+\sqrt{1-a})x}+C_2e^{(-1-\sqrt{1-a})x}.$$

当 $a=1$ 时，特征方程的根为 $\lambda_{1,2}=-1$，故原方程的通解为

$$y = e^{-x}(C_1 + C_2 x).$$

当 $a > 1$ 时，特征方程的根为 $\lambda_{1,2} = -1 \pm i\sqrt{a-1}$，故原方程的通解为

$$y = e^{-x}(C_1 \cos\sqrt{a-1}x + C_2 \sin\sqrt{a-1}x).$$

(2) 齐次微分方程所对应的特征方程为 $\lambda^2 - 2\lambda + 5 = 0$，其特征根为 $\lambda_{1,2} = 1 \pm 2i$，故齐次方程的通解为 $y = e^x(C_1 \cos 2x + C_2 \sin 2x)$.

设非齐次方程的特解为 $y^* = x e^x(A\cos 2x + B\sin 2x)$，代入方程可得 $A = -\frac{1}{4}$，$B = 0$，故原方程的通解为 $y = e^x(C_1 \cos 2x + C_2 \sin 2x) - \frac{1}{4}x e^x \cos 2x$.

(3) 齐次微分方程所对应的特征方程为 $\lambda^2 + 3\lambda + 2 = 0$，其特征根为 $\lambda_1 = -1$，$\lambda_2 = -2$，故齐次方程的通解为 $y = C_1 e^{-x} + C_2 e^{-2x}$.

设 $y'' + 3y' + 2y = e^{-x}$ 的特解为 $y_1^* = Axe^{-x}$，代入可求得 $A = 1$. 设 $y'' + 3y' + 2y = \sin x$ 的特解为 $y_2^* = B\sin x + C\cos x$，代入可求得 $B = \frac{1}{10}$，$C = -\frac{3}{10}$. 故原方程的通解为

$$y = C_1 e^{-x} + C_2 e^{-2x} + x e^{-x} + \frac{1}{10}\sin x - \frac{3}{10}\cos x.$$

(4) 齐次微分方程所对应的特征方程为 $\lambda^2 + 1 = 0$，其特征根为 $\lambda_{1,2} = \pm i$，故齐次方程的通解为 $y = C_1 \cos x + C_2 \sin x$.

设非齐次方程的特解为 $y^* = A\cos 3x + B\sin 3x$，代入方程可得 $A = -\frac{1}{4}$，$B = \frac{3}{8}$，故原方程的通解为 $y = C_1 \sin x + C_2 \cos x + \frac{3}{8}\sin 3x - \frac{1}{4}\cos 3x$.

2. 已知 $y_1 = x e^x + e^{2x}$，$y_2 = x e^x + e^{-x}$，$y_3 = x e^x + e^{2x} - e^{-x}$ 是二阶线性非齐次方程的三个解，求此微分方程.

解 由线性方程所具有的性质易知，$y_1 - y_3 = e^{-x}$，$y_1 - y_2 = e^{2x} - e^{-x}$ 均为所求方程对应的齐次方程的解，从而 $(e^{2x} - e^{-x}) + e^{-x} = e^{2x}$ 也是齐次方程的解，故所求方程对应的齐次方程的特征根为 $\lambda_1 = 2$，$\lambda_2 = -1$，特征方程为

$$(\lambda - 2)(\lambda + 1) = 0, \quad 即 \lambda^2 - \lambda - 2 = 0.$$

因此，齐次方程为 $y'' - y' - 2y = 0$. 设所求方程为 $y'' - y' - 2y = f(x)$. 将特解 $y^* = y_2 - (y_1 - y_3) = x e^x$ 代入，可求得 $f(x) = e^x(1 - 2x)$. 故所求方程为

$$y'' - y' - 2y = e^x(1 - 2x).$$

3. 求一个以 $y_1 = t e^t$，$y_2 = \sin 2t$ 为其两个特解的4阶常系数齐次线性微分方程，并求其通解.

解 因所求方程为4阶常系数齐次线性微分方程，故可知其特征方程的根为 $\lambda_1 = \lambda_2 = 1$，$\lambda_{3,4} = \pm 2i$，特征方程为 $(\lambda - 1)^2(\lambda^2 + 2^2) = 0$，即

$$\lambda^4 - 2\lambda^3 + 5\lambda^2 - 8\lambda + 4 = 0.$$

故所求方程为 $y^{(4)}-2y'''+5y''-8y'+4y=0$，其通解为

$$y=e^{t}(C_1+C_2t)+C_3\cos 2t+C_4\sin 2t.$$

4. 设对于 $x>0$，曲线 $y=f(x)$ 上点 $(x,f(x))$ 处的切线在 y 轴上的截距等于 $\frac{1}{x}\int_0^x f(t)\mathrm{d}t$，求 $f(x)$ 的一般表达式.

解 曲线 $y=f(x)$ 在点 $(x,f(x))$ 处的切线方程为

$$Y-f(x)=f'(x)(X-x).$$

令 $X=0$，得截距 $Y=f(x)-xf'(x)$. 由题意知

$$\frac{1}{x}\int_0^x f(t)\mathrm{d}t=f(x)-xf'(x),\quad 即\int_0^x f(t)\mathrm{d}t=x(f(x)-xf'(x)).$$

上式两端对 x 求导，并化简得 $xf''(x)+f'(x)=0$，即 $\frac{\mathrm{d}}{\mathrm{d}x}(xf'(x))=0$，$xf'(x)=C$，$f(x)=C_1\ln x+C_2$ (C_1,C_2 为任意常数).

5. 设圆柱形浮筒的底面直径为 0.5 m，铅直放入水中，当稍向下一压后突然放手，浮筒在水中上下振动的周期为 2s，求浮筒的质量.

解 设浮筒静止时其下底面中心为原点，x 轴向下，振动时下底面中心的位移为 x，再设 D 为浮筒的直径，S 为底面面积，m 为质量，ρ 为水的密度，据题意可得到微分方程

$$m\frac{\mathrm{d}^2x}{\mathrm{d}t^2}=-\rho gS\cdot x,$$

其特征方程 $mr^2+\rho gS=0$ 的根 $r_{1,2}=\pm \mathrm{i}\sqrt{\frac{\rho gS}{m}}$. 于是方程的通解为

$$x=C_1\cos\sqrt{\frac{\rho gS}{m}}t+C_2\sin\sqrt{\frac{\rho gS}{m}}t=A\sin(\omega t+\varphi),$$

其中，$\omega=\sqrt{\frac{\rho gS}{m}}$，$\varphi=\arctan\frac{C_1}{C_2}$，$A=\sqrt{C_1{}^2+C_2{}^2}$. 由周期 $T=\frac{2\pi}{\omega}=2\pi\sqrt{\frac{m}{\rho gS}}=2$，得 $m=\frac{\rho gS}{\pi^2}$. 将 $\rho=100\ \mathrm{kg/m^3}$，$g=9.8\ \mathrm{m/s^2}$，$S=\frac{\pi D^2}{4}$ 代入得

$$m=\frac{\rho gD^2}{4\pi}=\frac{1\,000\times 9.8\times 0.5^2}{4\pi}=195\ (\mathrm{kg}).$$

总习题七

1. 选择题

(1) 函数 $y=C_1e^{x}+C_2e^{-2x}+xe^{x}$ 满足的一个微分方程是(　　).

A. $y''-y'-2y=3xe^{x}$　　B. $y''-y'-2y=3e^{x}$

C. $y''+y'-2y=3xe^{x}$　　D. $y''+y'-2y=3e^{x}$

(2) 设非齐次线性微分方程 $y'+P(x)y=Q(x)$ 有两个不同的解 $y_1(x),y_2(x)$，C

为任意常数，则该方程的通解是(　　).

A. $C(y_1(x)-y_2(x))$　　　　B. $y_1(x)+C(y_1(x)-y_2(x))$

C. $C(y_1(x)+y_2(x))$　　　　D. $y_1(x)+C(y_1(x)+y_2(x))$

(3) 微分方程 $y''+y=x^2+1+\sin x$ 的特解形式可设为(　　).

A. $y^*=ax^2+bx+c+x(A\sin x+B\cos x)$

B. $y^*=x(ax^2+bx+c+A\sin x+B\cos x)$

C. $y^*=ax^2+bx+c+A\sin x$

D. $y^*=ax^2+bx+c+A\cos x$

(4) 已知 $y=\dfrac{x}{\ln x}$ 是微分方程 $y'=\dfrac{y}{x}+\varphi\left(\dfrac{x}{y}\right)$ 的解，则 $\varphi\left(\dfrac{x}{y}\right)$ 的表达式为(　　).

A. $-\dfrac{y^2}{x^2}$　　B. $\dfrac{y^2}{x^2}$　　C. $-\dfrac{x^2}{y^2}$　　D. $\dfrac{x^2}{y^2}$

解 (1) 由所给解的形式，可知原微分方程对应的齐次微分方程的特征根为 $\lambda_1=1$，$\lambda_2=-2$. 则对应的齐次微分方程的特征方程为 $(\lambda-1)(\lambda+2)=0$，即 $\lambda^2+\lambda-2=0$. 故对应的齐次微分方程为

$$y''+y'-2y=0.$$

又 $y^*=x\mathrm{e}^x$ 为原微分方程的一个特解，而 $\lambda=1$ 为特征单根，故原非齐次线性微分方程右端的非齐次项应具有形式 $f(x)=C\mathrm{e}^x$ (C 为常数). 所以综合比较 4 个选项，应选 D.

注：对于由常系数非齐次线性微分方程的通解反求微分方程的问题，关键是要掌握对应的齐次微分方程的特征根和对应特解的关系以及非齐次方程的特解形式.

(2) 利用一阶线性非齐次微分方程解的结构即可. 由于 $y_1(x)-y_2(x)$ 是对应的齐次线性微分方程 $y'+P(x)y=0$ 的非零解，所以它的通解是 $Y=C(y_1(x)-y_2(x))$，故原方程的通解为

$$y=y_1(x)+Y=y_1(x)+C(y_1(x)-y_2(x)).$$

故应选 B.

(3) 应选 A. 原微分方程对应的齐次方程 $y''+y=0$ 的特征方程为 $\lambda^2+1=0$，特征根为 $\lambda=\pm\mathrm{i}$. 对 $y''+y=x^2+1=\mathrm{e}^0(x^2+1)$，因 0 不是特征根，所以其特解形式可设为

$$y_1^*=ax^2+bx+c.$$

对 $y''+y=\sin x$，因 i 为特征根，所以其特解形式可设为

$$y_2^*=x(A\sin x+B\cos x).$$

从而 $y''+y=x^2+1+\sin x$ 的特解形式可设为

$$y^*=ax^2+bx+c+x(A\sin x+B\cos x).$$

(4) 将 $y=\dfrac{x}{\ln x}$ 代入微分方程，再令 φ 的中间变量为 u，求出 $\varphi(u)$ 的表达式，进而可计算出 $\varphi\left(\dfrac{x}{y}\right)$. 将 $y=\dfrac{x}{\ln x}$ 代入微分方程 $y'=\dfrac{y}{x}+\varphi\left(\dfrac{x}{y}\right)$，得

$$\frac{\ln x-1}{\ln^2 x}=\frac{1}{\ln x}+\varphi(\ln x),\quad 即\ \varphi(\ln x)=-\frac{1}{\ln^2 x}.$$

令 $\ln x = u$，有 $\varphi(u) = -\dfrac{1}{u^2}$，故 $\varphi\left(\dfrac{x}{y}\right) = -\dfrac{y^2}{x^2}$. 应选 A.

2. 填空题

(1) 微分方程 $y' = \dfrac{y(1-x)}{x}$ 的通解是__________.

(2) 微分方程 $xy' + 2y = x\ln x$ 满足 $y(1) = -\dfrac{1}{9}$ 的解为__________.

(3) 微分方程 $xy' + y = 0$ 满足初始条件 $y(1) = 2$ 的特解为__________.

(4) 欧拉方程 $x^2\dfrac{d^2y}{dx^2} + 4x\dfrac{dy}{dx} + 2y = 0\ (x > 0)$ 的通解为__________.

(5) 微分方程 $(y + x^3)dx - 2x\,dy = 0$ 满足 $y|_{x=1} = \dfrac{6}{5}$ 的特解为__________.

解 (1) 原方程为可分离变量微分方程，先分离变量，然后两边积分即可. 原方程等价为 $\dfrac{dy}{y} = \left(\dfrac{1}{x} - 1\right)dx$. 两边积分得 $\ln y = \ln x - x + C_1$，整理得

$$y = Cx\,e^{-x} \quad (C = e^{C_1}).$$

(2) 直接用一阶线性微分方程 $y' + P(x)y = Q(x)$ 的通解公式

$$y = e^{-\int P(x)dx}\left(\int Q(x)e^{\int P(x)dx}dx + C\right),$$

再由初始条件确定任意常数即可. 原方程等价为 $y' + \dfrac{2}{x}y = \ln x$，于是通解为

$$y = e^{-\int\frac{2}{x}dx}\left(\int \ln x \cdot e^{\int\frac{2}{x}dx}dx + C\right) = \frac{1}{x^2}\left(\int x^2\ln x\,dx + C\right)$$
$$= \frac{1}{3}x\ln x - \frac{1}{9}x + C\frac{1}{x^2}.$$

由 $y(1) = -\dfrac{1}{9}$ 得 $C = 0$，故所求解为 $y = \dfrac{1}{3}x\ln x - \dfrac{1}{9}x$.

注：本题也可如下求解：原方程可化为 $x^2y' + 2xy = x^2\ln x$，即 $(x^2y)' = x^2\ln x$，两边积分得

$$x^2y = \int x^2\ln x\,dx = \frac{1}{3}x^3\ln x - \frac{1}{9}x^3 + C,$$

再代入初始条件即可得所求解为 $y = \dfrac{1}{3}x\ln x - \dfrac{1}{9}x$.

(3) 直接积分即可. 原方程可化为 $(xy)' = 0$，积分得 $xy = C$. 代入初始条件得 $C = 2$，故所求特解为 $xy = 2$.

注：本题可先分离变量，变形为 $\dfrac{dy}{y} = -\dfrac{dx}{x}$，再积分求解.

(4) 欧拉方程的求解有固定方法，作变量代换 $x = e^t$ 化为常系数线性齐次微分方程即可. 令 $x = e^t$，则

$$\frac{dy}{dx} = \frac{dy}{dt}\cdot\frac{dt}{dx} = e^{-t}\frac{dy}{dt} = \frac{1}{x}\frac{dy}{dt},$$

$$\frac{d^2y}{dx^2}=-\frac{1}{x^2}\frac{dy}{dt}+\frac{1}{x}\frac{d^2y}{dt^2}\cdot\frac{dt}{dx}=\frac{1}{x^2}\left(\frac{d^2y}{dt^2}-\frac{dy}{dt}\right).$$

代入原方程，整理得$\frac{d^2y}{dt^2}+3\frac{dy}{dt}+2y=0$. 解此方程，得原方程的通解为

$$y=C_1e^{-t}+C_2e^{-2t}=\frac{C_1}{x}+\frac{C_2}{x^2}.$$

(5) 稍作变形易发现，此题为一阶线性方程的初值问题，从而可以利用常数变易法或公式法求出方程的通解，再利用初值条件确定通解中的任意常数即可. 原方程变形为

$$\frac{dy}{dx}-\frac{1}{2x}y=\frac{1}{2}x^2. \qquad ①$$

先求齐次方程$\frac{dy}{dx}-\frac{1}{2x}y=0$的通解，分离变量得$\frac{dy}{y}=\frac{1}{2x}dx$，积分得

$$\ln y=\frac{1}{2}\ln x+\ln C,\quad 即\ y=C\sqrt{x}.$$

设$y=C(x)\sqrt{x}$为非齐次方程的通解，代入方程 ① 得

$$C'(x)\sqrt{x}+C(x)\frac{1}{2\sqrt{x}}-\frac{1}{2x}C(x)\sqrt{x}=\frac{1}{2}x^2,$$

从而$C'(x)=\frac{1}{2}x^{\frac{3}{2}}$. 积分得$C(x)=\int\frac{1}{2}x^{\frac{3}{2}}dx+C=\frac{1}{5}x^{\frac{5}{2}}+C$. 故非齐次方程的通解为

$$y=\sqrt{x}\left(\frac{1}{5}x^{\frac{5}{2}}+C\right)=C\sqrt{x}+\frac{1}{5}x^3.$$

由$y|_{x=1}=\frac{6}{5}$，得$C=1$. 故所求特解为$y=\sqrt{x}+\frac{1}{5}x^3$.

注：本题也可直接利用一阶线性方程通解公式求解.

3. 在xOy坐标平面上，连续曲线L过点$M(1,0)$，其上任意点$P(x,y)$ $(x\neq 0)$处的切线斜率与直线OP的斜率之差等于ax（常数$a>0$).

(1) 求L的方程.

(2) 当L与直线$y=ax$所围成平面图形的面积为$\frac{8}{3}$时，确定a的值.

解 (1) 设曲线L的方程为$y=f(x)$，则由题设可得

$$y'-\frac{y}{x}=ax.$$

这是一阶线性微分方程，其中$P(x)=-\frac{1}{x}$，$Q(x)=ax$，代入通解公式得

$$y=e^{\int\frac{1}{x}dx}\left(\int axe^{-\int\frac{1}{x}dx}dx+C\right)=x(ax+C)=ax^2+Cx.$$

又$f(1)=0$，所以$C=-a$. 故曲线L的方程为$y=ax^2-ax$ $(x\neq 0)$.

(2) L与直线$y=ax$ $(a>0)$所围成平面图形的面积为

$$D=\int_0^2[ax-(ax^2-ax)]dx=a\int_0^2(2x-x^2)dx=\frac{4}{3}a=\frac{8}{3},$$

故$a=2$.

4. 用变量代换 $x=\cos t\ (0<t<\pi)$ 化简微分方程 $(1-x^2)y''-xy'+y=0$，并求其满足 $y\big|_{x=0}=1$，$y'\big|_{x=0}=2$ 的特解.

解 先将 y', y'' 转化为 $\dfrac{dy}{dt}, \dfrac{d^2y}{dt^2}$，再用二阶常系数线性微分方程的方法求解即可.

$$y'=\frac{dy}{dt}\cdot\frac{dt}{dx}=-\frac{1}{\sin t}\cdot\frac{dy}{dt},$$

$$y''=\frac{dy'}{dt}\cdot\frac{dt}{dx}=\left(\frac{\cos t}{\sin^2 t}\cdot\frac{dy}{dt}-\frac{1}{\sin t}\cdot\frac{d^2y}{dt^2}\right)\cdot\left(-\frac{1}{\sin t}\right).$$

代入原方程，得 $\dfrac{d^2y}{dt^2}+y=0$. 解此微分方程，得

$$y=C_1\cos t+C_2\sin t=C_1x+C_2\sqrt{1-x^2}.$$

将初始条件 $y\big|_{x=0}=1$，$y'\big|_{x=0}=2$ 代入，有 $C_1=2$，$C_2=1$. 故满足条件的特解为

$$y=2x+\sqrt{1-x^2}.$$

5. 设函数 $y=y(x)$ 在 $(-\infty,+\infty)$ 内具有二阶导数，且 $y'\neq 0$，$x=x(y)$ 是 $y=y(x)$ 的反函数.

(1) 试将 $x=x(y)$ 所满足的微分方程 $\dfrac{d^2x}{dy^2}+(y+\sin x)\left(\dfrac{dx}{dy}\right)^3=0$ 变换为 $y=y(x)$ 满足的微分方程.

(2) 求变换后的微分方程满足初始条件 $y(0)=0$，$y'(0)=\dfrac{3}{2}$ 的解.

解 将 $\dfrac{dx}{dy}$ 转化为 $\dfrac{dy}{dx}$，然后再代入原方程化简即可.

(1) 由反函数的求导公式知 $\dfrac{dx}{dy}=\dfrac{1}{y'}$，于是有

$$\frac{d^2x}{dy^2}=\frac{d}{dy}\left(\frac{dx}{dy}\right)=\frac{d}{dx}\left(\frac{1}{y'}\right)\cdot\frac{dx}{dy}=\frac{-y''}{y'^2}\cdot\frac{1}{y'}=-\frac{y''}{(y')^3}.$$

代入原微分方程得

$$y''-y=\sin x. \qquad ①$$

(2) 方程 ① 所对应的齐次方程 $y''-y=0$ 的通解为

$$Y=C_1e^x+C_2e^{-x}.$$

设方程 ① 的特解为 $y^*=A\cos x+B\sin x$. 代入方程 ①，求得 $A=0$，$B=-\dfrac{1}{2}$，故 $y^*=-\dfrac{1}{2}\sin x$. 从而 $y''-y=\sin x$ 的通解是

$$y=Y+y^*=C_1e^x+C_2e^{-x}-\frac{1}{2}\sin x.$$

由 $y(0)=0$，$y'(0)=\dfrac{3}{2}$，得 $C_1=1$，$C_2=-1$. 故所求初值问题的解为

$$y = \mathrm{e}^{x} - \mathrm{e}^{-x} - \frac{1}{2}\sin x.$$

6. 某种飞机在机场降落时，为了减少滑行距离，在触地的瞬间，飞机尾部张开减速伞，以增大阻力，使飞机迅速减速并停下.

现有一质量为 9 000 kg 的飞机，着陆时的水平速度为 700 km/h. 经测试，减速伞打开后，飞机所受的总阻力与飞机的速度成正比(比例系数为 $k = 6.0 \times 10^{6}$). 问从着陆点算起，飞机滑行的最长距离是多少?

解　已知加速度或力求运动方程是质点运动学中一类重要的计算，可利用牛顿第二定律，建立微分方程，再求解.

方法 1　由题设，飞机的质量 $m = 9\ 000$ kg，着陆时的水平速度 $v_0 = 700$ km/h. 从飞机接触跑道开始计时，设 t 时刻飞机的滑行距离为 $x(t)$，速度为 $v(t)$. 根据牛顿第二定律，得 $m\frac{\mathrm{d}v}{\mathrm{d}t} = -kv$. 又 $\frac{\mathrm{d}v}{\mathrm{d}t} = \frac{\mathrm{d}v}{\mathrm{d}x}\cdot\frac{\mathrm{d}x}{\mathrm{d}t} = v\frac{\mathrm{d}v}{\mathrm{d}x}$，由此两式得

$$\mathrm{d}x = -\frac{m}{k}\mathrm{d}v.$$

积分得 $x(t) = -\frac{m}{k}v + C$. 由于 $v(0) = v_0$，$x(0) = 0$，故得 $C = \frac{m}{k}v_0$. 从而

$$x(t) = \frac{m}{k}(v_0 - v(t)).$$

当 $v(t) \to 0$ 时，$x(t) \to \frac{mv_0}{k} = \frac{9\ 000 \times 700}{6.0 \times 10^{6}} = 1.05$ (km). 故飞机滑行的最长距离为 1.05 km.

方法 2　根据牛顿第二定律，得 $m\frac{\mathrm{d}v}{\mathrm{d}t} = -kv$，所以

$$\frac{\mathrm{d}v}{v} = -\frac{k}{m}\mathrm{d}t.$$

两边积分得通解 $v = C\mathrm{e}^{-\frac{k}{m}t}$. 代入初始条件 $v\big|_{t=0} = v_0$，解得 $C = v_0$，故 $v(t) = v_0\mathrm{e}^{-\frac{k}{m}t}$. 飞机滑行的最长距离为

$$x = \int_0^{+\infty} v(t)\mathrm{d}t = -\frac{mv_0}{k}\mathrm{e}^{-\frac{k}{m}t}\Big|_0^{+\infty} = \frac{mv_0}{k} = 1.05\ (\mathrm{km}).$$

或由 $\frac{\mathrm{d}x}{\mathrm{d}t} = v_0\mathrm{e}^{-\frac{k}{m}t}$，知 $x(t) = \int_0^t v_0\mathrm{e}^{-\frac{k}{m}t}\mathrm{d}t = -\frac{kv_0}{m}(\mathrm{e}^{-\frac{k}{m}t} - 1)$，故最长距离为当 $t \to \infty$ 时，$x(t) \to \frac{kv_0}{m} = 1.05$ (km).

方法 3　根据牛顿第二定律，得 $m\frac{\mathrm{d}^2x}{\mathrm{d}t^2} = -k\frac{\mathrm{d}x}{\mathrm{d}t}$，即

$$\frac{\mathrm{d}^2x}{\mathrm{d}t^2} + \frac{k}{m}\frac{\mathrm{d}x}{\mathrm{d}t} = 0,$$

其特征方程为 $\lambda^2 + \frac{k}{m}\lambda = 0$. 解之得 $\lambda_1 = 0$，$\lambda_2 = -\frac{k}{m}$，故 $x(t) = C_1 + C_2\mathrm{e}^{-\frac{k}{m}t}$. 由

$$x\big|_{t=0}=0,\quad v\big|_{t=0}=\frac{\mathrm{d}x}{\mathrm{d}t}\Big|_{t=0}=-\frac{kC_2}{m}\mathrm{e}^{-\frac{k}{m}t}\Big|_{t=0}=v_0,$$

得 $C_1=-C_2=\dfrac{mv_0}{k}$. 于是 $x(t)=\dfrac{mv_0}{k}(1-\mathrm{e}^{-\frac{k}{m}t})$. 当 $t\to+\infty$ 时,

$$x(t)\to\frac{mv_0}{k}=1.05\ (\mathrm{km}).$$

所以,飞机滑行的最长距离为 1.05 km.

7. 设位于第一象限的曲线 $y=f(x)$ 过点 $\left(\dfrac{\sqrt{2}}{2},\dfrac{1}{2}\right)$,其上任一点 $P(x,y)$ 处的法线与 y 轴的交点为 Q,且线段 PQ 被 x 轴平分.

(1) 求曲线 $y=f(x)$ 的方程.

(2) 已知曲线 $y=\sin x$ 在 $[0,\pi]$ 上的弧长为 l,试用 l 表示曲线 $y=f(x)$ 的弧长 s.

解 先求出法线方程与交点坐标 Q,再由题设线段 PQ 被 x 轴平分,可转化为微分方程,求解此微分方程即可得曲线 $y=f(x)$ 的方程. 将曲线 $y=f(x)$ 化为参数方程,再利用弧长公式 $s=\int_a^b\sqrt{x'^2+y'^2}\,\mathrm{d}t$ 进行计算即可.

(1) 曲线 $y=f(x)$ 在点 $P(x,y)$ 处的法线方程为

$$Y-y=-\frac{1}{y'}(X-x),$$

其中,(X,Y) 为法线上任意一点的坐标. 令 $X=0$,则 $Y=y+\dfrac{x}{y'}$,故 Q 点的坐标为 $\left(0,y+\dfrac{x}{y'}\right)$. 由题设知 $\dfrac{1}{2}\left(y+y+\dfrac{x}{y'}\right)=0$,即

$$2y\,\mathrm{d}y+x\,\mathrm{d}x=0.$$

积分得 $x^2+2y^2=C$ (C 为任意常数). 由 $y\big|_{x=\frac{\sqrt{2}}{2}}=\dfrac{1}{2}$ 知 $C=1$,故曲线 $y=f(x)$ 的方程为 $x^2+2y^2=1$ ($x\geqslant0$, $y\geqslant0$).

(2) 曲线 $y=\sin x$ 在 $[0,\pi]$ 上的弧长为

$$l=\int_0^{\pi}\sqrt{1+\cos^2x}\,\mathrm{d}x=2\int_0^{\frac{\pi}{2}}\sqrt{1+\cos^2x}\,\mathrm{d}x.$$

曲线 $y=f(x)$ (即 $x^2+2y^2=1$) 的参数方程为 $\begin{cases}x=\cos t,\\ y=\dfrac{\sqrt{2}}{2}\sin t,\end{cases}$ 其中 $0\leqslant t\leqslant\dfrac{\pi}{2}$ (注意 $y=f(x)$ 在第一象限). 故

$$s=\int_0^{\frac{\pi}{2}}\sqrt{\sin^2t+\frac{1}{2}\cos^2t}\,\mathrm{d}t=\frac{1}{\sqrt{2}}\int_0^{\frac{\pi}{2}}\sqrt{1+\sin^2t}\,\mathrm{d}t.$$

令 $t=\dfrac{\pi}{2}-u$,则

$$s=\frac{1}{\sqrt{2}}\int_{\frac{\pi}{2}}^{0}\sqrt{1+\cos^2u}\,(-\mathrm{d}u)=\frac{1}{\sqrt{2}}\int_0^{\frac{\pi}{2}}\sqrt{1+\cos^2u}\,\mathrm{d}u=\frac{l}{2\sqrt{2}}=\frac{\sqrt{2}}{4}l.$$

8. 证明：曲率恒为常数的曲线是圆或直线.

证 依题意，可设曲线 $y=y(x)$ 的曲率为 K，即

$$\frac{|y''|}{(1+y'^2)^{\frac{3}{2}}}=K. \qquad ①$$

若 $K=0$，则 $y''=0$，可得 $y=C_1x+C_2$，即曲线为直线.

若 $K\neq 0$，令 $R=\pm\frac{1}{K}$，方程 ① 可变为

$$\frac{y''}{(1+y'^2)^{\frac{3}{2}}}=\frac{1}{R}.$$

设 $y'=p(x)$，则 $y''=\frac{\mathrm{d}p}{\mathrm{d}x}$，方程可变为 $\frac{\mathrm{d}p}{(1+p^2)^{\frac{3}{2}}}=\frac{\mathrm{d}x}{R}$. 两边积分得 $\frac{p}{\sqrt{1+p^2}}=\frac{x+C_1}{R}$，可变形为

$$p=\pm\frac{x+C_1}{\sqrt{R^2-(x+C_1)^2}},\quad 即\frac{\mathrm{d}y}{\mathrm{d}x}=\pm\frac{x+C_1}{\sqrt{R^2-(x+C_1)^2}}.$$

其解为 $y=\mp\sqrt{R^2-(x+C_1)^2}+C_2$，故 $(x+C_1)^2+(y-C_2)^2=R^2$，即曲率 $K\neq 0$ 时，此曲线为圆.

9.（细菌繁殖的控制）细菌是通过分裂繁殖的，细菌繁殖的速率与当时细菌的数量成正比（比例系数为 $k_1>0$），在细菌培养基中加入毒素可将细菌杀死，毒素杀死细菌的速率与当时的细菌数量和毒素的浓度之积成正比（比例系数为 $k_2>0$），人们通过控制毒素浓度的方法来控制细菌的数量.

现在假设在时刻 t 毒素的浓度为 $T(t)$，它以常速率 v 随时间而变化，且当 $t=0$ 时，$T=T_0$，即 $T(t)=T_0+vt$，又设在时刻 t，细菌的数量为 $y(t)$，且当 $t=0$ 时，$y=y_0$.

(1) 求出细菌数量随时间变化的规律.

(2) 当 $t\to+\infty$ 时，细菌的数量将发生什么变化？（按 $v>0$，$v<0$，$v=0$ 三种情况分别进行讨论）

解 依题意可得方程

$$\frac{\mathrm{d}y(t)}{\mathrm{d}t}=k_1y(t)-k_2(t)y(t)(T_0+vt),$$

初始条件为 $y(0)=y_0$. 由分离变量法可得方程的解为

$$y(t)=y_0\exp\left\{(k_1-k_2T_0)t-\frac{1}{2}k_2vt^2\right\}, \qquad ①$$

故细菌数量 $y(t)$ 随时间变化的规律为 $y(t)=y_0\exp\left\{(k_1-k_2T_0)t-\frac{1}{2}k_2vt^2\right\}$.

当 $v=0$ 时，① 式变为 $y(t)=y_0\mathrm{e}^{(k_1-k_2T_0)t}$. 故若 $k_1>k_2T_0$，当 $t\to+\infty$ 时细菌的数量 $y(t)\to+\infty$；若 $k_1<k_2T_0$，当 $t\to+\infty$ 时细菌的数量 $y(t)\to y_0$；若 $k_1=k_2T_0$，则细菌的数量 $y(t)\equiv y_0$.

当 $v>0$ 时，当 $t\to+\infty$ 时细菌的数量 $y(t)\to y_0$.

当 $v<0$ 时，当 $t\to+\infty$ 时细菌的数量 $y(t)\to+\infty$.

10. 已知某车间的容积为 $30\times30\times6\ \mathrm{m}^3$，车间内空气中 CO_2 的含量为 0.12%，现输入 CO_2 含量为 0.04% 的新鲜空气. 假定新鲜空气进入车间后立即与车间内原有空气均匀混合，并且有等量混合空气从车间内排出，问每分钟应输入多少这样的空气，才能在 30 min 后，可使车间内 CO_2 的含量不超过 0.06%.

解 设 $x(t)$ 为 t 时刻车间内 CO_2 的纯含量函数，M 为每分钟输入的新鲜空气(m^3)，则 t 时刻车间含 CO_2 的浓度为 $\dfrac{x}{30\times30\times6}=\dfrac{x}{5\,400}$.

当时间增量 Δt 很小时，排出的气体含 CO_2 的浓度可近似看做相同. Δt 时间内排出的 CO_2 为 $M\Delta t\cdot\dfrac{x}{5\,400}=\dfrac{Mx}{5\,400}\Delta t$，输入的 CO_2 为 $M\Delta t\cdot0.000\,4$，故

$$\Delta x=0.000\,4\,M\Delta t-\frac{Mx}{5\,400}\Delta t.$$

所以 $\dfrac{\mathrm{d}x}{\mathrm{d}t}=\lim\limits_{\Delta t\to0}\dfrac{\Delta x}{\Delta t}=0.000\,4\,M-\dfrac{Mx}{5\,400}$，于是有

$$\begin{cases}\dfrac{\mathrm{d}x}{\mathrm{d}t}+\dfrac{M}{5\,400}x=0.000\,4\,M,\\ x(0)=5\,400\times0.001\,2=6.48.\end{cases}$$

解之得 $x=2.16+C\mathrm{e}^{-\frac{M}{5\,400}t}$. 将 $x(0)=6.48$ 代入，得 $C=4.32$. 故

$$x(t)=2.16+4.32\,\mathrm{e}^{-\frac{M}{5\,400}t}.$$

据题意知 $\dfrac{x(30)}{5\,400}\leqslant0.06\%$，所以，求得 $M\geqslant180\ln4\approx249.48\ (\mathrm{m}^3)$，即每分钟应输入约 $250\ \mathrm{m}^3$ 的新鲜空气，才能满足题中的要求.

四、考研真题解析

【例 1】 (2014 年) 微分方程 $xy'+y(\ln x-\ln y)=0$ 满足条件 $y(1)=\mathrm{e}^3$ 的解为 $y=$__________.

解 这是典型的齐次微分方程，按一般方法求解.

$$xy'+y(\ln x-\ln y)=0\ \text{变形为}\ y'=\frac{y}{x}\ln\left(\frac{y}{x}\right).$$

令 $u=\frac{y}{x}$，则 $y=xu, y'=xu'+u$，代入原方程得 $xu'+u=u\ln u$，即 $u'=\frac{u(\ln u-1)}{x}$，分离变量得 $\frac{\mathrm{d}u}{u(\ln u-1)}=\frac{\mathrm{d}x}{x}$，两边积分得

$$\ln|\ln u-1|=\ln x+\ln C_1,$$

即 $\ln u-1=Cx$. 故 $\ln\frac{y}{x}-1=Cx$. 代入初值条件 $y(1)=\mathrm{e}^3$，得 $C=2$，即

$$\ln\frac{y}{x}=2x+1.$$

故方程的解为 $y=x\mathrm{e}^{2x+1}(x>0)$.

【例2】 (2016年) 若 $y=(1+x^2)^2-\sqrt{1+x^2}, y=(1+x^2)^2+\sqrt{1+x^2}$ 是微分方程 $y'+p(x)y=q(x)$ 的两个解，则 $q(x)=$__________.

A. $3x(1+x^2)$　　B. $-3x(1+x^2)$

C. $\frac{x}{1+x^2}$　　D. $-\frac{x}{1+x^2}$

解 由 $y_1=(1+x^2)^2-\sqrt{1+x^2}, y_2=(1+x^2)^2+\sqrt{1+x^2}$ 是微分方程

$$y'+p(x)y=q(x)\text{ 的两个解},$$

知 y_1-y_2 是 $y'+p(x)y=0$ 的解.

故 $(y_1-y_2)'+p(x)(y_1-y_2)=0$，即

$$-2\cdot\frac{1}{2}\cdot\frac{1}{\sqrt{1+x^2}}\cdot 2x-2\sqrt{1+x^2}\,p(x)=0.$$

从而得 $p(x)=-\frac{x}{1+x^2}$.

又 $\frac{y_1+y_2}{2}$ 是微分方程 $y'+p(x)y=q(x)$ 的解，代入方程，有

$$[(1+x^2)^2]'+p(x)(1+x^2)^2=q(x),$$

解得 $q(x)=3x(1+x^2)$. 故选 A.

【例3】 (2018年) 已知微分方程 $y'+y=f(x)$，其中 $f(x)$ 是 $\mathbf{R}$ 上的连续函数.

(Ⅰ) 若 $f(x)=x$，求方程的通解.

(Ⅱ) 若 $f(x)$ 是周期为 T 的函数，证明：方程存在唯一的以 T 为周期的解.

解 (Ⅰ)若 $f(x)=x$,则方程化为 $y'+y=x$,其通解为

$$y=e^{-\int f(x)dx}\left(C+\int x e^{\int dx}dx\right)=e^{-x}\left(C+\int x e^{x}dx\right)$$

$$=e^{-x}(C+xe^{x}-e^{x})=Ce^{-x}+x-1.$$

(Ⅱ)设 $y(x)$ 为方程的任意解,则 $y'(x+T)+y(x+T)=f(x+T)$.
而 $f(x)$ 周期为 T,有 $f(x+T)=f(x)$. 又 $y'(x)+y(x)=f(x)$.

因此 $$y'(x+T)+y(x+T)-y'(x)-y(x)=0,$$

有 $$(e^{x}[y(x+T)-y(x)])'=0,$$

即 $$e^{x}[y(x+T)-y(x)]=C.$$

取 $C=0$,得 $y(x+T)-y(x)=0$,$y(x)$ 为唯一以 T 为周期的解.

【例4】 (2019年)微分方程 $2yy'-y^2-2=0$ 满足条件 $y(0)=1$ 的特解 $y=$__________.

解 方程变形为 $\dfrac{2y}{2+y^2}dy=dx$,有

$$\ln(2+y^2)=x+C,$$

由 $y(0)=1$ 得 $C=\ln 3$. 则

$$2+y^2=3e^{x},$$

所求特解为 $y=\sqrt{3e^{x}-2}$.

【例5】 (2009年)若二阶常系数线性齐次微分方程 $y''+ay'+by=0$ 的通解为 $y=(C_1+C_2x)e^{x}$,则非齐次方程 $y''+ay'+by=x$ 满足条件 $y(0)=2, y'(0)=0$ 的解为 $y=$__________.

解 由二阶常系数线性齐次微分方程的通解为

$$y=(C_1+C_2x)e^{x},$$

得对应特征方程的两个特征根为 $r_1=r_2=1$,
故 $a=-2, b=1$;
对应非齐次微分方程为 $y''-2y'+y=x$,
设其特解为 $y^*=Ax+B$,代入得 $-2A+Ax+B=x$,
有 $A=1, B=2$.
所以特解为 $y^*=x+2$,
因而非齐次微分方程的通解为 $y=(C_1+C_2x)e^{x}+x+2$,
把 $y(0)=2, y'(0)=0$ 代入,
得 $C_1=0, C_2=-1$.
所求特解为 $y=-xe^{x}+x+2$.

【例6】（2010年）求微分方程 $y''-3y'+2y=2xe^x$ 的通解.

解　由方程 $y''-3y'+2y=0$ 的特征方程 $r^2-3r+2=0$，

解得特征根 $r_1=1,r_2=2$，

所以方程 $y''-3y'+2y=0$ 的通解为 $\overline{y}=C_1e^x+C_2e^{2x}$.

设 $y''-3y'+2y=2xe^x$ 的特解为 $y^*=x(ax+b)e^x$，则

$$(y^*)'=(ax^2+2ax+bx+b)e^x,$$

$$(y^*)''=(ax^2+4ax+bx+2a+2b)e^x,$$

代入原方程，解得 $a=-1,b=-2$，

故特解为 $y^*=x(-x-2)e^x$，

所以原方程的通解为

$$y=\overline{y}+y^*=C_1e^x+C_2e^{2x}-x(x+2)e^x,$$

其中，C_1,C_2 为任意常数.

【例7】（2012年）若函数 $f(x)$ 满足方程 $f''(x)+f'(x)-2f(x)=0$ 及 $f''(x)+f(x)=2e^x$，则 $f(x)=$________.

解　齐次线性微分方程 $f''(x)+f'(x)-2f(x)=0$ 的特征方程为 $r^2+r-2=0$，

特征根为 $r_1=1,r_2=-2$，

因此齐次微分方程的通解为 $f(x)=C_1e^x+C_2e^{-2x}$.

于是

$$f'(x)=C_1e^x-2C_2e^{-2x},$$

$$f''(x)=C_1e^x+4C_2e^{-2x},$$

代入 $f''(x)+f(x)=2e^x$，得

$$2C_1e^x+5C_2e^{-2x}=2e^x,$$

从而 $C_1=1,C_2=0$，故 $f(x)=e^x$. 应填 e^x.

【例8】（2013年）已知 $y_1=e^{3x}-xe^{2x}$，$y_2=e^x-xe^{2x}$，$y_3=-xe^{2x}$ 是某二阶常系数非齐次线性微分方程的3个解，则该方程的通解为 $y=$________.

解　由线性微分方程解的性质知 $y_1-y_3=e^{3x}$，$y_2-y_3=e^x$ 是对应齐次线性微分方程的两个线性无关的解，则该方程的通解为

$$y=C_1e^{3x}+C_2e^x-xe^{2x},$$

其中，C_1,C_2 为任意常数.

【例9】（2016年）设函数 $y(x)$ 满足方程 $y''+2y'+ky=0$，其中 $0<$

$k<1$.

(I) 证明：反常积分 $\int_0^{+\infty} y(x)\mathrm{d}x$ 收敛；

(II) 若 $y(0)=1, y'(0)=1$，求 $\int_0^{+\infty} y(x)\mathrm{d}x$ 的值.

解 (I) $y''+2y'+ky=0$ 的特征方程为 $r^2+2r+k=0$，其特征根为

$$r_1=-1-\sqrt{1-k}, r_2=-1+\sqrt{1-k},$$

均小于零，故 $y(x)=C_1e^{r_1x}+C_2e^{r_2x}$. 而

$$\int_0^{+\infty} y(x)\mathrm{d}x=C_1\frac{1}{r_1}e^{r_1x}\Big|_0^{+\infty}+C_2\frac{1}{r_2}e^{r_2x}\Big|_0^{+\infty}=-\left(\frac{C_1}{r_1}+\frac{C_2}{r_2}\right),$$

所以 $\int_0^{+\infty} y(x)\mathrm{d}x$ 收敛.

(II) 由 $y(0)=1, y'(0)=1$，得 $\begin{cases}C_1+C_2=1,\\ r_1C_1+r_2C_2=1,\end{cases}$ 解得

$$\begin{cases}C_1=\dfrac{1-r_2}{r_1-r_2}=\dfrac{\sqrt{1-k}-2}{2\sqrt{1-k}},\\[2ex] C_2=\dfrac{r_1-1}{r_1-r_2}=\dfrac{\sqrt{1-k}+2}{2\sqrt{1-k}},\end{cases}$$

因此 $\int_0^{+\infty} y(x)\mathrm{d}x=-\left(\frac{C_1}{r_1}+\frac{C_2}{r_2}\right)=\frac{3}{k}$.

【例 10】 (2010 年)三阶常系数线性齐次微分方程 $y'''-2y''+y'-2y=0$ 的通解为 $y=$__________.

解 $y'''-2y''+y'-2y=0$ 的特征方程为 $\lambda^3-2\lambda^2+\lambda-2=0$，即

$$(\lambda-2)(\lambda^2+1)=0,$$

解得 $\lambda_1=2, \lambda_{2,3}=\pm i$，所以通解为

$$y=C_1e^{2x}+C_2\cos x+C_3\sin x,$$

其中，C_1, C_2, C_3 为任意常数.